Springer-Lehrbuch

Hartmut Heinrichs
Albert Günter Herrmann

Praktikum der Analytischen Geochemie

Mit 49 Abbildungen und 64 Tabellen

Springer-Verlag Berlin Heidelberg New York
London Paris Tokyo Hong Kong

Professor Dr. Albert Günter Herrmann
Technische Universität Clausthal
Institut für Mineralogie und
Mineralische Rohstoffe
Fachgebiet Salzlagerstätten und
Untergrund-Deponien
Adolph-Roemer-Straße 2A
3392 Clausthal-Zellerfeld

Dr. Hartmut Heinrichs
Universität Göttingen
Geochemisches Institut
Goldschmidtstraße 1
3400 Göttingen

ISBN 3-540-51874-6 Springer-Verlag Berlin Heidelberg New York
ISBN 0-387-51874-6 Springer-Verlag New York Berlin Heidelberg

CIP-Titelaufnahme der Deutschen Bibliothek
Heinrichs, Hartmut: Praktikum der analytischen Geochemie / Hartmut Heinrichs ; Albert
Günter Herrmann. – Berlin ; Heidelberg ; New York ; London ; Paris ; Tokyo ; Hong Kong :
Springer, 1990 (Springer-Lehrbuch)
ISBN 3-540-51874-6 (Berlin ...)
ISBN 0-387-51874-6 (New York ...)
NE: Herrmann, Albert Günter:

Dieses Werk ist urheberrechtlich geschützt. Die dadurch begründeten Rechte, insbesondere die der Übersetzung, des Nachdrucks, des Vortrags, der Entnahme von Abbildungen und Tabellen, der Funksendung, der Mikroverfilmung oder der Vervielfältigung auf anderen Wegen und der Speicherung in Datenverarbeitungsanlagen, bleiben, auch bei nur auszugsweiser Verwertung, vorbehalten. Eine Vervielfältigung dieses Werkes oder von Teilen dieses Werkes ist auch im Einzelfall nur in den Grenzen der gesetzlichen Bestimmungen des Urheberrechtsgesetzes der Bundesrepublik Deutschland vom 9. September 1965 in der jeweils geltenden Fassung zulässig. Sie ist grundsätzlich vergütungspflichtig. Zuwiderhandlungen unterliegen den Strafbestimmungen des Urheberrechtsgesetzes.

© Springer-Verlag Berlin Heidelberg 1990

Die Wiedergabe von Gebrauchsnamen, Handelsnamen, Warenbezeichnungen usw. in diesem Werk berechtigt auch ohne besondere Kennzeichnung nicht zu der Annahme, daß solche Namen im Sinne der Warenzeichen- und Markenschutz-Gesetzgebung als frei zu betrachten wären und daher von jedermann benutzt werden dürften.

Produkthaftung: Für Angaben über Dosierungsanweisungen und Applikationsformen kann vom Verlag keine Gewähr übernommen werden. Derartige Angaben müssen vom jeweiligen Anwender im Einzelfall anhand anderer Literaturstellen auf ihre Richtigkeit überprüft werden.

Einbandgestaltung: W. Eisenschink, Heddesheim

Repro- und Druckarbeiten: Druckhaus Beltz, 6944 Hemsbach/Bergstraße
Bindearbeiten: J. Schäffer GmbH & Co. KG, Grünstadt
2132/3145-543210 – Gedruckt auf säurefreiem Papier

Für

Dr. Paula Schneiderhöhn

1904 - 1985

Anerkennung

Bei der Entstehung sowie Herstellung des Buches erhielten wir wertvolle Ratschläge und Unterstützung von Kollegen sowie Mitarbeitern. In diesem Zusammenhang danken wir vor allem Herrn Dozenten Dr. H.-J. Brumsack, Herrn Dr. H. Keltsch, Herrn Prof. Dr.-Ing. H. Krause, Herrn Dr. H. Ruppert und Herrn Dr. B. Schnetger für Diskussionen, methodische Hinweise und Literaturergänzungen. Herr E. Schiffczyk übernahm freundlicherweise Kontrollmessungen für die verschiedenen Methodenbeschreibungen.

In die Analysenvorschriften für die Methoden der Gravimetrie und Spektralphotometrie sind viele praktische Erfahrungen übernommen worden, welche Frau Dr. Paula Schneiderhöhn in die 1. Auflage des Buches *Praktikum der Gesteinsanalyse* eingebracht hat. Frau Dr. P. Schneiderhöhn lehrte fast drei Jahrzehnte Gesteinsanalyse am Mineralogischen Institut der Universität in Göttingen. Generationen von Studenten der Mineralogie sind dort durch ihre Schule gegangen. Der verdienstvollen Wissenschaftlerin und dem gütigen Menschen Paula Schneiderhöhn möchten wir an dieser Stelle gedenken und ihr dieses Buch widmen. Dr. Paula Schneiderhöhn verstarb 1985.

Die Herstellung des Buches erfolgte in Form einer Arbeitsteilung zwischen dem Springer-Verlag und dem Institut für Mineralogie und Mineralische Rohstoffe, Fachgebiet Salzlagerstätten und Untergrund-Deponien der TU Clausthal. Der komplette Satz sowie das gesamte Layout wurde am Fachgebiet Salzlagerstätten und Untergrund-Deponien mit der dort vorhandenen PC-Ausstattung hergestellt. Diese Vorlage übernahm der Verlag für den Druck. Dadurch war es möglich, den Preis für ein umfangreiches und mit aufwendigem Text (Tabellen, Formeln etc.) versehenes Buch niedrig zu kalkulieren.

Für seinen Einsatz bei der Gestaltung des Layouts und die Einweisung in die Textbearbeitung danken wir vielmals Herrn Akad. Rat Dr. B. Knipping. Die sich über Monate erstreckende Schreibarbeit und Textgestaltung wurde mit großer Gewissenhaftigkeit und vielen eigenen Vorschlägen von Frau Anja Müller durchgeführt. Ihrem unermüdlichen Engagement gebührt ein besonderer Dank.

Weitere Schreibarbeiten übernahmen Frau Dipl.-Min. L. v. Borstel und Herr Dipl.-Min. K.-J. Brammer. Die Abbildungen wurden von Frau C. Kaubisch und Frau G. Mengel gezeichnet. Die umfangreichen und zeitaufwendigen Textkorrekturen wurden von Frau G. Herrmann vorgenommen. Auch von Frau H. Engel erhielten wir Korrekturhinweise. Ihnen allen gilt unser herzlicher Dank.

Dem Springer-Verlag in Heidelberg danken wir für die Bereitschaft, die völlig neue Fassung des früheren "Praktikumsbuches" zu verlegen.

H. Heinrichs   A. G. Herrmann

Inhaltsverzeichnis

1	Einführung	1
	Teil I: Grundlagen	5
2	Geowissenschaftliche Grundlagen der Gesteinsanalyse	6
3	Analytische Problematik bei der Bestimmung von Haupt-, Neben- und Spurenelementen	9
4	Arbeitsprogramm für Lehrveranstaltungen "Quantitative Gesteins- und Mineralanalyse"	12
5	Größen, Einheiten, Umrechnungsfaktoren	17
5.1	Größen, Einheiten	18
5.2	Gehaltsgrößen	27
5.3	Korngrößen	27
5.4	Rechenhilfen	33
5.5	Umrechnungen	36
5.6	Atommassen	40
5.7	Molare Massen	43
5.8	Umrechnungsfaktoren	47
5.9	Zeichen, Abkürzungen	61
6	Probenahme	65
6.1	Grundlagen	65
6.2	Methoden zur Entnahme von Proben	66
6.3	Schieds-Probenahme	71
6.4	Bezeichnung und Verpackung der Proben	72
6.5	Mittelwerte und Standardabweichungen	72
6.6	Mindestmenge einer Probe	74
6.7	Anzahl der Proben	78
6.8	Probenahme- und Analysenfehler	79

7	**Probebearbeitung**	80
7.1	Reinigung der Rohproben	80
7.2	Zerkleinerung	81
7.3	Siebung	85
7.4	Verjüngung	87
7.5	Mineraltrennungen	90
7.6	Kontamination durch Probebearbeitung	95
8	**Beurteilung von Analysendaten**	100
8.1	Formulierung von Analysendaten für Silicate	100
8.2	Präzision, Richtigkeit, Nachweisgrenze	101
8.3	Normalverteilung, Standardabweichung	103
8.4	Einzel- und Mittelwerte (Streu- und Vertrauensbereich)	113
8.5	Vergleich von Standardabweichungen und Mittelwerten	117
8.6	Überwachung der Reproduzierbarkeit und Richtigkeit von Analysenergebnissen	121
8.7	Bewertung von Gesteinsanalysen	127
8.8	Angabe von Dezimalstellen	129
8.9	Geochemische Referenzproben	130
9	**Analytische Einrichtungen**	142
9.1	Chemische Laboratorien	142
9.2	Meßlaboratorien	143
9.3	Analysenprotokoll, Tagebuch	144
9.4	Sauberkeit und Sicherheit am Arbeitsplatz	147
10	**Grundlagen der Analysen- und Meßverfahren**	151
10.1	Gravimetrie	151
10.2	Titrimetrie	156
10.3	Titrimetrie mit physikalischer Bestimmung des Äquivalenzpunktes	175
10.4	Spektralphotometrie	181
10.5	Flammen-Atomabsorptionsspektrometrie (AAS)	191
10.6	Flammen-Atomemissionsspektrometrie (AES)	223
10.7	Graphitrohrofen-Atomabsorptionsspektrometrie (Graphitrohrofen-AAS)	228
10.8	Atomemissionsspektrometrie mit induktiv gekoppeltem Plasma (ICP-AES)	247

10.9	Massenspektrometrie mit induktiv gekoppeltem Plasma (ICP-MS)	264
10.10	Verdampfungsanalyse	276

Teil II: Analysenmethoden 291

11 Analysenschema 292

12 Berechnung von Meßdaten 293

13	**Aufschlüsse**	**312**
13.1	Grundlagen	312
13.2	Schmelzaufschlüsse	323
13.2.1	Natriumcarbonat	323
13.2.2	Mischung Natriumcarbonat und di-Natriumtetraborat (Borax)	330
13.2.3	Lithiummetaborat	331
13.2.4	Lithiummetaborat-Lithiumtetraborat-Aufschluß zur SiO_2-Bestimmung	333
13.2.5	Kaliumdisulfat	334
13.2.6	Kaliumhydroxid	336
13.3	Säureaufschlüsse für Silicate und Oxide	338
13.3.1	Aufschlüsse in offenen Gefäßen unter Atmosphärendruck	338
13.3.2	Aufschlüsse in Autoklaven	339
13.3.3	Flußsäure und Perchlorsäure	344
13.3.4	Flußsäure und Schwefelsäure	348
13.3.5	Flußsäure-Schwefelsäure-Aufschluß für die Bestimmung von Fe(II)	350
13.3.6	Flußsäure, Salpetersäure und Perchlorsäure	352
13.3.7	Salpetersäure und Perchlorsäure	354
13.3.8	Salpetersäure	356
13.4	Säureaufschlüsse für Carbonate	357
13.4.1	Lösen der Carbonate mit Salzsäure	358
13.4.2	Lösen der Carbonate mit Chloressigsäure	360
13.5	Aufschlußverfahren für Evaporitgesteine	361
13.5.1	Aufschluß der Evaporite mit verdünnter Salzsäure	362
13.5.2	Abtrennung der wasserunlöslichen Mineralfraktionen mit NaCl-Lösung oder Wasser	364
13.6	Aufschlüsse für Sulfate, Sulfide und Arsenide	367
13.6.1	Säure- und Schmelzaufschlüsse für Sulfate	367

13.6.2	Säureaufschlüsse für Sulfide und Arsenide	369
13.6.2.1	Brom, Salzsäure und Salpetersäure oder Königswasser	371
13.6.3	Schmelzaufschlüsse für Sulfide	372
13.6.3.1	Ammoniumhydrogensulfat und Ammoniumnitrat	374
14	**Verfahren zur Bestimmung von Haupt- und Nebenbestandteilen**	**375**
14.1	SiO_2	375
14.1.1	Gravimetrie	375
14.1.2	Titrimetrie	383
14.1.3	Spektralphotometrie	386
14.2	TiO_2	392
14.2.1	Spektralphotometrie	392
14.3	Al_2O_3	398
14.3.1	Gravimetrie (Sesquioxide), Fortsetzung des Trennungsganges nach der SiO_2-Bestimmung	398
14.3.2	Flammen-Atomabsorptionsspektrometrie	408
14.4	Fe_2O_3 (Gesamteisen)	411
14.4.1	Gravimetrie (Sesquioxide)	411
14.4.2	Spektralphotometrie	411
14.4.3	Flammen-Atomabsorptionsspektrometrie	415
14.5	FeO	420
14.5.1	Titrimetrie	420
14.6	MnO	424
14.6.1	Spektralphotometrie	424
14.6.2	Flammen-Atomabsorptionsspektrometrie	429
14.7	CaO	431
14.7.1	Gravimetrie, Fortsetzung des Trennungsganges nach den Sesquioxiden	431
14.7.2	Flammen-Atomabsorptionsspektrometrie	435
14.8	MgO	438
14.8.1	Gravimetrie, Fortsetzung des Trennungsganges nach der CaO-Bestimmung	438
14.8.2	Flammen-Atomabsorptionsspektrometrie	443
14.9	Na_2O	445
14.9.1	Flammen-Atomemissionsspektrometrie	445
14.9.2	Flammen-Atomabsorptionsspektrometrie	448
14.10	K_2O	451
14.10.1	Flammen-Atomemissionsspektrometrie	451
14.10.2	Flammen-Atomabsorptionsspektrometrie	453

14.11	H_2O	454
14.11.1	Beurteilung der Wasserwerte	454
14.11.2	Gesamtwasser durch Glühverlust	455
14.11.3	Gesamtwasser mittels Penfield-Verfahren	457
14.11.4	Gesamtwasser mittels Karl-Fischer-Titration	463
14.11.5	H_2O^- durch Trocknen bei 110 °C	468
14.12	CO_2 (Gesamt-, Carbonat- und Nichtcarbonat-Kohlenstoff)	469
14.12.1	Gravimetrie	470
14.12.2	Coulometrische Titration	475
14.13	P_2O_5	482
14.13.1	Spektralphotometrie	482
14.14	F	488
14.15	S	492
14.15.1	Gesamt-Schwefel, Coulometrische Titration	492
14.15.2	Sulfid- und Sulfatschwefel	496
15	Abtrennung der Lanthaniden (Seltenen Erden) für die Bestimmung mit der ICP-AES	498
16	Spektrometrische Elementbestimmungen	504
16.1	Ag	505
16.2	Al	507
16.3	As	511
16.4	B	513
16.5	Ba	517
16.6	Be	521
16.7	Bi	524
16.8	Ca	524
16.9	Cd	528
16.10	Co	532
16.11	Cr	532
16.12	Cu	538
16.13	Fe	538
16.14	Ga	546
16.15	K	546
16.16	La, Ce, Nd, Sm, Eu, Gd, Dy, Ho, Er, Yb, Lu	550
16.17	Li	562
16.18	Mg	565
16.19	Mn	565

16.20	Mo	572
16.21	Na	572
16.22	Nb	572
16.23	Ni	576
16.24	P	576
16.25	Pb	582
16.26	Rb	585
16.27	S	588
16.28	Sb	590
16.29	Sc	590
16.30	Se	593
16.31	Si	593
16.32	Sn	597
16.33	Sr	597
16.34	Ti	602
16.35	Tl	605
16.36	V	607
16.37	Y	607
16.38	Zn	611
16.39	Zr	611
17	**Kontaminationen**	617
18	**Behandlung von Platingeräten**	625
19	**Reinigung von Analysengeräten**	629
20	**Erste Hilfe bei Unfällen**	631
21	**Umgang mit Perchlorsäure**	634
22	**Sammlung und Beseitigung von Laborabfällen**	636
23	**Literaturverzeichnis**	640
24	**Sachverzeichnis**	660

1 Einführung

Das 1975 im Springer-Verlag erschienene Buch *"Praktikum der Gesteinsanalyse"* war über 10 Jahre für Geowissenschaftler, Chemotechniker und Laboranten ein Leitfaden zur Erlernung und Anwendung der Gesteins- und Mineralanalyse. Inzwischen hat die Bedeutung der analytischen Geochemie in Lehre, Forschung und Praxis weiter zugenommen. Beispielsweise sind neben die bisherigen geowissenschaftlichen Arbeitsrichtungen die Umweltgeochemie und die Oberflächen- sowie die Untergrund-Deponie als neue Fachgebiete getreten. Hierzu gehört das Studium der natürlichen und im Verlauf geologischer Zeiten stabilisierten Stoffkreisläufe in der Lithosphäre, Hydrosphäre sowie Atmosphäre, deren Beeinflussung durch anthropogene Stoffe sowie deren Bedeutung für die Langzeitsicherheit unterirdischer Deponielokalitäten.

Eine Tätigkeit als Geowissenschaftler ist heute und in der Zukunft ohne Grundkenntnisse der analytischen Geochemie nicht mehr möglich. Praktika zur Bestimmung von Haupt-, Neben- und Spurenkomponenten in Mineralen, Gesteinen, Böden und Gewässern müssen daher zum festen Bestandteil jedes Mineralogie- und Geologie-Studiums gehören. Auch bei der Ausbildung von Chemotechnikern und Laboranten sollte die analytische Geochemie verstärkt berücksichtigt werden.

Angesichts dieser Entwicklungen erschien es sinnvoll, das *"Praktikum der Gesteinsanalyse"* in einer überarbeiteten und stark erweiterten Fassung neu vorzulegen. Geblieben ist jedoch der bisherige Charakter des Buches. Nach wie vor soll es eine Informationsquelle für praxisbezogene Lehrveranstaltungen und für den täglichen Laborbetrieb sein. Auch der angesprochene Personenkreis ist der gleiche geblieben: Geowissenschaftler, Studierende, chemisch-technische Assistenten, Laboranten. Vor allem haben wir konsequent an dem Konzept festgehalten, anstelle einer größeren Ansammlung von Literaturzitaten bevorzugt die eigenen und über Jahrzehnte in Forschung und Lehre gesammelten Erfahrungen darzulegen.

Im Verlauf einer über zwei Jahrzehnte kontinuierlich durchgeführten Lehrveranstaltung *"Quantitative Gesteins- und Mineralanalyse"* (jetzt *"Analytische Geochemie"*) ist immer wieder festgestellt worden, daß der Studienerfolg nicht von der Quantität, sondern von der Qualität des Analysenangebots abhängt. Darunter verstehen wir das Studium und die praktische Anwendung weniger repräsentativer Analysenmethoden mit dem Schwerpunkt auf einer sauberen quantitativen Arbeit. Aus didaktischen Gründen ist es nicht mehr möglich, die analytische Geochemie in ihrer methodischen und instrumentellen Vielseitigkeit in einem einzigen Praktikum anzubieten. Diese Erfahrung wurde auch auf das vorliegende Buch übertragen, welches ausschließlich chemische und chemisch-instrumentelle Analysenverfahren enthält.

Bei den chemischen Analysenverfahren handelt es sich um die Gravimetrie und Titrimetrie mit chemischer (visueller) Bestimmung des Endpunktes. Wir haben immer wieder festgestellt, daß der Anfänger an einfachen gravimetrischen und titrimetrischen Methoden die Grundlage jeder quantitativen Gesteinsanalyse, nämlich sauberes Arbeiten, am besten erlernt. Absichtlich wurde daher der *"klassische"* gravimetrische Trennungsgang bei der Silicatanalyse ausführlich beschrieben. Nur wer geübt hat, im Verlauf mehrerer Trennungsoperationen keine Anteile an Niederschlägen und Lösungen zu verlieren, wird auch bei den chemisch-instrumentellen Analysenverfahren in der Lage sein, mit der gleichen Sorgfalt zu arbeiten. Die Bestimmungsmethoden der Gravimetrie und Titrimetrie sollten auch aus einem anderen Grund nicht in Vergessenheit geraten. Wir haben es wiederholt erlebt, daß Geowissenschaftler nach ihrem Studium mit einfacher Laborausstattung und ohne aufwendige instrumentelle Hilfsmittel Gesteinsanalysen durchführen mußten. In solchen Situationen ist es hilfreich zu wissen, wie auch mit einfachen Analysengeräten Gesteinsanalysen ausgeführt werden können.

Bei den im vorliegenden Buch behandelten chemisch-instrumentellen Verfahren handelt es sich um die Spektralphotometrie, die Flammen-Atomemissionsspektrometrie (FAES), die Flammen-Atomabsorptionsspektrometrie (FAAS), die flammenlose Atomabsorptionsspektrometrie (NFAAS), die Atomemissionsspektrometrie mit induktiv gekoppeltem Plasma (ICP-AES), die Massenspektrometrie mit induktiv gekoppeltem Plasma (ICP-MS) und die Titrimetrie mit physikalischer Bestimmung des Endpunktes.

Zur quantitativen Bestimmung von Haupt-, Neben- und Spurenbestandteilen in geochemischen Proben wird verbreitet die Röntgenfluoreszenzspektrometrie angewendet. Für die gleichen Konzentrationsbereiche lassen sich auch mittels der Mikrosonde quantitative Elementbestimmungen an einzelnen Mineralkörnern durchführen. Zur Bestimmung spezifischer Neben- und Spurenbestandteile eignen sich ebenfalls die Methoden der optischen Emissionsspektralanalyse, der Neutronenaktivierungsanalyse und der Massenspektrometrie. Jedes genannte Verfahren repräsentiert ein umfangreiches

Spezialgebiet innerhalb der analytischen Geochemie. Wir haben uns daher auch bei der Neubearbeitung des Praktikumsbuches entschlossen, die Darstellung von Analysenmethoden für die genannten Verfahren gesonderten Monographien zu überlassen.

Die Ergänzungen und Erweiterungen in dem vorliegenden Buch betreffen vor allem die Themen Probenahme, Probebearbeitung, Grundlagen von Analysen- und Meßverfahren, Schmelz- und Säureaufschlüsse sowie die Bestimmung von Neben- und Spurenbestandteilen. Weiterhin werden erstmals für die meisten Analysenmethoden Richtwerte für die mittleren Standardabweichungen angegeben.

Trotz der vielen Ergänzungen erhebt das Praktikumsbuch keinen Anspruch auf Vollständigkeit bei den einzelnen Analysenmethoden, da nicht zu allen eigene praktische Erfahrungen vorliegen. Wir haben uns in diesem Zusammenhang aber noch von einer anderen Einsicht leiten lassen. Bei der Durchführung analytischer Arbeiten entstehen zwangsläufig Abfälle, welche gesammelt und über zentrale Abfall-Lager weitergeleitet werden müssen. Durch die bevorzugte Anwendung *"umweltfreundlicher Analysenmethoden"* kann auch im Bereich der analytischen Geochemie viel dazu beigetragen werden, die Mengen an schadstoffhaltigen Abfällen möglichst niedrig zu halten. Aus diesem Grund wurden verschiedene Analysenmethoden, bei denen größere Mengen an Cd, Hg, Zn, Sn und andere Reagenzien Verwendung fanden, nicht wieder in das vorliegende Buch aufgenommen.

Bei der Nutzung des Praktikumsbuches hat es sich als vorteilhaft erwiesen, in verschiedenen Arbeitsanleitungen bestimmte Hinweise zu wiederholen. Das darf aber nicht dazu verleiten, die Beschreibung der Analysenmethoden lediglich als eine Anweisung zur Ausführung von Gesteinsanalysen ohne eigenes Nachdenken zu betrachten (*"Kochbuch-Mentalität"*). Eine reproduzierbare analytische Arbeit ist nur möglich in Verbindung mit fundierten Kenntnissen über die theoretischen Grundlagen der Analysenmethoden. Darüber muß vor allem bei den Studierenden immer Klarheit bestehen.

Wir hoffen, daß auch die völlig neu bearbeitete Auflage des Praktikumsbuches möglichst vielen Interessenten für das Studium und bei der täglichen Laborarbeit hilfreich sein wird. Wir bitten um Hinweise auf Fehler und Mängel, aber auch um Ratschläge für mögliche Verbesserungen.

Literaturunterlagen wurden von uns teilweise modifiziert. Die im Text genannten Geräte und Reagenzien verschiedener Firmen standen uns für die analytischen Arbeiten zur Verfügung. Ihre Nennung bedeutet keinerlei Urteile über andere Fabrikate.

1 Einführung

In dem vorliegenden Praktikumsbuch wurden die sich aus der Anwendung des internationalen Einheitensystems (SI) ergebenden Änderungen von Begriffen und Einheiten berücksichtigt. Es empfiehlt sich, in analytischen Laboratorien die entsprechenden DIN-Blätter zur korrekten Information griffbereit zu haben.

Clausthal-Zellerfeld, Januar 1990 A. G. Herrmann

Teil I: Grundlagen

2 Geowissenschaftliche Grundlagen der Gesteinsanalyse

Im 19. und 20. Jahrhundert ist die Entwicklung von Verfahren zur quantitativen Analyse der Zusammensetzung von Mineralen und Gesteinen durch folgende drei Abschnitte gekennzeichnet.

1. Bis Mitte des 20. Jahrhunderts wurden bevorzugt die sogenannten *"klassischen"* Verfahren der Gravimetrie und der Titrimetrie zur Bestimmung der Hauptkomponenten angewendet.
2. Die Forderung nach analytischen Daten für eine ständig steigende Anzahl von Mineral- und Gesteinsvorkommen führte zur Ausarbeitung von Analysentechniken, welche unter der Bezeichnung *"Schnellanalysen für Silicatgesteine"* (Rapid Analysis of Silicate Rocks) bekanntgeworden sind. Beispielhaft hierfür waren die Arbeiten von SHAPIRO u. BRANNOCK (1952, 1956). Die zeitsparend konzipierten Analysenschemata beruhten vor allem auf den Methoden der Spektralphotometrie und der Titrimetrie.
3. Mit der Röntgenfluoreszenz- und Atomabsorptionsspektrometrie verdrängen seit den 60er Jahren zunehmend instrumentelle Verfahren die klassischen Methoden der Gravimetrie. Dagegen gewinnen Verfahren der Titrimetrie mit physikalischer Endpunktbestimmung bei der Mineral- und Gesteinsanalyse wieder zunehmend an Bedeutung, und zwar in Verbindung mit Titriercomputern (Titroprozessoren) sowie Coulometern.

Die quantitative Analyse von Neben- und Spurenelementen in natürlichen Substanzen wurde vor allem möglich durch die Anwendung der optischen Emissionsspektralanalyse zur Bestimmung der stofflichen Zusammensetzung der Erde. Bahnbrechend auf diesem Gebiet waren die Arbeiten von V.M. GOLDSCHMIDT und Mitarbeitern Anfang der 30er Jahre am Mineralogischen Institut der Universität Göttingen. Über Jahrzehnte war die optische Emissionsspektralanalyse das einzige Hilfsmittel zur quantitativen Analyse bevorzugt kleiner Elementanteile in Mineralen und Gesteinen.

Heute ist es möglich, mit den meisten instrumentellen Methoden sowohl Haupt- und Nebenbestandteile als auch Spurenelemente in allen festen, flüssigen und gasförmigen Bestandteilen terrestrischer und extraterrestrischer Substanzen quantitativ zu bestimmen. Diese Entwicklungen finden Anwendung in sogenannten Multielementanalysen. Etwa dreiviertel aller Elemente des Periodensystems lassen sich inzwischen in natürlichen Proben für Massenanteile zwischen 10^1 - $<10^{-5}$ % bestimmen. Davon entfallen bei der Analyse von Silicatgesteinen 13 Komponenten auf die Haupt- und die häufigsten Nebenbestandteile (SiO_2, TiO_2, Al_2O_3, Fe_2O_3, FeO, MnO, CaO, MgO, Na_2O, K_2O, H_2O, CO_2, P_2O_5), deren Kenntnis für die petrographische und chemische Charakterisierung der Proben unerläßlich ist. Dazu kommen gesteinsspezifische Spurenelemente, welche für die Interpretation der Bildungs- und Umbildungsgeschichte des Untersuchungsmaterials wichtige Informationen liefern. In der Abb. 2-1 sind die wichtigsten Elemente gekennzeichnet, welche bei der quantitativen Analyse von Mineralen und Gesteinen sowie bei geowissenschaftlichen Fragestellungen von Interesse sein können.

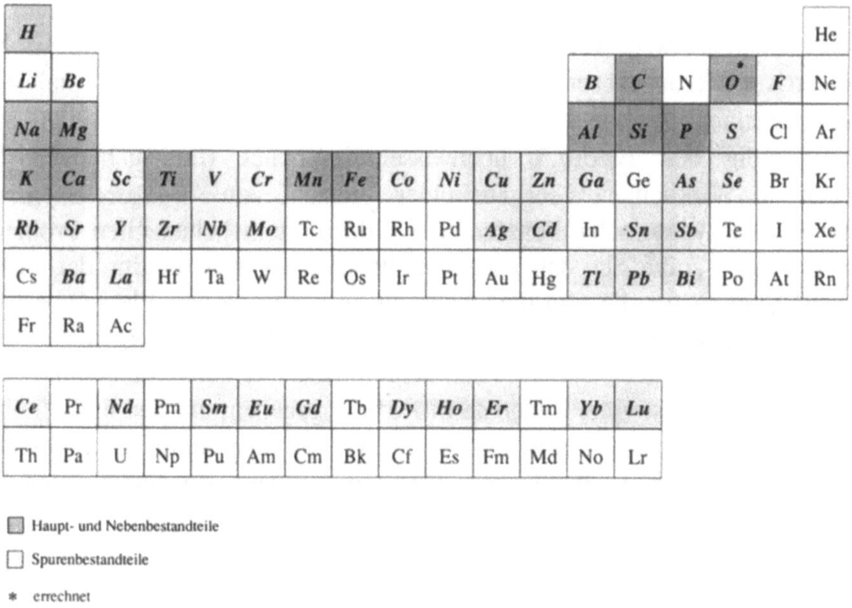

H																	He
Li	Be											B	*C*	N	*O**	F	Ne
Na	Mg											Al	Si	*P*	*S*	Cl	Ar
K	*Ca*	Sc	*Ti*	V	Cr	*Mn*	*Fe*	Co	Ni	Cu	Zn	*Ga*	Ge	*As*	*Se*	Br	Kr
Rb	*Sr*	*Y*	*Zr*	*Nb*	*Mo*	Tc	Ru	Rh	Pd	*Ag*	*Cd*	In	*Sn*	*Sb*	Te	I	Xe
Cs	*Ba*	*La*	Hf	Ta	W	Re	Os	Ir	Pt	Au	Hg	*Tl*	*Pb*	*Bi*	Po	At	Rn
Fr	Ra	Ac															

Ce	Pr	*Nd*	Pm	*Sm*	*Eu*	*Gd*	Tb	*Dy*	*Ho*	*Er*	Tm	*Yb*	*Lu*
Th	Pa	U	Np	Pu	Am	Cm	Bk	Cf	Es	Fm	Md	No	Lr

■ Haupt- und Nebenbestandteile
□ Spurenbestandteile
∗ errechnet

Abb. 2-1. Elemente, für die im vorliegenden Buch Analysenverfahren angegeben werden.

An dieser Stelle muß etwas über einige Probleme gesagt werden, welche sich aus den neuen Analysentechniken entwickelt haben. Das eine Thema betrifft die Auswahl der Elemente zur Charakterisierung natürlicher Proben.

Es ist grundsätzlich falsch, ohne Kenntnis der Hauptbestandteile eine Vielzahl von Spurenelementen in Mineral- und Gesteinsproben zu bestimmen und daran genetische Spekulationen zu knüpfen. Die petrographische Charakterisierung einer Probe (z.B. als Granit, Basalt, Steinsalz etc.) ersetzt nicht die chemische Analyse der Hauptkomponenten. Eine sorgfältige Untersuchung von Gesteinsproben ist daran zu erkennen, daß sowohl zum mineralogischen als auch zum chemischen Stoffbestand Informationen vorgelegt werden. Nur auf dieser Grundlage lassen sich sinnvoll Spurenelementuntersuchungen anschließen. Die Zusammenhänge zwischen der Analyse von Haupt-, Neben- und Spurenbestandteilen sollten als das Einmaleins in der analytischen Geochemie immer beachtet werden.

Es ist weiterhin falsch, ohne vorherige kristallchemische, petrographische und geochemische Überlegungen wahllos alle mit einer Analysenmaschine meßbaren Elemente in natürlichen Proben bestimmen zu wollen. Häufig sind aus einer Vielzahl analytisch erfaßbarer Komponenten nur wenige Elemente zur Charakterisierung einer Probe oder zur Beantwortung geochemischer Fragestellungen geeignet. Daher muß vor Beginn jeder analytischen Untersuchung genau überlegt werden, welche spezifischen Spurenelemente zu bestimmen sind. Trotz dieser Grundlagen werden heute zunehmend Analysenlisten präsentiert, welche in Berichten und Publikationen Seiten füllen und vordergründig den Eindruck hochwissenschaftlicher Untersuchungen erwecken, in Wirklichkeit aber aus einer Vielzahl von *"Ballastelementen"* bestehen ohne wissenschaftlich fundierten Bezug zum behandelten Problem. Der Analytiker sollte sich daher in Zweifelsfällen vor dem Beginn der analytischen Arbeiten für die von den Auftraggebern geforderten Elementbestimmungen kristallchemisch und geochemisch fundierte Begründungen vorlegen lassen. Häufig werden nämlich vom Schreibtisch aus zunächst einmal *"auf Verdacht"* möglichst viele Elemente in Auftrag gegeben, um erst danach über den Sinn oder Unsinn einzelner Analysendaten zur Charakterisierung des Untersuchungsmaterials nachzudenken. Das gilt übrigens sinngemäß auch für die Vergabe mancher Diplom- und Doktorarbeit.

3 Analytische Problematik bei der Bestimmung von Haupt-, Neben- und Spurenbestandteilen

Seit den 60er Jahren ist bei der instrumentellen Analyse die Meßtechnik ständig verbessert worden. Dadurch ist es möglich geworden, Konzentrationsmessungen immer schneller (in Minuten oder Sekunden) durchzuführen. Trotz aller Fortschritte auf diesem Gebiet sind wir aber bei vielen Techniken zur Zeit noch weit entfernt von einer direkten Bestimung der Elemente in den Ausgangssubstanzen. Zu solchen Direktverfahren gehören Methoden der optischen Emissionsspektralanalyse, der instrumentellen Neutronenaktivierungsanalyse, der Röntgenfluoreszenzspektrometrie und der Feststoff-Massenspektrometrie. Ein wesentlicher Nachteil aller Direktverfahren besteht darin, daß zwischen den zu bestimmenden Elementen und den Matrixkomponenten durch gegenseitige Beeinflussung Störungen auftreten können. Diese verhindern eine einfache Beziehung zwischen dem Meßsignal und der Konzentration des zu analysierenden Elementes. Zur Eingrenzung solcher Fehlerquellen müssen für Kalibrierungen Bezugssubstanzen (Standardsubstanzen) verwendet werden, welche die zu bestimmenden Elemente in bekannten Konzentrationen und alle die Messung beeinflussenden Bestandteile in gleichen oder ähnlichen Anteilen enthalten wie die zu analysierenden Proben (siehe DIN 51401). Solche Bezugssubstanzen stehen aber für die sehr variabel zusammengesetzten Minerale und Gesteinsarten nur in begrenztem Umfang zur Verfügung.

Im Gegensatz zu den Direktverfahren ist bei den Verbundverfahren eine vergleichsweise einfachere Kalibrierung möglich. Unter Verbundverfahren versteht man die Kopplung von Analysenschritten wie Aufschluß, Lösen, Veraschen, Trennen, Anreichern, Verdünnen, Mischen und andere mit den eigentlichen Meßverfahren. Die den Konzentrationsbestimmungen vorangehenden Arbeitsgänge haben den Zweck, die Proben in eine für die Messung geeignete Form zu bringen, Störungen durch Matrixkomponenten zu beseitigen und dadurch die Präzision und Richtigkeit der Analysenergebnisse sicherzustellen.

Bei den Verbundverfahren muß den Aufschlußtechniken besondere Aufmerksamkeit geschenkt werden. Die Aufschlußmittel für Minerale und Gesteine sind Säuren und Substanzen für Schmelzaufschlüsse. Beim Aufschluß geht es darum, die Bestandteile der zu analysierenden Proben in lösliche Verbindungen zu überführen. Zu den wichtigsten Verbundverfahren in der Kombination Aufschluß und Messung gehören die Methoden der Atomabsorptionsspektrometrie in Verbindung mit Flammen- und elektrothermischer Atomisierung (FAAS, NFAAS), Flammen-Atomemissionsspektrometrie (FAES), Atomemissionsspektrometrie und Massenspektrometrie mit induktiv gekoppeltem Plasma (ICP-AES, ICP-MS), die Spektralphotometrie und die Titrimetrie mit Titriercomputern.

Im Vergleich zu den Fortschritten bei der Entwicklung der Meßtechniken ist jedoch die Aufschlußtechnik vor allem hinsichtlich des erforderlichen Zeitaufwands deutlich zurückgeblieben. Die wichtigste Verbesserung bei den Säureaufschlüssen ist der Aufschluß in Autoklaven, für welche erstmalig von ITO (1962) und WAHLER (1964) geeignete Geräte und Verfahren vorgeschlagen worden sind. Die Vorteile der Autoklaven bestehen darin, daß die Substanzen mit leichtflüchtigen Säuren auch bei höheren Temperaturen aufgeschlossen werden können. Dagegen ist der Druck für den Aufschluß von Substanzen mit fehlenden oder geringen Anteilen an organischen Komponenten von untergeordneter Bedeutung. Die in Autoklaven entstehenden Drucke liegen bei 0,2 - 0,3 MPa (2 - 3 bar).

Aber auch bei der Verwendung von Autoklaven dauert ein Aufschluß von der Einwaage der Probe bis zur fertigen Meßlösung 10 und noch mehr Stunden. Das Aufschließen und Lösen von Mineral- und Gesteinsproben ist nach wie vor ein zeitlicher Engpaß bei der quantitativen Analyse von Haupt-, Neben- und Spurenbestandteilen.

Die mit Aufschlußverfahren verbundene Problematik ist jedoch nicht nur auf den Zeitbedarf begrenzt. Schwierigkeiten kann es auch geben hinsichtlich der vollständigen (quantitativen) Zersetzung aller Verbindungen in der Analysensubstanz. Das gilt in gleicher Weise für Säureaufschlüsse (auch in Autoklaven!) und für Schmelzaufschlüsse (siehe Abschnitt 13). Hier liegt zweifellos eine der Hauptfehlerquellen bei Multielementanalysen. Denn das beste instrumentelle Meßverfahren kann keine Fehler ausgleichen, welche auf unvollständigen Aufschluß der Probesubstanz, auf Kontaminationen und auf die Flüchtigkeit von Elementanteilen zurückzuführen sind. Solche Fehler werden sich umso deutlicher auswirken, je geringer die zu messenden Elementanteile in der Probe sind.

Schmelzen sind für den Aufschluß von Mineralen und Gesteinen häufig wirksamer als Säuren. Allerdings lassen sich die hierfür verwendeten Verbindungen wie Na_2CO_3, Na_2O_2, $K_2S_2O_7$ und andere nicht so einfach aus dem Aufschluß entfernen wie die nicht verbrauchten Säuren. Schmelzaufschlüsse sind daher wegen hoher Anteile an Fremdkomponenten, wegen möglicher Kontaminationen durch das Aufschlußmittel und vor allem wegen der Flüchtigkeit vieler Spurenelemente bei den hohen Schmelztemperaturen nur begrenzt anwendbar in Verbindung mit den oben genannten instrumentellen Meßverfahren.

Aus den genannten Gründen sollte sich jeder Analytiker bei der Analyse natürlicher Probesubstanzen darüber im klaren sein, daß dem Aufschluß der Substanz hinsichtlich Zeitaufwand und Vollständigkeit die gleiche Aufmerksamkeit zugewendet werden muß wie den eigentlichen Meßverfahren. Ohne quantitativen Aufschluß ist eine quantitative Analyse von Mineralen und Gesteinen nicht durchführbar. Darin sehen wir heute eine der Hauptschwierigkeiten und Hauptfehlerquellen im Bereich der analytischen Geochemie.

4 Arbeitsprogramm für Lehrveranstaltungen "Quantitative Gesteins- und Mineralanalyse"

Ein Praktikum *"Quantitative Gesteins- und Mineralanalyse"* bzw. *"Analytische Geochemie"* sollte in den Studienabschnitt nach dem Vorexamen gelegt werden. Vorbedingung für die Teilnahme an einer solchen Lehrveranstaltung ist die Teilnahme an einem chemisch-analytischen Grundlagenpraktikum vor dem Vorexamen.

Das Praktikum für analytische Geochemie soll Grundkenntnisse vermitteln über das Prinzip wichtiger chemischer und instrumenteller Bestimmungsmethoden, die bei der Analysierung von Gesteinen, Böden, Erzen, Mineralen, Wässern, Aufbereitungs- und Hüttenprodukten sowie anderen Industrieerzeugnissen Anwendung finden.

Die im Verlauf von 20 Jahren in einem *"Praktikum zur quantitativen Gesteins- und Mineralanalyse"* gesammelten Erfahrungen haben immer wieder gezeigt, daß die Erlernung moderner instrumenteller Analysenverfahren auch heute noch aus den klassischen Analysenmethoden heraus entwickelt werden muß. Denn die quantitative Arbeitsmethodik für Manipulationen wie Wägungen, Aufschlüsse, Filtrationen, Waschung-Trocknen-Glühen von Niederschlägen, Volumenmessungen und viele andere muß häufig auch bei den instrumentellen Analysenverfahren praktiziert werden. Daher ist es sinnvoll, die für jede quantitative Arbeit erforderlichen *"manuellen Fertigkeiten"* zunächst an den vergleichsweise einfachen Analysenverfahren der Gravimetrie und Titrimetrie zu erlernen.

Die Berücksichtigung von Methoden der Gravimetrie und der Titrimetrie (Maßanalyse) in einem Praktikumsprogramm verfolgt aber auch noch andere Ziele. Den Geowissenschaftlern stehen bei ihrer analytischen Tätigkeit nicht immer Laboratorien mit guter Geräteausstattung zur Verfügung. Beispielsweise müssen in Entwicklungsländern und in Feldlaboratorien quantitative Analysen häufig mit möglichst einfachen und trotzdem zuverlässigen Methoden durchgeführt werden. Hierzu gehören auch heute noch viele bewährte Methoden der Gravimetrie und Titrimetrie. Die Einbeziehung entsprechender Verfahren in ein Praktikum *"Analytische Geochemie"* berücksichtigt daher auch Arbeitsbedingungen, die sich für jeden Wissenschaftler bei Tätigkeiten im Ausland oder auf Forschungsreisen stellen können. In solchen Fällen ist es sicherlich kein Nachteil, wenn der Hochschulabsolvent nicht nur die einen hohen finanziellen und technischen Aufwand erfordernden instrumentellen Verfahren kennengelernt hat, sondern auch *"einfache"* und keine Großgeräte erfordernde Analysentechniken. Natürlich ist es nicht möglich, für alle instrumentellen Analysenmethoden auch *"einfache Äquivalente"* zu finden bzw. zu entwickeln.

Die in einem Praktikum *"Quantitative Gesteins- und Mineralanalyse"* bzw. *"Analytische Geochemie"* durchzuführenden Bestimmungen müssen alle Haupt- und Nebenbestandteile der Analysensubstanz erfassen. Dazu gehören bei einer Silicatvollanalyse bekanntlich SiO_2, TiO_2, Al_2O_3, Σ Fe als Fe_2O_3, FeO, CaO, MgO, MnO, Na_2O, K_2O, H_2O (H_2O^-, H_2O^+), P_2O_5, Σ C als CO_2. Bei den Evaporiten sind es die Komponenten Na, K, Mg, Ca, Cl, SO_4, CO_3. Die Bestimmung dieser Komponenten sollte ergänzt werden durch einige Spurenbestandteile, welche für das jeweilige Gestein spezifische geochemische Aussagen erlauben. Bei den Silicatgesteinen ist an Sr, Ni, Cr, Lanthaniden und andere Elemente zu denken, bei den Evaporiten an Sr, Br, Rb.

Bewährt hat sich die Bestimmung einzelner Komponenten mittels verschiedener Analysenverfahren. Beispiele: SiO_2 (Gravimetrie, Titrimetrie, Spektralphotometrie), Fe_2O_3 (Spektralphotometrie, Atomabsorptionsspektrometrie), CaO, MgO (Gravimetrie, Titrimetrie, Atomabsorptionsspektrometrie), H_2O (Karl-Fischer-Titration, Penfield-Methode).

Der Zeitaufwand für ein lernintensives Praktikum *"Quantitative Gesteins- und Mineralanalyse"* mit Nutzen für Diplom- und Doktorarbeiten beträgt etwa 15 Stunden in der Woche. In der Praxis heißt das im Wintersemester pro Woche ein voller Tag (8.30 bis etwa 19 Uhr) und ein Nachmittag (14 bis etwa 19 Uhr). Im kürzeren Sommersemester müssen ein voller Tag und zwei Nachmittage aufgewendet werden. Bewährt hat sich die Durchführung des Praktikums über das gesamte Semester. Nur hierbei hat der Student Gelegenheit zur kontinuierlichen Aneignung der für quantitative Analysen notwendigen praktischen Fertigkeiten und der theoretischen Grundlagen. Denn mit einer solchen Lehrveranstaltung soll vor allem die praktische Durchführung quantitativer Analysen vermittelt werden, während theoretische Grundlagen zu Hause erarbeitet werden müssen.

Weniger günstig ist die Durchführung eines Gesteinsanalyse-Praktikums als Kompaktkurs, welcher sich bei täglicher Arbeit von 8 bis 18 Uhr über 4 bis 5 Wochen erstrecken würde. Der Student wird hier hinsichtlich der Vorbereitung und Erarbeitung von theoretischem und praktischem Wissen stark gefordert bzw. überfordert. Für den technischen Ablauf des Praktikums kann ein Kompaktkurs allerdings dann notwendig sein, wenn die analytischen Laboratorien auch noch von anderen Mitarbeitern (Assistenten, Diplomanden, Doktoranden) genutzt werden müssen.

Trotz der Absolvierung eines chemischen Grundpraktikums vor dem Vorexamen kommen nach den in zwei Jahrzehnten gesammelten Erfahrungen die Studenten praktisch ohne Kenntnisse der quantitativen Analytik in das Gesteinsanalyse-Praktikum. Die Teilnehmer waren überwiegend nicht in der Lage, Wägungen an der Analysenwaage, Volumenmessungen mit der Pipette und Bürette, Fällungen, Filtrationen und andere Arbeitsgänge quantitativ korrekt auszuführen. Das heißt, in den Anfangsstunden jedes neuen Kurses mußten die einfachsten Handgriffe gezeigt und vom Studenten trainiert werden. Nur wenigen Studenten war klar, daß die quantitative Analytik höchste Genauigkeit, Sorgfalt sowie Konzentration erfordert und keinen Spielraum bietet für die großzügige Auslegung von Arbeitstechniken und bewährten Analysenmethoden. Daher muß jedes Praktikum mit einem Einführungsvortrag über Sauberkeit am Arbeitsplatz, Arbeitsschutz und Protokollführung beginnen.

Nachfolgend werden einige Vorschläge gemacht für die Gestaltung eines Praktikums *"Quantitative Gesteins- und Mineralanalyse"* bzw. *"Analytische Geochemie"* zur Untersuchung von Silicaten, Evaporiten und Salzlösungen. Berücksichtigt werden Verfahren für Haupt- und Nebenbestandteile sowie bei den Evaporiten für drei Spurenbestandteile. Die Auswahl an Methoden zur Bestimmung weiterer Spurenelemente kann an Hand des vorliegenden Buches nach Bedarf an den vorhandenen instrumentellen Möglichkeiten vorgenommen werden.

Gravimetrie

1. K   Einzelbestimmung
2. Fe   Einzelbestimmung
3. Ca   Einzelbestimmung
4. SO_4 Einzelbestimmung
5. Ca-Mg Trennung

Titrimetrie mit chemischer (visueller) Indikation des Endpunktes

1. Prüfung des Volumenfehlers einer normalen 50 ml-Bürette (BILTZ et al., 1983: 40) und einer Mikroliterpipette

2. Bestimmung des Titers einer herzustellenden Salzsäure mit etwa 0,1 mol HCl/l unter Verwendung von Natriumcarbonat als Urtitersubstanz. Beispiel für Säure-Basen-Titration
3. Carbonathärte einer Wasserprobe, Bestimmung mit Salzsäure (0,1 mol HCl/l)
4. Gesamthärte einer Wasserprobe, Bestimmung mit EDTA-Lösung. Berechnung der Nichtcarbonathärte aus Carbonat- und Gesamthärte
5. Bestimmung von Chlorid in einer NaCl-Lösung nach der Methode von Mohr. Beispiel für Fällungstitrationen
6. Chelatometrische Bestimmung von Ca und Mg in einer Lösung. Beispiel für Komplexbildungstitrationen
7. Bestimmung des Titers einer herzustellenden Kaliumpermanganatlösung mit etwa 0.02 mol $KMnO_4$/l unter Verwendung von Natriumoxalat als Urtitersubstanz. Beispiel für eine Oxidations- und Reduktionstitration (Permanganometrische Bestimmung)
8. Bestimmung von Br in natürlichen Chloridmineralen nach der Methode von van der Meulen. Beispiel für eine Oxidations- und Reduktionstitration (Iodometrische Bestimmung)

Analyse eines Silicatgesteins

1. SiO_2 - Gravimetrie, Spektralphotometrie, Titrimetrie mit visueller oder physikalischer Bestimmung des Endpunktes
2. TiO_2 - Spektralphotometrie, Flammen-Atomabsorptionsspektrometrie
3. Al_2O_3 - Flammen-Absorptionsspektrometrie
4. Σ Fe als Fe_2O_3 - Spektralphotometrie, Flammen-Atomabsorptionsspektrometrie
5. FeO - Titrimetrie mit chemischer (visueller) oder physikalischer Bestimmung des Endpunktes
6. MnO - Spektralphotometrie, Flammen-Atomabsorptionsspektrometrie
7. CaO - Gravimetrie, Flammen-Atomabsorptionsspektrometrie
8. MgO - Gravimetrie, Flammen-Atomabsorptionsspektrometrie
9. Na_2O - Flammen-Atomemissionsspektrometrie
10. K_2O - Flammen-Atomemissionsspektrometrie
11. Σ H_2O - Titrimetrie (Karl-Fischer-Methode), Penfield-Methode
12. P_2O_5 - Spektralphotometrie
13. Σ C als CO_2 - Titrimetrie, Gravimetrie

Analyse eines Evaporitgesteins oder einer Salzlösung

1. Na - Flammen-Atomemissionsspektrometrie
2. K - Gravimetrie, Flammen-Atomemissionsspektrometrie
3. Mg - Titrimetrie mit chemischer (visueller) oder physikalischer Bestimmung des Endpunktes, Flammen-Atomabsorptionsspektrometrie
4. Ca - Titrimetrie mit chemischer (visueller) oder physikalischer Bestimmung des Endpunktes, Flammen-Atomabsorptionsspektrometrie
5. Cl - Titrimetrie mit chemischer (visueller) oder physikalischer Bestimmung des Endpunktes
6. SO_4 - Gravimetrie
7. Σ C als CO_2 (Carbonatkomponente) - Titrimetrie, Gravimetrie
8. Br - Titrimetrie (Methode nach VAN DER MEULEN)
9. Rb - Flammen-Atomabsorptionsspektrometrie
10. Li - Flammen-Atomemissionsspektrometrie (bei Salzlösungen)

5 Größen, Einheiten, Umrechnungsfaktoren

Folgende Gesetze und Verordnungen schreiben die Anwendung von gesetzlichen Einheiten im Amts- und Geschäftsverkehr vor:
a) Gesetz über Einheiten im Meßwesen vom 2. Juli 1969
b) Ausführungsverordnung zum Gesetz über Einheiten im Meßwesen vom 26. Juni 1970
c) Gesetz zur Änderung des Gesetzes über Einheiten im Meßwesen vom 6. Juli 1973
d) Verordnung zur Änderung der Ausführungsverordnung zum Gesetz über Einheiten im Meßwesen vom 7. November 1973

Damit ist auch die Verwendung der neuen gesetzlichen Einheiten an Schulen sowie Fach- und Hochschulen festgelegt.

Die neuen gesetzlichen Einheiten orientieren sich am *"SI, Das Internationale Einheitensystem"* bzw. *"Le Système International d'Unites (SI)"*.

Bei dem Einheitensystem wird zwischen Basiseinheiten und abgeleiteten Einheiten unterschieden. Basiseinheiten sind Einheiten von Basisgrößen, aus denen alle anderen Größen und die dazugehörigen Einheiten abgeleitet werden.

Es gibt folgende SI-Basiseinheiten (Tabelle 5-1):

Tabelle 5-1. Die gesetzlichen Basisgrößen und Basiseinheiten (z.B. HÖFLING, 1981: 58; KÜSTER, et al., 1985: 189).

Basisgrößen		Basiseinheiten	
Name	Formelzeichen	Name	Einheitenzeichen
Länge, Weg, Höhe	$\vec{l}, \vec{r}, \vec{s}, \vec{b}, \vec{h}$	1 Meter	1 m
Masse	m	1 Kilogramm	1 kg
Zeit	t	1 Sekunde	1 s
Stromstärke	I	1 Ampere	1 A
Temperatur	T, Θ	1 Kelvin	1 K
	t, ϑ	1 °Celsius	1 °C
Stoffmenge	n(X)	1 Mol	1 mol
Lichtstärke	I_L	1 Candela	1 cd

In welchem Umfang die quantitative chemische Denkweise von den Neuerungen beeinflußt wird, geht vor allem aus den folgenden DIN-Normen hervor:
a) DIN 32 625 (Juli 1980) und Entwurf Mai 1987: Stoffmenge und davon abgeleitete Größen
b) DIN 32 629 (Entwurf Mai 1987): Stoffportion
c) DIN 32 630 (Juni 1985): Charakterisierung chemischer Analysenverfahren nach der Probengröße und dem Gehaltsbereich

Für eine nicht festlegbare Übergangszeit wird es notwendig sein, neben der neuen Terminologie auch weiterhin *"alte"* Größen und Einheiten zu kennen. Ein wichtiger Grund ergibt sich aus der Notwendigkeit, Angaben in der bisherigen Fachliteratur richtig zu verstehen. Weiterhin dürfte die Umstellung von der alten auf die neue Terminologie nicht in allen Laboratorien innerhalb kurzer Zeit erfolgen, so daß zumindest für einen Übergang Begriffe wie "Normallösungen" nach wie vor zur analytischen Alltagspraxis gehören werden.

5.1 Größen, Einheiten

Die Tabelle 5-2 enthält eine Reihe neuer Größen und Einheiten, welche in der analytischen Chemie verwendet werden. Ein wichtiges Hilfsmittel zur Orientierung über die terminologischen Neuerungen ist neben den DIN-Normen die jeweils letzte Auflage der jedem Analytiker bekannten *"Rechentafeln für die Chemische Analytik"* von KÜSTER, THIEL U. RULAND.

5 Größen, Einheiten, Umrechnungsfaktoren   19

Tabelle 5-2. Basisgrößen und -einheiten (in [ ] gesetzt) sowie abgeleitete Größen und Einheiten. Gleichungen siehe Tabelle 5-3.
[1]) Gesetzlich zugelassene Einheiten außerhalb des SI. Die englischen Benennungen sind in DIN 32 625 (Juli 1980) angegeben, jedoch nicht Bestandteil der Norm.

Größen		Einheiten		nicht mehr zugelassene Einheiten und Zeichen; Umrechnungsfaktoren
Name	Zeichen	Name	Einheiten-zeichen	
Atommasse, relative	A_r	Bruchteil eines Teilchens X	$\frac{1}{z^x}$	
Äquivalententeilchen (equivalent entity) Äquivalentzahl	z^x	Anzahl der Äquivalente je Teilchen X		
Dichte		Kilogramm durch Kubikmeter	$kg \cdot m^{-3}$ $g \cdot cm^{-3}$ $g \cdot ml^{-1}$	
Druck	p	Pascal	Pa $1\,Pa = 1\,Nm^{-2}$	technische Atmosphäre, at physikalische Atmosphäre, atm Meter Wassersäule, mWs Millimeter Quecksilbersäule, mmHg Torr
		Bar, bar[1])	$1\,bar = 10^5 Pa$	
Extinktion (siehe Abschnitt 10.4) Extinktionskoeffizient molarer spezifischer	$\varepsilon(\lambda)$ $\varepsilon_{sp}(\lambda)$		$cm^{-1} \cdot l \cdot mol^{-1}$ $cm^{-1} \cdot l \cdot g^{-1}$	

Tabelle 5-2. Fortsetzung

Größen		Einheiten		nicht mehr zugelassene Einheiten und Zeichen; Umrechnungsfaktoren
Name	Zeichen	Name	Einheitenzeichen	
Fläche allgemein Querschnitt	A S		m^2	Quadratmeter, qm -kilometer, qkm -dezimeter, qdm -zentimeter, qcm -millimeter, qmm
Gleichgewichtskonstante Kraft	K F	Newton	N $1\,N = 1\,kg \cdot m \cdot s^{-2}$	Kilopond, Kp $1\,kp = 9{,}80665\,N$ Dyn, dyn, $1\,dyn = 10^{-5}\,N$
[Länge, Weg, Höhe]	l, s, r, h	Meter	m	Ångström, Å $1\,Å = 10^{-10}\,m$
Lichtstärke	I	Candela	cd	Hefnerkerze, HK $1\,HK = 0{,}903\,cd$ internationale HK bzw. IK $1\,IK = 1{,}019\,cd$
Lichtstrom eindringender Anteil reflektierter Anteil absorbierter Anteil durchgelassener Anteil (to transmit)	Φ Φ_e Φ_r Φ_a Φ_{tr}	Lumen	lm $1\,lm = 1\,cd \cdot sr$	

5 Größen, Einheiten, Umrechnungsfaktoren

Löslichkeitsprodukt [Masse]	L m	Kilogramm Gramm Tonne atomare Masseneinheit, u[1]	kg 1 g = 10^{-3} kg 1 t = 10^{3} kg 1 u = $1{,}66053 \cdot 10^{-27}$ kg	
		metrisches Karat, kt[1]	1 kt = $0{,}2 \cdot 10^{-3}$ kg = $0{,}2$ g	
Massenanteil Massenkonzentration	w β		kg · kg^{-1}, % kg · m^{-3} g · l^{-1}	
Molalität (molality)	b (X)	in 1 kg reinem Lösungsmittel enthaltene Mole der gelösten Komponente	SI- und übliche Einheit mol · kg^{-1}	
molare Masse (molar mass)	M (X)		SI-Einheit: kg · mol^{-1} übliche Einheit: g · mol^{-1}	
molares Volumen Molekülmasse, relative	V_m(X) M_r(X)			Molvolumen
[Stoffmenge] (amount of substance)	n (X)	Mol	mol	Molmenge
Stoffmengenanteil (siehe Abschnitt 10.2)	x (X)		mol · mol^{-1}, %	Molenbruch
Stoffmengenkonzentration (amount of substance concentration)	c (X)		mol · l^{-1}	Molarität, M
Stoffmengenkonzentration, bezogen auf Äquivalente	c $\left(\frac{1}{z}X\right)$		mol · l^{-1}	Normalität, N 1 val · l^{-1}

Tabelle 5-2. Fortsetzung

Größen		Einheiten		nicht mehr zugelassene Einheiten und Zeichen; Umrechnungsfaktoren
Name	Zeichen	Name	Einheiten-zeichen	
[Temperatur]	T, Θ t, ϑ t	Kelvin Grad Celsius[1]	K °C	
Titer (siehe Abschnitt 10.2)				
Volumen	V	Kubikmeter Liter[1]	m^3 l	Festmeter, Fm Raummeter, Rm
Volumen, spezifisches	v		$m^3 \cdot kg^{-1}$ $l \cdot kg^{-1}$	
Volumenanteil	φ		$l \cdot l^{-1}$	
Volumenkonzentration	σ		$kg \cdot m^{-3}$ $g \cdot l^{-1}$	
Wärmemenge	Q	Joule	J	
Wärmestrom	Φ	Watt	W	
Wellenlänge	λ		m, nm, pm	
Winkel, ebener	α, β, γ	Radiant	rad	
Winkel, räumlicher		Steradiant	sr	
Wirkungsgrad	η		%	
Zeit	t	Sekunde Minute[1] Stunde[1]	s min h	

Tabelle 5-3. Formeln zur Anwendung in der analytischen Geochemie (siehe auch KÜSTER et al., 1985: 223 ff.).

Nr.	Größe	Gleichung	Symbole und Einheiten
1	Dichte	$\rho = \dfrac{m}{V}$	ρ: Dichte in g/ml m : Masse in g V : Volumen in ml
2	Druck	$p = \dfrac{F}{A}$	p : Druck in Pa F : Kraft in N A : Fläche in m²
3	Durchlässigkeit	$\tau = \dfrac{\phi_{tr}}{\phi_e}$	τ : Durchlässigkeit α : Absorptionsgrad ρ : Reflexionsgrad ϕ_e : eindringender Lichtstrom in lm ϕ_{tr} : durchgelassener Anteil von ϕ_e in lm ϕ_a : absorbierter Anteil von ϕ_e in lm ϕ_r : reflektierter Anteil von ϕ_e in lm
4	Durchlässigkeitsprozente	$D = 100 \cdot \tau$	
5	Absorptionsgrad	$\alpha = \dfrac{\phi_a}{\phi_e} = 1 - \tau$	
6	Reflexionsgrad	$\rho = \dfrac{\phi_r}{\phi_e}$	
7	Extinktion	$E = \lg \dfrac{\phi_e}{\phi_{tr}}$ $= \varepsilon \cdot c(X) \cdot d$	E : Extinktion ε : molarer Extinktionskoeffizient in l/mol · cm d : Schichtdicke der Küvette in cm
8	Bestimmung des molaren Extinktionskoeffizienten	$\varepsilon = \dfrac{E \cdot M(X) \cdot V}{d \quad m}$	c(X) : Stoffmengenkonzentration (Molarität) in mol/l m : Einwaage in mg M(X): molare Masse in g/mol V : Volumen des Meßkolbens in ml
9	Gleichgewichtskonstante	$K = \dfrac{n(C)^c \cdot n(D)^d}{n(A)^a \cdot n(B)^b}$	K : Gleichgewichtskonstante a, b, c, d : stöchiometrische Zahlen (A), (B), (C), (D) : Stoffmengen der Reaktanden in mol; für Lösungen : Konzentration c in mol/l für Gase : Partialdrücke p in bar
10	Kraft	$F = m \cdot a$	F : Kraft in N m : Masse in kg a : Beschleunigung in m · s⁻²

Tabelle 5-3. Fortsetzung

Nr.	Größe	Gleichung	Symbole und Einheiten
11	Lichtstärke	$I = \dfrac{d\Phi}{d\omega}$	I : Lichtstärke in cd Φ : Lichtstrom in lm ω : Raumwinkel in sterad
12	Massenanteil (Massenbruch)	$w_i = \dfrac{m_i}{m(G)}$	w_i : Massenanteil des Bestandteils i im Gemisch in g/g, kg/kg bzw. %
13	Massenanteil in % (Gew.-%)	$w_i = \dfrac{m_i}{m(G)} \cdot 100$	m_i : Masse des Bestandteils i in g oder kg $m(G)$: Masse des Gemisches, Summe der Massen aller Bestandteile in g oder kg
14	Massenkonzentration	$\beta_{ci} = \dfrac{m_i}{V(G)}$	β_{ci} : Massenkonzentration des Bestandteils i in g/l m_i : Masse des Bestandteils i im Gemisch in g $V(G)$: Volumen des Gemischs in l
15	Molalität	$b(X) = \dfrac{n(X)}{m(Lm)}$	$b(X)$: Molalität der gelösten Substanz X in mol/kg $n(X)$: Stoffmenge der Substanz X in mol $m(Lm)$: Masse des Lösungsmittels in kg
16	molare Masse (Molmasse)	$M(X) = \dfrac{m}{n(X)}$	$M(X)$: molare Masse (Molmasse) in g/mol m : Masse einer Stoffportion in g $n(X)$: Stoffmenge (Molmenge) in mol
17	molares Volumen (Molvolumen)	$V_m(X) = \dfrac{V}{n(X)}$ $V_m(X) = \dfrac{M(X)}{\rho}$	$V_m(X)$: molares Volumen (Molvolumen) in l/mol V : Volumen einer Stoffportion in l ρ : Dichte in g/l $n(X)$: Stoffmenge in mol $M(X)$: molare Masse in g/mol

Tabelle 5-3. Fortsetzung

Nr.	Größe	Gleichung	Symbole und Einheiten
18	Stoffmenge (Molmenge)	$n(X) = \dfrac{m}{M(X)}$	
19	Stoffmengenanteil (Molenbruch)	siehe Abschnitt 10.2	
20	Stoffmengenanteil in % (Mol.-%)	siehe Abschnitt 10.2	
21	Stoffmengenkonzentration (Molarität)	$c(X) = \dfrac{n(X)}{V(L)}$	$c(X)$: Stoffmengenkonzentration der gelösten Substanz X in mol/l $n(X)$: Stoffmenge (Anzahl der Mole) der Substanz X in mol $V(L)$: Volumen der Lösung in l
22	Stoffmengenkonzentration, bezogen auf Äquivalente	siehe Abschnitt 10.2	
23	Titer	siehe Abschnitt 10.2	
24	Volumenanteil (Volumenbruch)	$\varphi_i = \dfrac{V_i}{V(G)}$	φ_i : Volumenanteil des Bestandteils i im Gemisch in l/l bzw. in % V_i : Volumen des Bestandteils i in l $V(G)$: Volumen des Gemisches, Summe der Volumina aller Bestandteile in l
25	Volumenanteil in % (Vol.-%)	$\varphi_i = \dfrac{V_i}{V(G)} \cdot 100$	
26	Volumenkonzentration	$\sigma_i = \dfrac{V_i}{V(G)}$	σ_i : Volumenkonzentration des Bestandteils i in l/l bzw. % V_i : Volumen des Bestandteils i im Gemisch in l

Tabelle 5-3. Fortsetzung

Nr.	Größe	Gleichung	Symbole und Einheiten
27	Wellenlänge	$c = \lambda \cdot \nu$	V(G) : Volumen des Gemisches in l c : Vakuumlichtgeschwindigkeit in $m \cdot s^{-1}$ λ : Wellenlänge in m ν : Frequenz in Hz
28	Wirkungsgrad	$\eta = \dfrac{\text{Nutzarbeit}}{\text{zugeführte Arbeit}}$ $\eta = \dfrac{\text{Nutzenergie}}{\text{zugeführte Energie}}$	η : Wirkungsgrad

5.2 Gehaltsgrößen

Tabelle 5-4. Gehalte und Massenkonzentrationen. Wenn die Dichte der Lösungen gleich 1 g/ml gesetzt wird, entsprechen ppm den Konzentrationsangaben mg/l oder µg/ml und ppb den Konzentrationsangaben µg/l oder ng/ml.

Verhältnis	%	Größenordnung	µg/g mg/kg (ppm)	ng/g µg/kg (ppb)	mg/g
1 : 100	1	$1 \cdot 10^{-2}$	10 000	$1 \cdot 10^{7}$	10
1 : 200	0,5	$5 \cdot 10^{-3}$	5 000	$5 \cdot 10^{6}$	5
1 : 1 000	0,1	$1 \cdot 10^{-3}$	1 000	$1 \cdot 10^{6}$	1
1 : 2 000	0,05	$5 \cdot 10^{-4}$	500	$5 \cdot 10^{5}$	0,5
1 : 10 000	0,01	$1 \cdot 10^{-4}$	100	$1 \cdot 10^{5}$	0,1
1 : 20 000	0,005	$5 \cdot 10^{-5}$	50	50 000	0,05
1 : $1 \cdot 10^{5}$	0,001	$1 \cdot 10^{-5}$	10	10 000	0,01
1 : $2 \cdot 10^{5}$	0,0005	$5 \cdot 10^{-6}$	5	5 000	0,005
1 : $1 \cdot 10^{6}$	0,0001	$1 \cdot 10^{-6}$	1	1 000	0,001
1 : $2 \cdot 10^{6}$	0,00005	$5 \cdot 10^{-7}$	0,5	500	0,0005
1 : $1 \cdot 10^{7}$	$1 \cdot 10^{-5}$	$1 \cdot 10^{-7}$	0,1	100	0,0001
1 : $2 \cdot 10^{7}$	$5 \cdot 10^{-6}$	$5 \cdot 10^{-8}$	0,05	50	0,00005
1 : $1 \cdot 10^{8}$	$1 \cdot 10^{-6}$	$1 \cdot 10^{-8}$	0,01	10	$1 \cdot 10^{-5}$
1 : $2 \cdot 10^{8}$	$5 \cdot 10^{-7}$	$5 \cdot 10^{-9}$	0,005	5	$5 \cdot 10^{-6}$
1 : $1 \cdot 10^{9}$	$1 \cdot 10^{-7}$	$1 \cdot 10^{-9}$	0,001	1	$1 \cdot 10^{-6}$

5.3 Korngrößen

Tabelle 5-5. Internationale Analysensieb-Vergleichstabelle nach E.F. HAVER (1984), Drahtweberei und Maschinenfabrik Haver & Boecker, Carl-Haver-Platz, D-4740 Oelde (Westfalen). Die Angaben beziehen sich auf Siebböden für Analysensiebe (Prüfsiebe) mit Maschen- bzw. Lochweiten für Drahtgewebe, Rundlochung und Quadratlochung. *Ergänzungswerte, **künftig fortfallend (ISO TC 24 Berlin 1983).

ISO   = International Standards Organization
DIN   = Deutsche Industrienorm
AFNOR = L`Association Francaise de Normalisation
GOST = Staatlicher Allunions Standard (UdSSR)
UNI   = Unificazione Italiana
JIS   = Japanese Industrial Standard
BSI   = British Standards Institution
NEN   = Nederlands Normalisatie Instituut
ASTM = American Society for Testing Materials
Tyler = W.S. Tyler Company, Cleveland, Ohio, U.S.A. 44060

Die Wiedergabe der Tabelle erfolgt mit freundlicher Erlaubnis des Autors und der Firma Haver & Boecker.

ISO ISO 565 Table 1 1983 μm	DIN DIN 4188 1977 mm	AFNOR NF X 11-501 1970 μm	Canada 8-GP-2M 1976 μm	UdSSR GOST 3584 1973 mm	Italien UNI 2331 Parte 2[a] 1980 mm	Japan JIS Z 8801 1982 μm	BSI BS 410 1976 Table 2 μm	BSI BS 410 1976 Appx. C Mesh	Niederlande NEN 2560 1980 μm	ASTM ASTM E 11 1981 μm	ASTM ASTM E 11 1981 No.	Tyler Standard SCREEN SCALE SIEVE SERIES 1910 Mesh	ISO ISO 565 Table 2 1983 μm
20	0,02	20	20										20
22**	0,022	22	22			22							
25	0,025	25	25										25
28**	0,028	28	28			26							
32	0,032	32	32			32							32
36	0,036	36	36										
40	0,04	40	40	0,04	0,04	38	38	400	38	38	400	400	38
45	0,045	45	45	0,045	0,045	45	45	350	45	45	325	325	45
50	0,05	50	50	0,05	0,05	53	53	300	53	53	270	270	53
56	0,056	56	56	0,056	0,056	63	63	240	63	63	230	250	63
63	0,063	63	63	0,063	0,063	75	75	200	75	75	200	200	75
71	0,071	71	71	0,071	0,071	90	90	170	90	90	170	170	90
80	0,08	80	80	0,08	0,08	100* 106	106	150	106	106	140	150	106
90	0,09	90	90	0,09	0,09								
100	0,1	100	100	0,1	0,1								

5 Größen, Einheiten, Umrechnungsfaktoren   **29**

112	0,112	112	*112*	0,112	0,112	125	125	*120*	125	125	*120*	*115*	125
125	0,125	125	*125*	0,125	0,125	150	150	*100*	150	150	*100*	*100*	150
140	0,14	140	*140*	0,14	0,14	160*	180	*85*	180	180	*80*	*80*	180
160	0,16	160	*160*	0,16	0,16	180	212	*72*	212	212	*70*	*65*	212
180	0,18	180	*180*	0,18	0,18	200*	250	*60*	250	250	*60*	*60*	250
200	0,2	200	*200*	0,2	0,2	212	300	*52*	300	300	*50*	*48*	300
224	0,224	224	*224*	0,224	0,224	250	355	*44*	355	355	*45*	*42*	355
250	0,25	250	*250*	0,25	0,25	300	425	*36*	425	425	*40*	*35*	425
280	0,28	280	*280*	0,28	0,28	355	500	*30*	500	500	*35*	*32*	500
315	0,315	315	*315*	0,315	0,315	425	600	*25*	600	600	*30*	*28*	600
355	0,355	355	*355*	0,355	0,355	500	710	*22*	710	710	*25*	*24*	710
400	0,4	400	*400*	0,4	0,4	600	850	*18*	850	850	*20*	*20*	850
450	0,45	450	*450*	0,45	0,45	710	1000	*16*	1000	1000	*18*	*16*	1000
500	0,5	500	*500*	0,5	0,5	850							
560	0,56	560	*560*	0,56	0,56	1000							
630	0,63	630	*630*	0,63	0,63								
710	0,71	710	*710*	0,71	0,71								
800	0,8	800	*800*	0,8	0,8								
900	0,9	900	*900*	0,9	0,9								
1000	1	1000	*1000*	1	1								

▢ Drahtgewebe   ** künftig fortfallend (ISO TC 24 Berlin 1983)   * Ergänzungswerte

5 Größen, Einheiten, Umrechnungsfaktoren

Tabelle 5-5. Fortsetzung

ISO	DIN	AFNOR	Canada	UdSSR	Italien	Japan	BSI			Niederlande	ASTM	Tyler	ISO
ISO 565 Table 1	4188 □ 4187 ● ■	NF X 11-501	8-GP-2M	GOST 3584	UNI 2331 Parte 2ª	JIS Z8801	BS 410			NEN 2560	ASTM E11 □ ■ ASTM E323 ● ■	Standard Screen Scale Sieve Series	ISO 565 Table 2
							Table 3.2	Table 3.1+2	Appx. C				
1983	1977+1974	1970	1976	1973	1980	1982		1976		1980	1981 + 1980	1910	1983
□ 1-125	1-125	1-125	1-125	1-2,5	1-12,5	1-125		1-16	1-16	1-8	1-125	1-26,5	1-125
● 1-125	1-125	1-125				5-125	1-125	1-125		1-125	1-125		1-125
■ 4-125	4-125	4-125				5-125	4-125	4-125		4-125	3,35-125		4-125
mm	mm	mm	mm	mm	mm	mm	mm	mm	Mesh	mm	No.	Mesh	mm
1,00 1,12	1 1,12	1 1,12	1,0 1,12	1,00	1,00 1,12	1,00 1,18	1,00 1,12	1,00 1,18	16	1	1,00 1,18	16	1,00 1,18
1,25 1,40 1,60	1,25 1,4 1,6	1,25 1,4 1,6	1,25 1,4 1,6	1,25 1,60	1,25 1,40 1,60	1,40 1,70	1,25 1,40 1,60	1,40 1,70	14 12 10	1,4	1,40 1,70	14 12 10	1,40 1,70
1,80 2,00 2,24	1,8 2 2,24	1,8 2 2,24	1,8 2,0 2,24	2,00	1,80 2,00 2,24	2,00	1,80 2,00 2,24	2,00	8	2	2,00	9	2,00
2,50 2,80	2,5 2,8	2,5 2,8	2,5 2,8	2,50	2,50 2,80	2,36 2,80	2,50 2,80	2,36 2,80	7 6	2,36 2,8	2,36 2,80	8 7	2,36 2,80

5 Größen, Einheiten, Umrechnungsfaktoren

3,15	3,15	3,15	3,15		3,15								
3,55	3,55	3,55	3,55		3,55								3,35
4,00	4	4	4,0		4,00		3,35		4,00				4,00
4,50	4,5	4,5	4,5		4,50		4,00		4,75		4		4,75
5,00	5	5	5		5,00	5	4,75	5	5,00*				5,60
5,60	5,6	5,6	5,6		5,60	5,6	5,00*	4	5,6		5,6		
6,30	6,3	6,3	6,3		6,30	6,3	5,6	3.1/2			6,3	6	6,70
7,10	7,1	7,1	7,1		7,10	7,1	6,7	3	6,7			5	
8,00	8	8	8		8,00	8			8,0			4	8,00
9,00	9	9	9		9,00	9	8,0				8	3.1/2	
10,0	10	10	10		10,00	10	9,5		9,5			3.1/2	9,50
11,2	11,2	11,2	11,2		11,2	11,2			11,2	3	10	1/4	11,2
12,5	12,5	12,5	12,5		12,5	12,5	11,2		12,5*		11,2	.265"	
14,0	14	14	14			14	13,2		13,2		12,5	5/16"	13,2
16,0	16	16	16			16			16,0			3/8"	16,0
18,0	18	18	18			18	16,0				16	7/16"	
							19,0		19,0	2.1/2"		1/2"	19,0
20,0	20	20	20			20					20	.530"	
22,4	22,4	22,4	22,4			22,4	22,4		22,4	.371"	22,4	5/8"	22,4
25,0	25	25	25			25			25,0*	.441"	25	3/4"	
							26,5		26,5	.525"		7/8"	26,5
28,0	28	28	28			28				.624"		1"	
31,5	31,5	31,5	31,5			31,5	31,5		31,5	.742"	31,5	1,06"	31,5
35,5	35,5	35,5	35,5			35,5				.883"		1,114"	
										1,05"			

Tabelle 5-5. Fortsetzung

ISO Table 1	DIN	AFNOR	Canada	UdSSR	Italien	Japan	BSI Table 3.2	BSI Table 3.1+2	BSI Appx. C	Niederlande	ASTM		Tyler	ISO Table 2
						37,5		37,5			37,5			37,5
40,0	40	40	40			40	40,0				40			
45,0	45	45	45			45	45,0	45,0		45	45	1.3/4"		45,0
50,0	50	50	50			50	50,0			50	50*	2"		
						53		53,0			53	2,12"		53,0
56,0	56	56	56			56	56,0							
63,0	63	63	63			63	63,0	63,0		63	63	2.1/2"		63,0
71,0	71	71	71			71	71,0							
						75		75,0			75	3"		75,0
80,0	80	80	80			80	80,0			80				
90,0	90	90	90			90	90,0	90,0		90	90	3.1/2"		90,0
100	100	100	100			100	100			100	100*	4"		
						106		106			106	4.1/4"		106
112	112	112	112			112	112							
125	125	125	125			125	125	125		125	125	5"		125

☐ Drahtgewebe   ● Rundlochung   ■ Quadratlochung   * Ergänzungswerte

5.4 Rechenhilfen

A. Bei der Laborarbeit müssen häufig **zwei** Lösungen miteinander gemischt werden, oder es ist eine Lösung mit einem reinen Lösungsmittel (z.B. Wasser) zu verdünnen. Das Mischungsverhältnis (Massenverhältnis, Volumenverhältnis) läßt sich durch Mischungsrechnen nach der Kreuzregel einfach ermitteln. Beispiele:

1. Massenteile:
Das Mischungskreuz gilt für massenbezogene Angaben wie w in g/g bzw. % und die Molalität b in mol/kg.

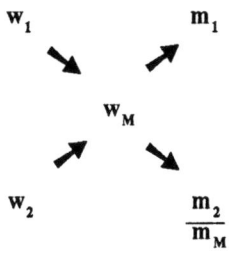

w_1 = Lösung 1; gegebener Massenanteil des gelösten Stoffes in %
w_2 = Lösung 2; gegebener Massenanteil des gelösten Stoffes in %
w_M = Mischung; gewünschter Massenanteil des gelösten Stoffes in %
m_1 = abzumessende Massenanteile der Lösung 1 (Differenzbetrag aus w_M und w_2)
m_2 = abzumessende Massenanteile der Lösung 2 (Differenzbetrag aus w_M und w_1)
m_M = Gesamtmasse der Mischung (Summe $m_1 + m_2$)

Wenn von vornherein eine bestimmte Gesamtmasse m der Mischung gewünscht wird, gilt für die zu mischenden Massenteile m_1' und m_2':

$$m_1' = \frac{m_1 \cdot m}{m_M} \qquad m_2' = \frac{m_2 \cdot m}{m_M}$$

Aus zwei verschiedenen Schwefelsäuren mit Massenanteilen von 95-97 % H_2SO_4 und 25 % H_2SO_4 sollen 1000 g einer Schwefelsäure mit 50 % H_2SO_4 hergestellt werden. Beide Säuren sind in folgenden Verhältnissen zu mischen (Vorsicht, Schutzbrille!):

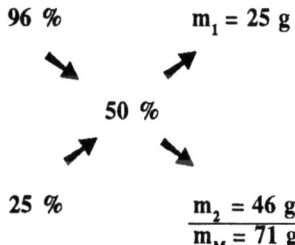

w_1 = Schwefelsäure mit 95-97 % H_2SO_4
w_2 = Schwefelsäure mit 25 % H_2SO_4
w_M = Schwefelsäure mit 50 % H_2SO_4
m = 1000 g

$$m'_1 = \frac{25 \text{ g} \cdot 1000 \text{ g}}{71 \text{ g}} = 352 \text{ g Schwefelsäure mit 95-97 \% } H_2SO_4$$

$$m'_2 = \frac{46 \text{ g} \cdot 1000 \text{ g}}{71 \text{ g}} = \underline{648 \text{ g Schwefelsäure mit 25 \% } H_2SO_4}$$

$$m = 1000 \text{ g Schwefelsäure mit einem Massenanteil von 50 \% } H_2SO_4$$

2. Volumenteile:

Wenn Lösungen mit volumenbezogenen Angaben wie die Stoffmengenkonzentration c in mol/l oder die Massenkonzentration ß in g/l gemischt werden sollen, läßt sich das Prinzip des Mischungskreuzes ebenfalls anwenden. Die Massenteile werden dann durch Volumenteile ersetzt unter der Voraussetzung, daß beim Mischen kein Volumeneffekt auftritt. Andernfalls ist es notwendig, mittels der Dichte zunächst die Volumina in Massen umzurechnen und erst dann das Mischungskreuz anzuwenden.

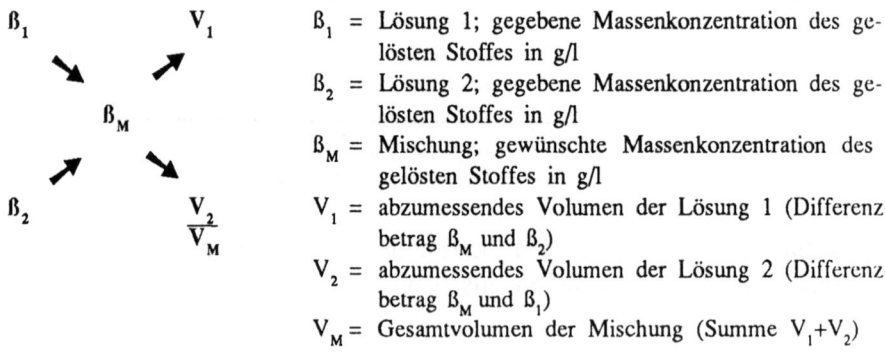

$ß_1$ = Lösung 1; gegebene Massenkonzentration des gelösten Stoffes in g/l

$ß_2$ = Lösung 2; gegebene Massenkonzentration des gelösten Stoffes in g/l

$ß_M$ = Mischung; gewünschte Massenkonzentration des gelösten Stoffes in g/l

V_1 = abzumessendes Volumen der Lösung 1 (Differenzbetrag $ß_M$ und $ß_2$)

V_2 = abzumessendes Volumen der Lösung 2 (Differenzbetrag $ß_M$ und $ß_1$)

V_M = Gesamtvolumen der Mischung (Summe V_1+V_2)

Wenn von vornherein ein bestimmtes Gesamtvolumen V der Mischung gewünscht wird, gilt für die zu mischenden Volumenteile V_1 und V_2:

$$V'_1 = \frac{V_1 \cdot V}{V_M} \qquad V'_2 = \frac{V_2 \cdot V}{V_M}$$

Aus einer konzentrierten Schwefelsäure mit einer Massenkonzentration von 1766 g H_2SO_4/l (Massenanteil 95-97 % H_2SO_4) sollen durch Verdünnung mit dest. Wasser 100 ml einer Schwefelsäure mit einer Massenkonzentration von 500 g H_2SO_4/l (Massenanteil 38,7 % H_2SO_4, Umrechnung siehe Tabellen Dichte und Gehalt von Lösungen in KÜSTER et al., 1985: 126 ff.) hergestellt werden. Die Schwefelsäure und das Wasser sind in folgenden Verhältnissen zu mischen (Vorsicht! konzentrierte Schwefelsäure langsam in das Wasser gießen, *nicht* umgekehrt):

```
1766 g H₂SO₄/l        V₁ = 500 ml       ß₁ = Schwefelsäure mit
      ↘            ↗                         1766 g H₂SO₄/l

         500 g H₂SO₄/l                  ß₂ = dest. Wasser
      ↗            ↘                   ß_M = Schwefelsäure mit
                                              500 g H₂SO₄/l
 0 g H₂SO₄/l        V₂ = 1266 ml        V = 100 ml
                    V_M = 1766 ml
```

$$V'_1 = \frac{500 \text{ ml} \cdot 100 \text{ ml}}{1766 \text{ ml}} = 28 \text{ ml Schwefelsäure mit } 1766 \text{ g } H_2SO_4/l$$

$$V'_2 = \frac{1266 \text{ ml} \cdot 100 \text{ ml}}{1766 \text{ ml}} = \underline{72 \text{ ml dest. Wasser}}$$

V = 100 ml Schwefelsäure mit einer Massenkonzentration von rund 500 g H_2SO_4/l

B. Die Mischung der Massenteile von *drei und mehr* Lösungen läßt sich nach folgender Mischungsgleichung berechnen (KÜSTER et al., 1985: 237):

$$m_1 \cdot w_1 + m_2 \cdot w_2 + m_3 \cdot w_3 \ldots = (m_1 + m_2 + m_3 \ldots) \cdot w_M$$

$m_{1,2,3}\ldots$: Lösungen-Massenteile der Lösungen 1,2,3 ... (in g oder kg) mit den Massenanteilen (in %) an gelöstem Stoff $w_{1,2,3}\ldots$

$w_{1,2,3}\ldots$: gelöster Stoff-Massenanteile (in %) des gelösten Stoffes in den Lösungen 1,2,3 ...

w_M : Mischung; gewünschter Massenanteil (in %) des gelösten Stoffes

Von drei Schwefelsäuren mit unterschiedlichen Massenanteilen (w) an H_2SO_4 sollen folgende Massenteile (m) miteinander gemischt werden:
Schwefelsäure 1 : m_1 = 10 g w_1 ≈ 95-97 %
Schwefelsäure 2 : m_2 = 30 g w_2 = 40 %
Schwefelsäure 3 : m_3 = 60 g w_3 = 25 %

Der Massenanteil an H_2SO_4 in der Mischung beträgt dann:

$$w_M = \frac{10 \text{ g} \cdot 96 \% + 30 \text{ g} \cdot 40 \% + 60 \text{ g} \cdot 25 \%}{10 \text{ g} + 30 \text{ g} + 60 \text{ g}} = 36{,}6 \% \ H_2SO_4$$

Wenn für w_M eine bestimmte Gesamtmasse vorgegeben ist, lassen sich durch entsprechende Umformung (siehe Beispiele unter A) die benötigten Massenteile m von den drei verschiedenen Schwefelsäuren berechnen.

5.5 Umrechnungen

Bei der analytischen Arbeit sind häufig Umrechnungen von Stoff- und Gehaltsgrößen vorzunehmen. Mit den folgenden Formeln lassen sich alle wichtigen Umrechnungen leicht durchführen. Die Formulierung und Reihenfolge der Gleichungen erfolgt in Anlehnung an KÜSTER et al., 1985: 235 ff.

Masse $\rightleftarrows$ Stoffmenge (Molmenge)

A. Gesucht : Masse in g
Gegeben : Stoffmenge (früher Molmenge) in mol

$$m = M(X) \cdot n(X)$$

B. Gesucht : Stoffmenge (Molmenge) in mol
Gegeben : Masse in g

$$n(X) = \frac{m}{M(X)}$$

Erläuterungen:
m   : Masse in g
n(X)   : Stoffmenge (Molmenge) in mol
M(X)   : molare Masse in g/mol

Masse $\rightleftarrows$ Volumen

A. Gesucht : Masse in g
Gegeben : Volumen der Lösung in ml

$$m = \rho \cdot V$$

B. Gesucht : Volumen
Gegeben : Masse in g

$$V = \frac{m}{\rho}$$

Erläuterungen:
m : Masse in g
ρ : Dichte der Lösung in g/ml
V : Volumen der Lösung in ml

Volumen ⇌ Stoffmenge (Molmenge)

A. Gesucht : Volumen in l
   Gegeben : Stoffmenge (Molmenge) in mol

$$V = V_m(X) \cdot n(X)$$

B. Gesucht : Stoffmenge (Molmenge) in mol
   Gegeben : Volumen in l

$$n(X) = \frac{V}{V_m(X)}$$

Erläuterungen:
V : Volumen in l
$n(X)$: Stoffmenge (Molmenge) in mol
$V_m(X)$: molares Volumen in l/mol (Molvolumen)

Massenkonzentration ⇌ Stoffmengenkonzentration

A. Gesucht : Massenkonzentration des Bestandes A in g/l
   Gegeben : Stoffmengenkonzentration (Molarität) des Bestandteils A in mol/l

$$\beta_c(A) = c(A) \cdot M(A)$$

B. Gesucht : Stoffmengenkonzentration (Molarität) des Bestandteils A in mol/l
   Gegeben : Massenkonzentration des Bestandteils A in g/l

$$c(A) = \frac{\beta_c(A)}{M(A)}$$

Erläuterungen:
$\beta_c(A)$: Massenkonzentration des Bestandteils A in g/l

c(A) : Stoffmengenkonzentration (Molarität) des Bestandteils A in mol/l
M(A) : molare Masse des Bestandteils A in g/mol

Massenanteil ⇄ Stoffmengenanteil

A. Gesucht : Massenanteil in % (Gew.-%)
   Gegeben : Stoffmengenanteil in % (Mol-%)

$$w(A) = \frac{x(A) \cdot M(A) \cdot 100}{\Sigma_1}$$

B. Gesucht : Stoffmengenanteil in % (Mol-%)
   Gegeben : Massenanteil in % (Gew.-%)

$$x(A) = \frac{w(A) \cdot 100}{M(A) \cdot \Sigma_2}$$

Erläuterungen:
w(A,B,C,...) : Massenanteil in % der Bestandteile A,B,C
x(A,B,C,...) : Stoffmengenanteil in % der Bestandteile A,B,C
M(A,B,C,...) : molare Massen in g/mol der Bestandteile A,B,C

Summe der Produkte x · M aller Bestandteile (für A):

$$\Sigma_1 = x(A) \cdot M(A) + x(B) \cdot M(B) + x(C) \cdot M(C) + ...$$

Summe der Quotienten $\frac{w}{M}$ aller Bestandteile (für B):

$$\Sigma_2 = \frac{w(A)}{M(A)} + \frac{w(B)}{M(B)} + \frac{w(C)}{M(C)} + \cdots$$

Massenanteil ⇄ Stoffmengenkonzentration

A. Gesucht : Massenanteil in % (Gew.-%) des Bestandteils A
   Gegeben : Stoffmengenkonzentration (Molarität) des Bestandteils A in mol/l

$$w(A) = \frac{c(A) \cdot M(A)}{\rho(L) \cdot 10}$$

B. Gesucht : Stoffmengenkonzentration (Molarität) des Bestandteils A in mol/l
Gegeben : Massenanteil in % (Gew.-%) des Bestandteils A

$$c(A) = \frac{\rho(L) \cdot w(A) \cdot 10}{M(A)}$$

Erläuterungen:
w(A) : Massenanteil in % (Gew.-%) des Bestandteils A
c(A) : Stoffmengenkonzentration (Molarität) des Bestandteils A in mol/l
ρ(L) : Dichte der Lösung mit der Konzentration c(A) bzw. dem Massenanteil w(A) in g/ml
M(A) : molare Masse des Bestandteils A in g/mol

Massenanteil ⇄ Volumenkonzentration

A. Gesucht : Massenanteil in % (Gew.-%) eines Bestandteils i
Gegeben : Volumenkonzentration in % (Vol.-%) eines Bestandteils i

$$w_i = \frac{\sigma_i \cdot \rho_i}{\rho(L)}$$

B. Gesucht : Volumenkonzentration in % (Vol.-%) eines Bestandteils i
Gegeben : Massenanteil in % (Gew.-%) eines Bestandteils i

$$\sigma_i = \frac{w_i \cdot \rho(L)}{\rho_i}$$

Erläuterungen:
w_i : Massenanteil in % (Gew.-%) eines Bestandteils i
σ_i : Volumenkonzentration in % (Vol.-%) eines Bestandteils i
ρ_i : Dichte des reinen Bestandteils i in g/ml
ρ(L) : Dichte der Lösung in g/ml

Massenkonzentration ⇄ Massenanteil

A. Gesucht : Massenkonzentration eines Bestandteils i in g/l
Gegeben : Massenanteil in % (Gew.-%) eines Bestandteils i

$$\beta_{ci} = \rho(L) \cdot w_i \cdot 10$$

B. Gesucht : Massenanteil in % (Gew.-%) eines Bestandteils i
   Gegeben : Massenkonzentration eines Bestandteils i in g/l

$$w_i = \frac{\beta_{ci}}{\rho(L) \cdot 10}$$

Erläuterungen:
β_{ci} : Massenkonzentration eines Bestandteils i in g/l
$\rho(L)$: Dichte der Lösung in g/ml
w_i : Massenanteil in % (Gew.-%) eines Bestandteils i

5.6 Atommassen

Tabelle 5-6. Relative Atommassen der Elemente. Bezogen auf $^{12}C = 12$.
Stand von 1983 (IUPAC, Internationale Union für Reine und Angewandte Chemie). Die Genauigkeit der Werte ist, wenn nicht anders vermerkt, ± 1 der letzten Ziffer. ( ) = früher gebräuchliche oder in anderen Sprachen verwendete Namen und Elementsymbole. Aus KÜSTER et al. (1985: 7-9).

Element	Symbol	Protonenzahl (Ordnungszahl)	Atommasse
Actinium	Ac	89	227
Aluminium	Al	13	26,98154
Americium	Am	95	243
Antimon	Sb	51	121,75
Argon	Ar	18	39,948
Arsen	As	33	74,9216
Astat	At	85	210
Barium	Ba	56	137,33
Berkelium	Bk	97	247
Beryllium (Glucinium)	Be	4	9,01218
Blei	Pb	82	207,2
Bor	B	5	10,811±5
Brom	Br	35	79,904
Cadmium	Cd	48	112,40
Cäsium	Cs	55	132,9054
Calcium	Ca	20	40,078

Tabelle 5-6. Fortsetzung

Element	Symbol	Protonenzahl (Ordnungszahl)	Atommasse
Californium	Cf	98	251
Cer	Ce	58	140,12
Chlor	Cl	17	35,453
Chrom	Cr	24	51,9961 ± 6
Cobalt	Co	27	58,9332
Curium	Cm	96	247
Dysprosium	Dy	66	162,50 ± 3
Einsteinium	Es	99	252
Eisen	Fe	26	55,847
Erbium	Er	68	167,26 ± 3
Europium	Eu	63	151,96
Fermium	Fm	100	257
Fluor	F	9	18,998403
Francium	Fr	87	223
Gadolinium	Gd	64	157,25 ± 3
Gallium	Ga	31	69,723 ± 4
Germanium	Ge	32	72,59 ± 3
Gold	Au	79	196,9665
Hafnium (Celtium)	Hf	72	178,49 ± 3
Helium	He	2	4,00260 ± 2
Holmium	Ho	67	164,9304
Indium	In	49	114,82
Iridium	Ir	77	192,22 ± 3
Iod	I	53	126,9045
Kalium (Potassium)	K	19	39,098
Kohlenstoff	C	6	12,011
Krypton	Kr	36	83,80
Kupfer	Cu	29	63,546 ± 3
Lanthan	La	57	138,9055 ± 3
Lawrencium	Lr	103	260
Lithium	Li	3	6,941 ± 2
Lutetium (Cassiopeium)	Lu (Cp)	71	174,967
Magnesium	Mg	12	24,305
Mangan	Mn	25	54,9380
Mendelevium	Md	101	258
Molybdän	Mo	42	95,94
Natrium (Sodium)	Na	11	22,98977

Tabelle 5-6. Fortsetzung

Element	Symbol	Protonenzahl (Ordnungszahl)	Atommasse
Neodym	Nd	60	144,24 ± 3
Neon	Ne	10	20,179
Neptunium	Np	93	237
Nickel	Ni	28	58,69
Niob (Columbium)	Nb (Cb)	41	92,9064
Nobelium	No	102	259
Osmium	Os	76	190,2
Palladium	Pd	46	106,42
Phosphor	P	15	30,97376
Platin	Pt	78	195,08 ± 3
Plutonium	Pu	94	244
Polonium	Po	84	209
Praseodym	Pr	59	140,9077
Promethium	Pm	61	145
Protactinium	Pa	91	231,0359
Quecksilber	Hg	80	200,59 ± 3
Radium	Ra	88	226
Radon	Rn	86	222
Rhenium	Re	75	186,207
Rhodium	Rh	45	102,9055
Rubidium	Rb	37	85,4678 ± 3
Ruthenium	Ru	44	101,07 ± 2
Samarium	Sm	62	150,36 ± 3
Sauerstoff	O	8	15,9994 ± 3
Scandium	Sc	21	44,95591 ± 1
Schwefel	S	16	32,066 ± 6
Selen	Se	34	78,96 ± 3
Silber	Ag	47	107,8682 ± 3
Silicium	Si	14	28,0855 ± 3
Stickstoff (Azote)	N (Az)	7	14,0067
Strontium	Sr	38	87,62
Tantal	Ta	73	180,9479
Technetium	Tc	43	98
Tellur	Te	52	127,60 ± 3
Terbium	Tb	65	158,9254
Thallium	Tl	81	204,383
Thorium	Th	90	232,0381
Thulium	Tm	69	168,9342
Titan	Ti	22	47,88 ± 3

Tabelle 5-6. Fortsetzung

Element	Symbol	Protonenzahl (Ordnungszahl)	Atommasse
Unnilpentium (auch Nielsbohrium bzw. Hahnium)	Unp (Ns) (Ha)	105	262
Unnilquadium (auch Rutherfordium bzw. Kurtschatovium)	Unq (Rf) (Ku)	104	261
Uran	U	92	238,0289
Vanadium	V	23	50,9415
Wasserstoff	H	1	$1,00794 \pm 7$
Wismut	Bi	83	208,9804
Wolfram	W	74	$183,85 \pm 3$
Xenon	Xe	54	$131,29 \pm 3$
Ytterbium	Yb	70	$173,04 \pm 3$
Yttrium	Y	39	88,9059
Zink	Zn	30	$65,38 \pm 2$
Zinn	Sn	50	$118,710 \pm 7$
Zirconium	Zr	40	$91,224 \pm 2$

5.7 Molare Massen

Tabelle 5-7. Molare Massen gebräuchlicher Verbindungen und Atomgruppen.

Formel	g/mol	Formel	g/mol
$AgBr$	187,772	$BaCO_3$	197,34
$AgCl$	143,321	BaC_2O_4	225,35
AgI	234,773	$BaCrO_4$	253,32
$AgNO_3$	169,873	BaO	153,33
Ag_2O	231,736	$BaSO_4$	233,39
$Al(C_9H_6NO)_3$	459,439	CO	28,011
Al_2O_3	101,961	CO_2	44,010
		CO_3	60,009
As_2O_3	197,841	CaF_2	78,08
B_2O_3	69,62	$CaCO_3$	100,09

Tabelle 5-7. Fortsetzung

Formel	g/mol	Formel	g/mol
Ca(HCO$_3$)$_2$	162,11	H$_3$BO$_3$	61,83
CaC$_2$O$_4$ · H$_2$O	146,12	HCO$_3$	61,017
CaCl$_2$	110,99	H$_2$CO$_3$	62,025
CaMg$_2$Cl$_6$ · 12 H$_2$O (Tachhydrit)	517,588	HCl	36,461
		HF	20,006
CaMg(CO$_3$)$_2$ (Dolomit)	184,403	H$_2$C$_2$O$_4$	90,035
		HNO$_3$	63,013
Ca$_3$(PO$_4$)$_2$	310,18	H$_2$O	18,0152
CaSO$_4$	136,14	H$_3$PO$_3$	81,996
CaSO$_4$ · 0,5 H$_2$O	145,15	H$_3$PO$_4$	97,995
CaSO$_4$ · 2 H$_2$O	172,17	H$_2$S	34,08
		H$_2$SiO$_3$	78,100
CdO	128,41	H$_2$SO$_4$	98,07
CdS	144,47		
		HgCl$_2$	271,50
CeO$_2$	172,12	Hg$_2$Cl$_2$	472,09
Ce$_2$O$_3$	328,24	HgO	216,59
		Hg$_2$O	417,18
Cr$_2$O$_3$	151,990	HgS	232,65
Cs$_2$O	281,810	In$_2$O$_3$	277,64
		In$_2$S$_3$	325,82
CuCl$_2$	134,452		
CuO	79,544	KBr	119,002
Cu$_2$O	143,091	K[(C$_6$H$_5$)$_4$B] (Tetraphenylborsäure)	358,33
CuS	95,61		
Cu$_2$S	159,15	K(C$_{12}$H$_4$N$_7$O$_{12}$) (Dipikrylamin)	477,302
CuSO$_4$	159,60		
		K$_2$Ca(SO$_4$)$_2$ · H$_2$O (Syngenit)	328,412
Er$_2$O$_3$	382,52		
		K$_2$Ca$_5$(SO$_4$)$_6$ · H$_2$O (Görgeyit)	872,972
FeCl$_2$	126,753		
FeCl$_3$	162,206	KCl	74,551
FeCO$_3$	115,856	KClO$_4$	138,549
FeO	71,846	K$_2$CrO$_4$	194,190
Fe$_2$O$_3$	159,692	K$_2$Cr$_2$O$_7$	294,184
Fe$_3$O$_4$	231,539	KI	166,003
Fe(OH)$_3$	106,869	K$_2$MgCa$_2$(SO$_4$)$_4$ · 2 H$_2$O (Polyhalit)	602,932
FePO$_4$	150,818		
FeS	87,91	KMgCl$_3$ · 6 H$_2$O (Carnallit)	277,852
FeS$_2$	119,97		

Tabelle 5-7. Fortsetzung

Formel	g/mol	Formel	g/mol
KMgClSO$_4$ · 2,75 H$_2$O (Kainit)	244,458	MgSO$_4$ · 7 H$_2$O (Epsomit)	246,465
K$_2$Mg$_2$(SO$_4$)$_3$ (Langbeinit)	414,987	MnCO$_3$	114,947
KNO$_3$	101,103	MnO	70,937
K$_2$O	94,196	MnO$_2$	86,937
K$_2$[PtCl$_6$]	486,01	Mn$_2$O$_3$	157,874
K$_2$SO$_4$	174,25	Mn$_3$O$_4$	228,812
		Mn$_2$P$_2$O$_7$	283,819
La$_2$O$_3$	325,809	MnS	87,00
		MnSO$_4$	151,00
LiCl	42,394		
Li$_2$CO$_3$	73,891	MoO$_3$	143,94
Li$_2$O	29,881	MoO$_4$	159,94
		MoS$_2$	160,06
MgBr$_2$	184,113		
Mg(C$_9$H$_6$NO)$_2$ (Oxin)	312,610	NaBr	102,893
		NaBrO$_3$	150,892
Mg(C$_9$H$_6$NO)$_2$ · 2 H$_2$O	348,640	Na$_2$B$_4$O$_7$	201,22
MgCl$_2$	95,211	Na$_2$B$_4$O$_7$ · 10 H$_2$O	381,37
MgCl$_2$ · 6 H$_2$O (Bischofit)	203,301	Na$_2$Ca(SO$_4$)$_2$ (Glauberit)	278,18
MgCO$_3$	84,314	NaCl	58,443
Mg(HCO$_3$)$_2$	146,339	NaCl · 2 H$_2$O (Hydrohalit)	94,473
MgF$_2$	62,302		
MgNH$_4$PO$_4$ · H$_2$O	155,329	Na$_2$CO$_3$	105,989
MgNH$_4$PO$_4$ · 6 H$_2$O	245,406	Na$_2$CO$_3$ · 10 H$_2$O (Soda)	286,141
MgO	40,304		
Mg$_2$P$_2$O$_7$	222,553	NaHCO$_3$	84,007
MgSiO$_3$	100,389	NaF	41,988
Mg$_2$SiO$_4$	140,693	NaI	149,894
MgSO$_4$	120,36	Na$_2$Mg(SO$_4$)$_2$ · 4 H$_2$O (Blödit)	334,465
MgSO$_4$ · H$_2$O (Kieserit)	138,38		
		Na$_6$Mg(SO$_4$)$_4$ (Vanthoffit)	546,48
MgSO$_4$ · 4 H$_2$O (Leonhardtit)	192,420	Na$_{12}$Mg$_7$(SO$_4$)$_{13}$ · 15 H$_2$O (Löweit)	1965,02
MgSO$_4$ · 5 H$_2$O (Pentahydrit)	210,435	Na$_{21}$MgCl$_3$(SO$_4$)$_{10}$ (D'Ansit)	1574,05
MgSO$_4$ · 6 H$_2$O (Hexahydrit)	228,450	NaNO$_3$	84,995
		Na$_2$O	61,979

Tabelle 5-7. Fortsetzung

Formel	g/mol	Formel	g/mol
Na_2O_2	77,978	PdO	122,42
Na_3PO_4	163,941		
Na_2HPO_4	141,959	Pr_2O_3	329,814
Na_2SiO_3	122,063		
Na_2SO_4	142,04	$PtCl_4$	336,90
$Na_2SO_4 \cdot 10\ H_2O$	322,19	PtO	211,09
(Mirabilit,		PtO_2	227,09
Glaubersalz)		PtS_2	259,21
NH_2	16,023	Rb_2CO_3	230,945
NH_3	17,030	RbCl	120,921
NH_4	18,038	Rb_2O	186,935
$(NH_4)_2CO_3$	96,086	Rb_2SO_4	266,993
NH_4Cl	53,491		
$(NH_4)_2Fe(SO_4)_2 \cdot 6\ H_2O$	392,13	Sb_2O_3	291,50
$(NH_4)_2HPO_4$	132,056	Sb_2O_4	307,50
NH_4NO_3	80,043	Sb_2S_3	339,68
NO_2	46,006	Sb_2S_5	403,80
NO_3	62,005		
N_2O_3	76,012	Sc_2O_3	137,910
N_2O_5	108,01		
		SeO_2	110,96
Nb_2O_5	265,810	SeO_3	126,96
$Ni(C_4H_7N_2O_2)_2$	288,913	SiF_4	104,079
(Ni-Dimethylglyoxim)		SiO_2	60,084
NiO	74,69	SiO_4	92,083
NiS	90,75		
$NiSO_4$	154,75	SnO	134,71
		SnO_2	150,71
PO_4	94,971		
P_2O_5	141,945	SO_2	64,06
		SO_3	80,06
$PbCO_3$	267,2	SO_4	96,06
$PbCl_2$	278,1		
$PbCrO_4$	323,2	SrC_2O_4	175,64
PbO	223,2	$SrC_2O_4 \cdot H_2O$	193,66
PbO_2	239,2	$SrCO_3$	147,63
PbS	239,3	SrO	103,62
$PbSO_4$	303,3	$SrSO_4$	183,68

Tabelle 5-7. Fortsetzung

Formel	g/mol	Formel	g/mol
Ta_2O_5	441,893	VO_3	98,940
		V_2O_3	149,881
TeO_2	159,60	V_2O_5	181,880
TeO_3	175,60		
		WO_3	231,85
ThO_2	264,037		
		Y_2O_3	225,810
TiO_2	79,88		
		Yb_2O_3	394,078
Tl_2O	424,765		
Tl_2O_3	456,764	ZnO	81,39
		ZnS	97,45
Tm_2O_3	385,867	$ZnSO_4$	161,45
UO_2	270,028	ZrO_2	123,22
UO_3	286,027		
U_2O_7	588,054		
U_3O_8	842,082		

5.8 Umrechnungsfaktoren

Tabelle 5-8. Umrechnung analytisch bestimmter Elementanteile bzw. Verbindungen in gesuchte Bestandteile einer Analysenprobe

Gesucht	Gegeben	F	$\frac{1}{F}$
Ag	Ag_2O	0,9310	1,0742
Ag	$AgCl$	0,7526	1,3287
Ag	$AgNO_3$	0,6350	1,5748
Al	Al_2O_3	0,5293	1,8895
Al	$Al(C_9H_6NO)_3$	0,05873	17,0271
Al_2O_3	$Al(C_9H_6NO)_3$	0,1110	9,0121
As	As_2O_3	0,7574	1,3203

Tabelle 5-8. Fortsetzung

Gesucht	Gegeben	F	$\frac{1}{F}$
B	B_2O_3	0,3106	3,2202
B	H_3BO_3	0,1748	5,7197
B	$Na_2B_4O_7 \cdot 10\ H_2O$	0,1134	8,8198
B	$Na_2B_4O_7$	0,2149	4,6536
B_2O_3	H_3BO_3	0,5630	1,7763
B_2O_3	$Na_2B_4O_7 \cdot 10\ H_2O$	0,3651	2,7389
B_2O_3	$Na_2B_4O_7$	0,6920	1,4451
$Na_2B_4O_7$	$Na_2B_4O_7 \cdot 10\ H_2O$	0,5276	1,8953
Ba	BaO	0,8957	1,1165
Ba	$BaCO_3$	0,6959	1,4370
Ba	BaC_2O_4	0,6094	1,6409
Ba	$BaCrO_4$	0,5421	1,8446
Ba	$BaSO_4$	0,5884	1,6995
BaO	$BaCO_3$	0,7770	1,2870
BaO	BaC_2O_4	0,6804	1,4697
BaO	$BaCrO_4$	0,6053	1,6521
BaO	$BaSO_4$	0,6570	1,5221
$BaSO_4$	SO_4	2,4296	0,4116
Br	AgBr	0,4255	2,3500
Br	AgCl	0,5575	1,7937
Br	Cl	2,2538	0,4437
Br	I	0,6296	1,5882
Br	NaBr	0,7766	1,2877
Br	$NaBrO_3$	0,5295	1,8884
Br	KBr	0,6715	1,4893
Br	$MgBr_2$	0,8680	1,1521
C	CO	0,4288	2,3321
C	CO_2	0,2729	3,6641
C	CO_3	0,2002	4,9962
C	HCO_3	0,1968	5,0801
C	$BaCO_3$	0,06086	16,4299
C	$CaCO_3$	0,1200	8,3331
C	$Ca(HCO_3)_2$	0,1482	6,7484
C	$MgCO_3$	0,1425	7,0197
C	$Mg(HCO_3)_2$	0,1642	6,0919
C	$CaMg(CO_3)_2$	0,1303	7,6764
CO_2	CO	1,5712	0,6365

Tabelle 5-8. Fortsetzung

Gesucht	Gegeben	F	$\frac{1}{F}$
CO_2	CO_3	0,7334	1,3635
CO_2	HCO_3	0,7213	1,3864
CO_2	$BaCO_3$	0,2230	4,4840
CO_2	$CaCO_3$	0,4397	2,2743
CO_2	$Ca(HCO_3)_2$	0,5430	1,8417
CO_2	$MgCO_3$	0,5220	1,9158
CO_2	$Mg(HCO_3)_2$	0,6015	1,6626
CO_2	$CaMg(CO_3)_2$	0,4773	2,0950
CO_3	CO	2,1423	0,4668
CO_3	$BaCO_3$	0,3041	3,2885
CO_3	$CaCO_3$	0,5996	1,6679
CO_3	$Ca(HCO_3)_2$	0,7403	1,3507
CO_3	$MgCO_3$	0,7117	1,4050
CO_3	$Mg(HCO_3)_2$	0,8201	1,2193
CO_3	$CaMg(CO_3)_2$	0,6508	1,5365
Ca	CaO	0,7147	1,3992
Ca	CO_2	0,9107	1,0981
Ca	CO_3	0,6679	1,4972
Ca	$CaCO_3$	0,4004	2,4973
Ca	$Ca(HCO_3)_2$	0,2472	4,0447
Ca	$CaC_2O_4 \cdot H_2O$	0,2743	3,6456
Ca	$CaCl_2$	0,3611	2,7691
Ca	$CaSO_4$	0,2944	3,3967
Ca	$CaSO_4 \cdot 0,5 H_2O$	0,2761	3,6215
Ca	$CaSO_4 \cdot 2 H_2O$	0,2328	4,2957
Ca	$BaSO_4$	0,1717	5,8231
Ca	SO_4	0,4172	2,3967
CaO	CO_2	1,2742	0,7848
CaO	CO_3	0,9345	1,0701
CaO	$CaCO_3$	0,5603	1,7848
CaO	$Ca(HCO_3)_2$	0,3459	2,8907
CaO	$CaC_2O_4 \cdot H_2O$	0,3838	2,6055
CaO	$CaCl_2$	0,5053	1,9791
CaO	$CaSO_4$	0,4119	2,4276
CaO	$CaSO_4 \cdot 0,5 H_2O$	0,3863	2,5883
CaO	$CaSO_4 \cdot 2 H_2O$	0,3257	3,0701
CaO	$BaSO_4$	0,2403	4,1617
CaO	SO_4	0,5838	1,7129
$CaSO_4$	$BaSO_4$	0,5833	1,7143

Tabelle 5-8. Fortsetzung

Gesucht	Gegeben	F	$\frac{1}{F}$
$CaSO_4 \cdot 2 H_2O$	$BaSO_4$	0,7377	1,3556
$CaSO_4$	SO_2	2,1252	0,4705
$CaSO_4$	SO_3	1,7005	0,5881
$CaSO_4$	SO_4	1,4172	0,7056
$CaSO_4$	$CaSO_4 \cdot 0,5 H_2O$	0,9379	1,0662
$CaSO_4$	$CaSO_4 \cdot 2 H_2O$	0,7907	1,2647
$CaSO_4 \cdot 0,5 H_2O$	H_2O	16,1136	0,0621
$CaSO_4 \cdot 2 H_2O$	H_2O	4,7784	0,2093
$CaSO_4$	$K_2Ca(SO_4)_2 \cdot H_2O$ (Syngenit)	0,4145	2,4123
$CaSO_4$	$K_2MgCa_2(SO_4)_4 \cdot 2 H_2O$ (Polyhalit)	0,4516	2,2144
$CaSO_4$	$Na_2Ca(SO_4)_2$ (Glauberit)	0,4894	2,0433
$CaSO_4$	$K_2Ca_5(SO_4)_6 \cdot H_2O$ (Görgerit)	0,7798	1,2825
Cd	CdO	0,8754	1,1423
Cd	CdS	0,7781	1,2852
Ce	CeO_2	0,8141	1,2284
Ce	Ce_2O_3	0,8538	1,1713
Cl	NaCl	0,6066	1,6485
Cl	KCl	0,4756	2,1028
Cl	$MgCl_2$	0,7447	1,3428
Cl	$MgCl_2 \cdot 6 H_2O$ (Bischofit)	0,3488	2,8672
Cl	$KMgCl_3 \cdot 6 H_2O$ (Carnallit)	0,3828	2,6124
Cl	$CaMg_2Cl_6 \cdot 12 H_2O$ (Tachhydrit)	0,4110	2,4332
Cl	$KMgClSO_4 \cdot 2,75 H_2O$ (Kainit)	0,1450	6,8953
Cl	Br	0,4437	2,2538
Cl	I	0,2794	3,5795
Co	CoO	0,7865	1,2715
Co	Co_3O_4	0,7342	1,3620

Tabelle 5-8. Fortsetzung

Gesucht	Gegeben	F	$\frac{1}{F}$
Cr	Cr_2O_3	0,6842	1,4616
Cr	$BaCrO_4$	0,2053	4,8720
Cr	K_2CrO_4	0,2678	3,7347
Cr	$K_2Cr_2O_7$	0,3535	2,8289
Cs	Cs_2O	0,9432	1,0602
Cu	CuO	0,7989	1,2518
Cu	Cu_2O	0,8882	1,1259
Cu	CuS	0,6646	1,5046
Cu	Cu_2S	0,7986	1,2522
Cu	$CuSO_4$	0,3981	2,5116
Cu	$CuCl_2$	0,4726	2,1158
CuO	$CuCl_2$	0,5916	1,6903
Er	Er_2O_3	0,8745	1,1435
F	Ca	0,9480	1,0548
F	CaF_2	0,4867	2,0549
F	HF	0,9496	1,0531
F	MgF_2	0,6099	1,6397
F	NaF	0,4525	2,2101
F	SiF_4	0,7302	1,3696
Fe	FeO	0,7773	1,2865
Fe	Fe_2O_3	0,6994	1,4297
Fe	Fe_3O_4	0,7237	1,3818
Fe	$Fe(OH)_3$	0,5226	1,9136
Fe	FeS	0,6353	1,5741
Fe	FeS_2	0,4655	2,1482
Fe	$(NH_4)_2Fe(SO_4)_2 \cdot 6\,H_2O$	0,1424	7,0215
Fe	$FeCO_3$	0,4820	2,0745
Fe	$FePO_4$	0,3703	2,7006
Fe	$FeCl_2$	0,4406	2,2696
Fe	$FeCl_3$	0,3443	2,9045
FeO	Fe_2O_3	0,8998	1,1113
FeO	Fe_3O_4	0,9309	1,0742
FeO	FeS	0,8173	1,2236
FeO	FeS_2	0,5989	1,6698
FeO	$(NH_4)_2Fe(SO_4)_2 \cdot 6\,H_2O$	0,1832	5,4579

Tabelle 5-8. Fortsetzung

Gesucht	Gegeben	F	$\frac{1}{F}$
FeO	$FeCO_3$	0,6201	1,6126
FeO	$FePO_4$	0,4764	2,0992
FeO	$FeCl_2$	0,5668	1,7642
FeO	$FeCl_3$	0,4429	2,2577
Fe_2O_3	Fe_3O_4	1,0345	0,9666
Fe_2O_3	FeS	0,9083	1,1010
Fe_2O_3	FeS_2	0,6655	1,5025
Fe_2O_3	$(NH_4)_2Fe(SO_4)_2 \cdot 6 H_2O$	0,2036	4,9111
Fe_2O_3	$FeCO_3$	0,6892	1,4510
Fe_2O_3	$FePO_4$	0,5294	1,8889
Fe_2O_3	$Fe_2(SO_4)_3$	0,3994	2,5040
Fe_2O_3	$FeCl_2$	0,6299	1,5875
Fe_2O_3	$FeCl_3$	0,4923	2,0315
$FeSO_4$	$FeSO_4 \cdot 7 H_2O$	0,5464	1,8301
HCl	Cl	1,0284	0,9724
HF	CaF_2	0,5125	1,9513
HF	SiF_4	0,7689	1,3006
$H_2C_2O_4$	CO_2	1,0229	0,9776
$H_2C_2O_4$	CaO	1,6055	0,6229
H_3PO_4	P_2O_5	1,3808	0,7242
H_2SO_4	$BaSO_4$	0,4202	2,3798
H_2SiO_3	SiO_2	1,2998	0,7693
H_2PO_4	$Mg_2P_2O_7$	0,8716	1,1473
Hg	HgO	0,9261	1,0798
Hg	Hg_2O	0,9616	1,0399
Hg	HgS	0,8622	1,1598
Hg	$HgCl_2$	0,7388	1,3535
Hg	Hg_2Cl_2	0,8498	1,1767
HgO	HgS	0,9310	1,0741
HgO	$HgCl_2$	0,7978	1,2535
HgO	Hg_2Cl_2	0,9176	1,0898
In	In_2O_3	0,8271	1,2090
In	In_2S_3	0,7048	1,4188
I	Ag	1,1765	0,8500
I	AgCl	0,8855	1,1294
I	AgI	0,5405	1,8500

Tabelle 5-8. Fortsetzung

Gesucht	Gegeben	F	$\frac{1}{F}$
K	K_2O	0,8302	1,2046
K	KCl	0,5245	1,9068
K	KBr	0,3286	3,0437
K	$K[(C_6H_5)_4B]$ (Tetraphenylborsäure)	0,1091	9,1649
K	$K(C_{12}H_4N_7O_{12})$ (Dipikrylamin)	0,08192	12,208
K	$KClO_4$	0,2822	3,5436
K	$K_2[PtCl_6]$ (empirisch)	0,1603	6,2382
K	K_2SO_4	0,4488	2,2284
K	$K_2Mg_2(SO_4)_3$ (Langbeinit)	0,18843	5,3070
K	$K_2MgCa_2(SO_4)_4 \cdot 2\,H_2O$ (Polyhalit)	0,12969	7,7105
K	$KMgClSO_4 \cdot 2{,}75\,H_2O$ (Kainit)	0,15996	6,2518
K	$KMgCl_3 \cdot 6\,H_2O$ (Carnallit)	0,14072	7,1065
K_2O	KCl	0,6318	1,5829
K_2O	K_2SO_4	0,5406	1,8499
K_2O	$K_2Mg_2(SO_4)_3$ (Langbeinit)	0,2270	4,4056
K_2O	$K_2MgCa_2(SO_4)_4 \cdot 2\,H_2O$ (Polyhalit)	0,15623	6,4008
K_2O	$KMgClSO_4 \cdot 2{,}75\,H_2O$ (Kainit)	0,19266	5,1904
K_2O	$KMgCl_3 \cdot 6\,H_2O$ (Carnallit)	0,16951	5,8994
K_2O	$KClO_4$	0,3399	2,9417
KCl	$KMgClSO_4 \cdot 2{,}75\,H_2O$ (Kainit)	0,3050	3,2791
KCl	$KMgCl_3 \cdot 6\,H_2O$ (Carnallit)	0,26831	3,7270
La	La_2O_3	0,8527	1,1728
Li	Li_2O	0,4645	2,1529
Li	LiCl	0,1637	6,1078
Li	Li_2CO_3	0,1879	5,3228

Tabelle 5-8. Fortsetzung

Gesucht	Gegeben	F	$\frac{1}{F}$
Li_2O	LiCl	0,3524	2,8378
Mg	MgO	0,6030	1,6583
Mg	$Mg(C_9H_6NO)_2$ (Oxin)	0,07775	12,862
Mg	$Mg(C_9H_6NO)_2 \cdot 2\ H_2O$	0,06971	14,344
Mg	$Mg(HCO_3)_2$	0,1661	6,0209
Mg	$MgCO_3$	0,2883	3,4690
Mg	$CaMg(CO_3)_2$	0,1318	7,5870
Mg	$MgNH_4PO_4 \cdot 6\ H_2O$	0,09904	10,0969
Mg	$Mg_2P_2O_7$	0,2184	4,5783
Mg	P_2O_5	0,3424	2,9201
Mg	$MgSO_4$	0,2019	4,9521
Mg	$MgSO_4 \cdot H_2O$ (Kieserit)	0,1756	5,6935
Mg	$MgSO_4 \cdot 4\ H_2O$ (Leonhardtit)	0,1263	7,9169
Mg	$MgSO_4 \cdot 5\ H_2O$ (Pentahydrit)	0,1155	8,6581
Mg	$MgSO_4 \cdot 6\ H_2O$ (Hexahydrit)	0,1064	9,3993
Mg	$MgSO_4 \cdot 7\ H_2O$ (Epsomit)	0,0986	10,1405
Mg	$Na_2Mg(SO_4)_2 \cdot 4\ H_2O$ (Blödit)	0,07267	13,7612
Mg	$Na_6Mg(SO_4)_4$ (Vanthoffit)	0,04447	22,4843
Mg	$MgCl_2$	0,2553	3,9173
Mg	$MgCl_2 \cdot 6\ H_2O$ (Bischofit)	0,1196	8,3646
Mg	$KMgClSO_4 \cdot 2,75\ H_2O$ (Kainit)	0,09942	10,0579
Mg	$KMgCl_3 \cdot 6\ H_2O$ (Carnallit)	0,08747	11,4319
Mg	$CaMg_2Cl_6 \cdot 12\ H_2O$ (Tachhydrit)	0,09392	10,6478
MgO	$Mg(C_9H_6NO)_2$ (Oxin)	0,12893	7,7563
MgO	$Mg(C_9H_6NO)_2 \cdot 2\ H_2O$	0,1156	8,6503
MgO	$MgNH_4PO_4 \cdot 6\ H_2O$	0,1642	6,0890

Tabelle 5-8. Fortsetzung

Gesucht	Gegeben	F	$\frac{1}{F}$
MgO	$Mg_2P_2O_7$	0,3622	2,7609
MgO	$MgSO_4$	0,3349	2,9864
MgO	$MgSO_4 \cdot H_2O$ (Kieserit)	0,2913	3,4334
MgO	$MgSO_4 \cdot 4 H_2O$ (Leonhardtit)	0,2095	4,7742
MgO	$MgSO_4 \cdot 5 H_2O$ (Pentahydrit)	0,19153	5,2212
MgO	$MgSO_4 \cdot 6 H_2O$ (Hexahydrit)	0,17642	5,6682
MgO	$MgSO_4 \cdot 7 H_2O$ (Epsomit)	0,16353	6,1151
MgO	$MgCO_3$	0,4780	2,0920
MgO	$CaMg(CO_3)_2$	0,2186	4,5752
MgO	$MgCl_2$	0,4233	2,3623
MgO	$MgCl_2 \cdot 6 H_2O$ (Bischofit)	0,1982	5,0442
MgO	$KMgClSO_4 \cdot 2,75 H_2O$ (Kainit)	0,16487	6,0654
MgO	$KMgCl_3 \cdot 6 H_2O$ (Carnallit)	0,14505	6,8939
MgO	$CaMg_2Cl_6 \cdot 12 H_2O$ (Tachhydrit)	0,15574	6,4210
MgO	P_2O_5	0,5679	1,7609
$MgSO_4$	$MgSO_4 \cdot H_2O$ (Kieserit)	0,8698	1,1497
$MgSO_4$	$MgSO_4 \cdot 4 H_2O$ (Leonhardtit)	0,6255	1,5987
$MgSO_4$	$MgSO_4 \cdot 5 H_2O$ (Pentahydrit)	0,5720	1,7484
$MgSO_4$	$MgSO_4 \cdot 6 H_2O$ (Hexahydrit)	0,5269	1,8980
$MgSO_4$	$MgSO_4 \cdot 7 H_2O$ (Epsomit)	0,4883	2,0477
$MgSO_4$	$KMgClSO_4 \cdot 2,75 H_2O$ (Kainit)	0,4924	2,0310
$MgCl_2$	$KMgCl_3 \cdot 6 H_2O$ (Carnallit)	0,3427	2,9183
$MgCl_2$	$Mg_2P_2O_7$	0,85564	1,1687
$MgCO_3$	CO_2	1,9158	0,5220

Tabelle 5-8. Fortsetzung

Gesucht	Gegeben	F	$\frac{1}{F}$
$MgCO_3$	CO_3	1,4050	0,7117
$MgSiO_3$	MgO	2,4908	0,4015
Mg_2SiO_4	MgO	1,7454	0,5729
Mn	MnO	0,7745	1,2912
Mn	MnO_2	0,6319	1,5825
Mn	Mn_2O_3	0,6960	1,4368
Mn	Mn_3O_4	0,7203	1,3883
Mn	$Mn_2P_2O_7$	0,3871	2,5831
Mn	$MnSO_4$	0,3638	2,7485
Mn	$MnCO_3$	0,4779	2,0923
Mn	MnS	0,6315	1,5836
MnO	$MnSO_4$	0,4698	2,1286
MnO	$MnCO_3$	0,6171	1,6204
MnO	$Mn_2P_2O_7$	0,5000	2,0005
MnO	MnS	0,8154	1,2264
MnO_2	$Mn_2P_2O_7$	0,6126	1,6323
Mn_2O_3	$Mn_2P_2O_7$	0,5562	1,7978
Mn_3O_4	$Mn_2P_2O_7$	0,5375	1,8606
$MnSO_4$	SO_4	1,5719	0,6362
Mo	MoO_3	0,6665	1,5003
Mo	MoO_4	0,5999	1,6671
Mo	MoS_2	0,5994	1,6683
N	KNO_3	0,1385	7,2182
N	$NaNO_3$	0,1648	6,0682
N	NH_2	0,8742	1,1440
N	NH_3	0,8225	1,2158
N	NH_4	0,7765	1,2878
N	NH_4Cl	0,2619	3,8190
N	NH_4NO_3	0,3500	2,8573
NH_3	NH_4	0,9441	1,0592
NH_3	$(NH_4)_2CO_3$	0,3545	2,8211
NH_3	NH_4Cl	0,3184	3,1410
NH_3	NH_4NO_3	0,2128	4,7001
NH_4	NH_4Cl	0,3372	2,9655
NH_4	NH_4NO_3	0,2254	4,4375
NH_4Cl	HNO_3	0,8489	1,1780
NO_2	N	3,2846	0,3045

Tabelle 5-8. Fortsetzung

Gesucht	Gegeben	F	$\frac{1}{F}$
NO_2	N_2O_3	1,2105	0,8261
NO_3	N_2O_5	1,1481	0,8710
N_2O_3	N	2,7134	0,3685
N_2O_5	N	3,8557	0,2594
N_2O_5	KNO_3	0,5342	1,8721
N_2O_5	$NaNO_3$	0,6354	1,5738
Na	Br	0,2877	3,4756
Na	Cl	0,6485	1,5421
Na	I	0,1812	5,5200
Na	Na_2CO_3	0,4338	2,3051
Na	$NaHCO_3$	0,2737	3,6541
Na	NaCl	0,3934	2,5421
Na	Na_2O	0,7419	1,3480
Na	Na_2SO_4	0,3237	3,0892
$Na_2B_4O_7$	B_2O_3	1,4451	0,6920
$Na_2B_4O_7$	H_3BO_3	0,8136	1,2291
$Na_2B_4O_7$	$Na_2B_4O_7 \cdot 10\ H_2O$	0,5276	1,8953
Na_2CO_3	CO_2	2,4083	0,4152
Na_2CO_3	CO_3	1,7662	0,5662
Na_2CO_3	$NaHCO_3$	0,6308	1,5852
Na_2CO_3	Na_2SO_4	0,7462	1,3401
NaCl	AgCl	0,4078	2,4523
NaCl	Cl	1,6485	0,6066
NaCl	$NaCl \cdot 2\ H_2O$ (Hydrohalit)	0,6186	1,6165
NaCl	Na_2O	1,8859	0,5303
NaCl	Na_2SO_4	0,8229	1,2152
NaF	F	2,2101	0,4525
NaI	AgI	0,6385	1,5663
NaI	I	1,1812	0,8466
Na_2HPO_4	$Mg_2P_2O_7$	1,2757	0,7839
Na_3PO_4	PO_4	1,7262	0,5793
Na_3PO_4	P_2O_5	2,3099	0,4329
Na_2SO_4	$Na_2Ca(SO_4)_2$ (Glauberit)	0,5106	1,9585
Na_2SO_4	$Na_2Mg(SO_4)_2 \cdot 4\ H_2O$ (Blödit)	0,4247	2,3547
Na_2SO_4	$Na_{12}Mg_7(SO_4)_{13} \cdot 15\ H_2O$ (Löweit)	0,4337	2,3057

Tabelle 5-8. Fortsetzung

Gesucht	Gegeben	F	$\frac{1}{F}$
Na_2SO_4	$Na_6Mg(SO_4)_4$ (Vanthoffit)	0,7798	1,2825
Na_2SO_4	$Na_{21}MgCl_3(SO_4)_{10}$ (D'Ansit)	0,9024	1,1082
Na_2SO_4	$Na_2SO_4 \cdot 10\ H_2O$ (Mirabilit)	0,4409	2,2683
Na_2SO_4	SO_3	1,7742	0,5636
Nb	Nb_2O_5	0,6990	1,4305
Ni	$Ni(C_4H_7N_2O_2)_2$ (Dimethylglyoxim)	0,2031	4,9227
Ni	NiO	0,7858	1,2726
Ni	NiS	0,6467	1,5463
Ni	$NiSO_4$	0,3793	2,6367
O	H_2O	0,8881	1,1260
P	H_3PO_3	0,3777	2,6473
P	H_3PO_4	0,3161	3,1638
P	$Mg_2P_2O_7$	0,2783	3,5926
P	$(NH_4)_2HPO_4$	0,2346	4,2635
P	PO_4	0,3261	3,0662
P	P_2O_5	0,4364	2,2914
PO_4	$Mg_2P_2O_7$	0,8535	1,1717
P_2O_5	$Ca_3(PO_4)_2$	0,4576	2,1852
P_2O_5	H_3PO_4	0,7242	1,3807
P_2O_5	$MgNH_4PO_4 \cdot H_2O$	0,4569	2,1886
P_2O_5	$MgNH_4PO_4 \cdot 6\ H_2O$	0,2892	3,4578
P_2O_5	MgO	1,7609	0,5679
P_2O_5	$Mg_2P_2O_7$	0,6378	1,5679
Pb	$PbCl_2$	0,7451	1,3422
Pb	$PbCO_3$	0,7754	1,2896
Pb	$PbCrO_4$ (theoretisch)	0,6411	1,5598
Pb	PbO	0,9283	1,0772
Pb	PbO_2	0,8662	1,1544
Pb	PbS	0,8659	1,1549
Pb	$PbSO_4$	0,6832	1,4638

Tabelle 5-8. Fortsetzung

Gesucht	Gegeben	F	$\frac{1}{F}$
PbO	$PbCrO_4$	0,6906	1,4480
PbO	$PbCl_2$	0,8026	1,2460
PbO	PbO_2	0,9331	1,0717
PbO	PbS	0,9327	1,0721
PbO	$PbSO_4$	0,7359	1,3589
PbS	$PbSO_4$	0,7890	1,2674
$PbSO_4$	$BaSO_4$	1,2995	0,7695
Pd	PdO	0,8693	1,1503
Pr	Pr_2O_3	0,8545	1,1703
Pt	$PtCl_4$	0,5791	1,7269
Pt	PtO	0,9242	1,0820
Pt	PtO_2	0,8591	1,1640
Pt	PtS_2	0,7526	1,3287
Rb	Rb_2CO_3	0,7402	1,3511
Rb	RbCl	0,7068	1,4148
Rb	Rb_2O	0,9144	1,0936
Rb	Rb_2SO_4	0,6402	1,5620
S	$BaSO_4$	0,1374	7,2798
S	H_2S	0,9407	1,0630
S	Na_2SO_4	0,2257	4,4304
S	SO_2	0,5005	1,9981
S	SO_3	0,4004	2,4972
H_2S	$BaSO_4$	0,1460	6,8483
H_2SO_4	$BaSO_4$	0,4202	2,3798
SO_2	$BaSO_4$	0,2745	3,6433
SO_2	SO_3	0,8001	1,2498
SO_2	SO_4	0,6669	1,4995
SO_3	$BaSO_4$	0,3430	2,9152
SO_3	CaO	1,4276	0,7005
SO_3	MgO	1,9864	0,5034
SO_3	S	2,4972	0,4004
SO_3	SO_4	0,8334	1,1999
SO_4	$BaSO_4$	0,4116	2,4296
SO_4	CaO	1,7129	0,5838
SO_4	MgO	2,3834	0,4196

Tabelle 5-8. Fortsetzung

Gesucht	Gegeben	F	$\frac{1}{F}$
SO_4	S	2,9963	0,3337
Sb	Sb_2O_3	0,8353	1,1971
Sb	Sb_2O_4	0,7919	1,2628
Sb	Sb_2S_3	0,7169	1,3950
Sb	Sb_2S_5	0,6030	1,6583
Sc	Sc_2O_3	0,6520	1,5338
Se	SeO_2	0,7116	1,4053
Se	SeO_3	0,6219	1,6079
Si	SiF_4	0,2698	3,7058
Si	SiO_2	0,4674	2,1393
SiO_2	SiO_4	0,6525	1,5326
Sn	SnO	0,8812	1,1348
Sn	SnO_2	0,7877	1,2696
Sr	$SrCO_3$	0,5935	1,6849
Sr	SrC_2O_4 (Oxalat)	0,4989	2,0046
Sr	$SrC_2O_4 \cdot H_2O$	0,4524	2,2102
Sr	SrO	0,8456	1,1826
Sr	$SrSO_4$	0,4770	2,0963
$SrCO_3$	CO_3	2,4601	0,4065
SrO	$SrCO_3$	0,7019	1,4247
SrO	$SrSO_4$	0,5641	1,7726
$SrSO_4$	$BaSO_4$	0,7870	1,2706
Ta	Ta_2O_5	0,8190	1,2211
Te	TeO_2	0,7995	1,2508
Te	TeO_3	0,7267	1,3762
Th	ThO_2	0,8788	1,1379
Ti	TiO_2	0,5994	1,6683
Tl	Tl_2O	0,9623	1,0391

Tabelle 5-8. Fortsetzung

Gesucht	Gegeben	F	$\frac{1}{F}$
Tl	Tl_2O_3	0,8949	1,1174
Tm	Tm_2O_3	0,8756	1,1421
U	UO_2	0,8815	1,1344
U	UO_3	0,8322	1,2016
U	U_2O_7	0,8095	1,2353
U	U_3O_8	0,8480	1,1792
V	VO_3	0,5149	1,9422
V	V_2O_3	0,6798	1,4711
V	V_2O_5	0,5602	1,7852
W	WO_3	0,7930	1,2611
Y	Y_2O_3	0,7874	1,2699
Yb	Yb_2O_3	0,8782	1,1387
Zn	ZnO	0,8034	1,2447
Zn	ZnS	0,6710	1,4903
Zn	$ZnSO_4$	0,4050	2,4690
Zr	ZrO_2	0,7403	1,3508

5.9 Zeichen, Abkürzungen

Tabelle 5-9. Zeichen - Bedeutung - Beziehungen

Zeichen	Bedeutung	Beziehungen zu anderen Einheiten
m	Masse (Formelzeichen)	
ng	Nanogramm	$1\ ng = 1 \cdot 10^{-9}\ g$
µg	Mikrogramm	$1\ µg = 1 \cdot 10^{-6}\ g$

Tabelle 5-9. Fortsetzung

Zeichen	Bedeutung	Beziehungen zu anderen Einheiten
mg	Milligramm	1 mg = 1000 µg
g	Gramm	1 g = 1000 mg
kg	Kilogramm	1 kg = 1000 g
t	Tonne	1 t = 1000 kg
pg	Pikogramm	1 pg = $1 \cdot 10^{-12}$ g
fg	Femtogramm	1 fg = $1 \cdot 10^{-15}$ g
V	Volumen (Formelzeichen)	
µl	Mikroliter	1 µl = $1 \cdot 10^{-6}$ l
ml	Milliliter	1 ml = 1000 µl
cm³	Kubikzentimeter	
l	Liter	1 l = 1000 ml
m³	Kubikmeter	1 m³ = 1000 l
µg/g	Mikrogramm pro Gramm	1 µg/g = 1 ppm (parts per million; 1 g/10^6 g) = 1 g/t = $1 \cdot 10^{-4}$ %
µg/ml	Mikrogramm pro Milliliter	$\dfrac{1\ \mu g/ml}{\rho}$ = 1 ppm
ng/g	Nanogramm pro Gramm	1 ng/g = ppb (parts per billion; 1 g/10^9 g) = 1 mg/t = $1 \cdot 10^{-7}$ %
ng/ml	Nanogramm pro Milliliter	$\dfrac{1\ ng/ml}{\rho}$ = 1 ppb
pg/g	Pikogramm pro Gramm	1 pg/g = 1 ppt (parts per trillion; 1 g/10^{12} g)
fg/g	Femtogramm pro Gramm	1 fg/g = 1 ppq (parts per quadrillion; 1 g/10^{15} g)
l	Länge (Formelzeichen)	
nm	Nanometer	1 nm = 1 Millimikron (mµ) = $1 \cdot 10^{-9}$ m = $1 \cdot 10^{-6}$ mm = 10 Ångström (Å)
µm(µ)	Mikrometer (Mü, Mikron)	1 µm = $1 \cdot 10^{-6}$ m
mm	Millimeter	1 mm = 1000 µm
cm	Zentimeter	1 cm = 10 mm
m	Meter	1 m = 100 cm
A	Fläche (Formelzeichen)	
mm²	Quadratmillimeter	

Tabelle 5-9. Fortsetzung

Zeichen	Bedeutung	Beziehungen zu anderen Einheiten
cm^2	Quadratzentimeter	$1\ cm^2 = 100\ mm^2$
t	Zeit (Formelzeichen)	
s	Sekunde	
min	Minute	
h	Stunde	
T	Temperatur (Formelzeichen)	
°C	Kelvin oder Grad Celsius	
ρ	Dichte, $kg \cdot m^{-3}$	
%	Prozent, Hundertstel, von Hundert, $1 \cdot 10^{-2}$	$1\ \% = 10\ \text{‰}$
‰	Promille, Tausendstel, von Tausend, $1 \cdot 10^{-3}$	$1\ \text{‰} = 0{,}1\ \%$
w_i	Massenanteil, $kg \cdot kg^{-1}$, %, ‰, ppm	
φ_i	Volumenanteil, $1 \cdot l^{-1}$, %, ‰, ppm	
x(A)	Stoffmengenanteil $mol \cdot mol^{-1}$, %, ‰, ppm	
<	kleiner als	
≤	kleiner oder gleich	
>	größer als	
≥	größer oder gleich	
≙	entspricht	
≈	angenähert gleich; (etwa, rund)	
~	proportional	
≠	ungleich, nicht gleich	
=	gleich	
≢	nicht identisch, nicht gleich	
≡	identisch, gleich	
+	plus	
−	minus	
∞	unendlich	
·	mal	

Tabelle 5-9. Fortsetzung

Zeichen	Bedeutung	Beziehung zu anderen Einheiten
log	Logarithmus (allgemein)	
lg	Zehnerlogarithmus, $\lg x = \log_{10} x$	
ln	natürlicher Logarithmus, $\ln x = \log_e x$	
Δ	Differenz (Delta)	
Σ	Summe	
,	bei Zahlenwerten kennzeichnet das Komma Dezimalstellen. Die Gliederung längerer Zahlenwerte erfolgt durch Zwischenräume in Gruppen mit je 3 Ziffern. Anstelle der Zwischenräume keine Punkte oder Kommas verwenden.	

6 Probenahme

6.1 Grundlagen

Die Analyse geochemischer Proben, besonders die Bestimmung von Neben- und Spurenbestandteilen, erfordert häufig einen beträchtlichen Arbeitsaufwand. Deshalb ist vor dem Beginn jeder Untersuchung zu bedenken, daß die chemische Analyse nicht besser sein kann als die ihr zugrunde liegende Probe (z.B. JOHNSON u. MAXWELL, 1981: 55). Kein Analytiker kann die Fehler korrigieren, welche bei der Probenahme durch mangelnde Sorgfalt oder fehlende Sachkenntnisse entstanden sind. Fehlerhafte Probenahme bedeutet, daß entweder die zu analysierende Teilmenge nicht repräsentativ ist für ein größeres und definiertes Gesamtvolumen, oder daß die Probe durch Fremdmaterial kontaminiert ist.

Falsche Analysendaten lassen sich durch Kontrollanalysen erkennen und korrigieren. Falls eine nicht repräsentative Probenahme durchgeführt wurde, muß diese ganz oder teilweise wiederholt werden. Bei Proben für geochemische Untersuchungen ist das oftmals nur mit Schwierigkeiten oder gar nicht möglich.

Analysenwerte sind im Bergbau, in der Industrie, in den Geowissenschaften und in der Umweltüberwachung die Grundlage für oftmals weitreichende Schlußfolgerungen und Maßnahmen. Letztere sind verfehlt, wenn trotz korrekter Analysen die Proben nicht das zu untersuchende Problem repräsentativ widerspiegeln. Auf diese Weise kann es beispielsweise im Bereich der Umweltanalytik zu einer Verharmlosung oder Übertreibung tatsächlicher Situationen kommen. Aus den genannten Gründen muß gefordert werden, daß sich jeder Bearbeiter geochemischer Themen mit der Probenahme gründlich vertraut macht.

Über die theoretischen Grundlagen der Probenahme und deren praktische Anwendung informiert in der deutschen Fachliteratur umfassend das Buch *"Analyse der Metalle, 3. Band, Probenahme, 2. Auflage (1975)"*. Weitere Literatur: CARVER (1971), CHAYES (1956), CONNERS u. MEYERS (1973), GROVES (1951), GY (1955, 1967, 1979), HAWKES u. WEBB (1962), INGAMELLS (1974a,

1974b, 1976, 1978), INGAMELLS u. SWITZER (1973), INGAMELLS et al. (1972), MILNER (1962), OELSNER (1952), OERTEL (1961), SMALES u. WAGER (1960).

Die folgenden Definitionen wurden entnommen aus *"Analyse der Metalle, Probenahme (1975: 1-6)"*.

Die *Probenahme* (englisch: sampling, französisch: échantillonnage) ist die Entnahme von Teilmengen aus definierten Gesamtmengen (nach Masse, Volumen, Anzahl). Die Entnahme erfolgt nach festgelegten Richtlinien. Die Probenahme beinhaltet auch die Probebearbeitung (fälschlich auch Probenaufbereitung genannt) wie Brechen, Sieben, Mischen, Verjüngen, Vereinigen bis zur End- bzw. Analysenprobe. In letzterer wird mindestens ein Gütemerkmal verbindlich und ohne systematische Abweichung bestimmt bzw. gemessen.

Der früher übliche Begriff *"Bemusterung"* sollte für die Probenahme nicht mehr verwendet werden. Das *"Muster"* entspricht einem nicht repräsentativen, zufällig entnommenen Anteil aus einer häufig nicht definierten Gesamtmenge. Das Muster liefert qualitative Hinweise, aber keine quantitativen Informationen in Bezug auf die Gesamtmenge.

Die *Proben* (englisch: sample, französisch: échantillon) sind Teilmengen aus einer nach Masse, Volumen oder Anzahl definierten Gesamtmenge. Die Probe muß für ein Gütemerkmal die gleiche Zusammensetzung aufweisen wie die Gesamtmenge, aus der sie stammt. Die Probe muß in Bezug auf das Gütemerkmal *repräsentativ* für die Gesamtmenge sein.

Nicht repräsentativ sind Einzelproben, da aus ihnen erst durch Vereinigung eine repäsentative Sammelprobe hergestellt werden muß. Unter einer Einzelprobe wird das Material verstanden, welches einer Gesamtmenge in einem einzigen Probenahmevorgang entnommen wird.

6.2 Methoden zur Entnahme von Proben

Die Entnahme von Proben aus festen, flüssigen und gasförmigen Gesamtmengen erfordert die Anwendung spezifischer Methoden. Über deren Anwendung sowie die damit verbundenen Vor- und Nachteile informiert ebenfalls der Band *"Analyse der Metalle, Probenahme"*. Hier sollen nur die wichtigsten Probenahmemethoden vorgestellt werden.

Die Methoden zur Entnahme von Proben aus Gesteins- und Erzkörpern wurden vor allem in Verbindung mit der Ermittlung von Lagerstättenvorräten entwickelt. Grundsätzlich ist zu beachten, daß natürliche Gesteins- und Lagerstättenkörper immer nur begrenzt aufgeschlossen und damit der Beobachtung und Probenahme lediglich teilweise zugänglich sind. Am wenigsten ist ein Gesteinskörper oder eine Lagerstätte im Stadium der Prospektion und der ersten Explorationsphasen zugänglich. Das ändert sich mit fortschreitender Erschließung (Exploration) des Gesteinskörpers oder der Lagerstätte, vor allem bei der Gewinnung von Rohstoffen. Es ist daher verständlich, daß sich auch die Techniken der Probenahme bei der Prospektion, Exploration und der Gewinnung voneinander unterscheiden.

Die Anordnung der Probenahmepunkte und die Wahl der Probenahmeverfahren richtet sich vor allem nach der Form der Gesteins- und Lagerstättenkörper (rundliche, tafelige, säulige Körper, Mischformen) sowie der Rohstoffverteilung innerhalb derselben.

Ziel der Prospektionsarbeiten ist das Auffinden nutzbarer Gesteins- und Mineralvorkommen in der Erdkruste. Hierbei werden Orientierungsproben genommen, an welche keine hohen Anforderungen hinsichtlich der Genauigkeit zu stellen sind.

Bei der Prospektion kommen außer geophysikalischen Meßverfahren auch geochemische Methoden zur Anwendung. Letztere beruhen auf der Mobilität von Elementen und Verbindungen im Gesteinsverband. Dadurch können sich in der Erdkruste um Rohstoffanreicherungen mehr oder weniger große Dispersionszonen (*"Anomalien"*) von bestimmten Elementen (*"Indikatoren"*) ausbilden. Zur Auffindung solcher *"Anomalien"* müssen Analysenverfahren angewendet werden, welche vor allem im Spurenbereich ($\leq 0{,}1\ \%$) quantitative Bestimmungen erlauben.

Für geochemische Untersuchungen werden Proben aus Böden, Gewässern, Gesteinen, Rohstoffvorkommen, Verwitterungszonen und von Pflanzen entnommen. Die Gewinnung fester Proben erfolgt mittels Handbohrungen und teilweise durch Schürfarbeiten (Schürfgräben). Die Probenahme in Schürfen erfolgt durch Schlitz- und Bohrproben oder einzelne Stücke.

Bei der auf die Prospektion folgenden Erschließung von Rohstoffkörpern werden die Konturen derselben erkundet und abbauwürdige Teile eingegrenzt. Die Untersuchungen erfolgen durch Übertagebohrungen, aber auch mit Erkundungsschächten und durch Stollen. In den Grubenräumen kommen die Methoden der Pick- und Schlitzprobenahme zur Anwendung.

In der Phase der Gewinnung natürlicher Rohstoffe werden Probenahmearbeiten zur Ergänzung der Information aus der Exploration, zur Qualitätskontrolle des Fördergutes sowie auch zur Erschließung neuer Lagerstättenteile durchgeführt. Zu den Schlitz- und Bohrlochproben kommen mechanische Einrichtungen zur Entnahme von Proben, beispielsweise aus dem Fördergut von Transportbändern. Mit der Haufwerksprobe läßt sich der Lagerstätteninhalt unmittelbar am Gewinnungsort (Abbau) erfassen.

Die Probenahmeverfahren können in zwei Gruppen eingeteilt werden (siehe *"Analyse der Metalle, Probenahme, 1975: 100"*):

A. Probenahme von freiliegenden Gesteins- und Erzflächen, das heißt am *"Stoß"* oder am *"Ausbiß"*. Die Entnahme der Proben erfolgt aus vergleichsweise geringen Tiefen von wenigen Zentimetern bis zu 10 m.

B. Probenahme aus Bereichen innerhalb von Gesteins- und Erzkörpern durch Bohrungen mit Eindringtiefen über 10 m.

Für die Probenahme von freiliegenden Gesteins- und Erzflächen lassen sich folgende Verfahren anwenden:

1. Stück- oder Pickprobe. -- Es handelt sich hierbei um die Entnahme einzelner Stücke aus dem anstehenden Gestein bzw. Erz oder aus bereits lockerem Material (z.B. Haufwerk). Bei diesem Verfahren ist jedoch die Gefahr subjektiver Fehler groß. So kann der Probenehmer dazu verführt werden, bevorzugt Stücke mit gut sichtbarer Vererzung aufzusammeln. Oder, wenn sich der Probenehmer dieser Gefahr bewußt ist, greift er vor allem zum *"tauben"* Gestein. In beiden Fällen werden die Resultate nicht repräsentativ für einen Durchschnitt sein, sondern zu hoch bzw. zu tief ausfallen. Eine Verbesserung der Stück- oder Pickprobe läßt sich in Verbindung mit der Flächenprobe erreichen. Hier werden am Stoß quadratische Flächen markiert, aus denen in gleichmäßiger Verteilung Stücke gleicher Größe abgeschlagen und zu einer Probe vereinigt werden.

Heute wird die Stück- oder Pickprobe vor allem für mineralogische und geochemische Untersuchungen an Gesteinsvorkommen praktiziert und weniger für die Ermittlung von Rohstoffvorräten.

2. Schlitz- oder Hackprobe. -- Dieses Verfahren nimmt unter den verschiedenen Probenahmemöglichkeiten eine wichtige Stellung ein. Die Bezeichnung Hackprobe ist vor allem im Salzbergbau verbreitet.

Bei den Schlitzen handelt es sich um flache Rinnen mit rechteckigen oder dreieckigen Querschnitten, welche horizontal (Horizontalschlitz, bei steil einfallenden Strukturen) oder vertikal (Vertikalschlitz, bei flach gelagerten Strukturen und homogener Vererzung) angebracht werden.

Für viele Zwecke hat sich ein Querschnitt mit etwa 10 cm^2 Fläche als ausreichend erwiesen. Ursprünglich wurde Wert auf eine genaue Einhaltung der geometrischen Form der Schlitze gelegt. Dadurch sollten mögliche Einflüsse der Probenehmer und das Verhalten unterschiedlicher Minerale gegenüber Werkzeugen (Härte, Spaltbarkeit) auf ein Mindestmaß reduziert werden. Es hat sich aber gezeigt, daß weder die genaue Form der Schlitze noch die Probemenge die Informationen der Einzelprobe wesentlich verbessern. Wichtig ist dagegen die gleichmäßige und anteilig richtige Erfassung aller Komponenten über die ganze Länge des Schlitzes.

Vor der Probenahme müssen die Stellen für die Schlitze nach einem bestimmten Schema vom Geologen festgelegt und dauerhaft markiert werden. Die Entnahme von Schlitzproben erfolgte ursprünglich mit Schlegel und Eisen. Heute werden maschinelle Werkzeuge wie leichte Drucklufthämmer und Fräsen benutzt. Das Auffangen des Probematerials erfolgt entweder auf Planen aus gummiertem Stoff oder aus Plastik, mit flachen Probeschaufeln oder direkt in Gefäßen, welche am Gehäuse der Maschine angebracht sind (z.B. Plastikbehälter an Fräsmaschinen im Salzbergbau). Die Schlitzprobenahme liefert praktisch immer repräsentatives Untersuchungsmaterial.

3. Haufwerks- und Wagenprobe. -- Vor allem in Erzbergwerken wird zur Kontrolle der ständigen Probenahme oder zur alleinigen Probenahme bei Vorrichtungsarbeiten die Haufwerksprobe angewendet. Hierbei werden vom hereingeschossenen Haufwerk während der Ladearbeit in regelmäßigen Abständen (z.B. jede 20. Schaufel) Teilmengen abgezweigt, gesammelt sowie als Probe gesondert gefördert und behandelt. Die Probemengen können allerdings mehrere Tonnen betragen und erfordern zur Herstellung der Analysenprobe einen beträchtlichen Arbeitsaufwand. Außerdem muß die Haufwerksprobe von zuverlässig arbeitenden Mitarbeitern durchgeführt werden, damit wirklich die Abzweigung von Teilmengen in regelmäßigen Abständen gewährleistet ist.

Bei Gruben mit Wagenförderung kann die Haufwerksprobe durch die Wagenprobe ersetzt werden, wobei aus der laufenden Förderung bestimmte Wagenladungen als Probe abgezweigt werden.

4. Schußprobe. -- Bei der Schußprobe werden wenige und nur ca. 50 cm lange Sprenglöcher schräg in den Stoß gebohrt und mit schwachen Ladungen abgeschossen. Die Streckensohle wird vorher mit Blechplatten abgedeckt, damit das heruntergeschossene Material möglichst vollständig gewonnen werden kann. Auch hier ist die anfallende Probemenge groß.

Mit der Haufwerks-, Wagen- und Schußprobe läßt sich Probematerial für Versuche beschaffen, welche den Einsatz größerer Gesteins- und Erzmengen erfordern. Ein Beispiel sind Aufbereitungsversuche. Dagegen bieten die genannten Verfahren keine Vorteile gegenüber anderen Methoden, bei denen kleinere Probemengen anfallen (z.B. Schlitzproben). Für die genaue Bestimmung von Erzanteilen in Vorratsblöcken werden kurze Kernbohrungen empfohlen. Zur Kontrolle des Fördererzes eignen sich Bohrmehlproben (*"Analyse der Metalle, Probenahme, 1975: 103"*).

5. Bohrmehlprobe. -- Bei der Herstellung von Sprengbohrlöchern kann Bohrmehl aufgefangen und als Probe verwendet werden. Das gewonnene Material ist vergleichbar mit der Haufwerksprobe und hat den Vorteil, daß die

anfallende Menge relativ klein und bereits fein zerkleinert ist.

Bei Trockenbohrungen läßt sich das Bohrmehl aus den Absaugvorrichtungen entnehmen. Bei Naßbohrungen wird der Bohrschlamm mit Blechrinnen aufgefangen. In beiden Fällen ist darauf zu achten, daß es nicht durch die unterschiedliche Dichte von Mineralen zu Entmischungen zwischen Erz- und Gesteinsanteilen kommt. Treten Lagen- und Bänderstrukturen in Richtung von Vortriebsstrecken auf, müssen einige Bohrlöcher schräg zu den Strukturen angesetzt werden.

Nach Ausdehnung und Anordnung kann jede Einzelbohrung mit einem Schlitz verglichen werden (*"Analyse der Metalle, Probenahme, 1975: 103 f."*).

Die Probenahme aus dem Bohrmehl von Sprengbohrlöchern wird vorwiegend im Tagebau angewendet, dagegen weniger im untertägigen Grubenbetrieb.

Bereiche innerhalb von Gesteins- und Erzkörpern lassen sich durch Bohrungen erschließen. Bei Vollbohrungen wird das gesamte Gestein des Bohrlochs zerkleinert und das *"Bohrklein"* mit der Spülung gefördert. Mit dieser Bohrmethode lassen sich vor allem Informationen über die durchschnittlichen Anteile bestimmter Gesteins- und Erzkomponenten ermitteln.

Bei Kernbohrungen bleibt das Gestein im Stück erhalten. Es wird in Form zylindrischer Stücke aus dem Bohrloch gezogen. Kernbohrungen ermöglichen vor allem Aussagen über die Geologie und Mineralogie von Gesteins- und Rohstoffkörpern.

6. Bohrkleinprobe. -- Bei der Förderung des Bohrkleins aus dem Bohrloch kann es zu einer Sortierung von Mineralen unterschiedlicher Dichte und Körnung kommen. Die Entnahme repräsentativer Teilmengen aus dem Feststoff-Wasser-Gemisch ist problematisch, da letzteres kaum homogen sein wird. Auch die Verwendung von Probeteilern kann Klassierungseffekte zur Folge haben. Eventuell muß als Probe ein möglichst großer Teil der Spülung verwendet werden, welcher getrocknet und zur Homogenisierung fein gemahlen wird.

7. Bohrkernprobe. -- Voraussetzung für eine einwandfreie Bearbeitung der Bohrkerne ist deren eindeutige Beschriftung, welche sofort bei der Entleerung der Kernrohre vorzunehmen ist. Die Kerne werden in Kisten von etwa 1 m Länge gelegt. In einer Kiste können 3 bis 5 m Kernlänge untergebracht werden.

Erst nach der geologischen Bearbeitung der Kerne und einer eventuell notwendigen photographischen Dokumentation kann Probematerial für mineralogische und chemische Untersuchungen entnommen werden. Die dazu benötigten Kernstücke werden zunächst entweder von Hand mit Hammer und Meißel oder mit speziellen Teilungsvorrichtungen halbiert. Auch Trennsägen mit Karborund-Scheiben können benutzt werden. Die eine Hälfte des Kerns wird als Belegmaterial aufbewahrt, die andere für Untersuchungen verwendet. Bestimmte Kernlängen werden zu einer Probe zusammengefaßt.

Bei leichtlöslichen Gesteinen kann die Kernoberfläche durch die Spülung teilweise aufgelöst (*"korrodiert"*) werden. Diese Gefahr besteht beispielsweise bei Chloridgesteinen (Steinsalz, Sylvinit, Carnallitit), auch wenn zur Spülung gesättigte Salzlösungen Verwendung finden. In solchen Fällen muß aus dem Zentrum des Bohrkerns mittels einer kleinen Bohrung Gesteinsmehl gewonnen werden, welches für die chemische Analyse geeigneter ist als das Material von der Kernoberfläche.

Außer den beschriebenen Probenahmeverfahren mit Materialentnahme gibt es auch Methoden, mit denen ohne die Entnahme von Substanz aus dem anstehenden Gestein oder Erz bestimmte Mineral- und Elementanteile ermittelt werden können. Hierzu gehört die *"visuelle Bemusterung"* durch Auszählung sichtbarer Erzpartikel auf einer am Untersuchungskörper angebrachten Meßlinie, die Direktanalyse mittels tragbarer Röntgenfluoreszenzgeräte und die Messung der Aktivität natürlich vorkommender Radionuklide von Uran, Thorium und Kalium. Vor allem die Bestimmung von K bzw. K_2O im anstehenden Gestein über die β- und γ - Strahlung von ^{40}K gehört heute zu den bewährten Bestimmungsmethoden im Kalisalzbergbau.

Die Entnahme von Wasser- und Gasproben erfordert spezifische Techniken, welche hier nicht gesondert besprochen werden können. Weiterführende Informationen sind in dem Band *"Analyse der Metalle, Probenahme, (1975)"* enthalten.

6.3 Schieds-Probenahme

Besondere Beachtung verdient die Schieds-Probenahme (englisch: umpire sampling, französisch: échantillonnage pour analyses d'arbitrage) und die Schiedsprobe. Es handelt sich hierbei um eine Probenahme durch unabhängige Sachverständige, welche vom Käufer und Verkäufer eines Produktes beauftragt werden. Bei den zu beprobenden und zu untersuchenden Materialien kann es sich um Rohstoffe, Vor- und Zwischenprodukte sowie metallische und nichtmetallische Erzeugnisse sowie Verbindungen handeln.

Die Bestimmung von Elementen und anderen Bestandteilen in Schiedsproben erfolgt durch spezielle Schiedsanalysen-Verfahren (siehe *"Analyse der Metalle, 1. Band, Schiedsanalysen, 1966 und 1980"*). Es bedarf sicherlich keines gesonderten Hinweises, daß bei der Ausführung von Schieds-Probenahmen und Schiedsanalysen überdurchschnittliche Erfahrungen und Sorgfalt erforderlich sind.

6.4 Bezeichnung und Verpackung der Proben

Für jede Probe müssen außer der Probenummer auch Angaben wie Datum, Ort der Probenahme mit Kartenblatt-Bezeichnung und Kartenblatt-Nummer, die mit dem Planzeiger ermittelten Rechts- und Hoch-Werte sowie eine geologische und mineralogische Beschreibung protokolliert werden. Dem Analytiker sind diese Informationen zusammen mit der Probe zur Verfügung zu stellen.

Die Verpackung der Proben nach Entnahme am Aufschluß und im Anschluß an die Probebearbeitung erfolgt je nach Zweck und auszuführenden Arbeiten in Behältern aus Holz (Kisten) oder Eisenblech (Fässer), in Jutesäcken, in Säcken, Beuteln oder Flaschen aus Polyethylen und auch in Glasgefäßen. Beachtung verdient hierbei die Reinheit der Probebehälter. Es ist darauf zu achten, daß die Behälter nicht bereits mit den später zu bestimmenden Komponenten verunreinigt sind oder daß diese aus den Gefäßen an die Probesubstanz abgegeben werden können.

In speziellen Fällen müssen gas- und wasserdichte Verpackungen vorgenommen werden. Für Wasser- und Gasproben gelten besondere Vorschriften, (zum Beispiel in *"Analyse der Metalle, Probenahme, 1975"*). Weiterhin ist zu bedenken, ob die Proben beim unbeaufsichtigten Transport verfälscht werden können. Beispielsweise lassen sich goldhaltige Quarzstücke, welche in Jutesäcken transportiert werden, leicht mit Goldchloridlösungen *"aufbessern"*. Die goldhaltige Lösung wird auf eine Spritze gezogen, der Jutesack durchstochen und die Flüssigkeit zwischen das Probematerial gespritzt. Hier wäre ein Transport in Blechfässern vorzuziehen. An die Möglichkeit der Probeverfälschung durch interessierte Personenkreise muß übrigens nicht erst beim Transport, sondern schon vorher bei einer von Hilfskräften durchgeführten Probenahme gedacht werden.

6.5 Mittelwerte und Standardabweichungen

Zur Interpretation geochemischer Daten ist es oft notwendig, außer Durchschnittswerten auch die Streubereiche von Einzelwerten und von Mittelwerten (Vertrauensbereich) für Elemente in Gesteinen, Böden, Gewässern und anderen Bestandteilen der Erde zu kennen. Für die Anwendung statistischer Tests müssen außer den Mittelwerten auch die Standardabweichungen für spezifische Elemente oder Verbindungen in einem aus verschiedenen Teilproben (Parallelproben) bestehenden geochemischen Probematerial ermittelt werden. Entsprechende Angaben dürfen aber nicht verwechselt werden mit der Bestimmung von Mittelwerten und von Standardabweichungen für die *"wahre Zusammensetzung"* geochemischer Einzelproben und zur Beurteilung von Analysenverfahren. Während zur Feststellung von Streubereichen in geochemischen Substanzen eine möglichst große Anzahl von Einzelproben mit wenigen Analysen pro Probe erforderlich ist, müssen zur Feststellung der *"wahren Zusammensetzung"*, beispielsweise von Referenzproben oder zur Bewertung von Analysenverfahren, möglichst viele Einzelanalysen an wenigen Proben ausgeführt werden.

Beispiel 6.01:

In 28 Diabasproben (Typ Nipissing und Matachewan) aus Ontario (Kanada) bestimmten FAIRBAIRN et al., (1953) neben verschiedenen anderen Elementen auch die Anteile an Rubidium. Der arithmetische Mittelwert betrug $\bar{x}$ = 144 µg Rb/g Gestein, die Standardabweichung s = 88 µg Rb/g Gestein. Der von SHAW u. BANKIER (1954) angegebene Wert für s = 86 µg Rb/g wurde offensichtlich für N = 28 Analysenwerte ermittelt, während in die Formel für die Berechnung der Standardabweichung N-1, also 27, eingesetzt werden muß. Aus den Fehlerangaben von FAIRBAIRN et al. (1953) für das spektrochemische Analysenverfahren geht hervor, daß der Analysenfehler kleiner ist als die geochemisch bedingten Unterschiede zwischen den Rb-Anteilen der verschiedenen Diabasproben.

Entsprechend den obigen Angaben für $\bar{x}$ und s wäre bei der Analyse einer weiteren Diabasprobe mit einer statistischen Sicherheit von P = 68,3 % ein Streubereich für das Rb zwischen $\bar{x}$ ± 1,000 · s zu erwarten, das heißt zwischen 56 - 232 µg Rb/g Gestein. Bei P = 95 % aller Einzelmessungen und dem Freiheitsgrad 28-1 = 27 würde der Streubereich $\bar{x}$ ± 2,052 · s (2,052 ist der Student-Faktor, siehe Abschnitt 8.4) oder 0 - 325 µg Rb/g Gestein betragen. Und unter 100 Analysen müßten statistisch noch 5 Werte außerhalb des letztgenannten Streubereichs liegen.

Wenn aus den 28 Einzeldiabasen mit gleichen Massenanteilen eine Mischprobe hergestellt und analysiert worden wäre, müßte der Durchschnittswert bei 144 µg Rb/g Gestein liegen (SHAW u. BANKIER, 1954). Allerdings wäre es dann nicht möglich gewesen, den Streubereich der Einzelwerte zu ermitteln. Letztere werden beispielsweise benötigt zur Beantwortung der Frage, welche Diabase eines Areals ähnliche Anteile an spezifischen Elementen aufweisen und welche nicht.

SHAW u. BANKIER (1954: 112) empfehlen für die Probenahme folgende Grundregel: Je mehr Proben, desto besser. Danach ist nicht die *Anzahl der*

Analysendaten für spezifische Komponenten in einer Einzelprobe ausschlaggebend zur Beurteilung eines geochemischen Sachverhalts, sondern die *Anzahl an Einzelproben* (Parallelproben) aus Gesteinskomplexen, Gewässern und anderen Objekten.

Es ist zu empfehlen, viele kleine Proben anstelle weniger großer zu entnehmen. Der Geowissenschaftler steht allerdings häufig vor der Situation, daß die statistisch zu fordernden Probemengen und Einzelproben sich nicht mit den in der Natur tatsächlich vorhandenen Aufschlußmöglichkeiten in Einklang bringen lassen. Auf solche Situationen sollte in Forschungsberichten und Publikationen ausdrücklich hingewiesen werden. Das setzt allerdings voraus, daß der Bearbeiter eines Projektes die Möglichkeit der Anwendung statistischer Methoden bei der Probenahme und bei der Beurteilung geochemischer Daten kennt und vor allem auch praktiziert. Beispielsweise können mittels statistischer Tests Fragen nach systematischen Fehlern, nach Ausreißern und nach Kenndaten (Mittelwerte, Standardabweichung, Anzahl von Einzelproben) beantwortet werden. Ferner läßt sich sagen, ob getrennte Datengruppen zusammengefaßt werden dürfen und ob sich die Mittelwerte von Datengruppen und von Standardabweichungen für verschiedene Probe- und Meßreihen voneinander unterscheiden. Die Ergebnisse der statistischen Tests müssen die Grundlage bilden zur Beurteilung von Ergebnissen und für Entscheidungen (z.B. KAISER u. GOTTSCHALK, 1972: 2).

Statistische Tests können aber keine neuen Ideen für geochemische Interpretationen liefern. Diese müssen von geowissenschaftlicher Seite kommen, wobei die statistischen Methoden die Rolle eines Hilfsmittels zur Prüfung der neuen Ideen übernehmen (SHAW u. BANKIER, 1954: 122).

6.6 Mindestmenge einer Probe

Eine der wichtigsten Entscheidungen bei der Probenahme betrifft die Mindestmenge einer Probe in Abhängigkeit von den Eigenschaften des zu beprobenden Materials und des als zulässig angesehenen Fehlers. Zu den Eigenschaften eines Gesteins- und Erzkörpers gehören beispielsweise die Korngrößen der Minerale (z.B. LAFFITTE, 1953; CHAYES, 1956) und Gesteinsinhomogenitäten wie beispielsweise die Textur (z.B. GROUT, 1932).

Von verschiedenen Autoren wird für die Berechnung der Mindestmenge einer Probe die Masse des zu beprobenden Materials als *"unendlich groß"* angesehen. Diese Annahme ist für praktische Rechnungen zulässig, wenn das Verhältnis von Ausgangsmaterial zu daraus entnommener Probe größer als 10 ist bzw. wenn von dem zu beprobenden Material 1/10 oder weniger als Probemasse entnommen wird (z.B. GY, 1955). Diese Voraussetzung dürfte häufig gegeben sein.

Zunächst soll an einem einfachen Beispiel der Einfluß der Korngröße und der Fehlergrenzen auf die Probemenge behandelt werden.

Beispiel 6.02: Einfluß Korngröße; LAFFITTE (1953).

Bei dem Untersuchungsmaterial handelt es sich um einen aus ähnlich großen Mineralkörnern zusammengesetzten Granodiorit. Er besteht aus 40 % Plagioklas, der Rest ist Quarz, Glimmer und Kalifeldspat. Die drei letztgenannten Minerale enthalten praktisch kein CaO, der Plagioklas dagenen 6 %. Im Gesamtgestein betrug der CaO-Anteil 2,4 %. Für das Beispiel wird angenommen, daß ein Korn ein Volumen von 1 cm³ und eine Dichte von 2,5 g/cm³ hat. Die sich daraus ergebenen Zusammenhänge zwischen Probemenge, Korngröße der Minerale und Fehlerbereich für die chemische Komponente (hier CaO) zeigt die Tabelle 6-1. Aus dieser läßt sich folgende Feststellung ableiten: Wenn die Probemenge von den größten Mineralkörnern eines Gesteins oder Erzes abhängig gemacht wird, dann werden größere Einzelkristalle (z.B. Porphyroblasten) die Masse der Probe (die Probemenge) schnell vergrößern.

Tabelle 6-1. Abhängigkeit der Probemenge von der Korngröße der Minerale für die Einhaltung bestimmter Fehlergrenzen (LAFFITTE, 1953: 729, siehe auch JOHNSON u. MAXWELL, 1981: 58).

Korngröße [cm³]	Anzahl der Körner	s [%]	$\bar{x} \pm 2s$	Probemenge [g]
0,1	100	0,3	1,80 - 3,00	25
0,1	2 500	0,06	2,28 - 2,52	625
0,1	10 000	0,03	2,34 - 2,46	2 500
0,01	10 000	0,03	2,34 - 2,46	250

An Hand der beiden folgenden Beispiele soll die Berechnung der Mindestmenge einer Probe mittels zweier verschiedener Formeln beispielhaft gezeigt werden. In dem einen Fall basiert die Berechnung vor allem auf Kennwerten für die Kornform, die Kornverteilung, den Aufschlußgrad und die mineralogische Zusammensetzung der Probe (GY, 1955), während im anschließenden Beispiel die Probemenge aus den chemischen Analysendaten für eine Reihe von Einzelproben ermittelt wird (INGAMELLS, 1974, 1976).

6 Probenahme

Beispiel 6.03: Berechnung der Probemenge aus physikalischen und mineralogischen Kenndaten; GY (1955).

GY (1955) hat eine Formel vorgeschlagen, mit welcher die Mindest-Probemenge natürlicher Rohstoffe (Erze, Kohle, Konzentrate) als Funktion der Eigenschaften der zu beprobenden Substanz und des als zulässig angesehenen Fehlers ermittelt werden kann. In die Berechnung gehen verschiedene Parameter ein, deren verständliche Erläuterung (Bedeutung, mathematische Definition) den Umfang der vorliegenden Übersicht stark erweitern würde. Es gibt aber eine ausgezeichnete deutsche Übersetzung der Untersuchungen von GY in der leicht zugänglichen *"Zeitschrift für Erzbergbau und Metallhüttenwesen, Bd. VIII, Beiheft, (1955)"*. Für die Anwendung der Formel von GY kann auf das Studium dieser Originalarbeit nicht verzichtet werden.

Die Formel selbst lautet

$$P' = C \cdot \frac{d^3}{\Theta^2} \qquad (6.01)$$

Es bedeuten darin
P' = die der Probe zu gebende Masse
C = Konstante für das zu beprobende (bemusternde) Ausgangsmaterial
d^3 = 3. Potenz der Kantenlänge der größten Erzteile
Θ^2 = Quadrat des zulässigen relativen Fehlers

Die Masse der Probe ist proportional d^3 und umgekehrt proportional Θ^2. Der Wert für d ist mit möglichst großer Genauigkeit zu bestimmen, da er in der 3. Potenz vorkommt. Definiert ist d als Kantenlänge der Quadratmasche des Siebes, auf dem 5 - 10 % des Erzes als Überkorn zurückbleiben. Der relative Fehler ± 2 Θ, der die statistische Sicherheit von 95% nicht überschreiten soll, ist festzulegen.

Der Wert für die Konstante wird berechnet aus $C = f \cdot g \cdot l \cdot m$, wobei f ein Parameter für die Kornform ist, g ein Parameter für die Korngröße, l ein Parameter für die Freilegung (Aufschlußgrad) und m ein Parameter für die mineralogische Zusammensetzung. Die Ermittlung von C aus den 4 Parametern ist nicht ganz einfach und erfordert die Kenntnis der Originalarbeit von GY (1955). Dort kann die Anwendung der Formel 6.01 auch an Hand einiger Rechenbeispiele nachvollzogen werden.

Um dem Praktiker die Anwendung der Formel zu erleichtern, hat GY (1955) eine Serie von Kurvenblättern gezeichnet, unter anderem auch für die Bestimmung der Masse der zu entnehmenden Probe.

Die Bestimmung der Probemenge mittels der Formel von GY (1955) kann auch dazu benutzt werden, bei der Verjüngung von Proben in mehreren Schritten die dem jeweiligen Reduzierungsschritt entsprechende Probemenge zu berechnen. Ein Beispiel hierfür gibt OTTLEY (1966; hierzu auch JOHNSON u. MAXWELL, 1981: 61). Das Thema *"Verjüngung"* von Proben ist ausführlicher in Abschnitt 7.4 behandelt.

Beispiel 6.04: Berechnung der Probemenge aus chemischen Analysendaten.

INGAMELLS (1974 a, 1976, 1978; siehe auch JOHNSON u. MAXWELL, 1981: 59 f.) berechnen die Mindest-Probemenge aus Analysenwerten für eine Reihe von Einzelproben. Dabei wird ein zulässiger relativer Probenahmefehler von 1 % bei einer statistischen Sicherheit von 68,3 % nicht überschritten.

$$m_{Pr} = r^2 \cdot m = 10^4 \cdot \frac{m \cdot \Sigma (x_i - \bar{x})^2}{(N-1) \cdot \bar{x}^2} = \frac{(100 \cdot s)^2}{\bar{x}^2} \cdot m \qquad (6.02)$$

m_{Pr} = Masse der Probe in Gramm, welche sicherstellt, daß innerhalb einer statistischen Sicherheit von 68,3 % der relative Fehler 1 % nicht überschreitet

r^2 = relativer Fehler in Prozent = $\frac{(100 \cdot s)^2}{\bar{x}^2}$

m = Masse der untersuchten Einzelprobe in Gramm
x = Einzelanalyse in % oder µg/g
$\bar{x}$ = arithmetischer Mittelwert aller Einzelanalysen
N = Anzahl der Analysenwerte bzw. der Einzelproben
s = Standardabweichung

Es soll eine Mindest-Probemenge für Einzelproben berechnet werden, für welche die Probenahme-Streubereiche innerhalb einer statistischen Sicherheit von 68,3 % einen relativen Fehler von 1 % nicht überschreiten. In 10 Einzelproben mit je 15 g Masse wurden folgende Goldanteile bestimmt (nach FAYE, BOWMAN u. SUTARNO, 1975; siehe auch Johnson u. MAXWELL, 1981: 59 f.; für den vorliegenden Text wurden die Originalangaben in Feinunzen pro Tonne in µg Au/g Probe umgerechnet; 1 Feinunze = 31,104 g): $16,1_7$; $16,4_9$; $16,1_7$; $15,8_6$; $16,1_7$; $16,1_7$; $16,1_7$; $16,1_7$; $16,4_9$; $\bar{x} = 16,2_0$ µg Au/g Probe, $s = 0,17_6$ µg Au/g Probe.

$$m_{Pr} = 1,1806 \cdot 15 = 10^4 \cdot \frac{15 \, \Sigma (16,1_7 \ldots - 16,2_0)^2}{(10-1) \cdot 16,2_0^2} = \frac{(100 \cdot 0,17_6)^2}{16,2_0^2} \cdot 15 = 18 \text{ g}$$

Die Einzelprobe muß also aus einer Mindestmenge von 18 g bestehen, wenn der relative Fehler 1 % innerhalb der statistischen Sicherheit 68,3 % nicht überschreiten soll.

Eine Modifizierung des Beispiels 6.04 ist die Ermittlung einer Mindest-Probemenge aus Probenahme-Diagrammen (INGAMELLS, 1974 b). Die Diagramme erlauben eine visuelle Kontrolle der Probenahmefehler in Abhängigkeit von der Probemenge. Vorgegeben wird auch hier als Grenzwert ein relativer Fehler von 1 % bei einer statistischen Sicherheit von 68,3 %. Zur Konstruktion der Diagramme wird die Probe als ein Zweikomponentensystem betrachtet, beispielsweise Erz neben Ganggestein (-mineral). Die Probenahme-Diagramme sollen besonders geeignet sein zur Beurteilung von Proben, in denen die zu bestimmende Komponente auf geringe Mineralanteile konzentriert ist. Für die Konstruktion und Anwendung der Diagramme muß ebenfalls auf die leicht zugängliche Originalarbeit von INGAMELLS in *"Geochimica et Cosmochimica Acta, Vol. 38 (1974 b)"* verwiesen werden (siehe hierzu auch JOHNSON u. MAXWELL, 1981: 61 ff.).

6.7 Anzahl der Proben

Neben der Frage nach der Probemenge stellt sich auch die Frage nach der Anzahl der Proben, welche aus einem Ausgangsmaterial zu entnehmen sind. In dem Abschnitt 6.5 wurde festgestellt, daß die *"Genauigkeit"* der Probenahme auch von der Anzahl der Einzel-, Parallel- oder Stichproben abhängt, welche aus einer zu untersuchenden Gesamtmasse oder einem Gesamtvolumen zu entnehmen sind. Bei voneinander unabhängigen, das heißt nicht korrelativ miteinander verknüpften Proben, läßt sich die Mindestzahl an Stichproben aus

$$M = \left(\frac{t \cdot s}{\Delta \bar{x}}\right)^2 \qquad (6.03)$$

ermitteln (*"Analyse der Metalle, Probenahme, 1975: 216"*).
M = Anzahl der Stichproben (Einzelproben)
t = Student-Faktor. Statistische Kenngröße für den t-Test in Abhängigkeit von der statistischen Sicherheit P und der Zahl der Freiheitsgrade n = N-1. Die Werte sind Tabellen zu entnehmen, z.B. GRAF, HENNING u. STANGE (1966: 291).
s = Standardabweichung (siehe Abschnitt 8.3)
$\Delta \bar{x}$ = Vertrauensbereich (Streubereich) des gesuchten Mittelwertes

Beispiel 6.05: *Aus "Analyse der Metalle, Probenahme (1975: 216)"*.

In einer aus Schwefelkiesabbränden bestehenden Menge soll der Massenanteil an Cu auf $\Delta \bar{x}$ = 0,05 % (absolut) bestimmt werden. Die Standardabweichung s wird aus der getrennten Untersuchung von M = 24 Schaufelproben ermittelt. Die Einzelproben müssen über die gesamte Menge des Schwefelkiesabbrandes verteilt sein. Letztere bleibt ohne Einfluß auf das Ergebnis, solange die Probemasse viel kleiner ist als die Masse des zu beprobenden Schwefelkiesabbrandes (siehe auch Abschnitt 6.6). Der arithmetische Mittelwert aus den 24 Einzelbestimmungen beträgt x = 2,03$_4$ % Cu, die Standardabweichung s = 0,27$_1$ % Cu. Aus der Tabelle für die t-Verteilung wird bei einer statistischen Sicherheit von P = 95 % und n = 23 (24 Schaufelproben minus 1) der Wert 2,069 entnommen. Dann müssen nach der Formel (6.03)

$$M = \left(\frac{2{,}069 \cdot 0{,}271}{0{,}05}\right)^2 = 126 \text{ Schaufelproben}$$

dem Schwefelkiesabbrand entnommen werden, wenn der Vertrauensbereich des Ergebnisses mit 0,05 % Cu eingehalten werden soll. Das heißt, mit einer statistischen Sicherheit von 95 % liegt der *"wahre"* Cu-Anteil in dem Schwefelkiesabbrand dann zwischen 1,98$_4$ - 2,08$_4$ %. Für die endgültige Probenahme muß dann die gleiche Schaufelart und -größe (gleiche Masse Einzelproben) wie zur Bestimmung der Standardabweichung verwendet werden.

In kontinuierlich ablaufenden Produktionsprozessen kann der Fall eintreten, daß die Proben miteinander korrelativ verknüpft sind. Ein Beispiel ist die Entnahme von Proben in kurzen Abständen von Transportbändern. Die Beachtung des Unterschiedes zwischen nicht korrelativ und korrelativ verknüpften Proben kann mit Arbeitsersparnissen verbunden sein. So ist es für eine Verringerung der Standardabweichung eines Probenahmeverfahrens auf den zehnten Teil des ursprünglichen Wertes notwendig, bei korrelativ nicht miteinander verknüpften Proben das Hundertfache der ursprünglichen Probemenge zu entnehmen. Dagegen läßt sich der gleiche Effekt bei der Entnahme korrelativ miteinander verknüpfter Proben bereits mit dem Sechsundzwanzigfachen der ursprünglichen Probemenge erreichen (*"Analyse der Metalle, Probenahme, 1975: 217"*).

6.8 Probenahme- und Analysenfehler

In den Analysenergebnissen für die untersuchten Proben überlagern sich Probenahmefehler und Analysenfehler. Zur Berechnung des Probenahmefehlers und der rechnerischen Trennung von Probenahme- und Analysenfehler sind verschiedene Formeln und Rechenverfahren vorgeschlagen worden, auf deren beispielhafte Behandlung jedoch im Rahmen des vorliegenden Buches verzichtet wurde. Weiterführende Angaben finden sich beispielsweise bei BAULE u. BENEDETTI-PICHLER (1928) und DOERFFEL (1965: 48 f.; siehe auch *"Analytikum, 1974: 472"*).

7 Probebearbeitung

Für die analytischen Untersuchungen muß festes Probematerial zunächst von störenden Beimengungen gereinigt, dann zerkleinert und schließlich verjüngt werden. Hierbei sind ebenfalls bestimmte Ausführungsvorschriften zu beachten. Weiterführende Informationen zu dem vorliegenden Abschnitt enthalten die Bücher *"Analyse der Metalle, Probenahme (1975)"* sowie *"Gesteinsaufbereitung im Labor (1986)"* von NEY. Beide Publikationen sind aber keine Handbücher oder Standardwerke, in welchen alle Verfahren zur Weiterbehandlung geochemischer Proben (Silicate, Oxide, Sulfide, Evaporite, Kohlen, Flüssigkeiten und Gase) in gleicher Weise berücksichtigt werden. Daher ist das Studium von Originalpublikationen zu empfehlen.

Die folgenden Ausführungen beschränken sich auf einige wichtige Aspekte, welche bei der Probebearbeitung bis zur fertigen Analysensubstanz beachtet werden müssen.

7.1 Reinigung der Rohproben

Die in der Natur entnommenen Proben können mit anorganischen oder organischen Bestandteilen *"verunreinigt"* sein, welche entweder geochemisch zum Probematerial gehören oder anderer Herkunft sind. Zu der erstgenannten Gruppe gehören beispielsweise die Verwitterungsrinden auf Gesteinen, Sekundärminerale auf Erzen und Bitumina in Carbonatgesteinen. Zur zweiten Gruppe zählen Staub und Bodenteile vom Ort der Probenahme, Metallabrieb von Probenahmewerkzeugen, Reste von Verpackungsmaterialien und Flotationsreagenzien.

Die Beseitigung der störenden Beimengungen muß entsprechend der physikalischen und chemischen Beschaffenheit der Proben in verschiedener Weise vorgenommen werden. Verwitterungsrinden und Sekundärminerale lassen sich mit einer Gesteinssäge entfernen. Allerdings sollte bereits bei der Probenahme im Gelände oder in der Grube darauf geachtet werden, möglichst *"frisches"*, das heißt nicht durch Verwitterung beeinflußtes Material als Proben zu verwenden. Spätestens vor der weiteren Zerkleinerung müssen Verwitterungsprodukte sorgfältig aus dem Probematerial entfernt werden.

Verschmutzte Stücke müssen unter fließendem Wasser mit einer Bürste gereinigt und anschließend mit deion. Wasser nachgespült werden. Das ist natürlich nur dann durchführbar, wenn sich der Stoffbestand der Proben bei der kurzfristigen Einwirkung von Wasser nicht meßbar verändert und wenn besondere Ansprüche an die spätere Wasserbestimmung nicht gestellt werden. Daher dürfen beispielsweise Evaporite, Tone und poröse Gesteine nicht in der angegebenen Weise mit Wasser gereinigt werden.

Das Trocknen der gewaschenen Probe geschieht an der Luft oder in speziellen Fällen (z.B. Erze) in einem mit Silicagel als Trockenmittel und N_2 oder CO_2 als Schutzgas gefüllten Exsikkator. Tonmineralhaltige Gesteine und Evaporite dürfen nicht bei Temperaturen > 50°C getrocknet werden (NEY 1986: 30). Böden und Tone mit höheren Wasseranteilen müssen vor der Weiterbehandlung in einem trockenen und staubfreien Raum vorgetrocknet werden.

Organische Komponenten lassen sich durch Extraktion aus dem Untersuchungsmaterial entfernen, beispielsweise durch Behandlung mit organischen Lösungsmitteln in einer Soxhlet-Apparatur.

Die Reste von Verpackungsmaterialien (Holz, Plastik, Textilien) sowie der Abrieb von Probenahmewerkzeugen müssen aus den Proben mit der Hand ausgelesen oder mittels Magnettrennung (Vorsicht beim Vorhandensein ferromagnetischer Minerale wie Magnetit!) entfernt werden.

Es ist zu empfehlen, vor der Weiterbehandlung der Proben ein Handstück oder einen ähnlichen Anteil Probe als Belegmaterial im Gesteinsarchiv aufzubewahren. Zumindest solange, bis ein Forschungsprojekt oder ein Gutachten abgeschlossen und geprüft worden ist.

Für bestimmte Untersuchungen kann es notwendig werden, Bindemittel oder spezifische Minerale durch selektives Auflösen aus Proben zu entfernen. Zu dieser Thematik gibt NEY (1986) wertvolle Hinweise und Ratschläge. Eine von NEY (1986) nicht behandelte Methode, nämlich die Abtrennung der wasserunlöslichen Mineralfraktionen mit NaCl-Lösung aus Salztonen und Evaporitgesteinen, wird im Abschnitt 13.5.2 behandelt.

7.2 Zerkleinerung

Für die analytische Untersuchung einer Substanz muß normalerweise die

Menge der Ausgangsprobe stark verjüngt (verkleinert, reduziert, verringert) werden. Die Verjüngung erfolgt im Wechsel mit der Zerkleinerung der Probe. Im vorliegenden Abschnitt sollen zunächst einige Hinweise für die Zerkleinerung fester Substanzen gegeben werden.

Die Zerkleinerung kann durch Druck oder Schlag erfolgen. Nach Möglichkeit ist die *"drückende Zerkleinerung"* (Backenbrecher, Walzenstuhl) der *"schlagenden Zerkleinerung"* (Schlagkreuzmühlen) vorzuziehen, da im erstgenannten Fall die Gefahr einer Verunreinigung der Proben durch Abrieb von Werkstoffmaterial geringer ist als bei der Zerkleinerung durch Schlag.

Zur Vorzerkleinerung der Proben werden häufig Backenbrecher verschiedener Größen verwendet. Vor der Zerkleinerung der Proben im Backenbrecher müssen die Probestücke auf etwa 100 bis 60 mm vorzerkleinert werden. Das geschieht am besten durch Zerschlagen der Gesteinsstücke mit einem Hammer auf einem Holzblock. Da das im Backenbrecher nur einmal gebrochene Material häufig noch scherbenförmige Stücke enthält, ist die mehrmalige Durchgabe der Probe durch den gleichen Backenbrecher oder durch einen zweiten Brecher mit kleinerer Spaltweite notwendig. Eine detaillierte Anleitung zur Zerkleinerung von Proben mit dem Backenbrecher gibt NEY (1986: 62 ff.). An dieser Stelle sei nur hervorgehoben, daß der Backenbrecher vor der Benutzung und nach dem Brechen jeder Einzelprobe gründlich gereinigt werden muß. Die Brechbacken, das Auffanggefäß sowie das Äußere und die Umgebung des Backenbrechers müssen einwandfrei sauber sein. Über der Aufgabeöffnung des Backenbrechers ist aus Gründen der Arbeitssicherheit und der Reinhaltung des Labors (Kontamination von Proben!) eine Staub-Absaugvorrichtung anzubringen.

Das Reinigen der Backenbrecher geschieht mit Handfeger, Pinsel und schließlich mit Druckluft. Bei ausreichend vorhandenem Probematerial kann zunächst ein Stück Gestein gebrochen und das Material verworfen werden, bevor die Hauptmenge der Probe zerkleinert wird. Allerdings ist diese Prozedur nur durchführbar bei Materialien, deren Homogenität und repräsentative Zusammensetzung durch die Entnahme eines Probenstückes zur *"Reinigung"* des Backenbrechers nicht verändert wird.

Probemengen <100 g sollten nicht im Backenbrecher vorzerkleinert werden, da die Gefahr von Verunreinigungen durch Abrieb und größerer Substanzverluste besteht. In diesem Fall empfiehlt sich die Zerkleinerung zwischen zwei Platten aus Stahl oder Borcarbid unter einer Presse. Eventuell kann ein kleiner Laborbackenbrecher verwendet werden.

Nach der Vorzerkleinerung im Backenbrecher besteht das Material vorwiegend aus Korngrößen < 3 mm. Die Gesamtprobe muß jetzt in Verbindung mit einer Verjüngung (Abschnitt 7.4; Abb. 7-1) quantitativ in einzelne, aber gleich zusammengesetzte Anteile zerlegt werden.

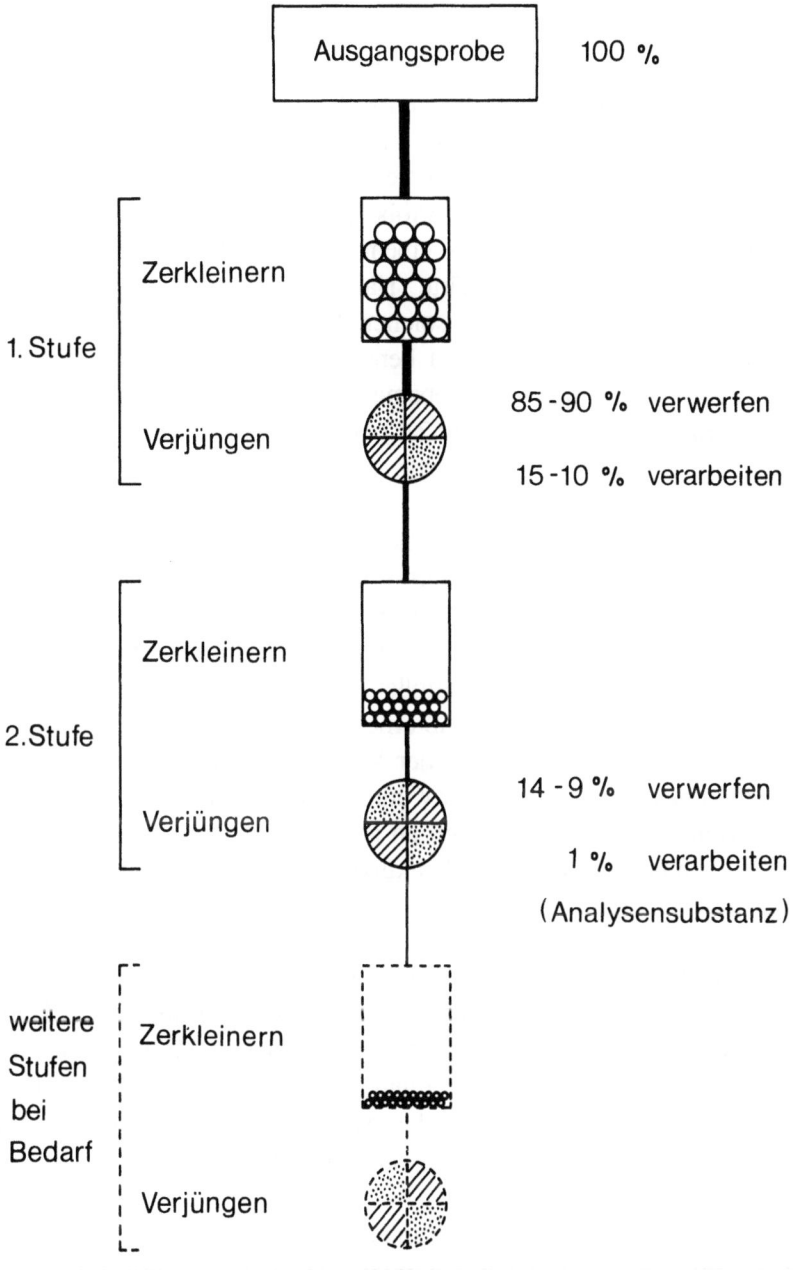

Abb. 7-1. Stufen der Zerkleinerung und Verjüngung von Proben

Die sich an die Grobzerkleinerung (1.Verjüngungsstufe) anschließende Feinzerkleinerung auf Analysenfeinheit (2.Verjüngungsstufe, häufig Korngrößen < 0,125 mm) erfolgt normalerweise in Fliehkraftkugelmühlen. Die Wahl des Werkstoffes, aus dem die Mahlbecher und Mahlkugeln bestehen, richtet sich nach den akzeptierbaren Verunreinigungen durch den auch hier unvermeidbaren Abrieb. Für die Feinzerkleinerung vieler natürlicher Probesubstanzen eignen sich Mahlbecher und Mahlkugeln aus Achat. Bei Gesteinsproben mit SiO_2 als Hauptkomponente kann ein geringer SiO_2-Abrieb aus dem Mahlbecher den SiO_2-Anteil der Probe nicht so stark verändern, daß er das Analysenergebnis verfälscht. In einem Achatmahlbecher dürfen allerdings keine Minerale mit einer Ritzhärte (Härteskala von MOHS) > 7 aufgemahlen werden. Beim Vorhandensein solcher Minerale müssen Mahlbecher aus Sinterkorund oder Wolframcarbid benutzt werden.

Die Feinzerkleinerung des Probematerials in Fliehkraftmühlen wird ebenfalls ausführlich von NEY (1986: 67 f.) beschrieben. An dieser Stelle sei daher nur auf folgende wichtige Aspekte bei der Benutzung von Mahlbechern hingewiesen:

Zur Erzielung eines guten Mahleffektes dürfen die Mahlbecher nur zu einem Drittel bis maximal zur Hälfte mit dem Probegut gefüllt werden. Die Mahldauer ist auf 30 bis höchstens 60 min zu begrenzen. Danach muß die Probe gesiebt werden, beispielsweise unter Verwendung eines Siebes mit der Maschenweite 0,125 mm. Korngrößen < 0,125 mm entsprechen Analysenfeinheit. Alles was größer ist, muß erneut solange in der Kugelmühle zerkleinert werden, bis die gesamte aus der Verjüngungsstufe 1 zur Weiterverarbeitung genommene Probe *quantitativ* durch das 0,125 mm-Sieb hindurchgegangen ist. Keinesfalls darf ein Anteil an gröberen Fraktionen verworfen werden, um den Aufmahlungsvorgang abzukürzen oder in der irrigen Meinung, die bereits aufgemahlene Substanz reiche für die analytischen Untersuchungen aus.

Die Mahlbecher, Mahlkugeln und Dichtungsringe müssen für jede neue Einzelprobe sorgfältig gereinigt werden. Achatgefäße dürfen auf keinen Fall mit Säuren behandelt werden, da sich diese in den Mikroporen des Achats festsetzen. Wenn dann die Säure Elemente aus der Probesubstanz herauslöst, ist das Mahlgefäß einschließlich der Achatkugeln aus Achat oder Porzellan dauerhaft kontaminiert! Die Reinigung von Mahlgefäßen ist in folgender Weise vorzunehmen:

Zunächst muß das in den Mahlbechern und an den Kugeln haftende Material mit einem Plastikschaber (keine Metallspatel verwenden!) und/oder einem Pinsel gereinigt werden. Anschließend lassen sich die Mahlgefäße unter fließendem Wasser mit einer Bürste (Plastikborsten, keine Drahtbürste!) behandeln. Eine gute Reinigung von Mahlbechern und Mahlkugeln kann auch durch längeres Mahlen mit reinem Quarzsand (z.B. Dörentruper Quarzsand) erzielt werden. Zum Schluß müssen die gereinigten Mahlgeräte (Becher, Kugeln, Dichtungsringe) nochmals mit dest. Wasser abgespült und schließlich getrocknet werden. Letzteres darf nicht im heißen Trockenschrank erfolgen, sondern bei Temperaturen < 40 °C oder im staubfreien Luftstrom.

Für die Feinzerkleinerung lassen sich mit gutem Erfolg auch Scheibenschwingmühlen mit Mahlgefäßen aus Achat oder Metall verwenden. Die Mahlvorrichtung eignet sich vor allem zur Feinmahlung geringer Probemengen (einige Gramm) in kurzer Zeit (wenige Sekunden bis höchstens 5 Minuten). Beim Mahlvorgang erwärmt sich die Probesubstanz durch intensive mechanische Beanspruchung, so daß eventuelle Reaktionen im Untersuchungsmaterial bedacht werden müssen.

7.3 Siebung

Zur Herstellung analysenfeiner Substanzen muß die Probe auf Korngrößen < 0,125 mm aufgemahlen werden (beim Reiben zwischen den Fingernägeln darf kein Kratzen zu spüren sein!). Zu diesem Zweck müssen bei der Feinzerkleinerung die kleineren Kornfraktionen mehrmals abgesiebt werden. Die dabei auf dem Sieb zurückbleibenden gröberen Fraktionen sind solange weiter aufzumahlen, bis die gesamte Probe *quantitativ* durch ein Sieb mit bestimmter Maschenweite (normalerweise 0,125 mm) hindurchgegangen ist.

Das Absieben oder Scheiden von Kornfraktionen erfolgt auf Platten mit Rundlochung (1-125 mm Weite) oder Quadratlochung (4-125 mm Weite) sowie auf Metalldrahtgeweben mit Quadratmaschen (0,02-125 mm Weite) oder auf Perlongeweben. Als Material für die Siebböden wird rostfreier Stahl (Fe, Ni, Cr), Zinnbronze (Cu, Sn) oder Messing (Cu, Zn, Pb) verwendet. Die Fassungen für die Siebböden sind ebenfalls aus rostfreiem Stahl, Messing oder Aluminium hergestellt. Analysensiebe sind genormt, allerdings unterschiedlich in verschiedenen Ländern (siehe Abschnitt 5.3). Für Perlongewebe gibt es keine Normung.

Zur Siebung wird das Sieb auf ein Auffanggefäß gestellt und eine nicht zu große Menge an Substanz auf das Siebgewebe geschüttet. Es ist zweckmäßig, mehrmals kleine Substanzmengen zu sieben als einmal eine zu große Menge. Bei feinen Prüfsieben rechnet man mit einer Aufgabemenge von 20-60 g, bei größeren Korndurchmessern mit 60-150 g (NEY, 1986: 78). Bei der Siebung kleiner Probemengen wird man nicht die normalen Prüfsiebe mit 200 mm Durchmesser verwenden, sondern solche mit 150 oder 100 mm Durchmesser.

Bei der gleichzeitigen Abtrennung mehrerer Korngrößenfraktionen dürfen bis zu 5 Siebe übereinander gestapelt und auf eine Siebmaschine gestellt werden. Das Sieb mit der größten Maschenweite befindet sich oben, das mit der kleinsten unten. Nach Abdeckung des obersten Siebes mit einem Deckel erfolgt die Siebung mit der Hand oder mit einer Prüfsiebmaschine. Man unterscheidet zwischen Maschinen, bei denen das zu siebende Material nahezu horizontal über den Siebboden bewegt wird (Planprüfsiebmaschine) oder bei welchen die vertikale Schwingungskomponente dominiert (Wurfprüfsiebmaschine).

Die Siebdauer hängt von der Beschaffenheit der Proben ab (Oberflächenstruktur, Feuchtigkeit, hygroskopische Eigenschaften u.a.). Häufig genügen 5-10 Minuten für einen Siebvorgang. Bei Siebanalysen ist darauf zu achten, ob das Material während des Siebvorganges weiter zerkleinert wird. In der Praxis muß fast immer mit einer unvollständigen Trennung der Korngrößenfraktionen gerechnet werden. Bei Siebanalysen kann der Siebvorgang dann als beendet angesehen werden, wenn pro Minute weniger als 0,1 % (Massenanteil) der aufgegebenen Menge durch das Sieb fällt. Diese Zahl setzt eine abriebfeste Probesubstanz voraus.

Das zu siebende Material sollte, falls möglich, vorher getrocknet werden. Hierbei ist entsprechend der Mineralzusammensetzung auf die maximal zulässigen Trockentemperaturen zu achten. Beispiel: Salzminerale dürfen nicht bei Temperaturen über 50 °C getrocknet werden.

Fast immer tritt das Problem auf, daß sich die Maschen des Siebes mit Probematerial teilweise oder ganz zusetzen. Dadurch wird der Siebeffekt beeinträchtigt oder vollständig verhindert. In solchen Fällen kann auf den Siebboden ein kleiner Gummiwürfel (Kantenlänge etwa 10 mm) gelegt werden, welcher beim Siebvorgang mitvibriert und den Siebboden schonend *"abklopft"*. Ein Stück Radiergummi ist hierfür geeignet. Andernfalls muß das Sieb geleert und das Gewebe mit einem nicht zu harten Pinsel vorsichtig gereinigt werden. Auch eine Reinigung der Siebe mittels spezieller Ultraschallgeräte ist möglich.

Bei der Siebung muß auf sauberes Arbeiten geachtet werden, um eine Verfälschung der Originalprobe durch Substanzverluste und Kontamination zu vermeiden. Verschiedentlich ist zu beobachten, daß in den Labors, in welchen Proben gemahlen und gesiebt werden, Maschinen, Tische, Schränke usw. gleichmäßig mit einer Staubschicht überzogen sind. Es bedarf keiner zusätzlichen Anmerkungen, wie die Arbeit in solchen Räumen zu bewerten ist.

Zur Sauberkeit gehört auch die sorgfältige Behandlung der Siebe. Vor allem das Siebgewebe ist sehr empfindlich gegenüber der Einwirkung harter und scharfkantiger Gegenstände. Zwischen den Maschen festgeklemmte Partikel lassen sich durch vorsichtiges Bestreichen des Siebgewebes mit einem Hartholzspatel (glatte, abgerundete Kante) entfernen. Keine Metallspatel verwenden! Eventuell vorsichtig (!) die Gewebe mit einem Luftstrom durchblasen. Hinweise auf die Behandlung von Prüfsieben finden sich bei NEY (1986: 82 ff.).

Ähnlich wie die zur Zerkleinerung und Mahlung benutzten Geräte bzw. Gefäße unterliegen auch die Siebe der Abnutzung (Abrieb). Daher ist zu überlegen, welche Siebwerkstoffe die Elementbestimmungen beeinflussen können. Für Gesteinsanalysen empfiehlt sich die Benutzung von Mahlbechern und Mahlkugeln aus Achat für die Feinzerkleinerung sowie zur Siebung ein Sieb aus Plexiglas mit Perlongewebe. Deckel und Auffanggefäß müssen ebenfalls aus Plexiglas hergestellt sein. Bei dieser Arbeitsweise muß nach der Grobzerkleinerung von Gesteinsproben im Backenbrecher nicht mit weiteren Metallverunreinigungen durch Abrieb gerechnet werden (siehe Abschnitt 7.6).

Die vorangegangenen Ausführungen beziehen sich auf eine Trockensiebung, welche normalerweise bei der Probebearbeitung zur Herstellung von analysenfeinem Untersuchungsmaterial angewendet wird. Für spezielle Fälle kann aber auch eine Naßsiebung erforderlich werden, wobei die Trennung der einzelnen Kornfraktionen in einem von oben nach unten durch die Siebe laufenden Wasserstrom erfolgt. Hinweise zur Durchführung von Naßsiebungen und speziellen Siebanalysen finden sich beispielsweise in *"Analyse der Metalle, Probenahme (1975: 29 ff.)"*, NEY (1986: 80 ff.), MÜLLER (1967: 72, 75).

7.4 Verjüngung

Für die analytische Untersuchung einer Probe muß die Ausgangsmenge häufig stark verringert bzw. verjüngt werden. Dieser Vorgang erfolgt stufenweise in Wechselwirkung mit der fortschreitenden Zerkleinerung und Aufmahlung des Probematerials (Abschnitt 7.2, Abb. 7-1). Die bei der Verjüngung nicht zu vermeidenden Unsicherheiten lassen sich mit Hilfe der Varianzanalyse abschätzen, wobei Informationen über die Größe der Teilungsfehler und die Beziehungen zwischen Teilungsfehlern und Analysenunsicherheiten gewonnen werden. Die Grundregel zur Beurteilung dieser Beziehungen besagt, daß Probenahme und Analyse dann in einem optimalen Verhältnis zueinander stehen, wenn die auf die Probenahme zurückzuführenden Standardabweichungen mit denen der Analysenverfahren in der Größe vergleichbar sind. Ein Beispiel für die Anwendung der mathematischen Statistik auf die Verjüngung von Proben ist in dem Buch *"Analyse der Metalle, Probenahme (1975: 218 ff.)"* enthalten. Siehe hierzu auch Abschnitt 6.8.

Für viele geochemische Untersuchungen an Feststoffen wird die Masse der Ausgangssubstanz in den meisten Fällen zwischen mehreren zehner Gramm bis zu einigen Kilogramm liegen. Die Verjüngung wird so vorgenommen, daß die Masse der Ausgangssubstanz gleich 100 % gesetzt wird. Davon werden in der 1. Verjüngungsstufe für die Weiterverarbeitung 15-10 % abgeteilt und die restlichen 85-90 % Substanz verworfen. In der 2.Verjüngungsstufe werden nach vorheriger Mahlung von den zur Weiterverarbeitung benutzten 15-10 % nochmals 14-9 % (bezogen auf die Ausgangsprobe) verworfen und nur 1 % (ebenfalls bezogen auf die Ausgangsprobe) weiter verarbeitet. Bezogen auf das Ausgangsmaterial sind am Schluß der 2.Verjüngungsstufe von der ursprünglichen Ausgangssubstanz nur noch 1% zur weiteren Bearbeitung übrig geblieben (Abb. 7-1).

Beispiel 7.01:

1000 g Ausgangssubstanz. Nach der 1. Verjüngungsstufe werden 150-100 g weiter verarbeitet und 850-900 g verworfen. Nach der 2. Verjüngungsstufe werden von 150 g nochmals 140 g verworfen und 10 g bleiben für die weitere Verarbeitung bzw. die Analyse übrig.

Die Verjüngung der Proben kann um zusätzliche Stufen erweitert werden. Das *"verworfene Material"* sollte bis zur Fertigstellung des Gutachtens oder der Forschungsarbeit aufbewahrt werden, um beim Mißglücken einer Arbeit Reservematerial zur Verfügung zu haben.

Die Verjüngung des zerkleinerten Probematerials kann mit der Hand oder mit mechanischen Probeteilern vorgenommen werden. Ein mit der Hand durchzuführendes Verfahren ist das *Kreuzteilen* oder *Vierteln* einer Probe. Hierbei wird die Probe auf einer trockenen und sauberen Unterlage (je nach Probemenge Glanzpapier bis Eisenblech) durch mindestens dreimaliges Umschaufeln (Löffel, Schaufel) zu einem Kegel aufgeschichtet, wobei jede neue Probeportion genau über der Kegelspitze abzukippen ist. Das Probegut muß gleichmäßig auf dem Kegelmantel abrollen. Wenn der Kegel ein letztes Mal aufgeschüttet worden ist, wird derselbe in folgender Weise zu einem Kegelstumpf ausgezogen: In der Kegelspitze wird der Löffel, die Schaufel oder eine

Kratze eingestochen und mit dem Werkzeug das Material von der Mitte ausgehend gleichmäßig nach allen Seiten heruntergezogen, bis Rand und Mitte dieselbe Höhe haben. Auf der Kreisfläche des höchstens 25-30 cm hohen Kegelstumpfes wird ein rechtwinkliges Kreuz gezogen, wobei der Schnittpunkt der Linien genau im Zentrum der Kreisfläche liegen muß. Für diese Arbeit haben sich Probenahmekreuze bewährt (*"Analyse der Metalle, Probenahme, 1975: 70"*). Dann werden zwei diagonal gegenüberliegende *"Viertel"* als Probe zur Weiterverarbeitung zusammengefaßt, die beiden anderen *"Viertel"* werden verworfen. Bei dieser Arbeit ist sorgfältig darauf zu achten, daß das Material auch am Schnittpunkt der Linien und von der Unterlage quantitativ aufgesammelt wird (Feinkornanteile!). Die Kreuzteilung bzw. das Vierteln kann mit zwischengeschalteten Zerkleinerungsarbeiten solange wiederholt werden, bis das Probegewicht für die Feinzerkleinerung oder für die Analysensubstanz erreicht ist. Die Technik des *"Vierteln s"* ist ausführlich bei OELSNER (1952: 23 ff.) in *"Analyse der Metalle, Probenahme (1975: 192 f.)"* und bei NEY (1986: 23) beschrieben.

Ein einfaches Gerät zur Verjüngung von Proben ist der Probeteiler nach JONES, welcher unter der Bezeichnung *Riffelteiler* bekannt ist. Es handelt sich hierbei um einen länglichen Kasten, in welchem gegeneinander versetzt und durch dünne Zwischenwände voneinander getrennt, rechtwinklige Dreieckteile so angeordnet sind, daß das oben aufgegebene Probegut abwechselnd nach rechts und links abfließt und auf jeder Seite getrennt in einer Rinne aufgefangen wird. Auf diese Weise läßt sich die Probe in zwei Hälften unterteilen. Die Riffelteiler lassen sich für die Teilung von Probematerial mit unterschiedlichen Korngrößen herstellen. Zu beachten ist, daß die Schlitzbreite (Breite der Dreieckteile) etwa das 2,5 bis 3fache der maximalen Korngröße beträgt. Die Entleerung soll nach jeder Seite über mindestens 8 Schlitze erfolgen (*"Analyse der Metalle, Probenahme, 1975: 70 f."*). Bei der Teilung ist darauf zu achten, daß die Schlitze nicht verstopfen und daß die zur Weiterverarbeitung bzw. zur Verwerfung bestimmten Probeteile nicht immer von der gleichen Seite des Riffelteilers weggenommen werden. Die Reinigung der Riffelteiler kann mit dem Pinsel und durch Ausblasen mit Druckluft erfolgen.

Unter den mechanisch betriebenen Probeteilern gibt es verschiedene Konstruktionen. Hier soll nur auf das Prinzip eines *Laborprobeteilers* (z.B. der Firmen F. Kurt Retsch KG, 5657 Hanau; Fritsch GmbH Laborgerätebau, 6580 Idar-Oberstein) hingewiesen werden, welcher sich zur Teilung geochemischer Proben gut bewährt hat. Bei diesem Gerät werden an einem Einfülltrichter (gleichmäßige Materialaufgabe) mittels eines elektrischen Antriebes in regelmäßigen Zeitabständen beispielsweise 8 Probeflaschen vorbeigeführt.

Das Teilungsverhältnis muß sich nach dem Anteil der größten Kornfraktion an der Gesamtprobe richten.

Das weiter zu verarbeitende Probematerial besteht aus dem vereinigten Inhalt (quantitativ!) von zwei gegenüberliegenden Probeflaschen. Das auf diese Weise reduzierte Probematerial läßt sich weiter mechanisch oder durch *"Vierteln"* mit der Hand verjüngen.

Wichtig ist die sorgfältige Reinigung aller Teile von mechanischen Probeteilern, welche mit der Substanz in Berührung kommen (Pinsel, Druckluft). Ebenso wichtig ist die *eindeutige* Beschriftung aller Flaschen und Gefäße mit Probegut, damit jederzeit einer bestimmten Ausgangsprobe die bei der Verjüngung angefallenen Teilproben zugeordnet werden können (hierzu auch NEY, 1986: 24).

7.5 Mineraltrennungen

Für bestimmte Fragestellungen ist es erforderlich, spezifische Minerale oder Mineralgruppen einer Probe gesondert zu untersuchen. Zu diesem Zweck müssen Mineraltrennungen durchgeführt werden. Eine vollständige und detaillierte Beschreibung aller gebräuchlichen Methoden zur Trennung von Mineralen ist im Rahmen des vorliegenden Buches nicht möglich. Entsprechende Informationen finden sich beispielsweise in MÜLLER (1964) und NEY (1986).

Am einfachsten lassen sich Mineralkörner unter einem Binokular mit Hilfe einer Nadel oder Saugpipette aussortieren. Allerdings ist das Verfahren anstrengend und zeitaufwendig. Die Ausbeute an Mineralmengen bleibt gering.

Zur Trennung der verschiedenen Minerale läßt sich die Dichte derselben nutzen. Eine häufig praktizierte Methode besteht darin, die Minerale in Flüssigkeiten unterschiedlicher Dichte (Schwereflüssigkeiten) zu trennen. Je nach der Dichte schwimmen spezifische Minerale auf der Flüssigkeitsoberfläche, oder sie sinken nach unten. Das Verfahren ist kaum noch anwendbar bei Korngrößen < 0,1 mm. Trennen lassen sich Probemengen von wenigen Milligramm bis zu einigen hundert Gramm in hierfür geeigneten Scheidetrichtern und mittels der Zentrifuge. Viele Schwereflüssigkeiten bestehen aus Br-, J-, Tl-, Pb- sowie Hg-Verbindungen und sind daher sehr giftig. In diesem Zusammenhang muß darauf hingewiesen werden, daß die Beseitigung verbrauchter Schwereflüssigkeiten mit Schwierigkeiten verbunden ist. NEY (1986: 93) verweist auf eine von PLEWINSKY u. KAMPS (1984) sowie PLEWINSKY et al. (1985) entwickelte Substanz Natriumpolywolframat $Na_6(H_2W_{12}O_{40})$ mit rund 87 % WO_3, die in Wasser, wäßrigen NaCl-Lösungen und methanolhaltigen Lösungen gut löslich ist und die Herstellung von Schwereflüssigkeiten bis zu einer Dichte von 3,12 g/cm³ bei 25 °C erlaubt.

Im Gegensatz zu den bisher gebräuchlichen Lösungen soll diese Schwereflüssigkeit ungiftig sein. Zu beziehen ist diese Substanz von der Firma Ventron, Alfa-Produkte, Postfach 6540, D-7500 Karlsruhe 1.

In einer wäßrigen Lösung von Natriumpolywolframat lassen sich allerdings nur wasserunlösliche Minerale trennen. Für Salzminerale muß demnach auch weiterhin auf 1,1,2,2-Tetrabromethan zurückgegriffen werden (z.B. HERRMANN, 1956; PETERS, 1988).

Die Tabelle 7-1 enthält eine von NEY (1986: 97) zusammengestellte Übersicht über die zur Mineraltrennung geeigneten Schwereflüssigkeiten und die gesundheitsschädlichen Eigenschaften. Beim Umgang mit den in Tabelle 7-1 genannten Schwereflüssigkeiten ist grundsätzlich unter einem einwandfrei funktionierenden Abzug und in einem gut belüfteten Labor zu arbeiten. Schutzhandschuhe und Schutzbrille tragen, eventuell Atemschutz anlegen! Sämtliche Materialien, welche mit Schwereflüssigkeiten in Berührung gekommen sind (z.B. Schutzhandschuhe, Kleenextücher etc.), sammeln, in Plastiksäcken luftdicht verpacken und in den Sondermüll geben! Die benutzten Glasgeräte unter dem Abzug mit geeigneten Lösungsmitteln reinigen! Die verunreinigten Lösungsmittel nicht in den Ausguß schütten, sondern sammeln und als Sondermüll behandeln!

Mineraltrennungen auf Grund von Dichteunterschieden lassen sich auch im Sichertrog mit der Hand oder auf Schütteltischen mit einem durch Motor angetriebenen Exzenter durchführen. In beiden Fällen erfolgt die Sortierung der Minerale nach ihrer Dichte durch das Zusammenwirken stoßender Bewegungen in einem Wasserstrom.

Minerale lassen sich auch in einem Magnetfeld voneinander trennen *(Magnettrennung, Magnetscheidung)*. Man unterscheidet zwischen stark-, mittel-, schwach- und nicht magnetischen Mineralen. Eine Trennung im Magnetfeld läßt sich nur durchführen, wenn sich die magnetischen Eigenschaften der Minerale genügend voneinander unterscheiden. Als Labor-Magnetscheider zur Mineraltrennung hat sich der Frantz-Isodynamic-Magnetscheider bewährt. Seine Anwendung beschreibt ausführlich NEY (1986: 117 ff.).

Bei der Magnetscheidung muß darauf geachtet werden, daß die Minerale möglichst keine Verwachsungen mit anderen Mineralen mehr aufweisen.

Dann müssen zunächst die ferromagnetischen Minerale wie Eisen, Magnetit, Franklinit, Awaruit, Wairauit, Maghemit, Cubanit und Magnetkies aus dem Mineralgemisch entfernt werden. Dann lassen sich die Minerale nach ihren Suszeptibilitäten trennen. (Tabelle 7-2). Minerale mit ähnlichen Suszeptibilitäten, welche sich auch nach mehrmaliger Magnettrennung noch in einer Fraktion befinden, lassen sich durch andere Trennverfahren (z.B. nach der Dichte, durch Flotation) voneinander isolieren.

Eine weitere Methode zur Mineraltrennung ist die *Flotation* oder das Schaumschwimmverfahren. Hierbei werden den in einer wäßrigen Lösung befindlichen Mineralgemischen oberflächenaktive Verbindungen (Sammler) zugesetzt, welche sich an spezifische Minerale anlagern und diesen dadurch wasserabweisende Eigenschaften verleihen. Außerdem werden Stoffe hinzugegeben, welche die Oberflächenspannung der Flüssigkeit erniedrigen (Schäumer). Wenn jetzt in das Flüssigkeits-Feststoff-Gemisch unter guter Durchmischung von unten Luft eingeblasen wird, lagern sich Luftbläschen an die wasserabweisenden Minerale an. Es entsteht ein Schaum, welcher die abzutrennenden Minerale einschließt und an die Oberfläche der Flüssigkeit steigt. Dort wird der Schaum abgestreift und das Konzentrat (ebenso der Rückstand) gründlich gewaschen.

Vorsicht beim Umgang mit Flotationsreagenzien, da diese zum Teil giftig sind. Flotationen sind nur in gut belüfteten Räumen durchzuführen.

Die Flotation wird großtechnisch zur Trennung von Mineralen angewendet. Sie läßt sich aber auch im Labormaßstab durchführen. Hierzu sind wichtige Grundlagen und Arbeitsanleitungen von NEY (1973, 1986) vorgelegt worden.

Zur Flotation eignen sich vor allem Korngrößen zwischen 0,125 - 0,063 mm Durchmesser. Feinkörnigere Mineralgemische sind schwer flotierbar. Die nach der Zerkleinerung einer Probe vorhandenen feinen Kornanteile müssen daher vor der Flotation abgetrennt werden. In Labor-Flotationszellen lassen sich, je nach Größe, Probemengen von wenigen Gramm bis zu mehreren hundert Gramm einsetzen.

Die meisten Minerale lassen sich nach ihrer Flotierbarkeit in 6 Gruppen einordnen (nach NEY, 1986: 135 ff.). Die Minerale einer Gruppe können entweder mit dem gleichen Sammler flotiert werden oder sie besitzen ähnliche chemische Eigenschaften. Die Aufeinanderfolge der Gruppen entspricht einem Trennungsgang durch Flotation.

1. Natürlich hydrophobe Minerale wie Graphit, Diamant, Schwefel, Molybdänit, Wolframit, Auripigment, Realgar, Talk, Pyrophyllit. Zur Flotation dieser Minerale wird nur ein Schäumer benötigt, dagegen kein Sammler.

Tabelle 7-1. Zusammensetzung und Eigenschaften gebräuchlicher Schwereflüssigkeiten. Aus NEY (1986: 97), mit einigen Änderungen.

Bezeichnung der Schwereflüssigkeit	Zusammensetzung	Maximale Dichte [g/cm³]	Schmelz- punkt [°C]	Siede- punkt [°C]	Verdünnungs- mittel	Preis für 250 ml in DM (1986)	Eigenschaften
Bromoform	$CHBr_3$	2,87 - 2,89 (20 °C)	8,3	149,5	1,1,1-Trichlorethan	107	Giftig! Haut- und Augenreizung
1,1,2,2-Tetrabrom- ethan (Muthmanns Flüssigkeit)		2,963 - 2,964 (20 °C)	-1	239	1,1,1-Trichlorethan sowie Toluol	90	Cancerogen-ver- dächtig, Haut- und Augenreizung
Diiodmethan	CH_2I_2	3,31 - 3,32 (20 °C)	6	182	1,1,1-Trichlorethan	593	Lichtempfindlich, zersetzt sich leicht
Thoulets Lösung	wäßrige Kalium- tetraiodomercurat (II)-Lösung (K_2HgI_4)	3,15 - 3,16 (20 °C)			Wasser	218	Stark giftig! Zer- setzt einige Sulfide
Rohrbachs Lösung	wäßrige Barium- tetraiodomercurat (II)-Lösung	3,48 - 3,49 (20 °C)			Wasser	504	Stark giftig!
Clericis Lösung	wäßrige Lösung aus Thallium(I)- formiat ($TlHCO_2$) und Thalliumma- lonat ($Tl_2C_3H_2O_4$) Molverhältnis 1+1	4,03 - 4,04 (20 °C)			Wasser	1220	Stark giftig!
Natriumme- tatungstat (Natrium- polywolframat)	wäßrige Lösung, gesättigt an $Na_6(H_2W_{12}O_{40})$	3,1 (20 °C)			Wasser, auch wäß- rige NaCl-Lösun- gen und methanol- haltige Lösungen	154	Ungiftig. Lange haltbar und leicht regenerierbar

Tabelle 7-2. Mineraltrennungen mit einem Frantz-Magnetschneider. Nach HESS (1956), aus NEY (1986: 123).

Handmagnet	Querneigung der Schurre		
	20°		5°
	magnetisch bei 0,4 A	magnetisch bei 0,8 A	magnetisch bei 1,2 A
Magnetit Magnetkies	Ilmenit Granat Olivin Chromit Chloritoid Hämatit	Hornblende Hypersthen Augit Aktinolith Staurolith Epidot Biotit Chlorit Schörl	Diopsid Tremolit Enstatit Spinell Muskovit Zoisit Klinozoisit Turmalin	Titanit Leukoxen Apatit Andalusit Monazit Xenotim	Zirkon Rutil Anatas Brookit Pyrit Korund Topas Fluorit Disthen Sillimanit Anhydrit Beryll Diamant

2. Sulfide der Schwer- und Halbmetalle sowie die mit Na_2S Sulfidverbindungen bildenden Sekundärminerale von Cu, Pb, Ag und andere.
3. Glimmer. Diese müssen als Gruppe zuerst von den häufigeren gesteinsbildenden Mineralen flotiert werden.
4. Minerale, welche auf Einwirkung von Säuren empfindlich reagieren oder in ihnen löslich sind. Hierzu gehören viele Silicate, Sekundärminerale der Schwermetalle, viele Sulfide, Oxidminerale in Carbonatgesteinen, Carbonate, Fluorit, Baryt, Apatit und andere.
5. Minerale, welche gegenüber bestimmten Säuren unempfindlich sind. Hierzu gehören Oxide und Silicate von Fe, Ti, Zr und den Lanthaniden.
6. SiO_2-Modifikationen und Silicate, welche monomineralische Gesteine bilden können (Glimmer ausgenommen). Zu dieser Gruppe gehören unter anderem die Feldspäte.

Flotationsverfahren lassen sich anwenden zur Trennung von Mineralen mit ähnlicher Dichte und kaum verschiedenen magnetischen Eigenschaften sowie bei Mineralgemischen, in denen das zu isolierende Mineral nur in geringen Anteilen vorkommt. Problematisch wird die Flotation bei Mineralen mit ähnlichen chemischen und strukturellen Eigenschaften (z.B. Pyroxene und Amphibole), bei Verwitterungs- und Oxidationsmineralen sowie Proben, welche organische Komponenten enthalten (NEY, 1986: 129).

Auch *elektrostatische Verfahren* sind zur Trennung von Mineralgemischen geeignet. Beispielhaft ist die Abtrennung von Kieserit aus Kalisalzgesteinen, welche auf den Werra-Kalisalzwerken der Kali und Salz AG großtechnisch praktiziert wird. Über entsprechende Methoden zur Trennung von Mineralgemischen im Labormaßstab liegen bisher keine systematischen Untersuchungen vor.

7.6 Kontamination durch Probebearbeitung

Zwischen der Entnahme einer Probe und dem Beginn der analytischen Untersuchungen muß in vielen Fällen eine mehrstufige Probebearbeitung vorgenommen werden. Hierbei kann der Fall eintreten, daß die ursprüngliche (natürliche) Zusammensetzung der Probe beispielsweise durch Beschriftungssubstanzen, Werkstoffe aus Probenahme- und Zerkleinerungsgeräten sowie durch die für Mineralabtrennungen benutzten Reagenzien verändert wird. Bei der Probenahme und Probebearbeitung muß daher sorgfältig darauf geachtet werden, solche Verunreinigungen oder Kontaminationen entweder ganz zu vermeiden oder sie auf Konzentrationsbereiche herabzudrücken, welche deutlich niedriger sind als die zu bestimmenden Elementanteile im Untersuchungsmaterial.

Recht einfach lassen sich die durch Beschriftung auf einer Festprobe aufgebrachten Substanzen wieder entfernen, entweder durch einfaches Abwaschen oder, ähnlich wie bei der Entfernung von Verwitterungsrinden, durch Abschneiden mit der Gesteinssäge.

Zu *"Verunreinigungen"* kann auch Wasser gehören, welches beispielsweise von hygroskopischen Substanzen (z.B. verschiedenen Salzmineralen) aufgenommen wird. Daher sind solche Proben luftdicht verschlossen zu transportieren und aufzubewahren.

Verunreinigungen können vor allem aus Werkstoffen von Probenahme- und Zerkleinerungsgeräten in das Untersuchungsmaterial gelangen. An dieser Stelle ist also bei der Probebearbeitung besondere Aufmerksamkeit geboten. Daher sollte jede mit einem Werkzeug behandelte Probe unter dem Binokular auf möglichen Abrieb (Metallspäne) untersucht werden.

Es ist von Interesse, diese allgemeinen Feststellungen durch Zahlenwerte zu belegen. Zu diesem Zweck ist untersucht worden, in welchem Ausmaß sich beispielsweise der Abrieb im Backenbrecher auf die Analyse von Granitproben auswirkt (Tabellen 7-3, 7-4). Es wurden drei Granitproben im Backenbrecher gebrochen und die dabei in das Untersuchungsmaterial gelangten Metallspäne ausgelesen. Anschließend wurden die Metallspäne gewogen und analysiert.

Die Tabelle 7-3 enthält Angaben über die Zusammensetzung der Brechbacken des Backenbrechers und der aus dem zerkleinerten Gestein ausgelesenen Metallspäne für einige Haupt- und Spurenbestandteile. Welche Auswirkungen sind zu erwarten, wenn die Metallspäne zusammen mit dem Granit analysiert werden? Die Antwort auf diese Frage geht aus Tabelle 7-4 hervor. Da es sich bei den Brechbacken um einen Fe-Mn-Stahl handelt, werden vor allem die Fe_2O_3- und die MnO-Anteile der Granite nach oben verfälscht. Für Fe_2O_3 sind das immerhin bis 0,1 % absolut, für MnO bis 0,01 %. Das heißt, die tatsächlichen (natürlichen) Fe_2O_3- und MnO-Anteile der Granitproben können beispielsweise beim Granit USGS-G-2 in ungünstigen Fällen (Tabelle 7-4, Probe 3) durch den Abrieb im Backenbrecher bis zu 3,3 bzw. 35 % (relativ) erhöht werden. Dagegen bleiben die mit den Metallspänen eingebrachten Anteile an Kohlenstoff und verschiedenen Spurenbestandteilen deutlich unter den entsprechenden *"natürlichen"* Konzentrationen der Granite.

Für jede Probezusammensetzung muß vorher genau überlegt werden, in welcher Weise Kontaminationen die Originalzusammensetzung des Untersuchungsmaterials überlagern können. Es genügt nicht, hierüber nur allgemeine und *"qualitative"* Betrachtungen (häufig sind es reine Spekulationen) anzustellen. Es ist notwendig, durch geeignete Vorversuche (siehe Tabellen 7-3, 7-4) für jeden Probebearbeitungsschritt das Ausmaß der möglichen Verunreinigungen quantitativ zu belegen.

Die ursprüngliche Zusammensetzung der Probe kann auch durch Mineraltrennungen mit Schwereflüssigkeiten oder mittels Flotation verfälscht werden. Daher ist es notwendig, alle Mineralfraktionen, welche mit Reagenzien in Berührung gekommen sind, sorgfältig zu reinigen (Wasser, organische Lösungen). Auch Sauerstoff kann Veränderungen in der Probe bewirken. Bestimmte Minerale, wie viele Sulfide, werden bei Anwesenheit von Feuchtigkeit und etwas erhöhten Temperaturen leicht oxidiert (Bildung von Sekundärmineralen). Weiterhin ist zu bedenken, daß in Gesteinen das Eisen normalerweise in Fe(II)- und Fe(III)-Verbindungen vorkommt. Daher wird Eisen auch als FeO und Fe_2O_3 bestimmt. Es stellt sich die Frage, ob bei der Zerkleinerung und Aufmahlung der Probe ein Teil des Fe(II) oxidiert werden kann, beispielsweise durch partielles Erhitzen oder eine Vergrößerung der Oberfläche der Substanz (Diskussion z.B. bei FLANAGAN, 1986: 223 f., 226 f.).

Tabelle 7-3. Zusammensetzung der Brechbacken eines Backenbrechers und der ausgelesenen Metallspäne aus drei zerkleinerten Granitproben. Analysen am Originalmaterial: H. HEINRICHS u. D. HOMANN (1986), unveröffentlicht; [1])C-Wert zitiert nach einer Analyse in der Druckschrift *"Die Aufbereitung von Laborproben"* der Firma F. K. Retsch.
n.b. = nicht bestimmt

Element	Brechbacken	Metallspäne aus den zerkleinerten Granitproben		
		1	2	3
Fe in %	84,5	83,7	83,2	82,9
Mn in %	12,5	12,1	12,4	12,0
C in % [1])	≈1,2	n.b.	n.b.	n.b.
Si in %	0,40	0,46	0,44	0,47
Ba in µg/g Probe	35	15	5,8	10
Cd in ng/g Probe	80	50	40	70
Co in µg/g Probe	155	205	200	250
Cu in µg/g Probe	850	790	800	700
Pb in µg/g Probe	29	25	27	20
V in µg/g Probe	150	130	130	120
Zn in µg/g Probe	39	29	35	32

Tabelle 7-4. Beeinflussung der Zusammensetzung von drei Granitproben durch Kontamination mit Metallspänen aus Aufbereitungsgeräten (hier Backenbrecher). Zum Vergleich sind die Anteile der gleichen Komponenten in der Referenzprobe USGS-G-2 angegeben.
[1] Berechnet unter Verwendung des Wertes 1,2 % C aus Tabelle 7-3.

Probe	1	2	3	USGS-G-2
Anteil Gesteinsprobe	350,03 g	301,11 g	202,03 g	---
Anteil Metallspäne	0,1161 g	0,0730 g	0,1587 g	---
Probe/Metallspäne	3015	4125	1273	---

Die Metallspäne erhöhen spezifische Komponenten der Granitproben wie folgt (Absolutwerte):

	1	2	3	USGS-G-2
Fe (Fe_2O_3) in %	0,03 (0,04)	0,02 (0,03)	0,07 (0,09)	1,9 (2,7 ± 0,1)
Mn (MnO) in %	0,004 (0,005)	0,003 (0,004)	0,009 (0,012)	0,026 (0,034 ± 0,005)
C (CO_2) in % [1]	0,0004 (0,0015)	0,0003 (0,0011)	0,0009 (0,0035)	0,002 (0,08)
Si (SiO_2) in %	0,0002 (0,0003)	0,0001 (0,0002)	0,004 (0,008)	32,3 (69,0 ± 0,6)
Ba in µg/g Probe	0,005	0,001	0,008	1880 ± 20
Cd in ng/g Probe	0,017	0,010	0,055	25 ± 11
Co in µg/g Probe	0,07	0,05	0,2	4,6 ± 0,4
Cu in µg/g Probe	0,3	0,2	0,6	11 ± 3
Pb in µg/g Probe	0,008	0,007	0,016	31 ± 4
V in µg/g Probe	0,04	0,03	0,09	36 ± 5
Zn in µg/g Probe	0,01	0,009	0,025	85 ± 7

Zur Vermeidung dieses Fehlers wird verschiedentlich empfohlen, vor der Feinaufmahlung auf Korngrößen < 0,125 mm dem vorgebrochenen Material einen grobkörnigen Anteil für FeO- und H_2O-Bestimmungen zu entnehmen. Hier ist zu überlegen und durch statistische Tests zu prüfen, ob der durch mögliche Inhomogenitäten im grobkörnigeren Material verursachte Fehler bei den FeO- und H_2O-Werten größer ist als eine mögliche geringfügige Oxidation von Fe(II) bei der Feinzerkleinerung. Für die im vorliegenden Buch beschriebenen Verfahren zur FeO- und H_2O-Bestimmung (Abschnitte 14.5, 14.11) wird die auf Analysenfeinheit (< 0,125 mm) aufgemahlene Substanz verwendet.

8 Beurteilung von Analysendaten

8.1 Formulierung von Analysendaten für Silicate

Seit WASHINGTON (1900, 1910) werden die Komponenten von Silicatgesteinen als Oxide angegeben. Sauerstoff ist das häufigste Element vieler Minerale und Gesteine. Bei der Silicatanalyse wird jedoch Sauerstoff normalerweise nicht analytisch bestimmt, sondern indirekt über die Konzentrationen der anderen Haupt-, Neben- und Spurenbestandteile berechnet. Eine direkte Bestimmung von Sauerstoff in Silicaten ist unter anderem mit der Neutronenaktivierungsanalyse möglich (z.B. VOLBORTH, 1963; VOLBORTH u. BANTA, 1963).

Die Angabe der Elementanteile als Oxide erleichtert die petrographische Interpretation der Analysendaten, vor allem bei der Berechnung des normativen Mineralbestandes für Silicatgesteine. Die Berechnung der Elemente als Oxide entspricht aber nur einer Annahme. Letztere muß nicht in jedem Fall mit der tatsächlichen Mineralzusammensetzung eines Gesteins vollkommen übereinstimmen. Zum Beispiel kann das Eisen außer als Oxid auch in geringen Anteilen als Sulfid (Pyrit, Magnetkies) im Gestein vorliegen. In diesem Fall muß der Sauerstoffwert korrigiert werden.

Für eine Gesteinsvollanalyse werden die Oxide in einer bestimmten Reihenfolge angegeben. Dabei werden entweder Unterschiede zwischen höheren und niedrigeren Elementanteilen oder in den Wertigkeiten der einzelnen Elemente zum Ausdruck gebracht. Für den erstgenannten (früheren) Fall lautet die Reihenfolge: SiO_2, Al_2O_3, Fe_2O_3, FeO, CaO, MgO, Na_2O, K_2O, H_2O (H_2O^+, H_2O^-), TiO_2, P_2O_5, MnO, CO_2. Unter Berücksichtigung der Wertigkeiten ergibt sich folgende Anordnung: die vierwertigen Komponenten SiO_2, TiO_2, die dreiwertigen Komponenten Al_2O_3, Fe_2O_3, die zweiwertigen Bestandteile FeO, MnO, MgO, CaO, die einwertigen Elemente Na_2O, K_2O, ferner H_2O (H_2O^+, H_2O^-), CO_2, P_2O_5. Das analytisch bestimmte Gesamteisen wird in dreiwertiger Form als ΣFe_2O_3 angegeben. Daten für S, F, B, Cl und andere werden auf das Element bezogen, S auch auf SO_3.

In dem vorliegenden Buch werden die Analysenverfahren für die verschiedenen Komponenten in der Reihenfolge ihrer Wertigkeiten besprochen.

8.2 Präzision, Richtigkeit, Nachweisgrenze

Analysenverfahren bestehen aus einer Arbeitsvorschrift sowie Angaben über die Präzision und Richtigkeit der Meßwerte. Ein Analysenverfahren muß folgende drei Punkte erfüllen (EHRENBERGER u. GORBACH, 1973):
1. Spezifität: Das zu bestimmende Element muß unter Ausschluß anderer Elemente erfaßt werden.
2. Präzision, Reproduzierbarkeit: Das Ergebnis muß ausreichend reproduzierbar sein.
3. Richtigkeit: Die in der Probe enthaltene wahre Menge des betreffenden Elementes muß quantitativ erfaßt werden.

Das vorliegende Buch enthält Analysenverfahren, die nach unseren Kenntnissen diesen Kriterien gerecht werden.

Für die Berücksichtigung der Punkte 2 und 3 müssen alle Analysenverfahren einer statistischen Bewertung unterzogen werden. Das gilt auch für die im Routinebetrieb ermittelten Analysenergebnisse. Über die Grundlagen und Anwendung der mathematischen Statistik zur objektiven und vom persönlichen Vorurteil unabhängigen Bewertung von Analysenresultaten gibt es Monographien und Aufsätze, von denen hier nur einige genannt werden sollen: DOERFFEL (1962, 1965, 1967), ECKSCHLAGER (1964), EHRENBERGER u. GORBACH (1973), KAISER (1965), KAISER u. SPECKER (1956), KAISER u. GOTTSCHALK (1972), LINDER (1960), NALIMOV (1963), PIETRZYK u. FRANK (1974), SHAW (1969), VAN DER WAERDEN (1965), YOUDEN (1951). Die folgenden Ausführungen sollen lediglich einige Grundlagen über die statistische Beurteilung von Analysendaten vermitteln. Hierfür wurden vor allem die Publikationen von DOERFFEL (1965, 1967), EHRENBERGER u. GORBACH (1973) sowie KAISER u. GOTTSCHALK (1972) berücksichtigt.

Alle Analysenergebnisse sind außer durch die Probenahme (Abschnitt 6.8) auch durch das angewendete Analysenverfahren mit Fehlern behaftet. Aufgabe des Analytikers ist es, aus den Fehlern Rückschlüsse auf die Aussage der Meßwerte zu ziehen und Folgerungen über die Methode abzuleiten. Grundsätzlich muß zwischen zwei Arten von Fehlern unterschieden werden: (siehe z.B. Begriffe der Qualitätssicherung und Statistik, DIN 55 350, 1987):

8 Beurteilung von Analysendaten

1. Präzision, Reproduzierbarkeit, Wiederholgenauigkeit (precision, fidélité)

Es wird eine Aussage darüber vorgenommen, innerhalb welcher Grenzen der betrachtete Meßwert reproduzierbar ist. Die mehrmalige Wiederholung einer Messung zeigt, daß die Werte zufällig streuen und sich normalerweise um einen Mittelwert $\bar{x}$ häufen. Die zufällige Ergebnisabweichung ist ein Bestandteil der Ergebnisabweichung, der im Verlauf mehrerer Feststellungen in unvorhergesehener Weise schwankt.

Die zufällige Ergebnisabweichung ist regellos und ungleich nach Betrag und Vorzeichen. Eine gute Präzision der Bestimmungen sagt noch nichts darüber aus, daß die Analysenwerte auch gleichzeitig richtig sein müssen.

2. Richtigkeit, Treffgenauigkeit (trueness, accuracy of the mean, justesse de la moyenne)

Es handelt sich hierbei um den Unterschied zwischen dem analytisch bestimmten Wert x einer Komponente und dem Bezugswert (z.B. *"wahrer Wert"*, *"richtiger Wert"*) μ (Mü). Der Letztere bezieht sich auf die tatsächliche oder am wahrscheinlichsten in der Probe vorhandene Konzentration.

Bei systematischen Ergebnisabweichungen kann die Präzision der Meßwerte gut, deren Richtigkeit aber schlecht sein. Systematische Ergebnisabweichungen beeinflussen alle Messungen im gleichen Sinne. Dabei liegt der *"wahre Wert"* in der Regel außerhalb des Schwankungsbereiches.

Fehler können in verschiedener Weise angegeben werden.

a) *Absoluter* Fehler. Es handelt sich hierbei um die Differenz d zwischen der gemessenen und daher fehlerbehafteten Konzentration x (*"Ist-Wert"*) und der tatsächlich in der Probe vorhandenen Konzentration μ (*"wahrer Wert"*, Sollwert), also d = x - μ. Der absolute Fehler wird in Prozent oder in der gleichen Maßeinheit wie der zugehörige Meßwert angegeben.

b) *Relativer* Fehler. Der Quotient $\frac{x-\mu}{\mu}$ wird als relativer Fehler bezeichnet. Da aber der *"wahre Wert"* μ nicht genau bekannt ist, bezieht man den absoluten Fehler x - μ auf analytisch bestimmte Durchschnittswerte $\bar{x}$ (z.B. recommended values, siehe auch Abschnitt 8.9 Geochemische Referenzproben). Der relative Fehler ist dann der Quotient aus $\frac{x-\bar{x}}{\bar{x}}$. Die Einsetzung von $\bar{x}$ statt μ ist zulässig, wenn $\bar{x} \approx \mu$ und d $\ll \bar{x}$ bzw. μ sind.

c) Prozentualer Fehler. Durch Multiplikation des relativen Fehlers mit 100 ergibt sich der prozentuale Fehler, das heißt $\frac{x-\bar{x}}{\bar{x}} \cdot 100$.

Für viele Fälle ist die Angabe des Absolutfehlers zweckmäßig, da dieser über größere Konzentrationsbereiche nahezu konstant bleibt. Wenn sich die Meßwerte um mehrere Größenordungen voneinander unterscheiden, ist es günstiger, den relativen Fehler anzugeben.

Bei der Beschreibung von Analysenverfahren ist die Angabe der Nachweisgrenze eine wichtige Information. Nach DIN 51 401, Teil 1 (1983) gibt die Nachweisgrenze an, welcher Gehalt oder welche Masse noch mit einer vorgegebenen statistischen Sicherheit nachgewiesen werden kann. Sie ist durch die Gleichungen

$$\beta_L = \frac{\delta\beta}{\delta A} \cdot k \cdot s, \quad w_L = \frac{\delta w}{\delta A} \cdot k \cdot s, \quad m_L = \frac{\delta m}{\delta A} \cdot k \cdot s$$

definiert, worin $\frac{\delta\beta}{\delta A}$, $\frac{\delta w}{\delta A}$ und $\frac{\delta m}{\delta A}$ die reziproken Empfindlichkeiten sind. Die absolute Standardabweichung s der Meßgröße A wird aus Messungen mit Nullwertlösungen (können Blindwertlösungen oder Leerwertlösungen sein) ermittelt. Der Faktor k (meist 2 oder 3) kann entsprechend der geforderten statistischen Sicherheit gewählt und sollte angegeben werden. ß = Massenkonzentration in g/l, w = Massenanteil in %, m = Masse in g. Die Empfindlichkeit (siehe DIN 1319, Teil 2) ist die Steigung der Bezugsfunktion $\frac{\delta\beta}{\delta A}$, $\frac{\delta A}{\delta w}$ oder $\frac{\delta A}{\delta m}$. Die mathematische Beziehung zwischen dem Meßwert A und der zu bestimmenden Massenkonzentrationen ß, dem Massenanteil w oder der Masse m ist A = f (ß); A = f ' (w); A = f " (m). Die graphische Darstellung der Bezugsfunktion ist die Bezugskurve. Die Bestimmungsgrenze (DIN 51 401, Teil 1, 1983) ist der kleinste Gehalt oder die kleinste Masse, die noch mit einer für den speziellen Anwendungsfall vorgegebenen Präzision bestimmt werden kann.

8.3 Normalverteilung, Standardabweichung

Bei mehrfacher Wiederholung der gleichen Analyse erhält man streuende Meßwerte. Ein wichtiges Hilfsmittel zur ersten orientierenden Beurteilung dieser Meßwerte bzw. Analysendaten ist die Prüfung der Häufigkeitsverteilung. Wenn die Häufigkeit der mit ausgereiften Analysenverfahren ermittelten Meßwerte auf der Ordinate gegen die Größe bzw. Klasse auf der Abszisse aufgetragen wird, erhält man bei einer ausreichend großen Zahl (> 30) von Daten einen Streckenzug von mehr oder weniger glockenförmiger Gestalt, die

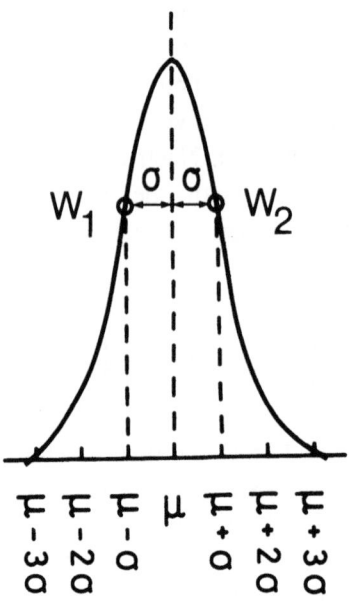

Abb. 8-1. Normalverteilung (Gaußkurve) und geometrische Bedeutung der Standardabweichung. W = Wendepunkte der Kurve

Gaußkurve (Abb. 8-1). Es handelt sich hierbei um eine Normalverteilung mit linearer Merkmalsteilung.

Wenn keine systematischen Fehler vorliegen, kennzeichnet das Maximum der Gaußkurve die bestmögliche Näherung an den *"wahren Gehalt"* μ einer Komponente, dem das arithmetische Mittel x̄ aus einer genügend großen Zahl von Analysendaten am nächsten liegt.

Je besser die Präzision bzw. Reproduzierbarkeit ist, um so schmaler ist die Gaußkurve. Die Breite der Gaußkurve wird durch den halben Abstand der beiden Wendepunkte W_1 und W_2 der Kurve markiert (Abb. 8-1). Der dafür festgelegte Wert wird als Standardabweichung σ (Sigma) bezeichnet. Mit mehr als 30 Analysendaten läßt sich die Standardabweichung graphisch unter Verwendung eines Wahrscheinlichkeitsnetzes in einfacher Weise bestimmen (siehe Beispiel 8.01). Bei Normalverteilung fallen 68,3 % aller Analysenwerte zwischen die beiden Wendepunkte W_1 und W_2 (± σ, Abb. 8-1), rund 95 % aller Werte zwischen ± 2 σ und > 99 % aller Daten zwischen ± 3 σ.

Durch Integration der Gauß'schen Funktion läßt sich die Fläche zwischen dem Kurvenzug und der Abszissenachse der Gaußkurve im Bereich - ∞ bis + ∞ berechnen. Teile der Gesamtfläche können in Prozent P angegeben werden, wenn man in den Grenzen von - k(P) · σ bis + k(P) · σ integriert. Dieser prozentuale Teil der Gesamtfläche steht dann für die Wahrscheinlichkeit, daß der Meß- oder Analysenwert x_i in das Intervall μ ± k(P) · σ fällt. Je weiter die Integrationsgrenzen k(P) · σ gezogen werden, umso höher ist der prozentuale Anteil P der Meßwerte, die im Bereich μ ± k(P) · σ liegen. Dieser Anteil P der erfaßten Werte wird als die *statistische Sicherheit* bezeichnet. Der Zusammenhang zwischen den Integrationsgrenzen k(P) · σ und der zugehörigen statistischen Sicherheit P in % geht aus der Tabelle 8-1 hervor. Wählt man beispielsweise k(P) = 1,000, dann ist die dazugehörige statistische Sicherheit 68,3 %. Das heißt, bei einer großen Anzahl von Meßwerten liegen 68,3 % derselben innerhalb von μ ± σ. Etwa 16 % sind kleiner μ - σ und etwa 16 % größer μ + σ.

Tabelle 8-1. Integrationsgrenzen k(P) · σ und die dazugehörige statistische Sicherheit. Aus DOERFFEL (1967: 1204).

Integrationsgrenzen ± k(P) · σ	Statistische Sicherheit P [%]
0,500 · σ	38,3
0,675 · σ	50,0
1,000 · σ	68,3
1,640 · σ	90,0
1,960 · σ	95,0
2,580 · σ	99,0
3,000 · σ	99,7
4,000 · σ	99,98

Eine Gaußverteilung ist noch kein Kriterium für ein richtiges Analysenresultat. DOERFFEL (1965) weist darauf hin, daß systematische Fehler eine Parallelverschiebung der Verteilungskurve verursachen, ohne daß sich ihre Gestalt ändert. Es ist daher sinnvoll, verschiedene Analysenmethoden anzuwenden, um auf die Abwesenheit systematischer Fehler schließen zu können.

Die Meß- bzw. Analysenwerte müssen nicht in jedem Fall eine Gaußverteilung aufweisen. Auch andere Verteilungen sind möglich. Wenn die Meßwerte um mehrere Mittelwerte streuen, beobachtet man mehrgipfelige Verteilungen bei der graphischen Darstellung der Daten in einem Häufigkeitsnetz. Es kann auch der Fall vorliegen, daß nicht die Meßwerte selbst, sondern erst deren Logarithmen normalverteilt sind. Man spricht in diesem Fall von einer logarithmischen Normalverteilung (DOERFFEL, 1965: 20). Zur Information über das Auftreten von Nicht-Gaußverteilungen in der analytischen Chemie muß auf die zitierte Literatur verwiesen werden. Alle in den folgenden Abschnitten und Beispielen beschriebenen Methoden zur statistischen Beurteilung von Analysenergebnissen beziehen sich auf eine Gaußverteilung.

Beispiel 8.01 (Prüfung auf eine Gaußverteilung im Wahrscheinlichkeitsnetz).

In Tabelle 8-2 sind 40 SiO_2-Werte angegeben, welche titrimetrisch (Abschnitt 14.1.2) bestimmt worden sind. Es soll geprüft werden, ob die Daten einer Gaußverteilung entsprechen.

Zunächst teilt man die Meßwerte zwischen der niedrigsten und der höchsten Konzentration in bestimmte Intervalle (Klassenbreiten) ein. Die Zahl der Klassen soll etwa gleich sein der Wurzel aus der Anzahl der Meßwerte, sie darf jedoch nicht kleiner 5 sein. Dann wird gezählt, wieviel der 40 Meßwerte auf jedes Intervall entfallen. Nach deren Umrechnung in relative Häufigkeiten (%) und in die Summenhäufigkeit kann bei 30 und mehr Meßwerten mit einem Wahrscheinlichkeitsnetz (Abszissenachse gleichmäßig, Ordinatenachse nach dem Gauß'schen Integral geteilt[1]) die Gaußverteilung geprüft werden (Tabelle 8-2, Abb. 8-2). Die Summenhäufigkeit wird auf der Ordinate gegen die Merkmalsgrenzen der Analysendaten auf der Abszisse aufgetragen. Bei einer Gaußverteilung (Normalverteilung) streuen die Punkte längs einer Geraden. (Abb. 8-2).

Trägt man auf eine linear geteilte Ordinate und Abszisse (Millimeterpapier) die Häufigkeit der Analysenwerte in Abhängigkeit der Klassenbreite auf (Klassenbreite sehr klein, 100 oder mehr Analysendaten), ergibt sich anstelle der Geraden im Wahrscheinlichkeitsnetz eine Gaußkurve (Ab 8-1).

Tabelle 8-2. Häufigkeiten der Analysenwerte aus Tabelle 8-3 für bestimmte Klassenbreiten (Intervalle).

Intervall SiO_2 [%]		Häufigkeit		Summenhäufigkeit [%]
von	bis	absolut	relativ [%]	
73,0	73,1	2	5	5
73,2	73,3	5	12,5	17,5
73,4	73,5	9	22,5	40
73,6	73,7	12	30	70
73,8	73,9	7	17,5	87,5
74,0	74,1	4	10	97,5
74,2	74,3	1	2,5	100

---

[1] Wahrscheinlichkeits-Papier zur Großzahl-Methodik und Häufigkeits-Analyse (Best.-Nr. 667 453) lieferbar durch die Firma Carl Schleicher u. Schüll GmbH, D-3352 Einbeck.

Tabelle 8-3. 40 titrimetrisch bestimmte SiO$_2$-Werte für eine Granitprobe. Die Daten sind in der Reihenfolge zunehmender Konzentration angeordnet.

Analyse Nr.	SiO$_2$ [%]	Analyse Nr.	SiO$_2$ [%]
1	73,0	21	73,6
2	73,1	22	73,6
3	73,2	23	73,6
4	73,2	24	73,6
5	73,3	25	73,6
6	73,3	26	73,7
7	73,3	27	73,7
8	73,4	28	73,7
9	73,4	29	73,8
10	73,4	30	73,8
11	73,5	31	73,8
12	73,5	32	73,8
13	73,5	33	73,9
14	73,5	34	73,9
15	73,5	35	73,9
16	73,5	36	74,0
17	73,6	37	74,0
18	73,6	38	74,0
19	73,6	39	74,1
20	73,6	40	74,2

Im Wahrscheinlichkeitsnetz führt die zur Summenhäufigkeit 50 % gehörende Abszisse zum *"wahren Wert"* µ der zu bestimmenden Komponente in der Probe (Abb. 8-2). Da dieser aber nicht aus *"unendlich vielen Messungen"* ermittelt werden kann, handelt es sich bei dem *"wahren Wert"* dieses Beispiels genauer gesagt um einen Näherungswert. Die Wendpunkte der Gaußkurve liegen bei den Summenhäufigkeiten 16 % und 84 % (Abb. 8-1, 8-2). Die Standardabweichung σ ist dann die halbe Differenz der beiden Abszissenwerte, also $s = \frac{x_2 - x_1}{2}$ (siehe Abb. 8-2). Bei der Standardabweichung des vorliegenden Beispiels handelt es sich um eine Wiederholungsstandardabweichung, da die Analysendaten vom gleichen Bearbeiter im gleichen Labor ermittelt worden sind. Wirklichkeitsnäher ist die Vergleichsstandardabweichung. Zu deren Bestimmung werden am gleichen Untersuchungsmaterial und unter den gleichen Bedingungen sowie methodischen Voraussetzungen von verschiedenen Bearbeitern Messungen vorgenommen (KAISER u. GOTTSCHALK, 1972: 15).

8 Beurteilung von Analysendaten

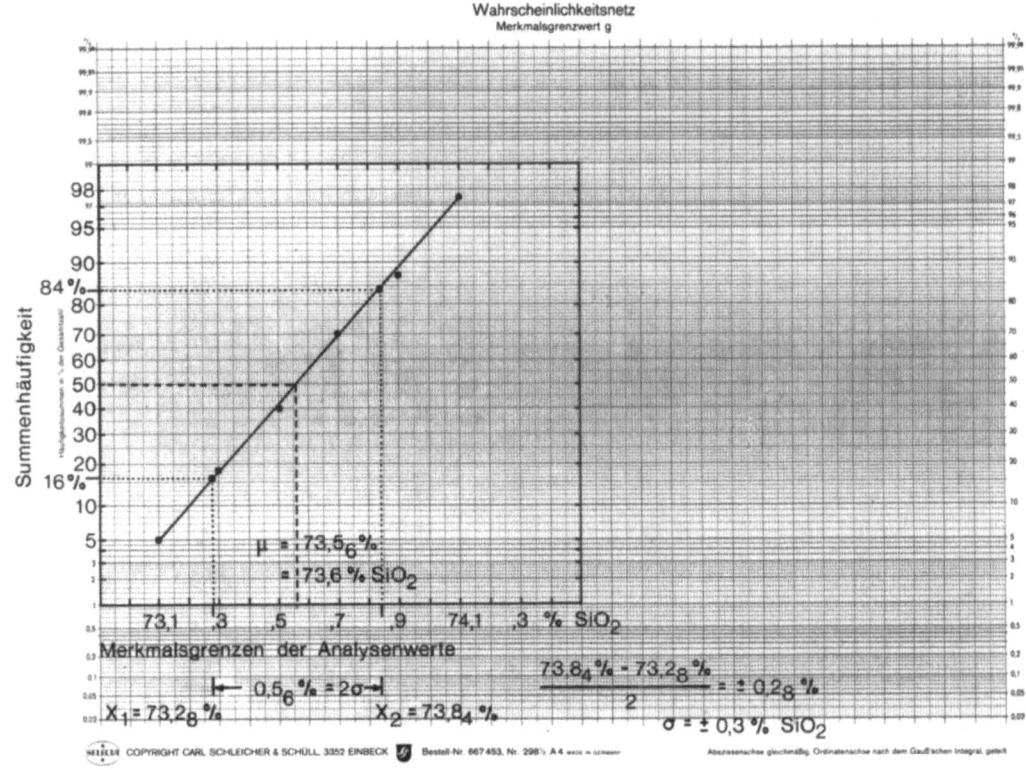

Abb. 8-2. Graphische Bestimmungen der Normalverteilung und der Standardabweichung σ im Wahrscheinlichkeitsnetz, erläutert am Beispiel der Zahlenwerte aus den Tabellen 8-2 und 8-3.

Die Standardabweichung läßt sich auch rechnerisch ermitteln. Da in der Praxis die Anzahl der zur Verfügung stehenden Meßwerte begrenzt ist, erhält man für die Standardabweichung einen Näherungswert s nach Gleichung 8.01:

$$s = \sqrt{\frac{\Sigma (x_i - \bar{x})^2}{N - 1}} \quad \text{oder} \quad s = \sqrt{\frac{\Sigma d^2}{N - 1}} \qquad (8.01)$$

N = Anzahl der Einzelbestimmungen (≥ 30)
x_i = Einzelbestimmungen
$\bar{x}$ = arithmetischer Mittelwert aus allen Einzelbestimmungen
d = Abweichung der einzelnen Meßwerte vom Mittelwert $\bar{x}$

Die zur Berechnung der Standardabweichung s verwendeten Analysendaten müssen zuvor auf *"Ausreißer"* geprüft werden. Was versteht man unter einem Ausreißer und wie läßt sich dieser erkennen? Bei Mehrfachbestimmungen weichen manchmal ein oder mehrere Meßwerte deutlich nach der einen oder anderen Seite von den übrigen Daten ab, ohne daß bei der Analysendurchführung eine besondere Ursache erkennbar war. In solchen Fällen muß geklärt werden, ob es sich um einen zufällig besonders stark streuenden Meßwert handelt, oder ob ein *"echter Ausreißer"* vorliegt, der vor der weiteren statistischen Beurteilung der Analysenwerte zu streichen ist.

Zur Aussonderung von *Ausreißern* kann bei der Berechnung der Standardabweichung aus mindestens 10 Einzelwerten die sogenannte *4 s Schranke* angewendet werden. Danach wird ein Meßwert als Ausreißer ausgesondert, wenn er außerhalb des Bereichs $\bar{x} \pm 4\,s$ liegt. Der Mittelwert $\bar{x}$ und die Standardabweichung s wurden *vorher* unter *Weglassung* des ausreißerverdächtigen Wertes berechnet. Bei einer Gaußverteilung umfaßt der 4 s -Bereich 99,9 % aller Werte, bei beliebiger Verteilung ebenfalls noch 94 % aller Meßergebnisse (z.B. EHRENBERGER u. GORBACH, 1973: 412).

Beispiel 8.02 (Prüfung auf Ausreißer mittels der 4 s Schranke).

$\bar{x}$ = 73,6 % SiO_2
x_1 = 72,2 % SiO_2
Δx = 1,4 % SiO_2
s = 0,3 % SiO_2 (N = 16 Meßwerte)
4 s = 1,2 % SiO_2

4 s ist kleiner als Δx. Der Meßwert x_1 ist daher ein Ausreißer und muß für statistische Tests ausgesondert werden.

Zur Aussonderung von *Ausreißern* aus weniger als 10 Meßwerten wurde von DEAN u. DIXON (1951) der *Q-Test* vorgeschlagen. Um die Ausreißer herauszufinden, wird von der Spannweite oder Variationsbreite ausgegangen.

$$w = x_{max.} - x_{min.} \tag{8.02}$$

Die erhaltenen Meßwerte ordnet man nach ihrer Größe und bildet

$$Q = \frac{|x_1 - x_2|}{w} \tag{8.03}$$

x_1 = ausreißerverdächtiger Wert
x_2 = benachbarter Wert
w = Spannweite

Der Wert für Q wird dann mit den Zahlen für Q(P,N) der Tabelle 8-4 verglichen. Ein Ausreißer liegt vor, wenn Q > Q(P,N) ist. P ist die statistische Sicherheit von 95 % oder 99 %. N ist die Anzahl der Einzelbestimmungen.

Tabelle 8-4. Werte für Q(P,N) für P = 95 % und 99 %. Nach DEAN u. DIXON (1951), PIERSON u. FAY (1959), aus DOERFFEL (1967: 1215).

N	P = 95 %	P = 99 %	N	P = 95 %	P = 99 %
3	0,97	0,99	7	0,59	0,68
4	0,84	0,93	8	0,54	0,63
5	0,73	0,82	9	0,51	0,60
6	0,64	0,74	10	0,49	0,57

Beispiel 8.03 (Prüfung auf Ausreißer mit dem Q-Test).

Analyse Nr.	% SiO_2, geordent nach steigender Größe
1	73,5
2	73,6
3	73,7
4	73,7
5	74,7

Es wird geprüft, ob die Analyse Nr. 5 mit 74,7 % SiO_2 ein Ausreißer ist.

$$Q = \frac{74,7\ \% - 73,7\ \%}{74,7\ \% - 73,5\ \%} = 0,83$$

Q(P,N) = 0,73 (P = 95 %) nach Tabelle 8-4
Q(P,N) = 0,82 (P = 99 %) nach Tabelle 8-4
Da Q mit 0,83 > Q(P,N) für P = 95 % ist, muß der Wert 74,7 % SiO_2 als Ausreißer ausgesondert werden.

Beispiel 8.04 (Berechnung der Standardabweichung s aus Meßwerten für eine Probe).

Für die 40 Analysenwerte (N = 40) der Tabelle 8-2 ergibt sich ein arithmetischer Mittelwert $\bar{x}$ = 73,6 % SiO_2. Die Standardabweichung s beträgt nach Gleichung 8.01 ± 0,3 % SiO_2 (absolut).

Die Standardabweichung s läßt sich wie folgt in eine *relative Standardabweichung* C umrechnen:

$$C = \frac{s \cdot 100}{\bar{x}} \qquad (8.04)$$

Beispiel 8.05 (Berechnung der relativen Standardabweichung).

Mit den Werten des Beipsiels 8.04 ergibt sich folgende relative Standardabweichung:

$$C = \frac{0,3 \% \; SiO_2 \cdot 100}{73,6 \% \; SiO_2} = 0,4 \% \; SiO_2$$

Das Quadrat der Standardabweichung wird als *Varianz* bezeichnet.

Wenn der Näherungswert s der Standardabweichung σ möglichst nahe kommen soll, müssen zur Berechnung viele Meßwerte (30 oder mehr) herangezogen werden. In den Beispielen 8.01 und 8.04 stimmen σ und s ausreichend überein. Wenn weniger Meßwerte zur Verfügung stehen, dann ist die zum Näherungswert s gehörende Zahl von Freiheitsgraden anzugeben. Nur mit dieser Ergänzung ist der Schätzwert der Standardabweichung s für weitere Aussagen verwendbar. Die Zahl der Freiheitsgrade, symbolisiert durch den Buchstaben n, ist die Größe N-1, wobei N die Anzahl der Einzelbestimmungen ist. Vereinfacht ausgedrückt ist N-1 die Zahl der Kontrollwerte, die ein Ergebnis bestätigen sollen. Ergänzend sei hierzu auf folgende Zusammenhänge hingewiesen.

Mit Tabelle 8-1 wird auf den Zusammenhang zwischen den Integrationsgrenzen k(P) · σ und der statistischen Sicherheit hingewiesen. Bei der Benutzung des Näherungswertes s anstelle von σ verringert sich die Sicherheit der Aussage. Diese ist abhängig von der mit s verbundenen Anzahl von Freiheitsgraden. Wenn trotzdem an Hand weniger Meßwerte mit einer Sicherheit von P = 95 % oder 99 % etwas ausgesagt werden soll, müssen die Integrationsgrenzen erweitert werden. An die Stelle von k(P) tritt jetzt eine von P und der Anzahl der Freiheitsgrade n abhängige Größe t(P,n). Bei wenigen Meßwerten ist t(P,n) > k(P). Mit zunehmender Zahl von Freiheitsgraden (Meßwerten) nähert sich t(P,n) dem Wert k(P). Oberhalb n = 30 wird der Unterschied unerheblich. Das ist der Grund, warum sich erst bei 30 oder mehr Einzelbestimmungen σ und s nahe kommen. In der Praxis rechnet man meistens mit einer Sicherheit von P = 95 % oder 99 %.

Neben der Gleichung 8.01 ist die folgende Gleichung 8.05 für den Analytiker von besonderer Bedeutung in der Laborpraxis. Häufig ist nämlich der Fall gegeben, daß die Standardabweichung nicht aus Messungen an nur einer, sondern aus Mehrfachbestimmungen an *verschiedenen* Proben mit unterschiedlichen Konzentrationen für eine Komponente berechnet werden soll. Das ist mittels folgender Gleichung möglich:

$$s = \sqrt{\frac{\Sigma (x_{i1} - \bar{x}_1)^2 + \Sigma (x_{i2} - \bar{x}_2)^2 + \ldots \Sigma (x_{iM} - \bar{x}_M)^2}{N_1 - 1 + N_2 - 1 \ldots N_M - 1}} \qquad (8.05)$$

x_{i1} = einzelner Meßwert der 1. Probe
x_{iM} = einzelner Meßwert der M-ten Probe
$\bar{x}_1$ = arithmetischer Mittelwert aus allen Meßwerten der 1. Probe
$\bar{x}_M$ = arithmetischer Mittelwert aus allen Meßwerten der M-ten Probe
N_1 = Zahl der Meßwerte für die 1. Probe
N_M = Zahl der Meßwerte für die M-te Probe

Beispiel 8.06 (Berechnung der Standardabweichung s aus Meßwerten für mehrere Proben).

An 5 verschiedenen Gesteinen sind 25 gravimetrische SiO_2-Bestimmungen (Abschnitt 14.1.1) im Konzentrationsbereich zwischen 34 % bis 64 % SiO_2 durchgeführt worden (Tabelle 8-5). Entsprechend Gleichung 8.05 ergibt sich dann für die Standardabweichung folgender Wert:

$$s = \sqrt{\frac{0{,}190 + 0{,}500 + 0{,}170 + 0{,}450 + 0{,}590}{25 - 5}} = 0{,}3 \,\% \; SiO_2 \; (\text{absolut})$$

Tabelle 8-5. Gravimetrische Bestimmung von SiO_2 in 5 verschiedenen Gesteinen. Analysenwerte: Massenanteile SiO_2 in %.

Gestein 1 (Grauwacke)	Gestein 2 (Tonstein)	Gestein 3 (Basalt)	Gestein 4 (Pikrit)	Gestein 5 (toniger Kalkstein)
63,8	55,7	48,6	37,8	34,0
63,9	56,5	48,6	38,0	34,0
63,4	56,4	48,4	38,6	34,2
63,8	55,8	48,9	38,5	33,5
63,5		48,6		33,5
		48,8		34,3
$\bar{x}$ 63,7	$\bar{x}$ 56,1	$\bar{x}$ 48,7	$\bar{x}$ 38,2	$\bar{x}$ 33,9

Bei der Standardabweichung des vorliegenden Beispiels 8.06 handelt es sich um eine Vergleichsstandardabweichung die sich auf Meßwerte bezieht, welche von verschiedenen Analytikern (z.B. Studenten) ermittelt worden sind (siehe hierzu auch Beispiel 8.01).

8.4 Einzel- und Mittelwerte (Streu- und Vertrauensbereich)

Einzelwerte (Streubereich)

Häufig ist es wünschenswert, eine Information über den Fehler von *Einzelwerten* in der Form x ± Δx zu bekommen. Δx wird als *Streubereich* bezeichnet und mittels des t-Tests (Student-Test[1]) berechnet. Danach weicht ein Analysenwert x um weniger als ± t(P,n) · s vom wahren Wert der Probe ab, wenn keine systematischen Fehler vorliegen. Die *Fehlerangabe* zu einem *Einzelmeßwert* läßt sich entsprechend Gleichung 8.06 ermitteln:

$$\Delta x = t(P,n) \cdot s \qquad (8.06)$$

t ändert seine Größe mit der Anzahl der s zugrundegelegten Bestimmungen sowie mit der statistischen Sicherheit P (Tabelle 8-6). DOERFFEL (1967: 1205) weist darauf hin, daß Δx nicht der zum speziellen Einzelwert x gehörende Fehler ist. Δx sagt nur etwas aus über die bei dem angewendeten Analysenverfahren in einer bestimmten Größe und Häufigkeit auftretenden Fehler. Die Möglichkeit, daß ein Einzelwert mit einem größeren Fehler behaftet ist, bleibt offen. Durch die Wahl der statistischen Sicherheit P = 95 % oder 99 % muß dieses Risiko berücksichtigt werden.

Beispiel 8.07 (Streubereich für einen Einzelmeßwert).

Aus den Analysenwerten der Tabelle 8-2 berechnet man mit der Gleichung 8.01 die Standardabweichung s = 0,3 % SiO_2 (siehe Beispiel 8.04). Die Zahl der Freiheitsgrade beträgt 39 (40 Meßwerte minus 1). Daraus ergibt sich der Streubereich für *einen* Einzelmeßwert und mit t(P,n) aus Tabelle 8-6 nach Gleichung 8.06 für eine statistische Sicherheit von 95 %:

$$2{,}023 \cdot 0{,}3\ \% = 0{,}6\ \%\ SiO_2\ \text{(absolut)}$$

---

[1] Nach dem englischen Statistiker GOSSET, der unter dem Pseudonym *'Student'* eine Arbeit *"The probable error of a mean"* in Biometrika 6: 1 (1908) geschrieben hat.

Der Streubereich für einen einzelnen titrimetrisch bestimmten SiO$_2$-Wert beträgt bei P = 95 % weniger als ± 0,6 % SiO$_2$.

Tabelle 8-6. Grenzwerte zur t-Prüfung in Abhängigkeit von der statistischen Sicherheit P und der Zahl der Freiheitsgrade n. Aus GRAF et al. (1966: 291), siehe auch Graf et al. (1987).

n	t(P,n) P = 95 %	P = 99 %
1	12,706	63,657
2	4,303	9,925
3	3,182	5,841
4	2,776	4,604
5	2,571	4,032
6	2,447	3,707
7	2,365	3,499
8	2,306	3,355
9	2,262	3,250
10	2,228	3,169
11	2,201	3,106
12	2,179	3,055
13	2,160	3,012
14	2,145	3,977
15	2,131	2,947
16	2,120	2,921
17	2,110	2,898
18	2,101	2,878
19	2,093	2,861
20	2,086	2,845
21	2,080	2,831
22	2,074	2,819
23	2,069	2,807
24	2,064	2,797
25	2,060	2,787
26	2,056	2,779
27	2,052	2,771
28	2,048	2,763
29	2,045	2,756
30	2,042	2,750
40	2,021	2,704
50	2,009	2,678

Fälschlicherweise wird die kleinere Standardabweichung s manchmal auch als Fehler des Einzelwertes angegeben. Die *Standardabweichung* ist aber eine *Gütekennzahl* des *Analysenverfahrens*, jedoch *nicht* für eine *Einzelmessung*. Die Anwendung der Standardabweichung als Fehlerangabe für einen einzelnen Meßwert ist mit einer möglichen *Unterbewertung* des Meßfehlers verbunden. Vor allem dann, wenn die Standardabweichung nur aus wenigen Messungen ermittelt wurde. Diese Unterbewertung berücksichtigt der Student-Test.

Aus dem Streubereich lassen sich Angaben ableiten über die durchschnittlich zu erwartende Differenz *zweier* beliebig gewonnener *Einzelmeßwerte*. Nach der Statistik unterscheiden sich zwei unabhängig voneinander gewonnene Meßwerte im Mittel um weniger als

$$|x_1 - x_2| < t(P,n) \cdot s\sqrt{2} \qquad (8.07)$$

Der berechnete Wert kann als Toleranz für die Streuung von Doppelbestimmungen angesehen werden und bietet die Möglichkeit zur Kontrolle der analytischen Tätigkeit.

Beispiel 8.08 (Streubereich für zwei Einzelmeßwerte).

Aus den Werten der Tabelle 8-2 berechnet man mit Gleichung 8.01 die Standardabweichung s = 0,3 % SiO_2 (siehe Beispiel 8.04). Die Zahl der Freiheitsgrade beträgt 39. Mit t(P,n) aus Tabelle 8-6 ist bei 95 % statistischer Sicherheit die zu erwartende Differenz zweier Einzelmeßwerte kleiner

$$2{,}023 \cdot 0{,}3\sqrt{2} = 0{,}9 \text{ \% } SiO_2 \text{ (absolut)}$$

Mittelwerte (Vertrauensbereich)

Eine der häufigsten Rechenoperationen im analytischen Labor ist die Bildung von Mittelwerten aus Einzelmessungen. Normalerweise wird das arithmetische Mittel gebildet. Liegt eine logarithmische Normalverteilung vor, muß das geometrische Mittel gewählt werden. Für die Berechnung von Mittelwerten dürfen nur Daten aus vergleichbaren Messungen miteinander kombiniert werden. Zwischen den Standardabweichungen für die Einzelwert- und für die Mittelwertverteilung besteht die Beziehung:

$$s_M = \frac{s}{\sqrt{N}} \qquad (8.08)$$

s_M = Standardabweichung der Mittelwerte
s = Standardabweichung der Einzelwerte
N = Zahl der Parallelbestimmungen bzw. Anzahl der Bestimmungen von einer Probe

Die dem *Streubereich* des Einzelwertes *analoge Größe* wird beim *Mittelwert* $\bar{x}$ als *Vertrauensbereich* $\pm \Delta\bar{x}$ bezeichnet. Über die Standardabweichung s ergibt sich der Vertrauensbereich wie folgt:

$$\Delta\bar{x} = \frac{t(P,n) \cdot s}{\sqrt{N}} \qquad (8.09)$$

Mit zunehmender Anzahl von Parallelbestimmungen wird der Vertrauensbereich eines Mittelwertes verbessert, da im Nenner die Wurzel aus der Zahl der Bestimmungen steht (Gleichung 8.09). *Daher wird beim Übergang von zwei auf drei Parallelbestimmungen die Schärfe der Aussage wesentlich erhöht (z.B. DOERFFEL, 1967: 1207).* Bei einer noch größeren Zahl von Parallelbestimmungen ist jedoch der Gewinn in der Aussage nur noch gering im Vergleich zum Arbeitsaufwand.

Kleinere oder größere Meßwerte dürfen aus den Berechnungen nicht herausgenommen werden, wenn sie nicht in der beschriebenen Weise als Ausreißer kenntlich gemacht werden können (Abschnitt 8.3).

Beispiel 8.09 (Vertrauensbereich des Mittelwertes).

Aus den Analysenwerten der Tabelle 8-2 berechnet man mit der Gleichung 8.01 die Standardabweichung $s = 0{,}3\ \%\ SiO_2$. Der arithmetische Mittelwert von 3 Einzelmessungen soll 73,6 % SiO_2 betragen. Die Zahl der Freiheitsgrade ist 39 (siehe Tabelle 8-2). Mit $t(P,n)$ für $P = 95\ \%$ (Tabelle 8-6) ergibt sich nach Gleichung 8.09 ein Wert von

$$\frac{2{,}023 \cdot 0{,}3\ \%}{\sqrt{3}} = 0{,}4\ \%\ SiO_2\ \text{(absolut)}$$

Der Vertrauensbereich des Mittelwertes beträgt $73{,}6 \pm 0{,}4\ \%\ SiO_2$. Bei Doppelbestimmungen muß in die Gleichung 8.09 $N = 2$ eingesetzt werden. Der Vertrauensbereich des Mittelwertes beträgt dann im vorliegenden Beispiel durch die Auf- und Abrundungen in der 1. Dezimale ebenfalls 0,4 % SiO_2 (absolut).

Streu- und Vertrauensbereiche können als Absolutfehler in der Meßeinheit des Analysenwertes oder als Relativfehler in Prozent des Analysenwertes angegeben werden. Das muß aus der Fehlerangabe durch die Zusätze absolut oder relativ immer klar hervorgehen. *Meßwert* und *Fehler* sollen die *gleiche vertretbare Zahl* von *Dezimalstellen* aufweisen.

8.5 Vergleich von Standardabweichungen und Mittelwerten

Vergleich von Standardabweichungen

Im analytischen Laboratorium müssen manchmal die Standardabweichungen s_1 und s_2 miteinander verglichen und signifikante Unterschiede geprüft werden. Denkbar sind folgende Situationen:
1. Es sind zwei verschiedene Analysenverfahren für die Bestimmung des gleichen Elementes mit Hilfe der Standardabweichungen zu beurteilen.
2. Zwei Meßreihen aus zwei verschiedenen Laboratorien oder von zwei Bearbeitern des gleichen Laboratoriums sind zu vergleichen.

Der Vergleich von zwei Standardabweichungen s, errechnet aus einer Vielzahl von Einzelmeßwerten mit Gaußverteilung, wird vielfach mit dem F-Test vorgenommen. Man bildet zu diesem Zweck das Verhältnis

$$F = \frac{s_1^2}{s_2^2} \tag{8.10}$$

Der Wert des Quotienten muß > 1 sein, so daß die größere Standardabweichung als s_1 in den Zähler des Bruches gesetzt wird. Für die Anwendung des F-Tests einschließlich der dazu erforderlichen Tabellen mit den Grenzwerten zur F-Prüfung sei beispielsweise auf DOERFFEL (1967: 1209 ff.) verwiesen.

Will man die Reproduzierbarkeit von *mehr* als *zwei* Verfahren gegenüberstellen, muß der Bartlett-Test durchgeführt werden. (siehe ebenfalls DOERFFEL, 1967: 1211 f.).

Im vorliegenden Abschnitt soll beispielhaft der Schnelltest nach PILLAI u. BUENAVENTURA (1961) für *zwei* Meßreihen mit nur *wenigen* Analysenwerten beschrieben werden (siehe EHRENBERGER u. GORBACH, 1973: 416 f.).

Man geht aus von der Variationsbreite (Spannbreite) $w = x_{max.} - x_{min.}$, das heißt der Differenz zwischen dem größten und kleinsten Wert einer Meßreihe (siehe auch Gleichung 8.02). Ähnlich dem F-Test (siehe Gleichung 8.10) wird das Verhältnis gebildet

$$F_w = \frac{w_1}{w_2} \tag{8.11}$$

Der Wert des Quotienten muß ebenfalls >1 sein, so daß die größere Variationsbreite als w_1 im Zähler des Bruches steht. Dann wird geprüft, ob der Quotient w_1/w_2 größer oder kleiner ist im Vergleich zu den in Tabelle 8-7 für N_1 und N_2 tabellierten Schranken. Ist der Quotient größer als die einer bestimmten Anzahl von Meßwerten (N) entsprechende Signifikanzschranke der Tabelle 8-7, sind Streuungen der beiden Standardabweichungen signifikant voneinander verschieden. Der Unterschied zwischen den Standardabweichungen s_1 und s_2 ist nicht beweiskräftig, wenn w_1/w_2 kleiner ist als die entsprechende Schranke der Tabelle 8-7.

Tabelle 8-7. Signifikanzschranken der auf den Spannweiten basierenden F-Verteilung nach PILLAI u. BUENAVENTURA für den zweiseitigen Test (statistische Sicherheit 98 %). Aus EHRENBERGER u. GORBACH (1973: 417).

N_2	N_1 2	3	4	5	6	7	8	9	10
2	63,66	95,49	116,1	131	143	153	161	168	174
3	7,37	10,00	11,64	12,97	13,96	14,79	15,52	16,13	16,60
4	3,73	4,79	5,50	6,01	6,44	6,80	7,09	7,31	7,51
5	2,66	3,33	3,75	4,09	4,36	4,57	4,73	4,89	5,00
6	2,17	2,66	2,98	3,23	3,42	3,58	3,71	3,81	3,88
7	1,89	2,29	2,57	2,75	2,90	3,03	3,13	3,24	3,33
8	1,70	2,05	2,27	2,44	2,55	2,67	2,76	2,84	2,91
9	1,57	1,89	2,07	2,22	2,32	2,43	2,50	2,56	2,63
10	1,47	1,77	1,92	2,06	2,16	2,26	2,33	2,38	2,44

Beispiel 8.10 (Vergleich zweier Standardabweichungen nach dem Schnelltest von PILLAI u. BUENAVENTURA).

Zwei Analytiker haben bei der Analyse der gleichen Granitprobe nach dem gleichen Analysenverfahren jeweils folgende 6 SiO_2-Werte ermittelt (geordnet nach abnehmenden Konzentrationen):

Analytiker 1 mit w_1
$w_{max.}$ 74,0 % SiO_2
73,8 % SiO_2
73,7 % SiO_2
73,6 % SiO_2
73,6 % SiO_2
$w_{min.}$ 73,4 % SiO_2

Analytiker 2 mit w_2
$w_{max.}$ 73,7 % SiO_2
73,6 % SiO_2
73,6 % SiO_2
73,5 % SiO_2
73,4 % SiO_2
$w_{min.}$ 73,2 % SiO_2

w_1 = 74,0 % - 73,4 % = 0,6 %

w_2 = 73,7 % - 73,2 % = 0,5 %

$$F_w = \frac{0,6\ \%}{0,5\ \%} = 1,20$$

Aus Tabelle 8-7 wird für $N_1 = 6$ und $N_2 = 6$ ein Wert von 3,42 entnommen. Der gefundene Wert 1,20 ist kleiner als der Tabellenwert 3,42. Somit sind die Streuungen nicht signifikant voneinander verschieden. Beide Analytiker arbeiten mit einer Reproduzierbarkeit, welche nicht signifikant voneinander abweicht.

Vergleich von Mittelwerten

Ebenso wie der Vergleich von Standardabweichungen ist auch der von Mittelwerten im analytischen Labor manchmal erforderlich. Es kann der Fall eintreten, daß Unterschiede zwischen den Mittelwerten $\bar{x}_1$ und $\bar{x}_2$ von zwei Meßreihen einer Probe festgestellt werden. Die Meßreihen können sich entweder beziehen auf:
a) zwei verschiedene Analysenverfahren für das gleiche Element,
b) zwei verschiedene Laboratorien,
c) zwei Analytiker des gleichen Laboratoriums.

Es soll geprüft werden, ob die Differenz zwischen den Meßreihen nur auf Zufallsfehler zurückzuführen ist. Bei der Prüfung wird vorausgesetzt, daß der Zufallsfehler in beiden Meßreihen gleich groß ist. Eventuell muß hier ein F-Test durchgeführt werden (siehe oben). Bei signifikantem Unterschied dürfen die beiden Mittelwerte nicht verglichen werden (DOERFFEL, 1967: 1213). Zwei Mittelwerte werden mit Hilfe des *t-Tests* in folgender Weise verglichen (EHRENBERGER u. GORBACH), 1973: 418):

$$t = \frac{\bar{x}_1 - \bar{x}_2}{\sqrt{\left[\frac{N_1 + N_2}{N_1 \cdot N_2}\right] \cdot \left[\frac{(N_1 - 1) \cdot s_1^2 + (N_2 - 1) \cdot s_2^2}{N_1 + N_2 - 2}\right]}} \qquad (8.12)$$

$N_1 + N_2 - 2 = n$ (Anzahl der Freiheitsgrade)
N_1 und N_2 sind die Anzahl der Meßwerte vom Analytiker 1 und 2
s_1 und s_2 sind die zu den Meßreihen gehörenden Standardabweichungen

Überschreitet t den entsprechenden Wert in Tabelle 8-6, besteht ein statistisch gesicherter Unterschied zwischen den beiden Mittelwerten $\bar{x}_1$ und $\bar{x}_2$.

Zum Vergleich von *mehr als zwei* Mittelwerten wird die einfache Varianzanalyse angewendet (z.B. DOERFFEL, 1967: 1216 ff.)

Beispiel 8.11 (Vergleich von zwei Mittelwerten).

Die Datengrundlage liefern die beiden Meßreihen aus Beispiel 8.10.

Analytiker 1
$\bar{x}_1 = 73{,}7 \% \ SiO_2$
$s_1 = 0{,}2 \% \ SiO_2$

Analytiker 2
$\bar{x}_2 = 73{,}5 \% \ SiO_2$
$s_2 = 0{,}2 \% \ SiO_2$

Dann ist nach Gleichung 8.12

$$t = \frac{73{,}7 - 73{,}5}{\sqrt{\left[\dfrac{6+6}{6 \cdot 6}\right] \cdot \left[\dfrac{(6-1) \cdot 0{,}2^2 + (6-1) \cdot 0{,}2^2}{6+6-2}\right]}} = 1{,}73$$

Aus Tabelle 8-6 wird für n = 10 Freiheitsgrade und einer statistischen Sicherheit von P = 95 % der Wert 2,228 entnommen. Da der berechnete Wert 1,73 kleiner ist als 2,228, besteht kein signifikanter Unterschied zwischen $\bar{x}_1$ und $\bar{x}_2$. Es wäre daher zulässig, einen gemeinsamen Mittelwert aus $\bar{x}_1$ und $\bar{x}_2$ zu bilden.

Vergleich eines Mittelwertes mit einer vorgegebenen Konzentration mit Hilfe des t-Tests

Bei der Erprobung oder Kontrolle einer Analysenmethode werden spezielle Testsubstanzen oder Referenzproben mit bestimmten vorgegebenen (theoretischen) bzw. empfohlenen Konzentrationen für Elemente (Verbindungen) analysiert. Eine solche Testsubstanz ist beispielsweise $CaCO_3$ für ein Verfahren zur Bestimmung von C bzw. CO_2 in Gesteinen (Abschnitt 14.12). Hier entsprechen die vorgegebenen (theoretischen) Konzentrationen den stöchiometrischen Anteilen an C bzw. CO_2 in der Verbindung $CaCO_3$. Als Testsubstanz können aber auch spezielle Referenzproben verwendet werden (Abschnitt 8.9).

Geprüft werden soll die Übereinstimmung des Mittelwertes $\bar{x}$ einzelner Meßergebnisse für die Testsubstanz mit dem vorgegebenen (empfohlenen) Wert für die betreffende Komponente. Das geschieht in folgender Weise (EHRENBERGER u. GORBACH, 1973: 419 f.):

$$t = \frac{\bar{x} - \mu_0}{s} \cdot \sqrt{N} \qquad (8.13)$$

μ_0 = vorgegebene Konzentration für ein Element (Verbindung) in der Testsubstanz bzw. Referenzprobe

Der berechnete Wert t wird mit dem aus der Tabelle 8-6 entnommenen Wert für den Freiheitsgrad n = N - 1 und P = 95 % bzw. 99 % verglichen. Ist t kleiner als der Tabellenwert, besteht kein signifikanter Unterschied zwischen dem analytisch bestimmten Mittelwert $\bar{x}$ und der vorgegebenen Konzentration μ_0.

Beispiel 8.12 (Vergleich eines Mittelwertes mit einer vorgegebenen Konzentration).

Die Testsubstanz *"CaCO$_3$ zur Analyse"* enthält theoretisch 12,0$_0$ % C. Gemessen wurden folgende Konzentrationen (N = 6):

12,1 % C $\bar{x}$ = 12,0$_3$ % C
12,1 % C   s = 0,1$_2$ % C (absolut)
11,9 % C
12,2 % C $t = \dfrac{12,0_3 - 12,0_0}{0,1_2} \cdot \sqrt{6} = 0,61$
12,0 % C
11,9 % C

Für 6 - 1 = 5 Freiheitsgrade und P = 95 % wird aus der Tabelle 8-6 der Wert 2,571 entnommen. Da die berechnete Größe t = 0,61 kleiner ist als 2,571, steht der analytisch bestimmte Mittelwert $\bar{x}$ = 12,0$_3$ % C in Übereinstimmung mit den theoretischen μ_0 = 12,0$_0$ % C im CaCO$_3$.

8.6 Überwachung der Reproduzierbarkeit und Richtigkeit von Analysenergebnissen

Die Zuverlässigkeit einer Analysenmethode ist in der täglichen Laborpraxis ständig zu überprüfen. Test- bzw. Referenzproben müssen in regelmäßigen Abständen analysiert werden. Die dabei erzielten Ergebnisse sind mit den bereits vorhandenen zu vergleichen. Das kann zweckmäßig mit *Kontrollkarten* erfolgen, die jeder Analytiker für ein Verfahren oder (und) ein bestimmtes Gerät anlegen sollte. DOERFFEL (1965: 52 ff) schlägt vor, zur Überwachung der Reproduzierbarkeit und der Richtigkeit von Analysenergebnissen zwei getrennte, aber parallel geführte Kontrollkarten anzulegen.

Zur Kontrolle der *Reproduzierbarkeit* verwendet man die Standardabweichung s (s-Karte).

Zur Kontrolle der *Richtigkeit* werden Referenzproben (Abschnitt 8.9) oder laborinterne Testsubstanzen mit bekannten oder empfohlenen Konzentrationen in bestimmten Abständen analysiert und der gefundene Wert $\bar{x}$ mit dem vorgegebenen Wert μ verglichen ($\bar{x}$-Karte).

Solange die Parallelbestimmungen innerhalb der festgelegten Kontrollgrenzen liegen (als statistische Sicherheit wird häufig P = 99,7 % gewählt), befindet sich das Verfahren *"unter Kontrolle"*.

Die Anfertigung von s- und $\bar{x}$- Kontrollkarten beschreibt DOERFFEL (1965: ff.) für Doppelbestimmungen in folgender Weise:

Zunächst sind die unbekannten Größen s und μ (μ ist bei gut untersuchten Gesteinsreferenzproben mit genügender Sicherheit bekannt, aber mit einem s versehen!) zu bestimmen. Für die spezifische Komponente werden 15 - 20 Doppelbestimmungen angefertigt. Dann wird die Spannweite w (siehe Gleichung 8.02) für jede Parallelbestimmung berechnet. Da die Spannweite von der Zahl der Mehrfachbestimmungen abhängt, müssen für jede Probe die gleiche Anzahl von Analysen ausgeführt werden. Dadurch ist es möglich, aus den von verschiedenen Proben erhaltenen Spannweiten Mittelwerte wie folgt zu berechnen:

$$\bar{w} = \frac{\Sigma w}{M} \qquad (8.14)$$

M = Anzahl der Proben oder Anzahl der Doppelbestimmungen für eine Probe

Zwischen der mittleren Spannweite $\bar{w}$ und der Standardabweichung s besteht die Beziehung (d_2 siehe Tabelle 8-8):

$$\bar{w} = d_2 \cdot s \qquad (8.15)$$

Die Kontrollgrenzen (G_s) für die Standardabweichung ergeben sich mit P = 99,7 % wie folgt:

$$G_s = \pm 3s = \pm \frac{3\bar{w}}{d_2} \qquad (8.16)$$

Tabelle 8-8. Werte für die Faktoren d_2 (Gleichung 8.15). Aus DOERFFEL (1965: 53).

N	d_2	N	d_2	N	d_2
2	1,128	5	2,326	8	2,847
3	1,693	6	2,534	9	2,970
4	2,059	7	2,704	10	3,078

Häufig wird jede Probe zweimal analysiert. Die Differenz $\Delta_i = x_i^1 - x_i^2$ wird in der Reihenfolge der erhaltenen Daten berechnet. Das heißt, Δ_i hat entweder ein positives oder ein negatives Vorzeichen. Wenn vorwiegend negative oder positive Werte vorkommen, lassen sich *systematische* Fehler erkennen oder Informationen über die Arbeitsweise von zwei Analytikern erhalten. Bei der zweimaligen Bestimmung einer Komponente in jeder Probe wird zur *Kontrolle der Reproduzierbarkeit* die *Kontrollgrenze* G_s wie folgt berechnet (DOERFFEL, 1965: 54):

$$G_s = \frac{3 \bar{w} \sqrt{2}}{d_2} = \frac{3 \Sigma |\Delta_i| \sqrt{2}}{d_2 \cdot M} \qquad (8.17)$$

Zur *Kontrolle der Richtigkeit* der Analysenwerte wird in regelmäßigen Abständen eine Probe mit bekannter Konzentration μ analysiert (Doppelbestimmungen). Die *Kontrollgrenze* $G_{\bar{x}}$ errechnet sich nach:

$$G_{\bar{x}} = \mu \pm \frac{3 \cdot \bar{w}}{d_2 \cdot \sqrt{2}} \qquad (8.18)$$

Beispiel 8.13 (Anfertigung von s- und $\bar{x}$- Kontrollkarten).

Es wird eine Anleitung gegeben für die Anfertigung von s- und $\bar{x}$- Kontrollkarten bei Doppelbestimmungen. Die Ausgangsdaten bestehen aus 20 SiO_2-Doppelbestimmungen für eine Granitprobe (Tabelle 8-9.). Die vorgegebene Konzentration beträgt 73,5 % SiO_2, G_s und $G_{\bar{x}}$ werden nach den Gleichungen 8.17 bzw. 8.18 berechnet. Bei den Analysenwerten der Tabelle 8-9 handelt es sich um Wiederholungswerte eines Analytikers. Für die praktische Nutzung von s- und $\bar{x}$ - Kontrollkarten ist aber dringend anzuraten, die Probe von verschiedenen Analytikern analysieren zu lassen. Dadurch können systematische Fehler leichter erkannt und Erkenntnisse über die Zuverlässigkeit der Bestimmung einer Komponente durch beliebige Mitarbeiter zu beliebigen Zeitpunkten gewonnen werden.

$$\mu = \frac{\Sigma \bar{x}}{20} = \frac{1470,6}{20} = 73,5 \text{ \% } SiO_2$$

$$\bar{w} = \frac{6,00}{20} = 0,30 \text{ \% } SiO_2 \text{ nach Gleichung (8.14)}$$

$$G_s = \frac{3 \cdot 0,30 \cdot \sqrt{2}}{1,128} = 1,1_3 \text{ \% } SiO_2 \text{ nach Gleichung (8.17)}$$

$$G_{\bar{x}} = \mu \pm \frac{3 \cdot 0,30}{1,128 \cdot \sqrt{2}} = 73,5 \pm 0,6 \text{ \% } SiO_2 \text{ nach Gleichung (8.18)}$$

Tabelle 8-9. SiO$_2$-Doppelbestimmungen (Titrimetrie) zur Herstellung von $\bar{x}$- und s- Kontrollkarten. Zahlen: Massenanteile % SiO$_2$.

Doppelbestimmung	x_i^1	x_i^2	$\bar{x}$	$\Delta_i = x_i^1 - x_i^2$
1	73,1	73,5	73,3	- 0,4
2	73,8	73,5	73,7	+ 0,3
3	73,5	73,5	73,5	± 0,0
4	73,9	73,2	73,6	+ 0,7
5	73,3	73,5	73,4	- 0,2
6	73,3	73,9	73,6	- 0,6
7	73,7	73,5	73,6	+ 0,2
8	74,0	73,5	73,8	+ 0,5
9	73,6	73,9	73,8	- 0,3
10	73,5	73,5	73,5	± 0,0
11	73,3	73,7	73,5	- 0,4
12	73,7	73,3	73,5	+ 0,4
13	73,3	73,1	73,2	+ 0,2
14	73,3	73,5	73,4	- 0,2
15	73,9	73,6	73,8	+ 0,3
16	73,3	73,3	73,3	± 0,0
17	73,4	73,9	73,7	- 0,5
18	73,1	73,2	73,2	- 0,1
19	73,3	73,9	73,6	- 0,6
20	73,6	73,5	73,6	+ 0,1

Die Kontrollgrenzen für G$_s$ und G$_{\bar{x}}$ werden in Millimeterpapier für eine *s-Karte* zur Kontrolle der *Reproduzierbarkeit* (Abb. 8-3) und für eine $\bar{x}$-*Karte* zur *Kontrolle* der *Richtigkeit* (Abb. 8-4) eingetragen. Die Analysenwerte müssen auf ihre Häufigkeitsverteilung geprüft werden. Diese soll annähernd einer Gaußkurve entsprechen, da sonst das Verfahren noch nicht unter Kontrolle ist. Mehrere Maxima deuten auf systematische Fehler. Es empfiehlt sich, die Verteilung der Meßwerte graphisch mit passend gewählter Klassenbreite auf der linken Seite der Kontrollkarte aufzutragen. Sämtliche Meßwerte müssen innerhalb der Kontrollgrenzen liegen. Befinden sich mehrere Meßwerte außerhalb der Kontrollgrenzen, sind in der Analysenmethode noch Unregelmäßigkeiten enthalten. Die einzelnen Punkte sollen regellos um die Mittellinie streuen. Liegen sie bei der Kontrolle der Reproduzierbarkeit vorwiegend unter oder über der Mittellinie, sind die Werte der Doppelbestimmung nicht unter den gleichen Bedingungen entstanden. In der $\bar{x}$-Karte wird dann ein konstanter Fehler beobachtet. Zeitlich abhängige systematische Fehler streuen auf der $\bar{x}$-Karte längs einer steigenden oder fallenden Linie.

In die s- und $\bar{x}$-Karte der Abb. 8-3 und 8-4 wurden die Analysenwerte der Tabelle 8-9 gegen das Datum der Analyse eingetragen. Das soll nur ein Beispiel für die Anwendung der Karten in der Laborpraxis sein. Durch die laufende Überwachung der analytischen Arbeit mit bestimmten Referenz- oder Testproben erhält man für diese im Laufe der Zeit mehr und

8 Beurteilung von Analysendaten **125**

mehr Meßwerte. Letztere sollten ständig zur Verbesserung der G_s- und $G_{\bar{x}}$ - Kontrollgrenzen verwendet werden. Man kann zu diesem Zweck immer eine neue Gruppe von Meßwerten in die Tabelle 8-9 einfügen und G_s sowie $G_{\bar{x}}$ nach den Gleichungen 8.17 und 8.18 neu berechnen. Mit einem Rechenprogramm läßt sich jede neue Doppelbestimmung sofort in die bereits vorhandenen Werte einfügen und G_s sowie $G_{\bar{x}}$ ständig dem letzten Stand der Kontrollmessungen anpassen. Der Aufwand an Rechenarbeit ist in beiden Fällen gering im Vergleich zum Wert gut belegter Kontrollgrenzen und der vorgegebenen Konzentration µ.

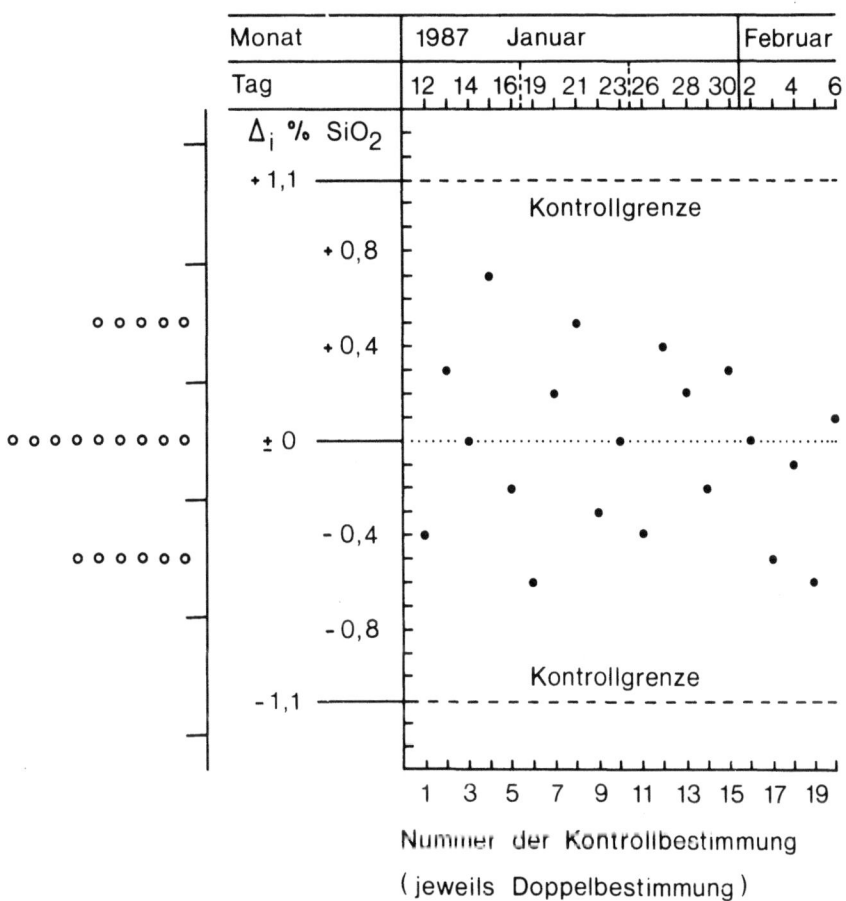

Abb. 8-3. s-Karte zur Kontrolle der Reproduzierbarkeit

Die praktische Kontrolle der Reproduzierbarkeit und Richtigkeit wird so ausgeführt, daß entsprechend Tabelle 8-9 aus Doppelbestimmungen an Test- und Referenzproben das Δ_i und $\bar{x}$ (Vorzeichen beachten!) gebildet und in die s- bzw. $\bar{x}$-Kontrollkarte eingezeichnet wird.

Anstelle von Doppelbestimmungen lassen sich sinngemäß auch Dreifachbestimmungen für Kontrollkarten auswerten.

8 Beurteilung von Analysendaten

EHRENBERGER u. GORBACH (1973: 426 f.) empfehlen eine Kontrollkarte, bei welcher auf der Ordinate die Meßwerte und auf der Abszisse die Nummer der Kontrollbestimmung sowie das Datum aufgetragen werden (Abb. 8-5). Die Grenzlinien entsprechen $\mu \pm s$ (Warngrenze) und $\mu \pm 2s$ (Kontrollgrenze), μ ist die vorgegebene Konzentration. Für die Festlegung der Warn- und Kontrollgrenze müssen mindestens 30 Meßwerte zur Verfügung stehen, deren Gaußverteilung zu prüfen ist. Bei einer Normalverteilung der Meßwerte liegen 68 % aller Analysenwerte zwischen $\mu \pm s$ und 95 % aller Daten zwischen $\mu \pm 2s$. In diesem Fall ist das Verfahren unter Kontrolle. Wenn eine statistische Sicherheit von über 99 % vorgezogen wird, muß als Kontrollgrenze $\mu \pm 3s$ eingetragen werden. Auch hier müssen die im Laufe der Zeit anfallenden neuen Meßwerte immer wieder zur Verbesserung der Kontrollgrenze verwendet werden.

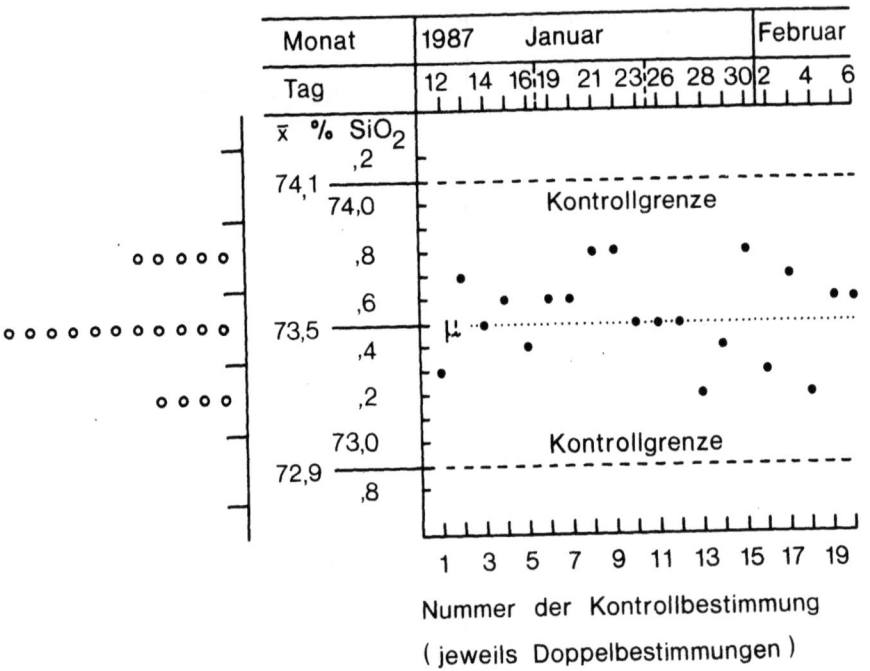

Abb. 8-4. $\bar{x}$-Karte zur Kontrolle der Richtigkeit

Beispiel 8.14 (Kontrollkarte mit $\mu \pm s$ und $2s$ als Warn- bzw. Kontrollgrenze).

Die Abb. 8-5 zeigt beispielhaft das Prinzip einer Kontrollkarte mit Warngrenze ($\mu \pm s$) und Kontrollgrenze ($\mu \pm 2s$). Der Wert μ (73,6 % SiO_2) und die Standardabweichung (s = 0,3 % SiO_2, absolut) basieren auf den 40 SiO_2-Einzelbestimmungen für das Beispiel 8.01 (siehe Tabelle 8-2, Abb. 8-2).

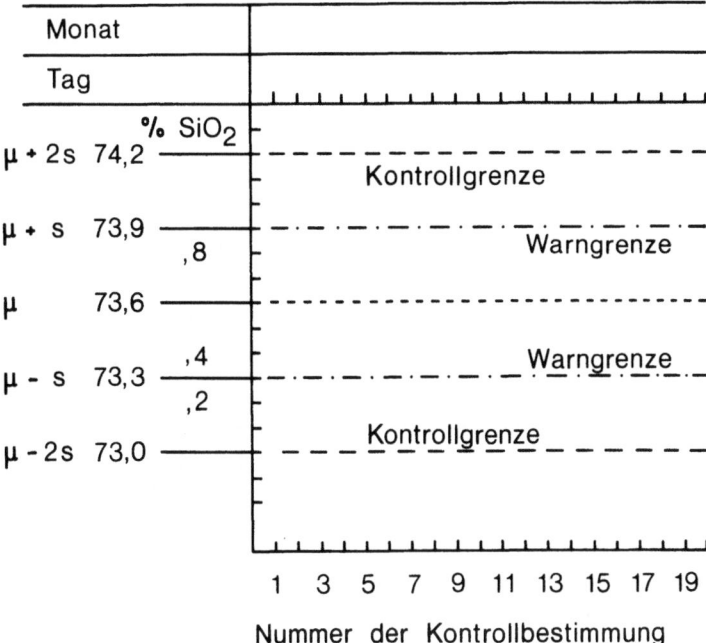

Abb. 8-5. Kontrollkarte mit Warngrenze und Kontrollgrenze (Ehrenberger u. Gorbach, 1973: 42 f.).

8.7 Bewertung von Gesteinsanalysen

Mit der Bestimmung von 13 Haupt- und Nebenbestandteilen (SiO_2, TiO_2, Al_2O_3, Fe_2O_3, FeO, MnO, MgO, CaO, Na_2O, K_2O, H_2O, CO_2, P_2O_5) ist ein Gestein meistens ausreichend analysiert, und ein Summenwert kann gebildet werden. Nach den Vorschlägen verschiedener Autoren soll die Summe zwischen einer unteren und einer oberen Grenze liegen, wobei über die Absolutwerte keine Übereinstimmung besteht (Tabelle 8-10).

Leider ist noch immer die Ansicht verbreitet, daß größere Abweichungen von den in Tabelle 8-10 angeführten Grenzwerten Hinweise auf fehlerhafte Analysen erlauben. Das kann, muß aber nicht so sein. Summenwerte <99,5 % können beispielsweise auf analytisch nicht erfaßte Nebenbestandteile zurückzuführen sein. So enthalten mafische und ultramafische Gesteine bis 0,4 % Cr und Ni.

Die Grenzwerte der Tabelle 8-10 müssen aber auch unter dem Gesichtspunkt der statistischen Beurteilung von Analysenmethoden und Meßergebnissen kritisch betrachtet werden. DOERFFEL (1965: 52) weist darauf hin, daß anstelle der schematischen Beurteilung einer Silicatvollanalyse an Hand eines Summenwertes mit fiktiven Grenzen die einzelnen Analysenmethoden zu berücksichtigen sind. Nicht allen Anfängern ist klar, daß die in Tabelle 8-10 angegebenen Fehlergrenzen eine Reproduzierbarkeit der Analysenmethoden für verschiedene Haupt- und Nebenbestandteile besser als 0,5 % (relativ) bedeuten. Trotz sorgfältiger analytischer Arbeit wird sich aber in vielen Fällen diese Bedingung nicht erfüllen lassen. Anders gesagt: Es wird eine Toleranz von 100,0 ± 0,5 % bei einer Silicatanalyse auf 13 oder mehr Komponenten gefordert! Es ist daher richtiger, die Toleranzgrenze entsprechend der Reproduzierbarkeit der Analysenmethoden für die einzelnen Haupt- und Nebenbestandteile festzulegen. Die Angaben in Tabelle 8-10 dürfen somit *auf keinen Fall* als starres Schema bewertet und angewendet werden.

Ein weiteres Problem ist die manchmal geforderte Übereinstimmung von Mehrfachbestimmungen für die verschiedenen Haupt- und Nebenbestandteile eines Silicatgesteins. Hierbei werden oftmals die Standardabweichungen für die elementspezifischen Analysenmethoden außer acht gelassen. Beispielsweise soll nach PECK (1964: 54) folgende Übereinstimmung bei Doppelbestimmungen und für vorwiegend gravimetrische Analysenmethoden erwartet werden (Angaben in Prozent absolut): SiO_2 - 0,1; Al_2O_3 - 0,15; MgO und CaO - 0,05; Na_2O - 0,1; K_2O - 0,05; Σ Fe als Fe_2O_3 - 0,1; FeO - 0,1; CO_2 - 0,02. In der analytischen Praxis sind jedoch solche Übereinstimmungen kaum zu erreichen. Zum Beispiel sind bei der gravimetrischen SiO_2-Bestimmung im Bereich zwischen 30 % - 70 % SiO_2 Spannweiten von 0,4 % SiO_2 (absolut) bei Mehrfachbestimmungen an einer Probe völlig normal (Abschnitt 14.1.1).

Tabelle 8-10. Grenzwerte für die Summen an Haupt- und Nebenbestandteilen bei einer Gesteinsvollanalyse.

Autoren	Grenzwerte [%]	
	untere	obere
GROVES (1951: 37)	99,7$_5$	100,5
HILLEBRAND, LUNDELL et al. (1953: 802)	99,7$_5$	100,5
JAKOB (1952: 180)	99,8	100,4
PECK (1964: 10)	99,5	100,2$_5$
WASHINGTON (1910, 1930: 144)	99,5	100,7$_5$

8.8 Angabe von Dezimalstellen

Die Anwendung statistischer Tests ermöglicht auch Aussagen über die Anzahl von Stellen, mit welchen Analysenwerte angegeben werden dürfen. Eine Konzentrationsangabe sollte so vorgenommen werden, daß in die letzte Ziffer der Analysenfehler (Standardabweichung der Methode) eingeht. Zusammen mit der Konzentrationsangabe ist auch der Fehler der Analysenmethode anzugeben. Darüber hinausgehende *"Rechenzahlen"* sollten nicht dokumentiert werden. Bei der Anwendung dieser Empfehlung auf Gesteinsvollanalysen werden deren petrographische und geochemische Aussagemöglichkeiten in keiner Weise beeinträchtigt, ihr analytischer Wahrheitsgehalt aber beträchtlich erhöht.

Vor allem handelt es sich um das *"Problem der 2. Dezimale"* für Komponenten wie SiO_2, Al_2O_3, Fe_2O_3, MgO, CaO und andere in Silicatgesteinen. Zu dieser Thematik gibt es Überlegungen unter anderem von CHALMERS u. PAGE (1957), CHAYES (1953), MAXWELL (1968: 13), JOHNSON u. MAXWELL (1981: 10). Es sollte von allen Benutzern von Silicatanalysen immer bedacht werden, daß trotz sorgfältiger analytischer Arbeit weder für SiO_2 noch für einige andere Hauptkomponenten die 2. Dezimale analytisch begründet ist. Hierbei handelt es sich fast immer um Ziffern, welche darüber hinaus auch petrographisch und geochemisch keinen Sinn ergeben. Im Konzentrationsbereich zwischen 30 % -70 % SiO_2 ist der Fehler der Analysenmethode (gleich welches Verfahren!) bereits in der 1. Dezimale enthalten (Abschnitt 14.1).

Was für bestimmte Einzelkomponenten gilt, trifft erst recht für die aus 13 und noch mehr Einzelwerten bestehende Summe einer Silicatanalyse zu. Hier hat die 2. Dezimale wirklich keinen Sinn.

Benutzer von Gesteinsanalysen gehen manchmal davon aus, daß die letzte Zahl eines Analysenwertes innerhalb der Grenzen ± 2 oder 3 genau ist. Wenn beispielsweise der SiO_2-Anteil in einem Granit mit 73,6 % (also nur eine Dezimale!) angegeben wird, würde die wahrscheinliche SiO_2-Konzentration zwischen 73,3 und 73,9 % zu erwarten sein. Wird dagegen auch die 2. Dezimale dokumentiert, beispielsweise mit 73,60 % SiO_2, würde der Benutzer des Analysenwertes den wahrscheinlichen SiO_2-Anteil zwischen 73,57 und 73,63 % erwarten (siehe hierzu JOHNSON u. MAXWELL, 1981: 10). Dieses Beispiel zeigt besser als viele Worte die mit der Angabe der 2. Dezimale verbundenen Probleme, wenn nicht gleichzeitig eine Information über den Fehler der Analysenmethode gegeben wird.

Wer Gesteinsvollanalysen anfertigt, benutzt und publiziert, sollte sich mit den Erfahrungen vertraut machen, welche bei der Auswertung der von verschiedenen Laboratorien gelieferten Analysendaten für Gesteinsreferenzproben gemacht worden sind.

8.9 Geochemische Referenzproben

Zur Ausarbeitung und laufenden Kontrolle von Analysenmethoden werden bei der Mineral- und Gesteinsanalyse geochemische Referenzproben (ursprünglich Standardproben) verwendet. Im englischsprachigen Schrifttum finden sich die Bezeichnungen *"geochemical reference samples"*, *"standard reference materials"* oder *"certified reference materials"*, letztere abgekürzt CRM (FLANAGAN, 1986: 195, 231). Es handelt sich hierbei um Gesteine und Minerale, deren chemische Zusammensetzung hinsichtlich Richtigkeit (accuracy) der Konzentrationen durch die statistische Auswertung einer Vielzahl von Einzelmessungen gut bekannt ist. Zur Ermittlung von empfohlenen bzw. bestmöglichen Durchschnittswerten werden die Referenzproben in verschiedenen Laboratorien nach unterschiedlichen Methoden analysiert. Für solche Durchschnittswerte werden in der Literatur mehrere Begriffe verwendet, zum Beispiel *'recommended values'*, *'usable values'*, *'preferred values'* *'proposed values'*, *'consensus values'* (siehe GLADNEY et al., 1983: 3 f.; FLANAGAN, 1986: 232).

Von der Probenahme bis zur analytischen Bearbeitung ist ein beträchtlicher Aufwand erforderlich, um eine einfache Gesteins- oder Mineralprobe in den Rang einer für Kontrolluntersuchungen geeigneten Referenzprobe zu erheben. Daher sind gut untersuchte Referenzproben wissenschaftlich wertvolle Substanzen, welche sparsam verwendet werden sollten. Um die vorhandenen Mengen an Referenzmaterial zu schonen und für möglichst lange Zeit verfügbar zu haben, empfiehlt sich für die laufende Analysenüberwachung die Herstellung eigener laborinterner Kontrollproben in Hochschul- und Forschungseinrichtungen (*"in-house standards"*; FLANAGAN, 1986: 219). Über die bei der Herstellung von Referenzproben (z.B. Auswahl und Menge der Proben, Zerkleinerung, Siebung, Homogenität, Probenahmefehler etc.) zu beachtenden Maßnahmen und Aspekte informiert zusammenfassend die Arbeit von FLANAGAN (1986).

Es gibt heute eine Anzahl sehr unterschiedlich zusammengesetzter Referenzproben. Dadurch ist es in den meisten Fällen möglich, für die zu untersuchenden Substanzen eine in der chemischen Zusammensetzung ähnliche

Referenzprobe zu finden. In der Tabelle 8-11 sind einige der bekannten und in der Literatur zitierten Referenzproben aufgeführt. Welche Referenzproben bis 1986 noch erworben werden konnten, beschreibt FLANAGAN (1986). Nicht mehr verfügbar sind die ersten und *"klassischen"* Referenzproben USGS-G-1 (Granit) und USGS-W-1 (Diabas bzw. Basalt) vom U.S. Geological Survey. Beide Proben sowie verschiedene andere nicht mehr greifbare Substanzen werden trotzdem hier genannt, weil in der älteren Literatur häufig darauf Bezug genommen wird.

Die Zahl der Publikationen über geochemische Referenzproben ist auf viele hundert angewachsen und für den Analytiker kaum noch überschaubar. Daher wird dringend empfohlen, regelmäßig die *"Geostandards Newsletter"* zu lesen. Das Journal wird herausgegeben von der *"International Working Group (IWG) of the Association Nationale de la Recherche Technique"* in Paris. Es erscheint zweimal im Jahr und ist ein Forum zum Austausch von Informationen über geochemische Referenzproben.

Für die Referenzproben des National Institute for Metallurgy (NIM) bzw. für die South African Reference Materials (SARM), Pretoria, Südafrika, sind die NIM-Reports eine wichtige Informationsquelle (z.B. Report No. 1945 aus dem Jahre 1978: Analysis of the NIMROC reference samples for minor and trace elements).

Eine weitere aktuelle Zusammenfassung über geochemische Referenzproben ist die Publikation von ABBEY (1980): *"Studies in 'standard samples' for use in the general analysis of silicate rocks and minerals. Part 6: 1979 edition of 'usable' values"*, herausgegeben vom Geological Survey of Canada, paper 80-14. Dieser Text ist auch abgedruckt in JOHNSON u. MAXWELL (1981: 407-464). Über *"Reference Samples in Geology and Geochemistry"* hat auch FLANAGAN (1986) einen neuen Überblick gegeben.

Die Tabellen 8-12 und 8-13 enthalten Informationen über Haupt-, Neben- und Spurenbestandteile in gut untersuchten USGS-Referenzproben (GLADNEY et al., 1983). Die Probenauswahl erfolgte unter dem Gesichtspunkt, dem Anfänger eine Übersicht über die chemische Zusammensetzung wichtiger Gesteinsgruppen zu erleichtern. Ein weiterer Vorteil der von GLADNEY et al. (1983) publizierten *"consensus values"* besteht darin, daß auch analytisch bedingte und mit statistischen Methoden kalkulierte Unsicherheiten für die meisten Konzentrationswerte angegeben werden. Besonders für den Anfänger sind solche Angaben von Vorteil zur Beurteilung der Möglichkeiten und Grenzen geochemischer Referenzproben sowie der eigenen analytischen Arbeit.

An dieser Stelle sei vermerkt, daß in den Tabellen 8-12 und 8-13 die Konzentrationswerte mit sämtlichen in den Originalarbeiten angegebenen Ziffern zitiert worden sind, auch wenn sie von den in Abschnitt 8.8 gegebenen Empfehlungen abweichen (z.B. 2. Dezimale beim SiO_2!). Um jedoch auch in den Tabellen 8-12 und 8-13 auf die analytische Problematik vieler *"consensus values"* aufmerksam zu machen, wurde die letzte Ziffer der Konzentrationsangaben als Index geschrieben.

In den Analysentabellen für Referenzproben werden verschiedentlich Fußnoten zitiert, welche wie folgt zu verstehen sind:
1. $O \equiv F$; $O = 2F$; $O = F + Cl$; less O; less $O = F + Cl + S$.
   Es handelt sich hierbei um die Sauerstoffkorrekturen für die Elemente F, F + Cl oder F + Cl + S. F, Cl und S bilden mit Elementen, welche bereits als Oxide berechnet worden sind, Fluoride, Chloride oder Sulfide. In diesem Fall muß das dem F, Cl und S zuzuordnende Sauerstoffäquivalent von dem Summenwert für die Einzelkomponenten abgezogen werden. Erst der korrigierte Wert ist dann die Summe. Zum Beispiel $\frac{O}{2F} = \frac{16}{38} = 0{,}42$. Anders ist es bei Sulfaten. In diesem Fall muß der Schwefel als SO_3 angegeben werden.
2. Loss on ignition. Darunter versteht man die Glühveränderung in Prozent beim Erhitzen der Probe auf ≈ 1000 °C (siehe auch Abschnitt 14.11.2).

Tabelle 8-11. Auswahl an geochemischen Referenzproben. Nach Angaben von ABBEY (1980) in JOHNSON u. MAXWELL (1981: 414 f. und 433 f.) sowie in FLANAGAN (1986). Verschiedene Referenzproben sind nicht mehr lieferbar. Sie werden aber in der Literatur häufig zitiert. Vollständige Liste in FLANAGAN (1986). Die Anschriften für Informationen zu den einzelnen Referenzproben sind im Abschnitt 8.9 sowie in FLANAGAN (1986) enthalten.

Mineral, Gestein	Kurzbezeichnung der Probe	Bezugsquelle	Land
Andesit	AGV-1	USGS	USA
	AGV-2	USGS	USA
	JA-1	GSJ	Japan
	JA-2	GSJ	Japan
Anhydrit	AN	ZGI	DDR
Anorthosit	AN-G	ANRT	Frankreich
Basalt	BHVO-1	USGS	USA
	BCR-1	USGS	USA
	BIR-1	USGS	USA
	BE-N	ANRT	Frankreich
	BR	CRPG	Frankreich
	BM	ZGI	DDR
	JB-1	GSJ	Japan

Tabelle 8-11. Fortsetzung

Mineral, Gestein	Kurzbezeichnung der Probe	Bezugsquelle	Land
Basalt	JB-2	GSJ	Japan
	JB-1a	GSJ	Japan
Bauxit	NBS-69b	NBS	USA
	NBS-697	NBS	USA
	BX-N	ANRT	Frankreich
Biotit	Mica Fe	CRPG	Frankreich
Böden	GXR-2	USGS-AEG	USA
	GXR-5	USGS-AEG	USA
	GXR-6	USGS-AEG	USA
	SO-1	CCRMP	Canada
	SO-2	CCRMP	Canada
	SO-3	CCRMP	Canada
	SO-4	CCRMP	Canada
Diabas	W-1	USGS	USA
	W-2	USGS	USA
	DNC-1	USGS	USA
Diorit	DR-N	ANRT	Frankreich
Dolerit	I-3	QMC	England
Dunit	DTS-1	USGS	USA
	DTS-2	USGS	USA
	NIM-D (SARM 6)	NIM	Südafrika
Eisenerz	ES-681-1	BCS	England
Na-Feldspat	BCS-375	BCS	England
	NBS-99a	NBS	USA
K-Feldspat	NBS-70a	NBS	USA
	BCS-376	BCS	England
	FK-N	ANRT	Frankreich
Feldspatsand	FK	ZGI	DDR
Gabbro	MRG-1	CCRMP	Canada
	SGD-1A (2003)	IGI	UdSSR
Glas (Opalglas)	NBS-91	NBS	USA
Glassand	NBS-81a	NBS	USA
	NBS-165a	NBS	USA
synthetisches Glas	VS-N	ANRT	Frankreich
Glaukonit	GL-O	ANRT	Frankreich
Granit	G-1	USGS	USA
	G-2	USGS	USA
	GA	CRPG	Frankreich
	GH	CRPG	Frankreich
	GS-N	ANRT	Frankreich
	MA-N	ANRT	Frankreich

Tabelle 8-11. Fortsetzung

Mineral, Gestein	Kurzbezeichnung der Probe	Bezugsquelle	Land
Granit	GM	ZGI	DDR
	I-1	QMC	England
	NIM-G (SARM 1)	NIM	Südafrika
	SG-1A (2005)	IGI	UdSSR
Granodiorit	GSP-1	USGS	USA
	JG-1	GSJ	Japan
Greisen	GnA	ZGI	DDR
Jasperoid	GXR-1	USGS	USA
Kalkstein	KH	ZGI	DDR
Kaolinit	KK	UNS	ČSSR
Kyanit	DT-N	ANRT	Frankreich
Larvikit	ASK-1	ASK	Skandinavien
Latit	QLO-1	USGS	USA
Lujavrit	NIM-L (SARM 3)	NIM	Südafrika
Mergel, eisenhaltig	MO8-1	IRSID	Frankreich
Norit	NIM-N (SARM 4)	NIM	Südafrika
Peridotit	PCC-1	USGS	USA
	JP-1	GSJ	Japan
Phlogopit	Mica Mg	CRPG	Frankreich
Pyroxenit	NIM-P (SARM 5)	NIM	Südafrika
Rhyolith	RGM-1	USGS	USA
Schiefer	ASK-2	ASK	Skandinavien
	M-2	QMC	England
Glimmerschiefer	SDC-1	USGS	USA
Sediment, marin	MAG-1	USGS	USA
Serpentin	SW	ZGI	DDR
	UB-N	ANRT	Frankreich
Sillimanit	BCS-309	BCS	England
Syenit	NIM-S (SARM 2)	NIM	Südafrika
	NS-1	LEN	UdSSR
	STM-1	USGS	USA
	SY-2	CCRMP	Canada
	SY-3	CCRMP	Canada
Ton	NBS-97a	NBS	USA
	NBS-98a	NBS	USA
Tonalit	T-1	MRT	Tansania
	TLM-1	USGS	USA
Tonschiefer	TB	ZGI	DDR
	TS	ZGI	DDR
	SCo-1	USGS	USA
	SGR-1	USGS	USA

Tabelle 8-12. Die Zusammensetzung einiger wichtiger Gesteinsarten. Haupt- und Nebenbestandteile (Massenanteile in %) in einigen gut untersuchten USGS-Referenzproben. Bei den Daten handelt es sich um *"consensus values"* aus GLADNEY et al. (1983: 15-16). [a]Werte nach FLANAGAN, aus GLADNEY et al. (1983); [b]Werte nach ABBEY, aus GLADNEY et al. (1983); [c]Addition der in dieser Tabelle aufgeführten Einzelwerte. In den Summen sind weder F, S und andere Bestandteile noch Sauerstoffkorrekturen (siehe Abschnitt 8.9) enthalten; [d]berechnet aus Fe_2O_3 und FeO der Tabelle.

Komponente	Dunit DTS-1	Peridotit PCC-1	W-1	Basalt BCR-1
SiO_2	$40.4_7 \pm 0.5_3$	$41.8_8 \pm 0.6_0$	$52.5_5 \pm 0.3_0$	$54.3_3 \pm 0.5_1$
TiO_2	0.01_3 [a]	$0.01_4 \pm 0.01_0$	$1.0_7 \pm 0.06$	$2.2_2 \pm 0.1_0$
Al_2O_3	$0.3_2 \pm 0.1_7$	$0.7_4 \pm 0.1_9$	$14.9_9 \pm 0.2_6$	$13.6_3 \pm 0.2_5$
Fe_2O_3	$1.0_1 \pm 0.4_0$	$2.7_2 \pm 0.3_9$	$1.4_6 \pm 0.2_7$	$3.5_9 \pm 0.2_8$
FeO	$6.9_5 \pm 0.2_8$	$5.0_6 \pm 0.2_5$	$8.7_5 \pm 0.1_5$	$8.8_0 \pm 0.1_6$
MnO	$0.12_1 \pm 0.01_0$	$0.11_9 \pm 0.01_0$	$0.16_8 \pm 0.01_6$	$0.18_2 \pm 0.01_2$
MgO	$49.6_5 \pm 0.4_8$	$43.2_3 \pm 0.4_8$	$6.6_2 \pm 0.1_3$	$3.4_5 \pm 0.1_7$
CaO	$0.1_4 \pm 0.0_4$	$0.52_2 \pm 0.06_2$	$10.9_4 \pm 0.1_7$	$6.9_5 \pm 0.1_5$
Na_2O	$0.01_8 \pm 0.01_1$	$0.02_7 \pm 0.01_9$	$2.1_3 \pm 0.1_1$	$3.2_7 \pm 0.1_1$
K_2O	0.001 ± 0.001	0.005 ± 0.002	$0.63_9 \pm 0.04_1$	$1.6_9 \pm 0.08$
H_2O^+	$0.4_3 \pm 0.1_0$	$4.7_1 \pm 0.1_2$	$0.5_3 \pm 0.1_4$	$0.7_8 \pm 0.2_0$
H_2O^-	0.06 ± 0.03	$0.4_2 \pm 0.1_3$	$0.1_5 \pm 0.0_4$	$0.7_8 \pm 0.2_6$
CO_2	0.07 [b]	$0.1_5 \pm 0.04$	0.06 ± 0.02	0.02 [b]
P_2O_5	0.002 ± 0.002	0.002 ± 0.002	$0.1_4 \pm 0.01$	$0.3_7 \pm 0.02$
Summe [c]	99.2_6	99.6_0	100.2_0	100.1_6
Σ Fe als Fe_2O_3 [d]	8.7_3	8.3_4	11.1_8	13.4_6

Tabelle 8-12. Fortsetzung

Komponente	Andesit AGV-1	Granodiorit GSP-1	Granit	
			G-1	G-2
SiO_2	59,2$_5$ ± 0,5$_8$	67,3$_7$ ± 0,4$_9$	72,4$_6$ ± 0,3$_0$	69,0$_4$ ± 0,6$_0$
TiO_2	1,0$_6$ ± 0,05	0,65$_6$ ± 0,04$_0$	0,25$_0$ ± 0,02$_8$	0,49$_2$ ± 0,03$_7$
Al_2O_3	17,1$_5$ ± 0,03$_4$	15,1$_6$ ± 0,2$_8$	14,2$_3$ ± 0,2$_1$	15,1$_4$ ± 0,2$_3$
Fe_2O_3	4,4$_7$ ± 0,2$_2$	1,7$_5$ ± 0,1$_8$	0,8$_7$ ± 0,1$_6$	1,0$_7$ ± 0,1$_2$
FeO	2,0$_6$ ± 0,1$_1$	2,3$_1$ ± 0,1$_1$	0,9$_8$ ± 0,06	1,4$_5$ ± 0,08
MnO	0,09$_6$ ± 0,008	0,04$_0$ ± 0,005	0,02$_8$ ± 0,005	0,03$_4$ ± 0,005
MgO	1,5$_3$ ± 0,1$_0$	0,98$_8$ ± 0,07$_8$	0,39$_0$ ± 0,05$_1$	0,76$_3$ ± 0,06$_6$
CaO	4,9$_4$ ± 0,1$_4$	2,0$_4$ ± 0,1$_0$	1,3$_8$ ± 0,07	1,9$_7$ ± 0,1$_0$
Na_2O	4,2$_5$ ± 0,1$_2$	2,8$_0$ ± 0,09	3,3$_3$ ± 0,1$_1$	4,0$_7$ ± 0,1$_2$
K_2O	2,9$_0$ ± 0,1$_0$	5,5$_1$ ± 0,1$_4$	5,4$_8$ ± 0,1$_4$	4,4$_9$ ± 0,1$_4$
H_2O^+	0,8$_0$ ± 0,1$_8$	0,5$_3$ ± 0,1$_1$	0,3$_4$ ± 0,08	0,5$_1$ ± 0,09
H_2O^-	1,0$_2$ ± 0,2$_1$	0,08 ± 0,04	0,05 ± 0,03	0,1$_0$ ± 0,04
CO_2	0,02 [b]	0,1$_1$ ± 0,03	0,07 ± 0,01	0,08 ± 0,02
P_2O_5	0,4$_8$ ± 0,03	0,2$_8$ ± 0,02	0,08$_7$ ± 0,02$_1$	0,1$_4$ ± 0,01
Summe [c]	100,0$_3$	99,6$_2$	99,9$_5$	99,3$_5$
Σ Fe als Fe_2O_3 [d]	6,7$_6$	4,3$_2$	1,9$_6$	2,6$_8$

Tabelle 8-13. Die Zusammensetzung einiger wichtiger Gesteinsarten. Verschiedene Spurenelemente (μg/g oder ng/g bzw. ppm oder ppb) in einigen gut untersuchten USGS-Referenzproben. Bei den Daten handelt es sich um *"consensus values"* aus GLADNEY et al. (1983: 7-14). Ausnahmen siehe a) und b). Die Konzentrationen wurden mit sämtlichen von GLADNEY et al. (1983) angegebenen Ziffern zitiert. Siehe hierzu Abschnitt 8.8. a)Werte nach FLANAGAN, aus GLADNEY et al. (1983); b)Werte nach ABBEY, aus GLADNEY et al. (1983);

Element	Konzen-tration	Dunit DTS-1	Peridotit PCC-1	W-1	Basalt BCR-1
Ag	ng/g	14 ± 7	8 ± 4	69 ± 10	27 ± 4
As	μg/g	0,034 ± 0,006	57 ± 9	2,2 ± 0,3	0,64 ± 0,14
B	μg/g	< 5[a]	6[a]	13 ± 4	6 ± 4
Ba	μg/g	2,35	1,2	162 ± 5	678 ± 16
Cd	ng/g	9,0	19 ± 3	170 ± 60	127 ± 8
Ce	μg/g	0,067 ± 0,016	0,100 ± 0,020	23 ± 2	53,7 ± 0,8
Co	μg/g	139 ± 10	110 ± 7	46 ± 4	36,3 ± 1,6
Cr	μg/g	3920 ± 170	2730 ± 240	120 ± 14	16 ± 4
Cs	μg/g	0,006[a]	0,0055 ± 0,0004	0,95 ± 0,20	0,97 ± 0,13
Cu	μg/g	7,5 ± 2,4	10 ± 2	114 ± 10	19 ± 4
Er	μg/g	0,0039	0,008	2,3 ± 0,3	3,61 ± 0,09
Eu	μg/g	0,0011 ± 0,0003	0,0018 ± 0,0008	1,11 ± 0,09	1,96 ± 0,05
F	μg/g	12 ± 6	12 ± 7	230 ± 40	480 ± 40
La	μg/g	0,025 ± 0,009	0,09 ± 0,06	10,9 ± 1,3	25,0 ± 0,08
Li	μg/g	2,1 ± 0,5	1,6 ± 0,7	12 ± 2	12,9 ± 0,4
Mo	μg/g	0,14 ± 0,09	0,2[a]	0,75 ± 0,28	1,2 ± 0,2
Ni	μg/g	2350 ± 180	2400 ± 160	75 ± 9	13 ± 4
Pb	μg/g	12 ± 3	11,5 ± 4,0	7,5 ± 1,5	13,56 ± 0,03
Rb	μg/g	0,053 ± 0,010	0,066 ± 0,006	21,4 ± 0,3	47,1 ± 0,6

Tabelle 8-13. Fortsetzung

Element	Konzentration	Dunit DTS-1	Peridotit PCC-1	Basalt W-1	Basalt BCR-1
S	µg/g	13 ± 4	20 ± 1	160 ± 70	412 ± 13
Sm	µg/g	0,0048 ± 0,0012	0,0074 ± 0,0015	3,5 ± 0,3	6,58 ± 0,17
Sn	µg/g	0,36	1,3 ± 0,8	2,6 ± 0,5	2,1 ± 0,6
Sr	µg/g	0,33 ± 0,06	0,40 ± 0,03	187 ± 7	330 ± 5
U	µg/g	0,0036 ± 0,0005	0,0045 ± 0,0007	0,57 ± 0,07	1,71 ± 0,16
V	µg/g	12 ± 6	30 ± 5	260 ± 25	404 ± 40
W	µg/g	0,021 ± 0,007	0,06[a]	0,48 ± 0,07	0,40 ± 0,09
Y	µg/g	0,05[a]	<5[a]	26 ± 4	39 ± 7
Zn	µg/g	48 ± 11	42 ± 9	84 ± 6	129 ± 1

Element	Konzentration	Andesit AGV-1	Granodiorit GSP-1	Granit G-1	Granit G-2
Ag	ng/g	104 ± 30	86 ± 14	46 ± 3	45 ± 6
As	µg/g	0,84 ± 0,27	0,09[a]	0,67 ± 0,13	0,27 ± 0,12
B	µg/g	7 ± 4	<3[a]	1,7 ± 0,5	2,2 ± 0,2
Ba	µg/g	1221 ± 16	1310 ± 10	1080 ± 60	1880 ± 20
Cd	ng/g	61 ± 8	56 ± 7	61 ± 12	25 ± 11
Ce	µg/g	66 ± 6	406 ± 20	171 ± 23	159 ± 11
Co	µg/g	15,1 ± 1,2	6,5 ± 0,8	2,3 ± 0,2	4,6 ± 0,4
Cr	µg/g	12 ± 3	13,0 ± 2,6	20 ± 6	9 ± 2

8 Beurteilung von Analysendaten

Cs	µg/g	1,26 ± 0,12	0,95 ± 0,16	1,48 ± 0,21	1,33 ± 0,14
Cu	µg/g	60 ± 6	34 ± 5	12 ± 3	11 ± 3
Er	µg/g	1,61 ± 0,22	2,5 ± 0,4	1,30 ± 0,09	1,2 ± 0,3
Eu	µg/g	1,66 ± 0,11	2,36 ± 0,22	1,21 ± 0,20	1,41 ± 0,12
F	µg/g	420 ± 50	3600 ± 300	720 ± 30	1260 ± 90
La	µg/g	38 ± 3	183 ± 13	104 ± 15	86 ± 5
Li	µg/g	12 ± 2	31 ± 4	21,3 ± 0,6	36 ± 5
Mo	µg/g	3 ± 1	1,5?[b]	6,5 ± 0,8	1,0 ± 0,6
Ni	µg/g	17 ± 4	9,8 ± 3,2	1[a]	4,9 ± 2,3
Pb	µg/g	36 ± 5	54 ± 7	46 ± 8	31 ± 4
Rb	µg/g	67 ± 1	254 ± 2	215 ± 2	170 ± 3
S	µg/g	100?[b]	350 ± 120	140 ± 55	100?[b]
Sm	µg/g	5,9 ± 0,5	26,8 ± 2,5	7,9 ± 0,7	7,2 ± 0,6
Sn	µg/g	4,2 ± 1,1	6,6 ± 1,4	3,3 ± 0,6	1,6 ± 0,5
Sr	µg/g	662 ± 9	234 ± 3	249 ± 10	478 ± 3
U	µg/g	1,89 ± 0,25	2,2 ± 0,3	3,5 ± 0,5	2,04 ± 0,17
V	µg/g	123 ± 12	53 ± 7	18 ± 4	36 ± 5
W	µg/g	0,53 ± 0,09	0,31 ± 0,13	0,43 ± 0,05	0,15 ± 0,06
Y	µg/g	21 ± 6	29 ± 6	13[a]	11,4 ± 2,3
Zn	µg/g	88 ± 2	103 ± 9	45 ± 6	85 ± 7

Adressen für Anfragen nach Referenzproben

BR Deutschland: Max Planck Institut für Chemie, Abteilung Kosmochemie, Saarstraße 23, D-6500 Mainz

Canada: CCRMP - Canadian Certified Reference Materials Project.
Anschrift: CCRMP, c/o Canada Centre for Mineral and Energy Technology, 555 Booth St., Ottawa, Canada, K1A O G1.

ČSSR: UNS - Útav Nerostnych Surovin
Anschrift: Institute of Mineral Raw Materials, 28403 Kutna Hora-Sedlec, Czechoslovakia

DDR: ZGI - Zentrales Geologisches Institut
Anschrift: Amt für Standardisierung, Meßwesen und Warenprüfung (ASMW), Wallstraße 16, 1026-Berlin, DDR

England: BCS - British Chemical Standards
Anschrift: Bureau of Analysed Samples, Ltd., Newham Hall, Newby, Middlesbrough, Teesside TS8 9EA, England
QMC - Queen Mary College
Anschrift: University of London, Queen Mary College, Department of Geology, Mile End Road, London E1 4NS, England

Frankreich: IRSID - Institut de Recherches de la Sidérurgie
Anschrift: IRSID, Station d'Essais, Maizières-lès-Metz (57), France
International Working Group (IWG) of the Association Nationale de la Recherche Technique, 15, rue Notre-Dame-des-Pauvres, B.P. 20, 54501 Vandoeuvre-lès-Nancy Cedex, France

Japan: Geological Survey of Japan
Anschrift: Geological Survey of Japan, Geochemical and Technical Service Department, 1-1-3 Higashi, Yatabe, Ibaraki, 305, Japan

Skandinavien: ASK - Analytisk Sporelement Komite
Anschrift: University of Oslo, Mass Spectrometric Laboratory, Box 1048, Oslo 3, Norway

Südafrika:	NIM - National Intitute for Metallurgy
	SARM-South African Reference Materials
	Anschrift: South African Bureau of Standards, Pretoria, 0001, Private Bag X191, South Africa
Tansania:	MRT - Mineral Resources Tanzania
	Anschrift: Mineral Resources Division, P.O. Box 903, Dodoma, Tanzania
UdSSR:	IGI - Institut Geokhimii, Institute of Geochemistry, Irkutsk
	Anschrift: Institute of Geochemistry, Siberian Branch, P.B. 701, Irkutsk 33, U.S.S.R.
	LEN - Lengosuniversitet
	Anschrift: Leningrad State University, Department of Mineralogy, Leningrad B-164, U.S.S.R.
USA:	USGS - United States Geological Survey
	Anschrift: Geological Survey, U.S. Department of the Interior, Reston, Va. 22092, U.S.A.
	USGS-AEG - U.S. Geological Survey and Association of Exploration Geochemists
	Anschrift: U.S. Geological Survey, Federal Center, Denver, Colorado 80225, U.S.A.
	NBS - National Bureau of Standards, Office of Standard Reference Materials, Room B-311, Chemistry Building, Washington, DC 20234, U.S.A.

9 Analytische Einrichtungen

9.1 Chemische Laboratorien

Trotz der Entwicklung instrumenteller Verfahren für die Analyse von Mineral- und Gesteinsproben ist die zentrale Bedeutung chemischer Laboratorien für die geochemische Analytik erhalten geblieben. Lediglich die Arbeitsgänge, welche in den chemischen Laboratorien ausgeführt werden, haben im Verlauf der letzten 4 Jahrzehnte eine Modifizierung erfahren. Heute dominieren nicht mehr die Methoden der *"klassischen"* Mineral- und Gesteinsanalyse (Gravimetrie, Titrimetrie), sondern spezifische Arbeitsgänge zur Herstellung meßfertiger Proben für die Konzentrationsbestimmung an Meßgeräten.

Im chemisch-analytischen Bereich steht an erster Stelle ein gesondertes Labor (*"Aufschlußlabor"*) für die Durchführung von Säureaufschlüssen und Schmelzaufschlüssen. Ein solcher Raum muß gut belüftbar (kein Innenraum!) und mit mehreren einwandfrei funktionierenden Abzügen ausgestattet sein. Mindestens einer davon hat den neuesten Sicherheitsvorschriften für das Arbeiten mit Flußsäure und Perchlorsäure zu entsprechen. Das heißt, vor allem der Abluftkanal muß mit einer Spezial-Wasserberieselung und Neutralisationsanlage versehen sein. Nur in solchen Abzügen dürfen die zum Aufschluß verwendeten Säuren abgeraucht werden.

Auch die Aufschlüsse selbst müssen im Flußsäure-Perchlorsäure-Abzug durchgeführt werden.

In dem Aufschlußlabor dürfen insgesamt nur wenige Liter an Säuren und Laugen in belüfteten Schränken aufbewahrt werden. Diese Reagenzien grundsätzlich nur unter dem Abzug umfüllen!

Getrennt vom Aufschlußlabor wird mindestens ein weiteres Laboratorium benötigt für alle chemischen Arbeiten, welche im Anschluß an die Aufschlüsse durchgeführt werden müssen. Hierzu gehören unter anderem Arbeitsgänge wie das Lösen von Schmelzaufschlüssen, Fällungen, Filtrationen, Veraschungen, Extraktionen, Ionenaustausch-Trennungen sowie die Herstellung von Meßlösungen. Selbstverständlich werden auch nach wie vor gravimetrische und titrimetrische Bestimmungen in den chemischen Laboratorien durchgeführt.

Ähnlich wie das Aufschlußlabor müssen auch die anderen chemischen Laboratorien großzügig mit gut funktionierenden Abzügen ausgestattet sein. Grundsätzlich darf das Erhitzen und das Eindampfen von Flüssigkeiten nicht im Raum erfolgen, sondern getrennt von der Atemluft unter einem Abzug. Das gilt auch für sämtliche Manipulationen mit Säuren, Laugen und organischen Flüssigkeiten.

In den chemischen Laboratorien werden außer elektrischen Anschlüssen auch Wasser- und Druckluftanschlüsse benötigt.

Zu den chemischen Laboratorien gehören auch ein gesonderter und gut belüftbarer Raum für die Aufbewahrung von Reagenzien sowie ein thermokonstanter Raum zur Lagerung von Aufschlußlösungen.

Sämtliche chemische Laboratorien sollten zwei getrennte Aus- bzw. Eingänge haben. Die Räume sind mit Kohlensäure-Feuerlöschern, Feuerlöschdecken (kein Asbest!), Sandkisten, Duschen über den Türen sowie Augenwaschflaschen auszustatten. Außerhalb der Laboratorien ist ein leicht zugänglicher Verbandskasten anzubringen, weiterhin sind zwei Gasmasken mit Filtern für saure Gase, Ammoniak und organische Dämpfe sowie eine Axt (langer Stiel) griffbereit zu lagern. In jedem Laboratorium sind gut sicht- und lesbar die wichtigsten Telefonnummern für Arzt, Krankenhaus und Feuerwehr anzubringen. Arbeitsschutz muß grundsätzlich das oberste Gebot für jede Laborarbeit sein. *Eine verunglückte Analyse läßt sich meistens wiederholen. Unfälle verursachen dagegen oftmals irreparable gesundheitliche Schäden.*

9.2 Meßlaboratorien

Die Aufstellung von Meßgeräten wie Spektralphotometer, Atomabsorptionsspektrometer, Titrationscomputer, Coulometer und andere Geräte sind, ähnlich wie die Analysenwaagen, getrennt von den chemischen Laboratorien in gesonderten Räumen aufzustellen. Im Bedarfsfall ist über den Geräten eine spezielle Absaugvorrichtung anzubringen, damit Verbrennungsgase und/oder Dämpfe nicht in den Raum gelangen (z.B. Atomabsorptionsspektrometer, ICP-AES-Geräte). Die Meßräume müssen gut belüftbar sein und dürfen nicht im Einzugsbereich saurer Gase und korrosiv wirkender Dämpfe aus chemischen Laboratorien liegen.

Die Geräte sind erschütterungsfrei auf stabilen Unterbauten aufzustellen. Zur Stromversorgung der verschiedenen Meß- und Registriereinrichtungen werden in genügender Anzahl ausreichend belastbare Elektroanschlüsse benötigt. Die Spannungskonstanz der Stromversorgung muß gewährleistet sein, was bei der Nutzung eines Gebäudes durch die verschiedensten Einrichtungen manchmal problematisch ist. In solchen Fällen ist beim Kauf der Geräte zu prüfen, ob und mit welcher Wirkung Spannungsstabilisatoren im Analysengerät bereits eingebaut sind.

Eventuell werden auch Wasser- und Druckluftanschlüsse sowie Flaschengase benötigt. Für den letztgenannten Fall ist im Labor ein Wandstück abzuteilen und dahinter eine Anlage mit Flaschenhalterungen und Druckleitungen zu installieren. Flaschen mit brennbaren Gasen dürfen nicht neben der Fluchttür, sondern müssen möglichst weit davon entfernt aufgestellt werden.

Falls möglich, sollte ein gesonderter Raum zur Aufstellung von Trockenschränken und Muffelöfen vorgesehen werden (*"Thermolabor"*). Für Mikrosonden, Massenspektrometer, Gammaspektrometer und andere Geräte sind die Räume so einzurichten, daß die Temperatur und eventuell auch die Luftfeuchtigkeit im Dauerbetrieb konstant gehalten werden können.

Beim Umgang mit radioaktiven Substanzen (z.B. Neutronenaktivierungsanalyse) müssen bestimmte bauliche Voraussetzungen hinsichtlich des Umgangs mit radioaktiven Substanzen erfüllt sein. Die Strahlenschutzvorschriften sind streng zu beachten. Letzteres gilt auch für die Nutzung von Röntgenstrahlen für analytische Zwecke (Röntgendiffraktometrie und Röntgenfluoreszenzspektrometrie).

9.3 Analysenprotokoll, Tagebuch

Sämtliche Meßwerte und Hinweise auf Vorkommnisse während der Analysendurchführung sind sofort am Arbeitsplatz in übersichtlicher Anordnung in einem Tagebuch zu protokollieren. Hierzu gehören: genaue Beschreibung der Analysensubstanz, Name des Analytikers, Datum, Analysenmethode, Wägungen, Volumenangaben, Meßwerte wie Extinktionen etc., Bezugskurven (eventuell in das Protokollheft kleben), Berechnungen, Meßbedingungen bei instrumentellen Verfahren und vor allem Hinweise auf Störungen im Analysengang und bei den Messungen. Eine nachträgliche Anfertigung von Analysenprotokollen in Form sogenannter Reinschriften ist nicht zulässig und in der Praxis schon aus zeitlichen Gründen gar nicht möglich.

Für die Analysenprotokolle bzw. Tagebücher müssen grundsätzlich gebundene Hefte mit Kästchen und im DIN-Format (A5, A4) verwendet werden. Für Analysenprotokolle unzulässig sind einzelne Blätter, auch wenn diese in

Heftern aufbewahrt werden. Erfahrungsgemäß gehen bei dieser Arbeitsweise schnell Blätter verloren.

Das Analysenprotokoll muß so angefertigt werden, daß auch noch nach Jahren mühelos der Analysengang mit sämtlichen Meßdaten und Ergebnissen durch andere Analytiker rekonstruiert werden kann (z.B. BRUNCK u. LISSNER, 1950: 55 ff; H. BILTZ et al., 1965: 44 ff).

Es ist zweckmäßig, vor allem für Anfänger, im Protokollheft jeweils die gegenüberliegende Seite freizulassen. Auf diese Weise ist immer genügend Platz für nachträgliche Hinweise und Anmerkungen vorhanden. Das Radieren in Protokollbüchern und das Herausreißen einzelner Seiten ist konsequent zu unterlassen. Versehentlich falsch geschriebene Zahlen oder ungültige Texte sind durchzustreichen. Keine Zahlen überschreiben! Diese Unsitte gehört zu den größten Fehlerquellen für falsche Zahlenwerte und Resultate.

Bewährt hat sich die Numerierung der einzelnen Seiten im Protokollheft. Es gibt spezielle Laboratoriumsbücher mit numerierten Seiten und Blättern zur Durchschrift der Originalseite. Bei solchen Büchern kann der Analytiker im Bedarfsfall die Durchschrift für seine eigenen Unterlagen an sich nehmen, während das Original im Laborarchiv verbleibt. Abgeschlossene Protokollhefte müssen mit einer Registriernummer versehen und sorgfältig aufbewahrt werden.

Der Zustand des Protokollheftes ist eine Visitenkarte des Analytikers und erlaubt Rückschlüsse auf die Zuverlässigkeit der durchgeführten Untersuchungen sowie auf die fachlichen Qualitäten des jeweiligen Mitarbeiters.

Es ist zu empfehlen, die Analysenergebnisse auf gesonderten Blättern zu registrieren und in eine Kartei einzuordnen oder eine EDV-Dokumentation einzurichten. Die zu dokumentierenden Informationen müssen auf die zu untersuchenden Substanzen sowie auf die analytischen Möglichkeiten des Laboratoriums abgestimmt sein. Ein von uns im Studentenpraktikum verwendetes Registrierblatt ist unter Tabelle 9-1 abgebildet.

Es ist zu empfehlen, alle Meßgeräte (Analysenwaagen, Spektralphotometer, AAS etc.) mit Druckern bzw. Schreibern auszurüsten. Jedem Analytiker können visuell bedingte Ablesefehler unterlaufen. Eine unabhängig vom Analytiker erfolgende Registrierung der Meßwerte reduziert solche Fehlerquellen deutlich. Gleichzeitig kann der Ausdruck als Analysendokument in das Protokollheft aufgenommen werden.

Tabelle 9-1. Muster für die Protokollierung einer Gesteinsanalyse (Haupt- und Nebenbestandteile).

Probe-Nr.:   Datum: Name des Analytikers:
Probebezeichnung: Institut oder analytisches Labor:
Ortsbezeichnung (Lokalität):   Zahlenwerte:

Komponenten	Gravimetrie	Titrimetrie Coulometrie	Spektralphotometrie	Atomabsorption	Atomemission	$\bar{x}$
SiO_2						
TiO_2						
Al_2O_3						
Fe_2O_3						
FeO						
MnO						
MgO						
CaO						
Na_2O						
K_2O						
ΣH_2O						
P_2O_5						
Σ C als CO_2						
Carbonat-C als CO_2						
Summe						
Σ Fe als Fe_2O_3						
Σ C						

9.4 Sauberkeit und Sicherheit am Arbeitsplatz

Sauberkeit

Voraussetzung für jede analytische Arbeit ist die Beachtung einiger allgemeiner Hinweise zur Sauberkeit des Laboratoriums. Die nachfolgenden Ausführungen beinhalten nicht alle Punkte, die für ein quantitatives analytisches Arbeiten beachtet werden müssen.
1. Trotz aller Sorgfalt können Anteile der Analysenlösung oder -substanz auf den Labortisch gelangen. Daher empfiehlt es sich, den Arbeitstisch mit weißen Filterbögen zu belegen. Die verschüttete Substanz wird dann vom Filterpapier aufgefangen und leichter sichtbar gemacht. Jetzt kann versucht werden, das Papierstück auszuschneiden und daraus die Substanz auszuwaschen (beispielsweise mit Wasser). Selbstverständlich kann es sich hierbei nur um einen Versuch handeln, die Analyse doch noch zu "retten". Das gilt jedoch nur für Haupt- und Nebenbestandteile, dagegen nicht für Spurenelemente. Im Zweifelsfall ist die Analyse zu wiederholen.
2. Der Labortisch ist, falls notwendig, täglich zu reinigen. Mindestens jedoch einmal in der Woche.
3. Der Arbeitsplatz darf nur im aufgeräumten Zustand verlassen werden. Alle Gefäße mit Lösungen müssen mit Uhrgläsern oder anderen Kappen bedeckt werden. Glasstäbe nicht auf dem Tisch herumliegen lassen. Pipetten gehören in den Pipettenständer, in Schubkästen oder über Nacht in eine gegenüber der Beschriftung nicht aggressiv wirkende Reinigungsflüssigkeit. Vor Dienstschluß alle Gas- und Wasserhähne kontrollieren. Sie müssen zuverlässig geschlossen sein. Auch die elektrischen Heizgeräte sind auszuschalten. Ausnahmen bedürfen der Zustimmung des Laborleiters.
4. Vorratsflaschen für Flüssigkeiten (z.B. Säuren, Laugen) sind nach jeder Benutzung sofort an den dafür vorgesehenen Platz zurückzustellen. Es ist darauf zu achten, daß keine Tropfen an den Außenseiten der Flaschen herablaufen. Der Inhalt der Flaschen muß hinsichtlich Zusammensetzung, Konzentration und Gefährlichkeit eindeutig gekennzeichnet werden.
5. Die aus dem Chemikalienschrank entnommenen Reagenzien sind nach der Benutzung sofort wieder an den dafür vorgesehenen Platz zurückzustellen. Im Überschuß entnommene Substanzen dürfen *nicht* in die Reagenzflasche zurückgefüllt werden!
6. Benutzte Glasgeräte sofort reinigen, mit dest. Wasser innen und außen (!) abspülen. Höchstens einen Tag auf dem Abtropfbrett hängen lassen. Die

trockenen Geräte dann in die dafür vorgesehenen Schränke zurückstellen.
7. Bei der Reinigung von Geräten ist darauf zu achten, daß keine Schwermetalle, toxische Reagenzien und konzentrierte Säuren sowie Laugen in die Abwässer gelangen. Für jedes gut geführte analytische Laboratorium gibt es Vorschriften über die Behandlung (*"Entsorgung"*) von Abfällen. Diese sind zuverlässig zu beachten.
8. Exsikkatoren nicht in den Laboratorien herumstehen lassen, sondern im Wägezimmer in dem dafür vorgesehenen Regal abstellen.
9. Für die Sauberhaltung der von mehreren Mitarbeitern gleichzeitig oder nacheinander benutzten Einrichtungen (z.B. Abzüge, Ausgußbecken etc.) und Meßgeräte (z.B. Waagen) sollte sich jeder Benutzer verantwortlich fühlen. Es ist ein schlechter Arbeitsstil, Tische, Geräte und Meßinstrumente dem nachfolgenden Benutzer in verschmutztem Zustand zu hinterlassen.

Hinweise auf die Zuverlässigkeit des Analytikers bzw. der Analytikerin sowie auf die Durchführung quantitativer Analysen ergeben sich unter anderem aus dem Zustand des Arbeitsplatzes und des Protokollbuches.

Sicherheit

Gleichrangig mit der Sauberkeit ist die Sicherheit am Arbeitsplatz. Sicherheit ist ohne Sauberkeit und umgekehrt nicht möglich. Aus diesem Grund werden beide Begriffe in einem Abschnitt behandelt und dem experimentellen Teil des Buches vorangestellt. Ergänzend zu den folgenden Ausführungen muß der gesamte Teil III des Buches (Behandlung von Analysengeräten, Arbeits- und Umweltschutz) gelesen und beachtet werden.
1. Nur während der festgelegten Dienstzeiten darf experimentell im Labor gearbeitet werden. Es muß immer mindestens eine zweite Person zur sofortigen Hilfeleistung im Labor anwesend sein. Von dieser Grundregel darf nur mit Zustimmung des Laborleiters bei der Ausführung nichtchemischer Arbeiten abgewichen werden.
Für den Umgang mit spezifischen Chemikalien gibt es Merkblätter der Berufsgenossenschaft der chemischen Industrie. Die für die jeweiligen Arbeiten benötigten Merkblätter müssen beim Sicherheitsbeauftragten der Hochschule, des Betriebes, der Laboreinrichtung etc. einsehbar sein.
2. Jeder Mitarbeiter muß die *"Richtlinien für chemische Laboratorien"* kennen und lesen, welche von der *Berufsgenossenschaft der chemischen Industrie* herausgegeben werden.
3. Jeder Mitarbeiter muß immer eine Schutzbrille griffbereit im Labormantel bei sich tragen.

4. Arbeiten mit konzentrierten Laugen, mit Flußsäure, Perchlorsäure und anderen Säuren, mit Schwefelwasserstoff, Cyaniden, Quecksilber sowie Arbeiten mit gefährlicher Gasentwicklung nur in dafür sicherheitstechnisch zugelassenen Abzügen und in einem speziellen Raum (*"Säurelabor"*) durchführen. Falls möglich empfiehlt sich auch die Benutzung einer geschlossenen Apparatur, beispielsweise bei der Ausführung von Säureaufschlüssen sowie dem Abrauchen von Schwefelsäure und Ammoniumchlorid. Bei allen Arbeiten immer die erforderliche Schutzkleidung einschließlich Schutzbrille und Schutzhandschuhe tragen.
5. Das Ansaugen von Reagenzien und Flüssigkeiten aller Art mit dem Mund ist zu unterlassen. Es müssen Saugkolben-Pipetten verwendet werden. Für Meß- und Vollpipetten gibt es aufsetzbare Pipettierhelfer und Peleusbälle. Auch die Benutzung von Hebern und Wasserstrahlpumpen wird empfohlen.
6. Scherben und andere scharfkantige Abfälle dürfen nicht in Papierkörbe geworfen werden. Sie sind in speziell gekennzeichneten Abfallkästen zu sammeln. Leere Säure- und Laugenflaschen sind vor dem Wegwerfen vorher gründlich mit Wasser auszuspülen! Das Neutralisieren der Säure- und Laugenreste nicht vergessen! Es dürfen keine Reagenzienreste in den Glasabfällen verbleiben. Vorsicht bei Flußsäureflaschen! Keine Flußsäure-Reste in den Ausguß schütten!
7. Gefährliche Abfälle sind ebenfalls in gesonderten Behältern zu sammeln. Substanzen, die zur Selbstentzündung neigen oder die Gase sowie Dämpfe abgeben, nicht in die Behälter mit ungefährlichen Abfällen schütten. Keine brennenden oder glimmenden Materialien (auch Streichhölzer gehören dazu!) in die Abfallbehälter werfen. In die Ausgüsse dürfen ebenfalls keinerlei Substanzen geworfen werden, da sonst die Gefahr einer Verstopfung der Abflußrohre besteht.
8. Im Labor darf nicht geraucht werden! Daher dürfen die Ausgüsse auch nicht als Aschenbecher benutzt werden! Das Essen und Trinken sowie die Aufbewahrung von Lebensmitteln hat in den Laboratorien zu unterbleiben.
9. Benutzte Laborgeräte sind sofort vom Benutzer selbst zu reinigen. Nur er weiß zuverlässig, welche Reagenzien in den Gefäßen enthalten waren und wie diese zweckmäßig zu entfernen sind. Es dürfen keine Mitarbeiter oder Auszubildende mit der Reinigung von Gefäßen mit unbekanntem Inhalt beauftragt werden. Dadurch sind schon viele Unfälle entstanden, welche leicht zu vermeiden gewesen wären. Das gilt besonders bei der Beschäftigung von Auszubildenden!
10. Mit organischen Lösungsmitteln grundsätzlich nur unter einem Abzug

arbeiten. Es darf keine offene Flamme in der Nähe sein. Die Dämpfe von Lösungsmitteln sind oftmals schwerer als Luft. Sie können daher auf der Tischoberfläche oder am Boden entlangkriechen und sich an glühenden Spiralen bzw. an den Stäben von Heizgeräten entzünden. Auch bei der Entfernung von Beschriftungen auf Gläsern mit Aceton ist Vorsicht geboten. Es darf sich weder eine offene Flamme noch ein elektrisches Heizgerät in der Nähe befinden.

11. Besondere Vorsicht ist beim Umgang mit Perchlorsäure geboten. Keinesfalls dürfen organische Substanzen mit Perchlorsäure in Berührung gebracht werden (siehe hierzu Abschnitt 21).
12. Gasbrenner niemals mit der Hand unter Glasgefäßen, Tiegeln etc. regulieren. Bei Aufschlüssen in Tiegeln kann der Boden undicht werden und das geschmolzene Aufschlußmittel heraustropfen. Man spricht von einem *"Durchgehen"* der Tiegel. Wenn in diesem Augenblick der Brenner mit der Hand reguliert wird, kommt es zu schweren Verbrennungen und Verätzungen auf der Haut. Zur Vermeidung solcher Unfälle ist folgendes zu beachten:

a) In etwa 15 cm Entfernung vom Brenner den Gasschlauch anfassen und den Brenner unter dem Gefäß wegziehen.
b) Erst jetzt den Brenner regulieren.
c) Durch Anfassen am Gasschlauch den Brenner wieder unter das Gefäß schieben, ohne daß die Hand unter die Gefahrenstelle kommt.
d) Die unter a - c beschriebene Manipulation sollte jeder Analytiker im eigenen Interesse durchführen. Sorgloses Arbeiten kann schwere Verletzungen zur Folge haben. Die Regulierung eines Gasbrenners läßt sich eventuell auch mit einer Tiegelzange ausführen.

13. Die Gebrauchsanweisungen für Löschdecken und Feuerlöscher müssen bekannt sein. Im Laboratorium immer Kohlensäurelöscher benutzen. Bei der Verwendung von Tetrachlorkohlenstoff-Löschern kann das giftige Phosgen ($COCl_2$) entstehen, beispielsweise durch Einwirkung von Tetrachlorkohlenstoff auf rauchende Schwefelsäure. Die über den Labortüren angebrachten Brausen sind jeden Monat auf ihre Funktionsfähigkeit zu überprüfen. In jedem Labor sollte auch eine Kiste mit Löschsand bereitstehen.
14. Gasschutzmasken und Gasfilter (Filter gegen Ammoniak-, Schwefelwasserstoff- und Quecksilberdämpfe, Filter gegen saure Gase, Filter gegen organische Dämpfe und Lösungsmittel) außerhalb des Labors griffbereit aufbewahren. Eventuell spezielles CO-Filter bereitlegen.

10 Grundlagen der Analysen- und Meßverfahren

10.1 Gravimetrie

Eine große Gruppe von Analysenverfahren wird unter dem Sammelbegriff Gravimetrie oder Gewichtsanalyse zusammengefaßt. Während diese Methoden noch vor wenigen Jahrzehnten verbreitet angewendet wurden, ist ihre Bedeutung in modern ausgerüsteten analytischen Laboratorien stark zurückgegangen. Trotz dieser Entwicklung werden gravimetrische Methoden vor allem noch dort praktiziert, wo mit einfachen Laboreinrichtungen quantitative Analysen durchgeführt werden müssen. Aber auch für Kontrollanalysen lassen sich die überwiegend sehr genauen gravimetrischen Verfahren mit Erfolg anwenden. In der analytischen Geochemie wird die Gravimetrie sowohl in der Lehre als auch in der Forschung noch angewendet. Vor allem in den Lehrveranstaltungen für Anfänger und Fortgeschrittene sollten die gravimetrischen Bestimmungsverfahren auch in Zukunft nicht aus dem Arbeitsprogramm gestrichen werden.

Die Gravimetrie basiert auf dem folgenden Prinzip: Zu der Analysenlösung wird ein Reagenz im Überschuß hinzugefügt, welches mit der zu analysierenden Substanz eine spezifische Verbindung in Form eines schwerlöslichen Niederschlags ergibt. Letzterer muß sich durch Trocknen und/oder Glühen in eine stöchiometrisch einheitlich zusammengesetzte Verbindung überführen lassen. Wenn beispielsweise bei einer Gesteinsanalyse das gefällte Eisenhydroxid in Eisenoxid überführt wird, ist darauf zu achten, daß das Eisen beim Glühen des Niederschlags durch ausreichende Luftzufuhr einheitlich Fe_2O_3 bildet und nicht unter reduzierenden Bedingungen auch einen unbekannten Anteil an Fe_3O_4, das heißt neben Fe(III) auch Fe(II). Nur aus einer stöchiometrisch einheitlich zusammengesetzten Verbindung läßt sich der tatsächliche Anteil der zu bestimmenden Komponente berechnen.

Zu den wichtigsten Arbeitsgängen bei der Ausführung gravimetrischer Bestimmungen gehören Wägungen, daneben auch Fällungen und Filtrationen sowie das Auswaschen, Trocknen und Glühen von Niederschlägen. Die wichtigste Meßapparatur bei der Gravimetrie ist die Analysenwaage. Es ist daher notwendig, sich eine Vorstellung darüber zu verschaffen, auf welche Fehlerquellen bei der Benutzung von Analysenwaagen zu achten ist unter der Voraussetzung, daß Mechanik und Elektronik der Waagen einwandfrei funktionieren.

Der Gesamtfehler eines Analysenverfahrens setzt sich aus Meßfehlern und den bei den chemischen Arbeitsgängen auftretenden Einzelfehlern zusammen. Der Gesamtfehler kann daher nur durch die analytische Bestimmung der Standardabweichung für das betreffende Analysenverfahren ermittelt werden (Abschnitte 8.3, 8.4). Dagegen läßt sich durch theoretische Betrachtungen und ohne analytische Arbeit eine Vorstellung darüber gewinnen, mit welchen relativen Meßfehlern beispielsweise bei der Benutzung der Analysenwaage zu rechnen ist. Die Behandlung dieses Themas erfolgt in Anlehnung an entsprechende Ausführungen bei DOERFFEL (1965).

Bei einer gravimetrischen Analyse errechnet sich der Massenanteil der zu bestimmenden Komponente in % wie folgt:

$$w = \frac{100 \cdot Uf \cdot m(a)}{m(e)} = \frac{100 \cdot Uf \cdot (m(A_1) - m(A_0))}{m(E_1) - m(E_0)} \quad (10.01)$$

w = Massenanteil der zu bestimmenden Komponente in %
Uf = stöchiometrischer Umrechnungsfaktor (z.B. Fe_2O_3 in Fe)
m(e) = Einwaage Probesubstanz
m(a) = Auswaage der zu bestimmenden Komponente
$m(E_0)$, $m(E_1)$ = Einzelmessungen zur Einwaage
$m(A_0)$, $m(A_1)$ = Einzelmessungen zur Auswaage

Die aus den Atommassen oder molaren Massen berechneten stöchiometrischen Umrechnungsfaktoren sind mit 4 Dezimalstellen anzugeben. Der Fehler der Umrechnungsfaktoren liegt dann in den Größenordnungen 0,1 - 0,01 % und kann daher vernachlässigt werden. Anders ist die Situation bei den zufälligen Meßfehlern (Wägefehlern) dm(a) und dm(e). Aus Gleichung 10.01 ergibt sich für den relativen maximalen Meßfehler bei der Bestimmung des Massenanteils:

$$\delta w = \frac{dw}{w} = \frac{dm(a)}{m(a)} + \frac{dm(e)}{m(e)} = \frac{2dm(A)}{m(a)} + \frac{2dm(E)}{m(e)} \quad (10.02)$$

Der Fehler bei der Bestimmung des Massenanteils läßt sich durch kleine Meßfehler und große Meßwerte (Ein- und Auswaagen) niedrig halten. Die Meßfehler sind durch die Gerätekonstruktionen bedingt und lassen sich nicht beliebig verringern. So werden für elektronische Analysenwaagen mit einer Ablesbarkeit bis 0,0001 g für Abweichungen zwischen Einzelmessungen Werte von 0,1 mg angegeben. In der Praxis treten Abweichungen von dm(A) = dm(E) ≈ 0,2 - 0,3 mg auf.

Der Analytiker kann auf die Größe des Meßfehlers Einfluß nehmen durch die mehrfache Wiederholung einer Messung (N_i) und die Bildung des Mittelwertes aus den Einzelmessungen. Auf diese Weise läßt sich der Fehler auf einen Bruchteil von $1/\sqrt{N_i}$ verringern (Abschnitt 8.4).

Bei der Gravimetrie ist es üblich, Wägegläser, Tiegel und andere Geräte *"gewichtskonstant"* zu wägen. Beispielsweise wird ein Tiegel durch wiederholtes Glühen - Abkühlen - Wägen - Glühen - Abkühlen - Wägen etc. solange gewogen, bis zwischen den zwei oder besser drei letzten Wägungen eine Gewichtskonstanz mit Abweichungen bis ± 0,3 mg besteht. Aus diesen Wägungen ist der Mittelwert zu bilden, was gleichzeitig mit einer Verringerung des Meßfehlers verbunden ist.

Die geschilderte Prozedur ist in der Gravimetrie bei Auswaagen üblich, während für die Einwaage der Analysensubstanz normalerweise nur eine Wägung vorgenommen wird. DOERFFEL (1965: 8) empfiehlt daher auch bei Makroverfahren (Anwendungsbereich ≥ 100 mg) die Einwaagen auf einer Waage mit einer Ablesbarkeit von 0,00001 g vorzunehmen.

Mehr Möglichkeiten hat der Analytiker, die Größe der Meßwerte zu beeinflussen. Allerdings sind ihm auch hier Grenzen gesetzt durch die Menge der zur Verfügung stehenden Analysensubstanz und vor allem durch die Schwierigkeiten, welche sich beim Filtrieren, Auswaschen sowie Trocknen und/oder Glühen größerer Niederschlagsmengen ergeben. Aus diesem Grund sollte die Auswaage 0,2 g nicht wesentlich überschreiten.

Bei gravimetrischen Bestimmungen muß zwischen folgenden zwei Fällen unterschieden werden (DOERFFEL, 1965: 8):

1. Die Ein- und Auswaage sind von gleicher Größenordnung.

Die damit verbundenen Konsequenzen verdeutlicht die folgende Rechnung:

Beispiel 10.01:

Gravimetrisch wurde in einem Granit ein Massenanteil von 72,6 % SiO_2 bestimmt. Einwaage: 0,3016 g Probesubstanz. Auswaage: 0,2190 g Rein-SiO_2. Nach Gleichung 10.02

beträgt mit 2m(E) = 2m(A) ≈ 0,5 mg der Meßfehler bei der Bestimmung des Massenanteils an SiO_2:

$$\delta w = \frac{dw}{w} = \frac{0,5 \text{ mg}}{219,0 \text{ mg}} + \frac{0,5 \text{ mg}}{301,6 \text{ mg}} = 0,0023 + 0,0017 = 0,0040 \,\hat{=}\, 0,40 \text{ \% (rel.)}$$

Die Fehler der Ein- und Auswaage sind etwa gleich groß, das heißt wenn m(e) ≈ m(a) ist wird auch δm(e) ≈ δm(a).

Zu beachten ist die Feststellung, daß allein durch den relativen Meßfehler der Massenanteil SiO_2 im Granit (72,6 %) zwischen 72,3 und 72,9 % variieren kann. Unter Berücksichtigung der Standardabweichung s ≈ 0,3 % SiO_2 absolut (Abschnitt 14.1.1) ergibt sich ebenfalls eine Schwankungsbreite von 72,6 % ± 0,3 % SiO_2. Das heißt, daß in den Gesamtfehler für die gravimetrische SiO_2- Bestimmung vor allem die Meßfehler eingehen und nur zu einem geringeren Teil die chemischen Arbeitsgänge.

2. Die Ein- und Auswaage sind von verschiedener Größenordnung.

Die Bedeutung dieser Analysenbedingungen zeigt das Beispiel 10.02:

Der im Beispiel 10.01 genannte Granit enthält einen gravimetrisch bestimmten Massenanteil von 1,4 % CaO. Einwaage: 0,3016 g Probesubstanz. Auswaage: 0,0110 g $CaC_2O_4 \cdot H_2O$ (entspricht 0,0042 g CaO). Der Meßfehler bei der Bestimmung des Massenanteils beträgt:

$$\delta w = \frac{dw}{w} = \frac{0,5 \text{ mg}}{11,0 \text{ mg}} + \frac{0,5 \text{ mg}}{301,6 \text{ mg}} = 0,0455 + 0,0017 = 0,0472 \,\hat{=}\, 4,7 \text{ \% (rel.)}$$

Das Beispiel 10.02 zeigt, daß der kleinere Meßwert (meistens die Auswaage) fehlerbestimmend ist, während demgegenüber der relative Fehler bei dem größeren Meßwert (meistens die Einwaage) zurücktritt. Das heißt, daß im vorliegenden Fall die Einwaage theoretisch mit einem kleineren Meßfehler behaftet sein dürfte als die Auswaage. Selbst wenn im vorliegenden Beispiel 10.02 dm(e) mit 5 mg zehnmal größer angesetzt wird, wäre $\frac{dm(e)}{m(e)}$ mit 1,7 % (rel.) immer noch kleiner als $\frac{dm(a)}{m(a)}$ mit 4,6 % (rel.).

Der durch unterschiedliche Ein- und Auswaagen bedingte größere Meßfehler kann tragbar sein, wenn der durch die kleinere Auswaage bedingte größere Fehler "aufgefangen" wird durch den kleineren Fehler der größeren Einwaage. Das trifft im Fall des als Beispiel gewählten Granits für das CaO (1,4 %) zu. Durch den relativen Meßfehler variiert der Massenanteil zwischen $1,4_3$ und $1,4_7$ % CaO.

Im Trenngang gilt für die gravimetrische CaO-Bestimmung (Wägung als $CaC_2O_4 \cdot H_2O$) in Proben mit einem Massenanteil zwischen 2 - 9 % CaO eine Standardabweichung von s = 0,15 - 0,20 % CaO absolut (Abschnitt 14.7.1). Im vorliegenden Beispiel 10.02 beträgt die Schwankungsbreite somit

1,4 ± 0,2 % CaO. Das heißt, daß sich bei der gravimetrischen CaO-Bestimmung im Gesamtfehler die durch den langen chemischen Trenngang bedingten Fehler stärker auswirken als die Meßfehler.

Grundsätzlich sollte bei großen Unterschieden zwischen der Ein- und Auswaage geprüft werden, ob instrumentelle Verfahren gegenüber gravimetrischen Methoden vorzuziehen sind.

Beispiel 10.02 zeigt weiterhin, daß sich der kleine Faktor 0,3838 zur Umrechnung von $CaC_2O_4 \cdot H_2O$ in CaO günstig auf den Meßfehler auswirkt. Wenn beispielsweise das CaO nicht als Calciumoxalat, sondern als Calciumfluorid mit einem größeren und in diesem Fall ungünstigeren Umrechnungsfaktor (0,7182) bestimmt wird, erhöht sich der relative Meßfehler von 4,7 % (Bestimmung als Calciumoxalat) auf 8,7 % (Bestimmung als Calciumfluorid). Ein gravimetrisches Verfahren mit kleinem Umrechnungsfaktor ist immer dann zu empfehlen, wenn bei der Bestimmung von Nebenbestandteilen eine im Vergleich zur Einwaage deutlich kleinere Auswaage zu erwarten ist. Für kleine Massenanteile in der Analysensubstanz lassen sich auf diese Weise größere Auswaagen erzielen, was mit einer Verringerung des Fehlers $\frac{dm(a)}{m(a)}$ verbunden ist. So entsprechen beim Beispiel 10.02 die in einer Einwaage von 301,6 mg Granit enthaltenen 4,2 mg CaO nur 5,8 mg CaF_2, aber 11,0 mg $CaC_2O_4 \cdot H_2O$.

Der Fall 2 (Ein- und Auswaage von verschiedener Größenordnung) wird zu einem Fall 1 (Ein- und Auswaage von gleicher Größenordnung), wenn das CaO nicht in einem Granit, sondern in Basalten und Kalksteinen mit höheren Massenanteilen an CaO bestimmt werden soll. *Daher sind gerade bei der Gesteins- und Mineralanalyse die sich aus den stark variierenden Zusammensetzungen der Analysensubstanzen ergebenden analytischen Konsequenzen immer wieder zu bedenken.*

Größere Umrechnungsfaktoren müssen sich bei den gravimetrischen Bestimmungen aber nicht immer ungünstig auf den relativen Meßfehler auswirken, wie am folgenden Beispiel gezeigt werden soll (hierzu auch DOERFFEL, 1965: 10):

Beispiel 10.03:

In einem Peridotit beträgt der Massenanteil an MgO 43,2 %. Das MgO wird über die Verbindungen $Mg(C_9H_6NO)_2 \cdot 2H_2O$ (Faktor 0,1156 zur Umrechnung in MgO) und $Mg_2P_2O_7$ (Faktor 0,3622 zur Umrechnung in MgO) bestimmt. Die *Auswaage* soll in beiden Fällen 0,2 g nicht übersteigen. Bei der Wägung als $Mg(C_9H_6NO)_2 \cdot 2H_2O$ beträgt der Meßfehler:

$$\delta w = \frac{dw}{w} = \frac{0,5 \text{ mg}}{199,9 \text{ mg}} + \frac{0,5 \text{ mg}}{53,5 \text{ mg}} = 0,0025 + 0,0093 = 0,0118 \,\hat{=}\, 1,18 \text{ \% (rel.)}$$

Bei der Wägung als $Mg_2P_2O_7$ beträgt der Meßfehler:

$$\delta w = \frac{dw}{w} = \frac{0{,}5 \text{ mg}}{200{,}0 \text{ mg}} + \frac{0{,}5 \text{ mg}}{167{,}7 \text{ mg}} = 0{,}0025 + 0{,}0030 = 0{,}0055 \, \hat{=} \, 0{,}55 \, \% \text{ (rel.)}$$

Wegen des kleinen Umrechnungsfaktors für Magnesiumoxychinolat muß die Einwaage auf 53,5 mg Peridotit zurückgenommen werden, um zu vermeiden, daß die Auswaage über 200 mg Magnesiumoxychinolat hinausgeht. Diese Maßnahme hat aber mit 1,18 % (rel.) einen größeren Meßfehler zur Folge. Der Meßfehler läßt sich herabsetzen, wenn eine Verbindung mit größerem Umrechnungsfaktor zur Auswaage gebracht wird. An der Bestimmung des Massenanteils MgO im Peridotit kann somit gezeigt werden, daß sich bei einer Wägung des MgO als $Mg_2P_2O_7$ anstatt $Mg(C_9H_6NO)_2 \cdot 2H_2O$ die Einwaage verdreifachen und der relative Meßfehler halbieren läßt.

Gravimetrische Analysenverfahren können allerdings nicht immer unter dem Gesichtspunkt eines kleinen Umrechnungsfaktors für die auszuwiegende Verbindung ausgewählt werden. Gerade bei Gesteins- und Mineralanalysen lassen sich die einzelnen Komponenten nur über Trennungsgänge bestimmen. Bei der Auswahl der Fällungsreagenzien muß daher überlegt werden, ob diese zu Störungen im weiteren Verlauf des Trennungsgangs führen können.

Erfahrungsgemäß wird bei der Durchführung gravimetrischer Bestimmungen nicht immer mit der notwendigen Sorgfalt über die Zusammenhänge zwischen den einzelnen Bestandteilen der Analysensubstanz, der Einwaage, der zu messenden Verbindung, der Auswaage und dem daraus resultierenden relativen Meßfehler nachgedacht. Wie wichtig aber bei der Gesteins- und Mineralanalyse eine theoretische Vorarbeit ist, geht aus den drei Rechenbeispielen dieses Abschnitts hervor.

10.2 Titrimetrie

Die Titrimetrie (Maßanalyse) umfaßt eine große Gruppe von Analysenverfahren, welchen folgendes Prinzip zugrunde liegt. Zu einem abgemessenen Volumen Analysenlösung (Probelösung, Titrand) mit unbekannter Konzentration der zu bestimmenden Komponente wird solange Maßlösung (Titrator, Titrant, Titrans) mit bekannter Stoffmengenkonzentration hinzugegeben, bis zwischen der zu bestimmenden Komponente und dem Reagenz in der Maßlösung eine quantitative Umsetzung stattgefunden hat. Während also bei den gravimetrischen Methoden die Masse von Reaktionsprodukten durch Wägungen bestimmt wird, ergibt sich bei der Maßanalyse der zu bestimmende

Massenanteil eines Elements oder einer Verbindung aus dem verbrauchten Volumen einer Maßlösung. Das heißt, neben Wägungen müssen bei der Titrimetrie vor allem Volumina genau abgemessen und bestimmt werden. Die Vollständigkeit der Reaktion muß also visuell oder durch die Messung einer physikalisch-chemischen Eigenschaft so eindeutig bestimmbar sein, daß sich das Volumen an verbrauchter Maßlösung mit ausreichender Genauigkeit festlegen läßt. Eine wichtige Voraussetzung hierfür ist, daß alle verfahrensspezifischen Reaktionen schnell und quantitativ entsprechend den stöchiometrischen Verhältnissen und ohne störende Nebenreaktionen ablaufen.

In dem vorliegenden Abschnitt können nicht die gesamten theoretischen und praktischen Grundlagen der Titrimetrie behandelt werden. Entsprechende Informationen findet der deutschsprachige Leser unter anderem in den beiden Büchern *"Analytikum"* (1981) und *"Maßanalyse"* von JANDER et al., (1986). Eigene Praktikumserfahrungen zeigen immer wieder, daß viele Studenten höherer Semester einfache Arbeitsgänge wie zum Beispiel das Pipettieren nicht korrekt ausführen, wichtige Begriffe nicht zuverlässig beherrschen und vor allem über die Fehlerquellen bei der Maßanalyse nicht informiert sind. Mit den folgenden Ausführungen soll daher der Benutzer des vorliegenden Buches in die Lage versetzt werden, einige der am häufigsten auftretenden Informationslücken ohne zusätzliches Literaturstudium zu schließen.

Die wichtigste Vorarbeit bei der Maßanalyse besteht darin, die Volumenmeßgeräte so gründlich zu säubern, daß sie *"fettfrei"* ab- bzw. auslaufen. Das heißt, die Glaswandungen müssen an jeder Stelle gleichmäßig mit Lösung benetzt sein. Andernfalls entstehen bei den Messungen durch ungleichmäßige Oberflächenbenetzungen unkontrollierbare Volumenfehler. Über geeignete Reinigungsverfahren informiert der Abschnitt 19.

In manchen Fällen, z.B. bei geringen Volumina an Analysen- und/oder Maßlösung, wird es notwendig sein, die gereinigten Volumenmeßgeräte vor ihrem Gebrauch noch zu trocknen. Dabei ist darauf zu achten, daß durch diese Prozedur die Geräte nicht abermals verunreinigt werden. Aus diesem Grund darf die in vielen Laboratorien vorhandene Druckluft nicht zum Trocknen verwendet werden, da Öldämpfe aus der Kompressoranlage in Spuren in die Meßgeräte gelangen können. Aber auch organische Verbindungen wie Aceton, Benzol, Alkohol und andere sind keine geeigneten Trockenmittel, da nach ihrer Anwendung die Glaswandungen häufig wieder ungleichmäßig benetzt werden.

Das Trocknen von Pipetten und Büretten geschieht zweckmäßigerweise durch einen Luftstrom, welcher mittels einer Wasserstrahlpumpe durch die Geräte gesaugt wird. Hierbei ist darauf zu achten, daß an der Eintrittsstelle der Luft in die Pipette oder Bürette ein Stück Filterpapier angesaugt wird zur

Zurückhaltung von Luftverunreinigungen. Volumenmeßgeräte lassen sich auch durch Erwärmung auf 50 - 60 °C trocknen. Letzteres kann im Trockenschrank geschehen. Es gibt auch spezielle Pipetten-Trockner.

Das Trocknen von Volumenmeßgeräten sollte nicht bei höheren Temperaturen vorgenommen werden, da sich durch Erwärmung und Abkühlung das ursprüngliche Eichvolumen verändern kann.

Das zeitraubende Trocknen von Pipetten und Büretten läßt sich dann umgehen, wenn genügend Analysen- und Maßlösung zur Verfügung stehen. In solchen Fällen werden die Volumenmeßgeräte mehrmals (mindestens dreimal) mit kleinen Anteilen der gleichen Lösung ausgespült, mit der sie anschließend gefüllt werden sollen.

Ebenso wichtig wie die sorgfältige Reinigung der Volumenmeßgeräte ist deren richtige Handhabung bei den Volumenmessungen. Bei der Abmessung eines Volumens mit einer auf Ablauf (Ex) justierten Vollpipette ist in folgender Weise zu verfahren: Die Pipette wird mit dem unteren Ende in die Flüssigkeit eingetaucht. Das Ansaugen der Lösung geschieht am oberen Ende der Pipette. Bei konzentrierten Säuren, Laugen und ätzenden sowie giftigen Flüssigkeiten *grundsätzlich* Ansaugvorrichtungen (Peleusball, Kolbenpipettierhelfer) benutzen! Dabei muß die Pipettenspitze immer so tief in die Flüssigkeit eintauchen, daß keine Luft mit angesaugt wird. Andernfalls sprudelt die Lösung in der Pipette nach oben und gelangt in die Ansaugvorrichtung. Dieser häufig zu beobachtende Anfängerfehler läßt sich aber mit etwas Sorgfalt leicht vermeiden.

Die Flüssigkeit wird bis über die Ringmarke angesaugt. Dann wird die Pipette aus der Flüssigkeit herausgenommen und die außen an der Spitze haftende Lösung mit einem Kleenextuch entfernt. Jetzt wird die Flüssigkeitssäule solange abgesenkt, bis der untere Meniskus (bei undurchsichtigen Flüssigkeiten der obere Meniskus) auf der Höhe der Ringmarke steht. Dabei ist die Pipette senkrecht und die Ringmarke in Augenhöhe zu halten. Beim Einstellen auf die Ringmarke darf die ablaufende Flüssigkeit auf keinen Fall in das Vorratsgefäß zurückgegeben werden, sondern es ist dafür ein gesondertes kleines Becherglas (25-50 ml) zu benutzen. Beim Pipettieren darf weiterhin der zylindrische Teil der Vollpipette nicht umfaßt werden, da die Körperwärme leicht Volumenfehler verursacht.

Zum Entleeren des abgemessenen Volumens wird die Pipette senkrecht an die Wand eines leicht geneigt gehaltenen Becherglases oder Erlenmeyerkolbens gelegt. Während des Ablaufens muß die Pipettenspitze immer die Glaswand berühren. Bei Verwendung von Vollpipetten der Klassen A und B erfolgt während des Ablaufs das Nachlaufen der Flüssigkeit an der Pipettenwandung. Dadurch müssen nach dem Ablauf bei den Pipetten der Klassen A und B keine Wartezeiten eingehalten werden. Dagegen fordern Pipetten der Klasse AS (Genauigkeitsklasse A, schnellablaufend) Wartezeiten von 15 Sekunden. Nach dem Ablaufen die Pipettenspitze an der Glaswand nur abstreichen, keinesfalls ausblasen! Die an der oberen Wand des Auffanggefäßes haftende Lösung ist in den unteren Teil des Behälters zu spülen (Spritzflasche).

Nach dem Gebrauch sind die Pipetten in spezielle Pipettenstative oder in Reinigungsgefäße zu stellen. Niemals Pipetten auf die Labortische legen. Es empfielt sich, bei Nichtgebrauch die Pipettenstative mit einer durchsichtigen Staubschutzhülle zu schützen.

Neben den Vollpipetten gibt es *Meßpipetten*, die innerhalb eines bestimmten Nennvolumens auch Teilvolumina abzunehmen gestatten. Damit der relative Fehler der abzumessenden Teilvolumina nicht unzulässig groß wird, sollen diese wenigstens 20 % des Nennvolumens betragen. Im Bereich der analytischen Geochemie finden Mikroliterpipetten häufig Anwendung. Sie dienen zum schnellen Pipettieren kleiner Flüssigkeitsvolumina im Bereich zwischen 1 - 1000 µl. Es handelt sich durchweg um Kolbenpipetten. Für den Gebrauch solcher Mikroliterpipetten sind die jeweiligen Gebrauchsanweisungen sorgfältig zu beachten.

Für die Seriendosierung bestimmter Flüssigkeitsvolumina eignen sich *Dispenser*. Es handelt sich hierbei um Kolbenpipetten, die mit einem Vorratsgefäß verbunden werden. Es gibt Dispenser mit variablem und fest eingestelltem Dosiervolumen. Für bestimmte Volumenbereiche (z.B. 10 - 1000 µl, 0,1 - 100 ml) werden verschiedene Dispensergrößen benötigt. Im Unterschied zum Dispenser lassen sich mit einem Dilutor verschiedene Flüssigkeiten abmessen und mischen. Beispielsweise kann mit einem Dilutor aus getrennten Vorratsgefäßen ein vorgewähltes Probe- und Reagenzvolumen entnommen und gemeinsam ausgestoßen werden.

Weitere Volumenmeßgeräte sind auf Ablauf (Ex) justierte Büretten. Sie bestehen aus langen zylindrischen Glasrohren, welche auf der gesamten Länge graduiert sind. Häufig verwendete 5 - 50 ml-Büretten sind auf 0,02 - 0,1 ml, 1 - 5 ml-Büretten (Mikrobüretten) auf 0,01 ml unterteilt. Das Volumen der 2. bzw. 3. Dezimale wird abgeschätzt. Die Ablesung des Flüssigkeitsspiegels erfolgt genau in Augenhöhe, wobei ein an der Rückwand der Bürette angebrachter Schellbachstreifen hilfreich ist. Letzterer besteht aus einem schmalen blauen Streifen auf einem Milchglashintergrund. Bei richtiger Ablesung zeigen die vom Meniskus entworfenen Spiegelbilder des Streifens eine nach vorn spitz zulaufende Einschnürung.

Zum Gebrauch ist die sorgfältig gereinigte Bürette senkrecht in ein Stativ einzuspannen. Das Einfüllen der Maßlösung geschieht mittels eines kleinen

Glastrichters, welcher auf die Bürette aufgesetzt wird. Vor der Einstellung der Flüssigkeitssäule auf die Nullmarke ist darauf zu achten, daß der Einfülltrichter von der Bürette abgenommen und umgekehrt auf ein kleines Uhrglas gestellt wird. Andernfalls können während des Titrierens aus dem Trichter einzelne Lösungstropfen in die Bürette nachlaufen und die Volumenmessung verfälschen. Weiterhin ist darauf zu achten, daß die Bohrung des Bürettenhahns sowie das kleine Auslaufrohr mit Maßlösung gefüllt sind.

Bei Nichtgebrauch der Bürette (über Nacht, am Wochenende) muß diese ausgespült werden, anschließend ist sie wieder in das Stativ einzuspannen und mit demineralisiertem Wasser zu füllen. Das obere Ende wird mit einem kleinen Becherglas abgedeckt. Ebenso ist unter das Auslaufrohr ein Becherglas zu stellen. Bei längerem Nichtgebrauch müssen die Büretten staubgeschützt in Schubkästen aufbewahrt werden.

Die Meßkolben gehören zu einer dritten wichtigen Gruppe von Volumenmeßgeräten, welche vor allem zur Herstellung von Maß- und Analysenlösungen mit definiertem Volumen benötigt werden. Zum Auffüllen der Lösung bis zur Ringmarke wird der Meßkolben von unten umfaßt. Die andere Hand hält eine Spritzflasche, aus welcher tropfenweise Wasser in den Meßkolben gegeben wird. Zur Kontrolle des Standes der Flüssigkeitsoberfläche wird die Ringmarke am Meßkolben in Augenhöhe gehalten. Bei durchsichtigen Lösungen erfolgt die Einstellung auf den unteren Meniskus, sonst auf den oberen. Bei der Herstellung von Maß- und eventuell auch Analysenlösungen ist zu empfehlen, die Meßkolben vor dem Auffüllen erst in einem Thermostaten auf 20 °C zu temperieren. Zu diesem Zweck wird der Meßkolben bis etwa 0,5 cm unter die Ringmarke aufgefüllt und anschließend mindestens 45 Minuten in einen Thermostaten gestellt. Erst dann erfolgt die Auffüllung mit deion. Wasser bis zur Ringmarke. Auf diese Weise wird sichergestellt, daß Maß- und/oder Analysenlösungen unabhängig von den Schwankungen der Labortemperatur sind und somit Volumina immer vergleichbar bleiben.

Folgender Arbeitsgang ist bei der Benutzung von Meßkolben unbedingt zu beachten. Nach dem Auffüllen von Maß- und Analysenlösungen bis zur Ringmarke sind die Meßkolben gut zu verschließen und zwanzigmal umzudrehen. Nur auf diese Weise läßt sich eine gute Durchmischung der Flüssigkeiten in den Meßkolben erreichen. Die gleiche Prozedur muß aber auch vor jeder neuen Entnahme von Lösungen aus dem Meßkolben ausgeführt werden. Denn bei längerem Stehen sammelt sich im oberen und bereits leeren Teil des Meßkolbens Kondenswasser, welches mit der Lösung wieder vermischt werden muß. In solchen Fällen genügt allerdings ein fünfmaliges Umdrehen des Meßkolbens. Leider ist besonders bei Anfängern (aber nicht nur dort!) zu beobachten, daß das Umdrehen der Meßkolben zur Durchmischung der Flüssigkeiten unterbleibt.

In besonderen Fällen (z.B. Kontrollanalysen, Schiedsanalysen) ist es empfehlenswert, das Volumen der benutzten Meßgeräte zu überprüfen. Die Durchführung entsprechender Arbeiten ist unter anderem beschrieben bei H. BILTZ et al. (1983) und JANDER et al. (1973: 23 ff; 1986: 44 ff), Tabellen siehe KÜSTER et al. (1985: 122 ff).

Begriffe in der Titrimetrie.

Auch in der Titrimetrie haben sich durch die Anwendung des SI- Einheitensystems, dem Gesetz über Einheiten im Meßwesen und dem DIN - Normenwerk Änderungen für bisherige Bezeichnungsweisen ergeben (Abschnitt 5). So entfallen die bisher in der analytischen Praxis üblichen Begriffe wie Normalität und Normallösungen. Ein wesentlicher Grund für die Unzulässigkeit der *"Einheit"* Val besteht darin, daß nach dem Einheitengesetz in der Fassung vom 6. Juli 1973 zwischen zwei verschiedenen Einheiten einer Größe ein fester Umrechnungsfaktor bestehen muß wie beispielsweise zwischen Minute und Sekunde. Ein solcher fester Umrechnungsfaktor besteht aber nicht zwischen dem Val und der Basiseinheit Mol. Der Umrechnungsfaktor ist in diesem Fall von der Reaktion oder der Art des Äquivalentteilchens abhängig (DIN 32 625; 1980, 1987).

Nicht mehr zugelassene Einheiten:

Normalität, Normallösung:

Die Gehaltsgröße Normalität N ist definiert als ein Grammäquivalent (val/l, 1 val = 1 mol/wirksame Wertigkeit) des gelösten Stoffes in 1000 ml Lösung. Diese Masse entspricht nach ihrem chemischen Wirkungswert der Atommasse von Wasserstoff oder der Hälfte der Atommasse von Sauerstoff in Gramm. Dieser Definition liegt die molare Masse von Äquivalenten (Äquivalentmasse, Äquivalentgewicht) zugrunde.

Die molare Masse von Äquivalenten ergibt sich durch Division der molaren Masse (Molmasse, Molekulargewicht) einer Verbindung durch die bei seiner Reaktion mit dem zu titrierenden Stoff wirksamen *"Wertigkeiten"* (stöchiometrische Wertigkeit) bzw. die eintretenden *"Wertigkeitsänderungen"*. Beispielsweise entsprechen ein Äquivalent Salzsäure $\frac{36,461 \text{ g HCl}}{1}$ = 36,461 g, ein Äquivalent Schwefelsäure $\frac{98,074 \text{ g H}_2\text{SO}_4}{2}$ = 49,037 g und ein Äquivalent Kaliumpermanganat $\frac{158,03 \text{ g KMnO}_4}{5}$ = 31,606 g.

Lösungen, welche ein Äquivalent in Gramm des gelösten Stoffes in 1000 ml Lösung enthalten, wurden (werden) als einnormale (1 N) Maßlösungen bezeichnet. In der Praxis wird bevorzugt mit Lösungen gearbeitet, welche Teile eines Äquivalents in Gramm enthalten. So werden in der Gesteins- und Mineralanalyse vor allem 0,1 N und 0,02 N Maßlösungen verwendet.

Normallösungen enthalten in gleichen Volumina gleicher Normalität äquivalente Stoffanteile. So sind 5 ml 0,1 N HCl äquivalent 5 ml 0,1 N NaOH und 5 ml 0,1 N Na_2CO_3. Zu beachten ist, daß die Äquivalentmasse eines Stoffes für verschiedene Reaktionsabläufe unterschiedliche Werte haben kann. So gilt bei Redox-Reaktionen mit Kaliumpermanganat für saure Lösungen die Reaktion $MnO_4^- + 8H^+ + 5e \rightarrow Mn^{2+} + 4H_2O$. Sie ist gültig für die titrimetrische Bestimmung der Fe(II)-Komponente in Gesteinen. Anders ist dagegen der Reaktionsablauf in neutraler oder alkalischer Lösung. Hier wird das Mn(VII) nicht wie in saurer Lösung bis zum Mn(II) reduziert, sondern nur bis zum Mn(IV): $MnO_4^- + 4H^+ + 3e \rightarrow MnO_2 + 2H_2O$.

Gültige Einheiten.

Da die für die Stoffmenge (Molzahl, Molmenge) verwendete und auf Äquivalente bezogene Einheit Val (siehe oben) nicht mehr zulässig ist, entfällt auch die Gehaltsgröße Normalität N (1 val/l). Statt dessen werden Stoffmenge (mol), molare Masse (g/mol) und Stoffmengenkonzentration (mol/l) unter Beibehaltung der Einheiten auf Äquivalentteilchen bezogen. Das Äquivalentteilchen, kurz auch Äquivalent genannt, ist der gedachte Bruchteil $\frac{1}{z^*}$ eines Teilchens X, wobei X ein Atom, Molekül, Ion oder eine Atomgruppe sein kann. z^* ist eine ganze Zahl, die sich aus der Ionenladung oder aufgrund einer definierten Reaktion ergibt. Für die symbolische Darstellung von Äquivalentteilchen wird der Bruch $\frac{1}{z^*}$ vor das Symbol des Teilchens X gesetzt. Beispiel: $\frac{1}{2} Na_2CO_3, \frac{1}{2} H_2SO_4, \frac{1}{5} KMnO_4$. Ist $z^* = 1$, so ist das Äquivalent mit dem Teilchen X identisch wie z.B. $\frac{1}{1}$ HCl = HCl.

Es kann zwischen folgenden drei Arten von Äquivalenten unterschieden werden (z.B. DIN 32 625, Küster et al., 1985: 2):

1. Neutralisations-Äquivalent

Beim Neutralisationsäquivalent ist die Äquivalentzahl z^* des Teilchens gleich der Anzahl der H^+-Ionen oder OH^--Ionen, die es bei einer bestimmten Neutralisierungsreaktion bindet oder abgibt.
Beispiele: 1 HCl, $\frac{1}{2} H_2SO_4$, $\frac{1}{3} H_3PO_4$

2. Redox-Äquivalent

Für das Teilchen X in einer bestimmten Redox-Reaktion ist die Äquivalentzahl z* die Differenz der Oxidationszahlen des Teilchens X (kann auch das Atom sein, welches seine Oxidationszahl ändert) vor und nach der Reaktion.
Beispiele: $\frac{1}{6}K_2Cr_2O_7$, 2 Cr(VI) $\xrightarrow{6e}$ 2 Cr(III); $\frac{1}{5}KMnO_4$, Mn(VII) $\xrightarrow{5e}$ Mn(II).

3. Ionen-Äquivalent

Das Äquivalent trägt bei elektrolytischen Vorgängen und bei Ionenaustauschern eine Ladung. Beim Ionen-Äquivalent ist somit die Äquivalentzahl z* gleich dem Betrag |z| der Ladungszahl z des Ions.
Beispiele: $\frac{1}{3}Fe^{3+}$, $\frac{1}{2}Mg^{2+}$.

Die Stoffmenge, die molare Masse und die Stoffmengenkonzentration von Äquivalenten sind wie folgt definiert (DIN 32 625, siehe auch KÜSTER et al., 1985: 2):

a) Stoffmenge von Äquivalenten

$$n\left(\frac{1}{z^*}X\right)$$

Einheit: mol
Beispiel: $n\left(\frac{1}{2}Mg^{2+}\right) = 0{,}2$ mol

b) molare Masse von Äquivalenten (bisher Äquivalentmasse)

$$M\left(\frac{1}{z^*}X\right) = \frac{m}{n\left(\frac{1}{z^*}X\right)}$$

Einheit: g/mol
Beispiel: $M\left(\frac{1}{2}Na_2CO_3\right) = 53$ g/mol

c) Stoffmengenkonzentration von Äquivalenten (bisher Normalität)

$$c\left(\frac{1}{z^*}X\right) = \frac{n\left(\frac{1}{z^*}X\right)}{V(L)}$$

Einheit: mol/l

Beispiel: $c\left(\frac{1}{2}Na_2CO_3\right) = 0{,}1$ mol/l $\hat{=}$ $c(Na_2CO_3) = 0{,}05$ mol/l $\hat{=}$ 0,1 N Na_2CO_3

n = Stoffmenge
m = Masse in g
M = molare Masse
c = Stoffmengenkonzentration
V = Volumen
X = Teilchen
z* = Zahl der Äquivalente
L = Lösung

Bei der Maßanalyse als Bestimmungsmethode muß außerdem zwischen folgenden Einheiten immer klar unterschieden werden (siehe auch Abschnitt 5.1):

Massenanteil in % (w) : Die in 100 Masseteilen Lösung (nicht Lösungsmittel!) enthaltene Masse der gelösten Komponente(n).

Volumenanteil in % (φ) : Das in 100 Volumenteilen der Lösung (nicht des Lösungsmittels!) enthaltene Volumen der gelösten Komponente(n).

Stoffmengenkonzentration (Molarität) in mol/l : Die in 1 l Lösung enthaltene Stoffmenge (Anzahl der Mole) der gelösten Komponente.

Molalität in mol/kg : Die in 1 kg des reinen Lösungsmittels enthaltene Anzahl Mole der gelösten Komponente.

Stoffmengenanteil (Molenbruch) : Die Stoffmenge (Molzahl) einer Substanz im Gemisch im Verhältnis zur Summe der Stoffmengen aller Substanzen in mol, wobei auch die Stoffmenge des Lösungsmittels zu berücksichtigen ist.

$$X(A) = \frac{n(A)}{n(A) + n(B) + \ldots}$$

X(A) = Stoffmengenanteil der Substanz A (Molenbruch) in mol/mol bzw. in %

n(A, B..) = Stoffmengen (Anzahl der Mole) der verschiedenen Substanzen im Gemisch, Summe der Stoffmengen aller Substanzen in mol

Stoffmengenanteil in % (Mol.-%): Stoffmengenanteil (Molenbruch) · 100

Titer (früher Normalfaktor).

Der Titer t ist der Quotient aus der tatsächlich vorliegenden Konzentration c(X) einer Maßlösung (IST-Wert) und der angestrebten (theoretischen) Konzentration c̃(X) derselben Lösung (SOLL-Wert):

$$t = \frac{c(X)}{\tilde{c}(X)} \qquad (10.03)$$

t = Titer
c(X) = Konzentration einer Komponente X in einer Maßlösung in mol/l

Die Maßlösung enthät eine Komponente (Titrator) in bekannter Konzentration. Das bei der Analyse verbrauchte Volumen an Maßlösung (Titratorlösung) erlaubt die Berechnung der Menge des Titranden in der vorgelegten Analysenlösung.

Bei käuflichen Maßlösungen ist der Titer auf dem Ampullen- oder Flaschenetikett angegeben. Es empfiehlt sich aber, nach längerer Lagerung solcher Lösungen deren Titer zu kontrollieren, vor allem bei Maßlösungen für Redoxreaktionen. Auch für die vom Analytiker selbst hergestellten Maßlösungen muß der Titer bestimmt werden. Die Festlegung der Konzentration einer Maßlösung erfolgt durch Volumenmessung und Massenbestimmung.

Bei der Verwendung käuflicher Lösungen mit genau bekannter Stoffmengenkonzentration werden zur Bestimmung des Titers einer Maßlösung nur Volumenmessungen ausgeführt. Der Titer t (Normalfaktor, Wirkungsfaktor) errechnet sich wie folgt:

$$t = \frac{\text{Verbrauch (ml)}_{\text{theoretisch}}}{\text{Verbrauch (ml)}_{\text{tatsächlich}}} \qquad (10.04)$$

Vielfach erfolgt die Bestimmung des Titers auch mit einer genau abgewogenen Masse Urtitersubstanz, welche mit der einzustellenden Maßlösung titriert wird. Urtitersubstanzen sind chemisch reine und stöchiometrisch einheitlich zusammengesetzte Verbindungen, welche sich problemlos auf der Analysenwaage wägen lassen (z.B. Substanzen ohne hygroskopische Eigenschaften) und die in gelöster Form haltbar sind. Der Titer ist dann:

$$t = \frac{m(e)}{F \cdot V(M)} \qquad (10.05)$$

t = gesuchter Titer
m(e) = Einwaage Urtitersubstanz in mg
F = Faktor (Milligrammäquivalent), Massenkonzentration eines Äquivalents Urtitersubstanz in mg/ml
V(M) = Verbrauch an einzustellender Maßlösung in ml

10 Grundlagen der Meßverfahren

Beispiel 10.04:

Es soll der Titer einer Salzsäure mit etwa 0,1 mol HCl/l (0,1 N) bestimmt werden. In Wägegläschen werden für drei Einzeltitrationen ungefähr 0,250 g Natriumcarbonat als Urtitersubstanz eingewogen. Das Na_2CO_3 wird mit dest. Wasser in Erlenmeyerkolben überspült und unter Verwendung einer 50 ml-Bürette mit Methylorange als Indikator gegen die Salzsäure titriert. Der Titer ist dann:

1) $$\frac{250,1 \text{ mg } Na_2CO_3}{5,2995 \text{ mg } Na_2CO_3/ml \cdot 46,54 \text{ ml HCl}} = 1,0140$$

2) $$\frac{248,6 \text{ mg } Na_2CO_3}{5,2995 \text{ mg } Na_2CO_3/ml \cdot 46,20 \text{ ml HCl}} = 1,0154$$

3) $$\frac{253,2 \text{ mg } Na_2CO_3}{5,2995 \text{ mg } Na_2CO_3/ml \cdot 47,10 \text{ ml HCl}} = 1,0144$$

Mittelwert t = 1,0146

Das heißt, die Salzsäure enthält 0,1015 mol HCl/l. Sie ist also etwas konzentrierter als eine Maßlösung mit genau 0,1 mol HCl/l.

Durch Multiplikation mit dem Titer lassen sich die bei der Titration verbrauchten Volumina an Maßlösung in das entsprechende Volumen Lösung mit einem genauen Äquivalent (z.B. 0,1 mol HCl/l) umrechnen.

Also: $\frac{(46,54 \text{ ml} + 46,20 \text{ ml} + 47,10 \text{ ml})}{3}$ 1,0146 = 47,29 ml Salzsäure mit 0,1 mol HCl/l (0,1 N). Anfänger vergessen häufig die Berücksichtigung des Titers bei den Analysenberechnungen. Der Titer muß daher, zusammen mit dem Datum, als Gedächtnisstütze deutlich lesbar auf die Vorratsflasche oder den Meßkolben mit der Maßlösung geschrieben werden.

Der Titer ist aus mindestens drei Einzeltitrationen zu ermitteln und mit vier Dezimalstellen anzugeben. In den relativen maximalen Meßfehler einer Titration geht auch der Fehler für den Titer ein (Gleichungen 10.09 und 10.10). Im Beispiel 10.04 beträgt $\frac{dt}{t} > 0,1\ \%$ (rel.), obwohl ein Fehler von $< 0,1\ \%$ (rel.) anzustreben ist. Zur Diskussion dieses Problems siehe Text nach Gleichung 10.10.

Beispiel 10.05:

Es soll der Titer einer Kaliumpermanganat-Lösung mit etwa 0,02 mol $KMnO_4$/l (0,1 N) bestimmt werden. In Wägegläschen werden für drei Einzeltitrationen ungefähr 0,250 g di-Natriumoxalat als Urtitersubstanz eingewogen. Das $C_2Na_2O_4$ wird mit dest. Wasser in Erlenmeyerkolben überspült und unter Verwendung einer 50 ml-Bürette gegen die Kalium-

permanganat-Lösung titriert.
Einwaage $C_2Na_2O_4$: 1. 240,3 mg; 2. 250,7 mg; 3. 245,8 mg
Verbrauch ml $KMnO_4$-Lösung : 1. 36,08 ml; 2. 37,60 ml; 3. 36,78 ml
F = 6,6999 mg $C_2Na_2O_4$/ml

Nach Gleichung 10.05 ist dann
t = 1. 0,9941; 2. 0,9952; 3. 0,9975; Mittelwert t = 0,9956

Das heißt, die Kaliumpermanganat-Lösung enthält 0,0199 mol $KMnO_4$/l. Sie ist also geringfügig weniger konzentriert als eine Maßlösung mit genau 0,02 mol $KMnO_4$/l (0,1 N). Siehe hierzu auch Beispiel 10.10.

Die Ergebnisse von Maßanalysen lassen sich wie folgt berechnen (siehe auch KÜSTER et al., 1985: 39):
1) Bestimmung der Masse einer Komponente in mg:

$$m = F \cdot V(M) \cdot t \qquad (10.06)$$

m = Masse der Komponente in mg
F = Faktor (Milligrammäquivalent), theoretische Massenkonzentration eines Äquivalents in mg/ml
V(M) = Verbrauch an Maßlösung (Titrator) in ml
t = Titer

Beispiel 10.06:

Es soll die Masse NaCl in einer Probe Staßfurt-Steinsalz (Na2) durch Fällungstitration nach Mohr (Maßlösung 0,1 mol $AgNO_3$/l, Kaliumchromat als Indikator) bestimmt werden.
Faktor: 5,8443 mg NaCl/ml
Verbrauch an Maßlösung : 33,39 ml $AgNO_3$-Lösung
Titer: 0,9862
5,8443 mg NaCl/ml · 33,39 ml $AgNO_3$-Lsg. · 0,9862 = 192,4 mg NaCl

2) Bestimmung des Massenanteil einer Komponente in %:
Vergleiche mit Gleichung 10.01.

$$w = \frac{100 \cdot F \cdot V(M) \cdot t}{m(e)} = \frac{100 \cdot F \cdot (V(M)_1 - V(M)_0) \cdot t}{m(E_1) - m(E_0)} \qquad (10.07)$$

w = Massenanteil der zu bestimmenden Komponente in %
F = Faktor (Milligrammäquivalent), theoretische Massenkonzentration eines Äquivalents in mg/ml
V(M) = Verbrauch an Maßlösung in ml
t = Titer
m(e) = Einwaage (feste Probe oder Lösung) in mg
$V(M)_1$, $V(M)_0$ = Einzelmessungen zum Verbrauch an Maßlösung
$m(E_1)$, $m(E_0)$ = Einzelmessungen zur Einwaage

Beispiel 10.07:

Es soll der Massenanteil in % an NaCl in einer Probe Staßfurt-Steinsalz (Na2) durch Fällungstitration nach Mohr (Maßlösung 0,1 mol $AgNO_3$/l, Kaliumchromat als Indikator) bestimmt werden.
Faktor: 5,8443 mg NaCl/ml
Verbrauch an Maßlösung: 33,39 ml $AgNO_3$-Lösung
Titer: 0,9862
Einwaage: 200,4 mg Steinsalz

$$\frac{100 \cdot 5{,}8443 \text{ mg NaCl/ml} \cdot 33{,}39 \text{ ml AgNO}_3\text{-Lsg.} \cdot 0{,}9862}{200{,}4 \text{ mg Steinsalz}} = 96{,}0_3 \text{ \% NaCl}$$

3) Bestimmung der Konzentration einer Komponente in mg/ml (g/l):

$$\beta = \frac{F \cdot V(M) \cdot t}{V(T)} \tag{10.08}$$

V(M) = Verbrauch an Maßlösung (Titrator) in ml
V(T) = Volumen Probelösung (Titrand) in ml

Beispiel 10.08:

Es soll die Massenkonzentration an NaCl in mg/ml (entspricht g/l) in einer Salzlösung durch Fällungstitration nach Mohr (Maßlösung 0,1 mol $AgNO_3$/l, Kaliumchromat als Indikator) bestimmt werden:
Faktor: 5,8443 mg NaCl/ml
Verbrauch an Maßlösung: 33,39 ml $AgNO_3$-Lösung
Titer: 0,9862
Volumen Salzlösung: 10 ml

$$\frac{5{,}8443 \text{ mg NaCl/ml} \cdot 33{,}39 \text{ ml AgNO}_3\text{-Lsg.} \cdot 0{,}9862}{10 \text{ ml}}$$

= 19,2 mg NaCl/ml bzw. 19,2 g NaCl/l

Vor der Durchführung von Maßanalysen ist es notwendig, sich über die zu erwartenden relativen Meßfehler zu informieren. Der relative Meßfehler errechnet sich entsprechend der Gleichung 10.02 wie folgt:

$$\delta w = \frac{dw}{w} = \frac{dV(M)}{V(M)} + \frac{dm(e)}{m(e)} + \frac{dt}{t} \tag{10.09}$$

w   = Massenanteil der zu bestimmenden Komponente in %
V(M) = Verbrauch an Maßlösung in ml
m(e) = Einwaage Probesubstanz
t   = Titer der Maßlösung

Der Volumenfehler dV(M) setzt sich aus folgenden Anteilen zusammen (DOERFFEL, 1965: 10):
1. Ablesefehler beim Interpolieren zwischen zwei Teilstrichen an der Bürette.
2. Tropfenfehler infolge diskontinuierlicher Zugabe der Maßlösung. Hierzu ist zu bemerken, daß bei Titrationen mit physikalischer Bestimmung des Äquivalenzpunktes durch die gesteuerte Zugabe von Maßlösung die Änderung der physikalischen und chemischen Eigenschaften des Systems kontinuierlich erfolgt und Tropfenfehler durch Interpolationen bei der Auswertung der Meßkurven eingeschränkt werden.
3. Nachlauffehler bei schneller Zugabe der Maßlösung zum Titranden.
4. Abweichungen zwischen der jeweiligen Temperatur der Maßlösungen bei der Analyse und der Eichtemperatur der benutzten Volumenmeßgeräte.
5. Unterschiedlicher Luftauftrieb bei der Wägung von Substanzen mit großen Dichteunterschieden.

Wie müssen diese Fehleranteile bewertet werden? Die Ablesefehler lassen sich in Grenzen halten, wenn die Ablesung genau in Augenhöhe und ohne Eile erfolgt. Weiterhin muß nach der Beendigung der Titration mit einer Bürette der Klasse AS zunächst mit dem Ablesen 30 Sekunden gewartet werden, damit die an der Bürettenwandung haftende Flüssigkeit noch nachlaufen kann. Bei Büretten der Klassen A und B entfällt die Wartezeit.

Beim Tropfenfehler ist zu beachten, daß der Verbrauch an Maßlösung korrigiert werden muß auf eventuell im Überschuß hinzugefügte Tropfen. Orientierungswerte: 1 Tropfen entspricht etwa 0,03 ml, auf 0,1 ml Bürettenvolumen entfallen rund 3 Tropfen. Allerdings sollten diese Angaben von jedem Analytiker an den in Benutzung befindlichen Büretten überprüft werden.

Der Temperaturfehler ist geringfügig, solange die Arbeitstemperatur um ± 5 °C von der Eichtemperatur des Volumenmeßgerätes abweicht (Tabelle 10-1, DOERFFEL, 1965: 11). Trotzdem sollte das Auffüllen von Maßlösungen in den Meßkolben einheitlich bei 20 °C vorgenommen werden (Thermostat).

Tabelle 10-1. Bei 20 °C wird ein 1000 ml Meßkolben bis zur Ringmarke mit deion. Wasser oder einer Maßlösung (z.B. 0,1 mol HCl/l) aufgefüllt. Die Tabelle informiert über die Volumenabweichungen in ml, wenn die Füllung des Meßkolbens bei Temperaturen abweichend von 20 °C erfolgt (JANDER et al., 1986: 63).

Temperatur °C	Abweichung ml	Temperatur °C	Abweichung ml
14	+ 0,98	20	± 0,00
15	+ 0,85	21	- 0,20
16	+ 0,70	22	- 0,41
17	+ 0,54	23	- 0,64
18	+ 0,37	24	- 0,87
19	+ 0,19	25	- 1,11
		26	- 1,36

Auch der Einfluß des Luftauftriebs bei der Wägung von Substanzen unterschiedlicher Dichte kann unberücksichtigt bleiben, solange das Verhältnis Dichte der Analysenproben zu Dichte der Urtitersubstanz zwischen 0,2 und 4,0 liegt (DOERFFEL, 1965: 11).

Bei der Verwendung von 50 ml-Büretten kann für den gesamten Volumenfehler dV ein Wert von ≈ 0,1 ml angenommen werden (Tabelle 10-2). Beim Titrieren ist allerdings darauf zu achten, daß der Verbrauch an Maßlösung noch unter der maximalen Bürettenfüllung bleibt. Denn bei einer zweiten Bürettenfüllung für die gleiche Titration ist mit einer Vergrößerung des Volumenfehlers durch Ableseunsicherheiten zu rechnen. Bei einem kleinen Verbrauch an Maßlösung empfiehlt sich die Verwendung einer Mikrobürette. Beispielsweise beträgt der Volumenfehler dV bei einer 5 ml-Mikrobürette nur ≈ 0,01 ml (Tabelle 10-2).

Tabelle 10-2. Toleranzen für handelsübliche Volumenmeßgeräte. Angaben siehe KÜSTER et al. (1985: 124f), JANDER et al. (1986), Firmenangaben und Laborkataloge. AS = Genauigkeitsklasse A, schnellablaufend.

Geräte	Inhalt ml	Unterteilung ml	Toleranz ± ml	Maximalfehler %
Vollpipetten, AR-Glas, DIN 12 691, Klasse AS, justiert auf Ablauf (Ex) für 20 °C, Wartezeit 15 s	1 2 5 10 20 25 50 100		0,007 0,01 0,015 0,02 0,03 0,03 0,05 0,08	0,70 0,50 0,30 0,20 0,15 0,12 0,10 0,08
Meßpipetten, bis Spitze geteilt, AR-Glas, DIN 12 697, Klasse AS, justiert auf Ablauf (Ex) für 20 °C, Wartezeit 15 s	1 2 5 10 25	0,01 0,02 0,05 0,1 0,1	0,006 0,01 0,03 0,05 0,1	0,60 0,50 0,60 0,50 0,40
Büretten, AR-Glas, DIN 12 700 T3, Klasse AS, justiert auf Ablauf (Ex) für 20 °C, Wartezeit 30 s	10 25 50	0,02 0,05 0,1	0,02 0,03 0,05	0,20 0,12 0,10
Mikrobüretten, AR-Glas, * nach DIN 12 700 T6, justiert auf Ablauf (Ex) für 20 °C, Wartezeit 30 s	1* 2* 5	0,01 0,01 0,01	0,01 0,01 0,01	1,00 0,50 0,20
Meßkolben mit einer Ringmarke, Duran-Glas, DIN 12 664, Klasse A, justiert auf Einguß (In) für 20 °C	10 25 50 100 200 250 500 1000 2000		0,025 0,04 0,06 0,1 0,15 0,15 0,25 0,4 0,6	0,25 0,16 0,12 0,10 0,075 0,060 0,050 0,040 0,030

Besonders sorgfältig muß der Titer der Maßlösung bestimmt werden, da sich die hierbei entstehenden Fehler auf alle Analysenwerte linear auswirken (systematische Abweichungen). Der Fehler des Titers sollte unter 0,1 % (rel.) liegen, so daß sich die Stoffmengenkonzentration der Lösung in mol/l auf wenigstens drei gültige Dezimalstellen angeben läßt. Nur unter dieser Voraussetzung ist die volle Leistungsfähigkeit der Titrimetrie gewährleistet (DOERFFEL, 1965: 12).

Der relative maximale Meßfehler für den Titer ergibt sich aus Gleichung 10.09 wie folgt:

$$\delta t = \frac{dt}{t} = \frac{dm(e)}{m(e)} + \frac{dV(M)}{V(M)} \qquad (10.10)$$

m(e) = mg Urtitersubstanz pro ml
V(M) = Volumen an herzustellender oder verbrauchter Maßlösung in ml

Maßlösungen können über Chemikalienfirmen bezogen werden. Sie lassen sich aber auch aus Lösungen und festen Substanzen vom Analytiker selbst herstellen. An zwei Beispielen soll erläutert werden, wie der Fehler des Titers für eine Maßlösung ermittelt wird.

Beispiel 10.09:

Herstellung einer Kaliumbromat-Lösung mit 0,016 mol $KBrO_3$/l (0,1 N) aus festem $KBrO_3$. Einwaage: 2,7833 g $KBrO_3$. Lösen des $KBrO_3$ und Auffüllen mit H_2O in einem 1000 ml-Meßkolben. Mit dm(e) ≈ 0,5 mg und dV(M) = 0,4 ml (siehe Tabelle 10-2) erhält man als Fehler für den Titer nach Gleichung 10.10:

$$\delta t = \frac{dt}{t} = \frac{0,5 \text{ mg}}{2783,3 \text{ mg}} + \frac{0,4 \text{ ml}}{1000 \text{ ml}} = 0,0002 + 0,0004 = 0,0006 \stackrel{\wedge}{=} 0,06 \text{ \% (rel.)}$$

Die Forderung nach δt < 0,1 % (rel.) ist bei diesem Beispiel erfüllt. Anders ist dagegen die Situation bei dem folgenden Beispiel 10.10.

Beispiel 10.10:

Das Beispiel 10.05 behandelt die Bestimmung des Titers einer Kaliumpermanganat-Lösung mit di-Natriumoxalat als Urtitersubstanz für eine Einzeltitration. Einwaage: 245,6 mg. Verbrauch: 36,82 ml $KMnO_4$-Lösung. Mit dm(e) ≈ 0,5 mg und dV(M) ≈ 0,1 ml ergibt sich für den Fehler des Titers folgender Wert:

$$\delta t = \frac{dt}{t} = \frac{0{,}5 \text{ mg}}{245{,}6 \text{ mg}} + \frac{0{,}1 \text{ ml}}{36{,}82 \text{ ml}} = 0{,}0020 + 0{,}0027 = 0{,}0047 \triangleq 0{,}47 \text{ \% (rel.)}$$

Der relative maximale Fehler von $\delta t < 0{,}1$ % (rel.) wird hier überschritten. Das vorliegende Beispiel 10.10 zeigt, daß sich der Fehler einer Maßlösung bei der Titration gegen eine Urtitersubstanz nicht immer einfach bestimmen läßt. Durch folgende Maßnahmen kann aber auch in diesen Fällen der relative maximale Fehler bei der Bestimmung des Titers vermindert werden (DOERFFEL, 1965: 13f):

1. Es ist zu empfehlen, die Einwaage der Urtitersubstanz auf einer Analysenwaage mit einer Ablesbarkeit von 0,00001 g vorzunehmen. Damit läßt sich der Wägefehler um etwa eine Größenordnung verringern.
2. Die Einwaage an Urtitersubstanz sollte möglichst groß sein. Daher ist, falls möglich, zu empfehlen, Verbindungen mit einer großen molaren Masse von Äquivalenten (Äquivalentmasse) zu bevorzugen.
3. Die Titrationen sollten, falls sinnvoll, mit Mikrobüretten ausgeführt werden.
4. Die untere Grenze des Volumenfehlers ist durch die Größe des Tropfens gegeben. Deshalb muß darauf geachtet werden, daß Ablesefehler und Nachlauffehler niedrig bleiben.
5. Zur Bestimmung des Titers werden mehrere Messungen (N_i = 3 bis 5) ausgeführt und die Werte gemittelt. Dadurch erniedrigt sich der Fehler auf einen Bruchteil von $1/\sqrt{N_i}$ (siehe Abschnitt 8.4, Beispiel 10.12).

Trotz dieser Maßnahmen bleibt festzustellen, daß die Bestimmung des Titers und damit der Stoffmengenkonzentration mit einem größeren Arbeitsaufwand verbunden ist als die eigentliche titrimetrische Analyse. Die Festlegung der Stoffmengenkonzentration einer Maßlösung ist durch eine Einwaage mit anschließendem Auffüllen auf ein größeres Lösungsvolumen (1 oder 2 l) einfacher durchführbar als die Bestimmung des Titers einer Maßlösung gegen eine Urtitersubstanz. Unter diesen Aspekten ist die Verwendung käuflicher Maßlösungen zu empfehlen, da die Herstellerfirma bei deren Ansatz immer von größeren Einwaagen sowie Volumina ausgeht und daher $\frac{dm(e)}{m(e)}$ wie $\frac{dV(M)}{V(M)}$ klein bleiben. Für δt solcher Lösungen gilt das Beispiel 10.09. Schwieriger ist es, wenn bei längerem Stehen von Maßlösungen mit geringer Titerkonstanz (z.B. $KMnO_4$-Lösungen) der Titer neu bestimmt werden muß. In diesem Fall ist es notwendig, sich Klarheit über den maximalen relativen Meßfehler zu verschaffen und zu überlegen, ob dieser kleiner ist als der Gesamtfehler des Analysenverfahrens. Hierbei ist die Variationsbreite der einzelnen Komponenten in den verschiedenen Gesteinstypen zu bedenken, beispielsweise bei der titrimetrischen Bestimmung von Fe(II) (Abschnitt 14.5). Wenn der die chemischen Arbeitsgänge einbeziehende Gesamtfehler größer ist als der relative maximale Meßfehler für den Titer (Gleichung 10.10), kann ein Wert für $\delta t > 0{,}1$ % (rel.) in Kauf genommen werden.

Beispiel 10.11:

Ein Basalt enthält einen Massenanteil von 8,8 % FeO, welcher in einer H_2SO_4-haltigen Aufschlußlösung durch Titration mit Kaliumpermanganat-Lösung (0,004 mol $KMnO_4$/l oder 0,02 N) bestimmt worden ist. Bürette: 50 ml. Einwaage: 310,6 mg Analysensubstanz. Verbrauch: 19,02 ml $KMnO_4$-Lösung. dm(e) ≈ 0,5 mg, dV(M) ≈ 0,1 ml, $\frac{dt}{t}$ = 0,0010. Damit ergibt sich nach Gleichung 10.09, wenn die Bedingung $\delta t < 0{,}1$ % (rel.) erfüllt ist, folgender Maximalfehler:

$$\delta w = \frac{dw}{w} = \frac{0{,}1 \text{ ml}}{19{,}02 \text{ ml}} + \frac{0{,}5 \text{ mg}}{310{,}6 \text{ mg}} + 0{,}0010 = 0{,}0053 + 0{,}0016 + 0{,}0010 = 0{,}0079$$

$$\hat{=} 0{,}79 \text{ % (rel.)}$$

Durch den relativen Meßfehler variiert der Massenanteil an FeO (8,8 %) des Basalts zwischen $8{,}7_3$ - $8{,}8_7$ %. In Gesteinsproben mit einem Massenanteil zwischen 3 - 10 % FeO gilt eine Standardabweichung von s = 0,12 - 0,16 % FeO absolut (Abschnitt 14.5.1). Das heißt, daß bei der titrimetrischen FeO-Bestimmung der Gesamtfehler des Verfahrens größer ist als die Meßfehler. Der Massenanteil an FeO variiert bei Berücksichtigung der Standardabweichung zwischen $8{,}6_4$ - $8{,}9_6$ %.

Beispiel 10.12:

Substanz und Meßwerte entsprechen dem Beispiel 10.11, aber der Wert für $\frac{dt}{t}$ soll > 0,1 % (rel.) betragen. So erniedrigt sich der Fehler 0,0047 für $\frac{dt}{t}$ im Beispiel 10.10 durch Mitteln über vier Einzeltitrationen auf den Bruchteil von $1/\sqrt{4}$, also auf 0,0024. Der relative maximale Meßfehler ist dann:

$$\delta w = \frac{dw}{w} = \frac{0{,}1 \text{ ml}}{19{,}02 \text{ ml}} + \frac{0{,}5 \text{ mg}}{310{,}6 \text{ mg}} + 0{,}0024 = 0{,}0053 + 0{,}0016 + 0{,}0024 = 0{,}0093$$

$$\hat{=} 0{,}93 \text{ % (rel.)}$$

Durch den höheren relativen Meßfehler variiert der Massenanteil FeO des Basalts zwischen $8{,}7_2$ - $8{,}8_8$ %. Da der Gesamtfehler aber s = 0,16 % FeO absolut beträgt, ist der durch den relativen Meßfehler bedingte Variationsbereich immer noch kleiner als bei der Berücksichtigung der Standardabweichung (vergleiche mit Beispiel 10.11).

Beispiel 10.13:

Mit dem vorliegenden Beispiel soll gezeigt werden, daß auch bei der Annahme extrem ungünstiger Meßbedingungen der relative maximale Meßfehler bei der titrimetrischen FeO-

Bestimmung immer noch geringere Auswirkungen auf den Analysenwert hat als der Gesamtfehler der Analysenmethode.

Ein Granit enthält einen Massenanteil von 1,4$_5$ % FeO, welcher titrimetrisch wie im Beispiel 10.11 bestimmt worden ist. Bürette: 50 ml mit dV(M) ≈ 0,1 ml; besser wäre eine 5 ml-Mikrobürette mit dV(M) ≈ 0,01 ml. Einwaage: 290,6 mg Analysensubstanz. Verbrauch: 2,93 ml KMnO$_4$-Lösung. dm(e) ≈ 0,5 mg, $\frac{dt}{t}$ = 0,0024 wie im Beispiel 10.12. Dann ist:

$$\delta w = \frac{dw}{w} = \frac{0,1 \text{ ml}}{2,93 \text{ ml}} + \frac{0,5 \text{ mg}}{290,6 \text{ mg}} + 0,0024 = 0,0341 + 0,0017 + 0,0024 = 0,0382$$
$$\hat{=} 3,82 \text{ \% (rel.)}$$

Durch den relativen Meßfehler variiert der Massenanteil an FeO (1,4$_5$ %) des Granits zwischen 1,3$_9$ - 1,5$_1$ %. In Gesteinsproben mit einem Massenanteil von etwa 2 % FeO gilt eine Standardabweichung von s = 0,12 % FeO absolut (Abschnitt 14.5.1). Das heißt, daß die durch den extrem hohen relativen Meßfehler bedingte Variationsbreite immer noch kleiner ist als bei Berücksichtigung der Standardabweichung. Der Massenanteil an FeO variiert für den Gesamtfehler zwischen 1,3$_3$ - 1,5$_7$ %.

In ähnlicher Weise muß für jedes Analysenverfahren und für die verschiedenen Massenanteile der zu bestimmenden Komponenten berechnet werden, in welchem Verhältnis der relative maximale Meßfehler und der Gesamtfehler des Analysenverfahrens (Standardabweichung) zueinander stehen.

10.3 Titrimetrie mit physikalischer Bestimmung des Äquivalenzpunktes

Bei der Anwendung der Titrimetrie zur quantitativen Analyse von Mineral- und Gesteinsproben gehört die reproduzierbare Erkennung des Äquivalenzpunktes zu den wesentlichen Problemen der hierfür in Frage kommenden Verfahren. Bei den maßanalytischen Methoden mit chemischer Endpunktbestimmung werden Farbänderungen von Indikatorverbindungen und der Eigenfarbe von Maßlösungen zur visuellen Indizierung des Äquivalenzpunktes benutzt. Für viele analytische Arbeiten sind diese Verfahren einfach sowie mit ausreichender Reproduzierbarkeit anwendbar.

Es gibt aber auch analytische Bedingungen, für welche physikalische Kriterien zur Bestimmung des Äquivalenzpunktes von Vorteil oder sogar notwendig sind. Hierzu gehört beispielsweise die Anwendung der Titrimetrie zur Analyse gefärbter oder trüber Lösungen sowie vor allem zur automatischen Serienuntersuchung von Analysenproben. Aber auch individuelle Fehler, bedingt durch die unterschiedliche Farbtüchtigkeit der Augen bei verschiedenen Analytikern, lassen sich mittels physikalischer Äquivalenzpunktbestimmung ausschalten. Die Entwicklung mikroprozessorgesteuerter Titratoren und von Coulometern sowie die Automatisierung von Titrationsabläufen war nur möglich durch die Kombination elektronischer Regel- und Meßtechnik mit physikalischer Bestimmung des Äquivalenzpunktes.

Zur Zeit werden Titriercomputer in der Mineral- und Gesteinsanalyse vor allem für Untersuchungen von Evaporiten und Salzlösungen eingesetzt. Dagegen finden automatische Titrationsverfahren zur Analyse von Silicaten und Oxiden noch wenig Anwendung. Diese Situation wird auch bei der Methodenbeschreibung in dem vorliegenden Buch sichtbar. Es ist jedoch abzusehen, daß in Zukunft die Titrimetrie mit physikalischer Endpunktbestimmung in Verbindung mit Titriercomputern und Coulomaten auch bei der Silicatanalyse verstärkt Eingang findet. Dieser Entwicklung soll das vorliegende Kapitel Rechnung tragen.

Die folgenden Ausführungen sind auf einige Grundlagen der Titrimetrie mit physikalischer Endpunktbestimmung begrenzt. Detaillierte Informationen über dieses umfangreiche Arbeitsgebiet der analytischen Chemie sind in leicht zugänglichen Fachbüchern enthalten, z.B. in dem Buch *Maßanalyse* von JANDER et al. (1986, dort auch weiterführende Literatur) sowie in KRAFT u. FISCHER (1972), KRAFT (1980), SCHUHMACHER u. UMLAND (1981), *Analytikum* (1981) und in Analysenvorschriften der Herstellerfirmen von Titriercomputern (z.B. Deutsche Metrohm GmbH & Co.).

Folgende physikalische Eigenschaften von Lösungen und deren Messung lassen sich zur Bestimmung von Äquivalenzpunkten anwenden (siehe auch JANDER et al., 1986).

1. Photometrische Verfahren

Bei photometrischen Titrationen werden in den zu analysierenden Lösungen Farbänderungen mit monochromatischem Licht gemessen, wobei das Gesetz von Lambert-Beer (Abschnitt 10.4, Gleichung 10.11) die Grundlage bildet. Aus dem Zusammenhang zwischen der Konzentration eines gelösten Stoffes und der Absorption bzw. Extinktion des Lichtstromes kann der Anteil einer Komponente in der Analysenprobe quantitativ bestimmt werden. Der bei den Titrationen am Äquivalenzpunkt eintretende Farbwechsel läßt sich mit einem einfachen Photometer messen.

In der Titrimetrie werden instrumentelle Verfahren zur Messung von Farbänderungen vor allem zur Bestimmung geringer Metallanteile in der zu analysierenden Lösung angewendet. Beispiel: Bei der Verwendung einer

Maßlösung mit nur 0,01 mol EDTA/l kann zur Erzielung eines hinreichend genau meßbaren Verbrauchs bei der Bestimmung geringer Ca-Anteile der Farbumschlag für das Auge schleppend und unscharf, für das Photometer dagegen noch einwandfrei meßbar sein. Bei der Ca-Bestimmung ist in einem Spektralbereich um 640 nm der Äquivalenzpunkt der Titration durch einen starken Anstieg der Extinktion deutlich zu erkennen (z.B. JANDER et al., 1986: 227 ff.).

Die Anwendung einer photometrischen Messung des Äquivalenzpunktes wird auch dann von Vorteil sein, wenn Farbänderungen in einem vom menschlichen Auge nicht mehr registrierten Spektralbereich liegen (Ultraviolett, naher Infrarotbereich) und wenn in der Lösung andere Färbungen stören. Auch für die automatische Titration von Probeserien ist die photometrische Bestimmung des Äquivalenzpunktes Voraussetzung (z.B. JANDER et al., 1986: 224 ff.).

2. Konduktometrische Verfahren

Bei der Konduktometrie oder Leitfähigkeitstitration wird die Änderung der elektrischen Leitfähigkeit in der wäßrigen Probelösung im Verlauf der Titration gemessen. Zur Vermeidung von Elektrolyseeffekten wird an die Platinelektroden in der Tauchmeßzelle oder eines Leitfähigkeitsmeßgefäßes eine Wechselspannung angelegt, so daß es an den Elektrodenoberflächen zu keiner Entladung der Ionen kommt (JANDER et al., 1986: 229 ff.). Der Äquivalenzpunkt ergibt sich durch einen Anstieg oder Abfall der Gesamtleitfähigkeit bis zu einem Maximum oder Minimum.

Die Konduktometrie ist anwendbar zur Titration starker, mittelstarker und schwacher Säuren mit starken Basen und umgekehrt. Auch das Nebeneinander einer starken und schwachen Säure bzw. Base läßt sich quantitativ in einem Titrationsgang erfassen (z.B. JANDER et al., 1986: 238 ff.).

Auch Fällungstitrationen lassen sich mittels der Konduktometrie durchführen. Entsprechende Verfahren sind dann von analytischem Interesse, wenn für die Erkennung des Äquivalenzpunktes keine geeigneten Indikatoren zur Verfügung stehen. Ein Beispiel hierfür ist die Bestimmung von Bromid in einer wäßrigen Natriumbromidlösung mit Silberacetat-Maßlösung. Während der Reaktion fällt Silberbromid aus. Da auf diese Weise die besser leitenden Bromidionen durch die schlechter leitenden Acetationen ersetzt werden, nimmt die Leitfähigkeit in der Lösung bis zum Erreichen des Äquivalenzpunktes ab. Dann steigt sie durch den Überschuß an Silberacetatlösung wieder an (JANDER et al., 1986: 241).

Während bei der Leitfähigkeitstitration zur Messung der Änderung des Widerstandes die Elektroden in die Lösung eintauchen, sind bei der Hochfrequenztitration die Elektroden außen am Meßgefäß angebracht. Auf diese Weise läßt sich eine Veränderung der Elektroden durch chemische Umsetzungen und Adsorption vermeiden. Der meßtechnische Aufwand ist bei Hochfrequenztitrationen größer als bei den konduktometrischen Titrationen. Anwendung findet die Hochfrequenztitration unter anderem bei Titrationen in nichtwäßrigen Lösungsmitteln (z.B. JANDER et al., 1986: 243 ff.).

In der Mineral- und Gesteinsanalyse haben bisher konduktometrische Titrationen und Hochfrequenz-Titrationen kaum Anwendung gefunden.

3. Potentiometrische Verfahren

Die potentiometrischen Verfahren basieren auf dem Ionenaustausch zwischen einer Lösung und einem Feststoff. Hierbei bildet sich zwischen der Oberfläche des Festkörpers und der Lösung ein Phasengrenzpotential, welches sich im Verlauf der Titration ändert. Bei den potentiometrischen Verfahren werden daher im Verlauf der Titration Potentialänderungen zwischen zwei in wäßrige Lösungen eintauchende Elektroden gemessen. Die eine Elektrode spricht auf die zu bestimmenden Ionen an und wird daher als Indikatorelektrode bezeichnet. Die andere Elektrode übernimmt die Funktion einer Bezugselektrode mit konstant bleibendem Potential.

Als Indikatorelektroden werden Metallelektroden und ionenselektive Elektroden verwendet. Beispielsweise sind Metallelektroden aus Pt, Au und Pd für Redoxtitrationen geeignet, Elektroden aus Cu für komplexometrische Titrationen, aus Ag zur titrimetrischen Bestimmung von Chlorid in wäßrigen Lösungen. Bei den letztgenannten Verfahren wird eine Chloridionen enthaltende Analysenlösung mit einer Silbernitrat-Maßlösung versetzt, wobei das sich in Abhängigkeit von der $AgNO_3$-Zugabe ändernde Potential der Silberionen gegenüber der Silberelektrode gemessen wird. Die Anwendung von Metallelektroden ist eingeschränkt durch die Spannungsreihe der Elemente. Die am leichtesten reduzierbaren und oxidierbaren Ionen bestimmen das Potential.

Eine Erweiterung der Analysenmöglichkeiten potentiometrischer Titrationen wurde möglich durch Elektroden, welche ionenselektiv wirksam sind. Ionenselektive Elektroden sind normalerweise Membranelektroden. Hierzu gehören einmal die für pH-Messungen verwendeten Glaselektroden, bei welchen die ionenaustauschende Membran aus einem Spezialglas besteht. Für die Herstellung von Membranen zur Bestimmung von Kationen und Anionen haben sich weiterhin LaF_3 und Ag_2S als geeignet erwiesen. Eine LaF_3 -

Elektrode ist beispielsweise zur Bestimmung geringer Fluorid-Anteile in der Lösung geeignet (bis zu 10^{-7} mol F/ l), aber auch zur Analyse von Al^{3+} und Fe^{3+} in wäßrigen Lösungen mit einer NaF-Maßlösung, wobei sich $[AlF_6]^{3-}$ - und $[FeF_6]^{3-}$ - Komplexe mit potentiometrisch gut bestimmbaren Äquivalenzpunkten bilden (JANDER et al., 1986: 256). Die Ag_2S - Elektrode ist nicht nur empfindlich gegenüber Ag^+ - und S^{2-} - Ionen, sondern sie kann durch das Dotieren der aus Silbersulfid bestehenden Membran mit anderen Substanzen auch gegenüber anderen Ionen empfindlich gemacht werden. Auf diese Weise lassen sich Elektroden herstellen, welche gegenüber Cl^-, Br^- und I^- ansprechen. Auch CuS, CdS und PbS sind als Zusatz zu Ag_2S-Membranen geeignet (JANDER et al., 1986: 258). Ca und Mg lassen sich mit Ca-sensitiven und Cu-sensitiven Elektroden nacheinander in einer Lösung titrieren (z.B. RITTER, 1985, freundliche persönliche Mitteilung).

Als Bezugselektroden werden normalerweise eine Kalomel-Elektrode (Hg/Hg_2Cl_2-Elektrode) oder eine Silberchlorid-Elektrode (Ag/AgCl-Elektrode) verwendet.

Bei potentiometrischen Titrationen muß zwischen den Lösungen im Titriergefäß und in der Bezugselektrode eine den Strom leitende Verbindung bestehen. Diese kann über ein Diaphragma oder einen mit Elektrolyt gefüllten Stromschlüssel hergestellt werden. Eine entsprechende Anordnung bezeichnet man als Meßkette (siehe z.B. JANDER et al., 1986: 264).

Elektrodenkörper, in welchen Indikator- und Bezugselektrode vereinigt sind, werden als Einstabmeßketten bezeichnet. Die Glaselektroden für pH - Messungen sind heute durchweg als Einstabmeßketten ausgebildet.

Die potentiometrischen Verfahren lassen sich vielseitig anwenden, und zwar bei Neutralisationsreaktionen, Oxidations- und Reduktionsprozessen, Fällungs- und Komplexbildungsreaktionen.

Titrationsverfahren mit potentiometrischer Bestimmung des Äquivalenzpunktes weisen verschiedene Vorzüge auf (z.B. JANDER et al., 1986: 269). Hierzu gehört die Möglichkeit, mehrere Komponenten in der Analysenlösung durch eine Titration zu bestimmen (Simultanbestimmungen). Ferner lassen sich Meßlösungen verwenden, für welche es keine geeigneten Indikatoren gibt. Auch die Titration trüber oder gefärbter Lösungen ist möglich. Ein Vorteil der potentiometrischen Verfahren besteht weiterhin in der quantitativen Bestimmung kleiner Konzentrationen (Mikrobestimmungen). Bei der Analyse geochemischer Proben findet in Verbindung mit Titrationscomputern die Potentiometrie gegenwärtig vor allem Anwendung zur Bestimmung von Fe(II), Ca, Mg, K, Cl, Br. In diesem Zusammenhang sei auf die Analysenvorschriften der Firma Metrohm hingewiesen.

4. Polarisationsverfahren

Während bei den bisher beschriebenen Verfahren der Konduktometrie und Potentiometrie eine Polarisation der Elektroden vermieden werden muß, werden bei den Polarisationsverfahren sprunghafte Änderungen von Spannung oder Strom durch Polarisation oder Depolarisation der Elektroden am Äquivalenzpunkt gemessen (siehe hierzu JANDER et al., 1986: 283 ff.). Während bei den voltametrischen Titrationen Spannungsänderungen (konstanter Strom an den Elektroden) im Verlauf der Titration registriert werden, erfolgt bei den amperometrischen Titrationen eine Messung der Stromänderungen (konstante Spannung an den beiden Elektroden).

Die voltametrischen und amperometrischen Titrationen werden vielfach mit einer polarisierbaren Elektrode (z.B. Platindraht) und einer nicht polarisierbaren Gegenelektrode (z.B. Kalomel-Elektrode, Metallblech mit größerer Oberfläche) durchgeführt.

Die amperometrischen Titrationen mit zwei polarisierbaren Elektroden (z.B. zwei Platindrähte) zeichnen sich durch die Schärfe der Anzeige des Äquivalenzpunktes aus. Das Verfahren wird auch als Dead-stop-Methode (Nullpunkt) bezeichnet, da am Äquivalenzpunkt der Strom praktisch auf Null abfällt. In der Gesteinsanalyse wird die Dead-stop-Methode zur Bestimmung des Gesamtwassers nach Karl-Fischer angewendet (Abschnitt 14.11.4).

5. Coulometrische Verfahren

Für die unter 1 bis 4 beschriebenen Titrationsverfahren mit physikalischer Endpunktbestimmung müssen Maßlösungen mit bekanntem Titer verwendet werden. Bei den coulometrischen Titrationen entfallen dagegen Volumenmessungen mit einer Bürette, und das Reagens der Maßlösung wird direkt in der zu analysierenden Lösung durch einen elektrolytischen Prozeß erzeugt. Dabei wird die an den Elektroden mit der Lösung ausgetauschte Elektrizitätsmenge Q gemessen. Der Coulomat gibt eine konstante Strommenge I ab. Wenn bis zur Erreichung eines vorgegebenen Sollwertes I (Äquivalenzpunkt) t Sekunden benötigt worden sind, errechnet sich die Elektrizitätsmenge aus $Q = I \cdot t$. Die coulometrischen Titrationen erfordern Zeitmessungen. Ein Coulomat besteht daher im wesentlichen aus einer Uhr zur Bestimmung der Titrationszeit und zwei Elektroden. Die eine Elektrode dient zur Erzeugung des Reagens, und die andere gibt den konstanten Strom ab.

Nach dem Faradayschen Gesetz läßt sich über die Elektrizitätsmenge die Stoffmenge des erzeugten Reagens und somit der zu bestimmenden Komponente berechnen. Mittels coulometrischer Titrationen lassen sich die zu analysierenden Komponenten über große Konzentrationsbereiche mit Standardabweichungen von etwa 1 % (relativ) bestimmen. Die Ermittlung des Äquivalenzpunktes erfolgt meistens durch elektrochemische Indikationsmethoden.

In der Mineral- und Gesteinsanalyse werden coulometrische Verfahren zur Bestimmung des Gesamtwassers nach Karl-Fischer, des Kohlenstoffs und des Schwefels angewendet (Abschnitte 14.11.4, 14.12.2, 14.15.1).

10.4 Spektralphotometrie

In der analytischen Geochemie werden zur Bestimmung von Haupt-, Neben- und Spurenbestandteilen häufig photometrische Methoden (Spektralphotometrie) angewendet. Diese zeichnen sich neben dem geringen Zeitbedarf vor allem durch eine hohe Selektivität aus. Bei der optischen Molekülspektrometrie wird die Strahlungsabsorption gemessen, nachdem die zuvor gelösten Komponenten bzw. Elemente in gefärbte Komplexe überführt worden sind. Letztere vermögen Licht spezifischer Wellenlängen (monochromatisches Licht) im Bereich von 190-800 nm zu absorbieren, wobei für bestimmte Konzentrationsabstufungen Zusammenhänge zwischen der Massenkonzentration eines Elements und der Absorption bestehen.

Für ein Einstrahlphotometer ist der Strahlengang in Abb. 10-1 dargestellt. Die nachfolgend in Klammern gesetzten Zahlen beziehen sich auf diese Abbildung. Ein Spektralphotometer besteht aus einer Lichtquelle, einem Monochromator, einer Filtereinrichtung, den Küvetten zur Aufnahme der zu messenden Lösungen, einem Strahlungsempfänger sowie einer Verstärker- und Anzeigeeinheit.

Zur Messung im sichtbaren Spektralbereich (>330 nm) dient eine Wolfram- oder eine Halogenlampe (1). Die Schwärzung des Lampenkolbens durch verdampfendes Wolfram wird bei der Halogenlampe durch einen Zusatz von Iod verhindert. Für Wellenlängenbereiche < 330 nm wird eine Niedervolt-Deuteriumlampe (2) benutzt, welche ihr Intensitätsmaximum im mittleren UV-Bereich hat. Alle Strahlungsquellen sind Kontinuumstrahler.

Die polychromatische Strahlung gelangt von der Lampe über einen Umlenkspiegel (3) auf den Eintrittsspalt zum Monochromator (4). Davor befindet sich eine zur Modulation des Lichtes dienende Schwingblende.

Hinter dem Eintrittsspalt gelangt das modulierte Licht über einen weiteren Umlenkspiegel (3) und eine Sammellinse bzw. einen Kollimator (7) auf ein Prisma (oder Gitter), wo es spektral zerlegt wird. Der weitere Strahlengang führt zurück zum Kollimator (7) und über einen dritten Umlenkspiegel (3) zum Austrittsspalt (5). Davor befindet sich eine Trommel mit verschiedenen Farbglasfiltern zur Vermeidung von Störungen durch Streulicht. Die Farbglasfilter sind innerhalb spezifischer (gewünschter) Wellenlängenbereiche durchlässig, außerhalb derselben üben sie eine Absorptionswirkung aus.

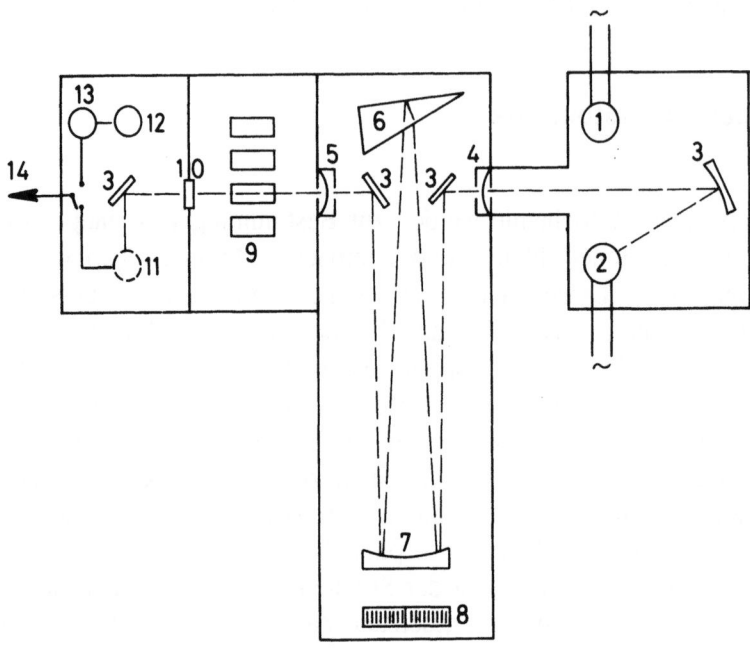

1 Wolfram-Lampe
2 Deuterium-Lampe
3 Umlenkspiegel
4 Eintrittsspalt mit Quarzlinse und Schwingblende
5 Austrittsspalt mit Quarzlinse und Filterrevolver
6 Prisma
7 Kollimator
8 Wellenlängenskala
9 Küvettenraum
10 Lichtschutzblende
11 Sekundärelektronenvervielfacher
12 Photozelle
13 Verstärkerröhre
14 Verstärkung und Auswertung

Abb. 10-1. Strahlungsführung in einem Einstrahlphotometer (z.B. Zeiss PMQ II).

Das mit (8) gewählte monochromatische Licht passiert jetzt die Küvetten (9) mit den Meßlösungen. Bei Einstrahlgeräten werden die zu messende Probe und die Referenzprobe zeitlich nacheinander von demselben Strahlenbündel durchsetzt. Das heißt, der eindringende Lichtstrom ϕ_e (ϕ_0, I_0) und der durchgelassene Anteil des Lichstromes ϕ_{tr} (ϕ, I) werden im gleichen Strahlengang nicht gleichzeitig gemessen, der Quotient $\frac{\phi_{tr}}{\phi_0}$ ($\frac{\phi}{\phi_0}$, $\frac{I}{I_0}$; siehe Gleichung 10.11) bezieht sich also nicht auf eine zeitgleiche direkte Messung. Zu den Nachteilen dieser Meßanordnung gehören vor allem Störungen durch Änderungen in der Lampenintensität und Stabilität der Elektronik, da die Einzelmessungen zwischen Blindwert-, Bezugs- und Probelösungen normalerweise mehrere Minuten auseinanderliegen.

Hinter den Küvetten trifft die monochromatische Strahlung auf einen Strahlungsempfänger. Es gibt hier keinen Universalstrahlungsempfänger. Im Bereich zwischen 190 - 600 nm wird ein Sekundärelektronenvervielfacher (11) verwendet, im Spektralbereich > 600 nm eine Photozelle (12).

Der Photonenstrom wird in elektrischen Strom umgewandelt und verstärkt (13, 14). Die Verstärker besitzen bestimmte Frequenzpässe, die auf die Modulationsfrequenz der Schwingblende (4) abgestimmt sind. Auf diese Weise werden Gleichstromsignale aus der Fremdlichteinwirkung nicht mitverstärkt.

Moderne Spektralphotometer sind fast durchweg Zweistrahlphotometer. Hier werden Probe und Referenzprobe von zwei Strahlen gleicher Wellenlänge durchsetzt. Eine entsprechende Meßanordnung ist in Abb. 10-2 dargestellt.

Von den Lichtquellen (1 oder 2) ausgehend trifft die polychromatische Strahlung über einen Umlenkspiegel (3) und den Durchgang durch ein Farbglas- bzw. Ordnungsfilter (4) eine Feldlinse (5) sowie den Eintrittsspalt (6) auf ein Gitter (7) als Dispersionsmittel. Das Ordnungsfilter hat die Aufgabe, die Überlagerung von Spektren verschiedener Ordnung beim Gitterspektrum zu unterdrücken. Beim Gitterspektrum entsprechen gleiche Wellenlängendifferenzen gleichen Abständen im Spektrum. Dagegen ist das Prismenspektrum im kurzwelligen Abschnitt stärker gedehnt als im langwelligen. Im Gegensatz zum Prismenspektrum ist das Gitterspektrum mehrdeutig, da sich verschiedene Ordnungen überlagern können. Durch ein Gitter mit einer Struktur äquidistanter Furchen (holographisches Gitter) läßt sich jedoch der Hauptanteil der Strahlung auf eine gewünschte Ordnung in einem bestimmten Spektralgebiet konzentrieren. Zur Unterdrückung von Spektren höherer Ordnungen lassen sich auch Filter verwenden (siehe oben).

Vom Gitter gelangt das monochromatische Licht durch den Austrittsspalt (8) auf einen mit Motor (10) angetriebenen rotierenden Sektorspiegel (9), wo es im zeitlichen Wechsel entweder durch den Spiegel hindurchgeht (Vergleichsstrahl) oder reflektiert wird (Meßstrahl). Entsprechend der spezifischen Modulationsfrequenz dreht sich der Spiegel mit einer bestimmten Geschwindigkeit. Nach weiteren Umlenkungen des Strahlenganges (11, 12) passiert der Vergleichsstrahl die Küvette mit der Bezugs- oder Blindwertlösung (15), der Meßstrahl die Küvette mit der (gefärbten) Probelösung (14). Über ein Spiegelsystem (12, 16) treffen Vergleichs- und Meßstrahl abwechselnd in schneller Folge auf einen als Empfänger dienenden Sekundärelektronenvervielfacher (17). Den Schluß der Meßanordnung bilden Verstärkung, Auswertung und Anzeige (18).

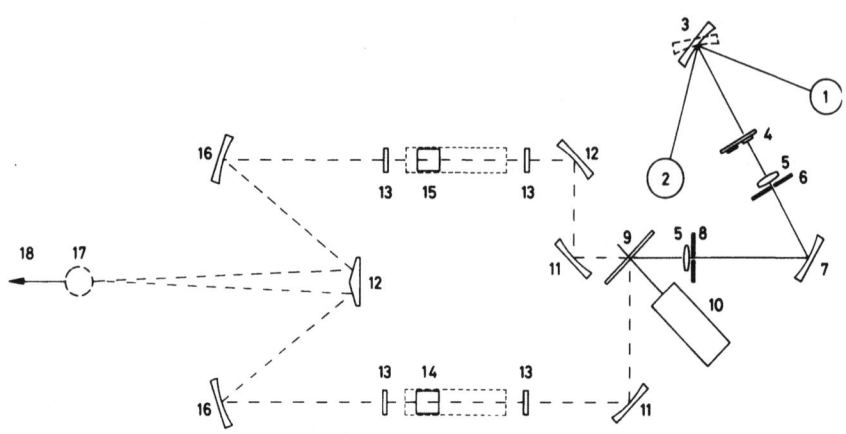

1 Wolfram-Lampe
2 Deuterium-Lampe
3 Umlenkspiegel
4 Filterrad
5 Feldlinsen
6 Eintrittsspalt
7 Konkav holographisches Gitter
8 Austrittsspalt
9 Rotierender Sektorspiegel
10 Motor
11 Toroidspiegel
12 Transferspiegel
13 Probenraumfenster
14 Probe
15 Referenzprobe
16 Sphärischer Spiegel
17 Sekundärelektronenvervielfacher (Photomultiplier)
18 Verstärkung und Auswertung

Abb. 10-2. Strahlungsführung in einem Zweistrahlphotometer (Modell Perkin-Elmer)

Die Frequenzpässe des Verstärkers sind auf die Modulationsfrequenz des rotierenden Sektorspiegels bzw. Choppers (9) abgestimmt. Dadurch werden Gleichstromsignale aus der Fremdlichteinwirkung nicht mitverstärkt. Die Hochspannung für den Photomultiplier (17) wird so geregelt, daß das elektrische Vergleichssignal ϕ_e (I_0) unabhängig von Schwankungen der Strahlungsdichte immer einen festen Wert annimmt. Das elektrische Signal für die Probelösung ist daher direkt proportional dem Quotienten $\frac{\phi_{tr}}{\phi_e}$, das heißt der

Durchlässigkeit τ der zu messenden Lösung. Bei der Messung der Durchlässigkeit wird das Signal in einem Analog-Digital-Wandler digitalisiert. Bei der Messung der Extinktion wird ein logarithmischer Verstärker vorgeschaltet.

Die Anwendung der Spektralphotometrie zur Analyse von Mineralen und Gesteinen behandelt beispielsweise KÖSTER (1979). Das vorliegende Buch beschränkt sich auf eine Auswahl an photometrischen Verfahren, welche sich in der Praxis und in Lehrveranstaltungen bewährt haben.

Die Grundlage quantitativer Elementbestimmungen mittels photometrischer Verfahren ist das Gesetz von LAMBERT-BEER:

$$E = \lg \frac{\phi_e}{\phi_{tr}} = \lg \frac{1}{\tau} = \varepsilon \cdot c(x) \cdot d \tag{10.11}$$

E = Extinktion (Absorbance)
ϕ_e (ϕ_0, I_0) = eindringender Lichtstrom in lm (Lumen), häufig in Prozent gemessen
ϕ_{tr} (ϕ, I) = durchgelassener Anteil von ϕ_e (Transmission) in lm, häufig in Prozent gemessen
τ = Durchlässigkeit, $\tau = \frac{\phi_{tr}}{\phi_e}$, auch Durchlaßgrad oder Transmissionsgrad (Transmissionsfaktor)
D = Durchlässigkeit in %, $D = 100 \cdot \tau$
ε = molarer Extinktionskoeffizient in l/mol · cm
$c(X)$ = Stoffmengenkonzentration (Molarität) in mol/l
d = Schichtdicke der Meßküvette in cm

Zur Berechnung verwendet man dekadische Logarithmen. Der molare Extinktionskoeffizient (ε) entspricht dem reziproken Wert der Schichtdicke in cm, die eine Lösung mit einer Stoffmengenkonzentration von 1 mol/l besitzen muß, um den durch sie hindurchgehenden Lichtstrom auf den zehnten Teil des Eintrittswertes zu schwächen.

In der Praxis wird die Schichtdicke der zu messenden Lösungen konstant gehalten. Somit ist:

$$c(X) = F(P) \cdot E = F(P) \cdot \lg \frac{\phi_e}{\phi_{tr}} \tag{10.12}$$

$F(P)$ = Faktor (Photometrie) zur Umrechnung der Extinktion in eine Stoffmengenkonzentration bzw. Massenkonzentration

Zur Bestimmung des Faktors F(P) wird die Extinktion für Lösungen mit bekannten Stoffmengenkonzentrationen oder Massenkonzentrationen (Eichlösungen, Bezugslösungen) bestimmt. Nach Gleichung 10.12 ist dann:

$$F(P) = \frac{c}{E} \tag{10.13}$$

Die Berechnung der zu bestimmenden Masse eines Elementes in der Analysensubstanz geschieht in folgender Weise (DOERFFEL, 1965: 14f.): Setzt man

$$c = \frac{m}{V}, \tag{10.14}$$

c = Stoffmengenkonzentration oder Massenkonzentration der zu bestimmenden Komponente in der Meßlösung
m = Stoffmenge oder Masse der zu bestimmenden Komponente in der Meßlösung
V = Volumen der Meßlösung

geht die Gleichung 10.12 über in

$$m = F(P) \cdot E \cdot V \tag{10.15}$$

Der Massenanteil in % errechnet sich nach:

$$w = \frac{100 \cdot m}{m(e)} = \frac{100 \cdot F(P) \cdot E \cdot V}{m(e)} \tag{10.16}$$

w   = Massenanteil der zu bestimmenden Komponente in %
F(P) = Faktor (Photometrie), siehe Gleichung 10.13
m(e) = Einwaage Probesubstanz in mg
V   = Volumen Meßlösung in ml, entspricht hier gleich dem Volumen der Aufschlußlösung mit m(e)
m   = Masse der zu bestimmenden Komponente in der Meßlösung in mg

Der Fehler des Massenanteils in % ist dann:

$$\delta w = \frac{dw}{w} = \frac{dE}{E} + \frac{dV}{V} + \frac{dF(P)}{F(P)} + \frac{dm(e)}{m(e)} \tag{10.17}$$

Für den Fehler der Extinktionsmessung ergibt die Gleichung 10.11 mit $d\phi_e = d\phi_{tr}$:

$$\delta_E = \frac{\left(\frac{1}{\phi_e} + \frac{1}{\phi_{tr}}\right) d\phi_{tr}}{2{,}303 \,(\lg \phi_e - \lg \phi_{tr})} \qquad (10.18)$$

Auch bei der Photometrie läßt sich, ähnlich wie bei der Gravimetrie und der Titrimetrie, die Qualität der Ergebnisse durch einen möglichst niedrigen Meßfehler stark beeinflussen. Bei den Spektralphotometern kann unter Zugrundelegung einer Skala mit hundert Teilstrichen (D = 0 bis 100) von einem Wert dD ≈ 0,1 Skalenteile ausgegangen werden (DOERFFEL, 1965: 15).

Die graphische Darstellung der Gleichung 10.18 zeigt den Meßbereich, in welchem die Extinktionsmessungen mit dem niedrigsten Fehler behaftet sind (Abb. 10-3). Bei der Berechnung des Kurvenverlaufs wurde von maximal 100 % Durchlässigkeit und dD ≈ 0,1 Skalenteile ausgegangen.

Bei Durchlässigkeiten von 25 - 30 % sind die Extinktionsmessungen mit dem kleinsten Fehler behaftet. Kleinere Durchlässigkeiten lassen sich vergleichsweise genauer messen als größere. Bei den letzteren wird der Fehler für immer weniger intensiv gefärbte Lösungen schnell größer. Die Messungen sollten möglichst im Bereich 20 % < D < 63 % bzw. 0,7 > E > 0,2 vorgenommen werden (Abb. 10-3).

$\frac{dE}{E}$ beträgt in diesem Bereich etwa 0,004 $\hat{=}$ 0,4 % (rel.). Durch Variation der Schichtdicke d (0,5, 1, 2 und 5 cm) der durchstrahlten Lösungen und der Stoffmengen- bzw. Massenkonzentration in den Meßlösungen lassen sich in den meisten Fällen die Messungen in dem empfohlenen Bereich ausführen.

Bei der Durchführung photometrischer Bestimmungen werden normalerweise 50, 100, 200 und 250-ml Meßkolben verwendet. Die Fehleranteile $\frac{dV}{V}$ in der Reihenfolge der Meßkolbenvolumina betragen 0,0012, 0,0010, 0,00075 und 0,00060 (Tabelle 10-2). Im Vergleich zum Fehler bei den Extinktionsmessungen $\frac{dE}{E} \approx 0{,}004$ ist der Volumenfehler von untergeordneter Bedeutung. Der Fehler des Faktors F(P) ist:

$$F(P) = \frac{dF(P)}{F(P)} = \frac{dc}{c} + \frac{dE}{E} \qquad (10.19)$$

Auch die Bezugslösungen für die Bestimmung von F(P), siehe hierzu auch Gleichung 10.13, müssen im optimalen Meßbereich gemessen werden (Abb. 10-3).

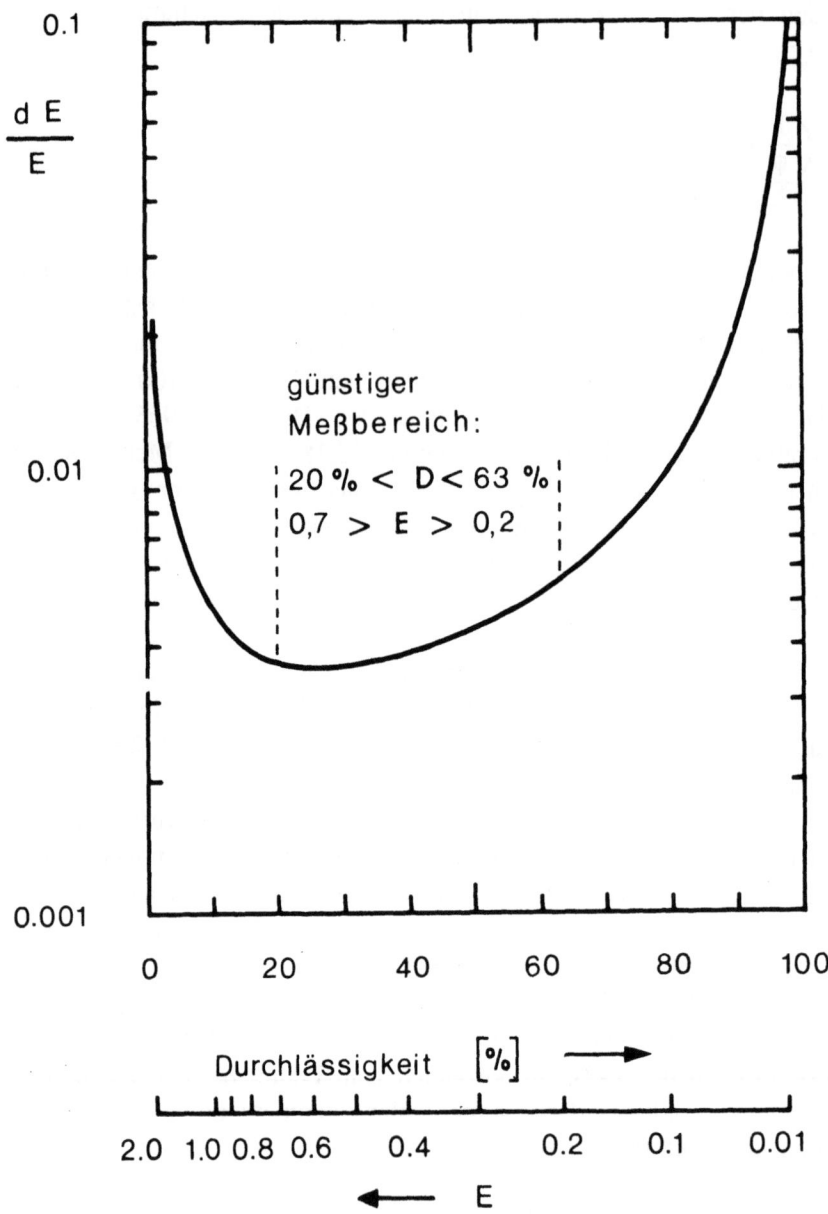

Abb. 10-3. Fehler bei den Extinktionsmessungen in Abhängigkeit von der gemessenen Durchlässigkeit in %.

Bei der Herstellung von Bezugslösungen geht man von Stammlösungen aus, welche entweder im Labor durch die Einwaage fester Verbindungen oder aus käuflichen und bereits abgemessenen Stoffmengen oder Lösungen hergestellt werden. Die Entnahme und Verdünnung bestimmter Volumina an Stammlösung zum Ansatz von Bezugslösungen entspricht einer Abmessung von Volumina. $\frac{dc}{c}$ in Gleichung 10.19 setzt sich somit aus dem Fehler der Stammlösung und den Schritten der Abmessung von Volumina zusammen.

Der Fehler der Stammlösung ist klein und kann vernachlässigt werden, wenn die Einwaage entsprechend groß ist und vor allem 500 oder 1000 ml-Meßkolben verwendet werden (siehe Beispiel 10.14). Anders ist dagegen die Situation bei der Abmessung von Volumina zur Herstellung von Bezugslösungen. Durch die Benutzung von 50 ... 250 ml-Meßkolben und 5 ... 50 ml-Vollpipetten liegt $\frac{dV}{V}$ zwischen $\approx 0,003$ und $0,001$. Das heißt, in ungünstigen Fällen ist der Volumenfehler ähnlich groß wie der Fehler der Extinktionsmessungen ($\frac{dE}{E} \approx 0,004$).

Für jede Stoffmengen- bzw. Massenkonzentration müssen mehrere Bezugslösungen gemessen und die Werte gemittelt werden. Der Fehler des Mittelwertes $\bar{F}(P)$ verringert sich bei N_i Parallelbestimmungen auf den Bruchteil von $1/\sqrt{N_i}$. Da in Gleichung 10.19 $\frac{dE}{E} \approx \frac{dc}{c}$ ist, müssen zur Mittelbildung 3 oder 4 Meßwerte verwendet werden, wenn der bei der Eichung auftretende Fehler nicht größer sein soll als der Fehler bei der Analyse (DOERFFEL, 1965: 16).

Beispiel 10.14:

Der Massenanteil an Gesamteisen in einer Basaltprobe beträgt 13,5 %, formuliert als Fe_2O_3. Zur photometrischen Bestimmung des Fe_2O_3 werden zweimal (Doppelbestimmung) ungefähr 0,1 g Gesteinspulver aufgeschlossen und die Lösungen in zwei 100 ml-Meßkolben aufgefüllt.

Die Bezugslösung wird hergestellt aus einer Stammlösung mit 100 µg Fe_2O_3/ml (ppm). Die Stammlösung enthält 0,4911 g Ammoniumeisen(II)-sulfat-Hexahydrat in 1000 ml Lösung. Für die Vergleichslösungen werden in drei 100 ml-Meßkolben je 5 ml der Stammlösung pipettiert und mit dest. Wasser bis zur Ringmarke aufgefüllt. In den Meßlösungen befinden sich dann 5 µg Fe_2O_3/ml (siehe Abschnitt 14.4.2).

I. Messung der Bezugslösung, Ermittlung des Faktors F(P):

Einwaage der Substanz in mg für die Stammlösung
$\frac{dm(e)}{m(e)} = \frac{0,5 \text{ mg}}{491,1 \text{ mg}} = 0,0010$

Lösen und Auffüllen der Stammlösung im 1000 ml-Meßkolben
$\frac{dV}{V} = \frac{0,40 \text{ ml}}{1000 \text{ ml}} = 0,0004$

Herstellung der Bezugslösung (Meßlösung), dazu

10 Grundlagen der Meßverfahren

a) 5 ml Stammlösung abpipettieren $\quad \dfrac{dV}{V} = \dfrac{0,015 \text{ ml}}{5 \text{ ml}} = 0,0030$

b) dann im 100 ml-Meßkolben auffüllen $\quad \dfrac{dV}{V} = \dfrac{0,10 \text{ ml}}{100 \text{ ml}} = 0,0010$

Extinktionsmessung $\quad \dfrac{dE}{E} \approx 0,0040$

$\quad \dfrac{dF(P)}{F(P)} = 0,0094$

Durch die Mittelwertbildung über drei Vergleichslösungen verringert sich der Fehler auf den Bruchteil $1/\sqrt{3}$, dann ist $\quad \dfrac{d\overline{F}(P)}{F(P)} = 0,0054$

II. Messung der Probelösung:

Einwaage mg Basaltprobe $\quad \dfrac{dm(e)}{m(e)} = \dfrac{0,5 \text{ mg}}{100 \text{ mg}} = 0,0050$

Auffüllen der Aufschlußlösung in 100 ml-Meßkolben $\quad \dfrac{dV}{V} = \dfrac{0,10 \text{ ml}}{100 \text{ ml}} = 0,0010$

Herstellung der Meßlösung, dazu

a) 5 ml Aufschlußlösung abpipettieren $\quad \dfrac{dV}{V} = \dfrac{0,015 \text{ ml}}{5 \text{ ml}} = 0,0030$

b) dann in 100 ml-Meßkolben auffüllen $\quad \dfrac{dV}{V} = \dfrac{0,10 \text{ ml}}{100 \text{ ml}} = 0,0010$

Extinktionsmessung $\quad \dfrac{dE}{E} \approx 0,0040$

$\quad \dfrac{dF(P)}{F(P)} = 0,0140$

Durch die Doppelbestimmung verringert sich der Fehler auf den Bruchteil $1/\sqrt{2}$, somit auf $\quad \dfrac{d\overline{F}(P)}{F(P)} = 0,0099$

Fehler aus I und II:
$$\begin{array}{r} 0,0054 \\ + \ 0,0099 \\ \hline 0,0153 \end{array}$$

Bei der photometrischen Bestimmung von Fe_2O_3 muß mit einem Meßfehler $\frac{dw}{w}$ von 1,53 % (rel.) gerechnet werden.

Durch den Meßfehler variiert der Anteil an Gesamteisen in der Basaltprobe (13,5 % Fe_2O_3) zwischen 13,3-13,7 % Fe_2O_3. Bei etwa 11 % Fe_2O_3 im Gestein ist für das photometrische Analysenverfahren mit einer Standardabweichung s = $0,2_2$ % Fe_2O_3 absolut zu rechnen (Abschnitt 14.4.2). Das heißt, die durch den Meßfehler bedingte Variationsbreite des Massenanteils in % ist ähnlich hoch wie beim Gesamtfehler.

Beispiel 10.15:

Eine Basaltprobe enthält einen Massenanteil von $2,2_0$ % TiO_2. Die Bestimmung dieser Komponente erfolgt photometrisch (Abschnitt 14.2.1), der relative Meßfehler soll ebenfalls 1,5 % betragen. Bei etwa 2 % TiO_2 im Gestein ist für das Analysenverfahren mit einer Standardabweichung s = 0,1 % TiO_2 absolut zu rechnen. Somit ist in diesem Fall der Gesamtfehler des Analysenverfahrens deutlich höher (Variationsbreite 2,1 - 2,3 % TiO_2) als der relative Meßfehler (Variationsbreite $2,1_7$ - $2,2_3$ % TiO_2).

Bei den photometrischen Analysenverfahren sind die Meßfehler normalerweise größer als bei gravimetrischen und titrimetrischen Methoden. Das ist vor allem auf die nicht vermeidbaren Fehler bei der Messung der Bezugslösungen zurückzuführen (DOERFFEL, 1965: 17). Da aber mit den photometrischen Verfahren vor allem Nebenbestandteile und Spurenelemente bestimmt werden sollen, sind relative Meßfehler von 1-1,5 % akzeptabel, vor allem wenn sie ähnlich und kleiner sind als die Gesamtfehler der photometrischen Analysenverfahren.

10.5 Flammen-Atomabsorptionsspektrometrie (AAS)

Zu den Standardgeräten für die Bestimmung von Haupt-, Neben- und Spurenbestandteilen in festen und flüssigen natürlichen Proben gehört das Atomabsorptionsspektrometer. Die Anwendung der darauf aufbauenden Analysenverfahren setzt gleichermaßen Grundkenntnisse über die Funktionsweise eines Atomabsorptionsspektrometers, die chemische Vorbereitung und Zusammensetzung der Bezugs- sowie Probelösungen und die möglichen Fehlerquellen voraus. Auf keinen Fall lassen sich durch auswendig gelernte Schemata über das *"Knöpfchendrücken"* zuverlässige Analysendaten mittels der Atomabsorptionsspektrometrie ermitteln. Aus diesem Grund erscheint es hilfreich, nachfolgend einige Grundlagen der Atomabsorptionsspektrometrie als Einheit von Meßgerät, Meßmethode und chemischer Probenvorbereitung zusammenhängend darzustellen. Weiterführende Informationen enthalten unter anderem die Publikationen von BURRELL (1975), DEAN u. RAINS (1969), PINTA (1975), PRICE (1972) und WELZ (1985).

Bei der Flammen-Atomabsorptionsspektrometrie werden aus wäßrigen oder organischen Lösungen durch thermische Energiezufuhr in der Flamme Atome und Ionen erzeugt. Die Atomabsorption beruht auf der Eigenschaft freier Atome, elektromagnetische Strahlung der Wellenlänge zu absorbieren, die sie auch zu emittieren vermögen.

In einer Hohlkathodenlampe (HKL) oder einer elektrodenlosen Entladungslampe (EDL) werden Atome zur Lichtemission angeregt. Die Strahlungsführung erfolgt durch eine Flamme, in welcher sich Atome des zu bestimmenden Elementes befinden. Dabei wird ein Teil der Strahlung der Hohlkathodenlampe in Resonanz absorbiert. Die beim Absorptionsvorgang aufgenommene Energie bewirkt eine Anhebung von Bahnelektronen vom Grundzustand in einen angeregten Zustand, welcher der Energiedifferenz ΔE_λ entspricht.

Die bei der Absorption angeregten Elektronen fallen nach kurzer Zeit unter Aussendung derselben Energiedifferenz in den Grundzustand zurück. Zur Ausschaltung der unerwünschten thermischen Emissionsstrahlung wird die Primärstrahlungsquelle moduliert und der Verstärker auf die Modulationsfrequenz abgestimmt. Die Modulierung kann elektrisch über die Stromversorgung der Primärstrahlungsquelle oder mechanisch mittels eines rotierenden Sektorspiegels (Chopper) erfolgen. Die Eliminierung von Störungen und Schwankungen des Strahlungsflusses der Primärstrahlungsquelle erfolgt durch die Anwendung des Zweistrahlprinzips.

Dieses Prinzip ist heute in den meisten Atomabsorptionsspektrometern verwirklicht (Abb. 10-4). Es läßt sich wie folgt beschreiben, wobei die in Klammern gesetzten Zahlen der Abbildung 10-4 entsprechen. Die Strahlung aus einer Hohlkathodenlampe (1) wird durch verschiedene Spiegel (2) umgelenkt und zunächst auf einen rotierenden zweiteiligen Sektorspiegel (3) fokussiert. Dort erfolgt eine Teilung der Strahlung, wobei in zeitlichem Wechsel ein Teil derselben einmal durch den Spiegel hindurchgeht (Vergleichsstrahl) und einmal reflektiert wird (Meßstrahl). Entsprechend einer spezifischen Modulationsfrequenz (Hertz) dreht sich der Spiegel mit einer bestimmten Geschwindigkeit. Der Meßstrahl verläuft durch die Flamme (5) und trifft dann nach Umlenkung (2) auf einen punktförmig perforierten und teildurchlässigen Spiegel (6), wo sich Meß- und Vergleichsstrahl wieder vereinigen. Mittels eines Gittermonochromators (7) wird das Licht spektral zerlegt, so daß spezifische Wellenlängen gemessen werden können. Das Licht gelangt dann in zeitlichem Wechsel von Meß- und Vergleichsstrahl auf einen als Detektor wirkenden Sekundärelektronenvervielfacher oder Photomultiplier (8), wo je ein elektrisches Signal für den Meß- und Vergleichsstrahl erzeugt wird. Aus den beiden letzteren wird im Verstärker elektronisch der wellenlängenspezifische Quotient $\frac{\phi_e}{\phi_{tr}}$ gebildet und im Anzeigegerät (10) dargestellt. Die Verstärker besitzen bestimmte Frequenzpässe, welche auf die Modulationsfrequenz des Choppers abgestimmt sind. Dadurch werden zum Beispiel Gleichstromsignale aus der emittierten Strahlung der Flamme nicht mitverstärkt.

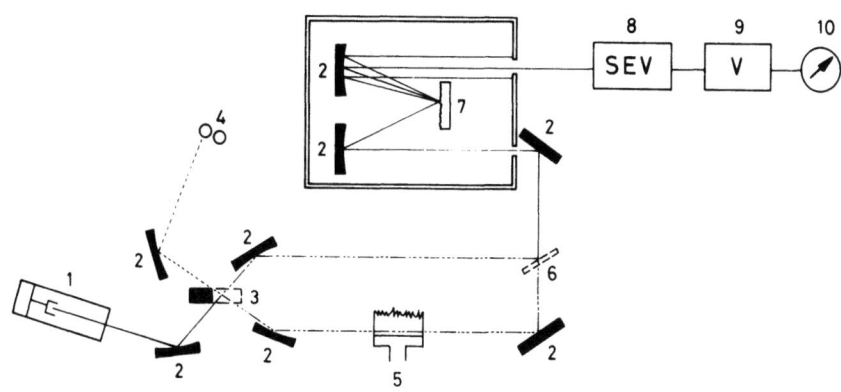

1	Lichtquelle, Hohlkathodenlampe	6	teildurchlässiger Spiegel
2	Spiegel	7	Gitter
3	rotierender Sektorspiegel (Chopper)	8	Sekundärelektronenvervielfacher
4	Deuterium- und Wolframlampe	9	Verstärker
5	Atomisierungseinheit (Flamme)	10	Anzeigegerät

Abb. 10-4. Strahlungsführung in einem Zweistrahlspektrometer.

Da für die Absorption innerhalb bestimmter Grenzen das Gesetz von LAMBERT-BEER gilt, kann aus der durch Absorption in der Flamme verringerten Strahlungsintensität auf den Anteil eines Elementes in der Analysenlösung geschlossen werden (siehe auch Gleichung 10-20).

$$E = \lg \frac{\phi_e}{\phi_{tr}} = \varepsilon \cdot l \cdot a \cdot f \qquad (10.20)$$

E = Extinktion

ϕ_e = Lichtstrom in lm, vor dem Durchgang durch die Flamme, wird häufig auch als Durchlässigkeit in % angegeben (Gleichung 10.11)

ϕ_{tr} = durchgelassener Anteil von ϕ_e in lm, wird häufig auch als Durchlässigkeit in % nach der Durchstrahlung der Probe angegeben
ε = molarer Extinktionskoeffizient in l / mol · cm
a = Anteil der sich in der Flamme im Grundzustand befindlichen Atome
l = Länge des Absorptionsweges in der Flamme
f = Wirkungsgrad des gesamten Atomisierungsprozesses

In der Praxis ist es nicht möglich, alle in der Gleichung 10.20 enthaltenen Größen zu bestimmen. Diese Schwierigkeit wird umgangen, indem man die Extinktionen von Bezugs- und Probelösungen unter Einhaltung gleicher Meßbedingungen an chemisch ähnlich zusammengesetzten Lösungen ermittelt und miteinander vergleicht.

Primärstrahlungsquellen

In der Atomabsorptionsspektrometrie werden Hohlkathodenlampen (für etwa 65 Elemente) und elektrodenlose Entladungslampen (für etwa 18 Elemente) als Strahlungsquellen verwendet. Eine Hohlkathodenlampe besteht aus einem mit Neon oder Argon unter einem Druck von wenigen hundert Pascal gefüllten Glaszylinder, in den zwei Elektroden eingeschmolzen sind. Die Kathode besteht aus spektralreinem Metall, die Anode aus Wolfram oder Nickel. Das Emissionsspektrum des Kathodenmaterials wird durch Stoßanregung nach dem Prinzip der Geißlerschen Röhre erzeugt. Die emittierte Strahlung ist kein monochromatisches Licht, sondern enthält auch Linien aus höheren Anregungszuständen sowie Emissionslinien von Neon bzw. Argon. Bei den elektrodenlosen Entladungslampen erfolgt die Anregung über Induktionsaufheizung des in einem Glaszylinder befindlichen Atomdampfes mit Mikrowellen.

Monochromatoren

Die spektrale Zerlegung der aus verschiedenen Wellenlängen zusammengesetzten Strahlung erfolgt in einem Atomabsorptionsspektrometer normalerweise mit Hilfe eines Gitters. Gittermonochromatoren werden unter Verwendung von Reflexions-Beugungsgittern gebaut, die durch äquidistante Ritzungen (1000 - 3000 pro mm) auf spiegelnden Metallflächen erzeugt werden. Die spektrale Aussonderung der Meßstrahlung erfolgt häufig in Czerny-Turner-Aufstellung des Gittermonochromators. Hierbei wird die vom Eintrittsspalt kommende Strahlung von einem Hohlspiegel parallelgerichtet und auf das Beugungsgitter gelenkt. Von dort gelangt die Strahlung auf einen zweiten

Hohlspiegel, welcher das Licht auf den Austrittsspalt fokussiert. Das Gitter kann ohne Veränderung des Brennpunktes gedreht werden. Die Zerlegung der Strahlung erfolgt durch Beugung an den Gitterfurchen und durch Interferenzen am Bildort. Der Abstand zwischen zwei gegebenen Wellenlängen wird Lineardispersion genannt und in Millimeter pro Nanometer angegeben. Die Lineardispersion hängt unter anderem von der Furchendichte des Gitters ab. Sie ist für Atomabsorptionsspektrometer nahezu wellenlängenunabhängig, da fast nur in der 1. Ordnung gemessen wird. Die spektrale Spaltbreite ist über die reziproke Lineardispersion mit der geometrischen Spaltbreite des Eintrittsspalts verknüpft. Eine reziproke Lineardispersion von 1 nm/mm bedeutet, daß bei einer gewünschten spektralen Spaltbreite von 1 nm eine geometrische Spaltbreite von 1 mm erforderlich ist.

Eine weitere Größe zur Kennzeichnung des lichtzerlegenden Systems ist das Auflösungsvermögen A. Es wird als das Verhältnis $A = \frac{\lambda}{\Delta \lambda}$ ausgedrückt. Dieser Wert gibt an, wie groß der Wellenlängenunterschied $\Delta \lambda$ bei der Wellenlänge λ sein muß, um das Licht von λ getrennt vom Licht $\lambda + \Delta \lambda$ zu sehen. Das Auflösungsvermögen eines Gitters ergibt sich aus der Gesamtzahl der Gitterfurchen.

Für den Praktiker ist die Zahl A normalerweise nur von untergeordneter Bedeutung. Für die Beurteilung möglicher Überlagerungen von Spektrallinien (Koinzidenzen) genügt eine Angabe für $\Delta \lambda$, da sie alle variablen und festen Geräteparameter wie Spaltbreite, Spalthöhe, Brennweite, Anzahl der Linien pro mm des Gitters, Wellenlänge und andere einschließt.

Bei der Atomabsorptionsspektrometrie ist die optische Auflösung des Gerätes weniger wichtig. Der Monochromator hat nur die Aufgabe, die gewählte Resonanzlinie von den anderen Emissionslinien der Lichtquelle (Hohlkathodenlampe) zu trennen. Ein Wert von $\Delta \lambda$ gleich 0,1 bis 0,2 nm reicht aus.

Detektoren

Als Detektoren werden Sekundärelektronenvervielfacher (Photomultiplier) benutzt, welche die Intensität der Photonenstrahlung linear proportional in elektrischen Strom umwandeln. In den Sekundärelektronenvervielfachern dienen die Prallelektroden oder Dynoden zur Verstärkung, während die erste Elektrode, die Kathode, durch Photonen angeregt wird. Der Elektronenstrom endet an der Auffanganode.

Flammen

Bei der Flammenspektrometrie kommen turbulent und laminar brennende Flammen zur Anwendung (Tabelle 10-3). Die turbulenten und mit Direktzerstäubern erzeugten Flammen zeichnen sich durch hohe Flammengeschwindigkeiten aus. Ein Nachteil dieses Flammentyps besteht darin, daß durch eine unvollständige Verdampfung der direkt in die Flamme eingesaugten Lösungen Störungen auftreten können. Daher werden die mit einem Mischkammerzerstäuber erzeugten laminaren Flammen in der Atomabsorptionsspektrometrie bevorzugt. In der Mischkammer werden noch vor der Verbrennung Gase und Lösungsteilchen miteinander vermischt.

Beim Gebrauch von Mischkammerzerstäubern können wegen der hohen Brenngeschwindigkeit der Flammen und der damit verbundenen Rückschlaggefahr Gemische aus Sauerstoff und Wasserstoff sowie Sauerstoff und Acetylen nicht verwendet werden. Auch Gemische aus Sauerstoff und Dicyan kommen wegen ihrer starken Giftigkeit für den normalen Laborbetrieb nicht in Betracht. In der Praxis haben sich als Gasgemische für die Erzeugung laminarer Flammen Luft und Acetylen sowie Lachgas (Distickstoffmonoxid) und Acetylen bewährt.

Bei der Flammen-Atomabsorptionsspektrometrie wird normalerweise im Spektralbereich zwischen 190 bis 850 nm gemessen. Die Eigenabsorption der Flammen vergrößert sich von Gasgemischen mit folgenden Eigenschaften: Oxidierende und *"scharf"* brennende Flammen (brenngasarm), Flammen mit stöchiometrisch zusammengesetzten Gasgemischen, reduzierende und *"leuchtend"* brennende Flammen (brenngasreich). Die Lachgas-Acetylen-Flamme ist wegen ihrer Eigenabsorption nur für Wellenlängenbereiche bis 230 nm verwendbar. Dagegen eignet sich die Luft-Acetylen-Flamme unter oxidierenden Bedingungen für Messungen bis 190 nm und unter reduzierenden Verhältnissen für Untersuchungen in Wellenlängenbereichen bis 210 nm. Der Anteil eines Elementes in der Flamme (M_{Total}) ergibt sich aus

$$[M_T] = [M] + [M^+] + [MX] + [MX^+] \tag{10.21}$$

[M] und [M^+] sind die Anteile an freien Atomen und Ionen, [MX] und [MX^+] die Anteile an Molekülen und ionisierten Molekülen. Der Grad der Atomisierung in Prozent ist

$$ß = \frac{[M] \cdot 100}{[M] + [MX]} \tag{10.22}$$

Bei der Messung wird der ionisierte Anteil an freien Atomen und Molekülen durch die Zugabe eines Überschusses an leicht ionisierbaren Elementen unterdrückt.
Der Grad der Ionisierung in Prozent ist

$$\alpha = \frac{[M^+] \cdot 100}{[M^+] + [M]} \qquad (10.23)$$

Tabelle 10-3. Brenngeschwindigkeiten und Temperaturen von Flammen. Nach AMOS u. WILLIS (1966), DE GALAN u. SAMAEY (1970), KNISELEY (1969), WILLIS (1965, 1970).

Gasgemisch	Brenngeschwindigkeit [cm/s]	Temperatur [°C]
	laminar	
Luft - Propan	80	1900
Stickstoffmonoxid - Acetylen	90	3100
Sauerstoff - Dicyan	140	4600
Luft - Acetylen	160	2300
Distickstoffmonoxid (Lachgas) - Acetylen	180	2900
Luft - Wasserstoff	400	2000
	turbulent	
Sauerstoff - Acetylen	800-2500	3100
Sauerstoff - Wasserstoff	900-3700	2700

In Tabelle 10-4 ist der ungefähre Grad der Atomisierung und Ionisierung von 43 Elementen für laminare Flammen angegeben. Der Grad der Atomisierung und Ionisierung eines Elementes hängt von der Temperatur, der Brennerhöhe, der Konzentration eines Elementes, einer brenngasreichen oder -armen Flamme und anderen Parametern ab. Bei der Bestimmung des Ionisierungsgrades der Alkalielemente spielt auch die Konzentration des zu messenden Elementes eine große Rolle, so daß in der Tabelle 10-4 nur Bereiche angegeben werden können.

Der Grad der Atomisierung und damit der resonanzfähige Anteil von Al, Ba, Be, Si und Ti in der Luft-Acetylen-Flamme ist gering.

Auch für eine Anzahl anderer Elemente sind die Verhältnisse nicht besonders günstig, so daß die Messungen besser in der heißeren Lachgas - Acetylen-Flamme durchgeführt werden sollten. Allerdings nimmt der Grad der Ionisierung bei höheren Temperaturen deutlich zu (Tabelle 10-4).

Tabelle 10-4. Grad der Atomisierung und Ionisierung in laminar brennenden Luft-Acetylen-Flammen und Lachgas-Acetylen-Flammen. Nach AMOS u. WILLIS (1966), DE GALAN u. SAMAEY (1970), KORNBLUM u. DE GALAN (1973), MAGYAR (1987), MANNING u. CAPACHO-DELGADO (1966), PICKETT u. KOIRTYOHANN (1968), ROBINSON (1974), WILLIS (1970), WOODWARD (1971), ZEEGERS et al. (1969).

Element	Luft-Acetylen Atomisierung %	Ionisierung %	Lachgas-Acetylen Atomisierung %	Ionisierung %
Ag	70 - 100	< 0,1	60	1 - 2
Al	< 0,1	0,8	20	20 - 30
As	-	< 0,1	60	< 0,1
Au	40 - 100	< 0,1	30 - 50	< 0,1
B	-	< 0,1	< 0,1	0,2
Ba	< 0,1 - 0,3	16	15 - 20	94 - 99
Be	< 0,1	< 0,1	10	0,1
Bi	15 - 20	< 0,1	30 - 40	0,5
Ca	5 - 15	3	50 - 65	40 - 80
Cd	40 - 60	< 0,1	60	0,2
Co	20 - 30	< 0,1	15 - 25	1
Cr	7	0,3	60 - 85	3 - 10
Cs	70	40 - 95	-	98 - 100
Cu	80 - 100	< 0,1	55 - 70	1 - 12
Eu	-	-	40	90
Fe	40 - 85	< 0,1	80 - 90	2 - 5
Ga	15	4	70	20 - 30
Hg	100	< 0,1	100	0,1
In	50 - 70	5	60 - 70	20 - 40
K	25 - 40	15 - 65	10	95 - 99
La	-	3	-	35 - 80
Li	20 - 30	2 - 9	30	35 - 70
Mg	60 - 100	< 0,1	95 - 100	3 - 10
Mn	45 - 70	0,1	50 - 80	3 - 9
Mo	-	0,1	70	3
Na	50 - 100	4 - 15	50	45 - 85
Ni	70	< 0,1	100	1
Pb	60 - 80	0,1	80 - 90	4 - 9

Tabelle 10-4. Fortsetzung

Element	Luft-Acetylen		Lachgas-Acetylen	
	Atomisierung %	Ionisierung %	Atomisierung %	Ionisierung %
Pd	80	< 0,1	100	1
Pt	80	< 0,1	100	0,1
Rb	60 - 100	30 - 85	-	97 - 100
Sb	-	< 0,1	-	0,3
Se	-	< 0,1	90	< 0,1
Si	< 0,1	< 0,1	5 - 6	0,6
Sn	4 - 8	0,1	50 - 80	3
Sr	7	13	30 - 45	89 - 95
Te	-	< 0,1	-	0,1
Ti	< 0,1	0,4	10 - 20	10 - 15
Tl	40 - 50	2	55	20 - 25
V	1 - 2	0,3	30 - 40	10
Y	-	0,5	-	15 - 20
Zn	70 - 75	< 0,1	55 - 90	0,1
Zr	-	0,2	-	8 - 10

Zerstäuber und Brenner

Zerstäuber, Zerstäuberkammer und Brenner bilden in der Regel eine Einheit. Bei der Flammen-Atomabsorptionsspektrometrie verwendet man hauptsächlich pneumatische Zerstäuber in Kombination mit Laminar- und Turbulenzbrennern.

Beim Laminarbrenner erfolgt die Lösungszufuhr über einen Mischkammerzerstäuber. Die Mischkammer dient als Filter für die erzeugten Aerosoltröpfchen, damit nur das feinste Aerosol in die Flamme gelangt. Das ist wichtig für eine gute Stabilität und ein günstiges Verhältnis von Signal zu Untergrund. Die größeren Tröpfchen des Aerosols (90 bis 95 %) werden als Kondensat in der Mischkammer abgeschieden und fließen ab. Die Laminarströmung wird durch eine gute Vermischung von Brenngas (Acetylen) mit dem Oxidans (Luft oder Lachgas) sowie dem Aerosol erzeugt.

Beim Turbulenzbrenner wird das Brenngas der Flamme getrennt zugeführt. Hier kann die Flamme nicht zurückschlagen. Das Aerosol der Probe gelangt vollständig in die Flamme. Daraus ergeben sich Störungen durch eine unvollständige Verdampfung der Lösungströpfchen. Turbulente Flammen haben einen hohen Rauschpegel und damit ein ungünstiges Verhältnis von Signal zu Untergrund.

Störungen bei der Flammen-Atomabsorptionsspektrometrie

Die bei der Flammen-AAS auftretenden Störungen sind auf mehrere Ursachen zurückzuführen. Man unterscheidet zwischen spektralen Interferenzen, Ionisationsstörungen, Dampf- und Schmelzphasenstörungen (häufig auch als chemische Störungen bezeichnet), Störungen durch unspezifische Strahlungsverluste und schließlich physikalische Störungen auf Grund der unterschiedlichen Viskosität, Dichte und Oberflächenspannung der Bezugs- und Probelösungen.

Die Begriffe *"chemische"* und *"physikalische"* Störungen sind ungünstig gewählt und lassen sich nur schwer eingrenzen. Störungen durch unspezifische Strahlungsverluste treten vor allem bei der flammenlosen Atomabsorptionsspektrometrie auf. Die Kompensation dieser Lichtverluste wird im Abschnitt 10.7 behandelt. Störungen durch Viskosität, Dichte und Oberflächenspannung lassen sich beispielsweise durch eine Verdünnung der Probelösungen beseitigen. Mögliche Fehler können auch korrigiert werden, indem mit innerem Standard oder im Additionsverfahren gemessen wird. Eventuell muß die Zusammensetzung der Bezugslösungen denen der Probelösungen weitgehend angeglichen werden.

Spektrale Interferenzen

In der Atomabsorptionsspektrometrie spielen spektrale Interferenzen, die durch thermische Emissionsstrahlung hervorgerufen werden, praktisch keine Rolle. Modulierte, elementspezifische Primärstrahlungsquellen und ein auf diese Modulationsfrequenz abgestimmter Verstärker bewirken, daß die Gleichstromsignale aus der Emission nicht mitverstärkt werden. Trotzdem gibt es einige Interferenzen. So wird beispielsweise die Resonanzlinie des Ba bei 5535,5 Å (553,6 nm) von der CaOH - Molekülbande mitabsorbiert. Es gibt auch verschiedene Linienkoinzidenzen wie zum Beispiel die von Cu 3247,54 Å mit Eu 3247,53 Å, von Hg 2536,52 Å mit Co 2536,49 Å, von Zn 2138,56 Å mit Fe 2138,59 Å und andere.

Die Interferenzen können eine Bedeutung erlangen, wenn ein Element bei gleichzeitig großem Überschuß des anderen gemessen wird. Elektronenanregungsspektren von absorbierenden Molekülen und Radikalen können ebenfalls zu Koinzidenzen mit Analysenlinien führen.

Ionisationsstörungen

Ionisationsstörungen treten immer dann auf, wenn sich das Gleichgewicht zwischen atomisiertem und ionisiertem Anteil des zu messenden Elementes durch veränderte Elektronendichten in der Flamme (Einfluß von Matrixelementen) von Lösung zu Lösung verschiebt. Das Analysenelement M_I ist in der Flamme in Abhängigkeit von der Temperatur und anderen Parametern teilweise ionisiert.

$$M_I \rightleftarrows M_I^+ + e^- \tag{10.24}$$

Ein leicht ionisierbares Begleitelement M_{II} (z.B. Na, K, Rb oder Cs) wird ebenfalls ionisiert.

$$M_{II} \rightleftarrows M_{II}^+ + e^- \tag{10.25}$$

Durch das Begleitelement M_{II} erhöht sich die Elektronendichte in der Flamme. Das Gleichgewicht in Gleichung (10.24) wird für das Analysenelement nach links verschoben und auf diese Weise das Meßsignal vergrößert.

Auch Radikale wie CN können durch die Bildung von CN^- als Elektronenakzeptor das Gleichgewicht verschieben. Da die vergleichenden Messungen bei konstanter Flammeneinstellung erfolgen, macht sich ihr Einfluß nicht bemerkbar. Ionisationsstörungen treten nur bei Elementen mit niedrigerem Ionisationspotential auf, das heißt sie besitzen die Tendenz, in der Flamme zu ionisieren. Die Alkalielemente haben ein sehr niedriges Ionisationspotential und erreichen in der Luft-Acetylen-Flamme (2300 °C) einen beträchtlichen Grad der Ionisierung. In der Tabelle 10-5 ist neben anderen Interelementeffekten (siehe Dampf- und Schmelzphasenstörungen) deutlich die Meßwerterhöhung von Na und K in Gegenwart anderer Alkalielemente zu sehen. In der noch heißeren Lachgas-Acetylen-Flamme (2900 °C) sind neben den Alkalielementen vor allem die Erdalkalielemente, aber auch Al, Cr, Cu, Eu, Ga, In, La, Mn, Pb, Ti, Tl, V, Y, Zr u.a., erheblich ionisiert (Tabelle 10-4). Bei der Messung dieser Elemente können in Abhängigkeit von den Begleitelementen Ionisationsstörungen auftreten. Diese Störungen lassen sich durch folgende Maßnahmen verringern bzw. ganz vermeiden:
a) Durch die Verwendung von Gasgemischen mit niedrigen Brenntemperaturen, beispielsweise Luft-Propan (1900 °C). Der Grad der Ionisierung ver-

ringert sich. Allerdings nehmen dann bei den niedrigeren Temperaturen die Dampf- und Schmelzphasenstörungen zu (siehe unten).

b) Durch die Zugabe eines Überschusses an leicht ionisierbaren Elementen zu den Bezugs- und Probelösungen, zum Beispiel Cs in Anteilen von ≥ 100 mg/100 ml Lösung. Ist der Überschuß groß genug, wird durch die hohe Elektronendichte in der Flamme die Ionisation des zu messenden Elementes fast völlig zurückgedrängt und aufgrund des Massenwirkungsgesetztes das Gleichgewicht in Gleichung 10.24 so weit nach links verschoben, daß Schwankungen in den Konzentrationen leicht ionisierbarer Begleitelemente keine Rolle mehr spielen. Das System ist gepuffert. Das zugesetzte Cs dient in diesem Fall als Ionisationspuffer.

Tabelle 10-5. Relative Extinktionen (in %) der Analysenelemente Ca, Cr, Cu, Fe, K, Mg, Mn, Na, Ni, Pb, Sr und Zn in der Luft-Acetylen-Flamme bei Gegenwart verschiedener Begleit- bzw. Matrixelemente in Konzentrationsabstufungen von 1, 10, 100 und 1000 mg/1000 ml. Alle Lösungen enthalten 0.1 mol HCl/l. P wurde als H_3PO_4 den Lösungen hinzugefügt. Meßbedingungen siehe Abschnitt 16.

Analysen-element (mg/1000 ml)		1	10	100	1000	Matrix-element
			mg Matrixelement/1000 ml			
Ca (2)	%	90	75	58	51	Al
		100	100	100	104	Cs
		100	100	97	91	Fe
		100	100	100	103	K
		100	103	105	107	La
		100	102	105	106	Mg
		100	100	100	101	Na
		95	92	86	81	P
		78	44	12	2	Ti
Cr (1)	%	92	87	76	67	Al
		100	100	100	100	Ca
		100	100	100	100	Cs
		81	73	52	47	Fe
		100	100	100	100	K
		100	100	98	96	La
		100	100	60	55	Mg
		100	100	100	100	Na
		92	41	34	31	P
		90	71	53	41	Ti

Tabelle 10-5. Fortsetzung

Analysen-element (mg/1000 ml)		1	10	100	1000	Matrix-element
			mg Matrixelement/1000 ml			
Cu (1)	%	100	100	100	100	Al
		100	100	100	100	Ca
		100	100	100	100	Cs
		100	100	100	100	Fe
		100	100	100	100	K
		100	100	100	100	La
		100	100	100	100	Mg
		100	100	100	100	Na
		100	100	100	100	P
		100	100	100	100	Ti
Fe (4)	%	100	100	100	100	Al
		100	100	99	95	Ca
		100	101	103	106	Cs
		100	100	101	103	K
		100	100	100	100	La
		100	100	100	100	Mg
		100	100	102	103	Na
		100	100	100	100	P
		100	100	100	100	Ti
K (1)	%	100	100	100	100	Al
		100	100	100	100	Ca
		101	104	127	140	Cs
		100	100	100	100	Fe
		100	100	100	99	La
		100	100	100	100	Mg
		100	103	111	116	Na
		100	100	100	98	P
		100	100	100	97	Ti
Mg (1)	%	95	81	63	57	Al
		100	101	104	107	Ca
		100	100	100	100	Cs
		100	100	100	100	Fe
		100	100	100	100	K
		100	103	104	106	La
		100	100	100	100	Na
		100	100	100	100	P
		100	90	58	47	Ti

Tabelle 10-5. Fortsetzung

Analysen-element (mg/1000 ml)		1	10	100	1000	Matrix-element
			mg Matrixelement/1000 ml			
Mn (1)	%	100	100	100	100	Al
		100	100	100	100	Ca
		100	100	100	101	Cs
		100	100	100	101	Fe
		100	100	100	101	K
		100	100	100	100	La
		100	100	100	101	Mg
		100	100	100	101	Na
		100	100	100	100	P
		100	100	99	97	Ti
Na (1)	%	100	100	100	100	Al
		100	100	100	100	Ca
		102	107	110	113	Cs
		100	100	100	100	Fe
		101	104	109	110	K
		100	100	100	100	La
		100	100	100	102	Mg
		100	100	100	100	P
		100	100	100	98	Ti
Ni (1)	%	100	100	100	101	Al
		100	100	100	100	Ca
		100	100	100	100	Cs
		100	100	100	100	Fe
		100	100	100	100	K
		100	100	100	102	La
		100	100	97	91	Mg
		100	100	100	100	Na
		100	100	100	98	P
		100	100	98	92	Ti
Pb (4)	%	100	100	100	100	Al
		100	100	100	100	Ca
		100	100	100	100	Cs
		100	100	100	100	Fe
		100	100	100	100	K
		100	100	100	100	La
		100	100	100	100	Mg
		100	100	100	100	Na

Tabelle 10-5. Fortsetzung

Analysen-element (mg/1000 ml)		1	10	100	1000	Matrix-element
			mg Matrixelement/1000 ml			
Pb (4)	%	100	100	100	100	P
		100	100	100	100	Ti
Sr (1)	%	34	31	30	28	Al
		102	103	105	107	Ca
		100	100	100	102	Cs
		88	71	68	55	Fe
		100	100	101	102	K
		101	103	104	106	La
		100	100	101	103	Mg
		100	100	100	101	Na
		89	82	76	66	P
		44	17	10	2	Ti
Zn (1)	%	100	100	100	100	Al
		100	100	100	100	Ca
		100	100	100	100	Cs
		100	100	100	100	Fe
		100	100	100	100	K
		100	100	100	100	La
		100	100	100	100	Mg
		100	100	100	100	Na
		100	100	100	100	P
		100	100	100	98	Ti

Dampf- und Schmelzphasenstörungen

In der Flamme bildet sich eine Vielzahl stabiler Verbindungen. Allein jene, welche die Matrixelemente eines Gesteinsaufschlusses mit den Flammengaskomponenten C, N, O und H eingehen, liegen bei mehreren Hundert. Beispielsweise treten beim Zerstäuben von Lösungen mit Silicium plus Aluminium und mit Lithium folgende Verbindungen (zum Teil keine stöchiometrischen Verhältnisse) in der Luft-Acetylen-Flamme auf: Si, Si_2, Si_3, SiO, SiO_2, SiH, SiN, Si_2N, SiC, Si_2C, Al, AlO, Al_2O_2, Al_2O, AlOH, AlO_2H, AlN, AlH, AlC, Li, Li_2, LiO, Li_2O, Li_2O_2, LiOH, LiON, LiH, LiN. Diese Aufzählung läßt sich mit anderen Elementen beliebig erweitern. Allerdings sind viele dieser Verbindungen bei der Analyse nur von untergeordneter Bedeutung.

Einigermaßen überschaubar ist das Verhalten der Erdalkalielemente. Letztere bilden in der Luft-Acetylen-Flamme beim Zerstäuben reiner Lösungen fast nur Oxide oder Hydroxide (Tabelle 10-6). Der besonders niedrige Anteil an Mg bei der Bildung von Verbindungen wird deutlich sichtbar im Vergleich zu den Elementen Ca, Sr und Ba.

Bei gleichbleibender Zusammensetzung der Flammengase und Meßlösungen ist der Grad der Atomisierung des zu messenden Elementes reproduzierbar trotz der Bildung vieler Verbindungen mit den Komponenten der Flamme. Dampf- bzw. Schmelzphasenstörungen treten erst dann in der Flamme auf, wenn das Verdampfungsgleichgewicht durch die Bildung thermisch stabiler Verbindungen von Lösung zu Lösung verändert wird.

Tabelle 10-6. Geschätzte Prozentanteile der Erdalkalielemente an der Bildung von Oxiden und Hydroxiden in der Luft-Acetylen-Flamme. Wäßrige Lösungen ohne Matrixelemente. M = Erdalkalielement

Komponente	Mg	Ca	Sr	Ba
MO	4 - 5	30 - 35	50 - 80	45 - 50
MOH	0,1	50 - 55	10 - 25	45 - 50
M(OH)$_2$	7 - 9	5 - 6	5 - 6	0,7 - 0,9
M	80 - 95	5 - 8	4 - 8	0,1
M$^+$	0,1	0,2	0,9	0,1

Zu Störungen kann es beispielsweise kommen, wenn Bezugs- und Probelösungen unterschiedliche Anteile der gleichen Säure enthalten. Noch stärker ist der Einfluß verschiedener Säuren in Bezugs- und Probelösungen. Beispielhaft hierfür ist die zunehmende Signalunterdrückung von Ca (zugesetzt als CaCl$_2$) in der Luft-Acetylen-Flamme bei der Zugabe von 4 % Säuren als HCl, HNO$_3$, H$_2$SO$_4$ und H$_3$PO$_4$ (Abb. 10-5). In der Flamme bilden sich Chloride, Nitrate, Sulfate und Phosphate. Die Signalunterdrückung ist umso größer, je stabiler die Verbindungen sind. Das Experiment läßt sich durch die Zugabe anderer Säuren wie zum Beispiel HF oder HClO$_4$ fortführen. Das Ausmaß der Signalunterdrückung für Ca würde dann von der Flußsäure zur Perchlorsäure wie folgt abnehmen: HF > H$_3$PO$_4$ > H$_2$SO$_4$ > HNO$_3$ > HCl > HClO$_4$. Ein Vergleich der wichtigsten Erdalkalielemente zeigt, daß das Meßsignal durch H$_3$PO$_4$, H$_2$SO$_4$ oder HCl in der Reihenfolge Mg zu Ba kleiner wird (Mg > Ca > Sr > Ba). Dagegen bewirkt die Flußsäure nur beim Ca eine starke Signalunterdrückung (Bildung von Calciumfluorid).

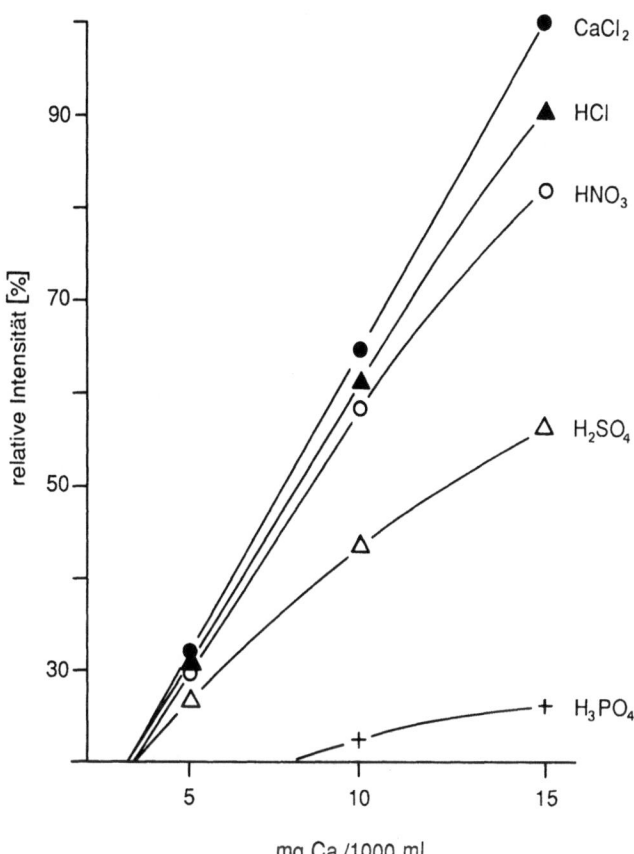

Abb. 10-5. Einfluß verschiedener Säuren mit einem Massenanteil von jeweils 4 % auf die relative Intensität von Ca (Wellenlänge 422,6 nm). Das entspricht einer Stoffmengenkonzentration von etwa 1 mol HCl/ l, ~ 0,6 mol HNO$_3$/ l und ~ 0,4 mol H$_2$SO$_4$, H$_3$PO$_4$/ l. Flamme: Luft-Acetylen.

Die Tabelle 10-7 zeigt den Einfluß verschiedener Anionen auf Na, K, Mg, Ca, Sr, Ba, Fe, Mn, Cd, Co, Cr, Cu, Ni, Pb und Zn in der Luft-Acetylen-Flamme und auf Al, Fe, Ti, Ca, Sr und Ba in der Lachgas-Acetylen-Flamme. Am auffälligsten sind Störungen bei Al, Cr, Ti und den Erdalkalielementen. Bei der Ausführung der Aufschlüsse sollten daher möglichst viele Anionen abgeraucht werden. *Beim Lösen des Rückstandes ist darauf zu achten, daß Säureart und Säuremenge in den einzelnen Meßlösungen vergleichbar sind.*

In der Flamme bilden sich in Gegenwart von Kationen Verbindungen von Aluminaten, Titanaten, Ferraten, Chromaten, Vanadaten und komplexe Oxide unterschiedlicher Zusammensetzung. Ein Teil dieser Verbindungen konnte in der Luft-Acetylen-Flamme mit direkten und indirekten Methoden nachgewiesen werden, zum Beispiel $CaAl_2O_4$, $MgAl_2O_4$, $SrAl_2O_4$, $Ca_2Fe_2O_5$, $Li_2Fe_2O_4$, $CaTiO_3$, $MgTiO_3$, $SrTiO_3$, $BaTiO_3$, $Ca_2P_2O_7$, $FeCr_2O_4$, $Ca_2V_2O_7$ und andere (RIANDEY, 1975). Die Bildung dieser komplexen Verbindungen und ihre Umwandlung in einfache Oxide und in Atome erfolgt durch noch wenig erforschte Vorgänge in der Flamme. Ein Vergleich zwischen den Schmelz- und Siedepunkten der komplexen Verbindungen und ihrer einfachen Oxide mit den Flammentemperaturen macht deutlich, daß die Umwandlungen häufig durch Reduktionen über Schmelzphasen ablaufen.

Die Einwaage für einen Säureaufschluß beträgt normalerweise 0,1 bis 0,2 g Substanz. Beim Aufschluß von Gesteinen und Böden mit Flußsäure und Perchlorsäure wird das Silicium häufig als SiF_4 zusammen mit den überschüssigen Säuren abgeraucht, der Rückstand mit Salzsäure aufgenommen und die Lösung im Meßkolben auf 100 ml aufgefüllt. Ein solcher Aufschluß sollte 0,1 mol HCl/l enthalten. Umgerechnet auf 100 ml sind in der Aufschlußlösung noch 0,3 bis 4 mg F^- sowie 0,5 bis 8 mg ClO_4^- als Reste der Aufschlußsäuren vorhanden. Nach mehrmaligem Abrauchen verringert sich diese Restmenge erheblich.

Aus der Analysensubstanz befinden sich in 100 ml der Aufschlußlösung etwa 0,07 bis 0,6 mg PO_4^{3-}, SO_4^{2-}, SiO_3^{2-}, 3 bis 25 mg Al, 2 bis 14 mg Fe, 1 bis 25 mg Ca, Mg, 0,2 bis 8 mg Na, K, 0,2 bis 2 mg Ti und 0,08 bis 0,4 mg Mn. Die Anteile der übrigen Kationen und Anionen betragen normalerweise weniger als 0,1 mg pro 100 ml und können daher die Messungen nur noch geringfügig stören.

Die Bezugslösungen müssen den Probelösungen in der Anionenkonzentration weitgehend angeglichen werden. Zu diesem Zweck werden die Aufschlußlösungen zunächst bis zur Trockne eingedampft, um die überschüssigen Säuren zu entfernen und die Lösungen schließlich mit genau definierten Anteilen einer bestimmten Säure versetzen zu können. Beim Abrauchen ist zu beachten, daß der trockene Rückstand sofort mit Säure aufgenommen wird, um die Bildung schwer löslicher Oxide, (vor allem Al_2O_3, weißer Niederschlag), zu vermeiden.

Die relativen Extinktionen (in %) von Ca, Cr, Cu, Fe, K, Mg, Mn, Na, Ni, Pb, Sr und Zn in Gegenwart wichtiger Matrixelemente sowie von Cs und La sind für die Luft-Acetylen-Flamme in der Tabelle 10-5 zusammengestellt. Erwartungsgemäß sind die relativen Extinktionen der Erdalkalielemente in Gegenwart von Al, Ti und P niedriger (Bildung von Erdalkalialuminaten, -tita-

Tabelle 10-7. Der Einfluß verschiedener Anionen (jeweils 20000 mg/1000 ml) auf die Extinktionen von Na, K, Mg, Ca, Sr, Ba, Fe, Mn, Cd, Co, Cr, Cu, Ni, Pb und Zn (jeweils 1 bis 10 mg/1000 ml) in der Luft-Acetylen-Flamme (A) und von Al, Fe, Ti, Ca, Sr und Ba (jeweils 5 bis 50 mg/1000 ml) in der Lachgas-Acetylen-Flamme (B). Meßbedingungen siehe Abschnitt 16.

	Cl^-	F^-	ClO_4^-	SO_4^{2-}	PO_4^{3-}	NO_3^-	SiO_3^{2-}	BO_3^{3-}
(A) Na	-	0	0	0	0	0	0	-
K	0-	0+	0+	+	0-	0+	0+	0
Mg	-	+	0	0	0	-	-	0
Ca	-	--	0+	-	--	-	--	0
Sr	-	0	0+	-	--	-	--	0
Ba	-	0-	0	--	--	-	--	0
Fe	-	+	+	+	0	0+	0	+
Mn	0	0	0	+	0	0	0+	0
Cd	0	0	0	0	0	0	0	0
Co	0	0	0	0	0	0	0-	0
Cr (III)	0	--	-	--	--	0-	0	-
Cr (IV)	0	--	-	--	--	0-	0	-
Cu	0	0	0	0	0	0	0	0
Ni	0	0	0	0	0-	0	0	0
Pb	0	-	0	0-	-	0	0	-
Zn	0	0	0	0	0	0	0	0
(B) Al	0	++	0	+	0+	0	--	0
Fe	0	+	0	+	+	0+	0	+
Ti	0	++	0	0	-	0	--	0
Ca	0	--	0+	0+	0+	0+	-	0+
Sr	0	0+	0	0+	0-	0+	-	0
Ba	0	--	0	--	0-	0+	0-	0-

0 keine Signalveränderung (± 1 %)
0+ schwache Signalerhöhung (1 - 10 %)
0- schwache Signalerniedrigung (1 - 10 %)
+ Signalerhöhung (10 - 30 %)
- Signalerniedrigung (10 - 30 %)
++ starke Signalerhöhung (> 30 %)
-- starke Signalerniedrigung (> 30 %)

naten, -phosphaten) im Vergleich zu Lösungen ohne Anteile an Störelementen. Beim Sr, aber auch geringfügig beim Ca, bilden sich in Gegenwart von Eisen Ferrate. Abgesehen von einer zusätzlichen Störung durch das Mg wird die Extinktion des Cr durch die gleichen Elemente beeinträchtigt.

Aus Tabelle 10-8 ist am Beispiel des Sr zu ersehen, wie die Dampf- und Schmelzphasenstörungen zu beseitigen sind. Der Block A der Tabelle 10-8 informiert nochmals über die Depressionsfehler für Sr in Gegenwart von Al, Fe, P und Ti bei Verwendung einer Luft-Acetylen-Flamme (2300 °C). Im Gegensatz zu diesen Daten ist aus dem Block B der Tabelle 10-8 zu ersehen, daß bei Anwendung der heißeren Lachgas-Acetylen-Flamme (2900 °C) die Sr-Extinktionen durch hohe Al-, P- und Ti - Anteile zwar noch immer deutlich erniedrigt werden, jedoch die Depressionsfehler kleiner geworden und in Gegenwart von Fe vollständig verschwunden sind. Die Ursache liegt in der abnehmenden Stabilität der Strontiumaluminate, -ferrate, -phosphate und -titanate mit zunehmender Flammentemperatur.

Tabelle 10-8. Relative Extinktionen (in %) von Sr in der Luft-Acetylen-Flamme (Block A) und der Lachgas-Acetylen-Flamme (Blöcke B, C, D) in Gegenwart verschiedener Matrixelemente sowie ohne und mit Cs als Ionisationspuffer und La als Befreiungsagens. Alle Lösungen enthalten 0,1 mol HCl/l. Meßbedingungen siehe Abschnitt 16.

Block	Analysenelement (mg/1000 ml)		1	10	100	1000	Matrixelement
			\multicolumn{4}{c}{mg Matrixelement/1000 ml}	
A	Sr (1)	%	34	31	30	28	Al
			102	103	105	107	Ca
			88	71	68	55	Fe
			100	100	101	102	K
			100	100	101	103	Mg
			100	100	100	101	Na
			89	82	76	66	P
			44	17	10	2	Ti
B	Sr (1)	%	100	100	90	87	Al
			100	100	102	107	Ca
			100	100	100	100	Fe
			100	108	192	372	K
			100	102	105	108	Mg
			100	107	190	360	Na
			100	100	100	95	P
			100	99	96	86	Ti

Tabelle 10-8. Fortsetzung

Block	Analysen-element (mg/1000 ml)	1	10	100	1000	Matrix-element
			mg Matrixelement/1000 ml			
C	Sr (1) (+ 2000 mg Cs)	% 100	100	92	91	Al
		100	100	100	100	Ca
		100	100	100	100	Fe
		100	100	100	100	K
		100	100	100	100	Mg
		100	100	100	100	Na
		100	100	100	98	P
		100	98	95	87	Ti
D	Sr (1) (+ 2000 mg Cs) (+ 2000 mg La)	% 100	100	100	100	Al
		100	100	100	100	Ca
		100	100	100	100	Fe
		100	100	100	100	K
		100	100	100	100	Mg
		100	100	100	100	Na
		100	100	100	100	P
		100	100	100	100	Ti

In der heißeren Lachgas-Acetylen-Flamme nimmt aber auch der Grad der Ionisierung zu (Tabelle 10-4). Dadurch treten verstärkt Ionisationsstörungen auf, die besonders in Gegenwart von Na und K zu erkennen sind. Aus den Angaben im Block C der Tabelle 10-8 ist zu entnehmen, daß die Ionisationsstörungen durch die Zugabe von Cs als Ionisationspuffer beseitigt werden. Die durch Strontiumaluminate, -phosphate und -titanate bedingten Dampf- und Schmelzphasenstörungen bleiben jedoch bestehen. Um auch diese Störungen zu beseitigen, wird außer Cs noch La als Befreiungsagens hinzugegeben (Block D der Tabelle 10-8). Erst dann sind sämtliche möglichen Störungen ausgeschaltet. Solche Freisetzungsreaktionen (Releasereaktionen) lassen sich wie folgt formulieren:

$$M_I + X \rightleftarrows M_I X \qquad (10.26)$$

M_I = Mg, Ca, Sr, Ba   X = Anionenkomplexe mit Al, P, Ti (Fe)

Die Erdalkalielemente Mg, Ca, Sr und Ba stehen in Abhängigkeit von der Flammentemperatur im Gleichgewicht mit ihren in der Flamme gebildeten Aluminaten, Phosphaten und Titanaten. Das La zeigt aufgrund seiner Stellung im Periodensystem (Verwandtschaft zum Ba) ein ähnliches chemisches Verhalten wie die Erdalkalielemente. Es bilden sich in der Flamme stabile Aluminate, Ferrate, Phosphate, Titanate und andere Verbindungen. Analog zur Gleichung (10.26) läßt sich Gleichung (10.27) formulieren:

$$\text{La} + \text{X} \rightleftarrows \text{LaX} \tag{10.27}$$

X = Anionenkomplexe mit Al, P, Ti (Fe)

In Gegenwart eines hohen La-Überschusses in der Flamme wird das Gleichgewicht in der Gleichung (10.26) stark nach links verschoben, da X zur Bildung stabiler Lanthanaluminate, -phosphate, -titanate usw. verbraucht wird (Gleichung 10.27). Die Erdalkalielemente Mg, Ca, Sr und Ba werden auf diese Weise freigesetzt. Ein solches System ist gegenüber Schwankungen in den Erdalkalianteilen gepuffert. Die Stabilität der Erdalkalialuminate, -ferrate, -phosphate und -titanate in der Flamme nimmt vom Mg zum Ba zu. Durch einen La-Zusatz läßt sich das Mg am leichtesten freisetzen. Die Dampf- und Schmelzphasenstörungen des Mg in Aufschlüssen von Gesteinen und Böden lassen sich bereits in der Luft-Acetylen-Flamme vollständig durch einen Zusatz von La beseitigen. Für das Ca gilt dieser Befund in Abhängigkeit von den Matrixelementen nur noch mit Einschränkungen.

Die Signalunterdrückung der Erdalkalielemente ist in HNO_3-haltigen Lösungen im Vergleich zu HCl-haltigen wesentlich größer. Freisetzungsreaktionen von Ca, Sr und Ba durch La lassen sich in HNO_3-haltigen Lösungen überhaupt nicht mehr durchführen. Eine plausible Erklärung für diesen Befund gibt es trotz zahlreicher Untersuchungen nicht.

KANTOR (1987) faßt die bisherigen Ergebnisse zusammen. Nach seinen Untersuchungen verhindert ein La-Zusatz in HCl-haltiger Lösung aufgrund des unterschiedlichen Verdampfungsverhaltens der Chloride die Reaktion von Ca und Al zu Calciumaluminat. Tabelle 10-9 zeigt den Einfluß von Al auf Mg in HCl- und HNO_3-haltigen Lösungen mit und ohne La-Zusatz. Auch hier verläuft die Freisetzungsreaktion von Mg durch La in HCl-haltigen Lösungen deutlich besser als in HNO_3-haltigen. In geochemischen Materialien sollten Ca, Sr und Ba zur Vermeidung von Depressionsfehlern *nicht* mit der Luft-Acetylen-Flamme, sondern stets mit der Lachgas-Acetylen-Flamme gemessen werden.

Die relativen Extinktionen von Al, Ba, Ca, Sr und Ti in Gegenwart verschiedener Matrixelemente sind für die Lachgas-Acetylen-Flamme aus der Tabelle 10-10 zu entnehmen. Wie zu erwarten, werden die Signale der Erdalkalielemente Ca, Sr und Ba in der heißeren Lachgas-Acetylen-Flamme noch deutlich nachweisbar durch Al, Ti und (P) verringert. In der Praxis machen sich diese Störungen bei der Messung eines Erdalkalielementes in Aufschlüssen von Gesteinen und Böden kaum noch bemerkbar, da das zu bestimmende Element stets von anderen Erdalkalielementen begleitet wird, welche ihrerseits Freisetzungsreaktionen einleiten. Viel wichtiger sind in der Lachgas-Acetylen-Flamme die Ionisationsstörungen, welche durch einen Zusatz von Cs beseitigt werden müssen. Da aber auch das La je nach Flammeneinstellung zu 35 bis 80 % ionisiert wird, kann dieses Element gleichzeitig Funktionen zur Verhinderung von Ionisationsstörungen sowie von Dampf- und Schmelzphasenstörungen übernehmen.

Tab. 10-9. Relative Extinktionen (in %) von Mg in der Luft-Acetylen-Flamme in Gegenwart von Al und mit La als Befreiungsagens. Alle Lösungen enthalten 0,2 mol HCl/1 (A) oder 0,2 mol HNO_3/1 (B). Die Lösungen (B) enthalten keine Chlorid-Ionen. La wurde allen Lösungen als $La(NO_3)_3 \cdot 6H_2O$ zugegeben. Meßbedingungen siehe Abschnitt 16.

Analysen-element (mg/1000 ml)		1	10	100	1000	Matrix-element
		\multicolumn{4}{c}{mg Matrixelement/1000 ml}	
A Mg (1)	%	95	81	63	57	Al
B		89	76	43	25	Al
A Mg (1)	%	100	100	99	96	Al
B (+ 2000 mg La)		99	96	81	76	Al
A Mg (1)	%	100	100	100	100	Al
B (+ 4000 mg La)		100	99	95	91	Al
A Mg (1)	%	100	100	100	100	Al
B (+ 10 000 mg La)		100	100	99	98	Al

Al und Ti müssen immer in relativ heißen Flammen (z.B. Lachgas-Acetylen) gemessen werden, da beide Elemente mit vielen anderen Komponenten stabile Verbindungen eingehen. Viele kleine Interelementstörungen heben sich durch die Matrixelemente der Aufschlußlösungen wieder auf (Tabelle 10-10). Bei Al und Ti kann der Zusatz eines Ionisationspuffers (Cs,

La) nicht schaden, da beide Elemente in der Lachgas-Acetylen-Flamme bereits deutlich ionisiert werden (Tabelle 10-4). Bei Aufschlüssen sollte darauf geachtet werden, daß die hergestellten Meßlösungen keine überschüssigen Fluoridionen mehr enthalten. Letztere erhöhen die Signale von Al und Ti (Tabelle 10-7.)

Das Cr wird in der Luft-Acetylen-Flamme durch Al, Fe, Mg, Ti und viele Anionen gestört (Tabellen 10-5, 10-7). Besonders gravierend ist der Einfluß von Eisen und Aluminium. Diese Störungen lassen sich durch einen Zusatz von NH_4Cl beheben (Bildung von leichtflüchtigen Chloriden). Noch günstiger ist die Zugabe von NH_4HF_2 in Gegenwart von Na_2SO_4 oder von CsCl. Auf diese Weise lassen sich die meisten Störungen vollständig beseitigen. Durch die Zusätze wird einerseits das Verdampfungsverhalten störender Komponenten stark verändert und andererseits werden die Bezugs- und Probelösungen in ihrer Matrixzusammensetzung weitgehend angeglichen.

In der Lachgas-Acetylen-Flamme treten bei der Cr-Messung Depressionsfehler nur in geringem Umfang auf. Ionisationsstörungen lassen sich durch die Zugabe eines Ionisationspuffers (Cs) beseitigen. Im Gegensatz zur Messung in der Luft-Acetylen-Flamme kann die Cr-Messung in der Lachgas-Acetylen-Flamme auch in einer brenngasarmen Flamme durchgeführt werden. Störungen durch Anionen müssen durch einen Zusatz von H_2SO_4 oder $HClO_4$ (Matrixangleichung) aufgehoben werden.

Tabelle 10-10. Relative Extinktionen (in %) von Al, Ba, Ca, Sr und Ti in der Lachgas-Acetylen-Flamme in Gegenwart verschiedener Matrixelemente unterschiedlicher Konzentrationen. Alle Lösungen enthalten 0,1 mol HCl/l. Meßbedingungen siehe Abschnitt 16.

Analysen-element (mg/1000 ml)		1	10	100	1000	Matrix-element
			mg Matrixelement/1000 ml			
Al (20)	%	100	100	100	92	Ca
		100	100	104	112	Cs
		100	100	100	100	Fe
		100	100	100	102	K
		100	100	100	98	La
		100	100	100	100	Mg
		100	100	100	102	Na
		100	100	100	97	P
		100	100	100	100	Ti

Tabelle 10-10. Fortsetzung

Analysen-element (mg/1000 ml)		1	10	100	1000	Matrix-element
			mg Matrixelement/1000 ml			
Ba (10)	%	100	100	88	83	Al
		100	100	100	105	Ca
		100	112	301	490	Cs
		100	100	100	100	Fe
		100	110	282	480	K
		100	100	100	160	La
		100	100	103	104	Mg
		100	109	263	409	Na
		100	100	100	93	P
		100	98	92	84	Ti
Ca (2)	%	100	100	96	93	Al
		105	117	160	180	Cs
		100	100	102	106	Fe
		107	117	153	170	K
		101	104	119	147	La
		100	102	104	107	Mg
		105	115	155	173	Na
		100	100	101	104	P
		100	100	98	86	Ti
Sr (1)	%	100	100	90	87	Al
		100	100	102	107	Ca
		101	112	222	490	Cs
		100	100	100	100	Fe
		100	108	192	372	K
		100	100	109	142	La
		100	102	105	108	Mg
		100	107	190	360	Na
		100	100	100	95	P
		100	99	96	86	Ti
Ti (50)	%	100	102	109	126	Al
		100	100	101	104	Ca
		100	100	106	112	Cs
		100	100	100	101	Fe
		100	100	102	108	K
		100	100	101	109	La
		100	100	100	104	Mg
		100	100	100	103	Na
		100	100	100	100	P

Analytische Grundlagen zur Bestimmung verschiedener Elemente in natürlichen Materialien

Über die Zusammenhänge zwischen Flamme, Nachweisgrenzen, Störungen und Lösungszusätzen bei der Bestimmung verschiedener Elemente mittels der Flammen-Atomabsorptionsspektrometrie informiert die Tabelle 10-11. Das Auftreten der Störungen hängt von den Elementanteilen in den zu analysierenden Substanzen und von der Aufschlußmethode ab. Jeder Aufschluß führt zu einer Verdünnung der Elementanteile gegenüber der Ausgangssubstanz. Mit zunehmender Verdünnung nehmen normalerweise auch die von der Matrix ausgehenden Störungen ab. Der Verdünnung sind aber wegen der im Vergleich zu anderen Verfahren nachweisschwächeren Flammen-Atomabsorptionsspektrometrie, besonders im Spurenbereich, Grenzen gesetzt. Darüber hinaus ist die Analyse in niedrigen Konzentrationsbereichen zunehmend mit Kontaminationsproblemen verbunden.

Auf den Zusatz von Ionisationspuffern und Befreiungsagenzien kann nur verzichtet werden, wenn deren Unwirksamkeit vorher sorgfältig überprüft worden ist. Im Zweifelsfall sind entsprechende Reagenzien immer zuzusetzen. Auch wenn für ein Element mehrere Zusätze empfohlen werden, reicht vielfach die Zugabe einer Komponente zur Beseitigung von Störungen aus. Unter Befreiungsagenzien werden folgende Substanzen zusammengefaßt:

a) Reagenzien, die Freisetzungsreaktionen einleiten, indem sie sich an der Reaktion direkt beteiligen.
Beispiel. Die Zugabe von La zur Verhinderung der Bildung von Erdalkalialuminaten bzw. -titanaten.

b) Reagenzien, die das Verdampfungsverhalten der Probe in der Flamme grundlegend verändern. Auf diese Weise kann die Freisetzungsphase störender Anionen und Kationen zeitlich so verschoben werden, daß sie nicht mit dem Atomisierungsprozeß des Analysenelementes zusammenfällt. Störende Verbindungsbildungen treten gar nicht erst auf.
Beispiel: Die Zugabe von NH_4HF_2, CsCl oder NH_4Cl bei der Chrombestimmung in der Luft-Acetylen-Flamme.

c) Reagenzien, die Schutzfunktionen ausüben, indem sie sich mit dem Analysenelement umsetzen und so störende Verbindungsbildungen mit anderen Komponenten unterbinden.
Beispiel: Die Zugabe von HBF_4 bei der Bestimmung von Al und Ti in der Lachgas-Acetylen-Flamme. Es entstehen Fluorkomplexe, die die Oxidbildung des Analysenelementes vermindern.

Die genannten Reaktionen treten häufig auch nebeneinander auf, so daß die Freisetzung bzw. Absorptionssteigerung nicht immer eindeutig einem Prozeß zugeordnet werden kann. So verläuft die Freisetzungsreaktion von Erdalkalielementen durch Lanthan in HCl-haltigen Lösungen wesentlich besser als in HNO_3-haltigen. In HCl-haltigen Lösungen wird auch das Verdampfungsverhalten der Probe in der Flamme verändert (Tabelle 10-9).

Darüber hinaus ist zu berücksichtigen, daß jeder Zusatz zu den Bezugs- und Probelösungen zu einer Matrixangleichung führt. In der Tabelle 10-11 wird die Messung von Fe, Mn und Pb in der Luft-Acetylen-Flamme trotz bekannter Störungen ohne Zusatz empfohlen. Die auftretenden Störungen werden im wesentlichen nur durch Anionen verursacht (Tabellen 10-5, 10-7). Zu ihrer Beseitigung müssen die Meßlösungen in Säureart und -menge vergleichbar sein.

Bei der Verwendung und Verbrennung organischer Lösungsmittel in der Flamme wird vielfach eine starke Signalerhöhung beobachtet. Die Ursache liegt in der geringeren Viskosität und in der Bildung eines feineren Trockenaerosols in der Flamme. Der genannte Effekt ist somit vor allem von der Partikelgröße abhängig.

Die Tabelle 10-11 informiert auch über die Brenngaseinstellung oxidierend oder reduzierend für die beiden Flammenarten. Die genauen Meßbedingungen werden in Abschnitt 16 aufgeführt. Die Brenngaseinstellung ist optimal, wenn die wenigsten Interferenzen bei gleichzeitig maximaler Absorption auftreten. Diese Bedingungen sind nicht immer zu erreichen. Besonders bei der Bestimmung von Spurenelementen muß in vielen Fällen im Absorptionsmaximum gearbeitet werden. Beispielsweise ist es ratsam, Ba und Sr in Gesteinsaufschlüssen in der Lachgas-Acetylen-Flamme unter oxidierenden Bedingungen zu messen, obwohl die wenigsten Interferenzen in der reduzierenden Flamme bei gleichzeitig verschlechterter Nachweisgrenze auftreten. In reduzierenden Flammen ist die Kohlenstoffabscheidung am Brennerschlitz mit Schwankungen der Meßsignale verbunden. Der Brennerschlitz muß nach nur wenigen Messungen gereinigt werden.

Die Tabelle 10-12 informiert über die Brenngaseinstellung bei der Bestimmung von Al, Ca, Fe, Mg und Ti in Gesteinsreferenzproben mit der Lachgas-Acetylen-Flamme. Aluminium und Titan sollten unter reduzierenden Bedingungen gemessen werden. Der Fehler bei der Titanbestimmung ist wegen der schlechten Nachweisgrenze und den niedrigen Titangehalten sehr groß. Hier sind andere Verfahren wie z.B. die Spektralphotometrie oder die ICP-AES der Atomabsorptionsspektrometrie vorzuziehen. Calcium und Magnesium können sowohl in oxidierender als auch in reduzierender Flamme

Tabelle 10-11. Meßbedingungen zur Bestimmung verschiedener Elemente in natürlichen Materialien mittels der Luft-Acetylen- und Lachgas-Acetylen-Flamme in Verbindung mit der Atomabsorptionsspektrometrie.
Nachweisgrenzen: 3s der Untergrundvariation
IP = Ionisationspuffer, BA = Befreiungsagens, MA = Matrixangleichung, (o) = oxidierend, (r) = reduzierend

Element	Wellenlänge nm	Flamme	Nachweisgrenzen ng/ml (ppb)	Hauptstörungen	Zusätze
Al	309,3	$N_2O - C_2H_2$ reduzierend	1000	Ionisation, Ca, F, SiO_3^{2-}, SO_4^{2-}	Cs (IP), La (IP, MA)
Ba	553,6	$N_2O - C_2H_2$ oxid. - reduz.	200 (o) 1000 (r)	Ionisation, Al, Ti, F, SO_4^{2-}, CaOH	HBF_4 (BA)
Ca	422,7	$N_2O - C_2H_2$ oxid. - reduz.	40 (o) 120 (r)	Ionisation, Al, Ti, F, SiO_3^{2-}	Cs (IP), La (IP, BA)
Cd	228,8	Luft - C_2H_2 oxidierend	25		Cs (IP), La (IP, BA)
Co	240,7	Luft - C_2H_2 oxidierend	150		
Cr	357,9	Luft - C_2H_2 stark reduz.	100	Al, Fe, Mg, Ti, F, SO_4^{2-}, PO_4^{3-}, ClO_4^-, BO_3^{3-}	$NH_4HF_2 + Na_2SO_4$ (BA, MA), CsCl (BA, MA), NH_4Cl (BA, MA)
Cr	357,9	$N_2O - C_2H_2$ oxidierend	250	Ionisation F, ClO_4^-, SO_4^{2-}	Cs (IP), H_2SO_4 (MA) $HClO_4$ (MA)
Cu	324,8	Luft - C_2H_2 oxidierend	75		
Fe	248,3	Luft - C_2H_2 oxidierend	100	Cl⁻, F, ClO_4^-, SO_4^{2-}, BO_3^{3-}	
Fe	248,3	$N_2O - C_2H_2$ oxidierend	500	Ionisation, F, SO_4^{2-}, PO_4^{3-}, BO_3^{3-}	Cs (IP)

10 Grundlagen der Meßverfahren

K	766,5	Luft - C$_2$H$_2$ oxidierend	25	Ionisation	Cs (IP)
Li	670,8	Luft - C$_2$H$_2$ oxidierend	30	SO$_4^{2-}$ Ionisation	Cs (IP)
Mg	285,2	Luft - C$_2$H$_2$ oxidierend	7	Al, Ti, Cl$^-$, F$^-$, NO$_3^-$, SiO$_3^{2-}$	La (BA)
Mg	285,2	N$_2$O - C$_2$H$_2$ oxid. - reduz.	30	Ionisation	Cs (IP)
Mn	279,5	Luft - C$_2$H$_2$ oxidierend	50	SO$_4^{2-}$	
Na	589,0	Luft - C$_2$H$_2$ oxidierend	15	Ionisation Cl$^-$, BO$_3^{3-}$	Cs (IP)
Ni	232,0	Luft - C$_2$H$_2$ oxidierend	100		
Pb	283,3	Luft - C$_2$H$_2$ oxidierend	200	F$^-$, PO$_4^{3-}$, BO$_3^{3-}$	
Rb	780,0	Luft - C$_2$H$_2$ oxidierend	50	Ionisation	Cs (IP)
Si	251,6	N$_2$O - C$_2$H$_2$ reduzierend	2000	Al, Ti, Fe, Ca, Mg	La (MA)
Sr	460,7	N$_2$O - C$_2$H$_2$ oxid. - reduz.	40 (o) 150 (r)	Ionisation Al, Ti, SiO$_3^{2-}$	Cs (IP) La (IP, MA)
Ti	364,3	N$_2$O - C$_2$H$_2$ reduzierend	2000	Ionisation	Cs (IP), La (IP, MA)
Zn	213,9	Luft - C$_2$H$_2$ oxidierend	5	Al, F$^-$, SiO$_3^{2-}$, PO$_4^{3-}$	HBF$_4$ (BA), NH$_4$F (BA)

mit guten Ergebnissen gemessen werden. Eisen muß dagegen unter oxidierenden Bedingungen bestimmt werden.

Tabelle 10-12. Bestimmung von Al, Ca, Fe, Mg und Ti in der oxidierenden und reduzierenden Lachgas-Acetylen-Flamme. Alle Bezugs- und Probelösungen enthalten gleiche Zusätze an Ionisationspuffer und Befreiungsagens. Die letzte Spalte zeigt die relativen Abweichungen in % von den empfohlenen Mittelwerten. Gemessen wurden 6 Referenzgesteine (Granit, Grauwacke, Tonschiefer, Kalk, Andesit, Basalt). Gasfluß C_2H_2: 40 Digits = 4 l/min; 50 Digits = 5 l/min. N_2O: 40 Digits = 14 l/min; 45 Digits = 16,5 l/min.
(o) = oxidierend; (r) = reduzierend

Element	Zusatz (mg/100 ml)	Gasfluß C_2H_2	N_2O		6 Referenzgesteine. Relative Abweichung in %. (Mittelwerte).
Al	Cs (200)	40	45	(o)	- 6,3
	Cs (200)	50	40	(r)	- 0,4
	Cs (200) + La (200)	40	45	(o)	- 1,3
	Cs (200) + La (200)	50	40	(r)	- 0,2
	Cs (200) + HBF_4 (900)	40	45	(o)	- 5,3
	Cs (200) + HBF_4 (900)	50	40	(r)	- 1,2
Ca	Cs (200)	40	45	(o)	- 0,2
	Cs (200)	50	40	(r)	- 1,9
	Cs (200) + La (200)	40	45	(o)	- 2,1
	Cs (200) + La (200)	50	40	(r)	- 0,9
Fe	Cs (200)	40	45	(o)	- 0,9
	Cs (200)	50	40	(r)	+ 25
Mg	Cs (200)	40	45	(o)	- 0,6
	Cs (200)	50	40	(r)	- 0,5
Ti	Cs (200)	40	45	(o)	stark schwankend
	Cs (200)	50	40	(r)	+ 14
	Cs (200) + La (200)	40	45	(o)	stark schwankend
	Cs (200) + La (200)	50	40	(r)	+ 4,9
	Cs (200) + NH_4F (200)	50	40	(r)	+ 73
	HBF_4 (250)	50	40	(r)	+ 2,2
	NH_4F (200)	50	40	(r)	+ 1,8

Meßfehler

Für die Flammen-AAS lassen sich die Meßfehler in ähnlicher Weise ermitteln wie für die spektralphotometrischen Analysenmethoden (Abschnitt 10.4). Im Gegensatz zur Spektrophotometrie müssen bei der Atomabsorptionsspektrometrie manchmal mehrere Verdünnungsschritte zur Herstellung der Meßlösungen durchgeführt werden. Dadurch erhöhen sich die relativen Meßfehler bei der Flammen-Atomabsorptionsspektrometrie auf 2 % und teilweise darüber.

Beispiel 10.16:

Eine Basaltprobe enthält $8{,}2_0$ % MgO. Zur Bestimmung dieser Komponente mittels der Flammen-AAS (Luft-Acetylen-Flamme, Abschnitt 14.8.2) werden zweimal (Doppelbestimmung) etwa 100 mg Gesteinspulver mit einem Säuregemisch (Abschnitt 13.3) aufgeschlossen und die Lösung in je einen 100 ml-Meßkolben aufgefüllt. Die Meßlösung für die Flammen-AAS muß aus der Aufschlußlösung über eine Zwischenverdünnung hergestellt werden.

Die Bezugslösung (Eichlösung) wird hergestellt aus einer Stammlösung. Letztere enthält 100 mg Mg bzw. 165,8 mg MgO/1000 ml (z.B. 0,1 g Mg-Fixanal für die Atomabsorption von Riedel-de-Haën). Auch hier muß die Meßlösung aus der Stammlösung über eine Zwischenverdünnung angesetzt werden. Der Fehler für die käufliche Fixanal-Lösung ist nicht bekannt. Es empfiehlt sich, für jeden Bezugspunkt zwei Meßlösungen herzustellen. Im vorliegenden Beispiel soll die Bezugslösung 0,5 µg Mg/ml (0,829 µg MgO/ml) enthalten.

I. Messung der Bezugslösung:

Auffüllen des Inhalts der Fixanal-Ampulle im 1000 ml-Meßkolben (Stammlösung):	$\frac{dv}{v} = \frac{0{,}40}{1000}$	$= 0{,}0004$
Herstellung der Zwischenverdünnung, dazu 10 ml Stammlösung abpipettieren, dann in 1000 ml Meßkolben auffüllen:	$\frac{dv}{v} = \frac{0{,}02}{10}$	$= 0{,}0020$
	$\frac{dv}{v} = \frac{0{,}40}{1000}$	$= 0{,}0004$
Herstellung der Meßlösung, dazu 25 ml Zwischenverdünnung abpipettieren,	$\frac{dv}{v} = \frac{0{,}03}{25}$	$= 0{,}0012$
dann in 50 ml-Meßkolben auffüllen:	$\frac{dv}{v} = \frac{0{,}06}{50}$	$= 0{,}0012$

Extinktionsmessung: $\quad\dfrac{dE_0}{E_0} \approx 0{,}0055$

$\dfrac{dF}{F} = 0{,}0107$

Durch die Mittelwertbildung über zwei Bezugslösungen verringert sich der Fehler auf den Bruchteil $1/\sqrt{2}$, dann ist $\dfrac{d\overline{F}}{F} = 0{,}008$

II. Messung der Analysenlösungen:

Einwaage (mg) Basaltprobe: $\quad \dfrac{dg}{g} = \dfrac{0{,}50}{100} = 0{,}0050$

Auffüllen der Aufschlußlösung in 100 ml-Meßkolben: $\quad \dfrac{dv}{v} = \dfrac{0{,}1}{100} = 0{,}0010$

Herstellung der Zwischenverdünnung, dazu 5 ml Aufschlußlösung abpipettieren, $\quad \dfrac{dv}{v} = \dfrac{0{,}015}{5} = 0{,}0030$

dann in 50 ml-Meßkolben auffüllen $\quad \dfrac{dv}{v} = \dfrac{0{,}06}{50} = 0{,}0012$

Herstellung der Meßlösung, dazu 5 ml Zwischenverdünnung abpipettieren, dann $\quad \dfrac{dv}{v} = \dfrac{0{,}015}{5} = 0{,}0030$

in 50 ml-Meßkolben auffüllen: $\quad \dfrac{dv}{v} = \dfrac{0{,}06}{50} = 0{,}0012$

Extinktionsmessung: $\quad \dfrac{dE_0}{E_0} \approx 0{,}0055$

$\overline{\qquad 0{,}0199\qquad}$

Durch die Doppelbestimmung verringert sich der Fehler auf den Bruchteil von $1/\sqrt{2}$, somit auf $\quad \dfrac{d\overline{F}}{F} = 0{,}0141$

Fehler aus I und II:
$\quad 0{,}008$
$+ 0{,}0141$
$\overline{\ 0{,}0221\ } = 2{,}21\ \%\ (\text{rel.})$

Beispielsweise variiert bei einem relativen Meßfehler von etwa 2,2 % der Anteil an MgO in der Basaltprobe mit $8{,}2_0$ % MgO zwischen $8{,}0_2$ - $8{,}3_8$ %. Die Standardabweichung für die MgO-Bestimmung mittels Flammen-Atomabsorptionsspektrometrie (Luft-Acetylen-Flamme) beträgt für 3-10 % MgO im Gestein s = 0,10 - 0,15 % (absolut). Der Gesamtfehler des Analysenverfahrens entspricht somit etwa dem berechneten Meßfehler. Die Standardabweichungen für Elementbestimmungen mit der Lachgas-Acetylen-Flamme können etwas höher sein als Messungen mit der Luft-Acetylen-Flamme. Beispielsweise beträgt für CaO-

Bestimmungen mit der Lachgas-Acetylen-Flamme s = 0,12 - 0,25 % (absolut) bei CaO-Anteilen zwischen 2 - 10 % in basaltischen Gesteinen.

10.6 Flammen-Atomemissionsspektrometrie (AES)

Die Flammen-Atomemissionsspektrometrie wird vor allem zur Bestimmung von Alkalielementen in natürlichen Substanzen angewendet. Lediglich Lichtquellen wie Hohlkathodenlampen entfallen bei den Emissionsmessungen. Somit sind Atomabsorptionsspektrometer auch für die Flammen-Atomemissionsspektrometrie zu benutzen.

Die Emissionsmessungen erfordern eine Anregung der Atome durch höhere Energiezufuhr. Bei Flammentemperaturen zwischen 2000° - 3000 °C lassen sich nur solche Elemente anregen, deren Spektrallinien im sichtbaren und im nahen UV-Bereich liegen.

Für die praktische analytische Arbeit muß die Bestimmung unbekannter Elementanteile in den Probelösungen durch Vergleich mit Bezugslösungen bei gleicher Geräteeinstellung vorgenommen werden.

Störungen bei der Flammen-Atomemissionsspektrometrie

Die bei der Flammen-Atomabsorptionsspektrometrie diskutierten Störungen (Abschnitt 10.5) können auch die Elementbestimmungen mittels der Flammen-Atomemissionsspektrometrie beeinflussen. Zu den Störungen bei der Atomabsorptionsspektrometrie kommen bei der Atomemissionsspektrometrie noch die spektralen Interferenzen, welche im folgenden Abschnitt behandelt werden.

Spektrale Interferenzen

Störungen durch spektrale Interferenzen spielen bei der Flammen-Atomemissionsspektrometrie eine große Rolle. Bei der Verwendung von Acetylen als Brenngas treten viele Molekülbanden auf, welche vor allem von den folgenden Radikalen stammen: OH (260,9 - 348,4 nm), CH (310,0 - 320,0 und 337,0-438,0 nm), C_2 (436,0 - 686,0 nm), O_2 (250,0 - 400,0 nm), CN (358,0 - 420,0 nm), CO (210,0 - 247,8 nm), NH (336,0 nm). Darüber hinaus gibt es viele Interferenzen durch Banden bzw. Bandenköpfe, die erst durch die Matrixelemente der Probelösung verursacht werden. In der Luft-Acetylen-Flamme sind die wichtigsten Hydroxid/Oxid-Bandensysteme die von Mg (360,0 - 400,0 nm), Ca (540,0 - 690,0 nm und 730,0 - 900,0 nm), Sr (600,0 - 730,0 nm und 780,0 - 900,0 nm) und Ba (680,0 - 900,0 nm). Bei Borataufschlüssen ist auf die Bande von BO_2 (400,0 - 620,0 nm) zu achten. Bei Proben mit hohen Anteilen an Alkali- und Erdkalielementen treten auch Interferenzen durch eine Kontinuumstrahlung auf.

Da bei Gesteins- und Mineralanalysen fast nur Alkalielemente mit der Flammen-Atomemissionsspektrometrie bestimmt werden, sollten folgende spektrale Interferenzen beachtet werden: Cs 852,1 nm mit MnOH 855,0 nm; Li 670,9 nm mit SrOH 671,0 - 672,0 nm; Rb 780 nm mit CrO 777,8 nm, 781,2 nm und 784,4 nm. Die Gitter der meisten Geräte lassen Wellenlängenunterschiede von 0,1 bis 0,2 nm noch als getrennte Spaltbilder erscheinen, so daß die genannten Interferenzmöglichkeiten weitgehend vermieden werden können.

Alkalielementbestimmungen mit der Flammen-Atomemissionsspektrometrie

Die Meßbedingungen zur Bestimmung von K, Li, Na und Rb mit einer Luft-Acetylen-Flamme sind in der Tabelle 10-13 zusammengestellt. Bei allen vier Elementen treten deutliche Ionisationsstörungen auf. Für die Bestimmung von Na und K sind diese Störungen näher untersucht worden (Tabelle 10-14).

Bei der Untersuchung von Gesteinen mit 0,3 - 4 % Na_2O und K_2O enthalten Säureaufschlußlösungen mit 0,1 g gelöster Probe in 100 ml etwa 0,2-3 mg Na bzw. K. Bei der Messung dieser Elemente ohne Zusatz von Cs und Konzentrationsverhältnissen Na : K bzw. K : Na von 3 + 1 beträgt die Intensitätserhöhung durch Ionisationsstörung ≤ 3 % (Tabelle 10-14). Dieser Fehler kann dadurch verringert werden, daß mit einer ersten Messung die Na- und K-Anteile in der Lösung annähernd bestimmt werden. Damit wird es möglich, den Bezugslösungen die Na- und K-Anteile entsprechend den für die Säureaufschlußlösungen ermittelten Konzentrationsverhältnissen zuzusetzen (z.B. 1+1, 1+2 usw.). Der durch Ionisationsstörung bedingte Fehler verringert sich dabei auf Werte unter 1 % (relativ).

Die Bestimmung von Na und K mittels der Flammen-Atomemissionsspektrometrie ohne Cs-Zusatz beinhaltet vermeidbare Fehler. Daher wird empfohlen, bei Proben mit sehr unterschiedlichen und zugleich hohen Na- und K-Anteilen den Meßlösungen Cs als Ionisationspuffer hinzuzufügen. Besonders deutlich sind die Ionisationsstörungen bei der Bestimmung des Spurenbestandteils Rb, nicht aber bei der des Li (Tabelle 10-15). Bei der Bestimmung von Rb in Gegenwart von Na und K kann auf den Zusatz von Cs zu den Meßlösungen auf keinen Fall verzichtet werden.

Tabelle 10-13. Meßbedingungen zur Bestimmung von Alkalielementen in natürlichen Substanzen mittels der Flammen-Atomemissionsspektrometrie. IP = Ionisationspuffer. Nachweisgrenzen: 3 s der Untergrundvariation.

Element	Wellenlänge λ in nm	Flamme	Nachweisgrenzen in ng/ml (ppb)	Störungen	Zusätze
K	766,5	Luft-Acetylen (oxidierend)	1,5	Ionisation	Cs (IP)
Li	670,8	Luft-Acetylen oxidierend	0,2	Ionisation	Cs (IP)
Na	589,0	Luft-Acetylen oxidierend	1	Ionisation	Cs (IP)
Rb	780,0	Luft-Acetylen	1	Ionisation	Cs (IP)

Tabelle 10-14. Relative Intensitäten (in %) von Na und K in der Luft-Acetylen-Flamme. Dargestellt ist die Abhängigkeit der Meßwerte von den Matrixelementen Na und K sowie Zusätzen an Cs in den Lösungen. Alle Lösungen enthalten 0,2 mol HCl/l (A) oder 0,2 mol HNO_3/l (B).

Analysenelement (mg/1000 ml)			5	10	20	40	Matrixelement
				mg Matrixelement/1000 ml			
Na (10)	A	%	100	100	101	102	K
	B		100	100	101	102	K
Na (20)	A		100	100	101	102	K
	B		100	100	100	101	K
Na (10) (+ 2000 mg Cs)	A	%	100	100	100	100	K
	B		100	100	100	100	K
Na (20) (+ 2000 mg Cs)	A		100	100	100	100	K
	B		100	100	100	100	K
K (10)	A	%	100	101	102	103	Na
	B		100	101	102	103	Na
K (20)	A		100	100	101	102	Na
	B		100	100	101	102	Na
K (10) (+ 2000 mg Cs)	A	%	100	100	100	100	Na
	B		100	100	100	100	Na
K (20) (+ 2000 mg Cs)	A		100	100	100	100	Na
	B		100	100	100	100	Na

Tabelle 10-15. Relative Intensitäten (in %) von Li und Rb in der Luft-Acetylen-Flamme. Dargestellt ist die Abhängigkeit der Meßwerte von den Matrixelementen Na, K und Cs. Alle Lösungen enthalten 0.2 mol HCl/l.

Analysen-element (mg/1000 ml)		1	10	100	1000	Matrix-element
		\multicolumn{4}{c}{mg Matrixelement/1000 ml}	
Li (0,1)	%	100	100	101	103	Na
Li (0,1)		100	100	101	104	K
Li (0,1)		100	100	102	106	Cs
Rb (0,1)	%	101	120	165	320	Na
Rb (0,1)		102	130	170	335	K
Rb (0,1)		105	160	250	470	Cs

Tabelle 10-16. Relative Intensitäten (in %) von Lithium (λ = 670,8 nm) in der Luft-Acetylen-Flamme bei verschiedenen Spaltbreiten (A = 0,7 nm, B = 2,0 nm) und in Gegenwart von Ca, Cr, Fe, Mg, Mn, Sr, Ti und V. Alle Lösungen enthalten 0,2 mol HCl/l.

Analysen-element (mg/1000 ml)			0,5	1	2	10	20	50	100	200	Matrix-element
						mg Matrixelement/1000 ml					
Li (0,1)	A	%					111	123	140		Ca
	B						120	140	185		
	A	%	100	100	100						Cr
	B		100	100	100						
	A	%				100	100	100			Fe
	B					100	100	100			
	A	%					100	100	100		Mg
	B						100	100	100		
	A	%		100	100	100					Mn
	B			100	100	100					
	A	%	103	109	118						Sr
	B		106	119	128						
	A	%			100	100	100				Ti
	B				100	100	100				
	A	%	100	100							V
	B		100	100							

Die Tabellen 10-16 und 10-17 zeigen die Störungen der Hydroxid/Oxid - Bandensysteme von Ca und Sr bei der Li-Bestimmung mit verschiedenen Spaltbreiten. Mit abnehmenden Spaltbreiten verringert sich die durch die Störung verursachte Signalerhöhung. Eine ähnliche Problematik besteht bei der Rb-Messung (Tabelle 10-18). Die Signalerhöhung des Rb wird durch die Hydroxid/Oxid-Bandensysteme von Ca und Fe verursacht. *Aus den genannten Gründen müssen Li und Rb mit kleinen Spaltbreiten von ≤ 0.2 nm gemessen werden.*

Tabelle 10-17. Durch Calcium und Strontium in der Aufschlußlösung vorgetäuschte Lithiumanteile (ng/ml) in der Luft-Acetylen-Flamme (λ = 670,8 nm) bei verschiedenen Spaltbreiten. Alle Lösungen enthalten 0,2 mol HCl/l.

Anteile in der Aufschlußlösung in µg/ml		Li vorgetäuscht in ng/ml Spaltbreiten (nm)			
Ca	Sr	0,07	0,2	0,7	2,0
12	0,3	0	0	0	0
20	1,0	0	0	1	3
40	1,0	0	0	4	8
60	1,1	1	5	16	27
180	1,1	2	12	35	100
390	5,2	12	22	85	500

Tabelle 10-18. Relative Intensitäten (in %) von Rb (λ = 780,0 nm) in der Luft-Acetylen-Flamme. Dargestellt ist die Abhängigkeit der Meßwerte von Rb in Gegenwart von Cs als Ionisationspuffer von den Matrixelementen Ca, Cr, Ba, Fe, Mn, Ni und V bei verschiedenen Spaltbreiten. Alle Lösungen enthalten 0,2 mol HCl/l.

Analysen-element (mg/1000 ml)		Spaltbreite (nm)				Matrix-element (mg/1000 ml)
		0,07	0,2	0,7	2,0	
Rb (0,1) (+ 1000 mg Cs)	%	101	102	110	118	Ca (100)
		100	100	100	100	Cr (2)
		100	100	100	100	Ba (2)
		100	102	107	113	Fe (100)
		100	100	100	100	Mn (2)
		100	100	100	100	Ni (2)
		100	100	100	100	V (0,5)

10.7 Graphitrohrofen-Atomabsorptionsspektrometrie (Graphitrohrofen-AAS)

Bei der Flammen-Atomabsorptionsspektrometrie wird die Probe der Flamme kontinuierlich zugeführt, wodurch ein zeitunabhängiges Signal entsteht. Im Gegensatz dazu sind bei der flammenlosen Atomabsorptionsspektrometrie die zur Anregung kommenden Probemengen begrenzt, und es werden zeitabhängige (peakförmige) Signale angezeigt.

Gemessen wird entweder die Peakfläche oder die Peakhöhe. Bei der Peakfläche ist die über die Zeit integrierte Extinktion proportional dem Produkt aus freien Atomen im Grundzustand und der mittleren Verweilzeit der Atome im Absorptionsvolumen. Bei der Messung der Peakhöhe ist die Extinktion proportional dem Maximum der zu einem bestimmten Zeitpunkt im Absorptionsvolumen produzierten freien Atome im Grundzustand. Bei der flammenlosen Atomabsorptionsspektrometrie ist die Verdampfung und Atomisierung der Probe auf einen kleineren Raum (Absorptionsvolumen) konzentriert als bei der Flammen-Atomabsorptionsspektrometrie. Daher bewirken bei der flammenlosen Atomabsorptionsspektrometrie die höheren Konzentrationen und die längeren Verweilzeiten der Elemente in der Gasphase bessere Nachweisgrenzen im Vergleich zur Flammen-Atomabsorptionsspektrometrie.

Für die flammenlose Atomabsorptionsspektrometrie gibt es verschiedene Arten von Atomisierungseinrichtungen in Form von Graphit- und Metallöfen. Bei dem am häufigsten verwendeten Ofentyp wird die flüssige Probe in einem Graphitrohr atomisiert.

Die Messung der Extinktion erfolgt entsprechend der Beschreibung unter Flammen-Atomabsorptionsspektrometrie (Abschnitt 10.5, Gleichung 10.20).

Graphitrohr

Eine kleine Probemenge (10 - 50 µl) wird in dem Graphitrohr soweit erhitzt, bis die Substanz möglichst vollständig verdampft ist. Der entstehende Dampf expandiert und verläßt das Graphitrohr durch Diffusion und Konvektion, oder er wird mit einem Schutzgasstrom herausgespült. Bei vergleichsweise niedrigen Temperaturen zwischen 500 - 1000 °C und unter statischen Bedingungen (Gasstopp) sind die Expansion des Dampfes durch die Öffnungen des Graphitrohrs und die Diffusion durch die Rohrwände zwei vergleichbare Prozesse, welche eine Verringerung des Elementanteils im Verdampfungsraum zur Folge haben. Bei höheren Temperaturen und schnellen Aufheizraten nimmt gegenüber der Expansion die Diffusion zu. Letztere führt somit in stärkerem Ausmaß zu einer Entfernung des Analysenelementes aus dem Verdampfungsraum.

Die Verlustraten des zu bestimmenden Elementes ändern sich proportional zu den Entstehungsraten. Ein solches dynamisches System befindet sich zum Teil in einem thermodynamischen Gleichgewicht unter der Voraussetzung, daß die Reaktionen bei hohen Temperaturen schnell genug ablaufen.

Die Ausbildung der Graphitrohre hat einen wesentlichen Einfluß auf den Aufheizvorgang und die Temperaturverteilung im Verdampfungsraum (Abb. 10-6). Große Rohrdurchmesser führen zu großen Unterschieden zwischen den Temperaturen des Gases und der Rohrwand. Mit zunehmender Rohrlänge vergrößert sich das Temperaturgefälle vom Zentrum des Graphitrohres zu den Rohrenden. Leichtflüchtige Komponenten können sich im Temperaturgradienten dem Atomisierungsprozeß entziehen. Um eine gleichmäßigere Temperaturverteilung zu erreichen, sind die Abmessungen der Rohre in den letzten Jahren ständig verkleinert worden. Weitere Verbesserungen liegen in der Umkehrung der inneren Gasführung, die bei neueren Modellen von den Rohrenden zur Mitte geführt wird, ferner in den schnelleren Aufheizraten (> 2000 °C/s) sowie im Verschluß der Rohrenden mit Quarzfenstern, die vor allem bei hohen Temperaturen der Expansion des Gases entgegenwirken.

Neben den normalen Graphitrohren gibt es auch pyrolytisch beschichtete Rohre, die im Vergleich mit den Normalrohren geringere Diffusionsraten aufweisen. Darüber hinaus ist pyrolytischer Kohlenstoff weniger reaktiv. Eine dritte Variante bilden die Rohre mit Plattform (Abb. 10-6). Hierbei werden die Rohrwandungen schneller aufgeheizt als die Plattform mit der Probesubstanz. Der Effekt besteht in einer verzögerten Verdampfung des Analysenmaterials, so daß besonders bei den leichtflüchtigen Elementen der Atomisierungsprozeß in einer heißeren Umgebung stattfinden kann.

Die flammenlose Atomabsorptionsspektrometrie läßt sich mit unterschiedlichen Atomisierungsvorrichtungen betreiben. Entsprechend verschieden sind die Bedingungen bei der Atomisierung der Proben (z.B. Aufheizraten, Diffusionseigenschaften etc.). Ein Vergleich von Matrixeffekten für voneinander abweichende Atomisierungsvorrichtungen ist daher nur bedingt möglich.

Zersetzung und Atomisierung der Analysensubstanz im Graphitrohr

In Abhängigkeit von der Temperatur werden die Elemente aus der getrockneten bzw. gesinterten Probe als Atome oder Moleküle freigesetzt. Für die Anwendung der Graphitrohrofen-Atomabsorptionsspektrometrie werden praktisch ausschließlich Säureaufschlüsse verwendet (Abschnitt 13.3). Alkaliaufschlüsse sind wegen der großen Anteile an Bestandteilen des Aufschlußmittels nicht geeignet.

Für Analysen mittels der Graphitrohrofen-Atomabsorptionsspektrometrie müssen die im Überschuß vorhandenen Aufschlußsäuren abgeraucht werden. Der Rückstand besteht dann entsprechend den zum Aufschluß verwendeten Säuren aus Sulfaten, Nitraten, Chloriden, Perchloraten, Fluoriden und, je nach Alterung, auch aus Oxiden. Die Rückstände werden in Salzsäure oder Salpetersäure gelöst und im Meßkolben auf ein definiertes Volumen aufgefüllt. Anteile dieser Analysenlösungen werden dann in das Graphitrohr pipettiert und dort durch Erwärmung in einen festen Zustand überführt (*"getrocknet"*). Aus der HCl-haltigen Aufschlußlösung entstehen bei dieser thermischen Vorbehandlung Oxide und Chloride vor allem von Al, Fe, Ti, Ca, Mg, Na, K (Matrixelemente). Im Bereich von wenigen hundert Grad Celsius bilden sich in Abhängigkeit von Zeit und Temperatur durch Hydrolyse die Oxide von Al und Ti, teilweise auch von Ca und Mg. Na, K und Fe bleiben als Chloride erhalten. Spurenelemente wie Ba, Li, Rb, Sr und Zn bilden Chloride, ebenfalls Cd und Pb bei Temperaturen < 400 °C. Elemente wie Co, Cr, Cu, Mo, V, Ni, Mn, Sn und andere liegen bei höheren Temperaturen als Oxide vor.

Das Verhalten der verschiedenen Elemente bei der thermischen Vorbehandlung der Analysensubstanz im Graphitrohr läßt sich zum Teil mit thermogravimetrischen Daten belegen (Tabelle 10-19). Die Bildung wasserfreier Chloride und/oder Oxide durch Hydrolyse hydratisierter Chloride hängt nicht allein von der Temperatur, sondern auch von der Schnelligkeit des Entwässerungsvorganges ab. In Salpetersäure-Aufschlüssen werden bei der thermischen Vorbehandlung im Graphitrohr die Nitrate in Oxide umgesetzt.

Der Prozeß der Atomisierung wird erkennbar mit der *"Erscheinungstemperatur"* eingeleitet. Das ist die niedrigste Temperatur, bei der freie Atome des Elementes nachgewiesen werden können. Verschiedene Verbindungen der gleichen Elemente haben in Gegenwart von Wasser vielfach ähnliche Erscheinungstemperaturen wie die der Oxide (Tabelle 10-20). Von den Oxiden deutlich abweichende Erscheinungstemperaturen haben die Chloride von Cd, Fe und Zn (Tabelle 10-20).

Die Erscheinungstemperaturen können noch weitere Informationen über die Prozesse im Graphitrohr liefern. Ein Vergleich zwischen Schmelz- und Erscheinungstemperaturen macht deutlich, daß der Atomisierungsprozeß in einigen Fällen bereits vor dem Erreichen des Schmelzpunktes der Metalloxide eingeleitet wird (Tabelle 10-21). Ein möglicher Atomisierungsprozeß ist die Reduktion der Metalloxide durch Graphit (f = fest, g = gasförmig):

Tabelle 10-19. Umwandlung verschiedener Metallverbindungen bei der thermischen Vorbehandlung von Salzsäure- und Salpetersäure-Aufschlüssen im Graphitrohr (DUVAL 1963, LIPTAY 1971, MACKENZIE 1970, STURGEON u. CHAKRABARTI 1978). f = fest

Element	Säureaufschluß	Ausgangsverbindung	Umwandlungstemperatur [°C]	entstehende Verbindung
Al	HCl	$AlCl_3 \cdot 6H_2O$	480 - 500	Al_2O_3 (f)
Al	HNO_3	$Al(NO_3)_3 \cdot 9H_2O$ (f)	750 - 1000	Al_2O_3 (f)
Ba	HCl	$BaCl_2 \cdot 2H_2O$ (f)	180 - 200	$BaCl_2$ (f)
Ba	HNO_3	$Ba(NO_3)_2$ (f)	650 - 800	BaO (f)
Ca	HCl	$CaCl_2 \cdot 6H_2O$ (f)	270 - 300	$CaCl_2$ (f), CaO (f)
Ca	HNO_3	$Ca(NO_3)_2 \cdot 4H_2O$ (f)	500 - 650	CaO (f)
Cd	HCl	$CdCl_2 \cdot 2,5H_2O$ (f)	180 - 200	$CdCl_2$ (f)
Cd	HCl	$CdCl_2 \cdot 2,5H_2O$ (f)	590 - 650	CdO (f)
Cd	HNO_3	$Cd(NO_3)_2 \cdot 4H_2O$ (f)	340 - 390	CdO (f)
Co	HCl	$CoCl_2 \cdot 6H_2O$ (f)	150 - 230	CoO (f), $CoCl_2$ (f)
Co	HNO_3	$Co(NO_3)_2 \cdot 6H_2O$ (f)	800 - 950	CoO (f)
Cr	HCl	$CrCl_3 \cdot 6H_2O$	160 - 270	Cr_2O_3 (f)
Cr	HNO_3	$Cr(NO_3)_3 \cdot 9H_2O$ (f)	120 - 270	Cr_2O_3 (f)
Cu	HCl	$CuCl_2 \cdot 2H_2O$ (f)	710 - 730	CuO (f)
Cu	HNO_3	$Cu(NO_3)_2 \cdot 6H_2O$ (f)	930 - 960	CuO (f)
Fe	HCl	$FeCl_3 \cdot 6H_2O$ (f)	300 - 330	$FeCl_2$ (f)
Fe	HNO_3	$Fe(NO_3)_3 \cdot 9H_2O$ (f)	300 - 320	Fe_3O_4 (f)
Li	HCl	$LiCl \cdot 2H_2O$ (f)	100 - 170	LiCl (f)
Li	HNO_3	$LiNO_3 \cdot 3H_2O$ (f)	590 - 610	Li_2O (f)
Mg	HCl	$MgCl_2 \cdot 6H_2O$ (f)	510 - 630	MgO (f), $MgCl_2$ (f)
Mg	HNO_3	$Mg(NO_3)_2 \cdot 6H_2O$ (f)	450 - 470	MgO (f)
Mn	HCl	$MnCl_2 \cdot 2H_2O$ (f)	940 - 960	Mn_3O_4 (f)
Mn	HNO_3	$Mn(NO_3)_2 \cdot 6H_2O$ (f)	690 - 710	Mn_3O_4 (f)
Ni	HCl	$NiCl_2 \cdot 6H_2O$ (f)	100 - 150	NiO (f)
Ni	HNO_3	$Ni(NO_3)_2 \cdot 6H_2O$ (f)	340 - 350	NiO (f)
Pb	HNO_3	$Pb(NO_3)_2$ (f)	640 - 650	PbO (f)
Sn	HCl	$SnCl_2 \cdot 2H_2O$ (f)	500 - 510	$SnCl_2 \cdot SnO_2$ (f)
Sn	HNO_3	$SnO_2 \cdot H_2O$ (f)	830 - 840	SnO_2 (f)
Sr	HCl	$SrCl_2 \cdot 6H_2O$ (f)	180 - 250	$SrCl_2$ (f)
Zn	HNO_3	$Zn(NO_3)_2 \cdot 6H_2O$ (f)	300 - 350	ZnO (f)

$$M_xO_{y(f)} + {}_yC_{(f)} \rightarrow {}_yCO_{(g)} + {}_xM_{(g)}$$

Bei diesem Vorgang muß durch die CO-Bildung genügend Energie erzeugt werden, um freie Metallatome in der Gasphase zu bilden.

CAMPELL u. OTTAWAY (1974) haben anhand thermodynamischer Daten gezeigt, daß für viele Metalloxide der Atomisierungsprozeß durch Reduktion und nachfolgender Sublimation bereits bei relativ niedrigen Erscheinungstemperaturen eingleitet werden kann (Tabelle 10-21). Neben der Reduktion und Sublimation ist die thermische Dissoziation der Metalloxide und -chloride der wichtigste Atomisierungsprozeß. Beispielsweise bilden sich aus den Oxiden von Ca, Ga, Ge, Mg, Sb, Se und Sn die jeweiligen Elemente durch thermische Dissoziation, das heißt ohne Reduktion durch Kohlenstoff.

Tabelle 10-20. Erscheinungstemperaturen verschiedener Al-, Cd-, Cu-, Fe-, Ti-, V- und Zn-Verbindungen. Zur Eichung wurden Erscheinungstemperaturen nach L'vov (1978) vorgegeben.

Verbindung	Erscheinungs-temperatur [°C]	Verbindung	Erscheinungs-temperatur [°C]
Al_2O_3	1800	$FeCl_2 + H_2O$	1130
$Al_2(SO_4)_3 \cdot 18H_2O$	1790	FeO	1310
$AlCl_3 + H_2O$	1800	$Fe_2O_3 + H_2O$	1300
		$FeSO_4 \cdot 7H_2O$	1310
$CdCl_2 + H_2O$	390		
CdO	460	$TiCl_4 + H_2O$	2120
$Cd(NO_3)_2 + H_2O$	460	TiO_2	2150
$CuF_2 + H_2O$	1170	V_2O_5	2010
$CuCl_2 \cdot 2H_2O$	1150	$VCl_3 + H_2O$	2000
$CuBr_2 + 2H_2O$	1170		
$CuI + H_2O$	1180	$ZnCl_2 + H_2O$	670
Cu_2O	1190	ZnO	780
$CuSO_4 \cdot 5H_2O$	1190	$ZnSO_4 \cdot 7H_2O$	770
$Cu(NO_3)_2 \cdot 3H_2O$	1200	$Zn(NO_3)_2 \cdot 6H_2O$	780

Tabelle 10-21. Schmelz- und Siedepunkte einiger Oxide und Metalle im Vergleich zu den Erscheinungstemperaturen. (Z) = Zersetzungstemperatur.

Oxid	Metall	Schmelzpunkte Oxide [°C]	Schmelzpunkte Metalle [°C]	Siedepunkte Metalle [°C]	Erscheinungstemperaturen nach L'vov (1978) [°C]
Al_2O_3	Al	2045	660	2467	1800
CaO	Ca	2580	839	1484	1550
CoO	Co	1935	1495	2870	1370
Cr_2O_3	Cr	2435	1857	2672	1470
CuO	Cu	1326	1083	2567	1190
Fe_2O_3	Fe	1538 (Z)	1535	2750	1310
MgO	Mg	2800	649	1090	1260
Mn_3O_4	Mn	1705	1244	1962	1240
NiO	Ni	1990	1453	2732	1400
PbO	Pb	888	328	1740	790
SrO	Sr	2430	769	1384	1830
ZnO	Zn	1975	420	907	780

Tabelle 10-22. Schmelz- und Siedepunkte von Oxiden und Metallen der Alkalielemente im Vergleich zu den Erscheinungstemperaturen. (Z) = Zersetzungstemperatur, Subl. = Sublimation.

Oxid	Metall	Schmelzpunkte Oxide [°C]	Schmelzpunkte Metalle [°C]	Siedepunkte Metalle [°C]	Erscheinungstemperaturen nach L'vov (1978) [°C]
Li_2O	Li	>1700	181	1347	1700
Na_2O	Na	1275 Subl.	98	883	980
K_2O	K	350 (Z)	64	770	1310
Rb_2O	Rb	400 (Z)	39	688	1310
Cs_2O	Cs	400 (Z)	28	678	1050

Reaktion der Analysensubstanzen mit dem Graphit

Graphit reagiert mit zahlreichen Elementen und Verbindungen. Die Elemente der ersten drei Gruppen des Periodensystems bilden salzartige Carbide. Eine besondere Art von Metall-Kohlenstoff-Verbindungen sind die lamellaren Einlagerungsverbindungen, welche sich durch Absorption der geschmolzenen Metalle (z.B. Na, K, Rb, Cs) mit Graphit bilden. Braune Verbindungen entsprechen MC_8, graue MC_{16} bis zur stark graphitähnlichen Zusammensetzung MC_{60}. Die Stabilität dieser Einlagerungsverbindungen nimmt von Rb und K über Cs zum Na ab. Daß diese Carbide im Graphitrohr tatsächlich auftreten, zeigt ein Vergleich der Erscheinungstemperaturen von Li, Na, K, Rb und Cs mit den Schmelz- und Siedepunkten der Metalle bzw. Metalloxide (Tabelle 10-22). Die Erscheinungstemperaturen von K, Rb und Cs liegen deutlich über den Schmelz- und Siedepunkten der Alkalielemente. Bei der Bestimmung dieser Elemente mit dem Graphitrohr wird das Absorptionssignal von Li und Na nach wenigen Sekunden schnell schwächer, während das von K, Rb und Cs zeitlich verschleppt auftritt. Stabile lamellare Einlagerungsverbindungen werden auch von den leicht ionisierbaren Erdalkalielementen Ba und Sr gebildet (L'vov, 1978). Zu den Verbindungen mit polarem Charakter sind auch die Metallchlorid-Graphit-Einlagerungsverbindungen zu rechnen. Bis heute sind insgesamt 30 dieser Verbindungen bekannt.

Die Einlagerung eines Metallchlorids in Graphit gelingt normalerweise nur in einer Chloratmosphäre. Eine Ausnahme scheinen $FeCl_3$, $CuCl_2$ und WCl_6 zu sein. Bei der Zersetzung dieser Verbindungen wird Chlor freigesetzt, so daß sie auch in einer inerten Gasatmosphäre in Graphit eingelagert werden können (RÜDORFF et al., 1963). Oxichloride, die meisten Sulfide der Übergangselemente sowie F, Br, I, HNO_3, $HClO_4$, H_2SO_4 und andere bilden ebenfalls Graphit-Einlagerungsverbindungen. Ihre thermische Zersetzung während der Atomisierungsphase kann Störungen durch Folgereaktionen mit dem zu bestimmenden Element hervorrufen.

Salzartige (heteropolare) Carbide sind bekannt von Li (Li_2C_2), Na (Na_2C_2), von den Erdalkalielementen (Be_2C, Mg_2C_3, MgC_2, CaC_2, SrC_2, BaC_2), von den Übergangselementen der Gruppe III B (Sc, Y, La), von einigen Actiniden und von Al (Al_4C_3). Eine praktische Bedeutung bei der Graphitrohrofen-Atomabsorptionsspektrometrie erlangen nur die Carbide der Erdalkalielemente und das Aluminiumcarbid. Mit Ausnahme von CaC_2 und Al_3C_4 sind sie bei den im Graphitrohr erreichbaren Temperaturen von 2700 °C nicht stabil. Diamantartige Carbide gibt es von den Elementen B (B_4C) und Si (SiC). Sie lassen sich bei 2700 °C nicht vollständig im Graphitrohrofen zersetzen. Metallartige Carbide bilden die Elemente Ti, V, Cr, Mn, Fe, Co, Ni, Zr, Nb, Mo, Hf, Ta und W. Bei den Carbiden Cr, Mn, Fe, Co und Ni ist das Radienverhältnis $r_C / r_M > 0,6$ (C = Kohlenstoff, M = Metall), womit die obere Stabilitätsgrenze bei den metallartigen Carbiden erreicht wird. Sie sind stabil zwischen 1400 - 1900 °C und können im Graphitrohr leicht zersetzt werden. Schwieriger ist die Zersetzung von VC und MoC zwischen etwa 2200 - 2700 °C. Sie gelingt bei den geringen Atomisierungszeiten von wenigen Sekunden nur noch unvollständig. Die Carbide von Ti, Zr, Nb, Hf, Ta und W sind bei Temperaturen von 2700 °C weitgehend stabil.

Störungen bei der Graphitrohrofen-Atomabsorptionsspektrometrie

Wie bei der Flammen-Atomabsorptionsspektrometrie wird auch bei der Graphitrohrofen-Atomabsorptionsspektrometrie zwischen spektralen Interferenzen, Ionisationsstörungen, Dampf-, Schmelz- und Festphasenstörungen, Störungen durch unspezifische Lichtverluste und physikalische Störungen (Viskosität, Dichte, Oberflächenspannung der Analysenlösungen) unterschieden. Die letztgenannten Effekte, die beim Pipettieren der Bezugs- und Probelösungen auftreten, sind beim Arbeiten mit wäßrigen Lösungen normalerweise sehr klein und daher zu vernachlässigen. Dagegen können unterschiedliche Viskositäten, Dichten und Oberflächenspannungen bei der Verwendung organischer Lösungsmittel zu gravierenden Fehlern führen.

Störungen durch unspezifische Lichtverluste, soweit sie auf Lichtstreuung oder auf kontinuierlicher Molekülabsorption beruhen, werden gesondert im Text über die Kompensation dieser Effekte behandelt.

Spektrale Interferenzen

Besteht der Untergrund aus Elektronenanregungsspektren von absorbierenden Molekülen oder Radikalen, können Koinzidenzen mit Analysenlinien auftreten. Eine Untergrundkompensation führt in solchen Fällen zu systematischen Fehlern.

Die Elektronenanregungsspektren können in der Graphitrohrküvette von den im Plasma enthaltenen Molekülen und Radikalen ausgehen. Die Verwendung von Stickstoff als Schutzgas ist mit dem Auftreten von CN-Banden verbunden. C_2-Banden sind auf die Strahlung des Ofenmaterials zurückzuführen. OH-Banden treten dagegen nicht auf, da die wäßrigen Lösungen in der Graphitrohrküvette eingetrocknet werden. Die häufigsten Störungen durch Elektronenanregungsspektren entstehen durch die Aufschlußsäuren HNO_3, H_2SO_4 und H_3PO_4. Bei der Zersetzung der entsprechenden Salze treten während der Atomisierungsphase die Elektronenanregungsspektren von SO_2, SO, NO und PO auf (MASSMANN et al., 1976).

Ionisationsstörungen

Ionisationsstörungen können nicht beobachtet werden, da der Graphit bei Temperaturen > 1500 °C viele Elektronen freisetzt und somit als Ionisationspuffer wirkt.

$$C_{n(f)} \rightleftarrows C^+_{n(f)} + e^- \qquad (f) = fest$$

Dampf-, Schmelz- und Festphasenstörungen

Störungen treten auf, wenn die Bildung der Dampf-, Schmelz- und Festphasen des zu bestimmenden Elementes von Begleitelementen in Abhängigkeit von Zeit und Temperatur beeinflußt wird. Dadurch können sich, je nach Zusammensetzung der Probe, bei dem gleichen Element unterschiedliche Erscheinungstemperaturen ergeben. Änderungen in den Erscheinungstemperaturen zeigen Unterschiede in den Aktivierungsenergien der Atomisierungsprozesse an, was zwangsläufig zu anderen Atomisierungsraten führt. Beim Aufheizen des Graphitrohres ändert sich innerhalb desselben (Absorptionsvolumen) die Konzentration der verdampfenden Probe um Zehnerpotenzen. Unterschiedliche Bestandteile der Probe gelangen zu verschiedenen Zeiten und Temperaturen in die Dampfphase. Eine Erniedrigung der Erscheinungstemperatur kann beispielsweise dadurch verursacht werden, daß das zu bestimmende Element zusammen mit leichtflüchtigen Anteilen der Matrix in die Dampfphase gelangt, wo es dann vorzeitig atomisiert wird. Dieser Prozeß kann aber auch zu Minuswerten führen, wenn bei unzureichenden Temperaturen das zu messende Element nicht vollständig aus seinen Verbindungen freigesetzt wird.

Die Atomisierungsrate hängt auch von veränderten Schmelz- und Festphasenreaktionen ab. Hierzu gehören unter anderem die der Carbidbildung sowie die Größe und Form der beim Trocknen entstehenden Kristalle, die ihrerseits von der Zusammensetzung der Probe beeinflußt werden. Das Ausmaß dieser Störungen läßt sich bei Elementen mit hohen Schmelzpunkten (V, Cr, Co, Ni, Mo und andere) durch selektive Entfernung der Probematrix in geeigneten Aufheizschritten klein halten. Die vorherrschenden Dampfphasenstörungen werden durch Neubildungen, Rekombinationen und unvollständige Dissoziation von Dicarbiden, Monocyaniden und Monohalogeniden hervorgerufen. Störungen durch die Bildung von Monocyaniden lassen sich weitgehend vermeiden, wenn als Schutzgas Argon anstelle von Stickstoff verwendet wird. Gravierende Analysenfehler treten bei der Bildung von Monohalogeniden auf. Der Einfluß nimmt von Fluor über Chlor und Brom nach Iod ab. In der Praxis spielen nur Fluor und Chlor eine Rolle, da sie vor allem mit den Aufschlußsäuren in die Proben eingebracht werden.

Enthält die Probematrix nach der thermischen Vorbehandlung Halogenide, so werden beim Aufheizen des Graphitrohres die Halogene entsprechend ihrer Dissoziationsenergien nacheinander freigesetzt (Tabelle 10-23). Überlapp sich die Freisetzungsphase mit dem Atomisierungsprozeß des zu bestimmenden Elementes, so kommt es zu einer Signalerniedrigung, da das Analysenelement durch die Neubildung von Monohalogeniden dem Absorptionsvorgang entzogen wird. Durch den einfachen Vergleich der Dissoziationsenergien der Monohalogenide und unter Berücksichtigung von Hydrolysevorgängen während der thermischen Vorbehandlung der Probe lassen sich Störungen durch Matrixelemente abschätzen. Beispielsweise nimmt bei einer aus Chloriden bestehenden Matrix der Einfluß auf die Signalunterdrückung des Pb durch die Erdalkalielemente ab, und zwar in der Reihenfolge der zunehmenden Dissoziationsenergien der Monochloride Mg<Ca<Sr<Ba (Tabelle 10-23). Solche Analysenfehler lassen sich vermeiden, wenn überschüssige Aufschlußsäuren (Flußsäure, Perchlorsäure) vollständig abgeraucht werden und der Rückstand mit *Salpetersäure* und nicht mit Salzsäure aufgenommen wird. Aber nicht alle Aufschlußrückstände lassen sich mit Salpetersäure aufnehmen. Falls doch Salzsäure verwendet werden muß, kann dem Schutzgas Wasserstoff zugemischt und das in der Atomisierungsphase freigesetzte Chlor abgefangen werden. Das gelingt aber nur, wenn die Dissoziationsenergie der Verbindung (im Beispiel das PbCl) kleiner ist als die von HCl.

Tabelle 10-23. Dissoziationsenergien der Monochloride nach GURVIČ et al. (1974), L'VOV (1978), L'VOV u. PELIEVA (1980).

Element	kJ · mol^{-1}	Element	kJ · mol^{-1}
Ag	310	Li	473
Al	498	Mg	377
B	545	Mn	309
Ba	444	Na	410
Be	385	Ni	367
Bi	302	Pb	297
Ca	393	Sb	356
Cd	205	Sc	490
Co	393	Se	318
Cr	363	Si	452
Cu	355	Sn	411
Fe	347	Sr	402
Ga	473	Ti	490
Ge	406	Tl	368
H	427	V	472
Hg	97	Y	524
In	427	Zn	288
K	423		

Bei der Bestimmung von Cu kann Wasserstoff als Reaktionsgas überhaupt nicht eingesetzt werden, da sich leichtflüchtige Kupferhydride bilden. Wasserstoff reagiert auch mit Graphit, wobei die Oberflächen der Graphitrohre stark angegriffen werden.

Die Meßbedingungen zur Bestimmung verschiedener Elemente in natürlichen Materialien mit der Graphitrohrküvette sind in Tabelle 10-24 zusammengestellt. Die dort enthaltenen Angaben berücksichtigen die Literaturarbeit von SLAVIN u. MANNING (1982) sowie eigene Untersuchungen (HEINRICHS, unveröffentlicht).

Dampf-, Schmelz- und Festphasenstörungen lassen sich durch die Modifizierung der Probematrix mittels geeigneter Zusätze sowie die Verwendung verschiedener Graphitrohrtypen eingrenzen bzw. unterdrücken. Die hierbei zu beachtenden Aspekte sind in den folgenden Abschnitten dargestellt.

Die Verhinderung von Dampf-, Schmelz- und Festphasenstörungen durch Zusätze zur Probematrix.

Das thermische und reaktive Verhalten der Probe bzw. des zu bestimmenden Elementes kann durch bestimmte Zusätze zur Probematrix wesentlich modifiziert werden. Dabei lassen sich folgende Fehlerquellen verringern oder ausschalten.

1. Mittels geeigneter Zusätze können während der thermischen Vorbehandlung der Probe Störungen durch Matrixbestandteile verhindert werden. Ein Beispiel ist die Ausschaltung von Störungen durch Chlorid bei der Analyse von Meerwasser. Als Zusatzmittel zur Probe dient Ammoniumnitrat. Bei niedrigen Temperaturen bilden sich durch Reaktion mit dem NaCl des Meerwassers NH_4Cl und $NaNO_3$. Bei 340 °C sublimiert das NH_4Cl, wodurch das Chlorid aus dem Reaktionssystem entfernt wird (EDIGER 1975). Vergleichbare Wirkungen haben Zusätze von $NH_4H_2PO_4$, $(NH_4)_2HPO_4$, NH_4OH, $(NH_4)_2SO_4$ und $Al(NO_3)_3$ ($AlCl_3$, Sublimation bei 178 °C).

Die Zusätze von Thioharnstoff, EDTA, Oxal-, Ascorbin- und Zitronensäure wirken bei der thermischen Zersetzung im Graphitrohr stark reduzierend und setzen Wasserstoff zur Bindung von überschüssigem Chlor (Chlorid) frei. Diese Substanzen haben eine Doppelfunktion, da sie als Komplexbildner auch die Bindung des zu bestimmenden Elementes beeinflussen.

Weiterhin läßt sich mit überschüssiger Schwefel-, Phosphor- und Salpetersäure das Chlor aus seinen Verbindungen verdrängen. Chloride können auf diese Weise in Sulfate, Phosphate und Nitrate umgewandelt werden.

2. Durch Zusätze zur Probe sollen störende Bestandteile des Analysenmaterials während der Atomisierungsphase gebunden werden. Ein Beispiel hierfür ist die Messung von Thallium in Gegenwart von NaCl mit und ohne Lithiumzusatz (L'vov, 1978). Während der Atomisierung des Tl zersetzt sich auch das NaCl zum Teil. Das dabei neugebildete TlCl entzieht Tl dem Absorptionsvorgang, wodurch das Meßsignal erniedrigt wird. Durch die Zugabe von Li (z.B. als $LiNO_3$) im Überschuß zur Probe läßt sich der Einfluß von NaCl auf die Tl-Bestimmung verringern. Das Li bildet nämlich in der Dampfphase ein stabileres Monochlorid als das Tl, so daß die Entstehung von TlCl weitgehend unterbleibt (Tabelle 10-23).

Eine andere Möglichkeit zur Beseitigung störender Cl-Anteile in der Dampfphase besteht in der Zumischung von Wasserstoff zum Schutzgas.

3. Durch Zusätze soll die Bindungsform des zu bestimmenden Elementes verändert werden, um deren thermische Stabilität zu verbessern. Auf diese Weise lassen sich bei höheren Temperaturen störende und im Überschuß vorhandene Aufschlußsäuren entfernen.

Nachfolgend werden für einige leichtflüchtige Elemente geeignete Stabilisatoren angegeben. Enthalten diese Verbindungen NH_4 oder H, so üben sie eine Doppelfunktion aus und können gleichzeitig überschüssiges Cl entfernen. As: $Ni(NO_3)_2$; Cd: $(NH_4)_2HPO_4$, $(NH_4)H_2PO_4$, $La(NO_3)_3$; Hg: NH_4SCN, CH_4N_2S, $(NH_4)_2S$, Na_2S, $K_2Cr_2O_7$; Pb: $(NH_4)H_2PO_4$, $(NH_4)_2HPO_4$, $La(NO_3)_3$, $C_2H_2O_4 \cdot 2H_2O$, Ascorbinsäure, EDTA; Sb: $Ni(NO_3)_2$, MoO_3; Se: $Ni(NO_3)_2$, $AgNO_3$, MoO_3, $Cu(NO_3)_2$; Te: $Ni(NO_3)_2$; Tl: $VOSO_4$, $(NH_4)_2SO_4$, H_2SO_4.

4. Verschiedene der zu bestimmenden Elemente bilden Einlagerungsverbindungen und Carbide mit dem Kohlenstoff des Graphitrohres. Zur Verhinderung dieser Effekte können der Probe im Überschuß Komponenten beigefügt werden, welche anstelle des Analysenelementes zur Bildung von Einlagerungsverbindungen und Carbiden neigen. Beispielsweise muß bei der Bestimmung von Rb, welches Einlagerungsverbindungen bildet, der Probe Kalium zugesetzt werden. Für die Bestimmung von Carbidbildnern wie Al, Ba, Be, Cr, Mo, Sn und anderen eignen sich Zusätze mit Al, B, Ba, Ca, La, Mo, Si, Ta, V, W und Zr in den Verbindungen.

Die Verminderung von Festphasenstörungen durch pyrolytisch beschichtete Graphitrohre

Für viele Elemente lassen sich durch die Verwendung von pyrolytisch beschichteten Graphitrohren die Meßbedingungen verbessern (Tabelle 10-24). Pyrolytischer Kohlenstoff hat im Vergleich zu normalem Graphit einen

Tabelle 10-24. Die Bestimmung von Ag, Al, As, Ba, Be, Bi, Cd, Co, Cr, Cu, Fe, Mn, Mo, Ni, Pb, Rb, Sb, Se, Sn, Sr, Tl, V und Zn mit der Graphitrohrofen-Atomabsorptionsspektrometrie. Nachweisgrenzen 3 s der Untergrundvariation.

Element	Wellenlänge λ in nm	Nachweisgrenzen in ng/ml bei Probemengen von 20 µl	Störungen	Beseitigung von Störungen
Ag	328,1	0,05	Halogenide, Einlagerungsverbindungen, Monocyanide, Halogenide, Einlagerungsverbindungen	$(NH_4)H_2PO_4$, pyrolytische Beschichtung
Al	309,3	0,5		Ar anstelle von N_2, Zumischen von H_2, NH_4OH, $(NH_4)_2SO_4$, H_2SO_4, $Mg(NO_3)_2$, H_2O_2, pyrolytische Beschichtung, La, Mo, Zr, V, B
As	193,7	3,0	Halogenide, Einlagerungsverbindungen	H_2SO_4, pyrolytische Beschichtung, $Ni(NO_3)_2$, H_2O_2, Plattformrohre
Ba	553,6	10	Halogenide, Einlagerungsverbindungen, Carbide	H_2SO_4, $(NH_4)_2SO_4$, $(NH_4)H_2PO_4$, pyrolytische Beschichtung, La, Ca
Be	234,9	0,05	Halogenide, Einlagerungsverbindungen, Carbide	$(NH_4)_2HPO_4$, $Al(NO_3)_3$, pyrolytische Beschichtung, La, Si, Al, Mo, Zr, V, B, Ba, Ca
Bi	223,1	0,2	Halogenide, Einlagerungsverbindungen	$Ni(NO_3)_2$, pyrolytische Beschichtung, Plattformrohre
Cd	228,8	0,02	Halogenide, Einlagerungsverbindungen	$(NH_4)_2HPO_4$, $(NH_4)H_2PO_4$, $La(NO_3)_3$, pyrolytische Beschichtung, Plattformrohre
Co	240,7	0,7	Einlagerungsverbindungen, Carbide	pyrolytische Beschichtung
Cr	357,9	0,2	Halogenide, Einlagerungsverbindungen, Carbide	NH_4NO_3, HNO_3, pyrolytische Beschichtung, Mo, Zr, La, V, B
Cu	324,8	0,5	Halogenide, Einlagerungsverbindungen	NH_4NO_3, $La(NO_3)_3$, Plattformrohre, pyrolytische Beschichtung

Fe	248,3	0,5	Halogenide, Einlagerungsverbindungen	NH_4NO_3, $La(NO_3)_3$, pyrolytische Beschichtung
Mn	279,5	0,2	Halogenide, Einlagerungsverbindungen, Carbide	NH_4NO_3, Thioharnstoff, Ascorbinsäure, $Al(NO_3)_3$, pyrolytische Beschichtung, La, Mo, Zr, V, B
Mo	313,3	0,8	Einlagerungsverbindungen, Carbide	pyrolytische Beschichtung, La
Ni	232,0	0,5	Halogenide, Einlagerungsverbindungen	$(NH_4)H_2PO_4$, $Fe(NO_3)_2$, pyrolytische Beschichtung
Pb	283,3	0,3	Halogenide, Einlagerungsverbindungen	$(NH_4)H_2PO_4$, $(NH_4)_2HPO_4$, NH_4NO_3, Zumischung von H_2, Oxalsäure, Ascorbinsäure, EDTA, $K_2Cr_2O_7$, Plattformrohre, pyrolytische Beschichtung
Rb	780,0 Rotfilter	2,0	Halogenide, Einlagerungsverbindungen	H_2SO_4, KNO_3
Sb	217,6	1,0	Halogenide, Einlagerungsverbindungen	H_2SO_4, Ascorbinsäure, $Ni(NO_3)_2$, MoO_3, $Cu(NO_3)_2$
Se	196,0	2,0	Halogenide, Einlagerungsverbindungen	NH_4NO_3, $Ni(NO_3)_2$, $AgNO_3$, MoO_3, $Cu(NO_3)_2$, pyrolytische Beschichtung
Sn	224,6	2,0	Halogenide, Einlagerungsverbindungen	NH_4NO_3, H_2SO_4, pyrolytische Beschichtung, Ta, W, Zr
Sr	460,7	0,5	Halogenide, Einlagerungsverbindungen, Carbide	H_2SO_4, $(NH_4)_2SO_4$, $(NH_4)H_2PO_4$, $La(NO_3)_3$, pyrolytische Beschichtung
Tl	276,8	0,3	Halogenide, Einlagerungsverbindungen	H_2SO_4, $LiNO_3$, pyrolytische Beschichtung, $VOSO_4$, $(NH_4)_2SO_4$
V	318,4	7	Einlagerungsverbindungen, Carbide	$La(NO_3)_3$, pyrolytische Beschichtung
Zn	213,9	0,01	Chloride, Einlagerungsverbindungen	$Al(NO_3)_3$, Zitronensäure, Plattformrohre

höheren Sublimationspunkt, eine bessere thermische Leitfähigkeit, eine geringere Porosität und eine größere Reaktionsträgheit. Vor allem die beiden zuletzt genannten Eigenschaften verringern die Neigung zur Bildung von Einlagerungsverbindungen und Carbiden. Andere mit pyrolytisch beschichteten Graphitrohren verbundene Vorteile sind die größere Langzeitstabilität, die kürzeren Atomisierungszeiten und die verbesserten Nachweisgrenzen.

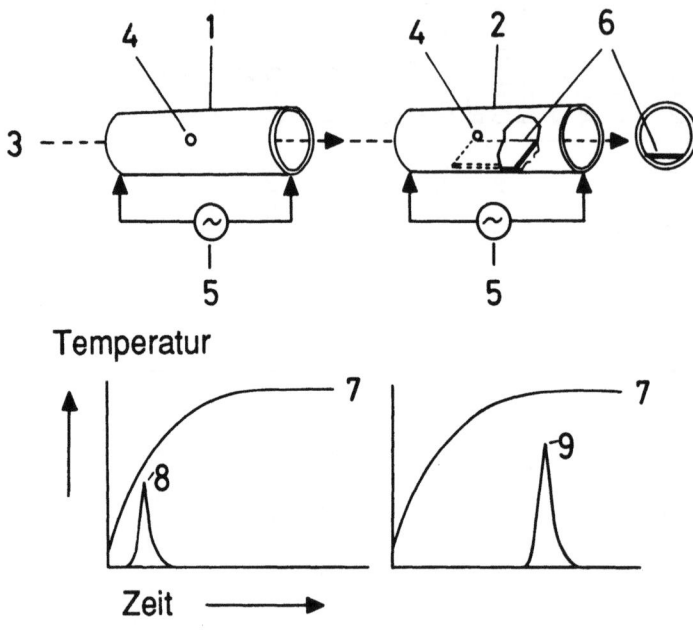

1 Graphitrohr (Normalrohr)
2 Graphitrohr mit Plattform
3 Strahlengang
4 Probeneinlaß
5 Stromversorgung
6 Plattform nach L'vov
7 Rohrwandtemperatur in Abhängigkeit von der Aufheizzeit
8 Signal beim Normalrohr (1)
9 Verzögertes Signal beim Graphitrohr mit Plattform (2)

Abb. 10-6. Aufheizvorgang beim normalen Graphitrohr im Vergleich zu einem Graphitrohr mit Plattform.

In der Praxis können auch normale Graphitrohre eingesetzt werden, die mit Hilfe von Argon (90 Teile) und Methan (10 Teile) sowie einem zusätzlichen Programmschritt bei 1400 - 1700 °C innen und außen pyrolytisch beschichtet werden (MANNING u. EDIGER, 1976). Die Beschichtung wird nach jeder Messung wiederholt.

Plattformrohre zur Vermeidung von Dampfphasenstörungen

Elemente, die leichtflüchtige Verbindungen bilden, können sich dem Atomisierungsprozeß entziehen, noch bevor eine ausreichende Atomisierungstemperatur erreicht ist. Dieser Effekt kann durch die Verwendung von Plattformenrohren nach L'VOV (SLAVIN u. MANNING, 1980) weitgehend unterbunden werden, da die Rohrwände schneller aufgeheizt werden als die Plattform mit der Probe. Das von der Rohrwandung nach innen gerichtete Temperaturgefälle führt zu einer verzögerten Verdampfung der Probe, weil sich die leichtflüchtigen Komponenten dem Atomisierungsprozeß nicht gegen das Temperaturgefälle entziehen können. Im Gegensatz zu den normalen Graphitrohren findet in den Plattformrohren der Atomisierungsprozeß der Probe in einer heißeren Umgebung statt (Abb. 10-6).

Kompensation unspezifischer Lichtverluste

Bei der Atomabsorptionsspektrometrie treten unspezifische Lichtverluste durch kontinuierliche Molekülabsorption und Lichtstreuung an Salzpartikeln, Lösungströpfchen und Ruß auf. Diese Störungen machen sich bei der flammenlosen Atomabsorptionsspektrometrie viel stärker bemerkbar als bei der Flammen-Atomabsorptionsspektrometrie.

Kontinuierliche Molekülspektren sind beispielsweise die Dissoziationskontinua der Alkalihalogenide. Das langwellige Maximum jedes Dissoziationskontinuums beruht auf dem Zerfall von Molekülen in Atome. Die bei kürzeren Wellenlängen auftretenden Maxima entsprechen Dissoziationsprozessen, bei denen angeregte Atome entstehen (MASSMANN et al., 1976). Sofern diesen kontinuierlichen Spektren keine feinstrukturierten Elektronenanregungsspektren überlagert sind, läßt sich die störende Untergrundabsorption durch Kompensation korrigieren.

Dissoziationskontinua erstrecken sich in vielen Fällen über Wellenlängenbereiche von ≥ 10 nm. Die unspezifischen Lichtverluste durch Streuung sind wellenlängenabhängig und nehmen mit abnehmenden Wellenlängen überproportional zu. Diese Streuung folgt in erster Näherung dem Rayleighschen Streulichtgesetz und ist indirekt proportional der 4. Potenz der Wellenlänge

λ. Nach RAYLEIGH gilt für die Schwächung von Licht durch Streuung $\gamma \sim \frac{1}{\lambda^4}$. Dabei ist γ der in Extinktionseinheiten gemessene Lichtverlust.

Das Prinzip der Kompensation mit Kontinuumstrahlern beruht auf der Verschiedenartigkeit der verwendeten Primärstrahlungsquellen und der spezifischen und unspezifischen Absorption. Zur Beseitigung der unspezifischen Lichtverhältnisse wird zum Beispiel die Absorption der Primärstrahlungsquelle mit der eines Kontinuumstrahlers (Deuteriumlampe, Halogenglühlampe) auf gleicher Wellenlänge miteinander verglichen. Ordnet man den Kontinuumstrahler so an, daß er nicht phasengleich mit der Primärstrahlungsquelle verläuft, so läßt sich die unspezifische Absorption messen und automatisch vom Signal der Gesamtabsorption subtrahieren. Vor der Messung werden die Intensitäten der beiden Lichtquellen angeglichen. Dabei wird das Intensitätsverhältnis gleich 1, und das Anzeigegerät registriert kein Signal. Die Intensitäten von Meß- und Referenzlicht müssen in gleicher Stärke und Verteilung über dem Strahlenquerschnitt vorliegen. Bei der Kompensation unspezifischer Absorptionen werden auf Grund der breiteren Banden die Strahlungsintensitäten beider Lichtquellen um den gleichen Betrag geschwächt. Das Intensitätsverhältnis bleibt jedoch gleich.

Spezifische Absorptionen durch Atome erfolgen in einem engen Spektralbereich von 0,001-0,01 nm. Die Intensität der Primärstrahlungsquelle wird entsprechend der Konzentration der Atome im Grundzustand geschwächt, die Intensität des Kontinuumstrahlers dagegen nur in dem engen Spektralbereich von 0,001-0,01 nm, was im Vergleich zur gesamten Bandbreite vernachlässigbar klein ist (< 1 %). Eine spezifische Absorption schwächt daher nur die Strahlungsintensität aus einer Hohlkathodenlampe und kaum die aus einer Deuterium- oder Halogenlampe.

Eine andere Möglichkeit der Untergrundkompensation liegt in dem Zeeman-Untergrund-Korrektursystem. Hierbei wird die Spektrallinie im Magnetfeld in drei Komponenten aufgespalten. Eine Komponente behält die Wellenlänge der ursprünglichen Spektrallinie mit geringerer Intensität, die beiden anderen werden zu etwas größeren bzw. kleineren Wellenlängen hin verschoben. Mit den letztgenannten, welche nicht mehr spezifisch absorbiert werden können, läßt sich der Untergrund messen.

Die Ausnutzung des Zeeman - Effektes zur Untergrundkompensation kann in verschiedener Weise erfolgen. Entweder wird das Magnetfeld an die Primärstrahlungsquelle oder an die Absorptionseinrichtung gelegt. Man spricht in diesen Fällen von der *"direkten ZAAS"* (Zeeman-Atomabsorptionsspektrometrie) bzw. der *"inversen ZAAS"*. Ein weiteres Unterscheidungsmerkmal ist die Richtung, in der das Magnetfeld wirkt. Das Magnetfeld kann longitudinal oder transversal wirken. Außerdem kann das Magnetfeld zeitlich konstant bleiben oder moduliert werden. Instrumentell sind sechs verschiedene Ausführungen möglich (KURFÜRST, 1981, 1983).

Ein anderes Untergrund-Korrektursystem ist das Smith-Hieftje-System. Bei diesem Verfahren wird der Effekt der Linienverbreiterung mit Selbstumkehr bei erhöhtem Lampenstrom zur Untergrundkorrektur ausgenutzt. Die Korrektur erfolgt durch Differenzmessungen bei niedrigem und hohem Lampenstrom (SMITH, SCHLEICHER u. HIEFTJE, 1982).

Meßfehler

Für die Graphitrohrofen-Atomabsorptionsspektrometrie lassen sich die Meßfehler in ähnlicher Weise ermitteln wie für die photometrischen Analysenverfahren (Abschnitt 10.4) und für die Flammen-Atomabsorptionsspektrometrie (Abschnitt 10.5). Bei der Graphitrohrofen-Atomabsorptionsspektrometrie kann mittels Mikroliterpipetten die Meßlösung direkt aus der Stammlösung (für Eichungen) und aus der Säureaufschlußlösung entnommen werden. Verschiedentlich ist es aber auch notwendig, vor allem für Bezugslösungen, aus der Stammlösung eine Zwischenverdünnung herzustellen. Dadurch erhöhen sich die relativen Meßfehler.

Im folgenden Beispiel 10.17 werden für die Mikroliterpipetten die von den Herstellerfirmen angegebenen Volumenfehler eingesetzt. Für die praktische analytische Arbeit ist es jedoch notwendig, die Volumenfehler für die einzelnen Pipetten durch mehrmaliges Wägen mit Wasser selbst zu bestimmen.

Im Abschnitt 10.4 (Spektralphotometrie) ist angegeben, daß die Messungen möglichst im Bereich $0,7 > E > 0,2$ vorgenommen werden sollen. Das läßt sich vielfach weder bei der Flammen- noch bei der Graphitrohrofen-Atomabsorptionsspektrometrie realisieren. Vor allem bei der Graphitrohrofen-Atomabsorptionsspektrometrie muß häufig bis an die untere Grenze der Meßmöglichkeiten (kleine Extinktionswerte) gegangen werden. Entsprechend vergrößert sich der Wert für $\frac{dE}{E}$ (Abb. 10-3).

Beispiel 10.17

Eine Basaltprobe enthält einen Massenanteil von 100 µg Cu/g Probe. Zur Bestimmung dieses Elements mittels der Graphitrohrofen-Atomabsorptionsspektrometrie werden zweimal (Doppelbestimmung) etwa 0,1 g Gesteinsprobe mit Säuren (Abschnitt 13.3) aufgeschlossen und die Lösungen nach dem Auffüllen in 100 ml-Meßkolben sofort in 100 ml Polyethylenflaschen umgefüllt. Die Meßlösung soll ohne Zwischenverdünnung aus der Säureaufschlußlösung mittels Mikroliterpipette entnommen werden.

Die Stammlösung zur Messung der Bezugspunkte enthält 100 µg Cu/ml (100 ppm Cu). Sie wird hergestellt aus 0,1 g Cu-Fixanal (Riedel-de-Haën) auf 1000 ml und in einer

10 Grundlagen der Meßverfahren

Polyethylenflasche aufbewahrt. Eine aus der Cu-Lösung hergestellte Zwischenverdünnung enthält 0,1 μg Cu/ml (0,1 ppm Cu).

Es ist von Vorteil, für jeden Bezugspunkt zwei Meßlösungen herzustellen.

I. Messung der Bezugslösungen, Ermittlung des Faktors F(P)

Auffüllen des Inhalts der Fixanal-Ampulle im 1000 ml-Meßkolben (Stammlösung)	$\frac{dV}{V} = \frac{0{,}40 \text{ ml}}{1000 \text{ ml}}$	$= 0{,}0004$
Herstellung der Zwischenverdünnung, dazu		
a) 100 μl (0,1 ml) mit Mikroliterpipette abpipettieren	$\frac{dV}{V} = \frac{0{,}8 \text{ μl}}{100 \text{ μl}}$	$= 0{,}008$
b) dann im 100 ml-Meßkolben auffüllen	$\frac{dV}{V} = \frac{0{,}10 \text{ ml}}{100 \text{ ml}}$	$= 0{,}001$
Zur Messung der Zwischenverdünnung 10 μl in die Graphitrohrküvette pipettieren (0,001 μg Cu absolut)	$\frac{dV}{V} = \frac{0{,}12 \text{ μl}}{10 \text{ μl}}$	$= 0{,}012$
Extinktionsmessung E = ~ 0,17 (Abb. 10-3)	$\frac{dE}{E}$	$\approx 0{,}006$
(siehe Gleichungen 10.13, 10.19 und Beispiel 10.14)	$\frac{dF(P)}{F(P)}$	$= 0{,}027$

Durch die Mittelwertbildung über zwei Bezugslösungen verringert sich der Fehler auf den Bruchteil $1/\sqrt{2}$, dann ist

$$\frac{d\bar{F}(P)}{F(P)} = 0{,}019$$

II. Messung der Analysenlösungen:

Einwaage mg Basaltprobe	$\frac{dm(e)}{m(e)} = \frac{0{,}5 \text{ mg}}{100 \text{ mg}}$	$= 0{,}005$
Auffüllen Aufschlußlösung im 100 ml-Meßkolben	$\frac{dV}{V} = \frac{0{,}10 \text{ ml}}{100 \text{ ml}}$	$= 0{,}001$
Zur Messung der Säureaufschlußlösung 10 μl in das Graphitrohr pipettieren (0,001 μg Cu absolut)	$\frac{dV}{V} = \frac{0{,}12 \text{ μl}}{10 \text{ μl}}$	$= 0{,}012$

Extinktionsmessung E = ~ 0,17 (Abb. 10.3)	$\dfrac{dE}{E}$	≈ 0,006
(siehe Gleichungen 10.13, 10.19 und Beispiel 10.14)	$\dfrac{dF(P)}{F(P)}$	= 0,024

Durch die Doppelbestimmung verringert sich der Fehler auf den Bruchteil $1/\sqrt{2}$, somit auf

$$\frac{d\overline{F}(P)}{F(P)} = 0{,}017$$

Fehler aus I und II: 0,019
                     + 0,017
                     ───────
                       0,036

Bei der Bestimmung von Cu mittels der Graphitrohrofen-Atomabsorptionsspektrometrie muß mit einem Meßfehler $\dfrac{dw}{w}$ von 3,6 % (rel.) gerechnet werden. Das heißt, der Anteil an Cu variiert in der Basaltprobe zwischen 96 - 104 µg Cu/g Probe. Für das Cu-Bestimmungsverfahren mittels der Graphitrohrofen-Atomabsorptionsspektrometrie ist mit einer Standardabweichung s = 7,4 (rel.) zu rechnen. Das heißt, daß der Gesamtfehler deutlich größer ist als die durch den Meßfehler bedingte Variationsbreite. Hierfür gibt es verschiedene Ursachen. Beispielsweise sind in der Berechnung des Meßfehlers nicht die Einflüsse enthalten, welche auf die Abnutzung des Graphitrohres zurückzuführen sind. Bei anderen Messungen müssen auch die Fehler berücksichtigt werden, welche durch die Zusätze zur Probematrix (Verhinderung von Dampf-, Schmelz- und Festphasenstörungen) entstehen.

10.8 Atomemissionsspektrometrie mit induktiv gekoppeltem Plasma (ICP-AES)

Ein Atomemissionsspektrometer mit induktiv gekoppeltem Plasma besteht aus einem Hochfrequenzgenerator, einem Plasmabrenner, einem hochauflösenden Spektrometer und einem Rechner zur Steuerung der Meßanordnung und der Datenausgabe.

Beim IC-Plasmabrenner (inductively coupled) erzeugt eine Induktionsspule, die von einem Hochfrequenzgenerator gespeist wird, ein starkes, oszillierendes Magnetfeld. Über eine Gasversorgung wird dem Brenner Argon zugeführt, das mit Hilfe einer Teslaspule gezündet wird. Der Hochfrequenzgenerator mit Induktionsspule liefert die Energie für die im Plasma zu verrichtende Ionisierungsarbeit. Die Energie steht dabei im direkten Verhältnis zur Plasmadichte und Temperatur.

248 10 Grundlagen der Meßverfahren

Der Plasmabrenner ist mit einem Zerstäubersystem verbunden (Abb. 10-7). Die Probe wird mit Hilfe eines Argon-Trägergases dem Plasma als Aerosol axial zugeführt. Im Plasma entsteht ein Tunnel, in dem die Probe bei hohen Temperaturen und längerer Verweilzeit verdampft und angeregt wird.

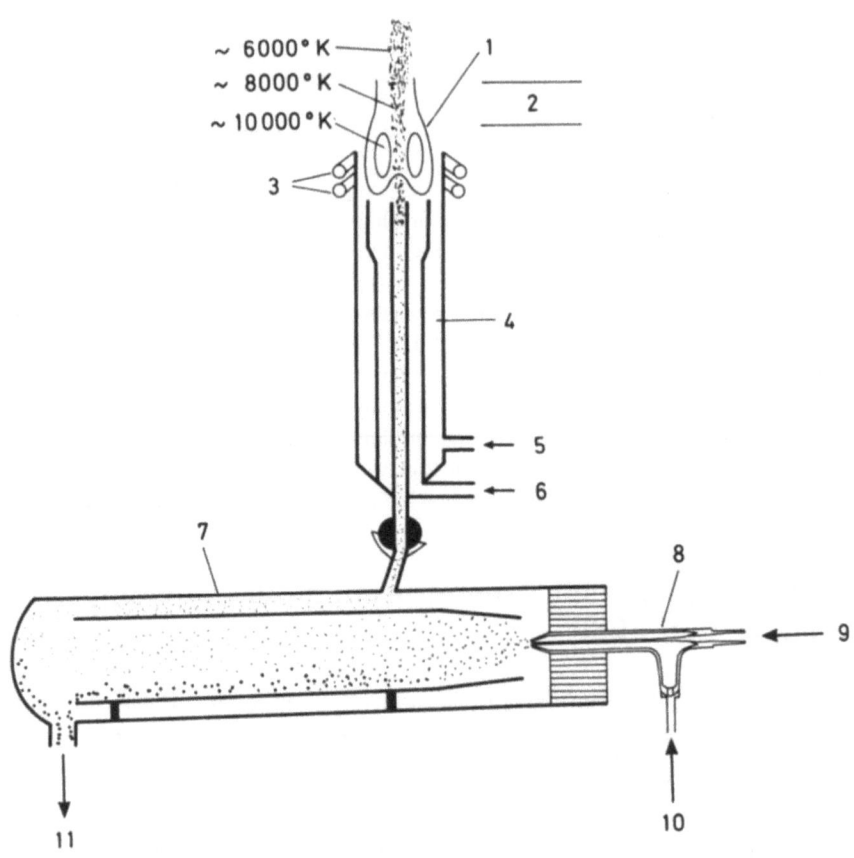

1	Plasma	7	Zerstäuberkammer (Scott)
2	Beobachtungszone	8	Zerstäuber (Meinhard)
3	Induktionsspule	9	Probelösung (1-3 ml/min)
4	Plasmabrenner (3 konzentrische Quarzrohre)	10	Argon (0,5-1,5 l/min)
5	Argon (10-20 l/min)	11	Abfluß
6	Argon (0,2-1 l/min)		

Abb. 10-7. Plasmabrenner mit Zerstäubersystem

Das Spektrometer empfängt Strahlung aus der Beobachtungszone oberhalb der stromführenden Plasmazone (Abb. 10-7). Im Spektrometer wird das Licht spektral zerlegt. Die Abb. 10-8 zeigt im Schema den hochauflösenden Gittermonochromator eines Sequenzgerätes. Die Linienintensitäten werden nacheinander gemessen. Die Ansteuerung der Linien erfolgt mit Hilfe eines Winkelkodierers, der starr mit der Gitterachse verbunden ist. Die Winkelauflösung beträgt 10^{-4} Grad. Mittels Lampe und Photodiode werden pro Umdre-

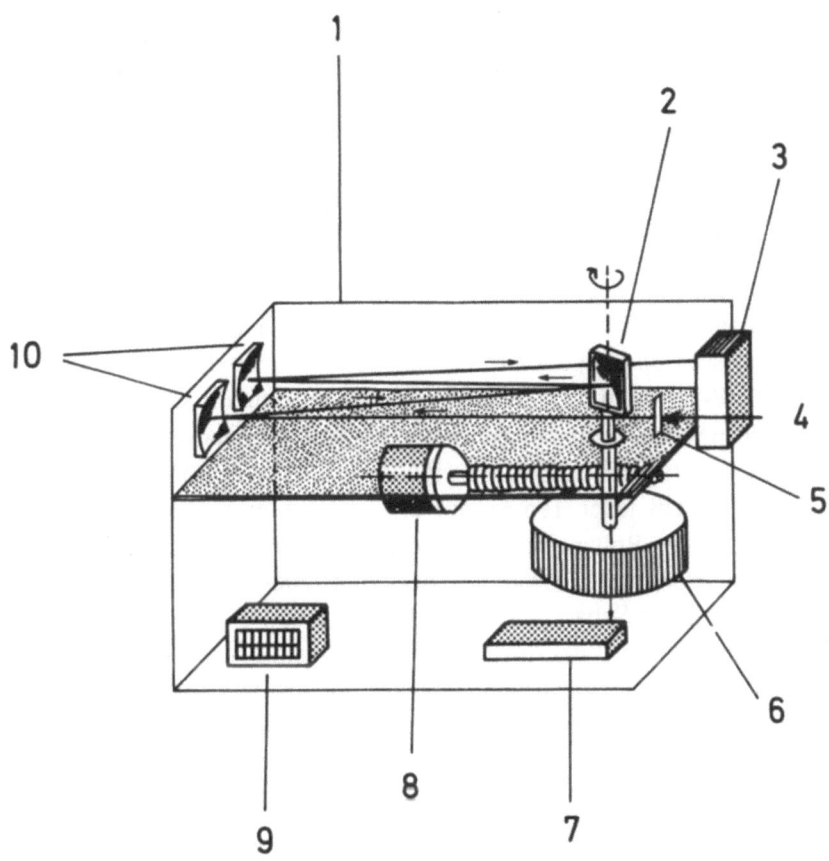

1	Gittermonochromator (Czerny-Turner)	6	Winkelkodierer
2	Gitter	7	Pulselektronik
3	SEV (Photomultiplier)	8	Schrittmotor
4	Licht vom Plasma (Beobachtungszone)	9	Temperaturstabilisator
5	Eintrittsspalt	10	Spiegel

Abb. 10-8. Gittermonochromator mit Winkelkodierer und Schrittmotor

hung 3,6 Millionen Impulse gemessen und an den Rechner weitergegeben. Auf diese Weise kann die jeweilige Gitterstellung und somit die Wellenlänge bestimmt werden. Der Rechner gibt diese Informationen an die Schrittmotorsteuerung weiter. Ein Photomultiplier mißt schließlich den Photonenstrom der ausgewählten Spektrallinie und erzeugt proportional dazu einen elektrischen Strom. Der Photoröhrenstrom wird in einen Kondensator geladen. Das Zeitintegral des Stromes ist dann eine Ladung auf dem Kondensator. Die Ladung wird von einem Analog-Digital-Wandler abgelesen und digitalisiert. Der Digitalwert ist ein Maß für die spektrale Strahldichte bzw. die Intensität einer Spektrallinie. Die Messung der Konzentration unbekannter Probelösungen erfolgt durch Vergleich der Intensitäten von Bezugs- und Probelösungen.

Plasma

Unter einem Plasma versteht man allgemein ein nach außen elektrisch neutrales Gas von sehr hoher Temperatur, in dem durch thermische Dissoziation und Ionisation nebeneinander Moleküle, Atome, ein- und mehrfach ionisierte Ionen und Elektronen existieren. Das Plasma leitet den elektrischen Strom und besitzt im Vergleich mit einem nichtionisierten Gas erhöhte innere Energie. Die Rotation und Oszillation der Moleküle äußert sich in den Banden der Molekülspektren. Sehr heftige Stöße können zur Dissoziation der Moleküle führen. Im stationären Zustand sind ebenso viele Rekombinationsprozesse wirksam, so daß jeder Temperatur ein bestimmter Dissoziationsgrad entspricht. Gemäß der Boltzmann-Verteilung läßt sich den verschiedenen Temperaturen ein spezifischer Grad der Anregung zuordnen. Im Gleichgewicht stellt sich gemäß der Saha-Gleichung (SAHA u. SAHA, 1934) ein temperaturabhängiger Ionisationsgrad ein. Im Falle des IC-Plasmas wird Argon durch eine Kombination aus Quarzglasrohren geleitet, an dessen Ende mit Hilfe einer Induktionsspule und einem Hochfrequenzgenerator eine Leistung anliegt (Abb. 10-7). Das Plasma wird mittels einer Teslaspule gezündet durch die Erzeugung von Elektronen und Ionen im Argon. Im Magnetfeld bewegen sich diese Ladungsträger auf ringförmigen Bahnen (Abb. 10-9). Es entstehen neue Argon-Ionen, wodurch ein Lawineneffekt mit starker Wärmeentwicklung ausgelöst wird. Das Plasma entsteht sehr rasch. Die Temperaturen im Plasma liegen bei 5 000 - 10 000 °C.

Der Plasmabrenner besteht aus drei konzentrisch angeordneten Quarzglasrohren (Abb. 10-7). Im innersten Rohr wird mit Hilfe von Argon als Trägergas die gelöste Probe als feinst zerstäubtes Aerosol in den heißen Plasmakern eingeleitet. Durch das mittlere und äußere Rohr wird das Plasma mit Argon versorgt, wobei die Gasströmung entlang des Außenrohres den Quarzbrenner

10 Grundlagen der Meßverfahren **251**

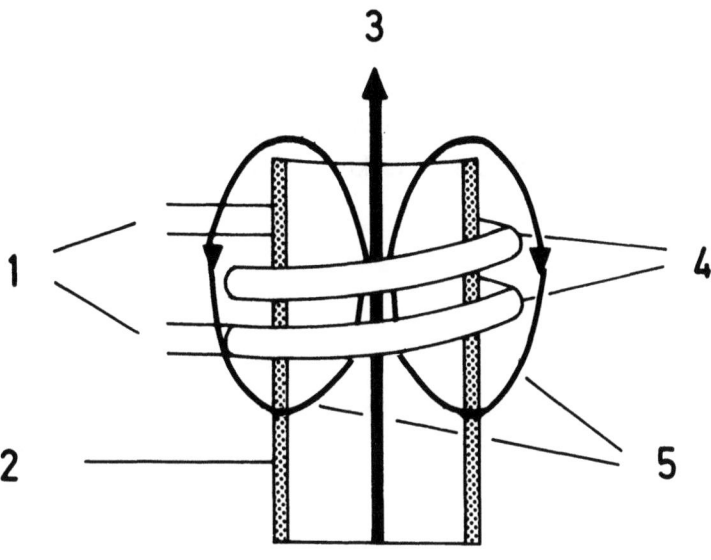

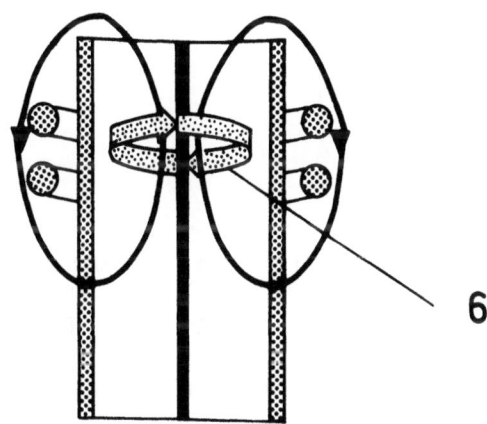

1	zum Hochfrequenzgenerator	4	Induktionsspule
2	Plasmabrenner (Quarzrohr)	5	Feldlinien eines oszillierenden Magnetfeldes
3	Argonstrom	6	Ladungsträger (Argonionen) auf ringförmigen Bahnen im Magnetfeld

Abb. 10-9. Anordnung der Ladungsträger im Magnetfeld der Induktionsspule.

soweit kühlt, daß er nicht schmilzt. Als Kühlgas kann auch Stickstoff verwendet werden. Hohe Temperaturen und lange Verweilzeiten von 2-3 Millisekunden führen zur vollständigen Verdampfung der Probelösung. Durch Dissoziation entstehen freie Atome, welche teilweise ionisiert werden. Diese Vorgänge erfolgen in einer chemisch inerten Atmosphäre. Im Gegensatz dazu erfolgt die Anregung der Probeteilchen bei der Flammen-Atomabsorptionsspektrometrie in einem reaktiven Medium.

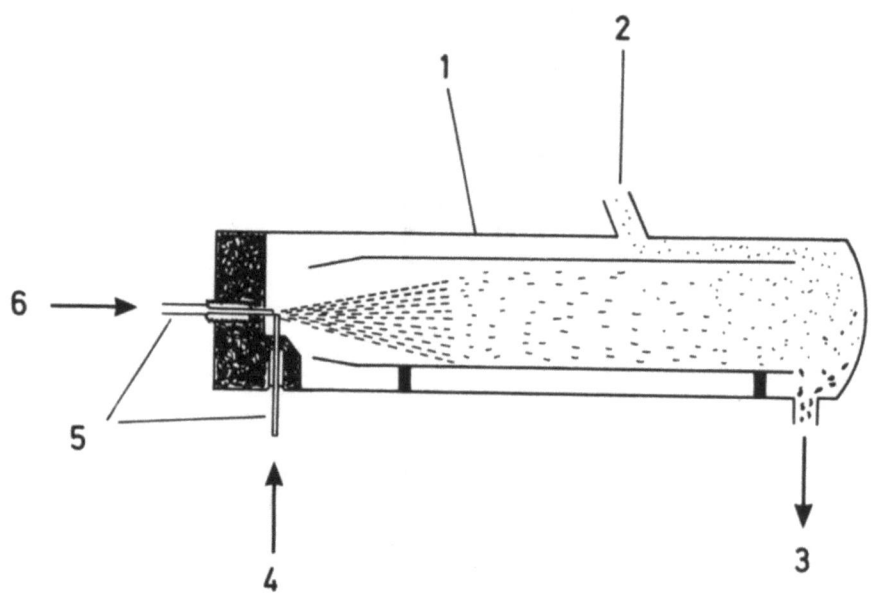

1	Zerstäuberkammer (Scott)	4	Probelösung (0,5-3 ml/min)
2	zum Plasmabrenner	5	Cross-Flow-Zerstäuber
3	Abfluß	6	Argon (0,5-1,5 l/min)

Abb. 10-10. Zerstäuberkammer von SCOTT mit integriertem Cross-Flow-Zerstäuber.

Zerstäuber

Für die ICP-AES stehen zwei Haupttypen von Zerstäubern für die Aerosolerzeugung zur Verfügung. Die Zerstäubung kann entweder pneumatisch oder mit Ultraschall erfolgen.

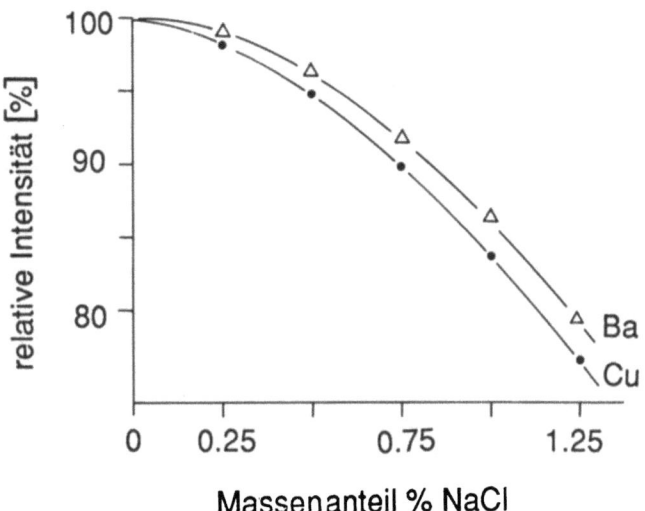

Abb. 10-11. Einfluß der Viskosität einer NaCl-Lösung auf die Nettoemissionsintensität von Ba (λ = 455,4 nm) und Cu (λ = 324,7 nm) bei einem Meinhard-Zerstäuber. Massenanteil % NaCl ist bezogen auf das Volumen.

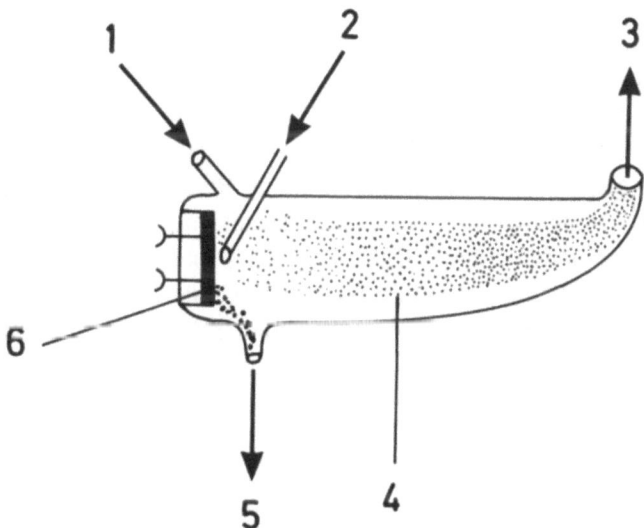

Abb. 10-12. Ultraschallzerstäuber mit integrierter Zerstäuberkammer. 1 = Argon (0,5-1,5 l/min), 2 = Probelösung (1-3 ml/min), 3 = zum Plasmabrenner, 4 = Zerstäuberkammer, 5 = Abfluß, 6 = Schwingerscheibe (Ultraschall)

Bei pneumatischen Zerstäubern (z.B. Meinhard-Zerstäuber, siehe Abb. 10-7; Cross-Flow-Zerstäuber, siehe Abb. 10-10.) erfolgt der Flüssigkeitstransport mit Hilfe eines Treibgases (Venturi-Effekt). Um dem frei ansaugenden Zerstäuber eine bestimmte Flüssigkeitsmenge aufzuzwingen, lassen sich peristaltische Pumpen der Ansaugleitung vorschalten. Auf diese Weise kann in der Kapillare des Zerstäubers die Abhängigkeit des Flüssigkeitsstromes von der Oberflächenspannung, Viskosität und Dichte der Lösung verringert werden (POISEUILLE'sches Gesetz). Für einen frei ansaugenden Meinhard-Zerstäuber ist die Abhängigkeit der Nettoemissionsintensitäten von Ba und Cu vom NaCl-Anteil der Probelösung in Abb. 10-11 dargestellt. Bei Cross-Flow-Zerstäubern ist dieser Einfluß geringer. Die Ansaugraten der pneumatischen Zerstäuber für die ICP-AES liegen in Abhängigkeit von der Trägergasmenge zwischen 0,3 und 3 ml/min.

Bei Ultraschall-Zerstäubern wird die Probelösung mit Hilfe einer peristaltischen Pumpe angesaugt und durch eine Kapillare direkt zur Ultraschall-Schwingerscheibe in die Zerstäuberkammer befördert (Abb. 10-12). Das erzeugte Aerosol ist im Vergleich zu dem pneumatischer Zerstäuber erheblich feiner. Damit verbunden ist eine Empfindlichkeitssteigerung um das 5 bis 20-fache. Nachteile ergeben sich aus einem erhöhten Memory-Effekt sowie aus einer stärkeren Abhängigkeit von den Viskositäts- und Dichteunterschieden zwischen Bezugs- und Probelösungen. Der Memory-Effekt erfordert eine längere Auswaschzeit des Ultraschallzerstäubers zwischen zwei Messungen.

Sequenz- und Simultanspektrometer

Ein Monochromator hat nur einen Austrittsspalt. Die Mehrelementanalyse muß daher sequentiell durchgeführt werden. Beim Polychromator ist für jede ausgewählte Analysenlinie ein Austrittsspalt mit nachgeschaltetem Photomultiplier vorhanden. Somit läßt sich eine Probelösung auf eine begrenzte Anzahl von Elementen simultan analysieren. Für Routineanalysen von Proben mit einfacher Matrixzusammensetzung ermöglicht die simultane Multielementanalyse ein rationelles Arbeiten, wenn vor der Festinstallation der Meßkanäle der Nachweis für eine störungsfreie Messung dieser Proben erbracht werden kann.

Für wechselnde Aufgabenstellungen, sowohl in Hinsicht auf eine Vielzahl zu bestimmender Elemente als auch auf unterschiedliche Beschaffenheit der zu analysierenden Substanzen, ist ein Sequenzgerät einem Simultangerät (Tandemgerät) vorzuziehen. Denn erst genaue Untergrundmessungen schaffen die Vorraussetzung für zuverlässige Analysen. Beim Sequenzgerät liegt der Nachteil im höheren Verbrauch an Probelösung und im größeren Zeitaufwand.

Störungen bei der ICP-AES

Dampf- und Schmelzphasenstörungen wie zum Beispiel die Bildung von Aluminaten, Titanaten, Silicaten, Phophaten und anderen Verbindungen in Abhängigkeit von den Matrixelementen der Probe, treten aufgrund der hohen Plasmatemperaturen nicht auf. Ein weiterer Vorteil sind hohe Elektronendichten im Plasma, die sich als Ionisationspuffer auswirken und Anregungsunterschiede zwischen den Elementen verringern. Im Plasmavolumen besteht ein Gradient der Elektronendichten. Nur bei größeren Beobachtungshöhen (> 18 mm über der Hochfrequenzspule) treten Ionisationsstörungen auf.

Die ICP-AES zeigt eine große Abhängigkeit der Emissionsintensitäten von der Oberflächenspannung, Viskosität und Dichte der Probelösungen (siehe Zerstäuber). Wie bei allen Emissionsmethoden gibt es auch bei der ICP-AES viele spektrale Interferenzen mit Überlagerungen von Linien, Überlappungen nahe beieinander liegender Linien sowie Koinzidenzen mit Absorptions- und Emissionsbanden (BOUMANS, 1980; WINGE et al., 1982). Überlappungen sind vor allem mit den folgenden Banden möglich: O_2-Absorptionsbande < 200 nm, NO-Emissionsbande zwischen 200-250 nm, OH-Emissionsbande zwischen 295-325 nm, CN-Emissionsbande zwischen 380-400 nm (WALLACE, 1981). Darüber hinaus gibt es viele Rekombinationskontinua. Bandenstörungen lassen sich mit einem vermehrten Durchsatz an Kühlgas oder durch den Aufsatz eines Quarzglasrohres auf die Fackel reduzieren (WALLACE, 1981). Eine Zusammenfassung der spektralen Interferenzen nachweisstarker Linien bei der ICP-AES enthält die Tabelle 10-25. Die dort angegebenen Störungsmöglichkeiten können bei der Analyse geochemischer und biologischer Substanzen auftreten. Das Ausmaß der Störungen hängt teils von bestimmten Geräteparametern wie beispielsweise von der Auflösung des Monochromators, teils von der Konzentration des interferierenden und des zu messenden Elementes ab.

Die ICP-AES im Vergleich zur Flammen- und Graphitrohrofen-Atomabsorptionsspektrometrie bei der Analyse geochemischer und biologischer Substanzen

Beim Vergleich der Bestimmungsgrenzen (3 s der Untergrundvariation) der ICP-AES mit der Flammen-Atomabsorptionsspektrometrie zeigt die ICP-AES für die meisten Elemente günstigere Bedingungen. Eine Ausnahme besteht bei Na, K und Rb.

Tabelle 10-25. Nachweisstarke Spektrallinien bei der ICP-AES und mögliche spektrale Interferenzen bei der Analyse geochemischer und biologischer Substanzen. Nachweisgrenzen: 3 s der Untergrundvariation.

Element	Wellenlänge λ in nm	Nachweisgrenze in ng/ml (ppb)	mögliche spektrale Interferenzen
Ag	328,068	5	Fe, Mn, V, Sm, Ce, Y
Al	396,152	20	Co, Ti, Ce, Sm, Ca, V
Al	309,271	20	V, Mo, Nd, OH-Bande, Mg
Al	308,215	55	V, Mn, Co, OH-Bande
Al	237,312	45	Fe, Co, Mo, Cr, Mn
As	189,042	65	O_2-Bande
As	193,759	70	Al, O_2-Bande, Fe, V
As	197,262	180	O_2-Bande, Al, V
Au	242,795	17	Fe, Mn, Sr, Ti
B	249,773	10	Fe
B	249,678	30	Fe, Co
Ba	455,403	0,5	Zr, Sm, Cr, Ni, Ti
Be	313,042	0,3	V, OH-Bande, Ti
Be	234,861	0,5	Fe, Ba, Co, Ti
Bi	223,061	70	Cu, Ti
Ca	422,673	10	Fe
Ca	393,366	0,3	Sc, Ti, V, Cr, Mg, Mn
Ca	317,933	5	OH-Bande, Cr, Fe, V
Cd	214,438	5	Al, Fe
Cd	228,802	5	As, Al, Fe, Ni
Cd	226,502	5	Fe, Ni
Ce	413,765	60	Ca, Fe, Ti, Nb
Ce	418,660	80	Ti, Cr, Sc, Zr, Fe, Dy
Co	228,616	10	Fe, Ti, Cr, Sn, Ni
Co	238,892	10	Fe, V, Pb
Cr	205,552	10	Al, Cu, Fe, Ni
Cr	267,716	10	Lu, U, W, Dy, Nb, V, Fe, Mn
Cr	283,563	10	Fe, Mn, Mo, U, W, Ce, Mg, V
Cs	455,531	120	Fe, Cr, Ti, V, Ce, Zr, Dy, Nd
Cs	852,110	—	Ar, Er
Cu	324,754	8	OH-Bande, Ca, Cr, Fe, Ti, Nb, Eu, U
Cu	224,700	10	Pb, Fe, Ni, Ti, NO-Bande
Dy	353,170	10	Mn, Ce, Nd, U, Th, Sm, V, Tb
Er	337,271	10	Ti, Tb, Nb, Dy, Cr, Fe, Ni
Er	369,265	20	Y, Sm, V
Eu	381,967	3	Cr, Nd, Fe, Dy, V, Nb, Ca, Ti

Tabelle 10-25. Fortsetzung

Element	Wellenlänge λ in nm	Nachweisgrenze in ng/ml (ppb)	mögliche spektrale Interferenzen
Fe	259,940	5	Mn, Mo, Ti
Fe	238,204	5	Cr, V
Fe	239,562	5	Cr, Mn, Ni
Ga	294,364	45	Ni, V, Sm, Fe, Cr, Mn, Ti
Gd	342,247	15	Fe, Ce, Dy, Cr, Ti, Ni
Gd	376,839	20	Cr, Ce, Th, Nd
Ge	209,426	40	W, Al, Ca, Cr, Fe, Ni, V
Hf	277,336	15	Fe, Nb, V, Cr, Mg, Mn, Ni
Hf	232,247	20	Ni, Co
Hg	194,227	25	Al, V
Ho	345,600	7	Ti, Mo, Zr, Cr, Tm, Tb, Pr, Fe
In	230,606	70	Ti, Fe, Mn, Ni
Ir	224,268	35	Y, Cr, Cu, Fe, Ni
K	766,490	60	Ti
K	769,896	80	Cr, Ti
La	333,749	10	Cr, Cu, Fe, Mg, Mn, Ti, V
La	379,478	10	Fe, V, Cr, Ce, Pr, Ca
La	398,852	10	V, Th, Zr, U, Eu, Nd
La	408,672	10	Sc, Pr, Ca, Cr, Fe, Nd, Tb, Ce
La	394,910	—	Ar, Ca, Fe, Ti, Ho, Eu, Gd, Tm
Li	670,784	2	V, Ti
Li	610,362	40	Ca, Fe
Lu	291,139	5	Er, V, Cr, Yb, Nb, Ti, Fe
Lu	261,542	2	Yb, Mo, W, Ta, Fe, Al, Ca, Cr, Mn, Ni, V
Mg	279,553	0,15	Fe, Mn, Yb, Nb, Zr
Mg	279,079	40	Mn, Nb, Ce, Cr, Fe, Ti
Mg	383,231	50	Er, Tb, Ce
Mn	257,610	2	Al, Fe, Mo, Cr, V
Mn	259,373	2	Fe
Mn	260,569	3	Cr, Fe
Mo	202,030	15	Al, Fe
Mo	281,615	20	Eu, Yb, Dy, Al, Cr, Fe, Mg, Mn, Ti, OH-Bande
Na	588,995	30	Ti
Na	589,592	70	Fe, Ti, V
Nb	309,418	10	V, Cu, Yb, Y, OH-Bande, Mg, Dy, Al, Cr, Fe
Nb	295,088	10	Hf, La, V, Tm, Zr
Nd	406,109	30	Gd, Tb, Pr, Nd, Nb, Fe, Ca

Tabelle 10-25. Fortsetzung

Element	Wellenlänge λ in nm	Nachweisgrenze in ng/ml (ppb)	mögliche spektrale Interferenzen
Nd	401,225	30	Ce, Cr, Ti, Ca, Zr, Nb
Nd	430,358	30	Pr, Er, Ca, Fe, V
Ni	231,604	15	Co, Fe
Ni	221,647	12	Si, Cu, Fe, V
Os	225,585	0,6	Ir, Ta, Cr, Fe, Ni, Ge
P	213,618	80	Cu, Al, Cr, Fe, Ti
P	214,914	80	Al, Cu, Fe
Pb	220,353	50	Al, Cr, Fe
Pb	216,999	90	Al, Cr, Cu, Fe, Ni
Pd	340,458	40	Fe, Mo, Zr, Ce, Ti, V
Pr	390,844	35	Ca, Cr, Fe, V, Ce
Pr	422,293	60	Ce, Gd, Cr, Tb, Nb, Tm, Ca
Pt	214,423	35	Cd, Al, Fe
Rb	780,023	150	Ti
Re	221,426	10	Cu, Mn, Fe
Rh	233,477	40	Sn, Os, Cr, Fe, Ni, Ti, V, Ir
Ru	240,272	35	Os, Dy, Cr, Fe, V, Re, Pt
S	180,731	200	Al, Ca, Mn
Sb	206,833	50	Ge, Al, Ti, Fe, Cr, Ni, V
Sc	361,384	1	Ce, Mo, Tb, Th, Dy, Zr, Ti, Fe, Cr, Cu
Se	196,090	90	Al, Fe
Si	251,611	15	Fe, Cr, Mn, V, Yb
Sm	359,260	40	V, Cr, Fe, Y, Nd, Gd, Th
Sm	356,827	70	Nb, Tb, Zr, Pr, Ce
Sm	373,920	70	Ti, Pr, Ni, Dy, V
Sn	189,989	40	Mg, Al, Ca
Sn	235,484	100	Fe, Ni, Ti, V, Y, Ir, W, Mo
Sn	283,999	120	Fe, Cr, Mg, V, Ti, Al, Gd, OH-Bande
Sr	407,771	0,2	Cr, Dy, Ce, Nd, Ca
Ta	226,230	50	Sb, Al, Fe
Tb	350,917	30	Zr, Sm, Ho, Cr, Fe, Ti, V
Te	214,281	60	Fe, Al, V, Ti
Th	283,730	70	Zr, Fe, Cr, Mg, Ni, V, OH-Bande
Ti	334,941	5	Cr, Nb, Tb, Ca, Cu, V
Ti	336,121	7	Ca, Cr, Sc, Ni, V, Mo
Tl	190,864	70	Al, Ti
Tl	351,924	180	Ce, Fe, Zr, Tb, Ni, V, Cr
Tm	313,126	6	Be, OH-Bande, Tb, Cr, Ti, V, Er
U	385,958	250	CN-Bande, Nd, Fe, Pr, V, Ho, Ca, Cr, W

Tabelle 10-25. Fortsetzung

Element	Wellenlänge λ in nm	Nachweis-grenze in ng/ml (ppb)	mögliche spektrale Interferenzen
U	409,014	320	Mn, Zr, Ce, Ca, Cr, V, Nb, Gd
V	311,071	10	OH-Bande, Ti, Zr, Mn
V	268,796	7	Cr, Mn, Zr, Yb, Mo
V	292,402	6	Fe, Yb, Ti, Cr, OH-Bande
V	309,311	5	Al, Mg, OH-Bande, Er, Fe, Cr, Tm
V	290,882	6	Nb, Fe, Cr, Mg, Mo, OH-Bande
V	310,230	6	OH-Bande, Ni, Gd, Dy
W	207,911	30	In, Al, Cu, Ni, Ti
Y	371,030	3	Yb, Ti, V
Yb	369,419	4	Fe, Ti, Sm, Gd, Ca, Dy, V
Yb	328,937	2	V, Nd, Cu, Fe, Ti
Zn	202,548	9	Mg, Cu, Cr, Al, Fe, Ni
Zn	213,856	5	Cu, V, Ni, Fe
Zr	349,621	8	Y, Mn, Ni, Ce, Tb, Dy
Zr	343,823	5	Er, Ca, Cr, Fe, Mn, Ti, Sm, Ho

Im Vergleich zur Graphitrohrofen-Atomabsorptionsspektrometrie zeigt die ICP-AES bei den Elementen B, Ba, Ce, Gd, La, Lu, Nb, Os, P, Pr, S, Sc, Sr, Ta, Th, Ti, U, W, Y und Zr bessere Meßbedingungen. Die ICP-AES bietet gegenüber der Flammen- und Graphitrohrofen-Atomabsorptionsspektrometrie einen wesentlich größeren Meßbereich mit Linearität zwischen Konzentration und Intensität. Bei der Analyse geochemischer und biologischer Proben spielen die Präparationstechniken, inbesondere die Aufschlüsse, eine entscheidende Rolle. Ein normaler Flußsäure-Perchlorsäure- oder Flußsäure-Schwefelsäure-Aufschluß für Silicate und Carbonate bewirkt eine Verdünnung der Elemente in der Probe um den Faktor > 250 in der Lösung. Organische Substanzen lassen sich mit einem Verdünnungsfaktor ≥ 50 in einem Perchlorsäure-Salpetersäure-Gemisch aufschließen. Mittels der Bestimmungsgrenzen für die ICP-AES läßt sich nachrechnen, daß zum Beispiel folgende wichtige Elemente nicht direkt in Aufschlußlösungen von Gesteinen und Pflanzen gemessen werden können: Ag, As, Au, Bi, Br, Cd, Cl, Cs, F, Ga, Ge, Hf, Hg, Ho, In, Ir, I, Li, Lu, Os, Pd, Pr, Pt, Rb, Re, Rh, Ru, Sb, Se, Sn, Ta, Tb, Te, Th, Tl, Tm, U, W. Hinzu kommen auch noch Gd und Pb, da bei diesen Elementen alle nachweisstarken Linien erheblich gestört sind. Die Analyse mit der ICP-AES beschränkt sich in Flußwässern auf die Elemente

260 10 Grundlagen der Meßverfahren

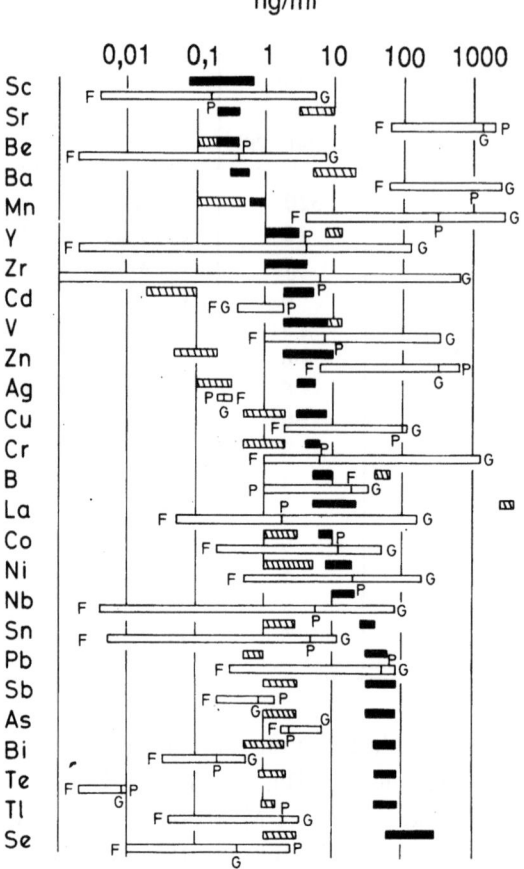

- ■ Bestimmungsgrenzen der ICP-AES
- ▨ Bestimmungsgrenzen der Graphitrohrofen-AAS
- ▭ Konzentrationsbereich in Flußwässern (F) in Gesteinsaufschlüssen (G) und in Pflanzenaufschlüssen

Abb. 10-13. Die Bestimmungsgrenzen verschiedener Elemente im Vergleich zwischen ICP-AES und der Graphitrohrofen-Atomabsorptionsspektrometrie mit den mittleren Spurenelementanteilen in Flußwässern, Gesteins- und Pflanzenaufschlüssen

Al, B, Ba, Ca, Fe, Mg, Mn, S, Si, Sr, (Ti) und Zn; in Pflanzen auf Al, B, Ba, Be, Ca, Co, Cr, Cu, Fe, Mg, Mn, Ni, P, S, Sc, Si, Sr, Ti, Y, Yb, Zn und Zr; in Gesteinen auf Al, B, Ba, Be, Ca, Ce, Co, Cr, Cu, Dy, Er, Eu, Fe, La, Mg,

Mn, Nb, Nd, Ni, S, Sc, Si, Sm, Sr, Ti, V, Y, Yb, Zn und Zr.

Die Abb. 10-13 zeigt einen Vergleich der Bestimmungsgrenzen wichtiger Spurenelemente bei der ICP-AES und der Graphitrohrofen-Atomabsorptionsspektrometrie mit den mittleren Anteilen in Flußwässern, Gesteins- und Pflanzenaufschlüssen. *Die Graphitrohrofen-Atomabsorptionsspektrometrie erweist sich gegenüber der ICP-AES bei vielen wichtigen Spurenelementen als die nachweisstärkere Methode.*

In den meisten Gesteinsaufschlüssen erfolgt die Messung von Be, Ce, Dy, Er, Eu, Nd, P, S, Sm und Zn mit der ICP-AES dicht an den Bestimmungsgrenzen, so daß wegen der sehr genauen Einstellung des Gerätes die Elemente nur einzeln gemessen werden können. In vielen Fällen reicht aber die Nachweisstärke bei diesen Elementen nicht aus. *Berücksichtigt man weiter, daß bei sehr vielen Elementen in Abhängigkeit von ihrer Leichtflüchtigkeit oder Schwerlöslichkeit ganz unterschiedliche Aufschlüsse durchgeführt werden müssen, so wird der begrenzte Einsatz der ICP-AES als Multielement- Analysenverfahren bei der Untersuchung von geochemischen und biologischen Substanzen deutlich.* An dieser Stelle ist noch zu erwähnen, daß bei den meisten ICP-AES-Geräten die Trägergasmenge für den Zerstäuber und die Beobachtungshöhe über der Hochfrequenzspule während der Messung von Element zu Element nicht verändert werden können. Die Emissionsintensitäten hängen aber zu einem Teil von diesen beiden Parametern ab. Die Abhängigkeit der relativen Intensitäten von der Beobachtungshöhe für Ba und Cu ist in Abb. 10-14 dargestellt. Bei der Multielement-Analyse muß daher vielfach unter Kompromißbedingungen gearbeitet werden.

Meßfehler

Bei der Flammen- und der ICP-Atomemissionsspektrometrie wird die von den angeregten Molekülen, Atomen und Ionen ausgehende Strahlung am Meßgerät in Zahlenwerten angezeigt (Abschnitt 10.5).

Die Kalkulation des Meßfehlers ist sinngemäß nach Gleichung 10.18 (siehe hierzu auch Abb. 10-3 in Abschnitt 10.4) vorzunehmen. Bei der Messung der Lichtemission ist im linearen Meßbereich mit einem Wert $\frac{d\phi}{\phi} \approx 0{,}03$ zu rechnen.

Die Herstellung von Bezugs- und Probelösungen, von Zwischenverdünnungen und die Volumenmessungen mit Mikroliterpipetten erfolgte wie unter Abschnitt 10.7 (Graphitrohrofen-Atomabsorptionsspektrometrie) beschrieben.

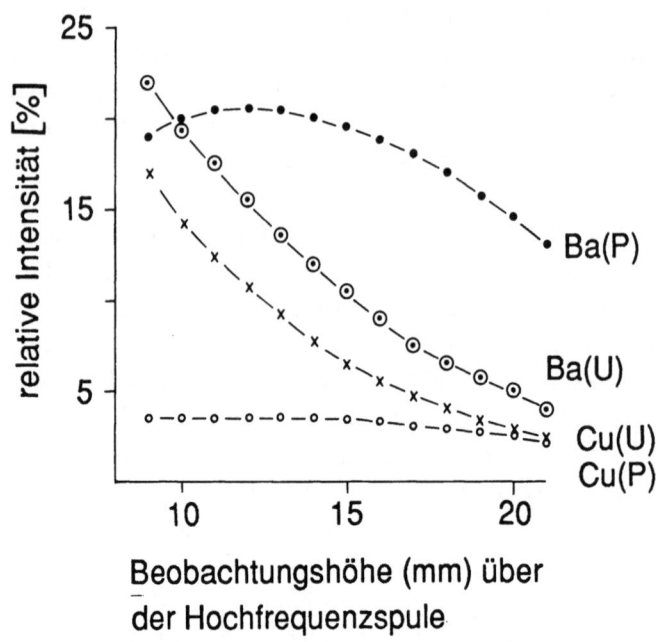

Abb. 10-14. Abhängigkeit der relativen Intensitäten für Peak (P) und Untergrund (U) auf der Ordinate von der Beobachtungshöhe über der Hochfrequenzspule (Abszisse). Beispiele: Ba (λ = 455,4 nm) und Cu (λ = 324,7 nm).

Beispiel 10.18

Eine Basaltprobe enthält einen Massenanteil von 200 µg Sr/g Probe. Zur Bestimmung dieses Elementes mittels der ICP-AES werden zweimal (Doppelbestimmung) etwa 0,1 g Gesteinsprobe mit Säuren (Abschnitt 13.3) aufgeschlossen und die Lösungen nach dem Auffüllen in 100 ml-Meßkolben sofort in 100 ml Polyethylenflaschen umgefüllt. Ohne weitere Zwischenverdünnung wird diese Säureaufschluß-Lösung zur Messung verwendet.

Die Stammlösung zur Messung der Bezugspunkte enthält 100 µg Sr/ml (100 ppm Sr). Sie wird hergestellt aus 0,1 g Sr-Fixanal (Riedel-de-Haën) auf 1000 ml und in einer Polyethylenflasche aufbewahrt. Zur Herstellung einer Bezugskurve werden jeweils 50 µl, 100 µl, 200 µl und 300 µl der Stammlösung auf 100 ml aufgefüllt und diese Lösungen zur Messung verwendet. Die Bezugspunkte entsprechen dann den Konzentrationen 50 ng Sr/ml, 100 ng Sr/ml, 200 ng Sr/ml und 300 ng Sr/ml (ppb). Es empfiehlt sich, für jeden Bezugspunkt zwei Meßlösungen herzustellen. Im vorliegenden Beispiel soll der Bezugspunkt 200 ng Sr/ml entsprechen.

I. Messung der Bezugslösungen, Ermittlung des Faktors F(P)

Auffüllen des Inhalts der Fixanal-Ampulle im 1000 ml-Meßkolben (Stammlösung)

$$\frac{dV}{V} = \frac{0{,}40 \text{ ml}}{1000 \text{ ml}} = 0{,}0004$$

Zur Bestimmung des Bezugspunktes 200 ng Sr/ml mit der Mikroliterpipette 200 µl aus der Stammlösung entnehmen und auf 100 ml auffüllen:

a) 200 µl abpipettieren

$$\frac{dV}{V} = \frac{1 \text{ µl}}{200 \text{ µl}} = 0{,}005$$

b) dann im 100 ml-Meßkolben auffüllen

$$\frac{dV}{V} = \frac{0{,}10 \text{ ml}}{100 \text{ ml}} = 0{,}001$$

Messung der Lichtemission

$$\frac{d\phi}{\phi} \approx 0{,}03$$

(siehe Gleichungen 10.13, 10.19 und Beispiel 10.14)

$$\frac{dF(P)}{F(P)} = 0{,}036$$

Durch die Mittelwertbildung über zwei Bezugslösungen verringert sich der Fehler auf den Bruchteil $1/\sqrt{2}$, dann ist

$$\frac{d\overline{F}(P)}{F(P)} = 0{,}025$$

II. Messung der Analysenlösungen

Einwaage mg Basaltprobe

$$\frac{dm(e)}{m(e)} = \frac{0{,}50 \text{ mg}}{100 \text{ mg}} = 0{,}005$$

Auffüllen der Aufschlußlösung in 100 ml-Meßkolben

$$\frac{dV}{V} = \frac{0{,}10 \text{ ml}}{100 \text{ ml}} = 0{,}001$$

Messung der Lichtemission

$$\frac{d\phi}{\phi} \approx 0{,}03$$

(siehe Gleichungen 10.13, 10.19 und Beispiel 10.14)

$$\frac{dF(P)}{F(P)} = 0{,}036$$

Durch die Doppelbestimmung verringert sich der Fehler auf den Bruchteil $1/\sqrt{2}$, somit auf

$$\frac{d\overline{F}(P)}{F(P)} = 0{,}025$$

Fehler aus I und II: 0,025
                      + 0,025
                      ———————
                        0,050

Bei der Bestimmung von Sr mittels der ICP-AES muß mit einem Meßfehler $\frac{dw}{w}$ von 5 % (rel.) gerechnet werden. Das heißt, der Anteil an Sr variiert in der Basaltprobe zwischen 190-210 µg Sr/g Probe. Für das Sr-Bestimmungsverfahren mittels der ICP-AES ist mit einer Standardabweichung s = 7,3 (rel.) zu rechnen. Das heißt, daß der Gesamtfehler deutlich größer ist als die durch den Meßfehler bedingte Variationsbreite. In den Gesamtfehler gehen vor allem die Beschaffenheit der Probelösungen, Oberflächenspannung, Viskosität, Dichte sowie die verschiedenen Möglichkeiten von Koinzidenzen ein.

10.9 Massenspektrometrie mit induktiv gekoppeltem Plasma (ICP-MS)

Ein Massenspektrometer mit induktiv gekoppeltem Plasma besteht aus einem Hochfrequenzgenerator, einem horizontal angeordneten Argon-Plasmabrenner, einem hochauflösenden Quadrupol-Massenspektrometer und einem Rechner zur Steuerung der Meßanordnung und Datenausgabe. Die Abb. 10-15 zeigt ein ICP-Massenspektrometer.

Der Plasmabrenner ist identisch mit dem der ICP-AES (Abb. 10-7). Die in Lösung befindlichen Elemente werden über ein Zerstäubersystem mit Hilfe eines Argon-Trägergases dem Plasma als Aerosol axial zugeführt, verdampft und weitgehend ionisiert. Die Druckdifferenz zwischen dem Atmosphärendruck der Plasmafackel und dem Hochvakuum des Massenspektrometers (~ $2 \cdot 10^{-3}$ Pa) wird durch ein Vakuuminterface mit zwei wassergekühlten Lochblenden (Sampler, Skimmer) überwunden. Nur ein geringer Teil des Ionenstroms (~10^{-4} %) wird mit elektrischen Linsen sowie Blenden fokussiert und gelangt in den eigentlichen Quadrupol-Massenanalysator. Die Massentrennung erfolgt in einem durch vier stabförmige Elektroden erzeugten Quadrupolfeld (Abb. 10-16). An die jeweils gegenüberliegenden Stabpaare wird je eine um 180 Grad phasenverschobene Hochfrequenzspannung angelegt, welche von einem elektrostatischen Gleichfeld überlagert wird. Bewegen sich Ionen durch dieses Feld, so geraten sie in Schwingung. Bei vorgegebener Gleichspannung, Amplitude sowie Frequenz der Wechselspannung finden nur Ionen mit gleicher Massenzahl pro Ladung (m/z) den Ausgang des Quadrupolfeldes. Die übrigen Ionen werden defokussiert und treffen auf die Elektroden. Die Scan-Funktion ist beim Quadrupol-Massenspektrometer eine lineare Änderung der Spannung, die eine ebenfalls lineare Massenskala erzeugt. Die auf diese Weise herausgefilterten Ionen gleicher Massenzahl pro

Ladung gelangen nach Ablenkung durch einen Deflektor in einen Channeltron-Multiplier. Der Channeltron-Multiplier benutzt das gleiche Prinzip wie herkömmliche Sekundärelektronenvervielfacher, hat aber statt diskreter Dynoden (Prallelektroden) eine einzige röhrenförmige Elektrode. Die Ionenströme lassen sich auf diese Weise in elektrische Ströme umwandeln und impulstechnisch registrieren.

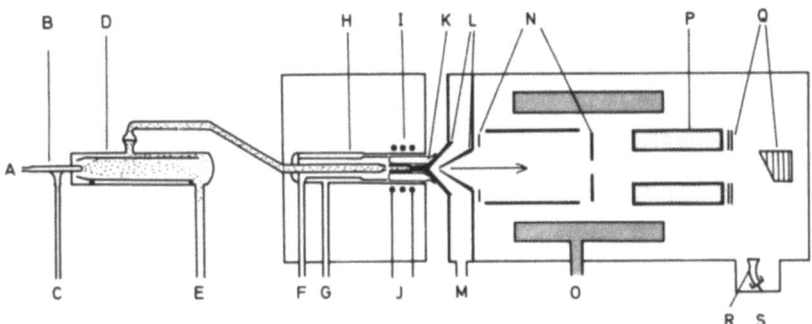

Abb. 10-15. ICP-Massenspektrometer. A = Probelösung (0,4-1,0 ml/min), B = Zerstäuber (Meinhard), C = Argon (0,8-1,3 l/min), D = Zerstäuberkammer (SCOTT), E = Abfluß, F = Argon (0,4-0,8 l/min), G = Argon (10-14 l/min), H = Plasmabrenner (3 konzentrische Quarzrohre), I = Induktionsspule, J = zum Hochfrequenzgenerator, K = Plasma, L = wassergekühlte, metallische Lochblenden, M = zur mechanischen Pumpe, N = Ionenlinsen-Elemente, O = Kryopumpsystem, P = Quadrupol-Massenfilter, Q = Deflektorsystem, R = Channeltron-Multiplier, S = zur Signalauswertung

Die Daten werden mit einem Vielkanalanalysator oder im *"peak hopping"*-Verfahren gesammelt und mit Hilfe des Computers ausgewertet. Die beiden elementaren Meßgrößen, die ein Massenspektrometer liefert, sind Werte für die Masse und Intensität der auftretenden Ionen. Bei der Messung mit dem Vielkanalanalysator lassen sich im Scan-Verfahren Teile oder das gesamte Massenspektrum aufnehmen, während im *"peak hopping"*- Verfahren einzelne Massen mit einer Geschwindigkeit von Mikrosekunden selektiv angesteuert werden können. Weiterführende Informationen enthält die Publikation von MONTASER u. GOLIGHTLY (1987).

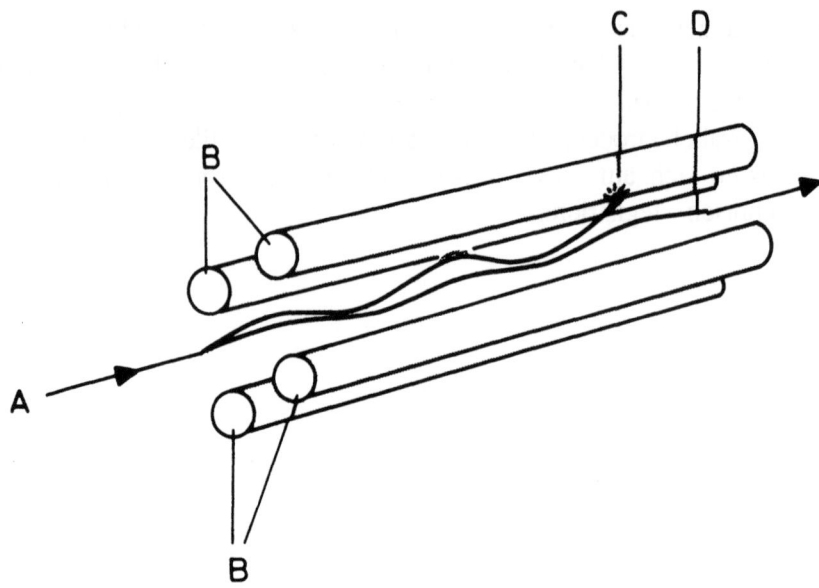

Abb. 10-16. Quadrupol-Massenfilter. A = Ionenweg, B = Rundstäbe des Quadrupol-Massenfilters, C = Ion auf instabiler Bahn, D = Ion auf stabiler Bahn

Massenspektrum

Der Meßbereich des Massenspektrometers reicht von 0 bis 300 amu (atomic mass unit; das entspricht 1/12 des Kohlenstoffisotops ^{12}C). Der Untergrund ist zwischen 6 und 11 amu (Li, B, Be), zwischen 23 und 27 amu (Na, Mg, Al) und oberhalb 80 amu niedrig. Analytisch interessant ist der Bereich von 7 bis 238 amu, das heißt von ^{7}Li bis ^{238}U. Bis zum ^{238}U sind 210 Massenlinien durch die natürlich vorkommenden Massenzahlen möglich. Das Massenspektrum ist einfach aufgebaut. Die kurzlebigen natürlichen und künstlichen Isotope spielen keine Rolle und können unberücksichtigt bleiben. Be, F, Na, Al, P, Sc, Mn, Co, As, Y, Nb, Rh, I, Cs, Pr, Tb, Ho, Tm, Au, Bi und Th sind nur mit einer Massenlinie vertreten. Das IC-Plasma ist eine sehr effektive Ionenquelle. Der Grad der Ionisierung ist für die meisten Elemente sehr hoch und beträgt nach Abschätzungen von Houk (1986) für alle in Tabelle 10-26 aufgeführten Elemente 90 % und mehr. Ausgenommen hiervon sind Be, B, F, Si, P, S, Cl, Zn, As, Se, Cd, Sb, Te, Os, Ir, Pt, Au und Hg. Be, Si, Zn, Cd, Sb, Os und Ir sind noch zu über 70 % und B, As, Te, Pt und Au zu über 45 % ionisiert. Neben den einwertigen Ionen treten allerdings auch zweiwertige Ionen und viele einfach ionisierte Moleküle auf, die neben den Isobaren ebenfalls Masseninterferenzen bewirken können.

Störungen bei der ICP-MS

Im Argon-Plasma ist das Argon-Ion das häufigste Ion, obwohl es nur zu kleiner 0.02 % ionisiert ist. Allein und in Kombination mit H, N, O, S, C und Cl führt es von 36 bis ungefähr 80 amu zu vielzähligen Masseninterferenzen (Tabelle 10-26). Von den Spurengasen Stickstoff, Krypton, Xenon und Kohlendioxid im Plasma bringt vor allem der Stickstoff und seine Verbindungen zahlreiche Massenkoinzidenzen. Auf diese Weise sind z.B. alle Silicium- und Phosphorbestimmungen gestört (Tabelle 10-26). Andere Störungen rühren von den Aufschluß- und Lösungsmitteln her. H_2O, HNO_3, HCl, $HClO_4$ und H_2SO_4 können allein und zusammen mit Matrixelementen für zahlreiche Masseninterferenzen sorgen, von denen die wichtigsten in der Tabelle 10-26 aufgelistet sind. Dieses Verhalten muß bei der Wahl eines geeigneten Aufschlusses berücksichtigt werden.

Neben den einfach geladenen Ionen treten auch zweifach geladene auf, die für mögliche Interferenzen bei den leichteren Elementen in Frage kommen. So wird z.B. ^{69}Ga durch ^{137}Ba (m/z = 68,5), ^{138}Ba (m/z = 69) und ^{139}La (m/z = 69,5) gestört. Zweifach geladene Ionen mit hohen prozentualen M^{2+}/M^+ -Verhältnissen von 0,02 - 10 spielen bei Sr, Ba, den Lanthaniden, U und Th eine wichtige Rolle. Bei den meisten anderen Elementen sind die prozentualen M^{2+}/M^+ -Verhältnisse vernachlässigbar klein. Bei Pb und Co liegen sie z.B. bei 10^{-3} und 10^{-5} %. Bei konstanten Geräteparametern sind diese Verhältnisse in etwa den Summen aus erstem und zweitem Ionisationspotential indirekt proportional (LONGERICH et al., 1987)

Die Zerstäuber-Gasflußrate (l/min) bzw. die Zerstäuber-Ansaugrate (ml/min) hat einen großen Einfluß auf die Ionenintensität (Zählrate) und die Oxidbildung. Die Zählraten M^+ und MO^+ durchlaufen in Abhängigkeit von der Ansaugrate verschiedene Maxima (LONG u. BROWN, 1986; LONGERICH et al., 1987). Ebenso hängt die Oxidbildung von der Hochfrequenzleistung der Induktionsspule ab. Bei konstanter Ansaugrate nimmt die Oxidfraktion in der Regel mit zunehmender Generatorleistung ab. Tabelle 10-26 zeigt die wichtigsten Störungen, die durch Monoxidbildung möglich sind. Inwieweit diese Interferenzen zum Tragen kommen hängt sehr von der Geräteeinstellung ab. Das Verhältnis von MO^+/M^+ sollte 1 % nicht überschreiten. Die Hydroxidbildung spielt bei der ICP-MS nur eine untergeordnete Rolle und liegt noch weit unter der Oxidbildungsrate.

Die ICP-MS zeigt wie die ICP-AES eine deutliche Abhängigkeit der Signale von der Oberflächenspannung, Viskosität und Dichte der Meßlösungen. Durch den Einsatz innerer Standards, durch Verdünnungen der Meßlösungen

Tabelle 10-26. Wichtige Masseninterferenzen bei der ICP-MS in geochemischen und biologischen Materialien nach VAUGHAN u. HORLICK (unveröffentlicht), TAN u. HORLICK (unveröffentlicht), RUPPERT (1986), DOUGLAS u. HOUK (1985), HOUK (1986), WILSON et al. (1987). (N) Nachweisgrenzen: 3 s der Untergrundvariation. (B) Bestimmungsgrenzen: 3 s der Untergrundvariation in Gesteinsaufschlüssen bei der Mehrelementanalyse.

Element	Masse des Isotops	Häufigkeit [%]	Nachweis- und Bestimmungsgrenzen N/B, in ng/ml	Masseninterferenzen	Hauptstörungsquellen
Li	7	92,6	~0,08/~0,2		
Be	9	100	~0,04/~0,2		
B	11	80,2	~0,3/~0,8		
F	19	100	>1000	$^1H_3\ ^{16}O^+$	H_2O
Na	23	100	~0,05		
Mg	24	78,7	~0,4		
Al	27	100	~0,2		
Si	28	92,2	~10	$^{14}N_2^+$	HNO_3, Plasma
Si	29	4,7		$^{14}N_2\ ^1H^+$	HNO_3, Plasma
Si	30	3,1		$^{14}N\ ^{16}O^+$	HNO_3, Plasma
P	31	100	~2000	$^{14}N\ ^{16}O\ ^1H^+$	HNO_3, Plasma
S	32	95	>1000	$^{16}O_2$	H_2O
S	33	0,76		$^{16}O_2\ ^1H^+$	H_2O
S	34	4,2		$^{16}O\ ^{18}O^+$	H_2O
Cl	35	75,5	>1000	$^{16}O\ ^{18}O\ ^1H^+$	H_2O
				$^{34}S\ ^1H^+$	H_2SO_4, Matrix
S	36	0,02		$^{36}Ar^+$	Plasma
Cl	37	24,5		$^{36}Ar\ ^1H^+$	Plasma
K	39	93,1	>1000	$^{38}Ar\ ^1H^+$	Plasma
				$^{23}Na\ ^{16}O^+$	Matrix
Ca	40	97	~5	$^{40}Ar^+$	Plasma
K	41	6,9		$^{40}Ar\ ^1H^+$	Plasma
Ca	44	2,1		$^{12}C\ ^{16}O_2^+$	Plasma
Sc	45	100	~0,08/~1,1	$^{12}C\ ^{16}O_2\ ^1H^+$	Plasma
Ti	46	7,9		$^{14}N\ ^{16}O_2^+$	HNO_3, Plasma
Ti	47	7,3		$^{33}S\ ^{14}N^+$	H_2SO_4, Matrix
				$^{31}P\ ^{16}O^+$	Matrix
Ti	48	73,9	~0,06/~1,1	$^{32}S\ ^{16}O^+$	H_2SO_4, Matrix
				$^{48}Ca^+$	
Ti	49	5,5		$^{33}S\ ^{16}O^+$	H_2SO_4, Matrix
				$^{35}Cl\ ^{14}N^+$	HCl, $HClO_4$, Plasma
Ti	50	5,3		$^{34}S\ ^{16}O^+$	H_2SO_4, Matrix
				$^{50}Cr^+$	Matrix
				$^{36}Ar\ ^{14}N^+$	Plasma

Tabelle 10-26. Fortsetzung

Element	Masse des Isotops	Häufigkeit [%]	Nachweis- und Bestimmungsgrenzen N/B, in ng/ml	Masseninterferenzen	Hauptstörungsquellen
V	51	99,8	~0,04/~1,9	$^{35}Cl\ ^{16}O^+$	HCl, HClO$_4$
Cr	52	83,8	~0,03	$^{40}Ar\ ^{12}C^+$	Plasma
				$^{35}Cl\ ^{16}O\ ^1H^+$	HCl, HClO$_4$
Cr	53	9,6		$^{37}Cl\ ^{16}O^+$	HCl, HClO$_4$
Fe	54	5,8		$^{40}Ar\ ^{14}N^+$	Plasma
				$^{37}Cl\ ^{16}O\ ^1H^+$	HCl, HClO$_4$
				$^{54}Cr^+$	Matrix
Mn	55	100	~0,05/~1,0		
Fe	56	91,7	~0,8	$^{40}Ar\ ^{16}O^+$	Plasma
				$^{40}Ca\ ^{16}O^+$	Matrix
Fe	57	2,2		$^{40}Ar\ ^{16}O\ ^1H^+$	Plasma
Ni	58	67,9	~0,03/~0,8		
Co	59	100	~0,02/~0,3	$^{24}Mg\ ^{35}Cl^+$	Matrix in HCl oder HClO$_4$
Ni	60	26,2		$^{44}Ca\ ^{16}O^+$	Matrix
Cu	63	69,1	~0,03/~0,8	$^{47}Ti\ ^{16}O^+$	Matrix
				$^{46}Ti\ ^{16}O\ ^1H^+$	Matrix
Zn	64	48,9	~0,09/~1,6	$^{48}Ti\ ^{16}O^+$	Matrix
				$^{48}Ca\ ^{16}O^+$	Matrix
				$^{64}Ni^+$	Matrix
Cu	65	30,9		$^{49}Ti\ ^{16}O^+$	Matrix
				$^{48}Ti\ ^{16}O\ ^1H^+$	Matrix
				$^{33}S\ ^{16}O_2^+$	H$_2$SO$_4$, Matrix
Zn	66	27,8		$^{50}Ti\ ^{16}O^+$	Matrix
				$^{49}Ti\ ^{16}O\ ^1H^+$	Matrix
				$^{34}S\ ^{16}O_2^+$	H$_2$SO$_4$, Matrix
Zn	67	4,1		$^{35}Cl\ ^{16}O_2^+$	HCl, HClO$_4$
				$^{134}Ba^{2+}$	Matrix
				$^{135}Ba^{2+}$	Matrix
				$^{51}V\ ^{16}O^+$	Matrix
Zn	68	18,6		$^{52}Cr\ ^{16}O^+$	Matrix
				$^{136}Ba^{2+}$	Matrix
				$^{137}Ba^{2+}$	Matrix
				$^{135}Ba^{2+}$	Matrix
Ga	69	60,4	~0,09/~0,5	$^{37}Cl\ ^{16}O_2^+$	HCl, HClO$_4$
				$^{138}Ba^{2+}$	Matrix
				$^{137}Ba^{2+}$	Matrix
				$^{139}La^{2+}$	Matrix

Tabelle 10-26. Fortsetzung

Element	Masse des Isotops	Häufigkeit [%]	Nachweis- und Bestimmungsgrenzen N/B, in ng/ml	Masseninterferenzen	Hauptstörungsquellen
Ge	70	20,5		$^{140}Ce^{2+}$	Matrix
				$^{139}La^{2+}$	Matrix
				$^{141}Pr^{2+}$	Matrix
				$^{53}Cr\ ^{16}O^{+}$	Matrix
Ga	71	39,6	~0,15/~1,2	$^{55}Mn\ ^{16}O^{+}$	Matrix
				$^{141}Pr^{2+}$	Matrix
				$^{142}Ce^{2+}$	Matrix
				$^{142}Nd^{2+}$	Matrix
				$^{143}Nd^{2+}$	Matrix
Ge	72	27,4		$^{40}Ar\ ^{32}S^{+}$	H_2SO_4, Plasma
				$^{144}Nd^{2+}$	Matrix
				$^{143}Nd^{2+}$	Matrix
				$^{145}Nd^{2+}$	Matrix
				$^{144}Sm^{2+}$	Matrix
				$^{55}Mn\ ^{16}O\ ^{1}H^{+}$	Matrix
				$^{56}Fe\ ^{16}O^{+}$	Matrix
Ge	73	7,8		$^{145}Nd^{2+}$	Matrix
				$^{146}Nd^{2+}$	Matrix
				$^{147}Sm^{2+}$	Matrix
Ge	74	36,5	~0,08/~1,4	$^{40}Ar\ ^{34}S^{+}$	H_2SO_4, Plasma
				$^{147}Sm^{2+}$	Matrix
				$^{148}Nd^{2+}$	Matrix
				$^{148}Sm^{2+}$	Matrix
				$^{149}Sm^{2+}$	Matrix
				$^{58}Ni\ ^{16}O^{+}$	Matrix
As	75	100	~0,5/~2,5	$^{40}Ar\ ^{35}Cl^{+}$	HCl, $HClO_4$, Plasma
				$^{40}Ca\ ^{35}Cl^{+}$	Matrix in HCl oder $HClO_4$
				$^{149}Sm^{2+}$	Matrix
				$^{150}Sm^{2+}$	Matrix
				$^{150}Nd^{2+}$	Matrix
				$^{151}Eu^{2+}$	Matrix
Se	76	9,0		$^{36}Ar\ ^{40}Ar^{+}$	Plasma
				$^{76}Ge^{+}$	Matrix
				$^{151}Eu^{2+}$	Matrix
				$^{152}Sm^{2+}$	Matrix
				$^{153}Eu^{2+}$	Matrix

Tabelle 10-26. Fortsetzung

Element	Masse des Isotops	Häufigkeit [%]	Nachweis- und Bestimmungsgrenzen N/B, in ng/ml	Masseninterferenzen	Hauptstörungsquellen
Se	77	7,6		$^{40}Ar\ ^{37}Cl^+$	HCl, HClO$_4$, Plasma
				$^{40}Ca\ ^{37}Cl^+$	Matrix in HCl oder HClO$_4$
				$^{154}Sm^{2+}$	Matrix
				$^{153}Eu^{2+}$	Matrix
				$^{155}Gd^{2+}$	Matrix
				$^{154}Gd^{2+}$	Matrix
Se	78	23,5	~3/~5	$^{38}Ar\ ^{40}Ar^+$	Plasma
				$^{156}Gd^{2+}$	Matrix
				$^{155}Gd^{2+}$	Matrix
				$^{157}Gd^{2+}$	Matrix
Se	80	49,5		$^{40}Ar_2^+$	Plasma
				$^{32}S\ ^{16}O_3^+$	H$_2$SO$_4$, Matrix
				$^{160}Gd^{2+}$	Matrix
				$^{159}Tb^{2+}$	Matrix
				$^{161}Dy^{2+}$	Matrix
Se	82	9,2	~5/~15	$^{82}Kr^+$	Plasma
				$^{164}Dy^{2+}$	Matrix
				$^{163}Dy^{2+}$	Matrix
				$^{165}Ho^{2+}$	Matrix
Rb	85	72,2	~0,03/~1,5	$^{169}Tm^{2+}$	Matrix
				$^{170}Er^{2+}$	Matrix
				$^{170}Yb^{2+}$	Matrix
				$^{171}Yb^{2+}$	Matrix
Rb	87	27,8		$^{87}Sr^+$	Matrix
				$^{174}Yb^{2+}$	Matrix
				$^{173}Yb^{2+}$	Matrix
				$^{175}Lu^{2+}$	Matrix
Sr	88	82,6	~0,04/~3	$^{175}Lu^{2+}$	Matrix
				$^{176}Yb^{2+}$	Matrix
Y	89	100	~0,01/~0,05		
Zr	90	51,5	~0,06/~1,8		
Nb	93	100	~0,03/~0,5		
Mo	98	23,8	~0,08/~1,7	$^{63}Cu\ ^{35}Cl^+$	Matrix in HCl oder HClO$_4$
Ru	99	12,7	~0,07		
Ru	100	12,6	~0,08	$^{100}Mo^+$	Matrix
Ru	101	17,1	~0,07		

Tabelle 10-26. Fortsetzung

Element	Masse des Isotops	Häufigkeit [%]	Nachweis- und Bestimmungsgrenzen N/B, in ng/ml	Masseninterferenzen	Hauptstörungsquellen
Ru	102	31,6	~0,05	$^{65}Cu\ ^{37}Cl^+$	Matrix in HCl oder HClO$_4$
				$^{86}Sr\ ^{16}O^+$	Matrix
Rh	103	100	~0,02	$^{86}Sr\ ^{16}O\ ^1H^+$	Matrix
				$^{87}Sr\ ^{16}O^+$	Matrix
Ru	104	18,6	~0,06	$^{88}Sr\ ^{16}O^+$	Matrix
				$^{87}Sr\ ^{16}O\ ^1H^+$	Matrix
Pd	105	22,2	~0,07	$^{88}Sr\ ^{16}O\ ^1H^+$	Matrix
				$^{89}Y\ ^{16}O^+$	Matrix
Pd	106	27,3	~0,06	$^{90}Zr\ ^{16}O^+$	Matrix
Ag	107	51,8	~0,03/~0,8	$^{91}Zr\ ^{16}O^+$	Matrix
Pd	108	26,7	~0,06	$^{92}Zr\ ^{16}O^+$	Matrix
				$^{92}Mo\ ^{16}O^+$	Matrix
Ag	109	48,2	~0,03	$^{93}Nb\ ^{16}O^+$	Matrix
Cd	110	12,4		$^{94}Zr\ ^{16}O^+$	Matrix
				$^{94}Mo\ ^{16}O^+$	Matrix
Cd	111	12,8		$^{95}Mo\ ^{16}O^+$	Matrix
Cd	112	24,1		$^{96}Mo\ ^{16}O^+$	Matrix
				$^{96}Zr\ ^{16}O^+$	Matrix
Cd	113	12,3		$^{113}In^+$	Matrix
				$^{97}Mo\ ^{16}O^+$	Matrix
Cd	114	28,9	~0,06/~0,2	$^{97}Mo\ ^{16}O^+$	Matrix
In	115	95,7	~0,02/~0,2		
Sn	116	14,2		$^{232}Th^{2+}$	Matrix
				$^{100}Mo\ ^{16}O^+$	Matrix
				$^{116}Cd^+$	Matrix
Sn	117	7,6		$^{235}U^{2+}$	Matrix
Sn	118	24,0	~0,05	$^{235}U^{2+}$	Matrix
Sn	119	8,6		$^{238}U^{2+}$	Matrix
Sn	120	32,9	~0,04/~1,6		
Sb	121	57,3	~0,03/~0,7		
Te	128	31,8	/~4,7		
Te	130	34,5	~0,09		
Cs	133	100	~0,02/~0,1		
Ba	137	11,3			
Ba	138	71,7	~0,03/~4		
La	139	99,9	~0,02/~0,03		
Ce	140	88,5	~0,02/~0,03		
Pr	141	100	~0,01/~0,02		

Tabelle 10-26. Fortsetzung

Element	Masse des Isotops	Häufig-keit [%]	Nachweis- und Bestimmungs-grenzen N/B, in ng/ml	Masseninter-ferenzen	Hauptstörungs-quellen
Nd	143	12,2	/~0,14		
Nd	146	17,2	~0,01/~0,05		
Sm	147	15,1	~0,04/~0,13		
Eu	151	47,8	~0,02/~0,03	$^{135}Ba\ ^{16}O^+$	Matrix
Sm	152	26,6	~0,03/~0,03	$^{135}Ba\ ^{16}O\ ^1H^+$	Matrix
				$^{136}Ba\ ^{16}O^+$	Matrix
Eu	153	52,2	~0,02	$^{136}Ba\ ^{16}O\ ^1H^+$	Matrix
				$^{137}Ba\ ^{16}O^+$	Matrix
Sm	154	22,4		$^{138}Ba\ ^{16}O^+$	Matrix
				$^{137}Ba\ ^{16}O\ ^1H^+$	Matrix
Gd	155	15,1		$^{138}La\ ^{16}O\ ^1H^+$	Matrix
				$^{139}La\ ^{16}O^+$	Matrix
Gd	156	20,6		$^{140}Ce\ ^{16}O^+$	Matrix
Gd	157	15,7	~0,04/~0,18	$^{141}Pr\ ^{16}O^+$	Matrix
Gd	158	24,5		$^{142}Ce\ ^{16}O^+$	Matrix
				$^{142}Nd\ ^{16}O^+$	Matrix
Tb	159	100	~0,01/~0,03	$^{143}Nd\ ^{16}O^+$	Matrix
Gd	160	21,6		$^{160}Dy^+$	Matrix
				$^{144}Nd\ ^{16}O^+$	Matrix
Dy	161	18,6		$^{145}Nd\ ^{16}O^+$	Matrix
Dy	162	25,5		$^{146}Nd\ ^{16}O^+$	Matrix
Dy	163	25,0	~0,04/~0,12	$^{147}Sm\ ^{16}O^+$	Matrix
Dy	164	28,2		$^{164}Er^+$	Matrix
				$^{148}Sm\ ^{16}O^+$	Matrix
				$^{148}Nd\ ^{16}O^+$	Matrix
Ho	165	100	~0,01/~0,03	$^{149}Sm\ ^{16}O^+$	Matrix
Er	166	33,4	~0,02	$^{150}Nd\ ^{16}O^+$	Matrix
				$^{150}Sm\ ^{16}O^+$	Matrix
Er	167	22,9	~0,03/~0,2	$^{151}Eu\ ^{16}O^+$	Matrix
Er	168	27,1	~0,02/~0,04	$^{152}Sm\ ^{16}O^+$	Matrix
Tm	169	100	~0,01/~0,02	$^{153}Eu\ ^{16}O^+$	Matrix
Er	170	14,9		$^{170}Yb^+$	Matrix
				$^{154}Sm\ ^{16}O^+$	Matrix
Yb	171	14,3		$^{155}Gd\ ^{16}O^+$	Matrix
Yb	172	21,8		$^{156}Gd\ ^{16}O^+$	Matrix
				$^{137}Ba\ ^{35}Cl^+$	Matrix in HCl oder $HClO_4$

Tabelle 10-26. Fortsetzung

Element	Masse des Isotops	Häufigkeit [%]	Nachweis- und Bestimmungsgrenzen N/B, in ng/ml	Masseninterferenzen	Hauptstörungsquellen
Yb	173	16,1	~0,06/~0,2	^{138}Ba ^{35}Cl$^+$	Matrix in HCl oder HClO$_4$
				^{157}Gd ^{16}O$^+$	Matrix
Yb	174	31,8	~0,03/~0,03	^{139}La ^{35}Cl$^+$	Matrix in HCl oder HClO$_4$
				^{137}Ba ^{37}Cl$^+$	Matrix in HCl oder HClO$_4$
				^{158}Gd ^{16}O$^+$	Matrix
Lu	175	97,4	~0,01/~0,03	^{138}Ba ^{37}Cl$^+$	Matrix in HCl oder HClO$_4$
				^{140}Ce ^{35}Cl$^+$	Matrix in HCl oder HClO$_4$
				^{159}Tb ^{16}O$^+$	Matrix
Yb	176	12,7		^{139}La ^{37}Cl$^+$	Matrix in HCl oder HClO$_4$
				^{176}Hf$^+$	Matrix
				^{176}Lu$^+$	Matrix
				^{160}Gd ^{16}O$^+$	Matrix
Hf	177	18,5		^{140}Ce ^{37}Cl	Matrix in HCl oder HClO$_4$
				^{142}Ce ^{35}Cl	Matrix in HCl oder HClO$_4$
				^{161}Dy ^{16}O$^+$	Matrix
Hf	178	27,1	~0,03	^{162}Dy ^{16}O$^+$	Matrix
Hf	179	13,8		^{163}Dy ^{16}O$^+$	Matrix
				^{142}Ce ^{37}Cl$^+$	Matrix in HCl oder HClO$_4$
Hf	180	35,2		^{164}Dy ^{16}O$^+$	Matrix
Ta	181	99,9	~0,02	^{165}Ho ^{16}O$^+$	Matrix
W	182	26,3		^{166}Er ^{16}O$^+$	Matrix
W	183	14,3		^{167}Er ^{16}O$^+$	Matrix
W	184	30,7	~0,05	^{168}Er ^{16}O$^+$	Matrix
Re	185	37,1		^{169}Tm ^{16}O$^+$	Matrix
W	186	28,6		^{170}Er ^{16}O$^+$	Matrix
Re	187	62,9	~0,06	^{171}Yb ^{16}O$^+$	Matrix
Os	188	13,3		^{172}Yb ^{16}O$^+$	Matrix
Os	189	16,1		^{173}Yb ^{16}O$^+$	Matrix
Os	190	26,4		^{174}Yb ^{16}O$^+$	Matrix

Tabelle 10-26. Fortsetzung

Element	Massse des Isotops	Häufigkeit [%]	Nachweis- und Bestimmungsgrenzen N/B, in ng/ml	Masseninterferenzen	Hauptstörungsquellen
Ir	191	38,5		^{175}Lu ^{16}O$^+$	Matrix
Os	192	41	~0,02	^{176}Yb ^{16}O$^+$	Matrix
Ir	193	61,5	~0,06	^{177}Hf ^{16}O$^+$	Matrix
Pt	194	32,9	~0,08	^{178}Hf ^{16}O$^+$	Matrix
Pt	195	33,8	~0,08	^{179}Hf ^{16}O$^+$	Matrix
Pt	196	25,2		^{180}Hf ^{16}O$^+$	Matrix
Au	197	100	~0,07	^{181}Ta ^{16}O$^+$	Matrix
Hg	198	10		^{182}W ^{16}O$^+$	Matrix
				^{198}Pt$^+$	Matrix
Hg	199	16,8		^{183}W ^{16}O$^+$	Matrix
Hg	200	23,1		^{184}W ^{16}O$^+$	Matrix
Hg	201	13,2			
Hg	202	29,8	~0,08	^{186}W ^{16}O$^+$	Matrix
Tl	203	29,5			
Pb	204	1,5		^{204}Hg$^+$	Matrix
Tl	205	70,5	~0,05/~0,5		
Pb	206	23,6			
Pb	207	22,6			
Pb	208	52,3	~0,03/~0,3		
Bi	209	100	~0,06		
Th	232	100	~0,03		
U	235	0,72			
U	238	99,27	~0,03		

oder durch Matrixangleichung der Bezugslösungen an die Probelösungen können die Fehler in tolerierbaren Grenzen gehalten werden.

Die ICP-MS bei der Analyse geochemischer Substanzen

Die Elemente H, C, N, O, F, S, Cl und die Edelgase sind mit der ICP-MS nicht oder nur unter ganz speziellen Voraussetzungen zu bestimmen. Die Nachweisgrenzen liegen bei den meisten Elementen zwischen 0,01-0,1 ng/ml, in wenigen Fällen (C, F, Si, P, S, Cl, K, Ca, Se und Br) auch deutlich darüber. Im Vergleich zur ICP-AES zeichnet sich die ICP-MS mit nur wenigen Ausnahmen (Si, P, S, K, Ca, Mg) durch deutlich bessere Nachweisgrenzen aus. Bei der ICP-MS besteht bei zahlreichen Elementen eine auffallende Diskrepanz zwischen Nachweisgrenzen (3 s der Untergrundvariation in Abwesenheit von Matrixelementen) und den Bestimmungsgrenzen (3 s der Untergrundvariation in Gesteinsaufschlüssen). Abgesehen von möglichen Störungen wird hier deutlich, daß in der Mehrelementanalytik unter Kompromißbedingungen gearbeitet wird. Zum Beispiel hängen die Intensitäten der Ionenströme in beträchtlichem Umfang von der Einstellung der Ionenlinsen ab. Die Peakmaxima verschieben sich gleichmäßig mit zunehmender Masse, so daß bei einer einzigen Einstellung nicht für alle zu analysierenden Elemente optimale Bedingungen erreicht werden können (LONGERICH et al., 1987).

Ein Vergleich der Nachweisgrenzen bzw. Bestimmungsgrenzen in Tabelle 10-26 mit den mittleren Elementanteilen in den Gesteinsaufschlußlösungen zeigt, daß Au, Se, Te und die Platinelemente gar nicht und Ag, As, Bi, Hg und P nur bedingt zu bestimmen sind. Besonders interessant ist aus geochemischer Sicht die Möglichkeit, die Lanthanidenelemente ohne Abtrennung und Voranreicherung direkt aus den Aufschlüssen zu erfassen (DATE u. GRAY, 1985; DATE et al., 1987; LICHTE et al., 1987; LONGERICH et al., 1987).

Mit der ICP-MS sind, im Gegensatz zu nichtmassenspektrometrischen Analysenverfahren, auch Bestimmungen von Isotopenverhältnissen möglich (RUPPERT, 1986; RUSS u. BAZAN, 1987). Die Methode eignet sich auch für die Isotopenverdünnungsanalyse (GARBARINO u. TAYLOR, 1987; LONGERICH et al., 1987).

Die ICP-MS zeigt wie die ICP-AES einen weiten Meßbereich von etwa 5 Größenordnungen mit Linearität zwischen Konzentrationen und Intensitäten. Prinzipiell können Haupt- und Spurenbestandteile aus ein und derselben Probelösung gemessen werden. Aufgrund der Eigenschaften pneumatischer Zerstäuber ist es jedoch ratsam, Hauptbestandteile aus hochverdünnten Lösungen zu bestimmen (siehe Zerstäuber, Abschnitt 10.8). Damit wird natürlich auch die Verstopfung der ersten Lochblende (Sampler) herabgesetzt. Für die Analyse müssen je nach gewünschter Elementzahl, Meßdauer, Reproduzierbarkeit und Spüldauer 3 bis 6 Minuten pro Durchgang veranschlagt werden (RUPPERT, 1986).

10.10 Verdampfungsanalyse

Die Grundlage der Verdampfungsanalyse ist die Trennung leichtflüchtiger Elemente von einer Festsubstanz durch Erhitzen. Dieser Prozeß kann im Vakuum oder bei Normaldruck mittels geeigneter Spül-, Träger- oder Reaktionsgase erfolgen. Über die verschiedenen Trennverfahren informieren TÖPELMANN (1939) und BÄCHMANN (1982).

Die abgetrennten Elemente können mit instrumentellen Methoden direkt oder nach vorheriger Kondensation, beispielsweise auf Kühlfingern oder in Kapillaren, gemessen werden. Leicht zugängliche Arbeiten über die Verdampfungsanalyse stammen unter anderem von PREUSS (1940) für Zn, Cd, Hg, In, Tl, Ge, Sn, Pb, Sb und Bi, GEILMANN u. NEEB (1955) für Zn, GEILMANN et al. (1957) für Zn, GEILMANN (1958) für Tl, GEILMANN U. NEEB (1959) für Tl, GEBAUHR U. SPANG (1960) für Se, GEILMANN u. DE ALVARO ESTERBARANZ (1962) für Be, GEILMANN u. HEPP (1964) für Cd, WAHLER (1968) für Zn, Cd, In, Tl, Pb und Bi, MEYER et al. (1976) für Se, WAHDAT U. SHAMSIPOOR (1977) für Pb, HEINRICHS (1979a) für Bi, Cd und Tl, ERZINGER U. PUCHELT (1980) für Se, HEINRICHS U. KELTSCH (1982) für As, Bi, Cd, Se und Tl, WEITZ et al. (1982) für Cd und Pb.

Die Verdampfungsanalyse ist auf solche Substanzen anwendbar, die keine großen Anteile an anderen ebenfalls leicht flüchtigen Elementen enthalten. Experimentell einfach durchführbar ist die Trennung in einem einseitig zur Düse ausgezogenen Quarzglasrohr mit Kühlfinger, wie sie von GEILMANN (1958) für die Bestimmung von Tl vorgeschlagen worden ist. Für die im vorliegenden Text beschriebenen Untersuchungen wurde dieses Verdampfungsrohr in einigen Details modifiziert (Abb. 10-17). Die Stirnfläche des aus Quarzglas bestehenden Kühlfingers ist nach innen gewölbt. In diese Einbuchtung ragt die Düse nur etwa 1 mm hinein. Wichtig ist die zentrale Anordnung der Düse zum Kühlfinger und eine glattgeschliffene Düsenöffnung. Die Düse befindet sich in der heißesten Ofenzone. Auf der dem Kühlfinger abgewandten Seite wird das Träger- bzw. Reaktionsgas eingeleitet und nach dem Durchströmen der Düse am anderen Rohrende abgeleitet (Abb. 10-17). Der Gasstrom wird mit einem Durchflußmesser auf 7-9 l/h eingestellt. Das Aufheizen des Verdampfungsrohres mit der in einem Quarzglasschiffchen befindlichen Probe geschieht im elektrischen Röhrenofen bei einer Standtemperatur (Anfangstemperatur) von 800-1000 °C. Die Temperatur wird dann stufenweise bis auf 1200 ° bzw. 1300 °C erhöht. Die Temperaturmessung erfolgt mit einem Thermoelement an der Düse.

Die verdampfte Substanz strömt mit dem Träger- bzw. Reaktionsgas (Stickstoff, Gemisch Wasserstoff und Stickstoff, Sauerstoff) durch die Düse und schlägt sich auf dem Kühlfinger nieder. Das Kondensat wird in heißer verdünnter Salpetersäure gelöst. Die Elementbestimmung kann dann mit der Graphitrohrofen-AAS vorgenommen werden. Da das Quarzglas des Verdampfungsrohres durch verdampfende Alkalielemente angegriffen wird, muß es nach etwa 40-70 Bestimmungen erneuert werden.

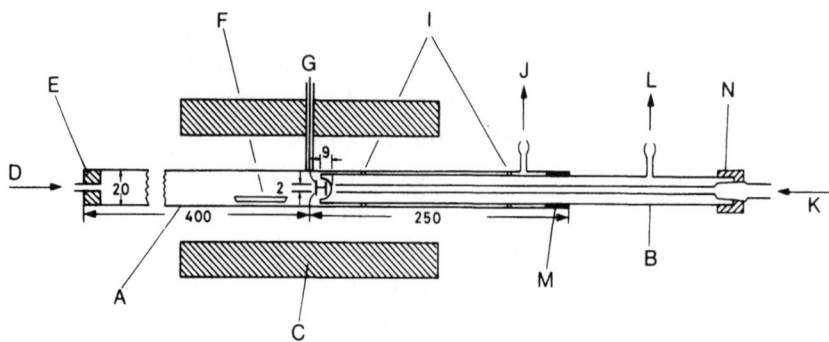

Abb. 10-17. Verdampfungsrohr mit Düse und wassergekühltem Kühlfinger (modifiziertes Rohr nach GEILMANN, 1958). A = Verdampfungsrohr, B = Kühlfinger, C = elektrischer Röhrenofen, D = Eintritt Trägergas, E = Teflonstopfen, F = Probeschiffchen, G = Thermoelement, H = Düse, I = Zentrierringe, J = Austritt Trägergas, K = Eintritt Kühlwasser, L = Austritt Kühlwasser, M = Teflonwicklung, N = Gummistopfen. Zahlen = Maßangaben in mm.

Verdampfungsraten

Theoretische Verdampfungsraten können nur mit reinen Substanzen im Vakuum erzielt werden. Die Zusammensetzung des Dampfes beim Erhitzen eines festen Zweistoffsystems entspricht nicht dem Verhältnis der Verdampfungsraten der einzelnen Verbindungen. Denn im Zweistoffsystem wird aus der Probenoberfläche zunächst bevorzugt die schneller verdampfende Komponente entweichen, wodurch sich die ursprünglichen Elementverhältnisse in der Probesubstanz verändern. Die Trennung leichtflüchtiger Elemente von einer Festsubstanz gelingt daher umso besser, je größer die Probenoberfläche ist. Die verwendeten Quarzglasschiffchen haben eine Grundfläche von 4-6 cm^2 und werden mit 100-200 mg Probe beschickt. Bei der Abtrennung kleiner Selenmengen wurden noch größere Schiffchen (8 cm^2) und höhere Einwaagen (≤ 1 g) verwendet. In den Abb. 10-18 und 10-19 werden die Zusammenhänge zwischen den verdampften Anteilen (in %) an As, Ag, Bi, Cd, Pb, Sb, Se, Te, Tl und Zn aus einer synthetischen Probe, der Temperatur und des Träger- bzw. Reaktionsgases dargestellt. Die Elementanteile von jeweils 1 µg/g Probe wurden als Oxide mit einer feingepulverten Quarzmatrix vermischt. Bei der

Verwendung von 20 % Wasserstoff und 80 % Stickstoff als Reaktionsgas (Formiergas) lassen sich Bi, Cd und Tl bereits bei 1000 °C fast vollständig

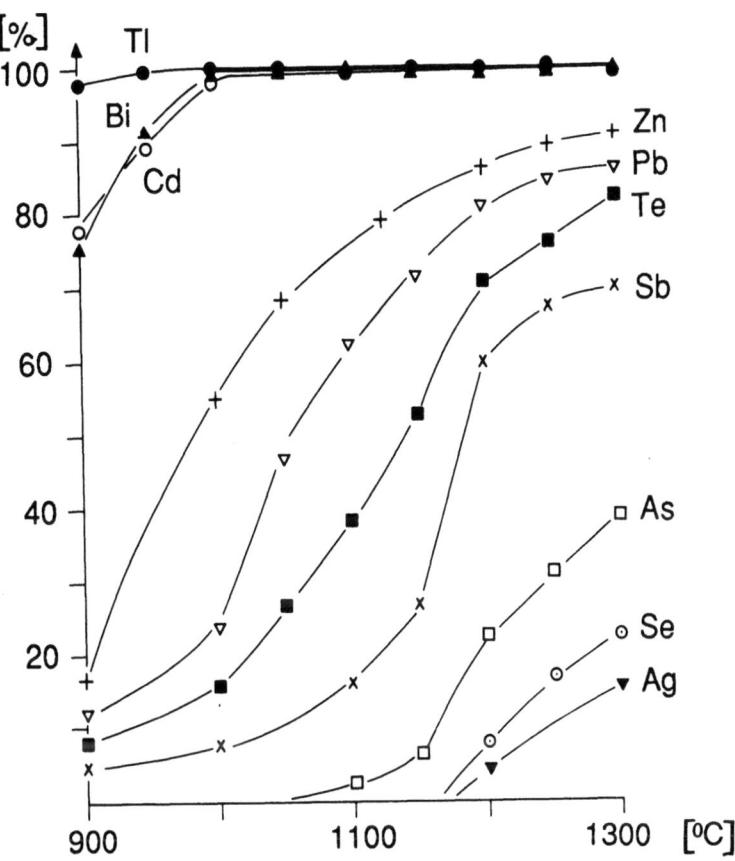

Abb. 10-18. Ausbeuten (in %) an As, Ag, Bi, Cd, Pb, Sb, Se, Te, Tl und Zn bei der Verdampfung aus einer synthetischen Probe (Matrix Quarz) in Abhängigkeit von der Temperatur. Die Elemente lagen als Oxide vor, ihr Anteil betrug jeweils 1 µg Element/g Probe. Das Trägergas (Formiergas) bestand aus einem Gemisch von 20 % Wasserstoff und 80 % Stickstoff.

abtrennen und auffangen (Abb. 10-18). Nach abnehmenden Ausbeuten geordnet ergibt sich folgende Reihenfolge: Zn, Pb, Te>Sb>As>Se, Ag. Werden noch die Elemente In, Cu, Ga, Ge und Sn berücksichtigt, lautet die Reihenfolge: Bi, Cd, Tl > In, Zn, Pb, Te, Cu>Sb, Ge>As, Ga, Se, Sn, Ag. Mit abnehmenden Wasserstoffanteilen im Reaktionsgas nehmen die Ausbeuten bei den meisten Elementen ab, ausgenommen bei As, Se, In und Ga. In einer reinen Stickstoffatmosphäre (99,996 %) sind die Ausbeuten für Bi, Cd und Tl

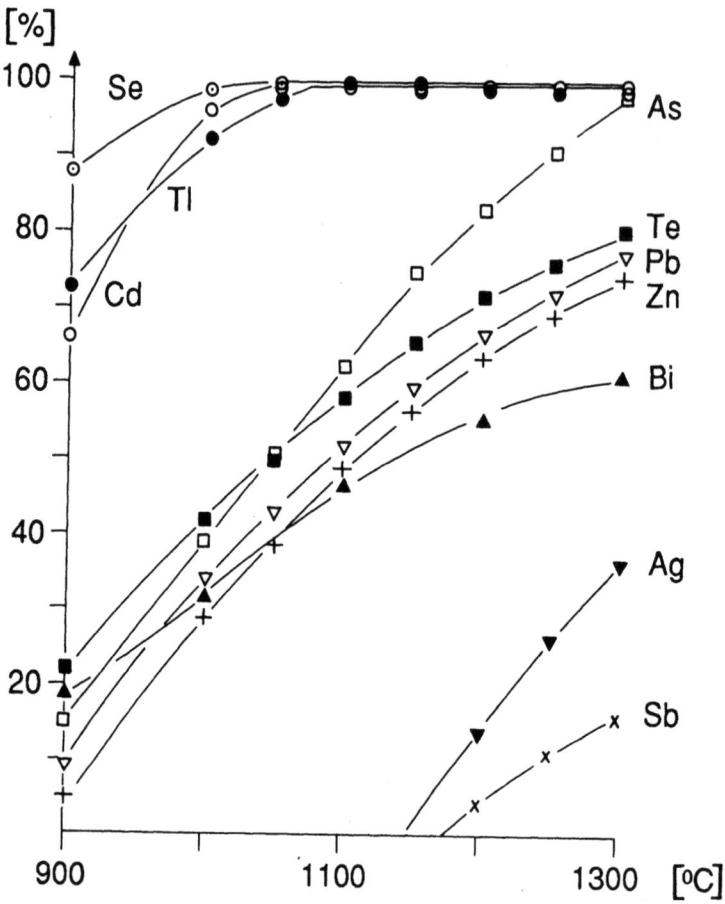

Abb. 10-19. Ausbeute (in %) an As, Ag, Bi, Cd, Pb, Sb, Se, Te, Tl und Zn bei der Verdampfung aus einer synthetischen Probe (Matrix Quarz) in Abhängigkeit von der Temperatur. Die Elemente lagen als Oxide vor, ihr Anteil betrug jeweils 1 µg Element/g Probe. Das Trägergas war Sauerstoff.

immer noch > 80 %, für Zn, Pb und Te > 50 %. Bei der Verwendung von Sauerstoff als Reaktionsgas ändert sich das Verhalten von As, Bi, Sb und Se stark (Abb. 10-19). Das Se ist neben Cd und Tl im Sauerstoffstrom leicht zu verflüchtigen und aufzufangen. Das As läßt sich dagegen nur bei hohen Temperaturen von mindestens 1300 °C vollständig abtrennen. Die Ausbeuten von Bi und Sb sind im Sauerstoffstrom im Vergleich zu den Ausbeuten im

Formiergasstrom (20 % Wasserstoff, 80 % Stickstoff) deutlich gefallen. Für das Bi ist dieses Ergebnis nicht vollständig erklärbar, da Bi_2O_3 über 950 °C flüchtig ist. Vielleicht läßt sich das Bi unter den beschriebenen apparativen Bedingungen im Sauerstoffstrom nur unvollständig auffangen. Te, Pb und Zn liefern auch im Sauerstoffstrom verhältnismäßig hohe Ausbeuten. Zu erwähnen sind noch In und Ga, die sich ebenfalls im Sauerstoffstrom relativ leicht verflüchtigen.

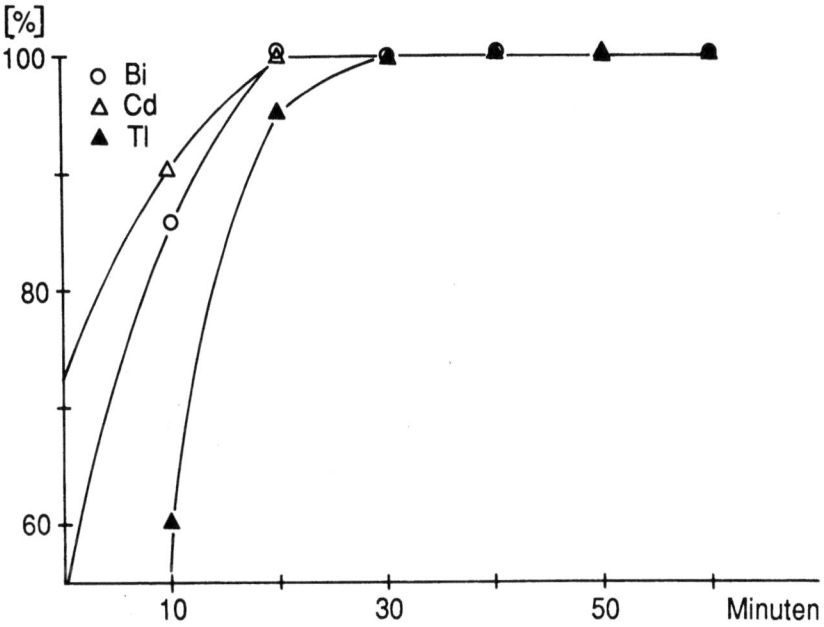

Abb. 10-20. Ausbeuten (in %) an Bi, Cd und Tl bei der Verdampfung aus einer synthetischen Probe (Quarzmatrix, jeweils 1 µg Element/g Probe, Elemente als Oxide zugemischt) bei 1100 °C in Abhängigkeit von der Zeit. Trägergas 20 % Wasserstoff und 80 % Stickstoff (Formiergas).

Die Abb. 10-20 und 10-21 zeigen die Ausbeuten an As, Bi, Cd, Se und Tl einer synthetischen Probe mit Quarzmatrix bei Verwendung verschiedener Reaktionsgase (Gemisch Wasserstoff und Stickstoff, Sauerstoff) und in Abhängigkeit von der Zeit. Die Temperatur betrug bei der Verdampfung von Bi, Cd und Tl im Formiergas 1100 °C, und von As, Cd, Se und Tl 1300 °C. Innerhalb von 20 bis 50 Minuten lassen sich die Elemente quantitativ verdampfen.

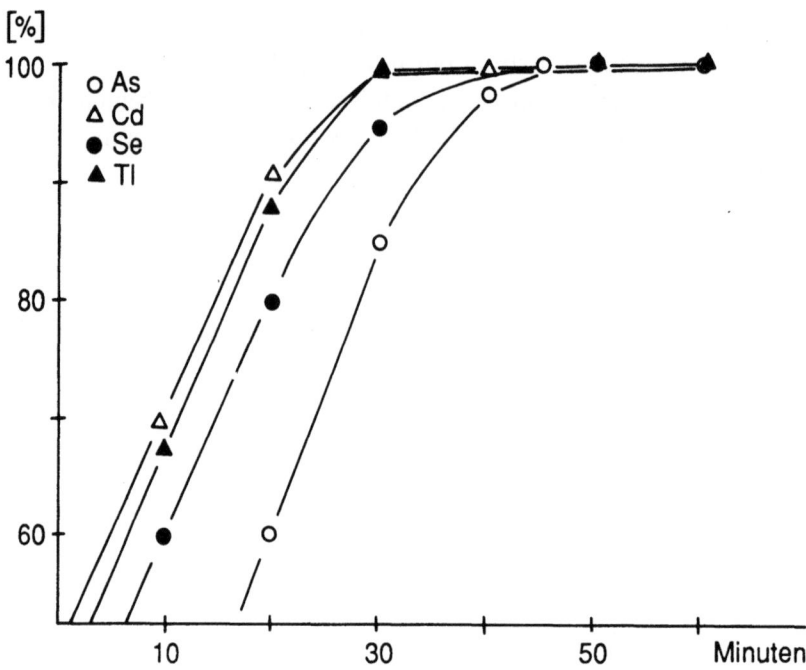

Abb. 10-21. Ausbeuten (in %) an As, Cd, Se und Tl bei der Verdampfung aus einer synthetischen Probe (Quarzmatrix, jeweils 1 µg Element/g Probe, Elemente als Oxide zugemischt) bei 1300 °C in Abhängigkeit von der Zeit. Trägergas Sauerstoff.

In natürlichen Proben ändert sich das Verhalten der hier betrachteten Elemente durch Bindung in Kristallstrukturen und das unterschiedliche Sinter- und Schmelzverhalten der Proben. Vor allem bei relativ niedrigschmelzenden Gesteinen wie Graniten läßt sich eine vorzeitige Fixierung der Elemente in der Schmelze beobachten. Das ist besonders auffällig bei der Abtrennung von Bi. Bei der Verdampfung sehr leichtflüchtiger Elemente wie Bi, Cd, Se und Tl aus einer niedrigschmelzenden Probe muß die Aufheizung unterhalb des Schmelzpunktes der Probe vorgenommen werden. Beginnend bei einer Standtemperatur von 800-1000 °C wird die Temperatur schrittweise um 50-100 °C bis zur Endtemperatur von 1200 °C bzw. 1300 °C erhöht. Die höchsten Ausbeuten an den sehr leichtflüchtigen Elementen Bi, Cd, Se und Tl werden während des Sinterns der Probe erzielt. Das As muß dagegen bei sehr hohen Temperaturen von mindestens 1300 °C überwiegend aus der Schmelze abgetrennt werden. Aber gerade dieses Verhalten macht die Abtrennung von As so schwierig. Die

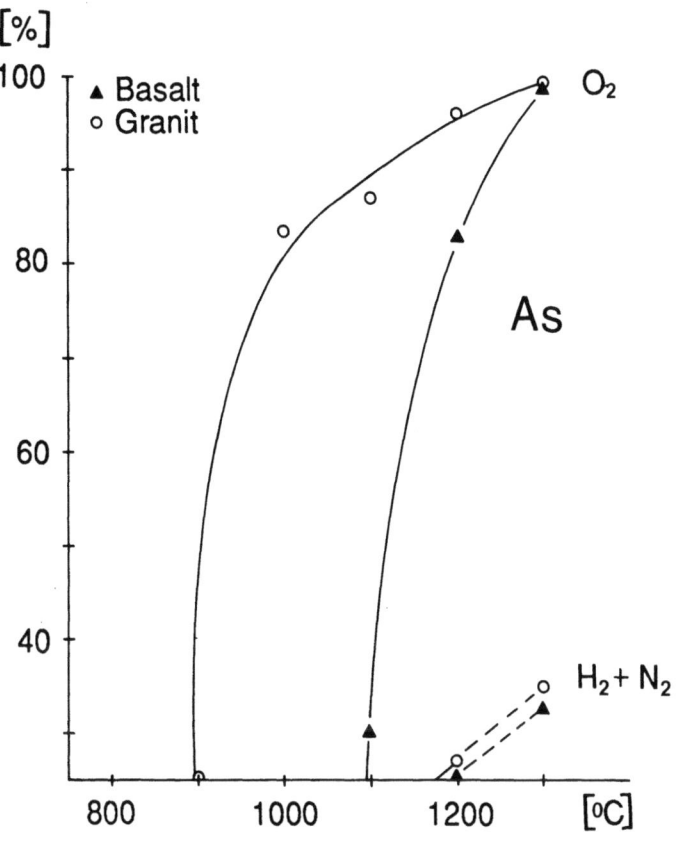

Abb. 10-22. Summierte Ausbeuten (in %) von As bei der Verdampfung aus Basalt und Granit bei stufenweiser Temperaturerhöhung. Trägergas: Sauerstoff sowie Gemisch Wasserstoff (20 %) und Stickstoff (80 %) als Formiergas.

Endtemperatur von 1300 °C muß 10-15 Minuten eingehalten werden. Die Haltbarkeit des Verdampfungsrohres wird bei dieser Temperatur durch zunehmende Reaktion mit Alkalielementen stark verringert. Die Abtrennung von As durch Verdampfung ist nur bei niedrigen Konzentrationen zu empfehlen. Bei Anteilen ≥ 5 mg/g Probe ist die direkte Bestimmung aus der Aufschlußlösung vorzuziehen. Die Abb. 10-22 bis 10-26 zeigen die prozentualen Ausbeuten von As, Bi, Cd, Se und Tl bei stufenweiser Temperaturerhöhung von Basalten und Graniten im Formiergas- und Sauerstoffstrom. Aus bereits genannten Gründen wurde bei der Bestimmung der Ausbeute für einen *Temperaturbereich* immer von 800 °C Standtemperatur ausgegangen. Um beispielsweise die Ausbeute bei 1200 °C zu bestimmen, wurde die Probe bei

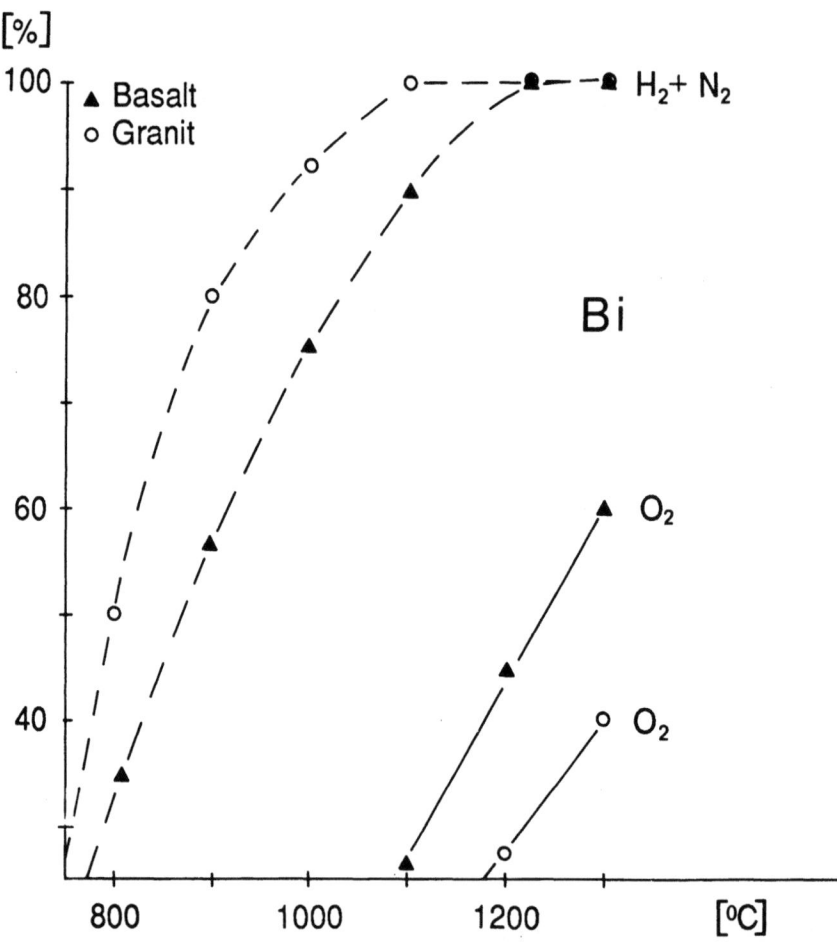

Abb. 10-23. Summierte Ausbeuten (in %) von Bi bei der Verdampfung aus Basalt und Granit bei stufenweiser Temperaturerhöhung. Trägergase: Sauerstoff sowie Gemisch Wasserstoff (20 %) und Stickstoff (80 %) als Formiergas.

800 °C in das Verdampfungsrohr geschoben. Nach 10 Minuten wurde die Temperatur auf 900 °C erhöht, nach weiteren 10 Minuten auf 1000 °C usw. bis 1200 °C bzw. 1300 °C. Nach einer Haltezeit von wiederum 10 Minuten wurde schließlich der Kühlfinger herausgezogen, das Kondensat aufgelöst und die Lösung gemessen. In den Abb. 10-22 bis 10-26 werden also nicht die Ausbeuten bei einer bestimmten Temperatur (z.B. 1200 °C) wiedergegeben, sondern die Summe der Ausbeuten zwischen 800-1200 °C bei schrittweiser

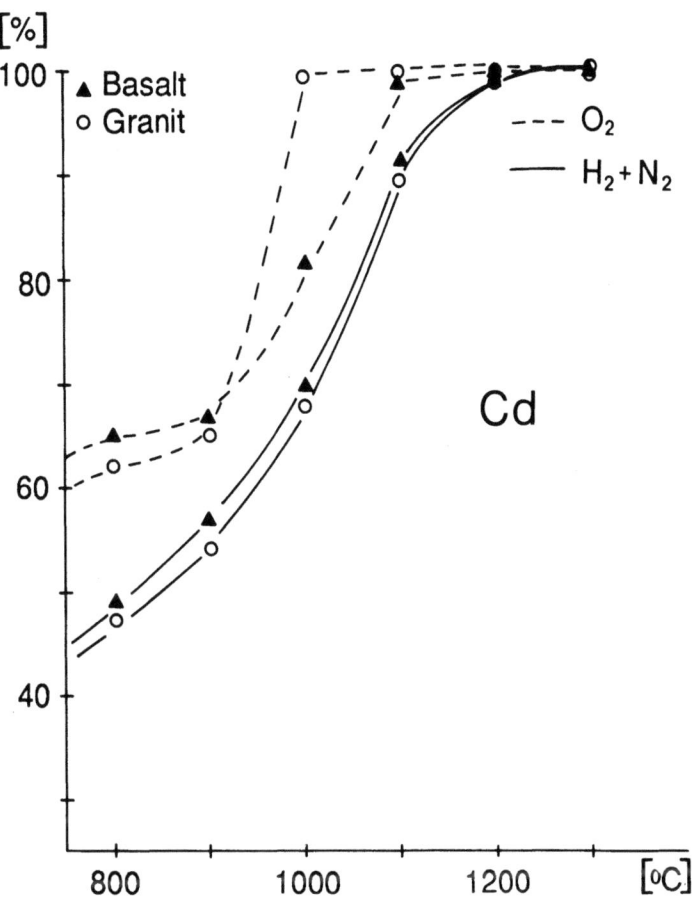

Abb. 10-24. Summierte Ausbeuten (in %) von Cd bei der Verdampfung aus Basalt und Granit bei stufenweiser Temperaturerhöhung. Trägergase: Sauerstoff sowie Gemisch Wasserstoff (20 %) und Stickstoff (80 %) als Formiergas.

Temperaturerhöhung. Die quantitative Abtrennung der Elemente ist in Abhängigkeit vom unterschiedlichen Sinter- und Schmelzverhalten der Proben nur innerhalb eines Temperaturbereichs möglich.

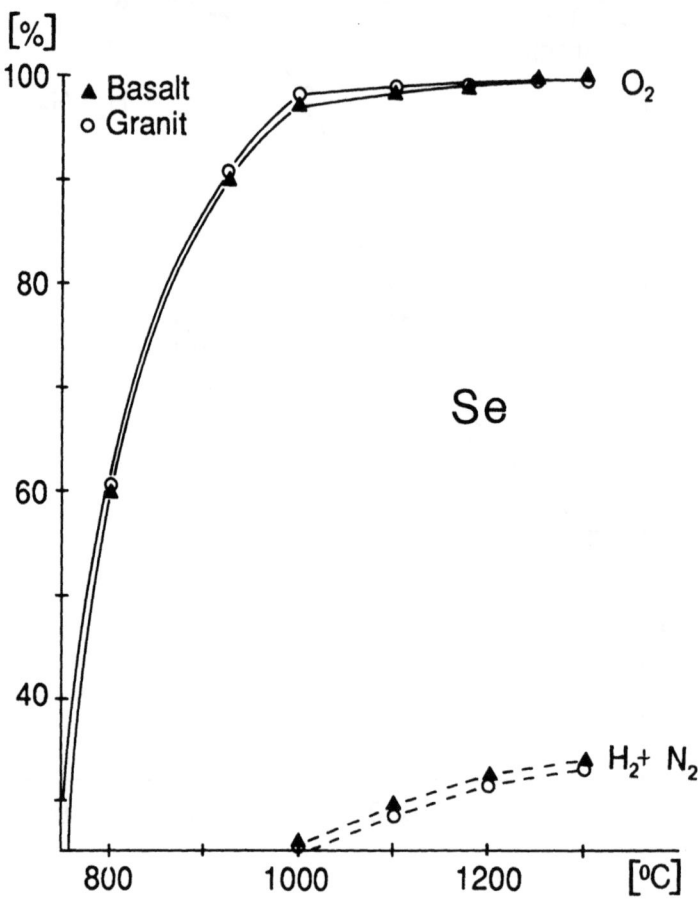

Abb. 10-25. Summierte Ausbeuten (in %) von Se bei der Verdampfung aus Basalt und Granit bei stufenweiser Temperaturerhöhung. Trägergase: Sauerstoff sowie Gemisch Wasserstoff (20 %) und Stickstoff (80 %) als Formiergas.

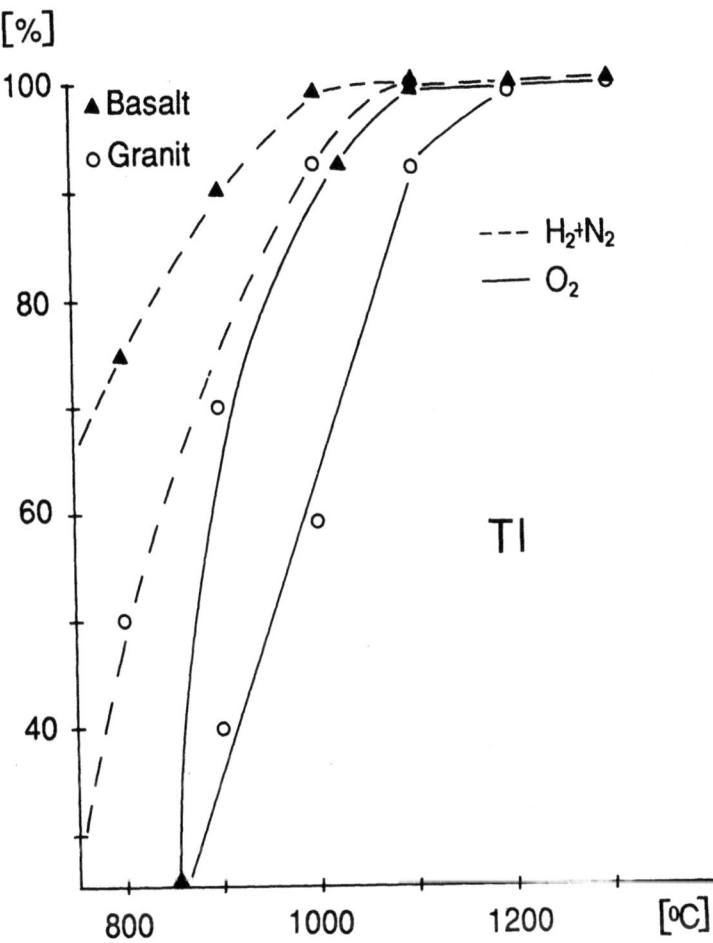

Abb. 10-26. Summierte Ausbeuten (in %) von Tl bei der Verdampfung aus Basalt und Granit bei stufenweiser Temperaturerhöhung. Trägergase: Sauerstoff sowie Gemisch Wasserstoff (20 %) und Stickstoff (80 %) als Formiergas.

Reagenzien: 0,1 g As, Bi, Cd, Se, Tl-Lösungen für die Atomabsorptionsspektrometrie, z.B. Fixanal von Riedel-de-Haën.
Salpetersäure, zur Analyse, w: 65 %, c: 14,9 mol/l, ρ: 1,4 g/ml
Gase : Sauerstoff (99,6 %), Mischung 20 % Wasserstoff und 80% Stickstoff (Formiergas)

Geräte: Röhrenofen,
Verdampfungsrohr, komplett, siehe Abb. 10-17
Quarzglasstab,
Quarzglasschale, 80 mm Ø
Quarzglasschiffchen, 70 mm lang, 10 mm breit, 6 mm hoch
Pinzette,
Staubschutzkasten,
Heizbank,
Gasdurchflußmesser,
Spritzflasche aus Polyethylen
Bechergläser: 25 ml, hohe Form
Meßkolben: 1, 2, 100 ml (Glas)
Mikroliterpipetten, verschiedene Größen

Herstellung der Bezugslösungen:

Aus 0,100 g Element-Lösungen für die Atomabsorptionsspektrometrie:

Stammlösung (Stl.) mit jeweils 100 µg As, Bi, Cd, Se, Tl/ml Lösung:
In einen 1000 ml-Meßkolben die Elementlösungen für die Atomabsorptionsspektrometrie überspülen und mit dest. Wasser auffüllen.
Zwischenverdünnung (Zwv.) mit 1 µg As, Bi, Cd, Se, Tl/ml Lösung:
10 ml der Stammlösung in einem 1000 ml-Meßkolben mit dest. Wasser auffüllen. Sofort umfüllen in 1000 ml-Polyethylenflaschen.

Lösungen für eine Bezugskurve:

0,5 ng As, Bi, Cd, Se, Tl/ml	: 50 µl Zwv. +	2 ml HNO_3 (65%ig)	+ H_2O auf 100 ml
1 ng "	: 100 µl Zwv. +	"	+	"
2 ng "	: 200 µl Zwv. +	"	+	"
5 ng "	: 500 µl Zwv. +	"	+	"
10 ng "	: 10 µl Stl. +	"	+	"
20 ng "	: 20 µl Stl.. +	"	+	"
50 ng "	: 50 µl Stl. +	"	+	"
100 ng "	: 100 µl Stl. +	"	+	"
150 ng "	: 150 µl Stl. +	"	+	"
250 ng "	: 250 µl Stl. +	"	+	"

Arbeitsvorschrift

Zunächst werden alle für die Verdampfungsanalyse benötigten Quarzglasschiffchen bei 1200 °C im Verdampfungsrohr mittels eines geeigneten Reaktions- und Trägergases (Sauerstoff oder Wasserstoff + Stickstoff) 10 Minuten ausgeglüht. Es werden jeweils zwei Schiffchen mit einem Stab aus Quarzglas in die heißeste Zone des Verdampfungsrohres geschoben. Beim Herausziehen werden die Schiffchen in einer Quarzglasschale aufgefangen. Nach dem Abkühlen und Aufbewahrung im Exsikkator können pro Schiffchen 100-200 mg Substanz eingewogen werden. Die Schiffchen nicht mit den Händen berühren, sondern nur mit einer Pinzette. Nach der Einwaage werden die Schiffchen in einem Staubschutzkasten für die Verdampfungsanalyse aufbewahrt.

Für die Trennung von Bi, Cd und Tl im Formiergasstrom oder von As, Cd, Tl und Se im Sauerstoffstrom wird das Verdampfungsrohr im Röhrenofen auf eine Standtemperatur von 800-1000 °C aufgeheizt. Die Wahl der Anfangstemperatur hängt vom Schmelzverhalten der Proben ab. Der Gasstrom wird auf einen Durchfluß von 7-9 l/h einreguliert. Vor die Düse des Verdampfungsrohres wird der wassergekühlte Kühlfinger aus Quarzglas geschoben. Die Düse darf nur etwa 1 mm in die Öffnung des Kühlfingers hineinragen.

Der Kühlfinger ist im Verbrennungsrohr durch zwei aufgesteckte Tantalringe zentriert. Das Schiffchen mit der Substanz wird mit der Pinzette in das vordere Ende des Verdampfungsrohres gestellt und dann mit dem Quarzglasstab weiter bis wenige Zentimeter vor die Düse geschoben. Zur Abstandsmessung wird der Quarzglasstab markiert.

Nach der Einführung des Schiffchens wird das Verdampfungsrohr mit einem Teflonstopfen verschlossen. Letzterer ist zentral durchbohrt und mit der Gaszufuhr verbunden (Abb. 10-17). In der Regel erfolgt alle 10 Minuten eine Erhöhung der Temperatur um 100 °C. Bei der Verdampfung von Bi, Cd, Tl und Se reicht eine Endtemperatur von 1200 °C aus. Bei der Abtrennung von As muß dagegen unbedingt eine Endtemperatur von 1300 °C erreicht und diese 10-15 Minuten gehalten werden.

Nach Beendigung der Verdampfung wird der Kühlfinger aus dem Verdampfungsrohr herausgezogen und für die Auflösung des Kondensats beiseite gestellt. Zunächst wird das Schiffchen bei noch eingestellter Endtemperatur aus dem Verdampfungsrohr gezogen und zur Abschreckung in ein Wasserglas geworfen. Ein Teil der Schiffchen kann später nach dem Herauskratzen der erstarrten Schmelze mittels eines Glasstabs erneut verwendet werden. Nach der Herausnahme des Schiffchens wird das Verdampfungsrohr sofort wieder auf die Standtemperatur von 800-1000 °C abgekühlt. Dadurch wird das Quarzglasrohr geschont.

Erst jetzt wird das Kondensat aus der Vertiefung des Kühlfingers gelöst. Dazu werden bei Verwendung von 1 ml-Meßkolben 10 µl 65%ige Salpetersäure, bei Verwendung von 2 ml-Meßkolben 30 µl 65%ige Salpetersäure in die Vertiefung des Kühlfingers pipettiert und mit 200 ml heißem, demineralisiertem Wasser verdünnt. Nach dem Auflösen des Kondensats wird die Lösung in den Meßkolben pipettiert. Zur Beseitigung des restlichen Kondensats wird das Ende des Kühlfingers vorsichtig in eine heiße, HNO_3-haltige Waschlösung getaucht. Letztere wird in einem 25 ml-Becherglas hergestellt durch Erwärmung von 1 ml demineralisierten Wasser plus 10 µl Salpetersäure (65%ig) auf einer Heizbank. Der Kühlfinger wird schließlich mit demineralisiertem Wasser abgespült (Spritzflasche) und die Lösung im Becherglas aufgefangen. Der Inhalt des Becherglases wird bei nicht zu hohen Temperaturen vorsichtig auf der Heizbank eingedampft und quantitativ mit einer Mikropipette (100 µl) dem Inhalt des Meßkolbens zugefügt. Nach Abkühlung der Lösung auf Raumtemperatur wird der Meßkolben mit demineralisiertem Wasser bis zur Ringmarke aufgefüllt.

Die Proben werden mittels der Graphitrohrofen-Atomabsorptionsspektrometrie gemessen. Die Elementbestimmungen müssen allerdings innerhalb von 2-3 Tagen erfolgen, da die Haltbarkeit der Lösungen begrenzt ist.

Teil II: Analysenmethoden

11 Analysenschema

Schema zur Kombination von Analysenverfahren für eine Silicatvollanalyse auf Haupt- und Nebenbestandteile.

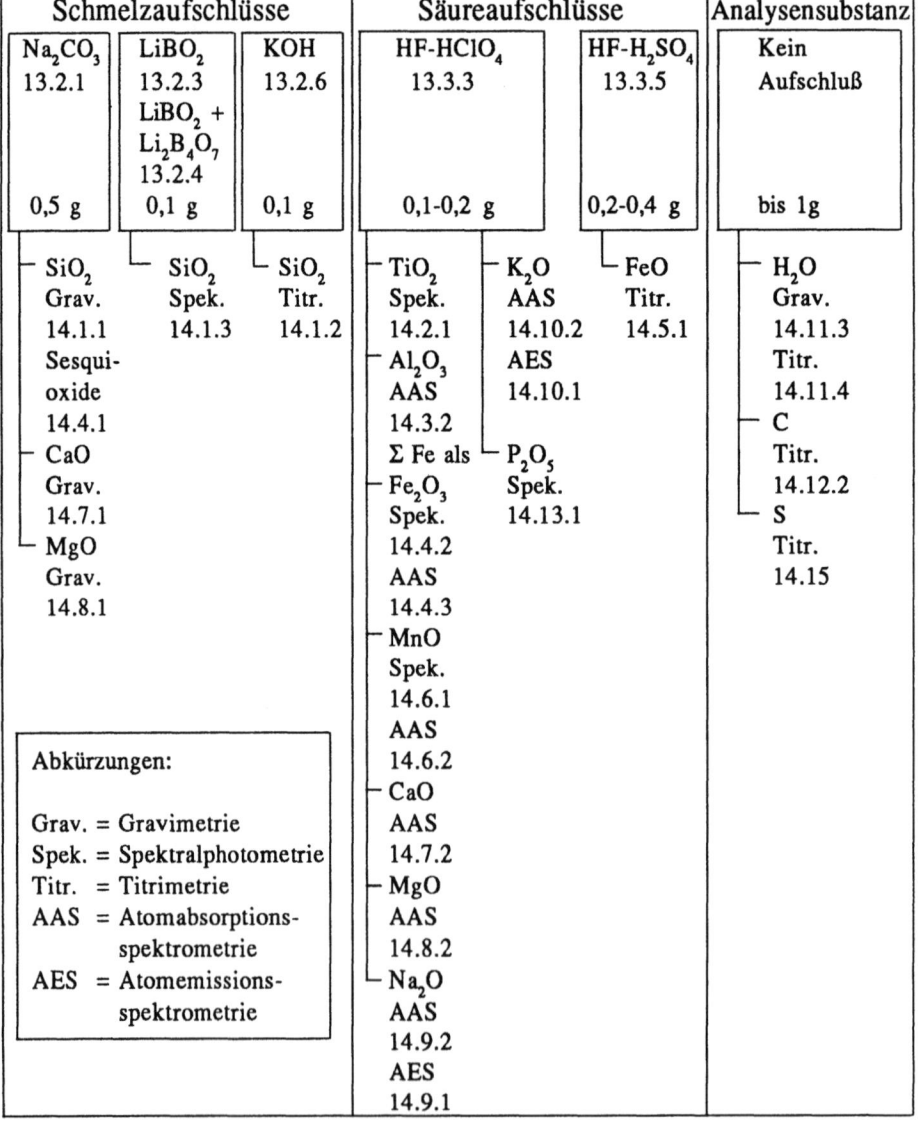

Schmelzaufschlüsse			Säureaufschlüsse		Analysensubstanz
Na_2CO_3 13.2.1	$LiBO_2$ 13.2.3 $LiBO_2 + Li_2B_4O_7$ 13.2.4	KOH 13.2.6	$HF-HClO_4$ 13.3.3	$HF-H_2SO_4$ 13.3.5	Kein Aufschluß
0,5 g	0,1 g	0,1 g	0,1-0,2 g	0,2-0,4 g	bis 1g
– SiO_2 Grav. 14.1.1 – Sesquioxide 14.4.1 – CaO Grav. 14.7.1 – MgO Grav. 14.8.1	– SiO_2 Spek. 14.1.3	– SiO_2 Titr. 14.1.2	– TiO_2 Spek. 14.2.1 – Al_2O_3 AAS 14.3.2 Σ Fe als – Fe_2O_3 Spek. 14.4.2 AAS 14.4.3 – MnO Spek. 14.6.1 AAS 14.6.2 – CaO AAS 14.7.2 – MgO AAS 14.8.2 – Na_2O AAS 14.9.2 AES 14.9.1	– K_2O AAS 14.10.2 AES 14.10.1 – P_2O_5 Spek. 14.13.1	– FeO Titr. 14.5.1	– H_2O Grav. 14.11.3 Titr. 14.11.4 – C Titr. 14.12.2 – S Titr. 14.15

Abkürzungen:

Grav. = Gravimetrie
Spek. = Spektralphotometrie
Titr. = Titrimetrie
AAS = Atomabsorptionsspektrometrie
AES = Atomemissionsspektrometrie

12 Berechnung von Meßdaten

Gravimetrie

Die Berechnung der mit gravimetrischen Bestimmungsverfahren ermittelten Meßwerte ist für die betreffenden Komponenten unter der Beschreibung der Analysenmethoden angegeben.

Titrimetrie

Die folgenden Angaben beziehen sich auf titrimetrische Bestimmungen, bei denen nicht die gesamte, sondern nur ein Teil der Aufschlußlösung für die Einzelmessung verwendet worden ist.

Berechnet werden soll der Massenanteil in % für die gesuchte Komponente:

$$w(A) = V_M \cdot t \cdot F \cdot \frac{V_A}{ml} \cdot f \cdot \frac{1}{m(e)} \cdot 100 \qquad (12.01)$$

$w(A)$ = Massenanteil in % der Komponente A
V_M = Verbrauch an Maßlösung in ml
t = Titer der Maßlösung
F = Faktor; maßanalytisches Äquivalent in mg des Elementes bzw. der Verbindung für 1 ml der Maßlösung
V_A = Gesamtvolumen der Aufschlußlösung in ml
V_{Zwv} = Gesamtvolumen der Zwischenverdünnung in ml, hergestellt aus V_A
ml_{Zwv} = Teilvolumen der zur Herstellung der Zwischenverdünnung V_{Zwv} aus V_A entnommenen Aufschlußlösung in ml
ml = Teilvolumen der für die Titration verwendeten Aufschlußlösung in ml. Dieses Teilvolumen kann direkt aus V_A oder aus V_{Zwv} entnommen werden
f = $\frac{V_{Zwv}}{ml_{Zwv}}$ Wenn keine Zwischenverdünnung V_{Zwv} hergestellt wird, ist $V_{Zwv} = ml_{Zwv}$. Das heißt, $f = 1$
$m(e)$ = mg Einwaage Probesubstanz für den Aufschluß
100 = Umrechnung auf Massenanteil in %

12 Berechnung von Meßdaten

Beispiel 12.01:

In einer Säureaufschlußlösung (0,2014 g Basalt/250 ml) wird der Anteil an CaO bzw. Ca chelatometrisch mit Calconcarbonsäure als Indikator und EDTA-Lösung (0,01 mol/l) bestimmt (Abschnitt 14.8.2).

V_M = 6,10 ml EDTA-Lösung; 0,01 mol/l
t = 1,0000
F = 0,5608 mg CaO bzw. 0,4008 mg Ca
V_A = 250 ml
V_{Zwv} = keine Zwischenverdünnung
ml_{Zwv} = entfällt, da keine Zwischenverdünnung
ml = 50 ml
f = 1, da keine Zwischenverdünnung
m(e) = 201,4 mg Basaltprobe
100 = Umrechnung auf Massenanteil in %

$$w(CaO) = 6{,}10 \text{ ml} \cdot 1{,}0000 \cdot 0{,}5608 \text{ mg} \cdot \frac{250 \text{ ml}}{50 \text{ ml}} \cdot 1 \cdot \frac{1}{201{,}4 \text{ mg}} \cdot 100$$
= 8,5 % CaO in der Basaltprobe

Die Berechnung titrimetrischer Meßergebnisse gestaltet sich aufwendiger, wenn die Elemente X und Y aus einer direkten (Element X) und einer Summentitration (Elemente X+Y) berechnet werden sollen. Ein für geochemische Proben aktuelles Beispiel ist die direkte Titration von Ca und die Summentitration von Ca+Mg in Aufschlußlösungen oder salinaren Lösungen. Berechnet werden soll neben dem direkt bestimmten Ca auch das Mg aus der Differenz Ca+Mg.

In einem ersten Schritt ist festzustellen, welches Volumen EDTA-Maßlösung bei der Summentitration von Ca+Mg tatsächlich nur für das Mg verbraucht worden ist. Wenn für die Ca- und für die Ca+Mg-Titration gleiche Volumina an Probelösung mit EDTA-Lösung gleicher Stoffmengenkonzentration titriert worden sind, muß lediglich der Verbrauch an EDTA-Lösung für das Ca von dem Verbrauch für die Ca+Mg-Summentitration abgezogen werden. Bei sehr unterschiedlichen Konzentrationen an Ca und Mg in der Aufschlußlösung V_A muß für die Ca- und die Ca+Mg-Titrationen mit Maßlösungen unterschiedlicher Stoffmengenkonzentrationen gearbeitet werden. Die folgende Formel (12.02) berücksichtigt drei Möglichkeiten: Ca und Ca+Mg werden titriert
1. mit EDTA-Maßlösungen unterschiedlicher Stoffmengenkonzentrationen,
2. mit unterschiedlichen Volumina an Aufschlußlösung (Probelösung)V_A
3. mit Zwischenverdünnung V_{Zwv} unterschiedlicher Konzentration

$$V_{M/Mg} = \left(V_{M/Ca+Mg} \cdot t_{M/Ca+Mg} \cdot \frac{c(M)_{Ca+Mg}}{c(M)_{Ca}} \right) -$$

$$\left(V_{M/Ca} \cdot t_{M/Ca} \cdot \frac{\dfrac{ml_{Ca+Mg}}{f_{Ca+Mg}}}{\dfrac{ml_{Ca}}{f_{Ca}}} \right) \qquad (12.02)$$

In einem zweiten Schritt wird das jetzt bekannte Volumen $V_{M/Mg}$ in die Gleichung (12.01) eingesetzt und der Anteil an MgO bzw. Mg in der Probe wie folgt berechnet:

$$w(MgO) = V_{M/Mg} \cdot F_{MgO} \cdot \frac{V_A}{ml_{Ca+Mg}} \cdot f_{Ca+Mg} \cdot \frac{1}{m(e)} \cdot 100 \qquad (12.03)$$

In den Gleichungen 12.02 und 12.03 bedeuten:

$V_{M/Mg}$	= Verbrauch an Maßlösung für Mg in ml
$V_{M/Ca}$	= Verbrauch an Maßlösung für Ca in ml
$V_{M/Ca+Mg}$	= Verbrauch an Maßlösung für die Ca+Mg-Summentitration
$t_{M/Ca}$	= Titer der Maßlösung für die Ca-Titration
$t_{M/Ca+Mg}$	= Titer der Maßlösung für die Ca+Mg-Summentitration
F_{MgO}	= Faktor; maßanalytisches Äquivalent in mg MgO oder Mg für 1 ml der Maßlösung
$c(M)_{Ca}$	= Stoffmengenkonzentration der für die Ca-Titration verwendeten Maßlösung in mol/l
$c(M)_{Ca+Mg}$	= Stoffmengenkonzentration der für die Ca+Mg-Summentitration verwendeten Maßlösung in mol/l
V_A	= Gesamtvolumen der Aufschlußlösung in ml
$V_{Zwv/Ca}$	= Gesamtvolumen der Zwischenverdünnung in ml, hergestellt für die Ca-Titration aus V_A
$V_{Zwv/Ca+Mg}$	= Gesamtvolumen der Zwischenverdünnung in ml, hergestellt für die Ca+Mg-Summentitration aus V_A
$ml_{Zwv/Ca}$	= Teilvolumen der zur Herstellung der Zwischenverdünnung $V_{Zwv/Ca}$ aus V_A entnommenen Aufschlußlösung in ml
$ml_{Zwv/Ca+Mg}$	= Teilvolumen der zur Herstellung der Zwischenverdünnung $V_{Zwv/Ca+Mg}$ aus V_A entnommenen Aufschlußlösung in ml

ml_{Ca} = Teilvolumen der für die Ca-Titration verwendeten Aufschlußlösung in ml. Dieses Teilvolumen kann direkt aus V_A oder aus $V_{Zwv/Ca}$ entnommen werden.

ml_{Ca+Mg} = Teilvolumen der für die Ca+Mg-Titration verwendeten Aufschlußlösung in ml. Dieses Teilvolumen kann direkt aus V_A oder aus $V_{Zwv/Ca+Mg}$ entnommen werden.

f_{Ca} = $\dfrac{V_{Zwv/Ca}}{ml_{Zwv/Ca}}$. Wenn keine Zwischenverdünnung $V_{Zwv/Ca}$ hergestellt wird, ist $V_{Zwv/Ca} = ml_{Zwv/Ca}$. Das heißt, $f_{Ca} = 1$

f_{Ca+Mg} = $\dfrac{V_{Zwv/Ca+Mg}}{ml_{Zwv/Ca+Mg}}$. Wenn keine Zwischenverdünnung $V_{Zwv/Ca+Mg}$ hergestellt wird, ist $V_{Zwv/Ca+Mg} = ml_{Zwv/Ca+Mg}$. Das heißt, $f_{Ca+Mg} = 1$

m(e) = mg Einwaage Probesubstanz für den Aufschluß
100 = Umrechnung auf Massenanteil in %

Beispiel 12.02:

In einer Säureaufschlußlösung (0,2014 g Basalt/250 ml, siehe auch Beispiel 12.01) werden die Anteile an CaO chelatometrisch mit Calconcarbonsäure und die Summe CaO + MgO ebenfalls chelatometrisch mit Eriochromschwarz T als Indikatoren bestimmt. Für die CaO-Titration wird die Aufschlußlösung V_A verwendet. Zur Summentitration von Ca + Mg wird als Beispiel eine Zwischenverdünnung hergestellt. Außerdem wird für das Rechenbeispiel von EDTA-Maßlösungen mit unterschiedlichen Stoffmengenkonzentrationen ausgegangen.

$V_{M/Mg}$ = wird berechnet
$V_{M/Ca}$ = 6,10 ml
$V_{M/Ca+Mg}$ = 4,75 ml
$t_{M/Ca}$ = 1,0000
$t_{M/Ca+Mg}$ = 1,0000
F_{MgO} = 0,4030 mg MgO bzw. 0,24305 mg Mg für 1 ml Maßlösung mit 0,01 mol EDTA/l
$c(M)_{Ca}$ = 0,01 mol EDTA/l
$c(M)_{Ca+Mg}$ = 0,02 mol EDTA/l
V_A = 250 ml
$V_{Zwv/Ca}$ = keine Zwischenverdünnung
$V_{Zwv/Ca+Mg}$ = 250 ml
$ml_{Zwv/Ca}$ = entfällt, da keine Zwischenverdünnung
$ml_{Zwv/Ca+Mg}$ = 100 ml aus V_A
ml_{Ca} = 50 ml aus V_A
ml_{Ca+Mg} = 100 ml aus $V_{Zwv/Ca+Mg}$
f_{Ca} = 1, da keine Zwischenverdünnung

f_{Ca+Mg} = $\dfrac{250 \text{ ml}}{100 \text{ ml}}$ = 2,5

m(e) = 201,4 mg Basaltprobe
100 = Umrechnung auf Massenanteil in %

1. Schritt: Berechnung des Verbrauchs an Maßlösung für den Mg-Anteil bei der Summentitration.

$$V_{M/Mg} = \left(4{,}75 \text{ ml} \cdot 1{,}0000 \cdot \frac{0{,}02 \text{ mol/l}}{0{,}01 \text{ mol/l}}\right) - \left(6{,}10 \text{ ml} \cdot 1{,}0000 \cdot \frac{\frac{100 \text{ ml}}{2{,}5}}{\frac{50 \text{ ml}}{1}}\right)$$

= 4,62 ml Verbrauch an Maßlösung (0,01 mol EDTA/l) für MgO bzw. Mg

2. Schritt: Berechnung des MgO-Anteils in der Basaltprobe:

$$w(MgO) = 4{,}62 \text{ ml} \cdot 0{,}4030 \text{ mg} \cdot \frac{250 \text{ ml}}{100 \text{ ml}} \cdot 2{,}5 \cdot \frac{1}{201{,}4 \text{ mg}} \cdot 100$$

= 5,8 % MgO in der Basaltprobe.

Spektralphotometrie

Die Berechnung von Massenanteilen in % aus spektralphotometrischen Meßwerten kann mit und ohne Zuhilfenahme einer Bezugskurve erfolgen.

Berechnungen mit Bezugskurven

Aus den Meßwerten für die Bezugslösungen muß zunächst eine Bezugsgerade bzw. -kurve gezeichnet oder mit einem entsprechenden Programm geplottet werden. Auf Millimeter- oder Doppel-Logarithmenpapier wird auf der Ordinate die Extinktion gegen die Element- bzw. Oxidanteile auf der Abszisse aufgetragen. Es empfiehlt sich, für jede Konzentrationsstufe mindestens zwei Meßwerte (-punkte) zu ermitteln und diese auf mögliche Ausreißer zu testen (Abschnitt 8.3).

Man wird bemüht sein, durch geeignete Koordinatentransformationen einen linearen Zusammenhang zwischen der Extinktion bzw. Durchlässigkeit und der Konzentration herzustellen. Um dieses Ziel zu erreichen, empfiehlt DOERFFEL (1965, 1967) außer den Einfach- und Doppellogarithmenpapieren auch projektiv verzerrte Funktionspapiere nach J. FISCHER.

Die Meßwerte für die Analysenlösungen werden mittels der Bezugskurve in Massenkonzentrationen umgewandelt. Die Berechnung von Massenanteilen in % für Elemente oder Oxide erfolgt mittels abgelesener oder berechneter Konzentrationsangaben nach folgender Gleichung:

12 Berechnung von Meßdaten

$$w(A) = \beta_{Me} \cdot \frac{V_{Me}}{ml} \cdot \frac{V_A}{1000} \cdot f \cdot \frac{1}{m(e)} \cdot 100$$

$$= \beta_{Me} \cdot \frac{V_{Me}}{ml} \cdot \frac{V_A}{m(e)} \cdot f \cdot 0{,}1 \qquad (12.04)$$

w(A) = Massenanteil in % der Komponente A
ß M_e = aus der Bezugskurve entnommene Massenkonzentration Element oder Oxid in der Meßlösung V_{Me}. Angabe in µg/ml(g)
V_{Me} = Volumen der Meßlösung in ml
V_A = Gesamtvolumen der Aufschlußlösung in ml
V_{Zwv} = Gesamtvolumen der Zwischenverdünnung in ml, hergestellt aus V_A
ml_{Zwv} = Teilvolumen der zur Herstellung der Zwischenverdünnung V_{Zwv} aus V_A entnommenen Aufschlußlösung in ml
ml = Teilvolumen der für die Meßlösung V_{Me} verwendeten Aufschlußlösung in ml. Dieses Teilvolumen kann direkt aus V_A oder aus V_{Zwv} entnommen werden
f = $\frac{V_{Zwv}}{ml_{Zwv}}$. Wenn keine Zwischenverdünnung V_{Zwv} hergestellt wird, ist $V_{Zwv} = ml_{Zwv}$. Das heißt, f = 1
m(e) = mg Einwaage Probesubstanz für den Aufschluß
100 = Umrechnung auf Massenanteile in %

Ergänzende Informationen zu Gleichung (12.04):

1. Aus der Bezugskurve wird die Massenkonzentration β_{Me} (Element, Oxid) in der Meßlösung V_{Me} abgelesen. Angabe in µg/ml(g).
2. Im nächsten Schritt wird berücksichtigt, daß das Volumen V_{Me} der Meßlösung (Probelösung) nur ein für die Messung verdünntes Teilvolumen aus V_A oder aus der Zwischenverdünnung V_{Zwv} enthält. Die aus der Bezugskurve entnommenen µg/ml(g) müssen daher umgerechnet werden auf µg/ml(g) in einer *"unverdünnten"* Meßlösung: $\beta_{Me} \cdot \frac{V_{Me}}{ml}$
3. µg/ml(g) bedeutet mg/1000 ml oder mg/1000 g, wenn die Dichte der Lösung annähernd 1 g/ml ist. Bei stark verdünnten Lösungen ist das praktisch der Fall. Das Gesamtvolumen der Aufschlußlösung beträgt aber normalerweise nicht 1000 ml, sondern 250 oder 500 ml. Der Anteil des zubestimmenden Elementes in mg in dem Gesamtvolumen der Aufschlußlösung V_A wird durch das Verhältnis $\frac{V_A}{1000\ ml(g)}$ ermittelt.
4. Wenn die Anteile der zu bestimmenden Komponente hoch sind, kann aus

der Aufschlußlösung nicht direkt eine Meßlösung hergestellt werden. Es muß zunächst eine Zwischenverdünnung V_{Zwv} vorgenommen werden. Das Verhältnis zwischen dem Gesamtvolumen der Zwischenverdünnung V_{Zwv} und dem zu seiner Herstellung verwendeten Teilvolumen ml_{Zwv} der Aufschlußlösung V_A wird als f bezeichnet. f berücksichtigt in der Gleichung (12.04) den Verdünnungsschritt. Falls erforderlich, müssen aus V_{Zwv} in entsprechender Weise weitere Zwischenverdünnungen V_{Zwv2} .... V_{Zwvx} mit f_2 .... f_x hergestellt werden.

5. Die auf ein Volumen bezogenen Anteile Element bzw. Oxid müssen auf die Einwaage an Probesubstanz für den Aufschluß umgerechnet werden:
$$\frac{1}{m(e)}$$
6. Zuletzt wird die Umrechnung Massenanteil in % vorgenommen, das heißt es wird mit 100 multipliziert.

Beispiel 12.03 (Messung ohne Zwischenverdünnung):

In einer Aufschlußlösung (0,2014 g Basalt/250 ml) wird das Gesamteisen als Fe_2O_3 spektralphotometrisch bestimmt. Die Meßlösung V_{Me} wird aus V_A hergestellt, das heißt ohne vorherige Zwischenverdünnung V_{Zwv} der Aufschlußlösung. Aus der Bezugskurve wird eine Massenkonzentration von 4,0 µg Fe_2O_3/ml(g) abgelesen. Gesucht ist der Massenanteil Fe_2O_3 in %.

β_{Me} = 4,0 µg Fe_2O_3/ml(g)
V_{Me} = 100 ml
V_A = 250 ml
V_{Zwv} = keine Zwischenverdünnung
ml_{Zwv} = entfällt, da keine Zwischenverdünnung
ml = 5 ml aus V_A
f = 1, da keine Zwischenverdünnung
m(e) = 201,4 mg Basaltprobe

Entsprechend Gleichung (12.04) ist dann:

$$w(Fe_2O_3) = 4{,}0 \text{ µg } Fe_2O_3/ml\ (g) \cdot \frac{100 \text{ ml}}{5 \text{ ml}} \cdot \frac{250 \text{ ml}}{201{,}4 \text{ mg}} \cdot 1 \cdot 0{,}1$$

= 9,9 % Fe_2O_3 in der Basaltprobe

Beispiel 12.04 (Messung mit Zwischenverdünnung):

Aus der Aufschlußlösung des Beispiels 12.03 soll das Fe_2O_3 über eine Zwischenverdünnung V_{Zwv} gemessen werden. Zu diesem Zweck wird beispielsweise die Aufschlußlösung V_A im Verhältnis 1 Teil V_A + 1 Teil H_2O verdünnt. In der Bezugslösung V_{Me} wurde eine Massenkonzentration von 2,0 µg Fe_2O_3/ml(g) bestimmt.

β_{Me} = 2,0 µg Fe$_2$O$_3$/ml(g)
V_{Me} = 100 ml
V_A = 250 ml
V_{Zwv} = 50 ml
ml = 5 ml aus V_{Zwv}
ml$_{Zwv}$ = 25 ml aus V_A

$$f = \frac{50 \text{ ml}}{25 \text{ ml}} = 2$$

m(e) = 201,4 mg Basaltprobe

Entsprechend Gleichung (12.04) ist dann:

$$w(Fe_2O_3) = 2{,}0 \text{ µg Fe}_2\text{O}_3/\text{ml(g)} \cdot \frac{100 \text{ ml}}{5 \text{ ml}} \cdot \frac{250 \text{ ml}}{201{,}4 \text{ mg}} \cdot 2 \cdot 0{,}1$$

$$= 9{,}9 \text{ \% Fe}_2\text{O}_3 \text{ in der Basaltprobe}$$

Beispiel 12.05 (direkte Bestimmung in der Probelösung):

Es sollen spezifische Komponenten ohne vorherigen Aufschluß direkt in der Probelösung bestimmt werden. Das heißt, die Analysenlösung entspricht der natürlichen Probe, beispielsweise bei Wasseruntersuchungen. Die Berechnung der Massenkonzentration (Element, Verbindung) in der Wasserprobe geschieht nach folgender Gleichung:

$$\beta_{Pr} = \beta_{Me} \cdot \frac{V_{Me}}{\text{ml}} \cdot f \qquad (12.05)$$

β_{Pr} = Massenkonzentration (Element, Verbindung) in der Wasserprobe. Angabe z.B. in µg/ml(g)

β_{Me} = aus der Bezugskurve entnommene Massenkonzentration Element oder Verbindung in der Meßlösung in ml

V_{Me} = Volumen der Meßlösung in ml

V_{Zwv} = Gesamtvolumen der Zwischenverdünnung in ml, hergestellt aus der Wasserprobe (Probelösung)

ml$_{Zwv}$ = Teilvolumen der zur Herstellung der Zwischenverdünnung V_{Zwv} verwendeten Wasserprobe in ml

ml = Teilvolumen der für die Meßlösung V_{Me} verwendeten Wasserprobe (Analysenlösung) in ml. Dieses Teilvolumen kann direkt aus der Wasserprobe oder aus V_{Zwv} entnommen werden

$f = \dfrac{V_{Zwv}}{\text{ml}_{Zwv}}$. Wenn keine Zwischenverdünnung V_{Zwv} hergestellt wird, ist V_{Zwv} = ml$_{Zwv}$. Das heißt, f = 1

Die Berechnung des Fe-Anteils im Wasser eines kontinentalen Sees sieht dann folgendermaßen aus:

$ß_{Me}$ = 1,9 µg Fe/ml(g)
V_{Me} = 50 ml
V_{Zwv} = 100 ml
ml_{Zwv} = 25 ml aus Wasserprobe
ml = 25 ml aus V_{Zwv}

$f = \dfrac{100 \text{ ml}}{25 \text{ ml}} = 4$

Entsprechend Gleichung (12.05) ist dann

$ß_{Pr} = 1{,}9$ µg Fe/ml(g) $\cdot \dfrac{50 \text{ ml}}{25 \text{ ml}} \cdot 4$

= 15,2 µg Fe/ml(g) im Wasser eines kontinentalen Sees

Berechnungen ohne Bezugskurven

Zwei Fälle sind möglich entsprechend den verfügbaren Meßgeräten:

Fall 1: Durch einen in das Meßgerät integrierten Rechner wird die unbekannte Massenkonzentration $ß_{Me}$ in der Meßlösung V_{Me} ermittelt über zwei Bezugslösungen, deren bekannte Massenkonzentration über und unter $ß_{Me}$ der Meßlösung liegen. In der Anzeige des Meßgerätes erscheint dann beispielsweise eine Massenkonzentration in µg/ml. Dieser Wert wird in die Gleichung (12.04) eingesetzt zur Berechnung des Massenanteils in %.

Fall 2: Das Meßgerät erlaubt nur die Anzeige von Extinktionswerten. In diesem Fall wird der Anteil einer Komponente X in der Probelösung rechnerisch ermittelt durch den Vergleich der Extinktion E_2 für eine Bezugslösung mit bekannter Massenkonzentration $ß_2$ und der Extinktion E_1 für die Meßlösung V_{Me} (Probelösung) mit unbekannter Massenkonzentration $ß_1$. Nach dem Gesetz von LAMBERT u. BEER ist die Massenkonzentration bis zu einem Maximalwert proportional der Extinktion bei gleicher Schichtlänge der Meßküvette. Also

$$\dfrac{E_1}{E_2} = \dfrac{ß_1}{ß_2} \qquad ß_1 = \dfrac{E_1}{E_2} \cdot ß_2 \qquad (12.06)$$

Die Berechnung des Massenanteils in % an Element bzw. Oxid aus den Extinktionswerten erfolgt in ähnlicher Weise wie bei Verwendung einer

12 Berechnung von Meßdaten

Bezugskurve. Es muß in die Gleichung (12.04) nur das $ß_{Me}$ durch $\frac{E_1}{E_2} \cdot ß_2$ ersetzt werden.

Die Gleichung lautet dann:

$$w(A) = \frac{E_1}{E_2} \cdot ß_2 \cdot \frac{V_{Me}}{ml} \cdot \frac{V_A}{1000} \cdot f \cdot \frac{1}{m(e)} \cdot 100$$

$$= \frac{E_1}{E_2} \cdot ß_2 \cdot \frac{V_{Me}}{ml} \cdot \frac{V_A}{m(e)} \cdot f \cdot 0,1 \qquad (12.07)$$

w(A) = Massenanteil in % der Komponente A
E_1 = Extinktion der Meßlösung V_{Me} (Probelösung) mit unbekannter Massenkonzentration $ß_1$
E_2 = Extinktion der Bezugslösung mit bekannter Massenkonzentration $ß_2$
$ß_2$ = Bekannte Massenkonzentration Element oder Oxid in der Bezugslösung, Angabe in µg/ml.
V_{Me} = Volumen der Meßlösung (Analysenlösung) in ml mit der unbekannten Massenkonzentration $ß_1$
V_A = Gesamtvolumen der Aufschlußlösung in ml
V_{Zwv} = Gesamtvolumen der Zwischenverdünnung in ml, hergestellt aus V_A
ml_{Zwv} = Teilvolumen der zur Herstellung der Zwischenverdünnung V_{Zwv} aus V_A entnommenen Aufschlußlösung in ml
ml = Teilvolumen der für die Meßlösung V_{Me} verwendeten Aufschlußlösung in ml. Dieses Teilvolumen kann direkt aus V_A oder aus V_{Zwv} entnommen werden

f = $\frac{V_{Zwv}}{ml_{Zwv}}$. Wenn keine Zwischenverdünnung V_{Zwv} hergestellt wird, ist

$V_{Zwv} = ml_{Zwv}$. Das heißt, f = 1
m(e) = mg Einwaage Probesubstanz für den Aufschluß
100 = Umrechnung auf Massenanteil in %

Beispiel 12.06 (Messung mit Zwischenverdünnung):

In einer Aufschlußlösung (0,2000 g Basalt/250 ml) soll das Gesamteisen als Fe_2O_3 über eine Zwischenverdünnung spektralphotometrisch gemessen werden. Zu diesem Zweck wird die Aufschlußlösung V_A im Verhältnis 1 Teil V_A + 3 Teile H_2O verdünnt (Meßküvette mit 0,5 oder 1 cm Schichtlänge).

$E_1 = 0{,}168$
$E_2 = 0{,}350$
$ß_2 = 5 \; \mu g \; Fe_2O_3/ml$
$V_{Me} = 100 \; ml$
$V_A = 250 \; ml$
$V_{Zwv} = 50 \; ml$
$ml_{Zwv} = 25 \; ml \; aus \; V_A$
$ml = 5 \; ml \; aus \; V_{Zwv}$

$f = \dfrac{50 \; ml}{25 \; ml} = 2$

$m(e) = 200{,}0 \; mg \; Basaltprobe$

Entsprechend Gleichung (12.07) ist dann:

$$w(Fe_2O_3) = \dfrac{0{,}168}{0{,}350} \cdot 5 \; \mu g \; Fe_2O_3/ml \cdot \dfrac{100 \; ml}{5 \; ml} \cdot \dfrac{250 \; ml}{200 \; mg} \cdot 2 \cdot 0{,}1$$

$= 12{,}0 \; \% \; Fe_2O_3$ in der Basaltprobe

Beispiel 12.07 (direkte Bestimmung in der Probelösung):

Ähnlich wie im Beispiel 12.05 sollen spezifische Komponenten ohne vorherigen Aufschluß direkt in der Probelösung (z.B. Formationswässer, Grubenwässer etc.) bestimmt werden. In die Gleichung (12.05) muß dann ebenfalls anstelle von $ß_{Me}$ der Wert $\dfrac{E_1}{E_2} \cdot ß_2$ eingesetzt werden. Die Gleichung lautet dann:

$$ß_{Pr} = \dfrac{E_1}{E_2} \cdot ß_2 \cdot \dfrac{V_{Me}}{ml} \cdot f \qquad (12.08)$$

$ß_{Pr}$ = Massenkonzentration (Element, Verbindung) in der Wasserprobe. Angabe z.B. in µg/ml(g)
E_1 = Extinktion der Meßlösung V_{Me} (Probelösung) mit unbekannter Massenkonzentration $ß_1$
E_2 = Extinktion der Bezugslösung mit bekannter Massenkonzentration $ß_2$
$ß_2$ = Bekannte Massenkonzentration Element oder Verbindung in der Bezugslösung. Angabe in µg/ml
V_{Me} = Volumen der Meßlösung (Probelösung) in ml mit der unbekannten Massenkonzentration $ß_1$
V_{Zwv} = Gesamtvolumen der Zwischenverdünnung in ml, hergestellt aus der Wasserprobe
ml_{Zwv} = Teilvolumen der zur Herstellung der Zwischenverdünnung V_{Zwv} verwendeten Wasserprobe in ml
ml = Teilvolumen der für die Meßlösung V_{Me} verwendeten Wasserprobe (Probelösung) in ml. Dieses Teilvolumen kann direkt aus der Wasserprobe oder aus V_{Zwv} entnommen werden

$f = \frac{V_{Zwv}}{ml_{Zwv}}$. Wenn keine Zwischenverdünnung V_{Zwv} hergestellt wird, ist $V_{Zwv} = ml_{Zwv}$. Das heißt, $f = 1$

Die Berechnung des Fe-Anteils (formuliert als Fe_2O_3) in einem Grubenwasser sieht dann folgendermaßen aus:

Für die Messung wird eine Verdünnung aus 1 Teil Grubenwasser + 1 Teil H_2O hergestellt.

E_1 = 0,400
E_2 = 0,350
$ß_2$ = 5 µg Fe_2O_3/ml
V_{Me} = 100 ml
V_{Zwv} = 100 ml
ml_{Zwv} = 50 ml aus V_A
ml = 25 ml aus V_{Zwv}

$f = \frac{100 \text{ ml}}{50 \text{ ml}} = 2$

$ß_{Pr} = \frac{0,313}{0,350} \cdot 5 \text{ µg } Fe_2O_3/ml \cdot \frac{100 \text{ ml}}{25 \text{ ml}} \cdot 2$

= 36 µg Fe_2O_3/ml im Grubenwasser

Berechnung von Meßwerten mittels Regressionsrechnung (Methode der kleinsten Quadrate)

Die Genauigkeit bei der Berechnung spektralphotometrischer Meßergebnisse läßt sich verbessern, wenn anstelle nur einer Bezugslösung mit bekannter Massenkonzentration mehrere solcher Lösungen herangezogen werden. Hierfür empfielt sich allerdings die Anwendung geeigneter Rechenprogramme.

Nachfolgend wird die Berechnung von Meßwerten mit einer Bezugsgeraden beschrieben. Beim Zeichnen einer solchen Geraden ist darauf zu achten, daß die Meßwerte möglichst gleichmäßig ober- und unterhalb der Geraden verteilt sind (Abb. 12-1). Bei stark streuenden Meßwerten sind jedoch subjektive Einflüsse nicht auszuschließen. Es ist daher genauer, den Zusammenhang zwischen den Meßwerten (z.B. Extinktion) y und den dazugehörigen Elementanteilen x rechnerisch zu bestimmen. Im Ergebnis der Rechnung müssen die nach der aufgestellten Gleichung aus x berechneten y-Werte im Mittel den tatsächlich gemessenen möglichst nahe kommen. Das ist dann der Fall, wenn die Summe der Quadrate der Differenzen zwischen zwei zusammengehörenden Werten (berechnet und gemessen) ein Minimum ist. Man bedient sich hierzu der Regressions- oder Ausgleichsrechnung, wie sie in ihrer Anwendung in der analytischen Chemie unter anderem von DOERFFEL (1965, 1967) erläutert wurde.

Nach Angaben bei DOERFFEL (1965, 1967) wird am Beispiel der spektralphotometrischen Fe_2O_3-Bestimmung die Aufstellung einer Bezugsfunktion wie folgt beschrieben:

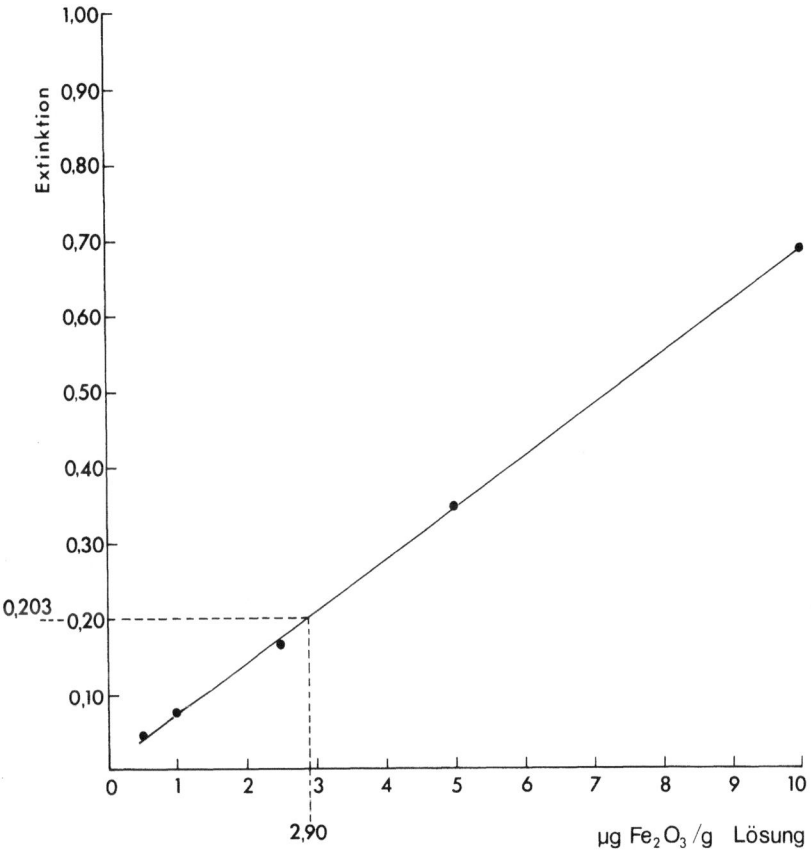

Abb. 12-1. Bezugsgerade für die spektralphotometrische Bestimmung von Gesamteisen (Fe_2O_3) in einer Gesteinsprobe mit 1,10-Phenanthrolin (Abschnitt 14.4.2).

Die Beziehung y = f(x) ergibt bei linearem Zusammenhang zwischen x und y die Gleichung y = a + bx (y = bx für den Sonderfall a = 0). Nur das wird hier behandelt. Der Verlauf einer Bezugsgeraden wird festgelegt durch die Konstante a (Ordinatenabschnitt für y = 0) und die Steigung b der Geraden. Bei einem linearen Zusammenhang von N Wertepaaren gilt $y_1 = a + bx_1$, $y_2 = a + bx_2$, ... $y_N = a + bx_N$. x und y sind die beiden voneinander abhängigen und experimentell bestimmbaren Größen, während die Konstanten a und b durch die Ausgleichsrechnung ermittelt werden sollen. Die Differenz zwischen den gemessenen (y_i) und den berechneten Werten ($Y_i = a + bx_i$) ergibt den Fehler. Wenn dieser Fehler ein Minimum wird, ist die beste Übereinstimmung zwischen gemessenen und berechneten Werten erreicht.

$$\Sigma (y_i - Y_i)^2 = \Sigma (y_i - a - bx_i)^2 = \text{Minimum} \qquad (12.09)$$

Durch partielle Differentiation errechnen sich daraus in folgender Weise die Konstanten a und b:

$$a = \frac{\Sigma x_i^2 \cdot \Sigma y_i - \Sigma x_i \cdot \Sigma x_i y_i}{N \Sigma x_i^2 - (\Sigma x_i)^2} \qquad (12.10)$$

$$b = \frac{N \Sigma x_i y_i - \Sigma x_i \cdot \Sigma y_i}{N \Sigma x_i^2 - (\Sigma x_i)^2} \qquad (12.11)$$

Man muß sich Klarheit darüber verschaffen, wieviel Dezimalstellen für die Konstanten a und b noch sinnvoll sind. Dazu ist es notwendig, Fehlerangaben für a und b zu berechnen. Zunächst wird die Varianz zwischen den gemessenen (y_i) und den berechneten (Y_i) Werten ermittelt, wobei die vorgegebenen Konzentrationen x als fehlerfrei vorausgesetzt werden.

$$s_y^2 = \frac{\Sigma (y_i - Y_i)^2}{N - 2} \qquad (12.12)$$

Hierin ist

$$\Sigma (y_i - Y_i)^2 = \Sigma y_i^2 - a \Sigma y_i - b \Sigma x_i y_i$$

Die absoluten Fehler für a und b werden in folgender Weise berechnet:

$$F_a = \sqrt{\frac{s_y^2 \cdot \Sigma x_i^2}{N \Sigma x_i^2 - (\Sigma x_i)^2}} \qquad (12.13)$$

$$F_b = \sqrt{\frac{s_y^2 \cdot N}{N \Sigma x_i^2 - (\Sigma x_i)^2}}$$ (12.14)

Mit den Konstanten a und b kann jetzt aus den fehlerbehafteten Extinktionswerten für die Analysenlösungen mit einem bestimmten Volumen Säureaufschluß der Anteil eines Elements oder Oxids in folgender Weise berechnet werden:

$$x_A = \frac{\bar{y}_A - a}{b}$$ (12.15)

$\bar{y}_A$ = Mittelwert der Meßdaten (z.B. Extinktionen für eine Analysenprobe).

Ein Zusammenhang zwischen den Größen x und y wird durch eine Korrelationsrechnung mit Hilfe des Korrelationskoeffizienten r charakterisiert. r ist eine dimensionslose Zahl im Bereich -1 < r < +1. Der lineare Zusammenhang zwischen x und y ist exakt erfüllt bei r = +1. x und y wachsen gleichsinnig. Bei r = -1 wird ebenfalls eine lineare, jedoch gegensinnige Abhängigkeit angezeigt. r = 0 bedeutet, daß x und y unkorreliert sind. Je näher r an ± 1 liegt, desto schärfer ist der Zusammenhang zwischen x und y. Für die lineare Korrelation wird r berechnet aus:

$$r = \frac{N \Sigma x_i y_i - \Sigma x_i \Sigma y_i}{\sqrt{[N \Sigma x_i^2 - (\Sigma x_i)^2][N \Sigma y_i^2 - (\Sigma y_i)^2]}}$$ (12.16)

Für Eichgeraden sollte der Korrelationskoeffizient einen Wert von mindestens 0,99 haben.
Die Prüfung der Abweichung des Korrelationskoeffizienten von Null geschieht in folgender Weise:

$$t = \frac{|r|}{\sqrt{1 - r^2}} \sqrt{N - 2}$$ (12.17)

n = N - 2 Freiheitsgerade

t wird mit t(P, n) verglichen (siehe Tabelle 8-6). Ein Zusammenhang zwischen x und y ist dann gegeben, wenn t > t(P, n) ist.

Beispiel 12.08 (Regressionsrechnung):

In einer Gesteinsprobe wird das Gesamteisen (Fe_2O_3) spektralphotometrisch mit 1,10-Phenanthrolin (Abschnitt 14.4.2) bestimmt. Für eine Bezugsgerade wurden fünf Extinktionswerte (y_i) für Bezugslösungen mit bekannter Massenkonzentration (x_i) in Abb. 12-1 aufgetragen.

µg Fe_2O_3/ml Lösung (x_i)	Extinktion (y_i)
0,5	0,045
1,0	0,075
2,5	0,168
5,0	0,349
10,0	0,692

Diese Werte können rechnerisch in folgender Weise ausgeglichen werden:

Σx_i = 19,00 Σy_i = 1,3290 $\Sigma x_i y_i$ = 9,1825
Σx_i^2 = 132,50 Σy_i^2 = 0,63654   N = 5
$(\Sigma x_i)^2$ = 361,000 $\bar{y}$ = 0,266
$\bar{x}$ = 3,800
$\bar{x}^2$ = 14,440

$$a = \frac{132,50 \cdot 1,3290 - 19,00 \cdot 9,1825}{5 \cdot 132,50 - 361,000} = 0,005390$$

$$b = \frac{5 \cdot 9,1825 - 19,00 \cdot 1,3290}{5 \cdot 132,50 - 361,000} = 0,068529$$

$\Sigma (y_i - Y_i)^2$ = 0,63654 - 0,00539 · 1,3290 - 0,068529 · 9,1825 = 0,000109

$$s_y^2 = \frac{0,000109}{5-2} = 0,000036$$

$$F_a = \sqrt{\frac{0,000036 \cdot 132,50}{5 \cdot 132,50 - 361,000}} = 0,00398$$

$$F_b = \sqrt{\frac{0,000036 \cdot 5}{5 \cdot 132,50 - 361,000}} = 0,00077$$

Die Konstanten sind:
a = 0,0054 ± 0,0040
b = 0,0685 ± 0,0008

Für die Analysenlösungen mit bestimmten Anteilen an Aufschlußlösung wurden die Extinktionen 0,195, 0,213 und 0,200 ($\bar{y}_A$ = 0,203) gemessen. Die Massenkonzentration an Fe_2O_3 in der Analysenlösung ist

$$\overline{x}_A = \frac{0{,}203 - 0{,}0054}{0{,}0685} = 2{,}8_8 \ \mu g \ Fe_2O_3/ml$$

Aus der Bezugsgeraden (Abb. 12-1) wird für die Extinktion 0,203 ein Anteil von 2,90 μg Fe_2O_3 abgelesen. Mit der Gleichung (12.04) kann die auf die Analysenlösung bezogene Massenkonzentration in Massenanteile in % umgerechnet werden.

Der Korrelationskoeffizient zwischen den in Abb. 12-1 eingetragenen Werten x_i und y_i beträgt:

$$r = \frac{5 \cdot 9{,}1825 - 19{,}00 \cdot 1{,}3290}{\sqrt{[5 \cdot 132{,}50 - 361{,}000][5 \cdot 0{,}63654 - 1{,}3290^2]}} = 0{,}9998$$

Die Prüfung des Korrelationskoeffizienten auf die Abweichung gegen Null ergibt:

$$t = \frac{0{,}9998}{\sqrt{1 - 0{,}9998^2}} \sqrt{5 - 2} = 86{,}6$$

Somit besteht zwischen den Größen x und y ein straffer Zusammenhang.

Atomabsorptionsspektrometrie, Atomemissionsspektrometrie

Die Berechnung von Massenanteilen in % aus den Meßdaten für die einzelnen Analysenschritte erfolgt in gleicher Weise wie bei der Spektralphotometrie.

Bei der Bestimmung unbekannter Massenkonzentrationen $ß_{Me}$ in der Meßlösung V_{Me} (Probelösung) mittels einer Bezugskurve oder bei direkter Anzeige der Massenkonzentrationen für V_{Me} am Meßgerät werden die Massenanteile in % nach Gleichung (12.04) berechnet. Lassen sich am Meßgerät nur Extinktionswerte ablesen, gilt *ohne* Benutzung von Bezugskurven die Gleichung (12.07). Die Umrechnung von Absorption (A) in Extinktion (E) erfolgt nach:

$$E = \log \cdot \frac{100}{100 - A \ (\%)} \qquad bzw.$$

$$E = 2 - \log [100 - A \ (\%)]$$

Registrierung von Absorptionswerten mit einem Schreiber

Auf einem Schreibstreifen werden Absorptionswerte über einem Untergrund registriert. Zur Berechnung von Konzentrationen muß der Untergrund durch eine *"Basislinie"* von den Meßausschlägen für Bezugs- und Probelösungen abgezogen werden (Abb. 12-2).

Bei der Verwendung verschieden zusammengesetzter Nullwertlösungen sind zwei Fälle zu unterscheiden:
1. Die Nullwertlösung enthält Zusätze wie Cs und La. Bei deren Messung zwischen den einzelnen Bezugs- und Probelösungen sind im Untergrund alle durch Reagenzien verursachten Einflüsse enthalten.
2. Anstelle einer Nullwertlösung mit Reagenzzusätzen wird zwischen den einzelnen Bezugs- und Probelösungen nur dest. Wasser verwendet. In diesem Fall ist der Meßausschlag für die Nullwertlösung mit Reagenzzusätzen gesondert zu registrieren und bei der Berechnung des Nettopeaks zu berücksichtigen.

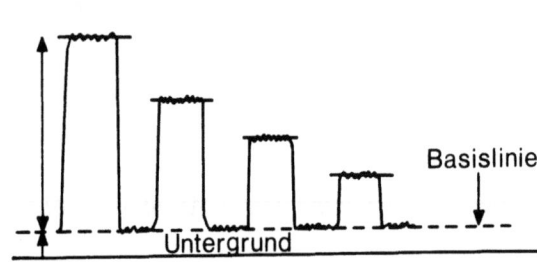

Abb. 12-2. Registrierung von Absorptionswerten für Bezugs- und Probelösungen sowie für den Untergrund. Letzterer bezieht sich auf Nullwertlösungen mit Reagenzzusätzen (Blindwertlösung).

Aus den Absorptionswerten für die Bezugslösungen kann in folgender Weise eine Bezugskurve konstruiert werden:
I. Zu den Absorptionen in % (Nettopeaks) werden in einer Tabelle die entsprechenden Extinktionen abgelesen. Dann wird auf Millimeterpapier oder Doppel-Logarithmenpapier die Extinktion auf der Ordinate gegen die Konzentration auf der Abszisse aufgetragen.
II. Die Werte % Absorption werden auf Einfach-Logarithmenpapier in folgender Weise aufgetragen: Das Einfach-Logarithmenpapier wird um 180° gedreht. Auf der Ordinate werden % Absorption gegen die Konzentrationen (Element, Oxid) auf der Abszisse aufgetragen (Abb. 12-3). 10 % Absorption entsprechen dann 0,9 auf der logarithmischen Skala, 20 % 0,8 usw. Die Berechnung der Massenanteile in % erfolgt nach der Gleichung (12.04).

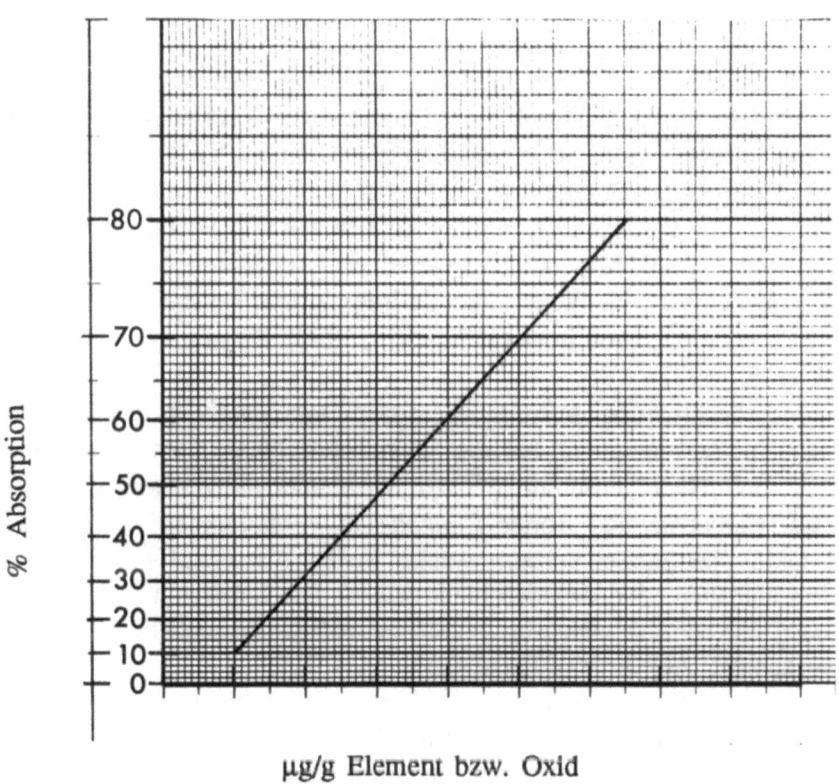

Abb. 12-3. Bezugsgerade mit Absorptionswerten auf Einfach-Logarithmenpapier

13 Aufschlüsse

13.1 Grundlagen

Die zu analysierenden Mineral- und Gesteinsproben müssen durch geeignete Aufschlußmethoden und -mittel zunächst in lösliche Verbindungen überführt oder direkt gelöst werden. Der quantitative Aufschluß der Analysensubstanz ist nach der Probenahme eine der wichtigsten Voraussetzungen für den Erfolg der Analyse. Im vorliegenden Kapitel können nur die wichtigsten und auf einen großen Teil der Minerale und Gesteine anwendbaren Aufschlußmethoden beschrieben werden. Weiterführende Informationen enthalten unter anderem die Publikationen von Bock (1972, 1979, 1980), Doležal et al. (1968) und Šulcek et al. (1977).

Die gebräuchlichsten Aufschlußmethoden lassen sich in Schmelz- und Säureaufschlüsse unterteilen. Für die Schmelzaufschlüsse kommen vor allem Disulfate und Hydrogensulfate (*"saure Verbindungen"*) sowie Hydroxide, Peroxide, Carbonate und Borate (*"alkalische Verbindungen"*) zur Anwendung. Oxidische Salzschmelzen, welche weder Wasserstoff- noch Hydroxylionen enthalten, sind dennoch nicht neutral. Die Salze von Sauerstoffsäuren lassen sich nämlich nicht nur von Säuren und Basen, sondern auch aus den entsprechenden Anhydriden herstellen.

Die Sauerstoffionen spielen in oxidischen Salzschmelzen eine ähnliche Rolle wie die Wasserstoff- und Hydroxylionen in wäßrigen Lösungen. In oxidischen Schmelzaufschlüssen bilden Systeme, die sich durch Abspaltung (Base) bzw. Anlagerung (Antibase) von O^{2-}-Ionen ineinander überführen lassen, korrespondierende Base-Antibase-Paare (Lux, 1939; Bjerrum, 1951).

Base		Antibase
CO_3^{2-}	$\rightleftarrows$	$O^{2-} + CO_2$
$2\ BO_2^-$	$\rightleftarrows$	$O^{2-} + B_2O_3$
$4\ BO_2^-$	$\rightleftarrows$	$O^{2-} + B_4O_7^{2-}$
$2\ SO_4^{2-}$	$\rightleftarrows$	$O^{2-} + S_2O_7^{2-}$

Die Stärke von Basen und Antibasen in Schmelzen wird z.B. durch deren Flüchtigkeit beeinflußt. Das CO_3^{2-}-Ion in Schmelzen wirkt als starke Base, weil CO_2 als korrespondierende Antibase bei den Aufschlußtemperaturen entweicht. Quarz und die Polykieselsäure vieler Silicate und Alumosilicate reagieren in Salzschmelzen *"sauer"* bzw. antibasisch, weshalb sie sich mit basischen Aufschlußmitteln wie Hydroxiden, Carbonaten und Metaboraten leicht zu Ortho- und Metasilicaten aufschließen lassen. Hierbei werden im wesentlichen nur Sauerstoffionen übertragen.

$$SiO_2 + 2\,Na_2CO_3 \rightleftarrows Na_4SiO_4 + 2\,CO_2$$

$$CaAl_2Si_2O_8 + 3\,Na_2CO_3 \rightleftarrows 2\,Na_2SiO_3 + CaCO_3 + 2\,NaAlO_2 + 2\,CO_2$$

$$ZrSiO_4 + 3\,Na_2CO_3 \rightleftarrows Na_2ZrO_3 + Na_4SiO_4 + 3\,CO_2$$

Das Gelingen eines Aufschlusses ist unter anderem auch abhängig von den Korngrößen und den Mengenverhältnissen der verwendeten Aufschlußmittel und der aufzuschließenden Materialien.

Das di-Natrium-Tetraborat ($Na_2B_4O_7$) ist, im Gegensatz zum Natrium-Metaborat ($NaBO_2$), für den Aufschluß der Polykieselsäure von Silicaten weniger gut geeignet, da es in der Schmelze als Antibase fungiert. Allerdings zersetzt sich das di-Natrium-Tetraborat durch Sauerstoffanlagerung zu Natrium-Metaborat. Aus diesem Grund ist di-Natrium-Tetraborat besonders geeignet für den Aufschluß von Metalloxiden in Gegenwart von Silicaten.

$$Na_2B_4O_7 + NiO \rightleftarrows 2\,NaBO_2 + Ni(BO_2)_2$$

$$NaAlSi_3O_8 + 6\,NaBO_2 \rightleftarrows 3\,Na_2SiO_3 + NaAlO_2 + 3\,B_2O_3$$

Als noch günstiger erweisen sich Mischungen von Natriumcarbonat und di-Natrium-Tetraborat im Mischungsverhältnis 1 + 1 bis 4 + 1. Viele Metalloxide sind amphoter. Sie lassen sich in basischen und antibasischen (sauren) Schmelzen aufschließen (z.B. Al_2O_3). Beim Aufschluß in basischen Alkalischmelzen entstehen Aluminate, in antibasischen Schmelzen wie z.B. Kaliumdisulfat entsteht wasserlösliches Aluminiumsulfat.

$$Al_2O_3 + Na_2CO_3 \rightleftarrows 2\,NaAlO_2 + CO_2$$

$$Al_2O_3 + 3\,K_2S_2O_7 \rightleftarrows Al_2(SO_4)_3 + 3\,K_2SO_4$$

Al$_2$O$_3$ reagiert mit dem Kaliumdisulfat sehr langsam. Außerdem muß man beim sauren Aufschluß von Al$_2$O$_3$ die Temperatur von 420-450 °C genau einhalten, da sich ein Gemisch von Aluminiumsulfat und Kaliumsulfat bei Temperaturen über 500 °C wieder zu Disulfat umsetzt. Für viele bei hohen Temperaturen geglühte Oxide (z.B. von Be, Cr, Fe, Nb, Ta, Ti und andere), die sich nicht mit Säuren aufschließen lassen, sind Natrium- und Kaliumdisulfat sowie Kaliumhydrogensulfat geeignete Aufschlußmittel.

$$TiO_2 + K_2S_2O_7 \rightleftarrows (TiO)SO_4 + K_2SO_4$$

$$Fe_2O_3 + 6\ KHSO_4 \rightleftarrows Fe_2(SO_4)_3 + 3\ K_2SO_4 + 3\ H_2O$$

Bis ungefähr 250°C entweicht aus dem Kaliumhydrogensulfat Wasser unter Bildung von Kaliumdisulfat. Kaliumhydrogensulfat und -disulfat sind wirksame Aufschlußmittel für schwer in Säuren lösliche Sulfide von As, Au, Bi, Cd, Cu, Ge, Hg, Mo, Pd, Pt, Sb, Se und Te. Durch Schmelzen mit Alkalicarbonaten werden nur die Sulfide mit saurem Charakter (As, Ge, Mo, Sb, Se, Sn, Te und V) in auflösbare Verbindungen überführt.

In einigen Fällen empfiehlt es sich, die basischen bzw. die antibasischen Aufschlußmittel noch mit geeigneten Oxidations- und Reduktionsmitteln zu versetzen. Als Oxidationsmittel eignen sich Kaliumnitrat und Natriumperoxid, als Reduktionsmittel Kohlenstoff. Vor allem die Kombination von Oxidationsmitteln mit basischen Aufschlußmitteln wird am häufigsten angewendet.

$$2\ KNO_3 \rightleftarrows 2\ KNO_2 + O_2$$

a) $\quad 2\ MnO_2 + 2\ Na_2CO_3 + O_2 \rightleftarrows 2\ Na_2MnO_4 + 2\ CO_2$

b) $2\ Cr_2O_3 + 4\ Na_2CO_3 + 3\ O_2 \rightleftarrows 4\ Na_2CrO_4 + 4\ CO_2$

Das Kaliumnitrat dient als Oxidationsmittel, da es bei höheren Temperaturen in Kaliumnitrit und Sauerstoff zerfällt. Das Natriumcarbonat liefert unter CO$_2$- Abspaltung das Oxid von basischem Charakter.

Wenn unlösliche Halogenide, Phosphate und Sulfate beispielsweise mit Natriumcarbonat aufgeschlossen werden, erfolgt die Umsetzung nicht durch die Anlagerung von Sauerstoffionen. Tatsächlich scheiden sich aus der Schmelze wie aus einer wäßrigen Lösung zuerst die schwerer löslichen Reaktionsprodukte ab. So kristallisiert beim Aufschluß von Bariumsulfat mit Natriumcarbonat zuerst das in der Schmelze unlöslichere Bariumcarbonat.

Tabelle 13-1. Gebräuchliche Schmelzaufschlüsse

Aufschluß-mittel	Einwaage Probe [g]	Aufschluß-temperatur [°C]	Aufschluß-gefäße	Analysen-substanzen	Aufschluß-zeit [min]	Lösen der Schmelze Säure	mol/l	Mögliche Element-verluste
Na_2CO_3	0,4-0,6	850-1000	Platin, Nickel	Silicate, Böden, Carbonate, Oxide, Sulfate, Phosphate, Fluoride	45-60	HCl	12,5 und 6,25	Ag, As, Bi, Br, Cd, Cl, F, Ga, Hg, In, I, Os, Pb, Re, Ru, S, Sb, Se, Te, Tl, Zn
Na_2CO_3 + $Na_2B_4O_7 \cdot 10H_2O$	0,1-0,5	900-1100	Platin	Silicate, Böden, Bauxite, Oxide von Al, Ti, Fe, Mn, Cr, Sn, Zr, Nb, Ta und andere	20-60	HCl	6,25	Ag, As, Bi, Br, Cd, Cl, F, Ga, Hg, In, I, Os, Pb, Re, Ru, S, Sb, Se, Te, Tl, Zn
$LiBO_2$	0,1	900-950	Platin, Graphit	Silicate, Böden, Oxide von Al, Cr,	25-60	HNO_3	0,75	Ag, As, Bi, Br, Cd, Cl, F, Ga, Hg, In, I, Os, Pb, Re, Ru, S, Sb, Se, Te, Tl, Zn
$K_2S_2O_7$	0,1-0,5	420-450	Platin, Quarz	Oxide von Be, Cr, Fe, Nb, Ta, Ti, Zr und den Lanthaniden, Sulfide	30	H_2SO_4	0,24	Ba, Bi, Cd, Hg, I, Pb, S, Se, Sr, Tl, Zn
KOH	0,1-0,5	360-450	Nickel, Eisen, Silber, Zirkonium	Silicate, Erdalkalisulfate, Oxide von Fe, Ge, Nb, Sn, Ta, Ti, W, Phosphate	25-30	HCl	2,5	Bi, Cd, Hg, I, Se, Tl

Erst im hohen Überschuß des Aufschlußmittels erfolgt die Umsetzung quantitativ, da nur auf diese Weise das Gleichgewicht auf die rechte Seite der folgenden Reaktionsgleichung verschoben wird.

$$BaSO_4 + Na_2CO_3 \leftrightarrows BaCO_3 + Na_2SO_4$$

Tabelle 13-1 zeigt einige wichtige Schmelzaufschlüsse im Überblick.

Bei den Säureaufschlüssen handelt es sich um wäßrige Lösungen von oxidierenden Säuren wie Salpetersäure und Perchlorsäure, um nicht oxidierende Säuren wie Salzsäure, Schwefelsäure, Flußsäure, Phosphorsäure, Bromwasserstoffsäure und Chloressigsäure sowie um Säuregemische wie Flußsäure und Perchlorsäure, Flußsäure und Salpetersäure, Flußsäure und Schwefelsäure sowie andere. Ergänzend sei darauf hingewiesen, daß heiße Schwefelsäure eine oxidierende Wirkung hat, während heiße konzentrierte Salzsäure leicht reduzierend wirkt. Die Säureaufschlüsse werden entweder bei normalem Druck oder in Autoklaven bei höheren Drucken ausgeführt. Der Vorteil beim Einsatz von Autoklaven liegt darin, daß bei relativ hohen Temperaturen mit leichtflüchtigen Aufschlußsäuren gearbeitet werden kann. Die Drucke, die beim Aufschluß von Gesteinen und Böden mit geringen Anteilen an organischen Komponenten im Autoklav entstehen, liegen bei etwa 0,2 - 0,3 MPa (2-3 bar). Nicht der Druck ist entscheidend, sondern die Temperatur.

Die Wahl des richtigen Aufschlußverfahrens hängt vom Analysenverfahren und der Zusammensetzung der Probe ab. Beispielsweise werden für die gravimetrische SiO_2-Bestimmung die Silicatminerale häufig mit Natriumcarbonat aufgeschlossen. Dabei gelangen durch das Aufschlußmittel Natrium, bei der Verwendung anderer Verbindungen auch Kalium oder Bor in großem Überschuß zu den Komponenten der Analysensubstanzen. Das kann zu Störungen im Analysengang führen, falls nach der gravimetrischen SiO_2-Bestimmung noch weitere Bestandteile in der Aufschlußlösung mit instrumentellen Verfahren wie der Atomabsorptionsspektrometrie bestimmt werden sollen. In einem solchen Fall würde es sich empfehlen, die Probe von vornherein mit einem Säuregemisch unter Druck aufzuschließen, die Aufschlußlösung durch Zusatz von Borsäure zu stabilisieren (Bildung von HBF_4, keine Ausscheidung von SiO_2, keine SiO_2-Kontamination aus dem Glas der Gefäße) und das SiO_2, ähnlich wie Al_2O_3, CaO, MgO und andere Komponenten, mittels der Atomabsorptionsspektrometrie zu bestimmen (LANGMYHR u. PAUS, 1968). Die Praxis zeigt jedoch, daß solche Aufschlüsse oft unvollständig sind, da sich bei der Reaktion von Silicaten mit Flußsäure das Gleichgewicht nicht vollständig zum SiF_4 hin verschieben läßt. Erst das Abrauchen des SiF_4 führt zur vollständigen Zersetzung der Silicate.

Allgemein läßt sich sagen, daß die Bestandteile, welche mit den Reagenzien in die zu analysierende Probe gelangen, bei Säureaufschlüssen (Vorsicht mit Sulfat) weniger problematisch sind als bei Schmelzaufschlüssen. Säuren können außerdem mit einem höheren Reinheitsgrad gekauft oder leichter gereinigt werden als die festen Verbindungen für Schmelzaufschlüsse. Das ist vor allem bei Spurenelementanalysen zu bedenken, dagegen weniger bei der Bestimmung der Haupt- und Nebenbestandteile in Mineral- und Gesteinsproben.

Bei der Wahl eines geeigneten Aufschlußmittels sollten die in der zu analysierenden Probe vorhandenen Verbindungen bzw. Minerale möglichst bekannt sein. Tabelle 13-2 enthält eine Zusammenstellung von Mineralen, die sich in Schmelzen und Säuregemischen leichter und schwerer aufschließen lassen. Minerale wie Quarz, Feldspäte, Glimmer, Augite und Hornblenden lassen sich in Schmelzen oder Säuren normalerweise leicht aufschließen.

Das häufig praktizierte Umrühren bei Säureaufschlüssen unter normalen Bedingungen hat offensichtlich keinen nennenswerten Einfluß auf die Zersetzung der Verbindungen, wie Untersuchungen an Quarz, Staurolith und Epidot gezeigt haben (LANGMYHR u. SVEEN, 1965). Dagegen beeinflussen die Teilchengrößen und die Aufschlußtemperaturen die Zersetzung der Mineral- und Gesteinsproben. In speziellen Fällen kann es von Vorteil sein, daran zu denken, daß sich mit Flußsäure als alleinigem Aufschlußmittel eine bessere Zersetzung der Substanz erzielen läßt als bei der Verwendung von Säuregemischen wie Flußsäure und Schwefelsäure oder Flußsäure und Salzsäure (ITO, 1962; LANGMYHR u. SVEEN, 1965)

Viele Gesteine enthalten sogenannte *"akzessorische Minerale"* in Massenanteilen ≤ 3 %. Aber gerade in diesen geringen Mineralanteilen sind häufig wichtige Gesteins-Spurenelemente in größeren Konzentrationen fixiert. Beispielsweise bleibt beim Aufschluß ultramafischer Proben in einem Flußsäure-Perchlorsäure-Gemisch der Picotit in der klaren Lösung in Form kaum erkennbarer dunkler Körner unaufgeschlossen zurück. Der Picotit enthält aber bis zu 80 % des Chroms und einen großen Anteil des Cobalts der Gesamtprobe. Die Analyse der Aufschlußlösung auf Cr und Co ohne die Picotitkomponente würde zu erheblichen Minusfehlern führen. Eine ähnliche Problematik besteht beispielsweise bei der Analyse von Zr, der Lanthanidenelemente (Seltenen Erden) sowie von Sn in Graniten.

Das Zr läßt sich durch eine Nachbehandlung des Rückstandes mit Flußsäure oder Bromwasserstoffsäure in Lösung bringen. In der Tabelle 13-2 sind viele schwer aufschließbare Sulfide, Sulfate, Fluoride, Chloride, Oxide und Silicate nicht aufgeführt. Es ist aber leicht vorstellbar, wie fehlerhaft die Analyse von unvollständigen Säureaufschlüssen (*"Säureauszügen"*) ist.

Tabelle 13-2. Angaben über geeignete Aufschlußmittel für leicht und schwer aufschließbare Silicate, Oxide, Sulfate, Phosphate und andere Minerale in Schmelzen und Säuren. Die Säureaufschlüsse werden in Autoklaven bei ca. 200 °C durchgeführt.
(A) HF + HClO$_4$, (B) HF + H$_2$SO$_4$, (C) H$_2$SO$_4$, (D) HCl + HF, (E) HCl + HF + H$_2$SO$_4$, (F) HCl, (G) HI, (H) Na$_2$CO$_3$, (I) KOH oder NaOH, (J) Na$_2$O$_2$, (K) LiBO$_2$, (L) Li$_2$B$_4$O$_7$ oder Na$_2$B$_4$O$_7$, (M) K$_2$S$_2$O$_7$ oder KHSO$_4$ bzw. die entsprechenden Natriumsalze (die Natriumsalze werden bevorzugt für den Aufschluß von ZrO$_2$ und Mineralen der Seltenen Erden eingesetzt), (N) KHF$_2$. + = gut geeignet, 0 = geeignet, Δ = ungeeignet

Minerale	Säureaufschlüsse						Schmelzaufschlüsse						
	A	B	C	D	E	F	G	H	I	J	K	L	M	N
Albit	+	+	Δ	Δ	0	Δ	Δ	+	+	+	+	+	Δ	+
Almandin	+	+	Δ	0	+	Δ	Δ	Δ	Δ	0	0	0	Δ	0
Anatas	0	0	Δ	+	+	0	Δ	Δ	0	+	Δ	+	+	+
Andalusit	0	+	Δ	+	+	Δ	Δ	Δ	Δ	+	0	0	Δ	0
Andradit	+	0	Δ	0	+	Δ	Δ	Δ	Δ	+	0	0	Δ	0
Anglesit	Δ	Δ	Δ	Δ	Δ	Δ	+	0	+	+	0	+	Δ	Δ
Anhydrit	0	0	Δ	0	Δ	+	+	+	+	+	0	+	Δ	Δ
Antophyllit	+	+	Δ	Δ	0	Δ	Δ	+	+	+	+	+	Δ	+
Apatit	+	0	0	0	Δ	0	Δ	+	+	+	0	+	0	0
Apophyllit	+	+	Δ	Δ	0	Δ	Δ	+	+	+	+	+	Δ	+
Augit	+	+	Δ	Δ	0	Δ	Δ	+	+	+	+	+	Δ	+
Axinit	0	+	Δ	0	0	Δ	Δ	Δ	Δ	+	0	0	Δ	0
Baddeleyit	0	+	0	0	0	Δ	Δ	Δ	Δ	+	Δ	0	0	+
Baryt	Δ	Δ	Δ	Δ	Δ	Δ	+	0	0	0	Δ	0	Δ	Δ
Beryll	+	+	Δ	0	0	Δ	Δ	Δ	Δ	+	0	0	Δ	0
Biotit	+	+	Δ	Δ	0	Δ	Δ	+	+	+	+	+	Δ	+
Cassiterit	Δ	Δ	Δ	0	Δ	0	0	Δ	0	+	Δ	0	Δ	Δ
Celsian	+	Δ	Δ	Δ	Δ	Δ	Δ	+	+	+	+	+	Δ	0
Chromit	0	0	Δ	0	0	Δ	0	Δ	Δ	+	0	0	0	Δ
Chrysoberyll	0	0	Δ	0	0	Δ	Δ	Δ	Δ	0	Δ	0	0	0
Coelestin	Δ	Δ	Δ	Δ	Δ	Δ	+	+	0	0	Δ	0	Δ	Δ
Columbit	Δ	Δ	Δ	0	0	Δ	Δ	Δ	0	+	Δ	+	+	+
Cordierit	0	0	Δ	Δ	0	Δ	Δ	Δ	Δ	0	0	0	Δ	0
Diaspor	0	+	Δ	+	0	Δ	0	Δ	0	+	Δ	+	+	+
Diopsid	+	+	Δ	Δ	0	Δ	Δ	+	+	+	+	+	Δ	+
Disthen	0	0	Δ	0	0	Δ	Δ	Δ	Δ	0	0	0	Δ	0
Dravit	0	+	Δ	0	0	Δ	Δ	Δ	Δ	0	0	0	Δ	0
Elbait	0	+	Δ	0	0	Δ	Δ	Δ	Δ	0	0	0	Δ	0
Enstatit	+	+	Δ	Δ	0	Δ	Δ	+	+	+	+	+	Δ	+
Epidot	+	+	Δ	Δ	0	Δ	Δ	+	+	+	+	+	Δ	+
Euxenit	Δ	Δ	Δ	0	0	Δ	Δ	Δ	Δ	0	Δ	0	0	0
Ferberit	0	+	0	+	+	Δ	Δ	0	0	+	0	0	0	+
Fergusonit	Δ	Δ	Δ	0	0	Δ	Δ	Δ	Δ	0	Δ	0	0	0
Fluorit	+	0	0	0	0	0	0	+	+	+	+	+	0	0

Tabelle 13-2. Fortsetzung

Minerale	Säureaufschlüsse							Schmelzaufschlüsse						
	A	B	C	D	E	F	G	H	I	J	K	L	M	N
Goethit	0	+	0	+	+	+	+	+	+	+	Δ	+	+	0
Grossular	0	0	Δ	0	0	Δ	Δ	Δ	Δ	+	0	0	Δ	0
Hämatit	0	0	0	+	+	+	+	0	+	+	Δ	+	+	0
Hausmannit	0	+	Δ	+	+	+	+	0	+	+	Δ	+	+	0
Hauyn	+	+	Δ	Δ	0	Δ	Δ	+	+	+	+	+	Δ	+
Heulandit	+	+	Δ	Δ	0	Δ	Δ	+	+	+	+	+	Δ	+
Hornblende	+	+	Δ	Δ	0	Δ	Δ	+	+	+	+	+	Δ	+
Hübnerit	0	+	0	+	+	Δ	Δ	0	0	+	0	0	0	+
Hypersthen	+	+	Δ	Δ	0	Δ	Δ	+	+	+	+	+	Δ	+
Illit	+	+	Δ	Δ	0	Δ	Δ	+	+	+	+	+	Δ	+
Ilmenit	0	0	Δ	+	+	0	Δ	0	0	+	Δ	0	0	+
Jadeit	+	+	Δ	Δ	0	Δ	Δ	+	+	+	+	+	Δ	+
Kaolinit	+	+	Δ	Δ	0	Δ	Δ	+	+	+	+	+	Δ	+
Kornerupin	0	0	Δ	0	0	Δ	Δ	Δ	Δ	0	0	0	Δ	0
Korund	0	0	Δ	0	0	0	Δ	Δ	Δ	0	Δ	0	0	Δ
Lazulith	+	+	+	+	+	0	Δ	+	+	+	0	+	0	0
Nakrit	+	+	Δ	Δ	0	Δ	Δ	+	+	+	+	+	Δ	+
Natrolith	+	+	Δ	Δ	0	Δ	Δ	+	+	+	+	+	Δ	+
Nontronit	+	+	Δ	Δ	0	Δ	Δ	+	+	+	+	+	Δ	+
Nosean	+	+	Δ	Δ	0	Δ	Δ	+	+	+	+	+	Δ	+
Magnetit	+	+	0	+	+	+	0	0	+	+	Δ	+	+	0
Mikrolith	Δ	0	Δ	+	+	+	0	Δ	Δ	+	Δ	+	+	+
Monazit	0	+	+	0	+	Δ	Δ	+	+	+	0	+	0	0
Montmorillonit	+	+	Δ	Δ	0	Δ	Δ	+	+	+	+	+	Δ	+
Mullit	0	0	Δ	0	0	Δ	Δ	Δ	Δ	0	0	0	Δ	0
Muskovit	+	+	Δ	Δ	0	Δ	Δ	+	+	+	+	+	Δ	+
Nephelin	+	+	Δ	Δ	0	Δ	Δ	+	+	+	+	+	Δ	+
Olivin	+	+	Δ	Δ	0	Δ	Δ	0	+	+	+	+	Δ	+
Orthoklas	+	+	Δ	Δ	0	Δ	Δ	+	+	+	+	+	Δ	+
Perowskit	0	0	0	+	+	0	Δ	0	0	+	Δ	0	0	0
Phenakit	+	+	Δ	0	0	Δ	Δ	Δ	Δ	+	0	0	Δ	+
Phillipsit	+	+	Δ	Δ	Δ	Δ	Δ	+	+	+	+	+	Δ	+
Picotit	Δ	0	Δ	0	0	Δ	Δ	Δ	Δ	0	Δ	0	0	0
Plagioklas	+	+	Δ	Δ	0	Δ	Δ	+	+	+	+	+	Δ	+
Prehnit	0	0	Δ	0	0	Δ	Δ	Δ	Δ	+	0	0	Δ	+
Pyrop	0	0	Δ	Δ	0	Δ	Δ	Δ	Δ	0	0	0	Δ	0
Pyrophyllit	+	+	Δ	Δ	0	Δ	Δ	0	0	+	0	0	Δ	0
Quarz	+	+	Δ	Δ	0	Δ	Δ	0	0	+	+	0	Δ	+
Rutil	0	0	Δ	+	+	Δ	Δ	Δ	0	+	Δ	0	+	+
Samarskit	Δ	Δ	Δ	0	0	Δ	Δ	Δ	0	+	Δ	0	+	+
Schörl	0	+	Δ	0	0	Δ	Δ	Δ	Δ	0	0	0	Δ	0

Tabelle 13-2. Fortsetzung

Minerale	Säureaufschlüsse							Schmelzaufschlüsse						
	A	B	C	D	E	F	G	H	I	J	K	L	M	N
Sillimanit	0	+	Δ	0	Δ	Δ	Δ	Δ	Δ	0	0	0	Δ	0
Simpsonit	Δ	Δ	Δ	0	0	Δ	Δ	Δ	Δ	0	Δ	0	0	0
Skolezit	+	+	Δ	Δ	0	Δ	Δ	+	+	+	+	+	Δ	+
Sodalith	+	+	Δ	Δ	0	Δ	Δ	+	+	+	+	+	Δ	+
Spinell	Δ	0	Δ	0	0	Δ	Δ	Δ	Δ	0	Δ	0	0	0
Staurolith	Δ	0	Δ	0	0	Δ	Δ	Δ	Δ	0	0	0	Δ	0
Talk	+	+	Δ	Δ	0	Δ	Δ	+	+	+	+	+	Δ	+
Tantalit	Δ	Δ	Δ	0	0	Δ	Δ	Δ	Δ	0	Δ	0	0	0
Thuringit	+	+	Δ	Δ	0	Δ	Δ	+	+	+	+	+	Δ	+
Topas	Δ	0	Δ	0	Δ	Δ	Δ	Δ	Δ	0	0	0	Δ	0
Tremolit	+	+	Δ	Δ	0	Δ	Δ	+	+	+	+	+	Δ	+
Vermiculit	+	+	Δ	Δ	0	Δ	Δ	+	+	+	+	+	Δ	+
Vesuvian	+	+	Δ	0	0	Δ	Δ	Δ	Δ	+	0	0	Δ	0
Vivianit	+	0	0	0	0	0	Δ	+	+	+	0	+	0	0
Wavellit	+	+	+	+	+	0	Δ	+	+	0	+	0	0	0
Wolframit	0	+	0	+	+	Δ	Δ	0	0	+	0	0	0	+
Wollastonit	+	+	Δ	0	0	Δ	Δ	+	+	+	+	+	Δ	+
Xenotim	Δ	0	+	Δ	0	Δ	Δ	+	+	+	Δ	0	0	0
Zirkon	0	0	Δ	Δ	0	Δ	Δ	Δ	Δ	0	0	0	0	0
Zoisit	+	+	Δ	Δ	0	Δ	Δ	+	+	+	+	+	Δ	+

Die Grundlage für die Analyse sogenannter Säureauszüge beruht auf der Feststellung, daß sich beispielsweise mit Salpetersäure oder Königswasser As, Ca, Cd, Co, Cu, Fe, Mg, Mn, Ni, Pb, Sb und Zn zu 80-100 %, dagegen Al, Ba, Cr, K, Na, Si, Sn, Sr, Ti und Zr nur zu 5-50 % aus Böden, Tonschiefern, Kalken und ähnlichen Materialien extrahieren lassen. Diese Angaben gehen aber davon aus, daß viele der leicht zu extrahierenden Elemente nicht in selbständigen Mineralen wie säureunlöslichen Sulfiden, Sulfaten, Fluoriden und Oxiden fixiert sind. Grundsätzlich können sich bei jedem Säureaufschluß eine Vielzahl von Elementen in bestimmten Verbindungen als widerstandsfähig gegenüber Aufschlüssen erweisen. Diese Elemente lassen sich in vier Gruppen untergliedern.
1) Die erste Gruppe umfaßt die schwer in Säuren löslichen Sulfide; beispielsweise von As, Ag, Au, Bi, Cu, Ge, Hg, Mo, Pb, Pd, Pt, Sb, Se und Te.
2) Die zweite Gruppe umfaßt die schwer in Säuren löslichen Sulfate; beispielsweise von Pb, Ba, Sr und eventuell Ca.

13 Aufschlüsse

Tabelle 13-3. Gebräuchliche Säureaufschlüsse

Aufschluß-mittel	Einwaage Probe [g]	Aufschluß-temperatur [°C]	Aufschluß-gefäße	Analysen-substanzen	Aufschluß-zeit [min]	Tempera-tur beim Abrauchen [°C]	Lösen des Rückstandes Säure	mol/l	Mögliche Elementverluste
HF + HClO$_4$	0,1–0,2	180–240	Platin, Teflon	Silicate, Böden, Carbonate	240–480	150	HNO$_3$	14,9	B, Br, Cl, F, Hg, I, S, Si
							HCl	12,5	Ag, As, B, Br, Cl, F, Hg, I, S, Se, Si
HF + H$_2$SO$_4$	0,1–0,2	100–350 100–240	Platin Teflon	Silicate, Böden	240–480	400 200	HCl	12,5	Ag, As, B, Ba, Bi, Br, Ca, Cd, Cl, F, Hg, I, P, Pb, S, Sb, Se, Si, Sn, Sr, Te, Tl, Zn
HF + HNO$_3$ + HClO$_4$	0,1–0,5	170–190 ab 50 °C langsam aufheizen	Teflon	mit organischen Substanzen angereicherte Böden, Auflagehumus	240–480	150	HNO$_3$	14,9	B, Br, Cl, F, Hg, I, S, Si
							HCl	12,5	Ag, As, B, Br, Cl, F, Hg, I, S, Se, Si
HNO$_3$ + HClO$_4$	0,2–0,5	170–190 ab 50 °C langsam aufheizen	Teflon	pflanzliche Substanzen, Öl, Fett, tierisches Gewebe	120–480	150	HNO$_3$	14,9	B, Br, Cl, F, Hg, I
							HCl	12,5	Ag, B, Br, Cl, F, Hg, I, S, Se
HNO$_3$	0,2–0,5	170–190 ab 50 °C langsam aufheizen	Teflon	pflanzliche Substanzen, tierisches Gewebe	120–480	150	HNO$_3$	14,9	B, Br, Cl, F, Hg, I
							HCl	12,5	Ag, B, Br, Cl, F, Hg, I, S, Se

3) Die dritte Gruppe umfaßt einfache Oxide; beispielsweise von Al, Be, Cr, Fe, Ga, Ge, Nb, Mg, Sn, Ta, Ti, W und Zr.

4) Die vierte Gruppe umfaßt komplexe Oxide; beispielsweise Silicate, Aluminate, Titanate, Chromate, Phosphate, Ferrate von Al, Be, Co, Cr, Fe, Mg, Ni, SEE, Ti, Zn, Zr.

Die Verbindungen der ersten beiden Elementgruppen können in der Regel nur in bestimmten Schmelzen und Säuren aufgeschlossen werden (siehe Abschnitt 13.6). Die Verbindungen der Elemente der dritten und vierten Gruppe lösen sich im Flußsäure-Perchlorsäure-Aufschluß schlecht und häufig nur unvollständig. Auch sonst unproblematische Elemente wie beispielsweise Co, Mg, Ni und Zn können mit einem Gemisch aus Flußsäure und Perchlorsäure nur unvollständig aufgeschlossen werden, wenn sie in Spinellen fixiert sind. Dagegen sind im Flußsäure-Schwefelsäure-Aufschluß die Verbindungen der dritten und vierten Gruppe besser aufschließbar. Das heißt, daß vielfach ein Aufschluß mit einem Gemisch aus Flußsäure und Schwefelsäure möglich ist, dagegen nicht mit Flußsäure und Perchlorsäure. Schwierigkeiten bereiten aber die bei hohen Temperaturen geglühten Oxide der Elemente der dritten Gruppe. Nur Schmelzaufschlüsse können hier weiterhelfen.

Bei der Anwendung bestimmter Aufschlußverfahren ist weiterhin zu überlegen, ob Elemente und Verbindungen ganz oder teilweise flüchtig sind (Tabelle 13-3). Auch das Lösen des Aufschluß-Rückstandes mit Salzsäure oder Salpetersäure entscheidet mit über den Verbleib von leichtflüchtigen Elementen (As, S, Se u.a.). Elementverluste treten aber auch durch die Bildung schwer löslicher Verbindungen auf. In einem Flußsäure-Schwefelsäure-Aufschluß lassen sich beispielsweise keine Ba- und Pb-Bestimmungen durchführen. Bei Säureaufschlüssen zur Bestimmung der Hauptbestandteile eines Silicatgesteins ist die Gefahr einer analytisch signifikanten Verflüchtigung von Elementen, mit Ausnahme von Silicium, normalerweise nicht zu bedenken.

Die Aufschlüsse dürfen nur in Gefäßen ausgeführt werden, deren Komponenten nicht im Analysengang bestimmt werden sollen. Für Schmelzaufschlüsse werden vor allem Gefäße (Tiegel) aus Platin, Silber, Nickel, Eisen, Zirkonium oder auch Legierungen (z.B. Platin-Gold) verwendet. Für Säureaufschlüsse eignen sich Reaktionsgefäße aus Platin und vor allem aus Teflon.

13.2 Schmelzaufschlüsse

13.2.1 Natriumcarbonat

Wasserfreies Natriumcarbonat (Schmelztemperatur 850 °C) ist eine vielseitig anwendbare Verbindung zum Aufschluß von Silicaten einschließlich Böden, von Carbonaten, Oxiden, Sulfaten, Phosphaten und Fluoriden. Es bilden sich dabei lösliches Natriumsilicat, Vanadate, Aluminate, Chromate und andere Verbindungen (z.B. JOHNSON u. MAXWELL, 1981: 104). Beim Aufschluß von Silicatgesteinen mit Natriumcarbonat wird die erkaltete Schmelze in Wasser und Salzsäure gelöst. Ein Teil des SiO_2 bildet dabei einen gelartigen Niederschlag.

Kaliumcarbonat wird nur in speziellen Fällen als Aufschlußmittel benutzt, wenn beispielsweise beim Aufschluß niobhaltiger Substanzen die Kaliumverbindungen löslicher sind als die entsprechenden Natriumverbindungen (JOHNSON u. MAXWELL, 1981: 105). Dagegen ist die Verwendung von Kaliumcarbonat bzw. Mischungen aus Kalium- und Natriumcarbonat bei den üblichen Silicatgesteinen nicht zu empfehlen, da gelartige und flockige Niederschläge wie SiO_2 und Hydroxide bevorzugt Kalium und weniger Natrium zu adsorbieren vermögen.

Reagenzien: Natriumcarbonat, wasserfrei, zur Analyse
Natriumperoxid, zur Analyse
Natriumnitrat, zur Analyse
Salzsäure, zur Analyse, w: min. 37 %, c: 12,5 mol/l, ρ: 1,19 g/ml. Verdünnung: 1 Teil Salzsäure + 1 Teil deion. Wasser, c: 6,25 mol HCl/l

Geräte: Platintiegel, 20-30 ml Inhalt, Platindeckel
Platindreieck, Tiegelzange mit Platinschuhen
Stativ, Stativring, Gasbrenner (Teclubrenner)
Wägegläser, Nickelspatel, Haarpinsel
Becherglas, 400 ml, oder Becher aus Polypropylen und ähnlichen Kunststoffen entsprechender Größe
flache Platinschale mit ≥250 ml Inhalt, z.B. Durchmesser etwa 143 mm, Höhe 25 mm
Glashaken, doppelt gebogen, passend für das Becherglas bzw. den Becher aus Polypropylen (Abb.13-1).
Glasstäbe für Becherglas und Platinschale, der Stab für die Scha-

le sollte etwa 10 cm länger sein als ihr Durchmesser
Uhrgläser
Glaskolben-Spritzflasche: 1000 ml (Abb. 13-2)

Die Verwendung von Porzellanschalen anstelle von Platingefäßen ist nicht zulässig, da sich aus den ersteren das SiO_2 nicht quantitativ entfernen läßt (Minusfehler). In diesem Zusammenhang muß auch vor der Verwendung von Porzellanschalen gewarnt werden, welche innen dunkel glasiert sind. Früher wurden hierfür radioaktive Uranfarben verwendet. Sollten sich in Laboratorien noch solche Schalen befinden, müssen diese entfernt und in den radioaktiven Abfall gegeben werden (Kontrolle durch eine Aktivitätsmessung).

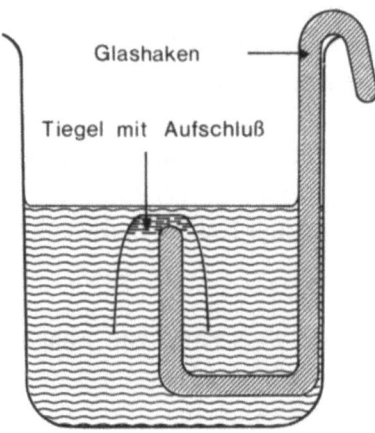

Abb. 13-1. Becherglas mit Glashaken zum Auflösen der erstarrten Na_2CO_3-Schmelze.

Arbeitsvorschrift

Die Angaben beziehen sich auf die gravimetrische Analyse von SiO_2 in Silicatgesteinen und -mineralen (14.1.1) sowie auf die darauf folgenden Trennungsgänge zur Bestimmung der Elemente der Metallhydroxide (14.3.1, 14.4.1) sowie von MgO (14.7.1) und CaO (14.8.1).

1. Platintiegel:

In verunreinigten Platintiegeln muß zunächst etwas Natriumcarbonat geschmolzen werden. Nach dem Abkühlen wird die erstarrte Schmelze mit verdünnter Salzsäure herausgelöst und der Tiegel sorgfältig mit deion. Wasser abgespült. Erst jetzt kann der Tiegel auf Massekonstanz (Gewichtskonstanz) gebracht werden. Das geschieht durch abwechselndes Glühen (5 bis 10 Minuten) und Abkühlen des Tiegels (20 bis 25 Minuten im Exsikkator) mit anschließender Wägung. Folgende Einzelwägungen sind auszuführen: 1. Tiegel, 2. Deckel, 3. Tiegel zusammen mit Deckel. Auf diese Weise läßt sich nach dem Aufschluß kontrollieren, ob sich die Masse des Tiegels und/oder des Deckels durch die Einwirkung von Aufschlußmittel und Analysensubstanz in unzulässiger Weise verändert hat, beispielsweise durch die Bildung einer Platin-Eisen-Legierung.

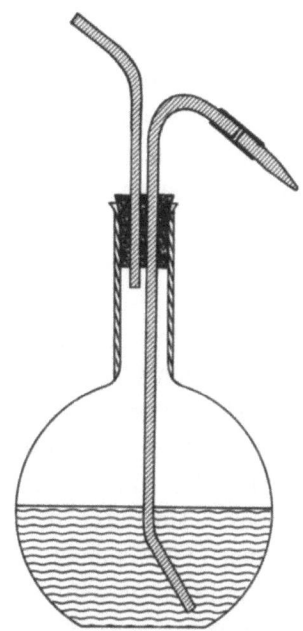

Abb. 13-2. Glaskolben-Spritzflasche (1000 ml) mit Wärmeschutz am Kolbenhals.

2. Einwaage:

In einem Wägeglas werden mit der Analysenwaage etwa 0,5 g Analysensubstanz eingewogen. Bei der Einwaage des Aufschlußmittels in einem gesonderten Wägeglas (Vorwaage benutzen) ist zu berücksichtigen, ob Proben mit basaltischer oder granitischer Zusammensetzung aufgeschlossen werden sollen. Basaltische Proben erfordern eine Mischung Analysensubstanz und

Natriumcarbonat von 1 + 10 bis 15, während bei Gesteinen mit granitischer Zusammensetzung von einem Verhältnis 1 Teil Probe und 6 bis 8 Teile Natriumcarbonat auszugehen ist (hierzu auch DOLEŽAL et al., 1968: 92).

Enthält die Analysensubstanz Fe(II)-Verbindungen und/oder Eisensulfid, sind dem Natriumcarbonat 0,15-0,20 g Na_2O_2 oder $NaNO_3$ zuzumischen. Bei der Verwendung von $NaNO_3$ wird beim Auflösen der erkalteten Schmelze mit Salzsäure eventuell der Tiegel angegriffen. Daher sollte besser Na_2O_2 zur Oxidation von Fe(II) zu Fe(III) benutzt werden. Die Zugabe eines Oxidationsmittels soll die Bildung einer Platin-Eisen-Legierung verhindern (siehe auch Abschnitt 18). Sulfide werden durch das Oxidationsmittel in Sulfate überführt.

Verschiedentlich besteht die Vorstellung, daß es zeitsparend sei, die Einwaage nicht im Wägeglas, sondern direkt im Platintiegel vorzunehmen. Bei dieser Arbeitsweise läßt sich aber keine einwandfreie Homogenisierung der Analysensubstanz mit dem Aufschlußmittel erreichen. Vor allem bei der Benutzung von Tiegeln mit etwas gewölbtem Boden besteht die Gefahr, daß in der Rinne zwischen Boden und Wand Anteile der Substanz nicht genügend mit Natriumcarbonat vermischt und daher auch nicht aufgeschlossen werden.

3. Mischung der Analysensubstanz mit dem Aufschlußmittel:

Das Natriumcarbonat wird zunächst mit dem Na_2O_2 oder $NaNO_3$ vermischt. Das geschieht mit Hilfe eines kleinen Glasstabes, welcher kurz durch eine nichtleuchtende Gasflamme gezogen worden ist. Dann wird etwa ein Fünftel des Aufschlußmittels auf dem Boden des Platintiegels gleichmäßig verteilt.

Nach Zugabe von drei Fünftel des Aufschlußmittels in das Wägeglas mit der Analysensubstanz wird das Ganze mit dem Glasstab homogenisiert. Anschließend wird die Mischung (Verwendung von Nickelspatel und Haarpinsel) in den Platintiegel überführt. Jetzt wird ein kleiner Anteil des restlichen Natriumcarbonats in das Wägeglas gegeben, in welchem sich noch etwas Probe plus Aufschlußmittel befindet. Durch Rühren mit dem Glasstab wird die Substanz gemischt und ebenfalls in den Tiegel überführt. Diese Prozedur ist wenigstens zweimal zu wiederholen. Anschließend wird im Tiegel die Oberfläche der Aufschlußmischung mit Natriumcarbonat abgedeckt.

4. Schmelzen der Aufschlußmischung:

Der Tiegel mit aufgelegtem Deckel wird aufrecht in das Platindreieck gestellt. Während der ersten 15 Minuten wird mit nichtleuchtender und kleiner Gasflamme die Temperatur langsam gesteigert, bis das Natriumcarbonat an den Rändern zu schmelzen beginnt. Bei dieser Temperatur verbleibt der Aufschluß 15 bis 20 Minuten. Während dieser Zeit wird der Hauptteil der Silicate aufgeschlossen. Erst danach darf die Temperatur erhöht werden, bis der gesamte Inhalt des Tiegels geschmolzen ist. Der Aufschluß muß nochmals 15 Minuten in vollständig geschmolzenem Zustand verbleiben.

Bei zu schneller Erhitzung des Tiegelinhalts auf hohe Temperaturen werden Teile der Aufschlußmischung bereits dünnflüssig, während noch CO_2-Entwicklung stattfindet. Dabei spritzen Schmelzanteile an den oberen Rand des Tiegels sowie an den Deckel und erstarren dort. Es besteht die Gefahr, daß dadurch Teile der Probe nur unvollständig aufgeschlossen werden.

Der Zeitbedarf für den gesamten Aufschluß beträgt 45 bis 60 Minuten. Danach muß gewartet werden, bis der Tiegel langsam auf Zimmertemperatur abgekühlt ist. Verschiedentlich wird empfohlen, den Tiegel bis zum Erkalten der Schmelze (nicht beim Aufschluß!) schräg in das Dreieck zu stellen. Durch leichtes Drücken der Tiegelwandung löst sich die erstarrte Schmelze dann meistens vollständig ab. Das vielfach praktizierte *"Abschrecken"* des heißen Tiegels in Wasser hat zu unterbleiben, da in diesem Fall das Herauslösen der Schmelze aus dem Aufschlußgefäß häufig mit Schwierigkeiten verbunden ist.

Normalerweise wird das Eisen die Farbe der erstarrten Schmelze bestimmen. Durch Zusatz von Na_2O_2 oder $NaNO_3$ entsteht eine braune Färbung, ohne diese Oxidationsmittel eine grünliche bis braune Farbtönung. Auch Mangan und Chrom können charakteristische Färbungen verursachen. Bei Verwendung von Na_2O_2 oder $NaNO_3$ ergibt Mangan eine tiefgrüne Färbung von Mn(VI), ohne diesen Zusatz dagegen blaue Farben der Alkaliverbindungen des Mn(V). Eine intensiv tintenblaue Färbung der Schmelze wird durch einen Anteil von etwa 1 % Mangan in der Analysensubstanz verursacht. Chrom bewirkt bei Gehalten < 0,1 % eine hellgelbe Färbung von Na_2CrO_4. Da Eisen aber normalerweise nicht fehlt, wird sich das Vorhandensein der genannten Elemente nur durch eine mehr oder weniger starke Beeinflussung der Eisenfärbung bemerkbar machen.

5. Auflösen der erstarrten Schmelze:

Nach dem Erkalten der Schmelze wird der Deckel des Platintiegels abgenommen und mit der Unterseite nach oben in eine Platinschale gelegt. Bei nur wenig angehobenem Uhrglas müssen einige Tropfen verdünnte Salzsäure auf den Deckel gegeben werden, um darauf befindliche Teile der Schmelze zu lösen. Dann wird der Platindeckel mit dem Glasstab an den Rand der Schale geschoben und mit der Platinzange herausgenommen. Nach dem Abspülen des Deckels mit deion. Wasser wird er bis zur weiteren Benutzung in ein passendes Wägeglas gelegt.

Der doppelt gebogene Glashaken wird in ein 400 ml-Becherglas oder in einen Becher aus Polypropylen gehängt. Dann wird heißes deion. Wasser bis zum oberen Ende der Biegung des Glashakens eingefüllt und der Tiegel mit der erstarrten Schmelze mit der Öffnung nach unten über den Glashaken gehängt. Der Aufschluß muß vollständig in das Wasser eintauchen. Es ist darauf zu achten, daß keine Luftblase im Tiegel die Einwirkung von Wasser auf den Aufschluß verhindert. In der Regel ist die erstarrte Schmelze nach einigen Stunden auch ohne weitere Erwärmung zerfallen. Der pH-Wert der Lösung beträgt dann etwa 12. Bei pH 10 sind ungefähr 0,033 g SiO_2 in 100 g Wasser bei 25 °C löslich (z.B. ILER, 1955).

Wenige µg Cr/g Schmelze machen sich durch eine schwache Gelbfärbung der Lösung am Rand der noch nicht gelösten Schmelzanteile bemerkbar.

Nach dem Zerfall der erstarrten Schmelze wird der Tiegel mit dem Glashaken herausgenommen. Über dem Becherglas wird der Tiegel zunächst von außen mit heißem deion. Wasser abgespült und auf ein kleines Uhrglas gestellt. Der Tiegel wird dann mit warmer verdünnter Salzsäure (6,25 mol/l) gefüllt, um Reste der Schmelze in Lösung zu bringen. Diese Salzsäure wird ebenfalls in die Platinschale überführt und der Tiegel mit heißem deion. Wasser ausgespült. Die Prozedur ist eventuell zu wiederholen. Tiegel und Deckel werden zur Massekontrolle geglüht und gewogen (siehe auch Abschnitt 18).

Im Becherglas befinden sich noch nicht gelöste Anteile der Schmelze. Um diese in Lösung zu bringen, werden unter seitlichem Anheben des Uhrglases aus einer Meßpipette jeweils kleine Anteile von Salzsäure (12,5 mol/l) in das Becherglas gegeben. Vorsicht! Starke CO_2-Entwicklung, deshalb Zugabe der Salzsäure nur in kleinen Anteilen. Die Salzsäure darf nur mit einem auf die Pipette aufgesetzten Peleusball oder einem Pipettierhelfer aus dem Vorratsgefäß angesaugt werden, keinesfalls mit dem Mund.

Es kann vorkommen, daß die Lösung anstelle der üblichen gelben Färbung eine rosa Farbe aufweist. Letztere entsteht durch Disproportionierung des Mn(VI) zu Mn(VII) und Mn(II). In diesem Fall muß vor der Weiterverarbeitung der Lösung das Mn(VII) durch Zusatz einiger Tropfen Ethanol und leichtes Erwärmen wieder reduziert werden.

Nach dem Auflösen der Schmelze wird die Lösung quantitativ in die Platinschale überführt, eventuell in mehreren Anteilen. Die Schale darf nur bis etwa 1 cm unter den oberen Rand mit Lösung gefüllt werden, da sonst beim Eindampfen die Gefahr des *"Kriechens"* besteht. Unter den Kationen überwiegt in der Lösung das Natrium des Aufschlußmittels mit etwa 0,2 mol/l Aufschlußlösung. Dagegen betragen die Anteile an $AlCl_3$, $MgCl_2$, etc. nur < 0,01 mol/l Aufschlußlösung.

Die Überführung des SiO_2-Niederschlags in die Platinschale geschieht durch Ausspritzen des Becherglases mit deion. Wasser (Glaskolben-Spritzflasche). Keine Gummiwischer verwenden! Das Becherglas darf nur mit kleinen Stücken Weißbandfilter unter Verwendung eines Glasstabes ausgerieben werden. Die Filterstücke sind dann mit in die Platinschale zu geben.

Die erstarrte Schmelze wird aus folgendem Grund zunächst nur mit deion. Wasser und nicht mit Salzsäure behandelt. Da die Löslichkeit von SiO_2 bei niedrigerem pH vergleichsweise klein ist (siehe auch Schluß dieses Abschnitts), wird sich in einer stark sauren Lösung innerhalb der zerfallenden Schmelze SiO_2 gelartig abscheiden. Dabei können Teile der Schmelze umhüllt und ihre Auflösung verzögert bzw. verhindert werden. Der zweite Nachteil betrifft Gesteine, die merklich manganhaltig sind. Beim Lösen der Schmelze mit Salzsäure kann sich über Zwischenstufen Mn(II) und Cl_2 bilden. Das freiwerdende Chlor würde den Platintiegel angreifen. Deshalb darf die Lösung erst mit Salzsäure versetzt werden, nachdem der Platintiegel aus dem Becherglas herausgenommen ist. Aus dem Platintiegel können dann die Reste der Schmelze unbedenklich mit verdünnter Salzsäure (6,25 mol/l) herausgelöst werden. Die darin enthaltenen Anteile an Mn sind zu gering, um noch eine merkbare Chlorentwicklung hervorzurufen. Vielfach wird empfohlen, das Auflösen der Schmelze gleich in der Platinschale vorzunehmen. Das hat aber mehrere Nachteile. In die Schale kann der Tiegel nur hineingelegt werden. Es entfallen somit alle oben angeführten Vorteile des Einhängens des Tiegels in das Becherglas. Weiterhin können nach der Zugabe von Salzsäure zu der Lösung durch die starke CO_2-Entwicklung Anteile des Aufschlusses aus der flachen Schale herausspritzen.

Beim Auflösen der erstarrten Schmelze im Becherglas kann aus dem Glas durch die stark alkalische Lösung, vor allem beim Stehenlassen über Nacht, SiO_2 in wägbaren Anteilen herausgelöst werden. Daher sollte nicht ein neues, sondern ein bereits länger in Gebrauch befindliches Becherglas benutzt werden. Die Gefahr des Herauslösens von SiO_2 aus dem Glas ist bei Substanzen mit hohen SiO_2-Anteilen sicherlich geringer, da die Lösung fast an SiO_2 gesättigt ist. Bei niedrigen SiO_2-Anteilen in der Analysensubstanz sollte dagegen besser ein Becher aus Polypropylen verwendet werden. Durch die Zugabe von Salzsäure hat die Lösung einen pH-Wert von etwa 1 bekommen. SiO_2 ist hier weniger löslich als im alkalischen Bereich (bei pH 2 etwa 0,010 - 0,015 g SiO_2 in 100 g Wasser bei 25 °C; z.B. ALEXANDER et al., 1954; ILER, 1955). Deshalb scheidet sich beim Lösen eines SiO_2-reichen Schmelzaufschlusses in HCl-haltiger Lösung SiO_2 in Form weißer Flocken aus.

13.2.2 Mischung Natriumcarbonat und di-Natriumtetraborat (Borax)

Für den Aufschluß von Silicatgesteinen, Böden und Oxiden eignet sich eine Mischung aus Natriumcarbonat (Schmelztemperatur 850 °C) und di-Natriumtetraborat (Schmelztemperatur 741 °C). Sie wird unter anderem im Trennungsgang angewendet, um nach der Bestimmung des *"Rein-SiO_2"* (Abschnitt 14.1.1) die im Platintiegel zurückgebliebenen Oxidreste für den weiteren Analysengang aufzuschließen.

Bei der ausschließlichen Verwendung von di-Natriumtetraborat als Aufschlußmittel ist zu bedenken, daß die Schmelze den Platintiegel stark angreift. Für die gravimetrische SiO_2-Bestimmung sollten keine borhaltigen Verbindungen zum Aufschluß benutzt werden. Im abgeschiedenen SiO_2 wird auch Bor fixiert, welches bei der Behandlung von *"Roh -SiO_2"* mit Flußsäure neben SiF_4 als BF_3 flüchtig ist. Die Folge sind Plusfehler beim SiO_2-Wert (z.B. JOHNSON u. MAXWELL, 1981:109). Allerdings ist Borax gut geeignet für den Aufschluß schwer zersetzbarer Komponenten, von Sauerstoffverbindungen der Elemente Ta, Nb, Ti, von Zirkonium-Mineralen und Glimmern (JOHNSON u. MAXWELL, 1981:109).

Reagenzien: Natriumcarbonat, wasserfrei, zur Analyse
di-Natriumtetraborat-Decahydrat (Borax), zur Analyse
Salzsäure, zur Analyse, w: min. 37 %, c: 12,5 mol/l, ρ: 1,19 g/ml
Verdünnung: 1 Teil Salzsäure + 1 Teil deion. Wasser, c: 6,25 mol HCl/l

Geräte: siehe Abschnitt 13.2.1

Arbeitsvorschrift

Für den Aufschluß der nach der *"Rein-SiO_2"*-Bestimmung noch im Platintiegel befindlichen Oxidanteile kommt eine Mischung aus einem Teil oder drei Teilen Natriumcarbonat und einem Teil di-Natriumtetraborat zur Anwendung. Der Anteil an Borax sollte nicht größer sein als der an Natriumcarbonat (KÖSTER, 1979: 36).

Für den Aufschluß der restlichen Oxide im Platintiegel genügen 1 g einer aus Natriumcarbonat und di-Natriumtetraborat bestehenden Mischung. Nach dem Schmelzen des Aufschlußmittels wird die Temperatur 15 Minuten gehalten. Dann den Tiegel mit der Schmelze langsam erkalten lassen. Anschließend werden Tiegel und Deckel in ein 250 ml-Becherglas gelegt und einige ml verdünnte Salzsäure (6,25 mol/l) dazugegeben, bis sich der Aufschluß gelöst hat. Im Gegensatz zum Aufschluß mit reinem Natriumcarbonat darf die erstarrte Schmelze nicht mit deion. Wasser behandelt werden, da sonst die Gefahr einer Hydrolyse (vor allem beim Ti) besteht.

Bei Mineral- und Gesteinsaufschlüssen mit 0,5 g Einwaage muß die acht- bis zehnfache Menge an Aufschlußmittel angewendet werden. Die Aufschlußdauer beträgt dann ebenfalls 45 bis 60 Minuten.

13.2.3 Lithiummetaborat

Lithiummetaborat (Schmelztemperatur 845 °C) ist ein bewährtes Aufschlußmittel für Silicate sowie für Oxide von Al und Cr. Der Aufschluß eignet sich für SiO_2-Bestimmungen (Spektralphotometrie, 14.1.3; Flammen-Atomabsorptionsspektrometrie, 16.31). In diesem Fall dürfen keine Glasgeräte verwendet werden. Es bilden sich lösliche Lithiumsilicate, -aluminate und -chromate (INGAMELLS, 1964; SUHR u. INGAMELLS, 1966; INGAMELLS, 1966).

Reagenzien: Lithiummetaborat, wasserfrei, ($LiBO_2$),
z.B. Spectromelt A 20 von Merck,
Salpetersäure, zur Analyse, w: min. 65 %, c: 14,9 mol/l, ρ: 1,40 g/ml. Verdünnung: 5 Teile Salpetersäure + 95 Teile deion. Wasser, w: 3,3 % HNO_3, c: 0,75 mol HNO_3/l
Siliciumdioxid (SiO_2), 99,999 % (z.B. Ventron Alfa Produkte 7500 Karlsruhe).

Geräte: Platintiegel, 20-30 ml Inhalt, Platindeckel, Tiegelzange mit Platinschuhen
Muffelofen
Wägedosen aus Polypropylen, Nickelspatel, Haarpinsel
Becher aus Polypropylen: 250 ml
Magnetrührer
Polyethylen-Spritzflasche: 500 ml
Meßkolben aus Polypropylen: 100, 250 ml
Polyethylen-Enghalsflaschen: 100, 250 ml
Teflonstab

Arbeitsvorschrift

In getrennten Wägedosen etwa 0,1 g Analysensubstanz und 0,5 g Lithiummetaborat einwiegen. Etwa ein Fünftel des Aufschlußmittels wird auf dem Boden des Platintiegels gleichmäßig verteilt. Nach der Zugabe von drei Fünftel des Aufschlußmittels in die Wägedose mit der Analysensubstanz wird das Ganze mit einem kleinen Glasstab gut gemischt und die Mischung in den Platintiegel überführt. Mit dem verbleibenden Lithiummetaborat werden die Reste der Aufschlußmischung aus der Wägedose quantitativ in den Platintiegel überführt (siehe auch 13.2.1). Anschließend wird im Tiegel die Oberfläche der Aufschlußmischung mit reinem Lithiummetaborat abgedeckt.

Beim Aufschluß zur SiO_2-Bestimmung kann zur Vermeidung von Substanzverlusten die Probe direkt in den Platintiegel eingewogen werden. Nach Zugabe des Aufschlußmittels Probe und Lithiummetaborat mit einem Teflonstab homogenisieren. Der Platintiegel wird langsam auf 900 - 950 °C erhitzt und diese Temperatur 30 Minuten gehalten. Nach dem Erkalten der Schmelze werden Tiegel und Deckel in einen 250 ml-Becher aus Polypropylen gestellt. Mit 50 ml der kalten verdünnten Salpetersäure wird zunächst der Platintiegel gefüllt und das restliche Volumen in den Polypropylenbecher gegeben. Mittels eines kleinen und teflonüberzogenen Magnetrührstäbchens wird die erstarrte Schmelze aus dem Platintiegel gelöst. Das geschieht ohne Erwärmung und durch *langsame* Bewegung des Rührstäbchens mit ständig wechselnder Drehrichtung auf speziell hierfür eingerichteten Magnetrührern. Zum Herauslösen dürfen die Rührstäbchen nicht in durchgehender Drehbewegung gehalten werden, da sich sonst der Platintiegel verformt. Der Platintiegel ist während dieses Vorganges mit dem Deckel bedeckt. Das Herauslösen dauert 60-90 Minuten. Auf keinen Fall den Lösevorgang unterbrechen, schon gar nicht über Nacht. Andernfalls gelingt es nicht, die Schmelze in einer vergleichsweise kurzen Zeit in eine klare Lösung zu überführen. Darin besteht der Trick des Herauslösens der erstarrten Schmelze aus dem Platintiegel.

Die klare Aufschlußlösung wird quantitativ in einen 250 ml-Meßkolben überführt und mit deion. Wasser bis zur Ringmarke aufgefüllt. Bei niedrigen SiO_2-Anteilen in der Probe genügen auch 100 ml-Meßkolben. Die Stoffmengenkonzentration an HNO_3 beträgt etwa 0,15 mol/l (250 ml-Meßkolben) bzw. 0,38 mol/l (100 ml-Meßkolben). Bei 10-80 % SiO_2 in der Einwaage (Probesubstanz) enthält die Aufschlußlösung 40-320 µg SiO_2/ml (250 ml-Meßkolben) bzw. 100-800 µg SiO_2/ml (100 ml-Meßkolben). In den Aufschlußlösungen sollte noch am gleichen Tag das SiO_2 gemessen werden. Allerdings sind die Lösungen auch mehrere Tage haltbar.

13.2.4 Lithiummetaborat-Lithiumtetraborat-Aufschluß zur SiO_2-Bestimmung

Der nachfolgend beschriebene Aufschluß entspricht einer Arbeitsvorschrift von SHAPIRO (1974). Er ist geeignet für die SiO_2-Bestimmung mittels Spektralphotometrie (14.1.3) und Flammen-Atomabsorptionsspektrometrie (16.31).

Reagenzien: Lithiummetaborat, wasserfrei ($LiBO_2$),
z.B. Spektromelt A 20 von Merck
di-Lithiumtetraborat, zur Analyse, ($Li_2B_4O_7$)
Aufschlußmittel: 1 Teil $LiBO_2$ + 2 Teile $Li_2B_4O_7$
Salpetersäure, zur Analyse, w: min. 65 %, c: 14,9 mol/l, ρ: 1,40 g/ml. Verdünnung: 1 Teil Salpetersäure + 1 Teil deion. Wasser
Siliciumdioxid (SiO_2) 99,999 % (z.B. Ventron Alfa Produkte 7500 Karlsruhe)

Geräte: Platintiegel 20-30 ml Inhalt, Platindeckel
Tiegelzange mit Platinschuhen
Muffelofen
Wägedosen aus Polypropylen, Nickelspatel, Haarpinsel
Becher aus Polypropylen: 250 ml
Magnetrührer
Polyethylen-Spritzflasche: 500 ml
Meßkolben aus Polypropylen: 100, 250 ml
Polyethylen-Enghalsflaschen: 100, 250 ml
Teflonstab

Arbeitsvorschrift

In getrennten Wägedosen werden 0,05-0,1 g Analysensubstanz und 0,5 g Aufschlußmischung eingewogen. Die Analysensubstanz wird mit dem Aufschlußmittel vermischt und quantitativ in den Platintiegel überführt. Der Tiegel wird für eine Stunde bei 1000 °C in einen Muffelofen gestellt. Anschließend den Tiegel auf Zimmertemperatur abkühlen lassen.

Das Herauslösen der erstarrten Schmelze erfolgt wie unter 13.2.3 (Lithiummetaborat-Aufschluß) beschrieben.

13.2.5 Kaliumdisulfat

Kaliumdisulfat ist eine wirksame Verbindung zum Aufschluß geglühter Oxide der Verbindungen R_2O_3 (Sesquioxide, Abschnitt 14.3.1, 14.4.1) sowie von Oxiden wie TiO_2. Probleme gibt es allerdings beim Aufschluß von Al_2O_3. Kaliumdisulfat ist nicht geeignet zum Aufschluß von Silicaten (JOHNSON u. MAXWELL, 1981: 111). Die Wirkung dieses Aufschlußmittels beruht auf der Reaktion von SO_3 mit den Metalloxiden unter Bildung der entsprechenden Sulfate.

Natriumdisulfat gibt schneller SO_3 ab als das Kaliumdisulfat. Das ist ein Nachteil, da das nach dem vollständigen Entweichen von SO_3 zurückbleibende Na_2SO_4 bzw. K_2SO_4 keine Aufschlußwirkung mehr hat. Hier besteht für den Anfänger eine Schwierigkeit. Durch zu schnelles Erhitzen kann bereits innerhalb weniger Minuten das gesamte SO_3 entweichen, während für den Aufschluß der Verbindungen R_2O_3 etwa 15 Minuten und von TiO_2 sogar bis zu 30 Minuten benötigt werden.

Falls das SO_3 entwichen und der Aufschluß noch nicht quantitativ verlaufen ist, kann das Aufschlußmittel *"regeneriert"* werden, indem man zu der auf Zimmertemperatur (wichtig!) abgekühlten und erstarrten Schmelze ein oder zwei Tropfen konzentrierte Schwefelsäure (17,8-18,2 mol/l) hinzufügt und bei aufgelegtem Tiegeldeckel die Substanz wieder langsam bis zum Schmelzen erhitzt (HILLEBRAND et al., 1953: 842).

Kaliumdisulfat beginnt bei Temperaturen über 300 °C zu schmelzen, und ab 450 °C entweicht SO_3. Der Aufschluß wird normalerweise in Platintiegeln vorgenommen. Dabei ist zu beachten, daß bei hohen Temperaturen (rotglühend) der Platintiegel durch das geschmolzene Kaliumdisulfat stark angegriffen wird. Aus diesem Grund sollte bei Kaliumdisulfat-Aufschlüssen in Platintiegeln die Schmelztemperatur des Aufschlußmittels nur wenig überschritten werden (höchstens schwache Rotglut). Kaliumdisulfat-Aufschlüsse können auch in Nickel- oder besser Quarztiegeln ausgeführt werden. Die Verwendung von Porzellantiegeln ist nicht zu empfehlen, da hierbei Aluminium aus der Tiegelwandung herausgelöst wird (JANDER u. WENDT, 1948: 230).

Reagenzien: Kaliumdisulfat (Kaliumpyrosulfat), zur Analyse
Schwefelsäure, zur Analyse, w: min. 25 %, c: 3,0 mol/l, ρ: 1,18 g/ml. Verdünnung: 10 Teile Schwefelsäure + 90 Teile deion. Wasser, w: 2,4 % H_2SO_4 c: 0,24 mol H_2SO_4/l
Schwefelsäure, zur Analyse, w: 95-97 %, c: 17,8-18,2 mol/l, ρ: 1,84 g/ml

Geräte: siehe Abschnitt 13.2.1

Arbeitsvorschrift

Die geglühten Sesquioxide (Abschnitte 14.3.1, 14.4.1) können nicht nur mit einer Mischung aus Natriumcarbonat und di-Natriumtetraborat (Abschnitt 13.2.2) aufgeschlossen werden, sondern auch mit Kaliumdisulfat. In diesem Fall gibt man zu den Oxiden 2 bis 3 g gepulvertes Kaliumdisulfat in den Platintiegel. Ohne vorher umzurühren (Gefahr von Substanzverlusten), wird der bedeckte Tiegel vorsichtig erhitzt, bis das Kaliumdisulfat geschmolzen ist. Dabei soll möglichst keine Substanz an den Deckel des Tiegels spritzen. Dann wird die Temperatur 15 Minuten gehalten. SO_3 darf nur in geringen Anteilen entweichen. Der Tiegelinhalt muß mehrmals leicht (Vorsicht!) umgeschwenkt werden, damit die schweren und sich am Tiegelboden ansammelnden Oxide quantitativ mit dem Aufschlußmittel reagieren können. In dieser Prozedur besteht eine weitere Fehlerquelle für Anfänger. Die Vollständigkeit des Aufschlusses ist an einer völlig klaren Schmelze zu erkennen.

Falls sich zuviel K_2SO_4 gebildet hat, neigt die Schmelze zum schnellen Erstarren und zur Trübung. Dann muß nach dem Abkühlen der Schmelze auf Raumtemperatur, wie oben bereits erwähnt, das Aufschlußmittel mit Schwefelsäure *"regeneriert"* werden.

Die Schmelze läßt man im schräggestellten Tiegel erstarren (siehe Abschnitt 13.2.1 unter Schmelzen der Aufschlußmischung). Dann wird versucht, den Aufschluß durch leichtes Drücken (vorsichtig!) von der Wandung des Platintiegels abzulösen. Gelingt das, wird die Aufschlußmasse in ein 250 ml-Becherglas gelegt, in welchem sich etwa 50 ml Schwefelsäure (0,24 mol/l) befinden. Die im Platintiegel zurückgebliebenen Aufschlußreste werden ebenfalls mit wenigen ml Schwefelsäure gleicher Konzentration herausgelöst und in das Becherglas übergespült. Falls sich die erstarrte Schmelze nicht durch leichtes Drücken aus dem Platintiegel herauslösen läßt, werden Tiegel plus erstarrte Schmelze in das Becherglas mit 50 ml Schwefelsäure gelegt. Unter leichtem Erwärmen geht der Aufschluß in Lösung.

Falls die Lösung nicht ganz klar ist, war der Aufschluß unvollständig. Die H_2SO_4-haltige klare Lösung wird in einen 250 ml-Meßkolben überführt und mit deion. Wasser bis zur Ringmarke aufgefüllt. Die Lösung enthält 0,05 mol H_2SO_4/l. Unter Verwendung von Kaliumdisulfat als Aufschlußmittel läßt sich aus TiO_2 eine Stammlösung herstellen, welche beispielsweise für die spektralphotometrische Bestimmung von Titan verwendet werden kann (Abschnitt 14.2.1).

13.2.6 Kaliumhydroxid

Kalium- und Natriumhydroxid eignen sich zum Aufschluß von Silicaten, Erdalkalisulfaten, Oxiden und Phosphaten (z.B. JOHNSON u. MAXWELL, 1981: 106). Ein Beispiel ist die Bestimmung von SiO_2 in Gesteinen mittels eines titrimetrischen Verfahrens (Abschnitt 14.1.2). Die Schmelztemperaturen betragen für KOH 360 °C, für NaOH 322 °C.

Für Spurenelementbestimmungen werden Hydroxidaufschlüsse nur in Ausnahmefällen angewendet. Die geschmolzenen Hydroxide greifen Tiegelmaterialien wie Nickel, Silber, Gold, Platin und Zirkonium an. Außerdem enthalten die Aufschlußsubstanzen selbst Spurenelemente in störenden Anteilen. Und schließlich ist zu bedenken, daß bei der Spurenelementanalyse die hohen Anteile an den Hauptkomponenten der Aufschlußverbindungen die Bestimmungsverfahren unkontrollierbar beeinflussen.

Reagenzien: Kaliumhydroxid, Plätzchen zur Analyse
Salzsäure, zur Analyse, w: min. 37 %, c: 12,5 mol/l, ρ: 1,19 g/ml
Salpetersäure, zur Analyse, w: min. 65 %, c: 14,9 mol/l, ρ:1,40 g/ml

Geräte: Schmelztiegel aus Reinnickel (99,5 %), Wandstärke 1 mm, 70 ml Inhalt, 50 mm ∅, 45 mm hoch, mit Deckel
es kann auch ein Silbertiegel mit Deckel verwendet werden
Stativ, Stativring, Gasbrenner (Teclubrenner)
Wägeschiffchen, Nickelspatel, Haarpinsel
400 ml-Becherglas
400 ml-Becher aus Polypropylen
Uhrgläser
Glaskolben-Spritzflasche: 1000 ml
Wasserbad
Platte mit Kantenlänge 10 x 10 cm aus feuerbeständigem Material (*kein Asbest*) und einer dem Tiegeldurchmesser angepaßten Bohrung, in welche der Tiegel bis zu einem Drittel seiner Höhe hineinpaßt.

Arbeitsvorschrift

Die Arbeitsvorschrift bezieht sich auf die unter Abschnitt 14.1.2 beschriebene titrimetrische Bestimmung von SiO_2. Die Aufschlußmethode ist aber auch für andere Gesteinsanalysen, eventuell mit kleinen Änderungen, anwendbar. Für die titrimetrische SiO_2-Bestimmung wird als Aufschlußmittel Kaliumhydroxid und nicht Natriumhydroxid benutzt, weil Na-Ionen die Löslichkeit des für die SiO_2-Bestimmung erzeugten K_2SiF_6-Niederschlages erhöhen (THIELICKE, 1970).

2 g Kaliumhydroxid werden in einem Nickel- oder Silbertiegel eingewogen. Nach dem Auflegen des Deckels den Tiegel in die Platte aus feuerbeständigem Material stecken und vorsichtig erhitzen, bis der Boden mit geschmolzenem KOH gleichmäßig bedeckt ist. Dann bis auf Zimmertemperatur abkühlen lassen. Etwa 0,1 g der Analysensubstanz einwiegen (Wägeschiffchen) und diese dann vorsichtig auf die erkaltete Schmelze geben (keine Substanz an die Tiegelwand bringen). Langsam den Tiegelboden bis zur Dunkelrotglut erhitzen (Vorsicht! Kaliumhydroxid spritzt leicht) und unter leichtem Schwenken des Tiegels die Temperatur mindestens 20 Minuten halten. Dann den Aufschluß auf Zimmertemperatur abkühlen lassen.

Zum Lösen der abgekühlten Schmelze 10 ml deion. Wasser in den Tiegel geben, den Deckel auflegen und das Schmelzgefäß 10 Minuten auf einem Wasserbad bei 95 °C temperieren. Inzwischen in ein 400 ml-Becherglas 5 ml konzentrierte Salzsäure (12,5 mol HCl/l) und 10 ml deion. Wasser geben. Nach dem Lösen der Schmelze zunächst den Tiegeldeckel in das Becherglas legen, um eventuell daran haftende Kaliumhydroxid-Teilchen in Lösung zu bringen. Nach einigen Minuten wird der Deckel herausgenommen, mit deion.Wasser abgespült und der Inhalt des Tiegels in das Becherglas übergespült. Zum Herauslösen der Schmelzreste weitere 5 ml konzentrierte Salzsäure und 5 ml deion. Wasser in den Tiegel geben, den Deckel auflegen und nochmals 5 Minuten auf dem Wasserbad erwärmen. Anschließend wird der Inhalt des Tiegels ebenfalls in das 400 ml-Becherglas überführt. Zu der gelösten Schmelze werden noch je 5 ml konzentrierte Salzsäure und Salpetersäure in das Becherglas gegeben. Dann wird der Inhalt des Becherglases 2 Minuten gekocht (Gefäß mit Uhrglas bedecken, mehrmals umschwenken) und nach dem Abkühlen auf Raumtemperatur mit deion. Wasser in einen 400 ml-Becher aus Polypropylen übergespült. Die Aufschlußlösung muß nach dem Kochen völlig klar sein und sofort weiterbehandelt werden (siehe Abschnitt 14.1.2). Die Lösung darf nicht über Nacht stehenbleiben, da sich dann teilweise SiO_2 abscheiden kann. Das Gesamtvolumen der Aufschlußlösung sollte 100 - 150 ml nicht überschreiten, damit die folgende Ausfällung des K_2SiF_6 nicht zu langsam erfolgt.

13.3 Säureaufschlüsse für Silicate und Oxide

13.3.1 Aufschlüsse in offenen Gefäßen unter Atmosphärendruck

Säureaufschlüsse lassen sich für viele natürlich vorkommende Verbindungen unter normalen Druckbedingungen in Gefäßen aus Platin, Polytetrafluorethylen (PTFE, Teflon) und anderen Materialien (Silber, Nickel u.a.) durchführen. Für die häufig verwendeten PTFE-Gefäße liegt die Temperatur-Dauerbelastung zwischen -200 und + 260 °C. Zur Durchführung von Silicatanalysen werden also nicht unbedingt Autoklaven für die Aufschlußarbeiten benötigt.

Für die Säureaufschlüsse sind Schalen mit Ausguß und folgenden Abmessungen zu empfehlen: Durchmesser etwa 70 mm, Höhe etwa 37 mm, Inhalt 90 bis 100 ml. Erhitzt werden die Gefäße normalerweise auf dem Wasser- oder Sandbad. Sollen PTFE-Schalen auf ein Sandbad gestellt werden, ist die Temperaturbegrenzung und -regulierung zu beachten! Bei der Verwendung von Platingeräten ist darauf zu achten, daß keine Gemische aus Salpetersäure und Salzsäure auf das Metall einwirken (siehe Abschnitt 18).

Vor allem darf keine Perchlorsäure auf Substanzen mit organischen und/oder leicht oxidierbaren anorganischen Komponenten einwirken. Es besteht sonst die Gefahr von explosionsartigen Reaktionen bei der Oxidation von Elementen und Verbindungen durch Perchlorsäure (siehe Abschnitt 21). Müssen leicht oxidierbare Substanzen mit Perchlorsäure behandelt werden, ist folgende Prozedur zu empfehlen: Zu der Analysenprobe werden in das Aufschlußgefäß bei Zimmertemperatur in der Reihenfolge 3 bis 4 Volumenteile Salpetersäure und 1 Volumenteil Perchlorsäure gegeben. Dann etwa 30 Minuten ebenfalls bei Raumtemperatur den Aufschluß stehen lassen. In dieser Zeit kann die Salpetersäure bereits einen Teil der Komponenten oxidieren, bevor das Säuregemisch und die Substanz langsam auf 100 °C erhitzt werden.

Das Abrauchen von Salpetersäure und besonders das von Perchlorsäure erfordert spezielle Abzüge. Letztere dürfen nicht aus Holz oder ähnlichen Materialien bestehen, auch dann nicht, wenn sie durch andere Werkstoffe vollständig umkleidet sind. Über Haarrisse und unzureichende Verfugungen können sich im Verlauf von Monaten und Jahren Verbindungen bilden, welche bei Schlag, Stoß oder Hitze explosionsartig reagieren. Dadurch ist es wiederholt zu teilweise schweren Unfällen gekommen (z.B. in *"Sichere Chemiearbeit", 1983*).

13.3.2 Aufschlüsse in Autoklaven

Säureaufschlüsse lassen sich grundsätzlich auch in Autoklaven mit Teflongefäßen bei Temperaturen zwischen 110-200 °C und Drucken bis etwa 2 MPa (20 bar) ausführen (z.B. BERNAS, 1968; BOCK, 1972, 1980; DOLEŽAL et al., 1969; HEINRICHS et al., 1986; ITO, 1962; KNAPP, 1984; KOTZ et al., 1972; LANGMYHR u. PAUS, 1970; LUECKE, 1971; MAY u. ROWE, 1965; SCHRAMEL et al., 1980; STOEPPLER et al., 1979; WAHLER, 1964; WOOLLEY, 1975). Im Vergleich zu Aufschlüssen unter Atmosphärendruck werden in Autoklaven Minerale wie Cordierit, Sillimanit, Turmalin, Granat, Magnetit, Ilmenit, Chromit, Rutil, Korund und andere leichter bzw. vollständig aufgeschlossen, und die Aufschlußzeit wird verkürzt. Da die Reaktionen in einem geschlossenen Gefäß stattfinden, ist bei der Spurenelementanalyse die Laboratmosphäre als mögliche Quelle von Kontaminationen auszuschließen. Dagegen ist nach dem Aufschluß unter Druck beim Abrauchen der Säuren ebenso mit Elementverlusten zu rechnen wie bei den Säureaufschlüssen unter normalen Druckbedingungen (siehe Tabelle 13-3, außerdem KOTZ et al., 1972).

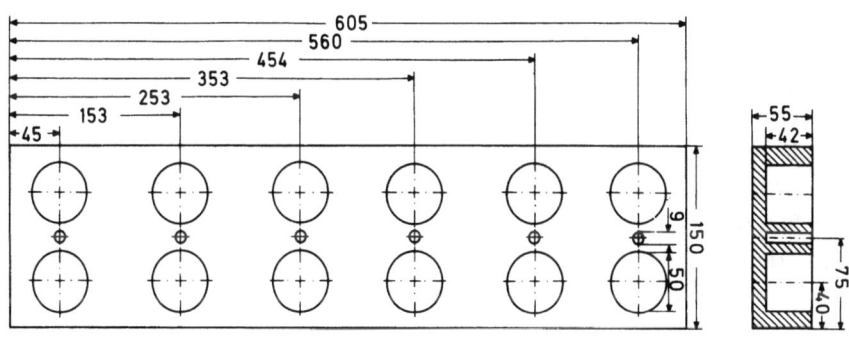

Maße in mm

Abb. 13-3. Heizblock aus Aluminium zur Aufnahme der Aufschlußgefäße aus Polytetrafluorethylen (Teflon) zusammen mit den Aluminium-Stützrohren.

Vorsicht ist geboten beim Aufschluß mit Perchlorsäure, vor allem bei Anwesenheit organischer Substanzen in den Proben. In diesem Fall empfiehlt es sich, die Oxidation der organischen Komponenten zunächst unter Atmosphärendruck mit Salpetersäure vorzunehmen. Das Teflongefäß mit der Probe wird zunächst in einen Heizblock gestellt und der Aufschluß langsam erwärmt (Abb. 13-3). Erst nach der Oxidation des organischen Materials wird zu der auf Zimmertemperatur abgekühlten Lösung Perchlorsäure hinzugefügt und der Aufschluß im Autoklav unter langsamer Temperatursteigerung fortgesetzt.

Für die Ausführung von Säureaufschlüssen hat Herr K. Schröder (Institut für Mineralogie und Mineralische Rohstoffe der TU Clausthal) in Verbindung mit einer Ceran-Heizplatte einen Heizblock konstruiert, welcher einen gleichmäßigen Wärmefluß an allen eingesetzten Aufschlußgefäßen gewährleistet.

Der Autoklav sollte so konstruiert sein, daß sich kein großer Überdruck im Reaktionsgefäß aufbauen kann. Außerdem sind für die Aufschlüsse keine großen Drucke erforderlich.

Ein Autoklav, welcher für den Aufschluß von Silicaten und anderen Verbindungen geeignet ist, wird von WAHLER (1964) beschrieben. Das Druckgefäß besteht aus einer Al-Cu-Mg-Pb-Legierung und das Aufschlußgefäß aus Polytetrafluorethylen (PTFE, Teflon). Teflon wird von den Aufschlußsäuren nicht angegriffen und ist temperaturbeständig bis 260 °C. Allerdings verformt sich das Material bereits bei Temperaturen über 180 °C. Das Aufschlußgerät hat ein Volumen von 35 ml (siehe HERRMANN, 1975).

Ausgehend von einer mehr als zehnjährigen Erfahrung mit dem Aufschlußsystem von WAHLER wurde von HEINRICHS et al. (1986) ein verbessertes Druckaufschlußsystem entwickelt. Dieses System wird von der Firma Umweltanalytik in Göttingen[1] vertrieben.

Das Aufschlußsystem von HEINRICHS et al. (1986) besteht aus einer Edelstahlhalterung (Bezeichnung nach DIN 17 006: X 12 CrNi 18 8, entspricht Werkstoff-Nr. 4300) und 6 mit Aluminium ummantelten Teflongefäßen, die einzeln zwischen Grund- und Deckplatte gestellt und arretiert werden (vergleiche hierzu Abb. 13-4, 13-5, 13-6).

Die Edelstahlhalterung ist aus drei verschraubten Teilen aufgebaut: 1. einer runden Grundplatte mit zentralem Gewinde, 2. einer Mittelsäule, die in die Grundplatte eingeschraubt wird, 3. der Deckplatte, die ebenfalls mit der Säule verschraubt ist. In die Deckplatte sind kreisförmig um das Zentralgewinde 6 Gewinde für M 10 Schrauben geschnitten. Mit letzteren werden die Deckel und Becher der Aufschlußgefäße zusammengedrückt und gleichzeitig die 6 um den Mittelsteg angeordneten Becher arretiert. Die Aufschlußbecher mit etwa 30 ml Inhalt sowie die Deckel sind aus gezogenem Teflon gedreht. Der Deckel hat eine Paßkante, die ein Verrutschen nach dem Schließen des Bechers verhindert. Der Becher ist mit einem Aluminiumrohr ummantelt, welches vom Rand des Teflonbechers überlappt wird.

Das Teflonmaterial muß vor der Verarbeitung über eine längere Zeitspanne (etwa 10 Stunden) auf 200 °C erhitzt werden, um spätere Verformungen zu

---

[1]) Firma Umweltanalytik, W. Schultz, Jüdenstraße 15, 3400 Göttingen

vermeiden. Die fertig gedrehten Becher werden in der Aluminiumummantelung erneut für einige Stunden auf 200 °C aufgeheizt. Nach der Abkühlung müssen die Stirnflächen der Becher noch einmal plangedreht werden. In den Teflondeckeln ist eine Platte aus Edelstahl oder Aluminium mit einer zentralen Vertiefung eingelassen, in welcher die Arretierschraube einrastet.

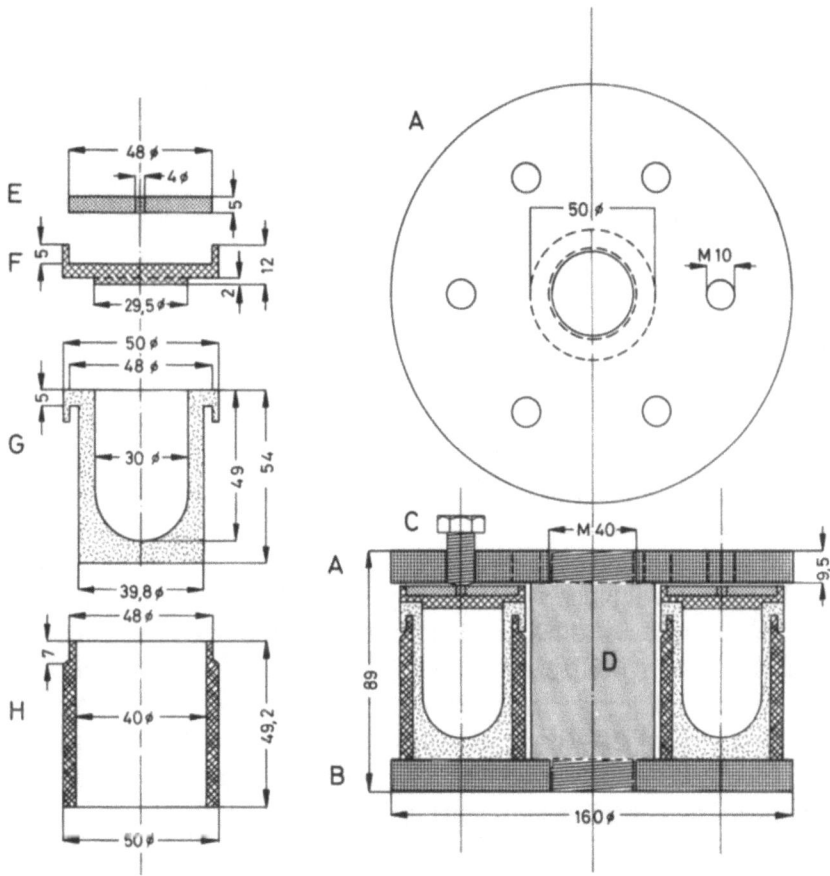

Abb. 13-4. Druckaufschluß-System nach HEINRICHS et al. (1986).

Durch die Konstruktion mit den freistehenden Aufschlußgefäßen und den Teflonüberlappungen am Becher und Deckel ist auch nach längerer Benutzung der Autoklaven und Korrosion an den Halterungen, Druckplatten und Becherummantelungen durch Säuredämpfe ein nahezu kontaminationsfreies Arbeiten möglich.

Abb. 13-5. Teflon-Druckaufschlußbecher nach HEINRICHS et al. (1986) mit Ummantelung aus Aluminium.

Der Aufschlußblock wird wie folgt gehandhabt: Nach Einwaage von 0,1-0,5 g Probematerial direkt in den Teflonbecher werden mit einer Pipette die Aufschluß-Säuren hinzugegeben und der Becher mit dem Deckel verschlossen. Dann wird der Becher in die Halterung geschoben und die Arretierschraube mit der Hand festgedreht. Beim Erhitzen dehnt sich Teflon aus, so daß sich das Gefäß von selbst verschließt. Nachdem die 6 Becher in den Halterungen verankert sind, wird der gesamte Block auf einer Heizbank oder besser in einem Heizschrank (z.B. Trockenschrank) *langsam* auf 170-190°C aufgeheizt. Die Aufschlußzeit beträgt entsprechend dem aufzuschließenden Material 4-8 Stunden.

Der sich im Gefäß aufbauende Druck soll 2 MPa (20 bar) nicht überschreiten. Die freistehende und ungestützte PTFE-Wandung des Tiegels ist Dichtung und zugleich Scherfläche. Die Scherfläche dient zur Überdrucksicherung. Trotzdem ist gewährleistet, daß bei leicht angezogener Verschlußschraube größere Überdrücke nicht entstehen können.

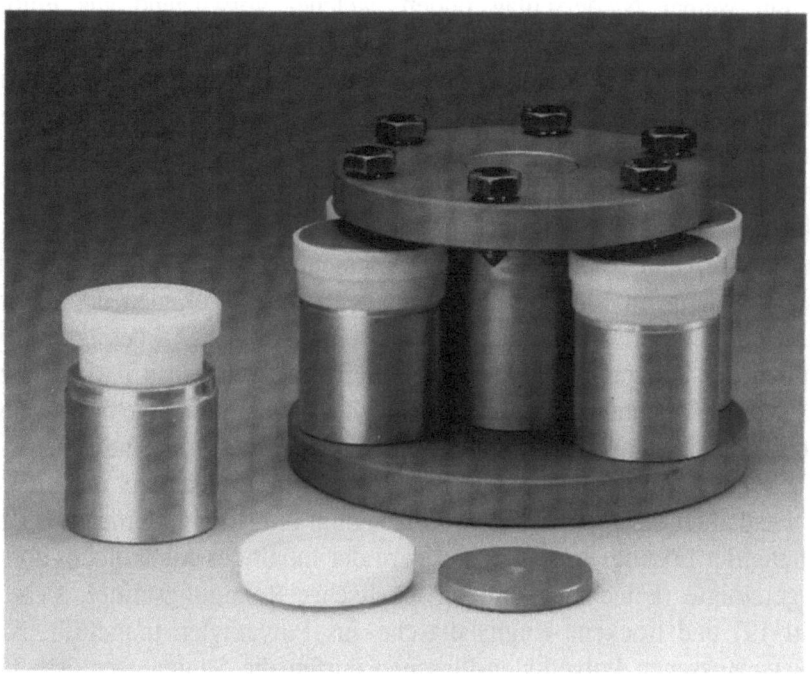

Abb. 13-6. Einzelteile des modifizierten Druckaufschlußsystems nach HEINRICHS et al. (1986) mit verkleinerter Deckplatte. Die Halterung besteht hier aus eloxiertem Aluminium.

Nach der Abkühlung des Blocks auf Zimmertemperatur werden die Becher herausgenommen und geöffnet. Bei Benutzung eines Heizschrankes mit Zeitschaltuhr kann nach entsprechender Einstellung die Aufheizung und Abkühlung der Aufschlußgefäße über Nacht vorgenommen werden.

Die Becher mit den Teflon-Aufschlußgefäßen werden dann in den Heizblock gestellt (Abb. 13-3.), wo bei Temperaturen zwischen 150–200 °C zunächst die Säuren abgeraucht werden. Nach erneuter Zugabe von Säure muß bei der Analyse von Hauptkomponenten das Abrauchen mindestens 2 bis 4mal wiederholt werden. Hierfür müssen, je nach Volumen der Aufschlußsäuren, mehrere Stunden veranschlagt werden.

Zur kontinuierlichen Durchführung von Aufschlüssen empfiehlt es sich, zwei Druckaufschlußsysteme verfügbar zu haben. Auf diese Weise ist es möglich, während des Abrauchens neue Proben aufzuschließen.

Beim Abrauchen ist darauf zu achten, daß der Rückstand nicht völlig austrocknet. In diesem Fall zersetzen sich leicht Sulfate oder Chloride unter Bildung von Oxiden. Letztere lassen sich nur schwer wieder in Lösung bringen. Nach der Verwendung von Flußsäure kann sich im Aufschlußgefäß auch ein weißer Niederschlag bilden, welcher vorwiegend aus Fluoriden besteht und etwa 35 % Al, 0,20 % Ca und 0,01 % Si enthält. In diesem Fall muß der Aufschluß mehrmals mit konzentrierter Salzsäure (12,5 mol/l) abgeraucht werden, da sonst nach dem Überführen der Aufschlußlösung in einen Meßkolben dort ein weißer Rückstand sichtbar wird, der sich nur schwer oder gar nicht in Lösung bringen läßt.

Nach mehrmaligem Abrauchen wird der noch feuchte Rückstand mit deion. Wasser und soviel Säure aufgenommen, daß nach dem Auffüllen der Aufschlußlösung im Meßkolben auf ein bestimmtes Volumen die Stoffmengenkonzentration etwa 0,1 mol HCl/l oder 0,05 mol H_2SO_4/l beträgt. Vor dem Umfüllen der Aufschlußlösung in den Meßkolben wird das Aufschlußgefäß im Heizblock nochmals erwärmt, eventuell unter mehrmaligem Umschwenken der Lösung (Vorsicht!), bis sich der Bodenkörper vollständig gelöst hat.

Nach dem Auffüllen der Aufschlußlösung im Meßkolben muß derselbe unter Festhalten des Stopfens etwa zwanzigmal umgedreht werden zur Durchmischung der Lösung. Anschließend wird der Inhalt des Meßkolbens sofort in eine gereinigte (keine Verwendung alkalischer Reinigungsmittel, siehe Abschnitt 19) und trockene Enghalsflasche aus Polyethylen umgefüllt. Nur in fest verschlossenen Polyethylen-Flaschen dürfen die Säureaufschlüsse länger aufbewahrt werden.

Minerale, die beim Aufschluß unter normalen Druckbedingungen als schwerlöslich eingestuft werden, lassen sich auch unter erhöhten Drucken manchmal schwierig zersetzen. In einem solchen Fall ist zu prüfen, ob die Korngröße der Analysensubstanz tatsächlich durchweg < 0,125 mm ist (Abschnitt 7). Möglicherweise hat während des Aufschlusses auch keine ständige Durchmischung zwischen der festen Probe und dem Säuregemisch stattgefunden. In diesem Fall empfiehlt es sich, nach der Abkühlung der Aufschlußgefäße diese in den Heizblock zu setzen. Dort wird das Säuregemisch abgeraucht, die Prozedur ist mehrmals zu wiederholen. Anschließend wird nochmals im Autoklav der Aufschluß unter Druck fortgesetzt und das Abrauchen im Heizblock wiederholt.

Wenn alle Versuche eines Aufschlusses mit Säuren unter normalem und erhöhtem Druck fehlschlagen, muß ein Schmelzaufschluß ausgeführt werden.

13.3.3 Flußsäure und Perchlorsäure

Die meisten Alkali- und Erdalkalisilicate lassen sich mit einem Gemisch aus Flußsäure und Perchlorsäure gut aufschließen. Weniger gut verläuft die Zersetzung einiger Oxide wie Spinelle und Titanoxid (KÖSTER, 1979: 30).

Beim Flußsäure-Perchlorsäure-Aufschluß sind die Perchlorate mit Ausnahme der K-, Rb- und Cs-Verbindungen leicht löslich. Es ist schwierig, durch Abrauchen der aufgeschlossenen Substanz mit Säuren die letzten Anteile an Flußsäure zu entfernen (BOCK, 1972; HILLEBRAND et al., 1953; JOHNSON u. MAXWELL, 1981: 96). Verschiedentlich wird empfohlen, die restliche Flußsäure durch Zusatz von Borsäure als Fluoroborsäure (HBF_4) zu binden (z.B. BARNEBEY, 1915; HILLEBRAND et al., 1953: 914). Diese Reaktion verläuft aber offensichtlich nicht quantitativ, während Aluminiumtrichlorid besser zur Bindung von HF geeignet ist (GRAFF u. LANGMYHR, 1959). Die weitgehende Entfernung von Fluorid aus der Aufschlußlösung ist notwendig, da sonst schwerlösliche Fluoridverbindungen entstehen können (Abschnitt 13.3.2).

Mit Ausnahme von Silicium sind die normalerweise zu bestimmenden Hauptkomponenten eines Gesteins beim Abrauchen der Säuren nicht flüchtig (z.B. CHAPMANN et al., 1949; POHL bei WAHLER, 1964; WAHLER, 1964). Über mögliche Elementverluste siehe Tabelle 13-3 sowie CHAPMANN et al. (1949), SANDELL (1959).

Es muß immer wieder darauf hingewiesen werden, daß beim Arbeiten mit Perchlorsäure größte Vorsicht geboten ist. Die Perchlorsäure darf weder bei Zimmertemperatur noch bei höheren Temperaturen mit leicht oxidierbaren Substanzen in Berührung kommen (Abschnitte 13.3.1 und 21).

Reagenzien: Flußsäure, zur Analyse, w: min. 40 %, c: 22,6 mol/l, ρ: 1,13 g/ml
Perchlorsäure, zur Analyse, w: min. 70 %, c: 11,6 mol/l, ρ: 1,67 g/ml
Salzsäure, zur Analyse, w: min. 37 %, c: 12,5 mol/l, ρ: 1,19 g/ml
Salpetersäure, zur Analyse, w: min. 65 %, c: 14,9 mol/l, ρ: 1,40 g/ml

Geräte: Platinschale mit einem ⌀ von 70 mm und 90 ml Inhalt für Aufschlüsse unter normalen Druckbedingungen oder
Autoklav mit Teflon-Aufschlußgefäßen (30-35 ml Inhalt) für Aufschlüsse unter erhöhten Drucken
Platinspatel, Platinzange
Meßzylinder aus Polypropylen: 50 ml
Meßpipetten aus Polypropylen: 1, 5 ml
Meßkolben aus Glas: 100, 250, 500 ml
Meßkolben aus Polypropylen: 25, 50, 100 ml

13 Aufschlüsse

Arbeitsvorschrift für Hauptkomponenten

1. Einwaage:

Die aufzuschließende Probemenge richtet sich nach den Verfahren, welche zur Bestimmung der einzelnen Elemente angewendet werden sollen. Die folgenden Angaben beziehen sich auf die Bestimmung von Al_2O_3, Fe_2O_3, CaO, MgO, Na_2O, K_2O, TiO_2, P_2O_5 und MnO mit Methoden der Spektralphotometrie, der Flammen-Atomabsorptionsspektrometrie (AAS) und der Flammen-Atomemissionsspektrometrie (AES).

Es werden 0,1-0,2 g Probesubstanz für den Aufschluß sowohl unter normalen Druckbedingungen (Platinschale) als auch unter erhöhten Drucken angewendet. Für Spurenelementbestimmungen, aber auch für Haupt- und Nebenbestandteile, genügen vielfach Einwaagen von etwa 0,1 g. Größere Einwaagen bereiten nach dem Aufschluß und dem Abrauchen der Säuren manchmal Schwierigkeiten beim Lösen des Aufschlußrückstandes. Es ist zu empfehlen, die Probemengen direkt in die Teflon-Aufschlußgefäße einzuwiegen.

Die Aufschlußgefäße müssen sorgfältig von möglichen Kontaminationen freigehalten werden. Es dürfen für die Säureaufschlüsse keine Platingefäße verwendet werden, in denen auch Schmelzaufschlüsse ausgeführt werden (mögliche Fehler bei den Na- und K-Bestimmungen!). Die Aufschlußgefäße aus Teflon müssen mit Königswasser gereinigt werden (Abschnitt 19).

2. Aufschluß:

Nach der Einwaage muß die trockene Analysenprobe zunächst mit einigen Tropfen deion. Wasser befeuchtet werden. Nicht die Säuren direkt auf das trockene Gesteinspulver geben, da sonst durch schnelle Reaktionsabläufe Teile der Substanz verspritzen können.

Der Aufschluß unter normalen Druckbedingungen erfolgt in einer Platinschale auf einem etwa 100 °C heißen Sandbad. Nach dem Befeuchten der Probesubstanz mit Wasser werden in der Reihenfolge 25 ml Flußsäure und 5 ml Perchlorsäure (Meßzylinder) in die Platinschale gegeben. Das Säuregemisch wird abgeraucht, jedoch nicht bis zur Trockne, da sich sonst schwerlösliche Oxide bilden. Der Vorgang wird dreimal mit dem Säuregemisch wiederholt. Dabei sollte die Substanz mit dem Platinspatel umgerührt werden. Nicht mit den ungeschützten Fingern den Spatel anfassen. Platinzange benutzen.

Anschließend wird der Rückstand drei- bis viermal mit einer Mischung aus 20 ml deion. Wasser und 10 ml Salzsäure (12,5 mol/l) abgeraucht.

Nach diesen Arbeitsgängen ist die Substanz normalerweise vollständig aufgeschlossen. Die bei den Analysenverfahren störenden Reste an Flußsäure sind entfernt.

Beim Aufschluß unter Druck werden für die Bestimmung der Hauptkomponenten 25 ml Säuregemisch (20 ml Flußsäure, 5 ml Perchlorsäure) und für die Spurenanalyse 6-10 ml eines aus gleichen Volumenteilen bestehenden Flußsäure-Perchlorsäure-Gemischs angewendet und der Autoklav 4-8 Stunden bei 190 °C in den Heizschrank gestellt. Dann wird das Säuregemisch (Abkühlung des Autoklavs vor dem Öffnen!) bei 150 °C abgeraucht, aber nicht bis zur Trockne (Abschnitt 13.3.2). Anschließend mit jeweils 10 ml deion. Wasser und 5 ml Salzsäure (12,5 mol/l) den Rückstand drei- bis viermal auf der Heizbank abrauchen.

Falls die Analysensubstanz organische Komponenten enthält, muß die Probe zunächst mit Salpetersäure behandelt werden (Abschnitt 13.3.2). Zu diesem Zweck werden in ein Aufschlußgefäß aus Polytetrafluorethylen (Teflon) 20 ml deion. Wasser und 10 ml Salpetersäure (14,9 mol/l) gegeben und die Säure unter normalen Druckbedingungen abgeraucht. Für diesen Arbeitsgang keine Platingeräte benutzen.

3. Lösen des Rückstands im Aufschlußgefäß:

Der feuchte Rückstand wird im Aufschlußgefäß mit 20 bis 30 ml deion. Wasser (Meßzylinder) und aus einer Meßpipette mit folgenden Volumina an Salzsäure (12,5 mol/l) versetzt:

Verwendung von 100 ml-Meßkolben: 0,8 ml Salzsäure
Verwendung von 250 ml-Meßkolben: 2,0 ml Salzsäure
Verwendung von 500 ml-Meßkolben: 4,0 ml Salzsäure

Der Aufschluß wird nochmals kurz erwärmt, wobei der Bodenkörper vollständig in Lösung gehen sollte. Nach dem Überspülen der Lösung in den Meßkolben und dem Auffüllen mit deion. Wasser bis zur Ringmarke muß der Aufschluß völlig klar sein. Die Stoffmengenkonzentration an HCl entspricht etwa 0,1 mol/l. Nach dem Auffüllen bis zur Ringmarke das Homogenisieren der Lösung durch Umschütteln nicht vergessen!

Arbeitsvorschrift für Spurenelemente

Für die Spurenanalyse werden etwa 0,1 g Probe mit 6-10 ml eines aus gleichen Volumenteilen bestehenden Gemischs aus Flußsäure und Perchlorsäure im Autoklav unter Druck 4-8 Stunden bei 190 °C aufgeschlossen. Nach der Abkühlung werden die Aufschlußsäuren im Teflonbecher bei 150 °C abgeraucht und der Rückstand mit Salpetersäure (14,9 mol/l) aufgenommen. Die

Lösung wird in einen 25, 50 oder 100 ml-Meßkolben aus Polypropylen übergespült und mit deion. Wasser bis zur Ringmarke aufgefüllt. Das Lösen des Aufschlußrückstandes muß bei Anwendung der Graphitrohrofen-Atomabsorptionsspektrometrie mit Salpetersäure und nicht mit Salzsäure vorgenommen werden, da andernfalls Minuswerte durch die Bildung leichtflüchtiger Chloride registriert werden.

Verwendung von 25 ml-Meßkolben: 0,5 ml Salpetersäure
Verwendung von 50 ml-Meßkolben: 1,0 ml Salpetersäure
Verwendung von 100 ml-Meßkolben: 2,0 ml Salpetersäure

Die Stoffmengenkonzentration an HNO_3 entspricht in allen drei Fällen etwa 0,3 mol/l.

13.3.4 Flußsäure und Schwefelsäure

Bei diesem Säureaufschluß lassen sich durch Erhitzen des Aufschlußgemischs bis zum Auftreten der ersten SO_3-Nebel auch Reste an Flußsäure leicht aus der Lösung entfernen. Die Zersetzung von Schwefelsäure beginnt bei 338 °C. Das Säuregemisch läßt sich weiterhin unter Beachtung der notwendigen Sicherheitsvorkehrungen (Umgang mit Schwefelsäure!, Schutzbrille!) bei Anwesenheit organischer Substanzen gefahrloser handhaben als ein Flußsäure- und Perchlorsäure-Gemisch.

Beim Aufschluß mit Flußsäure und Schwefelsäure können schwerlösliche Sulfate (z.B. $CaSO_4$, $PbSO_4$) entstehen, welche sich nur schwierig wieder in Lösung bringen lassen. Die zu den Hauptkomponenten eines Gesteins zählenden Elemente sind beim Abrauchen der Säuren bis zum Auftreten der ersten SO_3-Nebel nicht flüchtig, ausgenommen Silicium und Phosphor (z.B. POHL, 1953; WAHLER, 1964; Tabelle 13-3).

Basierend auf den Untersuchungen von LANGMYHR u. PAUS (1968) beschreibt AYRANCI (1977) einen Flußsäure-Schwefelsäure-Aufschluß in Kombination mit Borsäure zur Bestimmung von 11 Hauptkomponenten einschließlich Silicium sowie verschiedener Spurenelemente in Gesteinen mittels der Atomabsorptionsspektrometrie, Atomemissionsspektrometrie, Spektralphotometrie und Titrimetrie.

H_2SO_4-haltige Aufschlußlösungen werden für die spektralphotometrische Bestimmung von Fe (Gesamteisen), Ti, Mn und Cr benötigt, da Cl-Ionen stören können (z.B. KÖSTER, 1979: 32). Für die spektralphotometrische Bestimmung von Fe und Ti im Rahmen der Haupt- und Nebenbestandteile eines Silicatgesteins ist aber auch ein Flußsäure-Perchlorsäure-Aufschluß geeignet (Abschnitt 13.3.3).

Reagenzien: Flußsäure, zur Analyse, w: min. 40 %, c: 22,6 mol/l, ρ: 1,13 g/ml
Schwefelsäure, zur Analyse, w: min. 25 %, c: 3,0 mol/l, ρ: 1,18 g/ml
Schwefelsäure, zur Analyse, w: 95-97 %, c: 17,8-18,2 mol/l, ρ: 1,84 g/ml
Borsäure, zur Analyse, daraus wäßrige Lösung mit einem Massenanteil von 2,5 % H_3BO_3 herstellen

Geräte: siehe Abschnitt 13.3.3

Arbeitsvorschrift

1. Einwaage:

Entsprechend der Beschreibung im Abschnitt 13.3.3 werden 0,1 - 0,2 g Probesubstanz aufgeschlossen.

2. Aufschluß:

Die trockene Analysensubstanz wird zunächst mit einigen Tropfen deion. Wasser befeuchtet. Beim Aufschluß unter normalen Druckbedingungen und im Autoklav werden in die Aufschlußgefäße 20 ml Flußsäure und folgende Volumina an Schwefelsäure (3,0 mol/l) hinzugegeben.

Verwendung von 100 ml-Meßkolben: 1,6 ml Schwefelsäure
Verwendung von 250 ml-Meßkolben: 4,0 ml Schwefelsäure
Verwendung von 500 ml-Meßkolben: 8,0 ml Schwefelsäure

Beim Aufschluß unter normalen Druckbedingungen wird die Platinschale auf ein Sandbad gestellt. Bis zum Auftreten der ersten starken SO_3-Nebel erfolgt das Abrauchen der Flußsäure. Hierbei werden auch organische Komponenten zersetzt. Dann die Schale vom Sandbad nehmen, abkühlen lassen und erneut 20 ml Flußsäure zum Aufschluß geben. Dieser Arbeitsgang wird mindestens dreimal wiederholt. Nach der letzten Zugabe von Flußsäure wird beim Auftreten der SO_3-Nebel das Abrauchen der Säuren noch etwa 2 Minuten fortgesetzt. Vorsicht! Beim Abrauchen darf nur wenig Schwefelsäure verlorengehen. Auf keinen Fall darf bis zur Trockne abgeraucht werden, da sich sonst schwer lösliche Oxide bilden können.

Der von AYRANCI (1977) vorgeschlagene Aufschluß von 0,2 g Substanz wird mit 7 ml deion. Wasser, 1 ml Flußsäure und 2,7 ml Schwefelsäure (18,2 mol/l) in einem Gefäß aus Polytetrafluorethylen durchgeführt (z.B. Abb.

13-4). Während des Aufschlusses muß das Gefäß mit einem Deckel aus Teflon verschlossen sein, um Verluste an Si, F, B und die Oxidation von Fe(II) zu verhindern. Der Aufschluß erfolgt bei etwa 80 °C. Zu diesem Zweck wird das Aufschlußgefäß in ein Wasserbad gestellt. Normalerweise ist der Aufschluß nach 2 bis 3 Stunden beendet. Für Minerale wie Chromit, Magnetit, Spinelle und andere werden jedoch längere Zeiten benötigt (AYRANCI, 1977: 301).

3. Überspülen der Aufschlußlösung in einen Meßkolben:

Nach dem Abkühlen der im Aufschlußgefäß zurückgebliebenen konzentrierten Schwefelsäure wird diese vorsichtig (Schutzbrille) in einen 100, 250 oder 500 ml-Meßkolben übergespült, welcher bereits zu einem Drittel mit deion. Wasser gefüllt ist. Entsprechend der zum Aufschluß verwendeten Schwefelsäuremenge (siehe oben) enthält die klare Aufschlußlösung 0,05 mol H_2SO_4/l. Nach dem Auffüllen der Aufschlußlösung bis zur Ringmarke das Umschütteln nicht vergessen!

Beim Aufschluß nach AYRANCI (1977) wird die Lösung nach dem schnellen Abkühlen mit warmem Wasser und 20 ml 2,5%iger Borsäure (Bindung der Flußsäure als Fluoroborsäure) in einen 250 ml-Meßkolben aus Polypropylen gespült. Nach weiterer Zugabe von 40-50 ml warmen deion. Wassers wird mit einem Magnetrührer die Lösung durchmischt. Nach dem Entfernen des Rührstäbchens und Abkühlen der Lösung auf Zimmertemperatur (20 °C) wird der Aufschluß bis zur Ringmarke mit Wasser aufgefüllt, umgeschüttelt und in eine trockene 250 ml-Polyethylenflasche umgefüllt. Die klare Aufschlußlösung enthält etwa 0,2 mol H_2SO_4/l. Über die Bestimmung der einzelnen Komponenten aus dieser Lösung siehe AYRANCI (1977).

13.3.5 Flußsäure-Schwefelsäure-Aufschluß für die Bestimmung von Fe(II)

Bei der FeO-Bestimmung darf beim Aufschluß keine Oxidation von Fe(II) erfolgen. Auf diese Fehlerquelle ist bereits bei der Zerkleinerung der Gesteinsprobe zu achten (Abschnitt 7). In Gegenwart von Luftsauerstoff kann Flußsäure katalytisch die Oxidation von Fe(II) beeinflussen (HILLEBRAND et al., 1953: 914). Sauerstoff muß daher bei dem Aufschluß von der Probe ferngehalten werden. Die Forderung erfüllt eine Wasserdampf-Schicht über der Lösung im Aufschlußtiegel. ITO (1962) weist darauf hin, daß der Flußsäure- und Schwefelsäure-Aufschluß bei normalem Druck nicht ausreicht zur Zersetzung von Mineralen wie Staurolith, Turmalin, Axinit, Kornerupin, Sapphirin, Ilmenit, Chromit, Magnetit, Spinell, Columbit, Tantalit und Chrysoberyll. In solchen Fällen ist ein Flußsäure-Schwefelsäure-Aufschluß unter Druck bei

240 °C und über 2 bis 4 Stunden zu empfehlen. Eventuell müssen auch Schmelzaufschlüsse unter Schutzgas in Erwägung gezogen werden.

Reagenzien: Flußsäure, zur Analyse, w: min. 40 % c: 22,6 mol/l, ρ: 1,13 g/ml
Schwefelsäure, zur Analyse, w: 95-97 %, c: 17,8-18,2 mol/l, ρ: 1,84 g/ml

Geräte: Platintiegel, 20 bis 30 ml Inhalt (3,5 cm oberer ∅, 4 cm Höhe), Platindeckel
Platinzange
Sandbad
Meßzylinder aus Polypropylen: 25 ml

Arbeitsvorschrift

Der Aufschluß und die anschließende FeO-Bestimmung (Abschnitt 14.5) gehen auf PRATT (1894) zurück (Pratt-Methode, siehe auch PECK, 1964; MAXWELL, 1968: 416).

1. Einwaage:

Für die titrimetrische FeO-Bestimmung mit visueller Indikation des Äquivalenzpunktes werden 0,2 bis 0,4 g einer Gesteinsprobe in einen Platintiegel eingewogen. Bei zu großen Probemengen kann der Aufschluß unvollständig verlaufen.

Bei einer physikalischen Bestimmung des Äquivalenzpunktes richtet sich die Einwaage nach dem Volumen der Kolbenbürette. Wenn mit einer 10 ml-Kolbenbürette gearbeitet wird, sind von basaltischen Gesteinen etwa 0,1 g, von Tonschiefern etwa 0,2 g und von granitischen Gesteinen etwa 0,4 g einzuwiegen.

2. Aufschluß:

Die im Platintiegel befindliche Substanz wird mit wenigen Tropfen deion. Wasser angefeuchtet. Dann werden in einem Polypropylen-Meßzylinder in der Reihenfolge je 5 ml deion. Wasser, Flußsäure und Schwefelsäure vermischt. Nach der Zugabe der Schwefelsäure erwärmt sich die Säuremischung. Letztere wird über die Substanz in den Platintiegel gefüllt. Der Tiegel wird sofort mit dem Platindeckel abgedeckt und auf ein bereits etwa 100 °C heißes Sandbad gestellt. Die Lösung darf während des Aufschlusses nicht sieden.

Die Probe wird 10 bis 15 Minuten aufgeschlossen. Eine Verlängerung der Aufschlußzeit ist nicht zu empfehlen, da sonst ein Teil des Fe(II) oxidiert werden kann. Das kleine Luftvolumen in dem zu zwei Drittel mit Säuremischung gefüllten Tiegel wird durch Wasserdampf verdrängt und somit eine Oxidation des Fe(II) verhindert.

Nach dem Aufschluß ist im Tiegel normalerweise ein Bodenkörper zu sehen. Dieser wird mit der Lösung in das Titriergefäß übergespült.

3. Überspülen der Aufschlußlösung in das Titriergefäß:

Siehe Abschnitt 14.5.

13.3.6 Flußsäure, Salpetersäure und Perchlorsäure

Für den Aufschluß von Sedimenten und Böden, die mit organischen Substanzen angereichert sind, eignet sich ein Gemisch aus Flußsäure, Salpetersäure und Perchlorsäure. Je größer der Anteil an organischer Substanz in der Probe ist, desto mehr Salpetersäure muß auf Kosten der Flußsäure bei gleichbleibenden Anteilen an Perchlorsäure zugesetzt werden. Der Aufschluß wird unter Druck ausgeführt.

Reagenzien: Flußsäure, zur Analyse, w: min. 40 %, c: 22,6 mol/l, ρ: 1,13 g/ml
Salpetersäure, zur Analyse, w: min. 65 %, c: 14,9 mol/l ρ: 1,40 g/ml
Perchlorsäure, zur Analyse, w: min. 70 %, c: 11,6 mol/l, ρ: 1,67 g/ml

Geräte: Autoklav mit Teflon-Aufschlußgefäßen (30-35 ml Inhalt) für Aufschlüsse unter erhöhten Drucken
Heizbank
Meßpipette aus Polypropylen: 1, 5 ml
Meßkolben aus Polypropylen: 25, 50, 100 ml

Arbeitsvorschrift

1. Einwaage:

Es werden 0,1- 0,5 g Probesubstanz aufgeschlossen.

2. Aufschluß:

Die Analysensubstanz wird mit 7 ml eines Gemischs aus Flußsäure, Salpetersäure und Perchlorsäure versetzt. Bei hohen Anteilen an organischer Substanz besteht das Säuregemisch aus 1 ml Flußsäure, 3 ml Salpetersäure und 3 ml Perchlorsäure. Bei wenig organischem Material wird zum Aufschluß ein Gemisch aus 3 ml Flußsäure, 1 ml Salpetersäure und 3 ml Perchlorsäure verwendet. Der Aufschluß wird im Autoklav langsam auf 170-190 °C aufgeheizt. Für Proben mit hohen Anteilen organischer Substanz beginnt das Aufheizen bei 50 °C. Die Endtemperatur sollte erst stufenweise in drei Stunden erreicht werden. Andernfalls können die Teflontiegel bei zu schnellem Reaktionsablauf und den dabei entstehenden Drucken deformiert werden.

Nach dem Erreichen von 170-190 °C muß die Temperatur noch mindestens eine Stunde, bei schwer aufschließbaren Proben drei bis fünf Stunden gehalten werden. Nach der Abkühlung des Autoklavs werden die Aufschlußsäuren im Teflonbecher bei 150 °C abgeraucht.

3. Lösen des Rückstands im Aufschlußgefäß:

Der Rückstand im Teflonbecher wird mit Salzsäure (12,5 mol/l) oder Salpetersäure (14,9 mol/l) sowie einigen ml deion. Wasser aufgenommen. Die Lösung wird in einen 25, 50 oder 100 ml-Meßkolben aus Polypropylen übergespült und mit deion. Wasser bis zur Ringmarke aufgefüllt. Bei der Messung mittels der Graphitrohrofen-Atomabsorptionsspektrometrie sollte der Aufschlußrückstand mit Salpetersäure aufgenommen werden, um Minuswerte durch die Bildung leichtflüchtiger Chloride zu vermeiden.

ml Meßkolben	ml HCl	mol HCl/l	ml HNO_3	mol HNO_3/l
25	0,5	0,25	0,5	0,3
50	1,0	0,25	1,0	0,3
100	2,0	0,25	2,0	0,3

13.3.7 Salpetersäure und Perchlorsäure

Die Anwendung eines Gemischs von Salpetersäure und Perchlorsäure ist unter Beachtung aller Vorsichtsmaßnahmen beim Aufschluß von Proben mit organischen Komponenten (Tabelle 13-3) zu empfehlen.

Mit Nachdruck sei immer wieder auf die Gefahren beim Arbeiten mit Perchlorsäure hingewiesen. Die Aufschlüsse dürfen nur in speziellen Flußsäure- und Perchlorsäure-Abzügen durchgeführt werden, wo die Abluft gewaschen und die Ablagerung von Perchloraten im Abzug und in den Abluftrohren verhindert wird (Abschnitte 13.3.1 und 21).

Der Salpetersäure-Perchlorsäure-Aufschluß darf nur in Gefäßen aus Polytetrafluorethylen (Teflon) durchgeführt werden, dagegen nicht in Platinschalen.

Reagenzien: Salpetersäure, zur Analyse, w: min. 65 %, c: 14,9 mol/l, ρ: 1,40 g/ml

Perchlorsäure, zur Analyse, w: min. 70 %, c: 11,6 mol/l, ρ: 1,67 g/ml

Salzsäure, zur Analyse, w: min. 37 %, c: 12,5 mol/l, ρ: 1,19 g/ml

Geräte: Abdampfschale aus Polytetrafluorethylen (Teflon) mit Ausguß, $\varnothing$ 70 mm oben, 100 ml Inhalt, für Aufschlüsse unter normalen Druckbedingungen

Autoklav mit Teflon-Aufschlußgefäßen (30-35 ml Inhalt) für Aufschlüsse unter erhöhten Drucken

Wasserbad, Sandbad, Heizbank

Meßzylinder aus Polypropylen: 50 ml

Meßpipette aus Polypropylen: 1, 5 ml

Meßkolben aus Polypropylen: 25, 50, 100 ml

Meßkolben aus Glas: 100, 250, 500 ml

Arbeitsvorschrift

1. Einwaage:

Für den Salpetersäure-Perchlorsäure-Aufschluß werden etwa 0,2 - 0,5 g Analysensubstanz aufgeschlossen.

2. Aufschluß:

Die trockene Analysensubstanz wird zunächst mit einigen Tropfen deion. Wasser befeuchtet. Beim Vorhandensein organischer Substanzen in der Probe werden dann zunächst 20 ml deion. Wasser und 10 ml Salpetersäure (14,9 mol/l) in das Aufschlußgefäß gegeben und die Säure unter normalen Druckbedingungen abgeraucht. Den noch feuchten Rückstand dann mit 10 ml deion. Wasser, 15 ml Salpetersäure und 5 ml Perchlorsäure aufnehmen.

Beim Aufschluß unter normalen Druckbedingungen wird das Abrauchen mit der Salpetersäure-Perchlorsäure-Mischung dreimal wiederholt. Dann wird der feuchte Rückstand mit 20 ml deion. Wasser und 10 ml Salzsäure (12,5 mol/l) versetzt. Die Säure wird abgeraucht und die Prozedur dreimal wiederholt.

Beim Aufschluß unter Druck ist die Temperatur langsam in Stufen von 50 °C zu steigern, bis nach 2 Stunden 190 °C erreicht sind. Bei dieser Temperatur wird die Substanz noch 3 bis 4 Stunden aufgeschlossen. Nach dem Erkalten des Aufschlusses wird das Salpetersäure-Perchlorsäure-Gemisch im Heizblock abgeraucht und die Reste von HNO_3 und $HClO_4$ durch dreimaliges Abrauchen mit Salzsäure (siehe oben) weitgehend entfernt.

3. Lösen des Rückstands im Aufschlußgefäß:

Die Auflösung des feuchten Rückstands mit deion. Wasser und Salzsäure sowie die Überführung der Lösung in einen Meßkolben erfolgt wie im Abschnitt 13.3.3 unter *"Arbeitsvorschrift für Hauptkomponenten"* beschrieben.

Arbeitsvorschrift für den Aufschluß von pflanzlichen Substanzen, Ölen und Fetten:

Es werden 0,2 - 0,5 g Probe mit 6-10 ml eines aus gleichen Volumenteilen bestehenden Gemischs Salpetersäure und Perchlorsäure versetzt und im Autoklav sehr langsam auf 170-190 °C aufgeheizt. Beginnend bei 50 °C sollte die Endtemperatur stufenweise in 3 Stunden erreicht werden. Bei zu schnellem Aufheizen kann die Reaktion explosionsartig verlaufen. Die in Abschnitt 13.3.2 beschriebenen Autoklaven lassen nur Drucke bis 2 MPa (20 bar) zu. Bei höheren Drucken blasen sie ab.

Nach dem Erreichen von 170-190 °C muß die Temperatur noch mindestens eine Stunde, bei schwer zersetzlichen Substanzen drei bis fünf Stunden gehalten werden. Wenn der Aufschluß vorzeitig abgebrochen wird, sind die

Lösungen gelblich bis braun gefärbt.

Nach der Abkühlung werden die Aufschlußsäuren im Teflonbecher bei 150 °C abgeraucht und der Rückstand mit Salzsäure (12,5 mol/l) oder Salpetersäure (14,9 mol/l) und einigen ml deion. Wasser aufgenommen. Die Lösung wird in einen 25, 50 oder 100 ml-Meßkolben aus Polypropylen übergespült und mit deion. Wasser bis zur Ringmarke aufgefüllt. Bei der Messung mittels Graphitrohrofen-Atomabsorptionsspektrometrie sollte der Rückstand mit Salpetersäure aufgenommen werden, um Minuswerte durch die Bildung leichtflüchtiger Chloride zu vermeiden.

ml Meßkolben	ml HCl	mol HCl/l	ml HNO_3	mol HNO_3/l
25	0,5	0,25	0,5	0,3
50	1,0	0,25	1,0	0,3
100	2,0	0,25	2,0	0,3

Modifizierung des Salpetersäure-Perchlorsäure-Aufschlusses:

1. Enthält die organische Probe kleine Anteile an Silicatverbindungen wie beispielsweise Auflagehumus, werden zu dem oben angegebenen Säuregemisch noch 1-2 ml Flußsäure hinzugefügt.
2. Besteht die organische Probe aus leicht zersetzlichen pflanzlichen oder tierischen Geweben, ist die Perchlorsäure teilweise oder ganz durch Salpetersäure zu ersetzen.
3. Wenn keine geeigneten Abzüge zum Abrauchen der Perchlorsäure zur Verfügung stehen, sollte das Salpetersäure-Perchlorsäure-Aufschlußgemisch zunächst auf wenige ml reduziert werden. Ohne die Säuren nach dem Aufschluß abzurauchen, wird die Lösung aus dem Teflonbecher direkt in 25, 50 oder 100 ml-Meßkolben aus Polypropylen übergespült. Ein Nachteil dieser Verfahrensweise besteht darin, daß die Stoffmengenkonzentration an Säuren im Endvolumen nicht mehr völlig einheitlich ist (Fehlerquelle). Ein Vorteil der Aufschlußmethode besteht darin, daß aus der Lösung mit geeigneten Methoden, z.B. ICP-AES, auch Bor und Schwefel bestimmt werden können.

13.3.8 Salpetersäure

Die Zersetzung von organischem Material verläuft mit Salpetersäure langsamer als mit einem Säuregemisch aus Salpetersäure und Perchlorsäure. Salpetersäure eignet sich daher besonders für den Aufschluß von leicht zersetzlichen pflanzlichen und tierischen Geweben. Der Aufschluß wird unter Druck ausgeführt.

Reagenzien: Salpetersäure, zur Analyse, w: min. 65 %, c: 14,9 mol/l, ρ: 1,40 g/ml

Geräte: siehe Abschnitt 13.3.6

Arbeitsvorschrift

1. Einwaage:

Es werden 0,2 - 0,5 g Probesubstanz aufgeschlossen.

2. Aufschluß:

Die Analysensubstanz wird mit 6 ml Salpetersäure versetzt und im Autoklav sehr langsam auf 170-190 °C aufgeheizt. Die weitere Prozedur ist ausführlich in der Arbeitsvorschrift für den Aufschluß von pflanzlichen Substanzen, Ölen sowie Fetten mit Salpetersäure und Perchlorsäure beschrieben worden (Abschnitt 13.3.7).

Zu bemerken ist, daß sich beim Salpetersäure-Aufschluß das Teflon des Aufschlußgefäßes gelegentlich durch nitrose Gase braun färbt.

Bei der Naßveraschung mit Salpetersäure verbleibt ein kleiner Anteil Restkohlenstoff, der je nach Bestimmungsmethode (z.B. Voltammetrie) zusätzlich durch eine Nachbehandlung beseitigt werden muß (WÜRFELS u. JACKWERTH, 1985). Die Bestimmung mit den Methoden der Atomabsorptionsspektrometrie oder der ICP-AES werden durch den Restkohlenstoff nicht beeinträchtigt.

13.4 Säureaufschlüsse für Carbonate

Carbonatgesteine enthalten normalerweise außer den in Salzsäure, Chloressigsäure und anderen Säuren löslichen Mineralen auch sogenannte *"säureunlösliche"* Mineralfraktionen, welche häufig aus Silicatverbindungen bestehen. Für geochemische Untersuchungen kann es von Interesse sein, zwischen der Zusammensetzung der *"säurelöslichen"* und *"säureunlöslichen"* Bestandteile eines Carbonatgesteins zu unterscheiden. Entsprechend muß der

Aufschluß der Analysensubstanz erfolgen.

Bei der Behandlung von Carbonatgesteinen mit verdünnter Salzsäure besteht die Gefahr, daß außer den Carbonaten auch Teile der *"säureunlöslichen"* Mineralfraktionen (z.B. Phosphate) gelöst und zersetzt werden. Falls daher eine vollständige und möglichst unveränderte Isolierung der Nichtcarbonat-Minerale (z.B. Tonminerale) von den Carbonatverbindungen gewünscht wird, muß die Probe mit Essigsäure, Ameisensäure oder noch besser mit Chloressigsäure behandelt werden (z.B. BECKMANN bei FREUND, 1958; GAULT u. WEILER, 1955). In diesem Fall gehen nur die Carbonatanteile der Probe in Lösung. Eine Übersicht über die Analyse von Carbonatgesteinen gibt MAXWELL (1968: 303 ff., 487 ff.).

13.4.1 Lösen der Carbonate mit Salzsäure

Der Aufschluß ist geeignet zur Analyse des gesamten Carbonatgesteins, das heißt Carbonatanteile und *"säureunlösliche"* Mineralfraktionen zusammengenommen.

Reagenzien: Salzsäure, zur Analyse, w: min. 37 %, c: 12,5 mol/l, ρ: 1,19 g/ml. Verdünnung: 0,8 Teile Salzsäure + 5 Teile deion. Wasser, w: 6 % HCl, c: 1,7 mol HCl/l

Geräte: Bechergläser: 250 ml
Analysentrichter
Uhrgläser
Meßzylinder: 50 ml
Meßpipette: 10 ml
Meßkolben: 250, 500 ml
Platintiegel, 20 - 30 ml Inhalt, Platindeckel
Platindreieck, Tiegelzange mit Platinschuhen
Stativ, Stativring, Gasbrenner (Teclubrenner)
Muffelofen

Arbeitsvorschrift

0,5-1,0 g Analysensubstanz werden in einem 250 ml-Becherglas mit Salzsäure (1,7 mol/l) behandelt. Die Menge an Salzsäure ist so zu bemessen, daß nach der vollständigen Auflösung der Carbonatanteile die in 250- oder 500 ml-Meßkolben aufgefüllte Aufschlußlösung 0,1 mol HCl/l enthält. Das heißt, für 250 ml-Meßkolben müssen 15 ml, für 500 ml-Meßkolben 30 ml Salzsäure für einen Aufschluß angewendet werden. Mit den angegebenen Säuremengen lassen sich etwa 1,3 g oder 2,6 g $CaCO_3$ zersetzen.

Wenn auch die *"säureunlöslichen"* Mineralanteile aufgelöst und mit dem säurelöslichen Teil der Probe vereinigt werden sollen, muß die Säuremenge aus beiden Teilaufschlüssen berücksichtigt werden. In diesem Fall empfiehlt es sich, von 0,5 g Probesubstanz auszugehen. Zum Auflösen der säurelöslichen Mineralanteile werden 15 ml Salzsäure (1,7 mol/l) und zum Lösen der mit Flußsäure und Perchlorsäure aufgeschlossenen Silicatmineralfraktionen 2,0 ml Salzsäure (12,5 mol/l) verwendet. Die Stoffmengenkonzentration an HCl beträgt nach der Vereinigung und Auffüllung der beiden Aufschlußlösungen in einem 500 ml-Meßkolben etwa 0,1 mol/l.

Aufschluß der Carbonatanteile:

Die Analysensubstanz in einem 250 ml-Becherglas muß langsam und vorsichtig mit kleinen Anteilen Salzsäure (1,7 mol/l) behandelt werden (Uhrglas nicht vergessen!). Nach Beendigung der CO_2-Entwicklung muß die Lösung bis zum Sieden erhitzt werden. Wenn keine Reaktion mehr beobachtet wird, ist erneut tropfenweise Salzsäure in das Becherglas zu geben. Der Aufschluß ist mit insgesamt 15 ml Salzsäure (1,7 mol/l) durchzuführen.

Nach Auflösen der Carbonate wird der *"säureunlösliche"* Rückstand auf einem Blaubandfilter (Firma Schleicher & Schüll) oder einem Membranfilter abfiltriert und mit deion. Wasser chloridfrei gewaschen (Prüfung mit Silbernitratlösung). Es kann vorkommen, daß beim Waschen des Rückstands mit deion. Wasser Teile desselben kolloidal in Lösung gehen. In diesem Fall muß dem Waschwasser etwas Salzsäure zugesetzt werden. Der Rückstand kann dann allerdings nicht mehr chloridfrei gewaschen werden. Das Becherglas mit den gelösten Carbonatmineralen wird mit der Probenummer und der Bezeichnung *"Filtrat"* beschriftet.

Aufschluß der *"säureunlöslichen"* Minerale:

Das Filter wird mit dem Rückstand in einem Platintiegel zunächst bei niedriger Temperatur verascht und anschließend 15 Minuten in einem Muffelofen bei 900-1000 °C geglüht. Das Glühen, Abkühlen und Wägen wird bis zur Gewichtskonstanz wiederholt, falls die Masse des Rückstands ermittelt werden soll. An dieser Stelle sei nochmals darauf hingewiesen, daß sich beim Lösen der Carbonatminerale mit verdünnter Salzsäure auch die Nichtcarbonate teilweise auflösen können.

Für die Analyse des Gesamtgesteins muß auch der Rückstand mit Säuren oder durch eine Schmelze aufgeschlossen werden.

Der Säureaufschluß läßt sich mit Flußsäure und Perchlorsäure durchführen (Abschnitt 13.3.3). Nach dem Abrauchen des Säuregemischs wird der Rückstand, wie oben beschrieben, mit deion. Wasser und 2,0 ml Salzsäure (12,5 mol/l) aufgenommen. Nach der Vereinigung der *"säurelöslichen"* und der *"säureunlöslichen"* Teilaufschlüsse einer Probe in einem 500 ml-Meßkolben enthält die Aufschlußlösung des Carbonatgesteins 0,1 mol HCl/l.

Wenn nicht zwischen *"säurelöslichen"* und *"säureunlöslichen"* Mineralfraktionen in einem Carbonatgestein unterschieden werden soll, kann gleich ein Säureaufschluß mit Flußsäure und Perchlorsäure entsprechend den Angaben in Abschnitt 13.3.3 durchgeführt werden. Allerdings muß beim Aufschluß mit Flußsäure und Perchlorsäure auf die Bestimmung von SiO_2 verzichtet werden.

Für die Ermittlung des SiO_2-Anteils in einer Carbonatprobe müssen die Gesamtprobe oder der *"säureunlösliche"* Rückstand mit Natriumcarbonat aufgeschlossen werden (Abschnitt 13.2.1). Auch ein Aufschluß des *"säureunlöslichen"* Rückstands mit Flußsäure und Schwefelsäure entsprechend AYRANCI (1977) ist möglich (Abschnitt 13.3.4).

Die H_2SO_4-haltige Aufschlußlösung des *"säureunlöslichen"* Rückstands darf nicht mit der HCl-haltigen Aufschlußlösung der Carbonatanteile vereinigt werden, da es dann zur Bildung von Calciumsulfat kommt.

13.4.2 Lösen der Carbonate mit Chloressigsäure

Die Behandlung von Carbonatproben mit Chloressigsäure ist besonders dann zu empfehlen, wenn die Nichtcarbonat-Minerale möglichst unverändert analysiert werden sollen.

Reagenzien: Chloressigsäure (Monochloressigsäure, $ClCH_2COOH$), krist., zur Synthese; daraus eine wäßrige Lösung mit einem Massenanteil von 4 % Chloressigsäure herstellen

Geräte: Bechergläser, verschiedene Größen
Filtrationsgerät mit Membranfilter
Membranfilter, mittel (z.B. Firma Sartorius-Membranfilter GmbH, Göttingen)
Saugtopf, Wasserstrahlpumpe
Rührwerk, Uhrgläser, Trockenschrank

Arbeitsvorschrift

In einem 800 ml-Becherglas werden 15-30 g der gemahlenen Carbonatprobe mit 500 ml einer 4 %igen Chloressigsäure-Lösung bei Raumtemperatur ständig gerührt. Die Auflösung der Carbonate kann Stunden bis mehrere Tage dauern, je nach der Korngröße und der Verwachsung der Einzelminerale mit Quarz und anderen Bestandteilen. Dann läßt man die ungelösten Mineralfraktionen absitzen, dekantiert die darüberstehende Chloressigsäure vorsichtig und wiederholt den Lösevorgang mehrmals. Anschließend wird der Rückstand mittels eines Membranfilters abfiltriert. Das Filter mit den Mineralfraktionen wird zwei- bis dreimal mit deion. Wasser gewaschen und bei 50-60 °C getrocknet. Die Calcit-, Aragonit- und Dolomit-Anteile der Probe gehen bei dieser Arbeitsweise in Lösung, während die praktisch unveränderten Nichtcarbonat-Minerale für anschließende analytische Untersuchungen zur Verfügung stehen (z.B. ECHLE, 1961).

Für die selektive Auflösung von Carbonaten können auch Lösungen der Ethylendinitrilotetraessigsäure (Ethylendiamintetraessigsäure) verwendet werden. Auch in diesem Fall bleiben die Nichtcarbonat-Mineralfraktionen nahezu unverändert, während sich Calcit und Dolomit selektiv lösen (z.B. HILL u. RUNNELS, 1960).

Die weitere analytische Untersuchung der *"säureunlöslichen"* Rückstände kann mittels der üblichen Schmelz- und Säureaufschlüsse erfolgen (Abschnitte 13.2, 13.3).

13.5 Aufschlußverfahren für Evaporitgesteine

Evaporitgesteine bestehen petrographisch aus Carbonat-, Sulfat- und Chloridmineralen sowie geringen Anteilen an Silicatverbindungen und anderen wasserunlöslichen Mineralen. Die Menge an wasserunlöslichen Mineralen variiert in den Evaporitgesteinen zwischen <0,01 - >10 %. Salztone bestehen bis zu 90 % aus wasserunlöslichen Mineralen. Für mineralogische Untersuchungen am Stoffbestand der Evaporite und zur Interpretation von Stoffumsätzen bei Mineralreaktionen ist es wichtig, daß wasserlösliche Minerale (WLM) und wasserunlösliche Minerale (WUM) getrennt analysiert werden.

Durch den Aufschluß der wasserlöslichen Mineralfraktionen dürfen keine Elementanteile aus den wasserunlöslichen Mineralen herausgelöst werden. Andernfalls kann die quantitative Zusammensetzung der wasserlöslichen Mineralanteile verfälscht werden. Mit der hierbei anzuwendenden Methodik hat sich PETERS (1988) ausführlich beschäftigt. Die nachfolgenden Angaben sind der Dissertation von PETERS (1988) entnommen worden.

Beim Aufschluß von Evaporitgesteinen mittels verdünnter Salzsäure oder mit Wasser werden die Elemente Na, K, Al, Si und P der wasserlöslichen und wasserunlöslichen Mineralfraktionen nicht beeinflußt. Dagegen werden bei einem Aufschluß mit verdünnter Salzsäure die Elemente Mg, Ca, Fe, Mn, Co, Cs, Th und die leichten Lanthanidenelemente (La-Ce) in deutlichen Mengen aus den wasserunlöslichen Mineralfraktionen herausgelöst. Das ist nicht der Fall bei einem Schüttelaufschluß mit Wasser.

Der Aufschluß mit verdünnter Salzsäure zur Bestimmung der Haupt- und Nebenbestandteile in den wasserlöslichen Mineralfraktionen ist nicht geeignet bei Evaporitgesteinen mit Mg-Anteilen < 0,2 % in den wasserlöslichen Fraktionen und Anteilen von 0,5-2 % an wasserunlöslichen Mineralfraktionen. Das gilt beispielsweise für Sylvingesteine (Sylvinite) mit Spuren von Anhydrit und Kieserit sowie relativ hohen Anteilen an wasserunlöslichen Mineralen. In diesem Fall muß dem Aufschluß mit verdünnter Salzsäure ein Schüttelaufschluß mit Wasser der Vorzug gegeben werden.

Dagegen kann bei Evaporitgesteinen mit hohen Anteilen an Ca und Mg der Aufschluß mit verdünnter Salzsäure angewendet werden. Dabei lösen sich auch Ca- und Mg- Sulfate (Anhydrit und Kieserit) besser als in Wasser.

Die Untersuchungen von PETERS (1988) haben gezeigt, daß die chemische Zusammensetzung der wasserunlöslichen Minerale durch mehrstündiges Schütteln mit Wasser nicht verändert wird.

Angaben über geeignete Aufschlußverfahren zur Bestimmung der einzelnen Komponenten in Mineralsalzen und Düngemitteln sind beispielsweise in den Arbeitsvorschriften von HEßLER u. SCHNABEL (1968) sowie im Methodenbuch zur Untersuchung von Düngemitteln (1976, bearbeitet durch K. LANG) enthalten.

13.5.1 Aufschluß der Evaporite mit verdünnter Salzsäure

Mit Ausnahme des Chloridanteils lassen sich die Hauptkomponenten Na, K, Ca, Mg und SO_4 unter Anwendung des folgenden Aufschlußverfahrens bestimmen.

Reagenzien: Salzsäure, zur Analyse, w: min. 37 %, c: 12,5 mol/l, ρ: 1,19 g/ml
Salpetersäure, zur Analyse, w: min. 65 %, c: 14,9 mol/l, ρ: 1,40 g/ml. Verdünnung: 1 Teil deion. Wasser + 1 Teil Salpetersäure
Silbernitrat, zur Analyse

Geräte: Wägegläser
Magnetrührstäbchen
Becherglas: 600 ml
Filtrationsgestell
Porzellantiegel
Analysentrichter
Rundfilter (z.B. Selecta-Blaubandfilter 589/3 der Firma Schleicher & Schüll)
Meßkolben: 250 ml
Meßzylinder aus Polypropylen: 50 ml
Heizgerät, elektrisch
Polyethylenflaschen: 250 ml

Arbeitsvorschrift

1. Einwaage:

Von vorwiegend aus Chloridmineralen bestehenden Gesteinen werden etwa 10 g (Korngröße < 0,125 mm) eingewogen. Von vorwiegend aus Sulfatmineralen bestehenden Evaporiten muß die Einwaage auf etwa 1 g wegen der geringeren Löslichkeit dieser Verbindungen herabgesetzt werden.

2. Aufschluß:

Die Substanz wird mit deion. Wasser (höchstens 150 ml) in einen 250 ml-Meßkolben gespült. Nach Zugabe von 20 ml Salzsäure (12,5 mol/l, Meßzylinder) ist der Kolben mit Inhalt 2-3 Stunden auf etwa 90 °C zu erhitzen. Dabei ist darauf zu achten, daß es zu keinem Siedeverzug kommt. Dieser läßt sich mit kleinen teflonüberzogenen Magnetrührstäbchen verhindern. Letzteres muß allerdings vor dem Auffüllen der Aufschlußlösung bis zur Ringmarke mit einem längeren Magnetstab wieder aus dem Meßkolben entfernt werden (Abspülen von Magnetstab und Magnetrührstäbchen nicht vergessen!).

Nach dem Abkühlen des Meßkolbens und der Aufschlußlösung auf Zimmertemperatur wird mit deion. Wasser bis zur Ringmarke aufgefüllt und zwanzigmal umgeschüttelt. Die Lösung enthält bei Verwendung von 250 ml-Meßkolben etwa 1 mol HCl/l (Massenanteil etwa 3,5 % HCl).

Falls nach dem Aufschluß der wasser- und säureunlösliche Rückstand bestimmt werden soll, wird die Aufschlußlösung direkt durch ein Blaubandfilter in eine gereinigte und trockene Enghalsflasche aus Polyethylen filtriert. Nach dem Waschen des Filters bis zur Entfernung der Chloridanteile (Prüfung des Waschwassers mit Silbernitrat, Waschwasser nicht zur Aufschlußlösung geben!) und anschließendem Veraschen des Rückstands in einem massekonstant geglühten Porzellantiegel lassen sich die in Salzsäure unlöslichen Mineralfraktionen des Evaporitgesteins gravimetrisch bestimmen. Weitere Hinweise zur Filtration und vor allem zum Aufschluß der in verdünnter Salzsäure *"säureunlöslichen"* Mineralfraktionen mit Flußsäure und Perchlorsäure siehe Abschnitt 13.4.1.

Die Aufschlußlösung kann auch ohne vorherige Abtrennung der wasser- bzw. säureunlöslichen Mineralfraktionen in eine Flasche aus Polyethylen umgefüllt werden. Vor der Entnahme von Lösungsanteilen zur Bestimmung einzelner Komponenten ist abzuwarten, bis sich der Mineralrückstand am Boden der Flasche abgesetzt hat.

Für Elementbestimmungen mittels Atomabsorptionsspektrometrie und der Atomemissionsspektrometrie ist darauf zu achten, daß durch geeignete Wahl der Verdünnungsmittel (deion. Wasser, verdünnte Salzsäure) die Säurekonzentration der Meßlösungen etwa 0,1 mol/l beträgt.

13.5.2 Abtrennung der wasserunlöslichen Mineralfraktionen mit NaCl-Lösung oder Wasser

Bei der Abtrennung der wasserunlöslichen Mineralfraktionen aus Evaporitgesteinen muß die mineralogische Zusammensetzung der Proben beachtet werden. Es ist zu unterscheiden zwischen sulfatfreien Chloridgesteinen, Proben mit Sulfatmineralen und Gesteinen mit Anteilen an Carbonatmineralen. Von der Mineralzusammensetzung hängt die Beschaffenheit des Lösungsmittels ab, mit welchem die wasserlöslichen Fraktionen (Chlorid-, Sulfat- und Carbonatminerale) aufgelöst werden können.

Bei den Chloridgesteinen genügt Wasser als Lösungsmittel. Sind nach der Auflösung der Chloride noch Sulfatminerale wie Anhydrit vorhanden, empfiehlt sich die Anwendung einer 14 %igen NaCl-Lösung als Lösungsmittel. Bei 25 °C ist nämlich die Löslichkeit von $CaSO_4$ in einer Lösung aus 50 mol NaCl pro 1000 mol Wasser rund dreimal größer im Vergleich zu deion. Wasser (D'ANS, 1933). Sind auch noch Carbonate in dem Untersuchungsmaterial vorhanden, müssen diese nach der Auflösung der Chloride mit Wasser durch eine anschließende Behandlung mit Salzsäure (0,2 mol/l) gelöst werden. Vorsicht! Änderung der chemischen Zusammensetzung der wasserunlöslichen Minerale (Abschnitt 13.5.1).

Die Aufbereitung unterschiedlich zusammengesetzter Evaporitproben zur Isolierung der wasserunlöslichen Mineralfraktionen beschreibt unter anderem NIEMANN (1960). Auf diese Arbeit beziehen sich auch die folgenden Angaben.

Reagenzien: Natriumchlorid, zur Analyse, daraus wäßrige Lösung mit einem Massenanteil von 14 % NaCl herstellen
Salzsäure, zur Analyse, w: min. 37 %, c: 12,5 mol/l, ρ: 1,19 g/ml. Verdünnung: 16 ml Salzsäure mit deion. Wasser auf 1000 ml auffüllen. w: 0,7 % HCl, c: 0,2 mol/l
Ammoniaklösung, zur Analyse, w: min. 25 %, c: 12,8 mol/l, ρ: 0,91 g/ml. Verdünnung: 0,8 ml Ammoniaklösung mit deion. Wasser auf 1000 ml auffüllen. w: 0,02 % NH_3, c: 0,01 mol/l

Geräte: Bechergläser: verschiedene Größen
Enghalsflaschen aus Polyethylen: 1000 ml
Filtrationsgerät für Membranfilter
Membranfilter, mittel (z.B. Firma Sartorius-Membranfilter GmbH, Göttingen)
Schüttelmaschine

Arbeitsvorschrift für die Abtrennung mit NaCl-Lösung

Die Probemenge richtet sich nach ihrem Anteil an wasserunlöslichen Mineralfraktionen. In Salztonen sind zwischen 5 bis 90 % an unlöslichen Rückständen enthalten, in Chloridgesteinen dagegen nur 0,1 bis einige Prozent.

Eine Probemenge von etwa 40 g wird in einer Achatreibschale zerdrückt, bis die Stücke durch die etwa 2 cm weite Öffnung einer 1000 ml Enghalsflasche aus Polyethylen passen. Dann werden 500 ml deion. Wasser in die Flasche gefüllt, dieselbe fest verschlossen und 70 Stunden in eine sich drehende Schüttelmaschine eingespannt. Anschließend wird der Inhalt der Flasche auf die Siebplatte (etwa 1 mm Lochdurchmesser) eines Filtrationsgerätes gegeben. Das auf der Siebplatte verbleibende Probematerial >1 mm Durchmesser wird mit einem Holzstift zerdrückt. Dann wird es mit dem durch die Siebplatte gegangenen Material <1 mm und der Flüssigkeit wieder vereinigt. Aus dieser Gesamtprobe wird jetzt mittels eines Filtrationsgerätes und Membranfiltern (Porengröße 0,65 µm) die Salzlösung vom unlöslichen Rückstand abgetrennt. Letzterer wird mit deion. Wasser nachgewaschen. Bei nochmaliger Wiederholung des Vorganges in der Schüttelmaschine mit anschließender Filtration werden die Probeteilchen bis zu den Primärkorngrößen aufgeteilt und gleichzeitig die Anteile an leicht wasserlöslichen Chloridmineralen verringert.

Nach Anwendung von 6 l Wasser und etwa 120stündigem Schütteln wird erstmals die Bildung einer Suspension beobachtet (NIEMANN, 1960). Diese Angaben können aber bei verschiedenen Proben unterschiedlich sein. In manchen Fällen ist es von Interesse, die Kornfraktionen > 0,063 mm von den kleineren Teilchen durch nasses Sieben abzutrennen. Die Fraktion mit Korngrößen < 0,063 mm wird dann 24 Stunden mit Ammoniaklösung (0,01 mol/l) geschüttelt, abfiltriert und mit Wasser gewaschen, bis im Filtrat kein Chlorid und Sulfat mehr nachweisbar sind.

Viele Salzgesteine enthalten Anhydrit. Da die Löslichkeit von $CaSO_4$ in 100 g Wasser bei 25 °C nur 0,21 g beträgt, würde die Auflösung des Anhydrits mit Wasser viel Zeit beanspruchen. Daher empfiehlt es sich, anstelle von Wasser eine Lösung mit einem Massenanteil von 14 % NaCl zu verwenden. In letzterer lösen sich 0,68 g $CaSO_4$ in 100 g NaCl-Lösung. Wenn auf diese Weise die gesamten Chlorid- und Sulfatminerale aufgelöst worden sind, wird die Mineralfraktion < 0,063 mm, wie oben beschrieben, mit Ammoniaklösung und anschließend mit Wasser behandelt.

Evaporitgesteine können neben Chlorid- und Sulfatmineralen auch Carbonate enthalten. Letztere lassen sich nach einer ersten Behandlung der Probe mit deion. Wasser durch mehrmaliges Schütteln mit Salzsäure (0,2 mol/l) entfernen. Dieser Arbeitsgang wird solange wiederholt, bis eine Dispergierung der Teilchen stattfindet und die Chlorid-, Sulfat- und Carbonatminerale vollständig aus der Probe entfernt sind. Anschließend werden die wasserunlöslichen Minerale mit deion. Wasser behandelt und, falls notwendig, in die Fraktionen > 0,063 mm und < 0,063 mm getrennt. Auch hier muß die Fraktion < 0,063 mm mit Ammoniaklösung (0,01 mol/l) geschüttelt, filtriert und nochmals mit deion. Wasser gewaschen werden. Prüfung des Wassers auf Chlorid und Sulfat nicht vergessen.

Eine Veränderung des Mineralbestandes der wasserunlöslichen Rückstände durch die Behandlung mit Salzsäure (0,2 mol/l) konnte nicht festgestellt werden (NIEMANN, 1960; dort weitere Literatur).

Dagegen wird die chemische Zusammensetzung der wasserunlöslichen Minerale durch die Einwirkung verdünnter Salzsäure für verschiedene Elemente deutlich verändert (PETERS, 1988; siehe Abschnitt 13.5.1).

Die in Salzgesteinen eventuell vorhandenen Carbonate lassen sich in der Ausgangsprobe häufig nicht durch röntgenographische, sondern nur durch chemische Untersuchungen nachweisen. In diesem Fall empfiehlt es sich, vor Röntgenuntersuchungen zunächst die Chlorid- und Sulfatminerale der Probe in der oben beschriebenen Weise mit Wasser bzw. NaCl-Lösung aufzulösen.

Arbeitsvorschrift für die Abtrennung mit Wasser

PETERS (1988) beschreibt für die Abtrennung der wasserunlöslichen Mineralfraktionen aus Sylvingesteinen (dominierend Halit und Sylvin, < 1 % Kieserit, < 5 % Anhydrit) einen Schüttelaufschluß mit Wasser. Der Aufschluß ist geeignet zur quantitativen Bestimmung der chemischen Zusammensetzung der wasserlöslichen Mineralfraktionen sowie zur Bestimmung des Massenanteils an wasserunlöslichen Mineralen.

40 g Sylvinitprobe werden in eine 250 ml-Polyethylen-Enghalsflasche gefüllt und mit etwa 200 ml deion. Wasser versetzt. Die Flaschen müssen fest verschlossen, auf Dichtigkeit geprüft und zur Lösung der Sulfatminerale 10 Stunden lang maschinell geschüttelt werden. Anschließend die Flaschen über Nacht stehen lassen, damit sich die wasserunlöslichen Minerale absetzen können. Die Salzlösung wird dann über ein vorher gewogenes Membranfilter (Porengröße 0,65 µm) filtriert. Das Filter mit deion. Wasser waschen, bis im Filtrat keine Chloridreaktion mehr erfolgt. Das Filtrat wird schließlich quantitativ in einen 250 ml-Meßkolben überführt und bis zur Ringmarke mit deion. Wasser aufgefüllt. Nach mehrmaligem Umschütteln des Kolbens werden die Aufschlußlösungen für die quantitative chemische Analyse in Polyethylenflaschen aufbewahrt.

Das Membranfilter mit den wasserunlöslichen Mineralfraktionen wird im Trockenschrank über Nacht bei 55 °C getrocknet, im Exsikkator abgekühlt und gewogen. Aus der Massendifferenz Filter mit und ohne wasserunlösliche Minerale und Umrechnung der Einwaage auf % erhält man den Anteil der WUM in der Evaporitprobe.

13.6 Aufschlüsse für Sulfate, Sulfide und Arsenide

13.6.1 Säure- und Schmelzaufschlüsse für Sulfate

Bei den hier betrachteten Sulfaten handelt es sich um Blei-, Barium-, Strontium- und Calciumsulfat. Calciumsulfat als Gips löst sich leicht beim Kochen in verdünnter Salzsäure. Unter gleichen Bedingungen gehen totgebrannter Gips und natürlicher Anhydrit wesentlich langsamer und oft unvollständig in Lösung.

Der Aufschluß schwerlöslicher Sulfate erfolgt in den meisten Fällen nach drei verschiedenen Methoden. 1. durch Sulfatreduktion nach Zugabe starker Reduktionsmittel, 2. durch Überführung der schwerlöslichen Sulfate in ebenfalls schwerlösliche Carbonate, 3. durch Schmelzen mit Natriumcarbonat.

1. Aufschluß durch Sulfatreduktion:

Die Reduktion der Sulfate kann in einem Kiba-Aufschluß erfolgen. Die sirupartige Kibalösung besteht aus dehydrierter Phosphorsäure, die Zinn(II)-Ionen als Reduktionsmittel enthält. Die Lösung wird aus Phosphorsäure und Zinn(II)-Chlorid durch Erhitzen auf 250 °C hergestellt. Dabei entweichen Chlorwasserstoffsäure und Wasser (KIBA et al., 1955). Der Kiba-Aufschluß wird vorwiegend für die Schwefelisotopenbestimmung eingesetzt (SASAKI et al., 1979; UEDA u. SAKAI, 1983).

THODE et al. (1961) und KEATTCH (1964) verwenden zur Sulfatreduktion eine Mischung von Iodwasserstoffsäure, Chlorwasserstoffsäure und unterphosphoriger Säure (H_3PO_2).

LUIS (1959) überführt Barium- und Strontiumsulfat in lösliche Perchlorate durch einen Aufschluß mit Perchlorsäure und Ammoniumiodid bzw. Kaliumiodid. Ammoniumiodid ist dem Kaliumiodid vorzuziehen, da bei der Verwendung von Kaliumiodid schwer lösliches Kaliumperchlorat entsteht.

TAKANO u. WATANUKI (1972) zersetzen Baryt und Anglesit unter reduzierenden Bedingungen in Iodwasserstoffsäure. Der Aufschluß wird in Autoklaven bei 210 °C vorgenommen und dauert drei Stunden. Die überschüssige Iodwasserstoffsäure wird abgeraucht. Als Zersetzungsprodukt entsteht Schwefeldioxid.

Für die Bestimmung der Kationen mittels Atomabsorptionsspektrometrie oder ICP-AES ist der Aufschluß mit Iodwasserstoffsäure in Autoklaven gut geeignet. 0,1 g Probe werden mit 2 ml Iodwasserstoffsäure (57%ig) im Autoklav für drei Stunden auf 200 °C erhitzt. Die überschüssige Aufschlußsäure wird bei 150 °C abgeraucht. Der Rückstand wird mit etwa 1 ml Salz- bzw. Salpetersäure aufgenommen. Beim Aufschluß von Anglesit ist die Salpetersäure zum Lösen des Rückstands besser geeignet. Gangminerale wie Quarz und Silicate verbleiben im Rückstand und müssen abfiltriert werden.

2. Aufschluß mit Alkalicarbonat-Lösungen:

Durch Kochen mit Alkalicarbonat-Lösungen lassen sich die Sulfate in schwerlösliche Carbonate überführen. Letztere werden anschließend abfiltriert und und mit heißem deion. Wasser gewaschen. Nach Prüfung der Waschlösung auf Sulfat-Ionen mittels einer Bariumchlorid-Lösung werden die sulfatfreien Carbonate in verdünnter warmer Salzsäure gelöst. Eventuell vorhandene Löserückstände müssen gesondert untersucht werden. Die Umsetzbarkeit der Sulfate in Carbonate nimmt von Calcium über Blei und Strontium zum Barium hin ab, wie ein Vergleich der Löslichkeiten zeigt. Beispielsweise ist die Löslichkeit von Bleicarbonat bei Zimmertemperatur vierzigmal geringer als die des Bleisulfats.

Dagegen läßt sich Bariumsulfat in der geschilderten Weise nur unvollständig in Bariumcarbonat überführen. (BILTZ u. BILTZ, 1983; BÖTTGER, 1925).

	SO_4^{2-}/CO_3^{2-}
Ca^{2+}	100
Pb^{2+}	40
Sr^{2+}	9
Ba^{2+}	0,1

3. Schmelzaufschluß mit Natriumcarbonat:

Der vollständige Aufschluß von Bariumsulfat wie auch für die anderen Sulfate wird durch Schmelzen mit Natriumcarbonat erreicht. Die Ausführung des Schmelzaufschlusses ist ausführlich in Abschnitt 13.2.1 beschrieben. Für leicht reduzierbare Substanzen wie Bleisulfat dürfen keine Platintiegel verwendet werden.

13.6.2 Säureaufschlüsse für Sulfide und Arsenide

Viele spezielle Aufschluß- und Trennverfahren für die Elementbestimmung in sulfidischen Erzen und Hüttenprodukten werden von BILTZ u. BILTZ (1983) im Detail beschrieben. Die Elemente werden überwiegend gravimetrisch bestimmt. Diese Verfahren sind sehr arbeitsaufwendig und verlangen vom Analytiker viel Erfahrung. Mit der methodischen Weiterentwicklung der instrumentellen Analytik haben zunehmend andere Aufschlußtechniken an Bedeutung gewonnen. Die daran anschließenden Elementbestimmungen können mit der Flammen-Atomabsorptionsspektrometrie und der ICP-AES vorgenommen werden. Eine vorherige Trennung der Elemente ist nicht erforderlich und auch nicht wünschenswert, da möglichst viele Komponenten aus der gleichen Aufschlußlösung bestimmt werden sollen.

Der Aufschluß von Sulfidmineralen beruht auf ihrer Oxidation zu löslichen Sulfaten. Salpetersäure wirkt in der Regel stärker zersetzend auf Sulfide als Salzsäure und Schwefelsäure. Manche Sulfide reagieren jedoch schon mit konzentrierter Salzsäure. Beispielsweise ist Grauspießglanz (Sb_2S_3) in konzentrierter, aber nicht in verdünnter Salzsäure löslich. Durch Hydrolyse kann sich unlösliches Antimonoxichlorid (weißer Niederschlag) bilden.

Salzsäure ohne Oxidationsmittel kommt zum Lösen antimon- und arsenhaltiger Sulfide wegen der Leichtflüchtigkeit von $SbCl_3$ und $AsCl_3$ in der Regel nicht in Frage. Unter oxidierenden Bedingungen geht Antimon als $(SbCl_6)^-$ in Lösung, das durch Hydrolyse unlösliches Sb_2O_3 (weißer Niederschlag) bildet. Heiße konzentrierte Schwefelsäure wirkt oxidierend und läßt sich für den Aufschluß von Scherbenkobalt (As), Auripigment (As_2S_3), Realgar (AsS), Arsenkies ($FeAs_2^-$), Grauspießglanz bzw. Antimonit (Sb_2S_3) und anderen antimon- und arsenhaltigen sulfidischen Erzen und Hüttenprodukten anwenden. Arsen und Antimon gehen dabei in dreiwertiger Form in Lösung. Durch die Schwefelsäuredämpfe können erhebliche Arsenverluste auftreten.

Am häufigsten wird versucht, Sulfide in heißer konzentrierter Salpetersäure zu lösen. Allerdings lassen sich von den Mineralen Bleiglanz, Kupferkies, Zinnober, Molybdänglanz, Auripigment, Pyrit, Grauspießglanz, Zinkblende und Tetraedrit nur der Pyrit fast vollständig mit Salpetersäure aufschließen (CHAO u. SANZOLONE, 1977). Bei den anderen Mineralen liegt die Aufschlußrate zwischen 40 und 80 %. Außerdem reagiert Salpetersäure mit Antimon zu unlöslicher Metaantimonsäure. Der Sulfidschwefel wird durch Salpetersäure nur teilweise zu Sulfatschwefel oxidiert. Es entsteht elementarer Schwefel. Die Anwendung von Königswasser bringt gegenüber der Salpetersäure nur in geschlossenen Systemen bei höheren Temperaturen eine wesentliche Verbesserung. Auch die Kombination von Salpetersäure mit starken Oxidationsmitteln wie Brom, Iod, Wasserstoffperoxid und Chloraten erhöht die Aufschlußrate beträchtlich.

Bleisulfiderze können schnell und vollständig in fünf Minuten in kochender Perchlorsäure gelöst werden (GOETZ u. DEBBRECHT, 1955). Noch wirksamer ist eine Mischung von 70 %iger Perchlorsäure und 85 %iger Orthophosphorsäure im Mischungsverhältnis von 1 + 1. Vorsicht im Umgang mit Perchlorsäure (Abschnitt 21)! In der Hitze lösen sich sulfidische Kupfererze in wenigen Minuten (HOYLE u. DIEHL, 1971). Der Sulfidschwefel wird vollständig in Sulfatschwefel überführt. Die Aufschlüsse mit Perchlorsäure allein oder zusammen mit Orthophosphorsäure können auch in Autoklaven durchgeführt werden. Viele Sulfidminerale sind auf diese Weise in Lösung zu bringen. Die Messung kann dann in entsprechenden Verdünnungen z.B. mit der Flammen-Atomabsorptionsspektrometrie oder mit der ICP-AES erfolgen. Mit der ICP-AES läßt sich auch der Schwefelgehalt der Probe quantitativ bestimmen.

Beachtung verdient der Aufschluß mit Kaliumchlorat und Salzsäure, da dieser bei Zimmertemperatur durchgeführt wird und Verflüchtigungen nicht auftreten. Auch hier bleiben Minerale wie Quarz und die Silicate unaufgeschlossen zurück. Der Sulfidschwefel wird dabei nicht quantitativ in Sulfatschwefel überführt (DOLEŽAL et al., 1968; OLADE u. FLETCHER, 1974). Dieser Aufschluß ist von CHAO u. SANZOLONE (1977) weiterentwickelt worden, so daß sich noch eine Nachbehandlung des Rückstandes mit heißer konzentrierter Salpetersäure anschließt.

In eigenen Aufschlußexperimenten mit den unter 13.6.2.1 genannten Sulfiden und Arseniden wurden jeweils 0,1 g Substanz in Autoklaven bei 190 °C mit folgenden Aufschlußmitteln aufgeschlossen. Die Mengenangaben in ml stehen in Klammern: Br_2 (1) + HCl (3) + HNO_3 (3), Br_2 (1) + HCl (3) + HNO_3 (1), HCl (3) + HNO_3 (1), $HClO_4$ (5), HNO_3 (5), 30 % H_2O_2 (1) + HNO_3 (5), Br_2 (1) + HNO_3 (5), HNO_3 (3) + $HClO_4$ (3), HCl (3) + $HClO_4$ (3), Br_2 (1) + HCl (5), $HClO_4$ (3) + H_3PO_4 (3), H_2SO_4 (3) + H_3PO_4 (3), 100 mg $KHSO_4$ + H_2SO_4 (5). Außerdem wurden Aufschlüsse mit 100 mg $KClO_3$ und 5 ml HCl bei 20, 50, 100, 150 und 200 °C geprüft. Die Ergebnisse waren eindeutig. Nur mit einem Gemisch aus Brom, Salzsäure und Salpetersäure oder Königswasser ließen sich alle unter 13.6.2.1 genannten Minerale ohne Rückstand in Lösung bringen. Beim Aufschluß von Argentit (Ag_2S), Cubanit ($CuFe_2S_3$), Bleiglanz bzw. Galenit (PbS), Tetraedrit ($Cu_{12}Sb_4S_{13}$) und Zinnober (HgS) waren beim Öffnen der Autoklaven noch geringe Rückstände vorhanden. Der Rückstand von Cubanit löste sich beim Verdünnen mit deion. Wasser und der von Tetraedrit in Salzsäure. Die Rückstände von Argentit und Zinnober lösten sich nach weiterer Zugabe von 10 ml Salpetersäure langsam. Bei der Oxidation von Bleiglanz entsteht schwer lösliches Bleisulfat, das sich nach der Zugabe von 10 ml Salpetersäure und ebenfalls in konzentrierter Salzsäure auflöste. Von den anderen Aufschlußmitteln erwiesen sich die Mischungen aus Brom und Salzsäure sowie aus Perchlorsäure und Phosphorsäure als sehr wirksam. Alle geprüften Minerale lösten sich in diesen Aufschlußmischungen weitgehend auf, die Mehrzahl sogar vollständig. Interessant ist auch, daß sich mit Ausnahme von Bleiglanz die meisten Sulfide und Arsenide in einer Mischung von Salz- und Perchlorsäure deutlich besser lösten als nur in Perchlorsäure. Konzentrierte Salpetersäure war für den Aufschluß antimon- und molybdänführender Sulfide völlig ungeeignet. Beim Arbeiten mit Salpetersäure gelang nur in wenigen Fällen ein rückstandsloser Aufschluß. Durch wiederholtes Abrauchen der Salpetersäure ließen sich die Aufschlüsse wesentlich verbessern. Der in der Literatur häufig zitierte Aufschluß mit Kaliumchlorat und Salzsäure zeigte erst bei hohen Temperaturen brauchbare Ergebnisse.

13.6.2.1 Brom, Salzsäure und Salpetersäure oder Königswasser

Grauspießglanz bzw. Antimonit (Sb_2S_3), Argentit (Ag_2S), Arsenopyrit

(FeAsS), Auripigment (As_2S_3), Bornit (Cu_3FeS_3), Chalcopyrit ($CuFeS_2$), Chalcosin (Cu_2S), Colbaltin (CoAsS), Covellin (CuS), Cubanit ($CuFe_2S_3$), Enargit (Cu_3AsS_4), Bleiglanz (PbS), Gersdorffit (NiAsS), Greenockit (CdS), Löllingit ($FeAs_2$), Markasit (FeS_2), Millerit (NiS), Molybdänit (MoS_2), Nickelin (NiAs), Pentlandit ([Fe,Ni]S), Pyrit (FeS_2), Rammelsbergit ($NiAs_2$), Safflorit ($CoAs_2$), Sphalerit (ZnS), Tetraedrit ($Cu_{12}Sb_4S_{13}$), Zinnober (HgS) und andere Sulfide und Arsenide können quantitativ aufgeschlossen und in Lösung gebracht werden.

Reagenzien: Brom, zur Analyse, w: min. 99,5 %, c: 19,5 mol/l, ρ: 3,12 g/ml
Salzsäure, zur Analyse, w: min. 37 %, c: 12,5 mol/l, ρ: 1,19 g/ml
Salpetersäure, zur Analyse, w: min. 65 %, c: 14,9 mol/l, ρ: 1,40 g/ml

Geräte: Autoklav mit Teflon-Aufschlußgefäß (30-35 ml Inhalt) für Aufschlüsse unter erhöhtem Druck
Heizbank
Meßpipetten aus Polypropylen: 1, 3 ml
Meßkolben aus Glas: 100 ml

Arbeitsvorschrift

0,1 g der fein aufgemahlenen Analysensubstanz werden mit einem Gemisch aus 1 ml Brom, 3 ml Salzsäure und 3 ml Salpetersäure oder 4 ml Königswasser versetzt und im Autoklav auf 190 °C aufgeheizt. Diese Temperatur wird 4 Stunden lang gehalten. Nach dem Abkühlen wird das Aufschlußgemisch im Teflontiegel mit deion. Wasser aufgefüllt und quantitativ in den Meßkolben überführt. Fällt beim Verdünnen aus der klaren Aufschlußlösung ein weißer Niederschlag aus, so handelt es sich um Antimonoxichlorid oder Antimontrioxid. In diesem Fall muß die Aufschlußlösung je nach der Antimonmenge weitgehend mit konzentrierter Salzsäure versetzt werden. Tritt dagegen von Anfang an ein unlöslicher heller Niederschlag in Form von Nadeln auf, so handelt es sich um Bleisulfat. Nach Zugabe von 10 ml Salzsäure oder Salpetersäure löst sich der Rückstand auf.

13.6.3 Schmelzaufschlüsse für Sulfide

Natriumperoxid, Natrium- und Kaliumdisulfat, Natrium-, Kalium- und Ammoniumhydrogensulfat sind wirksame Aufschlußmittel für Sulfide.

Durch Schmelzen mit Alkalicarbonaten werden nur die Sulfide mit saurem Charakter wie die von As, Ge, Mo, Sb, Se, Sn, Te und V in lösliche Verbindungen überführt. Bei den hohen Aufschlußtemperaturen können erhebliche Elementverluste auftreten (Tabelle 13-1).

Natriumperoxid ist ein starkes Oxidationsmittel. Die Reaktion mit leicht oxidierbaren Substanzen wie organischem Kohlenstoff, Schwefel und Sulfiden kann explosionsartig erfolgen. Die Schmelztemperatur liegt bei fast 500 °C. Natriumperoxid ist kein selektives Aufschlußmittel für Sulfide. Minerale wie Quarz und Silicate werden ebenfalls quantitativ aufgeschlossen. Für Natriumperoxid-Aufschlüsse gibt es fast keine geeigneten Tiegelmaterialien. Bei Aufschlußzeiten von nur 10 Minuten beträgt der Masseverlust für widerstandsfähige Zirkoniumtiegel bei ca. 500 °C 0,1-0,2 mg/g Aufschlußmittel. Bei Verwendung von Eisen- und Nickeltiegeln liegen die Masseverluste unter gleichen Bedingungen schon zehnmal höher (BELCHER, 1963). Aus den genannten Gründen ist Natriumperoxid als Aufschlußmittel für Sulfide nur bedingt geeignet.

Disulfate und Hydrogensulfate von Natrium und Kalium sind nicht nur wirksame Aufschlußmittel für Oxide und Phosphate, sondern auch für Sulfide. Entscheidend ist in diesem Fall die oxidierende Wirkung der Schmelzen. Sie ist vergleichbar mit konzentrierter Schwefelsäure bei hohen Temperaturen. Beim Erhitzen der Hydrogensulfate entstehen unter Wasserabgabe Disulfate, die ihrerseits durch SO_3-Abspaltung Sulfate bilden. Das freigesetzte SO_3 ist die aktive Komponente bei der Umwandlung der Sulfide in Sulfate unter Sauerstoffaufnahme. Der Aufschluß mit Kaliumdisulfat für geglühte Oxide ist ausführlich in Abschnitt 13.2.5 beschrieben. Für Sulfide kann der Aufschluß in ähnlicher Weise erfolgen. Es dürfen allerdings keine Platintiegel verwendet werden. Der Aufschluß sollte in Quarzgefäßen durchgeführt werden. Um die Aufschlußwirkung zu erhöhen, sollten die Sulfide mit dem Aufschlußmittel zuvor vermischt werden. Bei den Aufschlußtemperaturen von 420 - 450 °C können Elementverluste auftreten (Tabelle 13-1).

Ammoniumhydrogensulfat reagiert wie die Alkalidisulfate und -hydrogensulfate sauer und zugleich oxidierend. Der Schmelzpunkt liegt bei 147 °C. Bei Bedarf können die überschüssigen Anteile an Ammoniumhydrogensulfat, ähnlich wie bei einem Säureaufschluß, bei Temperaturen von 200 - 300 °C einfach abgeraucht werden. Der niedrige Siedepunkt von nur 520 °C des Ammoniumhydrogensulfats erlaubt eine sehr reine Herstellung durch Mehrfachdestillation.

13.6.3.1 Ammoniumhydrogensulfat und Ammoniumnitrat

Ammoniumhydrogensulfat ist ein bewährtes Aufschlußmittel für sulfidische Eisen-, Kupfer-, Zink- und Bleierze (VERBEEK et al., 1970). Die oxidierende Wirkung kann z.B. durch einen Ammoniumnitratzusatz noch erhöht werden. Als Gefäßmaterial bietet sich Quarz oder Borsilicatglas an.

Reagenzien: Ammoniumhydrogensulfat, zur Analyse
Ammoniumnitrat, zur Analyse
Salzsäure, zur Analyse, w: min. 37 %, c: 12,5 mol/l, ρ: 1,19 g/ml. Verdünnung: 1 Teil Salzsäure + 1 Teil deion. Wasser

Geräte: Erlenmeyerkolben (Enghals) aus Borsilicatglas: 100 ml
Heizbank, regelbar bis 250 °C
Teclubrenner
Wägeglas, Nickelspatel, Haarpinsel
Meßkolben: 250 ml
Spritzflasche
Glasstab
Tiegelzange

Arbeitsvorschrift

0,2 g Analysensubstanz, 2 g Ammoniumhydrogensulfat und 1 g Ammoniumnitrat werden in ein Wägeglas eingewogen und mit einem Glasstab vermischt. Die Aufschlußmischung wird quantitativ in den Erlenmeyerkolben überführt und auf ca. 200 °C für 15 Minuten erhitzt. Der Erlenmeyerkolben wird mit Hilfe einer Tiegelzange gelegentlich umgeschwenkt. Schwefelabscheidungen am Hals des Kolbens werden mit einem Teclubrenner entfernt. Die erkaltete Schmelze wird zunächst mit 10 ml verdünnter Salzsäure unter leichter Erwärmung behandelt und dann die überstehende Lösung vorsichtig in einen 250 ml-Meßkolben gefüllt. Der Rückstand im Erlenmeyerkolben wird schließlich mit 2,5 ml verdünnter Salzsäure versetzt und nachfolgend mehrfach mit deion. Wasser gewaschen. Nach Zugabe der vom Rückstand dekantierten Waschlösung wird der Meßkolben mit deion. Wasser bis zur Ringmarke aufgefüllt. Im Erlenmeyerkolben bleiben die nichtaufgeschlossenen Minerale zurück.

14 Verfahren zur Bestimmung von Haupt- und Nebenbestandteilen

14.1 SiO_2

14.1.1 Gravimetrie

Grundlagen

Die gravimetrische Bestimmung von SiO_2 erfolgt nach dem Aufschluß der Substanz mit Natriumcarbonat (Abschnitt 13.2.1). Aus dem mit Salzsäure behandelten Aufschluß muß das SiO_2 vollständig abgeschieden und durch Filtration von der Lösung isoliert werden. Das Abscheiden des SiO_2 erfolgt durch einen als *"Härten"* bezeichneten Arbeitsgang. Hierbei wird die HCl-haltige Lösung auf einem Wasserbad bei etwa 95 °C zur Trockne eingedampft. Durch eine möglichst weitgehende Entwässerung des Gels soll eine bessere Filtration des SiO_2 (Teilchenvergrößerung) und eine Verringerung der Lösungsgeschwindigkeit erreicht werden. Die Schwierigkeit besteht darin, daß eine vollständige Entwässerung des SiO_2 bei 100 °C nicht möglich ist. Das SiO_2 in dem bis zur Trockne eingedampften Rückstand enthält immer noch Anteile an H_2O in der Größenordnung von Prozenten, welche sich erst bei höheren Temperaturen (bis Glühtemperatur) entfernen lassen (z.B. ILER, 1955). Bei Temperaturen über 100 °C besteht aber die Gefahr, daß die im Rückstand noch vorhandenen drei- und vierwertigen Elemente in teilweise schwer lösliche Verbindungen überführt werden. Weiterhin kann es bereits wenig über 100 °C zu Silicatneubildungen, vor allem mit Magnesium, kommen. Die vergleichsweise leichte Löslichkeit solcher Neubildungen in verdünnter Salzsäure würde mit SiO_2-Verlusten verbunden sein. Verschiedentlich wird angegeben, daß 1-3 % des Gesamt-SiO_2 im Filtrat verbleiben. Nach P. M. SCHNEIDERHÖHN (in HERRMANN, 1975: 76) ist dieser Wert sicherlich zu hoch. Eine etwa 30 Einzelwerte umfassende Versuchsreihe enthielt keine wesentlich über 1 % liegenden SiO_2-Anteile. Am häufigsten wurden Anteile um 0,6 % SiO_2 gefunden.

Die nach der Abtrennung des SiO_2-Niederschlages 1 im Filtrat befindlichen SiO_2-Anteile müssen durch eine zweite *"Härtung"* abgeschieden und durch eine zweite Filtration ebenfalls abgetrennt werden (SiO_2-Niederschlag 2).

Etwa 0,01 - 0,1 % vom Gesamt-SiO_2 bleiben auch nach der zweiten SiO_2-Abscheidung noch in Lösung. Der sich aus der Löslichkeit des SiO_2 ergebende Fehler macht sich wahrscheinlich am stärksten bemerkbar. Da nämlich das Volumen des Lösungsmittels und die Einwirkzeit bei der zweiten Filtration nicht wesentlich geringer sind als bei der ersten Filtration, wird in beiden Fällen praktisch der gleiche SiO_2-Anteil in Lösung gehen. Dieser ist im Vergleich zur großen Menge an SiO_2-Niederschlag 1 gering. Aber gegenüber der viel kleineren Menge an SiO_2-Niederschlag 2 ist der Anteil des gelösten SiO_2 groß. Es wäre deshalb zwecklos, noch eine dritte *"Härtung"* und Filtration des SiO_2 durchzuführen.

Die im Filtrat des SiO_2-Niederschlages 2 noch befindlichen SiO_2-Anteile werden bei der Fällung der dreiwertigen Komponenten (Sesquioxide) mit Ammoniaklösung erfaßt (Abschnitt 14.3.1). Es ist möglich, das in Lösung befindliche Rest-SiO_2 vor der Hydroxidfällung analytisch zu bestimmen, beispielsweise mit spektralphotometrischen Verfahren (Abschnit 14.1.3). In der praktischen Silicatanalyse kann aber auf diesen Arbeitsgang verzichtet werden, da die erreichte Analysengenauigkeit in keinem begründeten Verhältnis zum geochemischen Aussagewert der Daten und in keinem vertretbaren Verhältnis zum Arbeitsaufwand mehr steht.

Durch die in der Lösung befindlichen Anteile an drei- und vierwertigen Elementen ist der SiO_2-Niederschlag praktisch niemals rein. Die Anteile an Al, Fe, Ti und Zr im SiO_2-Niederschlag betragen normalerweise 0,01 - 0,1 %, bezogen auf das SiO_2. Der sich aus dem Glühen der vereinigten SiO_2-Niederschläge 1 und 2 ergebende SiO_2-Wert wird daher als *"Roh-SiO_2"* bezeichnet.

Der SiO_2-Niederschlag vermag infolge seiner gelartigen Beschaffenheit auch Komponenten zu absorbieren, beispielsweise das im Überschuß aus dem Aufschlußmittel vorhandene Natrium. Die Erfahrung zeigt aber, daß solche Lösungsbestandteile nicht in störenden Anteilen in das *"Roh-SiO_2"* gelangen.

Reagenzien: Salzsäure, zur Analyse, w: min. 37 %, c: 12,5 mol/l, r: 1,19 g/ml. Verdünnung: 80 ml Salzsäure auf 500 ml mit deion. Wasser auffüllen, c: etwa 2 mol HCl/l

Schwefelsäure, zur Analyse, w: 95-97 %, c: 17,8 - 18,2 mol/l, ρ: 1,84 g/ml. Verdünnung 1 Teil H_2SO_4 + 1 Teil H_2O

Flußsäure, zur Analyse, w: min. 40 %, c: 22,6 mol/l, ρ: 1,13 g/ml

Salpetersäure, zur Analyse, w: min. 65 %, c: 14,9 mol/l, ρ: 1,40 g/ml. Verdünnung 1 Teil HNO_3 + 1 Teil H_2O

Silbernitrat

Geräte:
Analysentrichter, 80 mm Randdurchmesser
Rundfilter, 125 mm (z.B. Selecta-Weißbandfilter 589/2 der Firma Schleicher & Schüll)
Meßpipette: 5 ml
Becherglas: 800 ml
Uhrgläser
Stativ, Stativring
Gebläsebrenner oder Muffelofen (z.B. Simon-Müller-Ofen)
Platinschale mit etwa 250 ml Inhalt
Platintiegel, 20-30 ml Inhalt, Platindeckel
Platindreieck, Tiegelzange mit Platinschuhen
Glaskolben-Spritzflasche: 1000 ml
Wasser- und Sandbad

Arbeitsvorschrift

1. Abscheidung und "Härten" des SiO_2:

Nach der Durchführung des in Abschnitt 13.2.1 beschriebenen Natriumcarbonat-Aufschlusses wird die HCl-haltige Analysenlösung in einer Platinschale auf dem Wasserbad bis zur Trockne eingedampft. Der Rückstand wird auf dem Wasserbad solange erhitzt, bis er nicht mehr nach Salzsäure riecht. Erst dann ist eine weitgehende Entwässerung des SiO_2 erreicht.

2. Abtrennung des SiO_2-Niederschlages 1:

Der in der Platinschale befindliche Rückstand muß zunächst wieder gelöst werden. Man nimmt die Platinschale vom Wasserbad, bedeckt sie mit einem Uhrglas und läßt einige Minuten abkühlen. Dann das Uhrglas etwas anheben und auf den Rückstand aus einer Meßpipette konzentrierte Salzsäure gleichmäßig auftropfen. Der Rückstand muß vollständig mit Salzsäure durchfeuchtet sein, aber es darf keine Säure über dem Bodenkörper stehen. Zum Abpipettieren der Salzsäure nicht den Mund benutzen, sondern einen Peleusball oder einen anderen Pipettierhelfer.

Nach 1 bis 2 Minuten etwa 100 ml heißes deion. Wasser ringsum auf den Rückstand geben und die Lösung mit einem Glasstab umrühren. Wenn nötig, den Rückstand vom Rand der Schale mit heißem Wasser auflösen. Der Rückstand löst sich vollständig bis auf die am Boden der Platinschale befindlichen weißen Flocken aus SiO_2. Vor der Filtration sollte der untere Ausgußrand der Platinschale leicht eingefettet werden.

Für die Filtration wird ein 125 mm Weißbandfilter in einen passenden Analysentrichter eingelegt und mit Wasser befeuchtet. Zum Auffangen des Filtrats wird das gleiche 400 ml-Becherglas benutzt, in welchem die erstarrte Schmelze des Natriumcarbonat-Aufschlusses mit Salzsäure aufgelöst worden ist (Abschnitt 13.2.1). Auf diese Weise werden SiO_2-Reste, welche sich noch im Becherglas befinden sollten, auf jeden Fall bei der Abscheidung des SiO_2-Niederschlages 2 mit erfaßt.

Zuerst muß die Lösung dekantiert werden, wobei darauf zu achten ist, daß möglichst kein SiO_2 auf das Filter gelangt. Dann 50 bis 100 ml der heißen etwa 2 M Salzsäure aus einem kleinen Becherglas in die Platinschale geben und mit dem Glasstab das SiO_2 vorsichtig umrühren. Nach dem Absitzen des SiO_2 auch diese Lösung dekantieren. Mit weiterer 2 M Salzsäure das Dekantieren ein drittes Mal wiederholen. Normalerweise ist die Waschsalzsäure jetzt farblos. Wenn das nicht der Fall ist, muß noch ein viertes Mal dekantiert werden.

Durch das mehrfache Dekantieren soll der größte Teil der Kationen durch das Filter laufen, bevor das SiO_2 die Poren verstopft und dadurch die Filtration verlangsamt wird. Wenn die Lösung langsam durch das im Filter befindliche SiO_2 läuft, kann ein Teil des Niederschlages aufgelöst werden. Hier besteht ein Zusammenhang zwischen der Auflösung von SiO_2 und der zeitlichen Einwirkung der Waschsalzsäure auf den Niederschlag. Die Salzsäure in der Waschflüssigkeit verhindert außerdem Hydrolyseeffekte und eine Dispersion des SiO_2.

Nach dem Dekantieren muß das SiO_2 auf das Filter gebracht werden. Zu diesem Zweck 50 bis 100 ml heiße 2 M Salzsäure in die Platinschale geben und damit möglichst viel SiO_2 auf das Filter spülen. Diesen Arbeitsgang solange wiederholen, bis praktisch der ganze SiO_2-Niederschlag auf dem Filter ist. Vorsichtig arbeiten, damit keine SiO_2-Flöckchen verloren gehen! Die Waschlösung wird in den meisten Fällen bereits jetzt farblos ablaufen. Eisen sowie normalerweise auch das gesamte Aluminium und Titan befinden sich im Filtrat. Daher kann jetzt heißes deion. Wasser als Waschflüssigkeit benutzt werden. Man verwendet eine Glaskolben-Spritzflasche, bei welcher der Kolbenhals mit einem Holzgriff versehen oder einer Hanf- bzw. Perlonschnur als Wärmeschutz umwickelt ist. Die früher häufig verwendete Asbestschnur darf nicht mehr benutzt werden. Die Glaskolben-Spritzflasche muß weiterhin eine bewegliche Glasspitze haben, damit beim Auswaschen des Niederschlages der Wasserstrahl mit Zeige- und Mittelfinger gut geführt werden kann. Die Konstruktion einer solchen Glaskolben-Spritzflasche geht aus der Abb. 13-2 hervor.

Zuerst wird die Platinschale mit Waschwasser ausgespült. Dazu hält man die Schale mit der linken Hand, wobei an einem quer darüber gelegten Glasstab das Wasser in das Filter laufen soll. Die Platinschale wird mit deion. Wasser ausgespritzt, vor allem auch der Rand. Diese Prozedur wird mehrmals wiederholt. Um die letzten SiO_2-Reste aus der Schale auf das Filter zu bekommen, wird als *"Wischer"* ein Stück Weißbandfilter benutzt. Damit wird die Schale ausgerieben (das Filterstück mit dem Glasstab bewegen) und das Papier zu dem SiO_2-Niederschlag in den Analysentrichter gegeben.

Das Waschen des SiO_2-Niederschlages wird folgendermaßen durchgeführt: Aus der Spritzflasche unter vorsichtigem Aufwirbeln des SiO_2 soviel heißes Wasser zugeben, daß der Niederschlag gerade bedeckt ist. Dann das Wasser vollständig ablaufen lassen. Der Vorgang wird sechsmal wiederholt. Erst dann von dem ablaufenden Waschwasser am Trichterhals einige Tropfen in einem Reagenzglas auffangen und einige Tropfen verdünnte Salpetersäure sowie Silbernitratlösung zugeben. Wenn bei dieser Chlorid-Reaktion nur noch eine geringe Opaleszenz auftritt, ist der Waschvorgang beendet. Das feuchte (nicht tropfnasse) Filter mit dem SiO_2-Niederschlag 1 wird zusammengefaltet, mit der Spitze nach oben in den gewichtskonstant geglühten Platintiegel gesteckt und bis zur Abtrennung der SiO_2-Niederschlages 2 in einen Exsikkator gestellt.

3. Abtrennung des SiO_2-Niederschlages 2:

Das Filtrat des SiO_2-Niederschlages 1 einschließlich der Waschlösung wird quantitativ in die vorher benutzte Platinschale überführt. In dieser Lösung befindet sich außer den Komponenten der Probe und des Aufschlußmittels noch ein geringer Anteil an SiO_2. Die Abscheidung dieses SiO_2 (SiO_2-Niederschlag 2) geschieht auf die gleiche Weise wie bei der Abtrennung des SiO_2-Niederschlages 1. Zum Auffangen des Filtrats und der Waschlösung wird bei der Abtrennung des SiO_2-Niederschlages 2 ein 800 ml-Becherglas benutzt.

Nach dem Durchfeuchten des in der Platinschale befindlichen Rückstands mit konzentrierter Salzsäure und der Zugabe von heißem deion. Wasser ist normalerweise kein SiO_2-Niederschlag in der Schale zu erkennen. Häufig wird bereits nach dem ersten Dekantieren die Lösung farblos ablaufen. Auch das zweite Filter wird mit heißem deion. Wasser chloridfrei gewaschen, zusammengefaltet und ebenfalls mit der Spitze nach oben in den Platintiegel zu dem Filter mit SiO$_2$-Niederschlag 1 gesteckt.

Das 800 ml-Becherglas mit Filtrat und Waschflüssigkeit wird beschriftet, mit einem Uhrglas bedeckt und für die Fällung der Hydroxide beiseite gestellt (Abschnitt 14.3.1). Mit diesem Arbeitsgang kann jedoch erst begonnen werden, wenn die Bestimmung des *"Rein-SiO$_2$"* abgeschlossen ist.

4. Veraschen und Glühen der Filter mit dem SiO$_2$:
Bestimmung von "Roh-SiO$_2$":

Das Veraschen der Filter geschieht mit einem Teclubrenner. Der Platintiegel wird ohne Deckel schräg in die Platinspitzen des Dreiecks, der Teclubrenner unter den hinteren Teil des Tiegels gestellt. Der Abstand zwischen dem oberen Rand des Brenners und dem unteren Teil des Platintiegels soll etwa 15 cm betragen.

Zunächst wird der Tiegel mit kleiner nichtleuchtender Flamme erwärmt, um die Feuchtigkeit aus den Filtern zu entfernen. Dann wird die Temperatur langsam erhöht, bis die Verkohlung der Filter einsetzt. Hierbei ist darauf zu achten, daß die Filter nicht zu brennen beginnen. Geschieht das doch, muß der Tiegel mit dem Platindeckel (Platinzange!) abgedeckt und die Flamme erstickt werden.

Das Veraschen sollte unter einem Abzug vorgenommen werden, damit die entstehenden Gase nicht vom Analytiker eingeatmet werden müssen.

Das Schrägstellen des Platintiegels geschieht aus folgenden Gründen: Ein aufrecht stehender Tiegel wird von den Verbrennungsgasen eingehüllt. Bei einem schräggestellten Tiegel strömen dagegen die Verbrennungsgase am oberen Tiegelrand ab. Dadurch entsteht eine Konvektion, bei welcher von unten ständig frische Luft in und durch den Tiegel strömt. Der zur Verbrennung und Oxidation des Kohlenstoffs notwendige Sauerstoff wird also ständig nachgeliefert. Falls außerdem einmal ein veraschtes Filterteilchen hochgewirbelt wird, kann es aus einem aufrecht stehenden Tiegel leichter wegfliegen. Bei einem schrägstehenden Tiegel fängt sich dagegen das Filterteilchen leichter an der oberen Gefäßwand.

Zur Verbrennung der Filterkohle wird die Temperatur weiter gesteigert. Wenn im Platintiegel nur noch vereinzelt schwarze Teilchen zu sehen sind, muß der Tiegel vorsichtig gedreht werden, um auch den restlichen Kohlenstoff zu verbrennen. Zum Schluß darf im Tiegel nur noch das weiße SiO$_2$ enthalten sein, welches allerdings durch geringe Anteile an anderen Komponenten häufig etwas grau gefärbt ist.

An dieser Stelle soll auf eine Eigenschaft des SiO$_2$ hingewiesen werden, die bereits während der Veraschung der Filter und bei allen nachfolgenden Operationen zu beachten ist. Der SiO$_2$-Niederschlag ist sehr leicht. Schon durch einen geringen Luftzug (vom Brenner, Zugluft von einem offenen Fenster oder einer geöffneten Tür, Veraschung unter einem stark ziehenden Abzug) kann ein Teil des SiO$_2$ verlorengehen.

Nach abgeschlossener Veraschung und Verbrennung des Kohlenstoffs wird der Tiegel aufrecht in das Dreieck gestellt und mit dem Platindeckel bedeckt. Unter Benutzung eines Gebläsebrenners wird das SiO_2 geglüht. Anstelle des Gebläsebrenners kann auch ein elektrischer Ofen verwendet werden. Bei etwa 1000 °C wird der Tiegel ungefähr 30 Minuten geglüht. Dabei gibt das SiO_2 die letzten Anteile an Wasser ab.

Das geglühte SiO_2 ist röntgenamorph. Diffraktometeraufnahmen zeigen verschiedentlich eine breitgezogene flache Aufwölbung, die ihr Maximum an der Stelle des stärksten Cristobalit-Peaks hat (P.M. SCHNEIDERHÖHN, in HERRMANN, 1975: 80). In dem Niederschlag haben sich also nur an einigen Stellen Strukturen mit einer gittermäßigen Ordnung gebildet. Solche Erscheinungen haben wahrscheinlich JAKOB u. BRANDENBERGER (1948) zu der Annahme veranlaßt, daß das geglühte SiO_2 die Struktur von Cristobalit aufweist. Letzteres trifft aber nicht zu, sondern das geglühte SiO_2 ist entweder völlig oder überwiegend röntgenamorph.

Nach der Beendigung des Glühens wird der abgedeckte Platintiegel zunächst etwa 5 Minuten an der Luft abgekühlt. Erst dann darf der Tiegel zur weiteren Abkühlung in den Exsikkator gestellt und nach etwa 30 Minuten gewogen werden. Das Glühen des Tiegels wird jeweils für 15 Minuten mit anschließender Abkühlung von 30 Minuten bis zur Gewichtskonstanz wiederholt. Das *"Roh-SiO₂"* wird wie folgt berechnet:

$$\% \; SiO_2 \;= \; \frac{\text{Auswaage mg } SiO_2 \cdot 100}{\text{Einwaage mg Probe}} \qquad (14.1)$$

5. Bestimmung von "Rein-SiO₂":

Das *"Roh-SiO₂"* enthält meistens kleine Anteile an Oxiden der Elemente Fe, Al und Ti. Zur Bestimmung des Wertes für *"Rein-SiO₂"* wird daher das Si in das flüchtige SiF_4 überführt. Die im *"Roh-SiO₂"* enthaltenen *"Verunreinigungen"* bleiben als nichtflüchtige Verbindungen in Form eines Rückstandes zurück. *"Roh-SiO₂"* minus Rückstand ergibt den Wert für das *"Rein-SiO₂"*.

Das *"Roh-SiO₂"* wird unter Zugabe von Schwefelsäure im Platintiegel mit einem Überschuß an Flußsäure behandelt, wobei folgende Reaktion stattfindet:

$$SiO_2 + 4\,HF \;\rightleftarrows\; SiF_4 \uparrow + 2\,H_2O$$

Das bei der Reaktion entstehende Wasser kann einen Teil des SiF_4 in HF und SiO_2 zurückbilden (Bleitiegelprobe beim qualitativen SiO_2-Nachweis). Das muß bei der Bestimmung des Wertes für das *"Rein-SiO₂"* verhindert werden. Die Schwefelsäure bindet das Wasser und verschiebt das Gleichgewicht der Reaktion nach rechts. Ohne die Zugabe von Schwefelsäure würden ferner die als *"Verunreinigungen"* anwesenden Elemente nach dem Abrauchen des SiF_4 als Fluoride vorliegen. Die Fluoride der drei- und vierwertigen

Elemente lassen sich jedoch nicht durch Glühen in Oxide überführen. Das ergäbe für den Rückstand einen Plusfehler, da die Atommasse für O gleich 16 ist, für 2F aber 38. Weiterhin sind die Metallfluoride bei Glühtemperatur teilweise flüchtig (z.B. Titan). Daraus ergäbe sich für die im Rückstand enthaltenden *"Verunreinigungen"* ein Minusfehler. Durch die Schwefelsäure werden die Fluoride in Sulfate und beim anschließenden Glühen in Oxide überführt.

An dieser Stelle soll auch begründet werden, warum das quantitative Auswaschen der Alkali-Ionen aus dem SiO_2-Niederschlag von Bedeutung ist. Die Alkalielemente bilden mit der Schwefelsäure Alkalisulfate. Aus diesen kann SO_3 nicht durch Glühen entfernt werden. Alkalisulfate schmelzen unzersetzt und werden als Sulfate gewogen. Im SiO_2-Niederschlag sind die Alkalien zunächst als Chloride enthalten. Wenn die Alkalichloride nicht quantitativ aus dem SiO_2-Niederschlag ausgewaschen werden, wird der Rest nach dem Glühen des *"Roh-SiO_2"* als Chloride mitgewogen. Daraus können sich Fehler für den SiO_2-Wert ergeben. Wenn bei der Bestimmung des Wertes für *"Rein-SiO_2"* der Rückstand mit Plusfehlern behaftet ist, ergeben sich Minusfehler für den SiO_2-Wert. Umgekehrt führen Minusfehler für den Rückstand zu Plusfehlern beim SiO_2.

Das *"Roh-SiO_2"* wird im Platintiegel aus einer kleinen Pipette vorsichtig mit 10 bis 20 Tropfen deion. Wasser angefeuchtet. Dann mit einer Pipette 10 bis 15 Tropfen 1 + 1 verdünnte Schwefelsäure hinzufügen, den Tiegel zu zwei Drittel mit Flußsäure füllen und ohne Deckel auf ein etwa 95 °C heißes Wasser- oder Sandbad stellen. Solange erhitzen, bis das SiF_4 und die überschüssige Flußsäure abgeraucht sind. Auf dem Boden des Platintiegels befindet sich dann nur noch etwas dunkel und dickflüssig erscheinende Schwefelsäure, die erst bei 338 °C siedet. Beim Umgang mit Schwefel- und Flußsäure Schutzbrille tragen und Schutzhandschuhe verwenden!

Die restliche Schwefelsäure wird auf dem Sandbad abgeraucht. Die Temperatur des Sandbades zunächst langsam erhöhen, bis die ersten weißen SO_3-Nebel auftreten. Zu hohe Temperaturen können zu einem Verspritzen der Schwefelsäure führen. Unter langsamer Steigerung der Temperatur wird die Schwefelsäure schließlich vollständig abgeraucht. Es empfiehlt sich, den Platintiegel etwa 0,5 bis 1 cm tief in den Sand zu stecken. Vorsicht, damit kein Quarz in den offenen Tiegel fällt.

Nach dem Abrauchen der Schwefelsäure wird der Platintiegel ohne Deckel 15 Minuten mit dem Gebläsebrenner oder im elektrischen Muffelofen geglüht. Dabei zersetzen sich die Sulfate. Den Tiegel mit dem Deckel bedecken und nochmals 15 Minuten bei etwa 1000 °C erhitzen. Die im Rückstand enthaltenen drei- und vierwertigen Elemente liegen jetzt als Oxide vor.

Das Glühen des Tiegels ist bis zur Gewichtskonstanz zu wiederholen. Der Rückstand muß erdig-pulvrig aussehen und ist vielfach durch Fe(III) gelblich gefärbt. Porzellanartige Tropfen auf dem Tiegelboden deuten auf geschmolzene Alkalisulfate und sind ein Hinweis auf Fehler bei der Durchführung der SiO_2-Bestimmung.

Beim Abrauchen der Schwefelsäure kann Phosphor flüchtig werden (siehe Abschnitt 13.3.4). Das führt im gravimetrischen Trennungsgang zu Plusfehlern bei der Ermittlung des Wertes für *"Rein-SiO$_2$"* und zu Minusfehlern bei der Berechnung des Al$_2$O$_3$-Wertes aus den Sesquioxiden (Abschnitt 14.3.1). Bei der Gesteinsanalyse wird P$_2$O$_5$ normalerweise aus einem Säureaufschluß (Abschnitt 14.13) bestimmt.

Berechnung "Rein-SiO$_2$": (14.2)

$$\% \, SiO_2 = \frac{(mg \, "Roh\text{-}SiO_2" - mg \, \text{Rückstand vom} \, "Rein\text{-}SiO_2") \cdot 100}{\text{Einwaage mg Probe}}$$

Umrechnungsfaktoren: SiO$_2$ · 0,4674 = Si
Si · 2,139 = SiO$_2$

Standardabweichung:

Der Gesamtfehler für die gravimetrische Bestimmung von SiO$_2$ in Gesteinen ist für den Bereich 30 bis 70 % SiO$_2$ ermittelt worden. Es ist mit einer Standardabweichung s ≈ 0,3 % SiO$_2$ (absolut) zu rechnen.

14.1.2 Titrimetrie

Grundlagen

Die erstarrte Schmelze wird in deion. Wasser und Salzsäure sowie Salpetersäure gelöst (Abschnitt 13.2.6) und daraus das Si mit Natriumfluorid als schwerlösliches Kaliumhexafluorosilicat (K$_2$SiF$_6$) gefällt. Der Niederschlag wird abfiltriert, und die Säureanteile werden quantitativ ausgewaschen. Die in heißem deion. Wasser durch Hydrolyse von K$_2$SiF$_6$ freigesetzte Flußsäure wird mit einer Maßlösung mit 0,1 mol NaOH/l titriert. Diese Methode wurde z.B. von KORDON (1945), McLAUGHLIN u. BISKUPSKI (1965), SAJÓ (1955) und THIELICKE (1970) zur Bestimmung von Si bzw. SiO$_2$ in Stählen, Silicatverbindungen und Erzen angewendet.

Reagenzien: Natriumfluorid, zur Analyse
Kaliumchlorid, zur Analyse
Calciumchlorid-Dihydrat, zur Analyse
Natriumhydroxid-Lösung, 0,1 mol/l
Phenolphthalein, 100 mg gelöst in 10 ml 2-Propanol (Isopropyl-

alkohol)
2-Propanol (Isopropylalkohol), zur Analyse, min. 99,7 %
Waschlösung: 165 g KCl in 1000 ml deion. Wasser lösen, 1000 ml 2-Propanol hinzufügen, Lösung über KCl als Bodenkörper aufbewahren
Filterflockenmasse, quantitativ, Asche etwa 0,02 % (z.B. Selecta Nr. 122 der Firma Schleicher & Schüll)
Rundfilter (z.B. Selecta-Weißband 589/2 der Firma Schleicher & Schüll)

Geräte:
Bechergläser: 400 ml
Becher aus Polypropylen: 400 ml
Pulvertrichter aus Polypropylen
Erlenmeyerkolben, Weithals: 1000 ml
Titrierapparat nach Pellet, mit 2 Liter Vorratsflasche und 50 ml-Bürette
Glas-Filtrationsgerät, 25 mm Filterdurchmesser, 30 ml Fassungsvermögen, mit Glasfritte (z.B. SM 16306 der Firma Sartorius, Göttingen)
Woulff'sche Flasche, 500 ml
Wasserstrahlpumpe
Glasstäbe, Teflonstäb
Magnetrührer
Wasserbad
Spritzflasche aus Polyethylen: 1000 ml
Glaskolben-Spritzflasche: 1000 ml

Arbeitsvorschrift

1. Fällung des K_2SiF_6:

Der Aufschluß und das Auflösen der erstarrten Schmelze ist in Abschnitt 13.2.6 beschrieben. Vor der Fällung von K_2SiF_6 in der Aufschlußlösung muß eine mögliche Störung durch die Bildung von Al- und Ti-Fluoriden bedacht werden. THIELICKE (1970) empfiehlt die Zugabe von 5 ml einer 20 %igen Calciumchlorid-Lösung, wenn das Verhältnis SiO_2 zu Al_2O_3 < 1,9 und SiO_2 zu TiO_2 < 2,1 ist.

Der Becher aus Polypropylen mit der Aufschlußlösung (Abschnitt 13.2.6) wird auf einen Magnetrührer gestellt und unter Rühren zunächst 1 g festes

Natriumfluorid zugesetzt. Nach dem Auflösen desselben feingepulvertes Kaliumchlorid bis zur Sättigung der Lösung hinzufügen. 2 Minuten weiter rühren. Nach THIELICKE (1970) soll die Zeit zwischen der Zugabe von Natriumfluorid und der Filtration 8 Minuten nicht überschreiten.

2. Filtration des K_2SiF_6:

Die Filtration des K_2SiF_6 erfolgt mit einem Glasfiltrationsgerät (siehe Geräte), dessen Glasoberteil durch Eintauchen in geschmolzenes Paraffin mit einer Schutzschicht überzogen wird. Besser ist die Verwendung eines Oberteils aus Kunststoff. Das Filtrationsgerät wird auf einen Saugtopf gesetzt und über eine Woulff'sche Flasche mit einer Wasserstrahlpumpe verbunden. Auf die Glasfritte (Durchmesser 25 mm) wird ein passendes Weißband-Rundfilter gelegt (eventuell das Filter ausschneiden) und darauf mit Wasser durchfeuchtete Filterflockenmasse bis zu einer Höhe von etwa 5 mm aufgesaugt. Dann zunächst 5 bis 10 ml der 2-Propanol-Kaliumchlorid-Waschlösung durch die Filterflockenmasse saugen. Anschließend wird der K_2SiF_6-Niederschlag filtriert. Mit der Waschlösung (Spritzflasche aus Polyethylen) wird die Filterflockenmasse mit dem Niederschlag bis zur Entfernung sämtlicher Säurereste gewaschen (Prüfung mit Indikatorpapier). Verluste an K_2SiF_6 wurden auch nach mehrmaligem Waschen nicht festgestellt (THIELICKE, 1970).

3. Titration:

In einem 1000 ml-Erlenmeyerkolben etwa 500 ml deion. Wasser bis zum Sieden erhitzen, dann 10 Tropfen einer 1%igen Phenolphthalein-Lösung hinzufügen und mit einigen Tropfen der Natriumhydroxid-Maßlösung (0,1 mol/l) bis zur schwachen Rosafärbung versetzen. Auf diesen Farbton ist zu titrieren.

Den Niederschlag samt Filterflockenmasse und Weißbandfilter über einen Pulvertrichter aus Polypropylen in den Erlenmeyerkolben geben, das Filtrationsgerät mit deion. Wasser ausspülen und schließlich einen Pfropfen Filterflockenmasse durch das Oberteil ziehen. Wasser und Filterflockenmasse ebenfalls in den Erlenmeyerkolben überführen. Dann 2 Minuten mit dem Magnetrührer bis zur vollständigen Hydrolyse intensiv rühren (K_2SiF_6 + 3 H_2O → 4 HF + 2 KF + H_2SiO_3) und die noch heiße Lösung mit der Natriumhydroxid-Maßlösung bis zur Rosafärbung titrieren. Falls die Analysensubstanz auch größere Anteile Rb und/oder Ba enthält, können sich auch von diesen Elementen Silicofluoride bilden. Beide Verbindungen hydrolysieren aber langsamer als das K_2SiF_6.

Trotz intensiven Waschens läßt sich der zwischen den Außenkanten des Filtrier-Oberteils klemmende Rand des Papierfilters nicht vollständig säurefrei waschen. Durch Blindversuche wurde festgestellt, daß bei der angegebenen Arbeitweise diese Säuremenge etwa 0,05 ml (2 Tropfen) einer Maßlösung mit 0,1 mol NaOH/l äquivalent ist. Dieser Blindwert ist vom Gesamtverbrauch an Natriumhydroxid-Maßlösung abzuziehen. Der Blindwert muß regelmäßig kontrolliert werden.

Berechnung: (14.3)

$$\% \text{ SiO}_2 = \frac{(\text{ml Maßlösung mit 0,1 mol NaOH/l} \cdot t_{\text{NaOH}} - \text{ml Blindwert} \cdot t_{\text{NaOH}}) \cdot 1{,}5021 \text{ mg} \cdot 100}{\text{Einwaage mg Probe}}$$

1 ml Maßlösung mit 0,1 mol NaOH/l = 1,5021 mg SiO$_2$
t_{NaOH} = Titer der 0,1 mol/l Maßlösung
Umrechnungsfaktoren für Si und SiO$_2$ siehe Abschnitt 14.1.1

Standardabweichung:

Der Gesamtfehler für die titrimetrische Bestimmung von SiO$_2$ in Gesteinen ist für den Bereich 30 - 70 % SiO$_2$ ermittelt worden. Es ist mit einer Standardabweichung s = 0,3 - 0,4 % SiO$_2$ (absolut) zu rechnen.

14.1.3 Spektralphotometrie

Grundlagen

Die spektralphotometrische Bestimmung von SiO$_2$ in Gesteinen wurde in der Vergangenheit vielfach in Verbindung mit einem Alkalihydroxid-Aufschluß (NaOH) durchgeführt (z.B. SHAPIRO u. BRANNOCK, 1956, 1962; MAXWELL, 1968). Gemessen wurde die sich durch Reduktion des gelben Molybdosilicat-Komplexes bildende Molybdänblau-Färbung.

Eine Verbesserung des Analysenverfahrens wurde vor allem durch folgende zwei Maßnahmen erreicht. Einmal durch den Aufschluß der Silicatproben mit Lithiummetaborat (SHAPIRO, 1967, 13.2.3) oder einem Gemisch aus Lithiummetaborat und Lithiumtetraborat (13.2.4) sowie Anwendung von Fluoridionen zur Depolimerisation des SiO$_2$ (SHAPIRO, 1974). Es hatte sich nämlich gezeigt, daß SiO$_2$ in Wasser nur bis zu einer bestimmten Konzentration eine echte Lösung bildet, während darüber hinaus gehende SiO$_2$-Anteile kolloidal in der Lösung vorliegen (AOKI, 1950). Diese SiO$_2$-Polymere reagieren nicht mit dem Ammoniumheptamolybdat unter Bildung des Molybdosilicat-Komplexes. Die Folge sind Minuswerte bei den SiO_2-Anteilen. Nach RICHARDSON u. WADDAMS (1954) sowie SHAPIRO (1974) sind 180 µg SiO_2/ml bzw. 240 µg SiO_2/ml in wäßrigen Lösungen gelöst.

Um diese Grenzkonzentrationen nicht zu überschreiten, kann von entsprechend kleineren Einwaagen (< 0,1 g) ausgegangen werden. Für die Analyse eines einwandfreien Probendurchschnitts sind aber bei der Bestimmung der Hauptkomponenten Einwaagen von ≥ 0,1 g Substanz geeigneter. Besteht die Probe aus reinem SiO_2, sind bei 0,05 g Einwaage in 100 ml Aufschlußlösung 500 µg SiO_2/ml enthalten (13.2.3, 13.2.4). Diese SiO_2-Konzentration liegt weit über den SiO_2-Anteilen, welche noch als Ionen in wäßrigen Lösungen vorliegen.

Durch Zugabe von NaF zu den SiO_2-haltigen Lösungen läßt sich aber eine Depolimerisation erreichen. Mit steigenden NaF-Anteilen in der Lösung bilden sich allerdings Fluor-Silicat-Komplexe, welche einen Teil des Gesamt-SiO_2 der Reaktion mit Molybdat entziehen und Minusfehler zur Folge haben (SHAPIRO, 1974). Daher ist es notwendig, die Zugabe von NaF zu den Meßlösungen genau zu dosieren.

NaF in den SiO_2-haltigen Lösungen gewährleistet eine Linearität zwischen Konzentration und Extinktion im Bereich 0 - 640 µg SiO_2/ml (SHAPIRO, 1974). Das in der Aufschlußlösung vorhandene SiO_2 polymerisiert in Abwesenheit von NaF umso stärker, je länger die Lösung stehen bleibt. Allerdings ist es möglich, die Aufschlußlösungen bis zur Messung mehrere Tage stehen zu lassen.

Reagenzien: Schwefelsäure, zur Analyse. w: 95-97 %, c: 17,8-18,2 mol/l, ρ: 1,84 g/ml. Verdünnung: 1 Teil H_2SO_4 + 1 Teil H_2O
Natriumfluorid, zur Analyse
NaF-Lösung: 15 g NaF in 500 ml-Meßkolben mit deion. Wasser lösen und auffüllen. w: 3 % NaF
Verdünnung der 3 %igen NaF-Lösung: 20 ml der Fluorid-Lösung und 5 ml 1+1 verdünnte Schwefelsäure mit deion. Wasser auf 1000 ml auffüllen. Umfüllen in Polyethylenflasche
Ammoniumheptamolybdat-Tetrahydrat (Ammoniummolybdat) zur Analyse
Ammoniummolybdat-Lösung: 6 g Ammoniumheptamolybdat-Tetrahydrat in einem 1000 ml-Meßkolben mit deion. Wasser lösen und auffüllen. w: 0,6 % $(NH_4)_6Mo_7O_{24} \cdot 4 H_2O$
Weinsäure zur Analyse
Weinsäure-Lösung: 20 g Weinsäure im 500 ml-Meßkolben mit

deion. Wasser lösen und auffüllen. w: 4 % $C_4H_6O_6$
Natriumsulfit, wasserfrei, zur Analyse (Na_2SO_3)
Natriumdisulfit (Natriumpyrosulfit), reinst ($Na_2S_2O_5$)
1-Amino-2-hydroxynaphthalin-4-sulfonsäure
Reduktionslösung: 0,28 g Natriumsulfit, 3,6 g Natriumdisulfit und 0,06 1-Amino-2-hydroxynaphthalin-4-sulfonsäure in heißem deion. Wasser lösen und auf 1000 ml auffüllen. Die Reduktionslösung ist nur 2 Tage haltbar und muß dunkel in Polyethylenflaschen aufbewahrt werden.

Geräte: Meßkolben aus Polypropylen: 100, 250, 500, 1000 ml
Vollpipetten aus Polyethylen oder Glas: 5, 10, 20, 25, 50 ml
Mikroliterpipetten: 100 - 1000 µl. Vor Gebrauch ist das Volumen der Pipetten durch Wägungen mit Wasser zu kontrollieren, ferner sind daraus die Standardabweichungen (absolut, relativ) zu berechnen (siehe 8.3).
Polyethylen-Enghalsflaschen: 100, 250, 500, 1000 ml

Herstellung der Bezugslösungen:

Stammlösung (Stl) mit 400 µg SiO_2/ml Lösung bzw. 187 µg Si/ml Lösung: 0,1000 g SiO_2 (99,999 %) werden mit 1 g Lithiummetaborat aufgeschlossen, gelöst und in einem 250 ml-Polypropylen-Meßkolben aufgefüllt (Abschnitt 13.2.3). Für die SiO_2-Bestimmung in Mineral- und Gesteinsproben sollte immer gegen Bezugslösungen aus zwei getrennt hergestellten Stammlösungen (bei Verwendung von Mikroliterpipetten) und Zwischenverdünnungen (bei Verwendung von Vollpipetten aus Polyethylen) gemessen werden.

Zwischenverdünnung 1 (Zwv 1) mit 40 µg SiO_2/ml Lösung bzw. 18,7 µg Si/ml Lösung: 25 ml der Stammlösung in einem 250 ml-Polypropylen-Meßkolben mit deion. Wasser bis zur Ringmarke auffüllen.

Zwischenverdünnung 2 (Zwv 2) mit 8 µg SiO_2/ml Lösung bzw. 3,74 µg Si/ml Lösung: 5 ml der Stammlösung in einem 250 ml-Polypropylen-Meßkolben mit deion. Wasser bis zur Ringmarke auffüllen.

Lösungen für eine Bezugskurve:

Die SiO_2-Bezugslösungen entsprechen Gesteinsproben mit 10 bis 100 % SiO_2 bei 0,1 g Einwaage Analysensubstanz pro 100 ml Aufschlußlösung.

µg SiO$_2$/ml	4	2	0,8	0,4
µg Si/ml	1,87	0,94	0,37	0,19
ml Meßkolben	100	100	100	100
µl Stl	1000	500	200	100
oder				
ml SiO$_2$-Zwv 1	10	5	-	-
ml SiO$_2$-Zwv 2	-	-	10	5
ml verd. NaF-Lsg.	25	25	25	25
ml Molybdat-Lsg.	25	25	25	25
ml Weinsäure-Lsg.	10	10	10	10
ml Reduktionslsg.	25	25	25	25
auffüllen mit	H$_2$O	H$_2$O	H$_2$O	H$_2$O

Die Bezugslösungen werden in folgender Reihenfolge hergestellt: Stammlösung bzw. Zwischenverdünnungen, NaF-Lösung (5 Minuten warten), Molybdat-Lösung (umschütteln, 10 Minuten warten), Weinsäure-Lösung (umschütteln), Reduktionslösung (umschütteln), mit deion. Wasser bis zur Ringmarke auffüllen, nochmals gründlich umschütteln.

Die Molydänblau-Lösung ist längere Zeit stabil. Sie kann über Nacht stehen bleiben und auch am nächsten Tag gemessen werden. Durch die Benutzung von Vollpipetten aus Glas (Zwischenverdünnungen!) ist bei der Bestimmung eines Hauptbestandteils eine bessere Genauigkeit erreichbar als bei der Verwendung von Mikroliterpipetten.

Arbeitsvorschrift

Mögliche Störungen:

Bei TiO$_2$-Anteilen > 5 % in der Probe bildet Ti mit dem Ammoniumheptamolybdat Niederschläge. Bei Phosphoranteilen > 10 % ist die spektralphotometrische SiO$_2$-Bestimmung nicht mehr anwendbar. Anteile > 20 % Fe und/oder > 8 % Ti sollten aus der Aufschlußlösung entfernt werden, beispielsweise durch Extraktion mit Kupferron (z.B. MAXWELL, 1968: 343).

An keiner Stelle des Analysenganges dürfen Glasgefäße verwendet werden. Ausgenommen hiervon sind Vollpipetten aus Glas.

1. Mit Bezugskurve:

Die Meßlösungen werden aus den Aufschlußlösungen für die verschiedenen

SiO$_2$-Anteile in den Analysenproben wie folgt hergestellt: Direkte Entnahme aus der Aufschlußlösung mit Mikroliterpipetten, Herstellung von Zwischenverdünnungen aus den Aufschlußlösungen für die Benutzung von Vollpipetten aus Glas.

Herstellung von Zwischenverdünnungen aus den Aufschlußlösungen: 10 ml der Aufschlußlösung in 100 ml-Polypropylen-Meßkolben bis zur Ringmarke auffüllen.

% SiO$_2$ im Gestein	10 - 30	30 - 60	60 - 90
% Si im Gestein	4,7 - 14	14 - 28	28 - 42,1
mg Probe/ml Aufschlußlsg.	100/100	100/250	100/250
ml Meßkolben für Meßlsg.	100	100	100
µl Aufschlußlsg.	1000	1000	500
oder			
ml Zwv aus Aufschlußlsg.	10	10	5
ml verd. NaF-Lsg.	25	25	25
ml Molybdat-Lsg.	25	25	25
ml Weinsäure-Lsg.	10	10	10
ml Reduktionslsg.	25	25	25
auffüllen mit	H$_2$O	H$_2$O	H$_2$O

Von zwei oder besser drei Schmelzaufschlüssen pro Probe werden zwei oder drei Meßlösungen hergestellt. Zuerst wird mit Mikroliterpipetten (direkt aus der Aufschlußlösung) oder Vollpipetten (aus der Zwischenverdünnung) die Probelösung in den 100 ml-Polypropylen-Meßkolben pipettiert. Dann NaF-Lösung (5 Minuten warten), Molybdatlösung (umschütteln, 10 Minuten warten), Weinsäure (umschütteln), Reduktionslösung (umschütteln), mit deion. Wasser bis zur Ringmarke auffüllen, nochmals gründlich umschütteln.

Die Reaktionslösungen werden entweder mit Vollpipetten oder mit einem Dispenser zugegeben.

Für jede Meßlösung (Probelösungen, Bezugslösungen, Nullwertlösungen) ist die Extinktion aus mindestens 3 Meßwerten zu ermitteln.

Die Nullwertlösung wird hergestellt aus der Schmelze von 1 g Aufschlußmischung. Letztere wird gelöst und im 250 ml-Polypropylen-Meßkolben mit deion. Wasser bis zur Ringmarke aufgefüllt (Abschnitt 13.2.3). Von dieser Lösung wird das für die Bezugs- und Analysenlösungen verwendete Mikroliter- oder Vollpipettenvolumen in einen 100 ml-Polypropylen-Meßkolben pipettiert. Dazu je 25 ml NaF- und Molybdat-Lösung, 10 ml Weinsäure-Lösung, 25 ml Reduktionslösung und deion. Wasser bis zur Ringmarke. Umschütteln.

Da der gelöste Schmelzaufschluß für die Nullwertlösung kein SiO_2 enthält, kann die Lösung längere Zeit aufbewahrt werden. Das heißt, daß nicht für jede Meßserie eine Schmelze für die Nullwertlösung angefertigt werden muß. Allerdings sind für jede Analysenserie drei getrennte Aufschlüsse für Nullwertlösungen herzustellen.

Nach einer Stunde können die Analysen- und Bezugslösungen (Bezugskurve) gegen die Nullwertlösung gemessen werden. Wellenlänge 640 nm, Spaltbreite 0,25 nm (abhängig vom Spektralphotometer). Schichttiefe der Meßküvette: 1 cm.

Die SiO_2-Bestimmungen jeder Analysenserie müssen mit Gesteinsreferenzproben kontrolliert werden.

Berechnung mit Bezugskurve:

Siehe Abschnitt 12, Gleichung (12.04). Zu beachten ist, daß bei Verwendung von Mikroliterpipetten die in der Gleichung angegebenen Milliliter sinngemäß durch Mikroliter zu ersetzen sind.

Umrechnungsfaktoren: Wie unter Abschnitt 14.1.1.

2. Ohne Bezugskurve:

Aus den Polypropylen-Meßkolben mit den Aufschlußlösungen bzw. aus den daraus hergestellten Zwischenverdünnungen werden mit Mikroliterpipetten oder Vollpipetten entsprechend den SiO_2-Anteilen der Gesteinsproben bestimmte Volumina in 100 ml-Polypropylen-Meßkolben pipettiert. Die Wahl geeigneter Volumina kann der Aufstellung unter *"1. Mit Bezugskurve"* entnommen werden. Entsprechend den dortigen Angaben ist auch die Reagenzzugabe vorzunehmen.

Von zwei oder besser drei Schmelzaufschlüssen pro Probe werden zwei bzw. drei Meßlösungen hergestellt. Für jede Meßlösung ist die Extinktion aus mindestens drei Meßwerten zu ermitteln.

Der SiO_2-Anteil in der Bezugslösung wird entsprechend den SiO_2-Anteilen in den Analysenproben festgelegt. Dabei kann nach den Angaben unter *"Lösungen für eine Bezugskurve"* verfahren werden. Für die Analyse einer Gesteinsprobe mit etwa 70 % SiO_2 (0,1 g Einwaage pro 250 ml Aufschlußlösung, daraus Entnahme von 500 µl auf 100 ml-Meßkolben) wäre beispielsweise eine Bezugslösung mit 2 µg SiO_2/ml geeignet.

Die Herstellung der Nullwertlösung erfolgt entsprechend den Angaben unter *"1. Mit Bezugskurve"*. Es sollten für eine Analysenserie drei Aufschlüsse für Nullwertlösungen angefertigt werden.

Nach einer Stunde können die Analysen- und Bezugslösungen gegen die Nullwertlösung gemessen werden. Wellenlänge 650 nm, Spaltbreite 0,25 nm. Schichtdicke der Meßküvette: 1 cm.

Berechnung ohne Bezugskurve:

Siehe Abschnitt 12, Gleichung (12.07).

Standardabweichung:

Der Gesamtfehler für die spektralphotometrische Bestimmung von SiO_2 in Gesteinen nach der Molybdänblau-Methode ist für den Bereich 30-70 % SiO_2 ermittelt worden. Es ist mit einer Standardabweichung s = 0,5 % SiO_2 (absolut) zu rechnen.

14.2 TiO_2

14.2.1 Spektralphotometrie

Grundlagen

In der Mehrzahl der magmatischen, metamorphen und sedimentären Gesteine sind 1 bis 3 % TiO_2 enthalten. Im gravimetrischen Trennungsgang kann TiO_2 im Anschluß an den Schmelzaufschluß der Sesquioxide (Kaliumdisulfat, Abschnitt 13.2.5) bestimmt werden. Als Säureaufschlüsse kommen Flußsäure-Perchlorsäure (Abschnitt 13.3.3) und Flußsäure-Schwefelsäure (Abschnitt 13.3.4) in Frage. Die Flußsäure muß vollständig abgeraucht werden.

In den Aufschlußlösungen wird das Ti spektralphotometrisch mit Brenzcatechin-3,5-disulfonsäure Dinatriumsalz-Monohydrat (Tiron, geeignet zur Bestimmung von Titan und **Iron**) bestimmt. Dieses Verfahren wurde von YOE u. ARMSTRONG (1947) vorgeschlagen und von SHAPIRO u. BRANNOCK (1956, 1962) als Schnellverfahren zur Bestimmung bis 3 % TiO_2 in Gesteinen angewendet.

Die Methode beruht auf der Bildung eines zitronengelb gefärbten Ti(IV)-Komplexes. Die Färbung ist in einer Pufferlösung (pH 4,3 bis 7) mehrere Stunden beständig. Allerdings kann das zur Reduktion von Fe(III) zugesetzte Natriumdithionit schon nach 30 Minuten eine Trübung der Lösung durch die Bildung von Schwefel zur Folge haben. Die Messung der Vergleichs- und

Analysenlösungen sollte 15 bis 20 Minuten nach der Zugabe von Natriumdithionit erfolgen.

Ein hier nicht beschriebenes spektralphotometrisches Verfahren beruht auf der Bildung eines gelben Komplexes von Ti mit H_2O_2 in H_2SO_4-haltiger Lösung (z.B. KÖSTER, 1979: 64). Diese Methode ist bei höheren Ti-Anteilen dem Tironverfahren vorzuziehen, da hier das Gesetz von Lambert-Beer bis zu 50 µg TiO_2/ml Meßlösung gilt.

Reagenzien: 0,100 g Ti-Lösung für die Atomabsorptionsspektrometrie (z.B. Fixanal von Riedel-de Haën)
TiO_2, spektralrein (z.B. Firma Johnson Matthey Chemicals Limited, London)
Brenzcatechin-3,5-disulfonsäure Dinatriumsalz-Monohydrat, (Tiron)
Natriumdithionit
Ammoniumacetat, zur Analyse
Essigsäure, zur Analyse, min. 96%ig
Pufferlösung: 40 g Ammoniumacetat und 15 ml Essigsäure mit deion. Wasser auf 1000 ml auffüllen
Kaliumdisulfat (Kaliumpyrosulfat), zur Analyse
Schwefelsäure, zur Analyse, w: 25 %, c: 3,0 mol/l, ρ: 1,18 g/ml

Geräte: Bechergläser: 250 ml
Meßkolben: 50, 100, 200, 250, 500, 1000 ml
Vollpipetten: verschiedene Volumina
Mikroliterpipetten
Platintiegel, 20-30 ml Inhalt, Platindeckel
Platindreieck, Tiegelzange mit Platinschuhen
Stativ, Stativring
Glaskolben-Spritzflasche: 1000 ml

Herstellung der Bezugslösungen:

1. Aus 0,100 g Ti-Lösung für die Atomabsorptionsspektrometrie:

Stammlösung (Stl) mit 167 µg TiO_2/ml Lösung bzw. 100 µg Ti/ml Lösung. In einen 1000 ml-Meßkolben die Ti-Lösung überspülen, dazu 160 ml 25%ige Schwefelsäure (0,5 mol/l) und mit deion. Wasser bis zur Ringmarke auffüllen.

Zwischenverdünnung (Zwv) mit 16,7 µg TiO_2/ml Lösung bzw. 10 µg Ti/ml Lösung: 25 ml der Stammlösung in einem 250 ml-Meßkolben mit deion. Wasser bis zur Ringmarke auffüllen. Die Stoffmengenkonzentration an Schwefelsäure beträgt 0,05 mol/l. 1 µg Ti/ml entspricht 1,67 µg TiO_2/ml.

2. Aus TiO_2, spektralrein:

Stammlösung (Stl) mit 200 µg TiO_2/ml Lösung bzw. 119,9 µg Ti/ml Lösung: Es werden 0,1000 g TiO_2 und 3 g gepulvertes Kaliumdisulfat direkt und nacheinander in einen Platintiegel eingewogen. Die Einwaage und das Homogenisieren der beiden Substanzen in einem Wägeglas ist nicht zu empfehlen, da es Schwierigkeiten mit der quantitativen Überführung der Mischung in den Platintiegel gibt. An den Wandungen des Wägeglases bleiben leicht Substanzreste haften. Daher wird verschiedentlich empfohlen, die Mischung von Aufschlußmittel und TiO_2 durch Umrühren mit einem Glasstab direkt im Platintiegel vorzunehmen. Aber auch auf diese Prozedur sollte verzichtet werden, da sich Substanzreste oft schwer vom Glasstab entfernen lassen. Es ist besser, die Schmelze immer wieder vorsichtig umzuschwenken und auf diese Weise eine Mischung mit dem TiO_2 zu erreichen.

Der bedeckte Tiegel wird zunächst langsam erhitzt, bis das Kaliumdisulfat geschmolzen ist. Es soll möglichst keine Substanz an den Tiegeldeckel spritzen. Bei etwa 450 °C beginnt SO_3 zu entweichen. Beim Aufschluß darf sich nur wenig SO_3 entwickeln, da K_2SO_4 keine Aufschlußwirkung besitzt.

Den Tiegel bis höchstens zur schwachen Rotglut des Bodens erhitzen und etwa 30 Minuten die Schmelztemperatur halten. Das TiO_2 ballt sich manchmal zu kleinen Klümpchen zusammen, die nur langsam aufgeschlossen werden. Daher den Tiegel mit Vorsicht leicht umschwenken und längere Zeit das Aufschlußmittel auf das TiO_2 einwirken lassen. Die Vollständigkeit des Aufschlusses ist an einer klaren Schmelze zu erkennen. Falls sich zuviel K_2SO_4 gebildet hat, neigt die Schmelze zum schnellen Erstarren und zur Trübung.

Die Schmelze läßt man im schräggestellten Tiegel erkalten. Dann werden der Tiegel sowie der Deckel in ein 250 ml-Becherglas gelegt, in welchem sich etwa 80 ml 25%ige Schwefelsäure befinden. Das Auflösen nimmt längere Zeit in Anspruch. Am besten über Nacht stehen lassen. Keinesfalls erst die Schmelze mit Wasser und dann mit Schwefelsäure behandeln.

Die klare Lösung wird quantitativ in einen 500 ml-Meßkolben überführt und mit deion. Wasser bis zur Ringmarke aufgefüllt. Die Stammlösung enthält etwa 5 % H_2SO_4 bzw. 0,5 mol H_2SO_4/l. Falls die Lösung nicht klar ist, war der Aufschluß unvollständig.

Zwischenverdünnung (Zwv) mit 20 µg TiO_2/ml Lösung bzw. 12 µg Ti/ml Lösung: 25 ml der Stammlösung in einem 250 ml-Meßkolben mit deion.

Wasser bis zur Ringmarke auffüllen. Die Stoffmengenkonzentration an Schwefelsäure beträgt 0,05 mol/l.

3. Lösungen für eine Bezugskurve:

A. Stammlösung und Zwischenverdünnung mit 167 µg TiO_2/ml bzw. 100 µg Ti/ml und 16,7 µg TiO_2/ml bzw. 10 µg Ti/ml.

µg TiO_2/ml	0,42	0,84	1,67	3,34	4,17
µg Ti/ml	0,25	0,5	1,0	2,0	2,5
ml Meßkolben	200	100	100	100	100
µl Stl oder	500	500	1000	2000	2500
ml TiO_2-Zwv	5	5	10	20	25
mg Tiron	200-300	100-150	100-150	100-150	100-150
ml Pufferlsg.	80	40	40	40	40
mg Natriumdithionit	20-40	10-20	10-20	10-20	10-20
auffüllen mit	H_2O	H_2O	H_2O	H_2O	H_2O

B. Stammlösung und Zwischenverdünnung mit 200 µg TiO_2/ml bzw. 119,9 µg Ti/ml und 20 µg TiO_2/ml bzw. 12 µg Ti/ml.

µg TiO_2/ml	0,5	1,0	2,0	4,0
µg Ti/ml	0,30	0,60	1,20	2,40
ml-Meßkolben	200	100	100	100
µl Stl oder	500	500	1000	2000
ml TiO_2-Zwv	5	5	10	20
mg Tiron	200-300	100-150	100-150	100-150
ml Pufferlsg.	80	40	40	40
mg Natriumdithionit	20-40	10-20	10-20	10-20
auffüllen mit	H_2O	H_2O	H_2O	H_2O

Für die Ermittlung der Bezugskurve werden für jede Konzentrationsstufe zwei oder drei Lösungen aus getrennten Stammlösungen entsprechend den obigen Angaben hergestellt. Die Reihenfolge der Lösungs- und Reagenzienzugabe in die Meßkolben siehe unter Abschnitt *"1. Mit Bezugskurve"*.

Arbeitsvorschrift

Mögliche Störungen:

a. Fe(III) bildet, im Gegensatz zu Fe(II), mit Tiron einen violett gefärbten Komplex. Dieser wird zerstört durch die Zugabe von Natriumdithionit.
b. Sowohl Cr(III) als auch Cr(VI) verursachen zu hohe Meßwerte, wenn in der Analysensubstanz mehr als 0,2% Cr_2O_3 bzw. 0,14 % Cr enthalten sind. Die Abweichung ist nicht proportional dem Cr-Anteil. Sind in der Analysensubstanz mehr als 1 % Cr_2O_3 bzw. 0,7 % Cr enthalten, ist die Tironmethode zur Ti-Bestimmung nicht mehr geeignet.
c. Vanadium (V) bildet mit Tiron eine schmutziggrau gefärbte Lösung. Nach der Zugabe von Natriumdithionit verschwindet diese Färbung und die Lösung wird gelb. 1 % V_2O_5 bzw. 0,56 % V täuschen etwa 0,2 % Ti vor. Da aber die Analysensubstanzen normalerweise weniger als 0,1 % V_2O_5 enthalten, kann dieser Fehler vernachlässigt werden.
d. Das Gesetz von Lambert-Beer ist bei pH 3 und 405 nm bis 1,3 µg TiO_2/ml gültig (Nicholls, 1960). Rigg u. Wagenbauer (1961) verwenden anstelle von Natriumdithionit zur Reduktion von Fe(III) Thioglycolsäure. Bei pH 3,8 und 380 nm (Thioglycolsäure absorbiert nicht bei 380 nm, dagegen Natriumdithionit stark bei < 410 nm) ist nach den genannten Autoren das Gesetz von Lambert-Beer bis 4 µg TiO_2/ml gültig.

1. Mit Bezugskurve:

Die Meßlösungen für die Analysenproben werden für die verschiedenen TiO_2-Anteile in den Gesteinen wie folgt hergestellt:

% TiO_2 im Gestein	3 - 1	1 - 0,5	0,5 - 0,1
% Ti im Gestein	1,8 - 0,6	0,6 - 0,3	0,3 - 0,06
mg Probe/ml Aufschlußlsg.	100/100	100/100	100/100
ml-Meßkolben für Meßlsg.	50	50	50
ml Aufschlußlsg.	5	10	25
mg Tiron	50 - 75	50 - 75	50 - 75
ml Pufferlsg.	20	20	20
mg Natriumdithionit	5 - 10	5 - 10	5 - 10
auffüllen mit	H_2O	H_2O	H_2O

Von zwei Aufschlußlösungen pro Probe werden zwei Meßlösungen hergestellt. Zunächst wird in die Meßkolben die Aufschlußlösung pipettiert. Dann

Tiron und Pufferlösung zugeben. Umschütteln. Durch Zugabe von wenig Natriumdithionit die violette Färbung (Eisen) zum Verschwinden bringen. Überschuß an Natriumdithionit vermeiden. Schütteln. Die Meßkolben schließlich bis zur Ringmarke mit deion. Wasser auffüllen. Die Lösungen müssen klar sein. Nochmals gut schütteln.

Die Nullwertlösung besteht aus 40 ml Pufferlösung, 100-150 mg Tiron und 10-20 mg Natriumdithionit, aufgefüllt mit deion. Wasser auf 100 ml im Meßkolben.

Nach etwa 15 Minuten können die Analysen- und Bezugslösungen (Bezugskurve) gegen die Nullwertlösung gemessen werden. Falls in den Meßkolben mit den Analysenproben wieder eine Violettfärbung auftritt, erneut wenig Natriumdithionit hinzufügen. Wellenlänge 410 nm (PECK, 1964), Spaltbreite 0,25 nm. Schichtlänge der Meßküvetten: 1 cm.

Berechnung mit Bezugskurve:

Siehe Abschnitt 12, Gleichung (12.04).

Umrechnungsfaktoren: $TiO_2 \cdot 0,5995 = Ti$
$Ti \cdot 1,668 = TiO_2$

2. *Ohne Bezugskurve:*

Von den Aufschlußlösungen werden Meßlösungen hergestellt entsprechend den TiO_2-Anteilen im Gestein (siehe unter "*1. Mit Bezugskurve*"). Als Bezugslösungen lassen sich die Konzentrationen 1,67 µg TiO_2/ml oder 2,0 µg TiO_2/ml verwenden (siehe unter "*3. Lösungen für eine Bezugskurve*"). Es empfiehlt sich, für die Bezugskonzentration drei Meßlösungen herzustellen. Zur Zusammensetzung der Nullwertlösung sowie zur Messung der Analysen- und Bezugslösungen siehe unter "1. Mit Bezugskurve".

Berechnung ohne Bezugskurve:

Siehe Abschnitt 12, Gleichung (12.07).

Standardabweichung:

Der Gesamtfehler für die spektralphotometrische Bestimmung von TiO_2 in Gesteinen ist für den Bereich 0,5 - 2,5 % TiO_2 ermittelt worden. Es ist mit einer Standardabweichung s = 0,04 - 0,1 % TiO_2 (absolut) zu rechnen.

14.3 Al$_2$O$_3$

14.3.1 Gravimetrie (Sesquioxide), Fortsetzung des Trennungsganges nach der SiO$_2$-Bestimmung

Ausgangslösung

Die zwei wichtigsten dreiwertigen Elemente in den Gesteinsproben, nämlich Aluminium und Eisen, werden für die gravimetrische Bestimmung mit Ammoniaklösung als Hydroxide gefällt und durch Glühen in Oxide überführt. Da bei den Oxiden auf ein Kation 1 1/2 Sauerstoff entfallen, spricht man in der Gesteinsanalyse häufig von Sesquioxiden (lat. Sesqui, bedeutet eineinhalb).

Vor der Fällung der Hydroxide müssen zunächst die in der Platinschale verbliebenen Oxide aus der Bestimmung des *"Rein-SiO$_2$"* aufgeschlossen und mit dem Filtrat des SiO$_2$-Niederschlages 2 vereinigt werden. Für den Aufschluß der Oxide eignet sich eine Mischung aus Natriumcarbonat und di-Natriumtetraborat (Abschnitt 13.2.2).

Nach der Vereinigung des in Salzsäure gelösten Schmelzaufschlusses mit dem Filtrat des SiO$_2$-Niederschlages 2 besteht die Möglichkeit, die gravimetrisch nicht erfaßten SiO$_2$-Anteile noch mittels eines spektralphotometrischen Verfahrens zu bestimmen (Abschnitt 14.1.3). Zu diesem Zweck müssen die vereinigten Lösungen in einem 250 ml- oder 500 ml-Meßkolben mit deion. Wasser aufgefüllt werden. Die Aufschlußlösung sollte dann etwa 0,5 mol HCl/l enthalten. Bei Gesteinsanalysen kann jedoch normalerweise auf die Bestimmung des Rest-SiO$_2$ verzichtet werden (Abschnitt 14.1.1).

Grundlagen

Die drei- und höherwertigen Elemente werden als Hydroxide von den in der Lösung verbleibenden zwei- und niedrigerwertigen Elementen getrennt. Das Eisen wird als Gesamteisen berechnet, da das im Gestein neben Fe(III) noch vorhandene Fe(II) bereits beim Natriumcarbonat-Aufschluß oxidiert wird. Fe(II) wird gesondert bestimmt (Abschnitt 14.5).

Wie bereits erwähnt, gehen auch die letzten Anteile an SiO$_2$ in den Hydroxid-Niederschlag. Weiterhin werden Cr(III), Ti(IV), Zr(IV), V(V), die Lanthaniden (Seltenen Erden) und Be(II) mitgefällt. Mit Ausnahme des Ti und bei bestimmten Gesteinen des Cr (Peridotite etc.) sind die genannten Elemente jedoch normalerweise in so geringen Anteilen in den Proben vorhanden, daß sie bei der Bestimmung der Hauptkomponenten vernachlässigt werden können.

Die Phosphate von Al und Fe(III) sind in neutraler und alkalischer Lösung schwer löslich. Silicatgesteine enthalten vielfach wenig P_2O_5 (≤ 1 %) neben viel Fe_2O_3 und Al_2O_3 (≈ 20 - 30 %). Die Phosphatanteile werden deshalb mit den Hydroxiden gefällt. Bei Gesteinen mit P_2O_5-Anteilen von mehreren Prozenten besteht die Gefahr, daß Fe und Al nicht ausreichen zur vollständigen Abscheidung des Phosphats zusammen mit den Hydroxiden. In einem solchen Fall entstehen Verbindungen zwischen dem Phosphat und den Erdalkalielementen, vor allem Calcium, welche neben den Hydroxiden ebenfalls ausfallen. Eine quantitative Trennung der Sesquioxide von den Erdalkalielementen ist dann nicht mehr möglich. JAKOB (1952) schlägt vor, bei Proben mit hohen Anteilen an Phosphaten der Aufschlußlösung eine genau bekannte Menge an Fe(III) zusätzlich hinzuzufügen. Dieser Fe-Anteil muß dann bei der Berechnung des in der Probe tatsächlich vorhandenen Gesamteisens berücksichtigt werden.

Fe_2O_3 wird in den Sesquioxiden oder in einem Säureaufschluß neben TiO_2, P_2O_5 und MnO bestimmt (Abschnitte 14.4, 14.2, 14.13, 14.6). Aus der Differenz der ersten drei Komponenten sowie ± MnO errechnet sich der Anteil an Al_2O_3. Das heißt, alle Analysenfehler von Fe_2O_3, TiO_2, P_2O_5 und eventuell auch MnO gehen in den Wert für Al_2O_3 ein.

Der Anteil an MnO beträgt in den meisten magmatischen, metamorphen und sedimentären Gesteinen 0,1 - 1 %. Ausnahmen bilden Gesteine mit Mineralen wie Spessartin, Rhodonit und Braunit. MnO-Anteile > 1 % können innerhalb des gravimetrischen Trennungsganges bei den Sesquioxiden, CaO (Abschnitt 14.7.1) und MgO (Abschnitt 14.8.1) auftreten. Im Filtrat des SiO_2-Niederschlages 2 liegt das Mangan als Mn(II) vor. Es sollte daher quantitativ im Filtrat des Hydroxid-Niederschlages verbleiben. Wenn aber Fällung und Filtration lange dauern, kann ein Teil des Mn(II) zu Mn(IV) oxidiert und im Hydroxidniederschlag fixiert werden. Eine Korrektur dieses Fehlers ist möglich, wenn die im Filtrat der Hydroxide befindlichen und zusammen mit Ca und Mg gefällten Mn-Anteile gesondert bestimmt werden. Die hier festgestellte Mn-Menge wird von dem aus dem Säureaufschluß ermittelten Mn-Anteil abgezogen (Abschnitt 14.6). Die Differenz muß dann das Mn sein, welches zusammen mit den Sesquioxiden erfaßt wurde. Die vielfach empfohlene Oxidierung des Mn(II) vor der Hydroxidfällung gewährleistet nicht mit Sicherheit eine quantitative Fällung von Mn bei den Sesquioxiden.

Bei der Bestimmung der Sesquioxide muß berücksichtigt werden, daß ebenfalls Ca und Mg in der Aufschlußlösung sind. Ca kann in wäßriger Lösung nicht mit NH_4OH gefällt werden. Die Abtrennung dieses Elements bietet daher keine Schwierigkeiten. Anders liegen die Verhältnisse bei Mg und Mn. Beide Elemente werden durch Ammoniaklösung teilweise gefällt. Um das zu verhindern, muß die Lösung durch Zugabe von NH_4Cl gepuffert werden. Außerdem begünstigt das NH_4Cl in der Lösung das Zusammenballen des Hydroxid-Niederschlages und somit dessen bessere Filtrierbarkeit. NH_4Cl wirkt außerdem der Oxidation des Mn(II) entgegen.

Die Fällung der Hydroxide muß in heißer Lösung erfolgen. Allerdings darf der bereits ausgefällte Niederschlag nicht mehr aufgekocht werden, da er sonst schleimig und schwer filtrierbar wird. Die noch heiße Lösung wird sofort vom Niederschlag abfiltriert. Fällung und Filtration müssen hintereinander und so schnell wie möglich durchgeführt werden.

Ti- und Fe(III)-Hydroxide sind in alkalischer Lösung schwer löslich. Ein Überschuß an Ammoniaklösung stört daher bei der Fällung nicht. Dagegen gehen bei pH 8 Anteile des Al wieder in Lösung. Nach Beendigung der Hydroxidfällung muß daher der pH-Wert der Lösung zwischen 6,5 und 7 liegen. Der Endpunkt der Fällung muß so erfaßt werden, daß nicht mehr als einige Tropfen verdünnter Ammoniaklösung als Überschuß in der Lösung vorhanden sind. Die Zugabe der Ammoniaklösung darf nicht zu langsam erfolgen, da sonst die Lösung abkühlt. Die für die Fällung verwendete Ammoniaklösung muß frei von SiO_2 und CO_2 sein.

Reagenzien: Ammoniaklösung, zur Analyse, w: 25 %, c: 13,4 mol/l, ρ: 0,91 g/ml. Verdünnung 1 Teil Ammoniaklösung + 1 Teil H_2O
Wasserstoffperoxid, Selectipur, 30 %ig. Verdünnung 1 Teil H_2O_2 + 1 Teil H_2O
Ammoniumchlorid, zur Analyse
Ammoniumnitrat, zur Analyse, 2 %ige Ammoniumnitrat-Lösung
Salzsäure, zur Analyse, w: min. 37 %, c: 12,5 mol/l, ρ: 1,19 g/ml. Verdünnung 1 Teil HCl + 1 Teil H_2O
Methylrot, 0,2 %ige Lösung in 60 %igem Alkohol
Salpetersäure, zur Analyse, w: min. 65 %, c: 14,9 mol/l, ρ: 1,40 g/ml. Verdünnung 1 Teil HNO_3 + 1 Teil H_2O

Geräte: Bechergläser: 400, 600, 800 ml
Uhrgläser
Saugkolben-Meßpipette, 25 ml
Analysentrichter, 80 mm Randdurchmesser
Rundfilter, 125 mm (z.B. Selecta-Schwarzband 589/1 der Firma Schleicher & Schüll)

Porzellanschale, 16 - 18 cm ⌀
Glaskolben-Spritzflasche: 1000 ml
Spritzflasche aus Polyethylen: 500 ml, für die Ammoniumnitrat-Lösung
Platintiegel, 20 - 30 ml Inhalt, Platindeckel
Platindreieck, Tiegelzange mit Platinschuhen
Stativ, Stativring
Muffelofen (z.B. Simon-Müller-Ofen)

Arbeitsvorschrift

1. Fällung der Hydroxide:

Die Fällung wird in einem 800 ml-Becherglas aus etwa 500 ml Analysenlösung vorgenommen. Zunächst wird die Lösung mit einigen Tropfen H_2O_2 versetzt und bis zum Sieden erhitzt. Aus der heißen, aber nicht siedenden Lösung werden die Hydroxide durch Zugabe von 1 + 1 verdünnter Ammoniaklösung gefällt (Saugkolben-Meßpipette benutzen). Keine konzentrierte Ammoniaklösung zur Fällung benutzen, da sonst an der Eintropfstelle die Neutralisationsreaktion so intensiv erfolgt, daß Analysensubstanz verspritzt. Vor der Fällung muß kein Ammoniumchlorid zugesetzt werden, da sich dieses bei der Neutralisation der HCl-haltigen Lösung in ausreichender Menge bildet.

Die Zugabe der Ammoniaklösung erfolgt unter Umrühren und wird bis zum Auftreten der ersten Trübung fortgesetzt. Wenn sich Hydroxid-Flocken gebildet haben, nur noch einige Tropfen Ammoniaklösung als Überschuß zugeben. Die Lösung darf nur schwach nach Ammoniak riechen. Nochmals umrühren und warten, bis sich die Flocken zusammenballen. Die über dem Niederschlag stehende Lösung muß völlig klar sein.

2. Filtration (Filtrat 1):

Der Hydroxidniederschlag wird durch ein Schwarzbandfilter mit 125 mm Durchmesser sofort nach der Fällung abfiltriert. Auf keinen Fall den Niederschlag länger stehen lassen. Zuerst nur die über dem Niederschlag stehende Lösung durch das Filter gießen. Wenn der Niederschlag mit auf das Filter kommt, so zügig wie möglich weiter filtrieren. Nicht das Filter *"leer laufen"* lassen, da sonst der Niederschlag schnell zu *"altern"* beginnt und die Filtration nur noch langsam verläuft. Die klare Lösung wird als *"Filtrat 1"* bezeichnet und enthält die größte Menge der im Trennungsgang noch zu bestimmenden Anteile an Ca und Mg.

Die Reste des im Becherglas haftenden Niederschlags müssen nicht quantitativ auf das Filter gebracht werden, da beim Umfällen der Hydroxide diese wieder im gleichen Becherglas aufgelöst werden.

3. Erstes Umfällen der Hydroxide:

Die Hydroxide müssen sofort wieder aufgelöst werden, damit sie nicht zu *"altern"* beginnen. Zu diesem Zweck wird das Filter mit den Hydroxiden in das für die erste Fällung benutzte Becherglas gegeben. Nach Zugabe einiger Milliliter konzentrierter Salzsäure und einigen Tropfen H_2O_2 wird das Becherglas solange erwärmt, bis sich die Hydroxide gelöst haben und das Filter zerfallen ist. Die Filterfasern stören nicht im weiteren Arbeitsgang, sondern begünstigen die folgende Filtration.

Nach dem Auflösen des Niederschlags wird das Volumen der Lösung mit deion. Wasser auf 200 ml vergrößert. Dann 1 g gelöstes Ammoniumchlorid hinzufügen. Anschließend wird erneut bis zum beginnenden Sieden erhitzt und die Hydroxide ein zweites Mal in der beschriebenen Weise gefällt.

4. Filtration (Filtrat 2):

Die Filtration der gefällten Hydroxide erfolgt in der gleichen Weise wie unter *"Filtrat 1"* beschrieben. Die Lösung wird getrennt vom Filtrat 1 aufgefangen und als *"Filtrat 2"* bezeichnet.

5. Zweites Umfällen der Hydroxide:

Entsprechend den Angaben für das erste Umfällen werden die Hydroxide noch ein zweites Mal umgefällt. Auflösung und Fällung geschieht wiederum in dem gleichen und bereits für die erste Fällung benutzten Becherglas.

6. Filtration (Filtrat 3):

Der Hydroxidniederschlag wird unter Beachtung der bei der ersten Filtration angegebenen Hinweise abfiltriert (*"Filtrat 3"*). Jetzt müssen auch die Hydroxid-Reste auf das Filter gebracht werden. Hierfür gibt es zwei Möglichkeiten.
1. Das Becherglas kann einmal mit kleinen Stückchen Schwarzbandfilter ausgerieben werden. Die Filterstückchen mit den Hydroxidresten müssen dann zum Hydroxidniederschlag hinzugegeben werden.
2. Es werden 2 bis 3 ml heiße verdünnte Salzsäure in das Becherglas gegeben.

Das Becherglas wird so weit wie möglich schräg gehalten und gegen einen an der Glaswandung anliegenden Glasstab gedreht. Auf die Weise wird die gesamte Innenseite des Becherglases mit Salzsäure benetzt und alle Hydroxidreste aufgelöst. Dann wird die Lösung mit Ammoniaklösung versetzt, bis sie basisch reagiert. Jetzt kann auch dieser Lösungsteil durch das Filter mit dem Hydroxidniederschlag filtriert werden. Es ist sorgfältig zu prüfen, daß die Lösung wirklich basisch reagiert. Der Analytiker sollte sich nicht unbedingt auf den Geruch verlassen! Wenn die Lösung nicht basisch ist, wird ein Teil des Hydroxidniederschlags im Filter wieder aufgelöst. Das führt zu beträchtlichen Arbeitsverzögerungen.

Im Gegensatz zu den ersten beiden Fällungen muß der Hydroxidniederschlag jetzt mit einer 2%igen Ammoniumnitratlösung gewaschen werden. Die Waschlösung wird nach Zusatz von einigen Tropfen Methylrot mit verdünnter Ammoniaklösung neutralisiert. Der Hydroxidniederschlag wird sechsmal intensiv und durch Aufwirbeln der Hydroxide mit der Ammoniumnitratlösung gewaschen. Die Waschflüssigkeit muß getrennt in einem Becherglas aufgefangen werden. Nach sechsmaligem Waschen ist zu prüfen, ob die Waschlösung noch eine deutliche Chloridreaktion zeigt.

Das Filter mit den Hydroxiden nicht im Trichter völlig trocknen lassen. Es können dabei Substanzteile kolloidal in Lösung gehen. Man erkennt das daran, daß am unteren Ende des Trichterrohres feste Ammoniumverbindungen durch Eisen schwach gelb gefärbt sind. Das Filter mit den Hydroxiden muß in feuchtem Zustand in einen gewichtskonstant geglühten Platintiegel überführt werden. Mit der Veraschung ist zu warten, bis feststeht, daß sich aus den Filtraten 1 bis 3 und der gesondert aufgefangenen Waschlösung keine Hydroxidanteile mehr ausscheiden.

7. Abscheidung von Hydroxid-Resten aus den Filtraten 1 bis 3 und der Waschlösung:

Die Filtrate 1, 2, 3 und die Waschflüssigkeit werden nach Hinzugabe einiger Milliliter an konzentrierter Ammoniaklösung getrennt auf Heizgeräten eingeengt (nicht kochen). Dabei können sich noch einige Flocken Aluminiumhydroxid abscheiden, welche eventuell durch Eisen gelblich gefärbt sind. Diese Hydroxidflocken werden durch ein Schwarzbandfilter abfiltriert, und zwar in der Reihenfolge Filtrat 1, 2, 3 und Waschflüssigkeit. Im Filtrat 3 und in der Waschlösung befinden sich nur noch geringe Anteile an Ca und Mg. Beide Lösungen wirken daher als Waschflüssigkeit für den Restniederschlag auf dem Filter. Die Bechergläser mit den Filtraten 1, 2 und 3 müssen nach der Filtration der Rest-Hydroxide quantitativ mit Ammoniumnitrat-Waschlösung ausgespült werden.

Das Filter mit den Rest-Hydroxiden wird zu dem Filter mit dem Hauptniederschlag in den Platintiegel gegeben.

Die getrennt aufgefangenen Filtrate 1 bis 3 werden mit Salzsäure versetzt, bis die Lösungen schwach sauer reagieren. Nach weiterem Einengen werden die Filtrate schließlich in einem 400 ml-Becherglas vereinigt.

8. Veraschen, Glühen und Wägen der Filter mit den Hydroxiden:

Die Filter im Platintiegel müssen verascht und der Niederschlag geglüht werden unter Beachtung der Hinweise für das SiO_2 im Abschnitt 14.1.1. Vor dem Veraschen sollten Niederschlag und Filter keine größeren Anteile an H_2O enthalten. Eventuell den Pt-Tiegel mit Filter im Trockenschrank bei 80 °C 2-3 Stunden stehen lassen. Folgendes ist zusätzlich zu berücksichtigen: Die Hauptkomponenten des Niederschlages sind Fe(III)- und Al-Hydroxide. Beim Glühen von Fe(III)-Hydroxid besteht die Gefahr, daß ein Teil des Fe(III) reduziert wird unter Bildung von Fe_3O_4. Das kann verhindert werden durch Glühen des unbedeckten Tiegels mit dem Teclubrenner (*"niedrige"* Temperatur).

Das Al-Hydroxid sollte dagegen möglichst hoch erhitzt werden, da es erst bei Temperaturen über 1100 °C in das nicht hygroskopische α-Oxid übergeht (z.B. BILTZ et al., 1965: 63). Das heißt jedoch, beim Glühen des Hydroxid-Niederschlages zwei verschiedene Forderungen gleichzeitig zu erfüllen. Durch einen Kompromiß muß versucht werden, den Fehler so klein wie möglich zu halten.

Erwartungsgemäß ist die Wahrscheinlichkeit einer Reduktion von Fe(III) in Gegenwart von Aluminiumoxid nicht so groß wie bei Fe(III)-Oxid allein. Bei viel Eisen neben wenig Aluminium ist der Fehler durch die hygroskopischen Eigenschaften einer Modifikation des Aluminiumoxids nur klein, so daß in diesem Fall nach der Arbeitsvorschrift für das Eisen gearbeitet werden kann. Umgekehrt ist bei niedrigem Eisenanteil die Reduktionsgefahr zu vernachlässigen. Häufig liegen Fe- und Al-Oxide in ähnlichen Anteilen im Rückstand vor. In diesem Fall ist ein langes Glühen zu vermeiden.

Nach dem Veraschen der Filter wird das Glühen der Oxide bis zur Gewichtskonstanz unter Verwendung eines Muffelofens durchgeführt. Der Glühvorgang sollte jeweils 15 Minuten bei Temperaturen zwischen 800 °C (Fe dominiert) und 1000 °C (Al dominiert) vorgenommen werden.

Eine mögliche Fehlerquelle besteht darin, daß Filterkohle von Oxidteilchen eingeschlossen wird. Daher muß mit einem kleinen Glasstab der Inhalt des Platintiegels vorsichtig zerdrückt werden, damit auch die letzten Reste an Filterkohle verbrennen können. Glasstab vorsichtig abpinseln.

Berechnung:

% Sesquioxide (Fe_2O_3, Al_2O_3, TiO_2, P_2O_5, ± MnO) =

$$\frac{\text{Auswaage mg Sesquioxide} \cdot 100}{\text{Einwaage mg Probe}} \qquad (14.4)$$

Umrechnungsfaktoren: $Al_2O_3 \cdot 0{,}5293 = Al$
$Al \cdot 1{,}889 = Al_2O_3$

Für die Berechnung des Al_2O_3-Anteils werden von der Summe der Sesquioxide die anderweitig bestimmten Anteile an Fe_2O_3, TiO_2 und P_2O_5 abgezogen. Eventuell ist auch eine MnO-Korrektur anzubringen. Die Differenz ist dann Al_2O_3. In diesen Wert gehen alle Fehler ein, mit welchen die anderen Komponenten behaftet sind.

9. Aufschluß der Sesquioxide:

Die Oxide werden im Platintiegel mit einer Mischung aus Natriumcarbonat und di-Natriumtetraborat (Abschnitt 13.2.2) aufgeschlossen. Auch ein Aufschluß mit Kaliumdisulfat (Abschnitt 13.2.5) ist möglich. In beiden Fällen müssen die Oxide mindestens 60 Minuten mit der Schmelze reagieren können. Beim $K_2S_2O_7$ ist darauf zu achten, daß nicht vorzeitig das SO_3 aus der Schmelze entweicht. Sonst findet kein Aufschluß der Oxide mehr statt. Schwierigkeiten bereitet vor allem der Aufschluß des Al_2O_3. Falls nicht alles Al_2O_3 aufgeschlossen ist, löst sich die Schmelze nicht vollständig in Säuren (Minusfehler bei der Al-Bestimmung in der gelösten Schmelze).

Die erstarrte Schmelze darf nicht nur mit deion. Wasser gelöst werden, da sonst beim Erwärmen der Lösung die Gefahr der Hydrolyse (vor allem beim Ti) besteht (Abschnitt 13.2.2). Eine Erwärmung des Tiegels wird aber dann notwendig, wenn sich die erstarrte Schmelze nicht vollständig löst. Der Natriumcarbonat - di-Natriumtetraborat-Aufschluß wird in verdünnter Salzsäure, der Kaliumdisulfat-Aufschluß in verdünnter Schwefelsäure gelöst (siehe Hinweise Abschnitte 13.2.2 bzw. 13.2.5).

Nach dem Herauslösen der Schmelze ist zu prüfen, ob der Pt-Tiegel wieder das Ausgangsgewicht hat. Beim Aufschluß kann nämlich der Fall eintreten, daß ein Teil des Fe der Sesquioxide mit dem Pt-Tiegel eine Legierung bildet (höheres Tiegelgewicht nach dem Aufschluß, Minusfehler bei der Fe-Bestimmung in der gelösten Schmelze).

10. Bestimmung der Elemente in den aufgeschlossenen Sesquioxiden:

Aus der Aufschlußlösung der Sesquioxide können Fe_2O_3, Al_2O_3, TiO_2, P_2O_5 und das teilweise mitgefällte MnO bestimmt werden. In der ersten Auflage des Praktikumsbuches wurden für Eisen maßanalytische Verfahren für HCl-haltige Lösungen (Reinhardt-Zimmermann) und für H_2SO_4-haltige Lösungen (Reduktion von Fe(III) mit Cadmium) angegeben (HERRMANN, 1975: 96). Schwermetallhaltige Lösungen dürfen heute aber grundsätzlich nicht mehr in die Abwässer gegeben werden (im vorliegenden Fall Sn, Hg, Cd). Andererseits bereitet der endgültige Verbleib solcher schwermetallhaltiger Lösungen Deponieprobleme (Bemühungen um eine Reduzierung schadstoffhaltiger Abfälle). Daher werden in der vorliegenden Auflage des Praktikumsbuches die beiden maßanalytischen Verfahren zur Bestimmung von Gesamteisen nicht mehr beschrieben.

Die Anteile an Fe_2O_3, Al_2O_3, TiO_2, P_2O_5 und MnO lassen sich in den aufgeschlossenen Sesquioxiden mit Verfahren der Spektralphotometrie und Atomabsorptionsspektrometrie ermitteln. Bei Anwendung der letztgenannten Verfahren ist auf genau definierte Konzentrationen an Säuren zu achten (Abschnitt 10.5). In der heutigen Praxis wird man die Komponenten jedoch direkt über einen Säureaufschluß mittels Spektralphotometrie oder Atomabsorptionsspektrometrie bestimmen und nicht über den Umweg der Sesquioxide. Wenn trotzdem in diesem Buch noch die Analyse der Sesquioxide ausführlich beschrieben wird, dann geschieht das vor allem in Verbindung mit Praktikumsaufgaben für die Gesteins- und Mineralanalyse (siehe Abschnitt 4). Es kann aber auch die Situation eintreten, daß kein analytisches Labor mit modernen Meßgeräten zur Verfügung steht. In einem solchen Fall sind Kenntnisse über die Durchführung von Gesteinsanalysen mit einfachsten Laborausrüstungen besonders hilfreich.

11. Entfernung der Ammoniumverbindungen aus dem Filtrat der Hydroxide:

Die in den vereinigten Filtraten der Hydroxidfällungen befindlichen Ammoniumverbindungen müssen vor der Ca-Bestimmung entfernt werden. Zu diesem Zweck wird die Lösung auf einem Wasserbad bis zur Kristallisation eines Bodenkörpers eingeengt. Dann das Becherglas mit einem Uhrglas bedecken, etwa 50 ml konzentrierte Salpetersäure zugeben und 3 bis 4 Stunden auf einem Heizgerät erhitzen (nicht kochen!). Es findet eine Gasentwicklung statt. Dann wird die Lösung quantitativ in eine Porzellanschale übergespült und auf einem Wasserbad weitgehend bis zur Trockene eingedampft. Umrühren der Lösung nicht vergessen. Die Porzellanschale wird dann auf ein Heizgerät gestellt, und unter Steigerung der Temperatur erfolgt das Abrauchen der Ammoniumverbindungen. Es ist nicht notwendig, auch die letzten Reste an Ammoniumverbindungen abzurauchen.

Nach der Entfernung der Ammoniumverbindungen muß die Porzellanschale zunächst bis auf Zimmertemperatur abkühlen. Dann wird der Rückstand in der Schale mit 3 bis 4 ml konzentrierter Salzsäure befeuchtet, in 200-250 ml deion. Wasser gelöst und die Lösung quantitativ in ein 400 ml-Becherglas übergespült. Die Lösung ist etwa 0,15 bis 0,2 M an HCl. In ihr erfolgt die Fällung des Ca (Abschnitt 14.7.1).

12. Bestimmung der gravimetrisch nicht erfaßten SiO_2-Anteile:

Wie bereits in Abschnitt 14.1.1 erwähnt, wird das nach der gravimetrischen SiO_2-Abtrennung noch in Lösung befindliche Rest-SiO_2 von den Hydroxiden mitgefällt. Es handelt sich um etwa 0,1 % des Gesamt-SiO_2 der Gesteins- oder Mineralprobe. Bei einem Gestein mit 80 % SiO_2 und 500 mg Einwaage sind das 0,4 mg SiO_2. Das heißt, daß die gravimetrisch bestimmten SiO_2-Werte normalerweise etwas zu niedrig sind. Die Daten lassen sich aber verbessern durch die Bestimmung des Rest-SiO_2. Hierfür gibt es folgende Möglichkeiten:

a. Spektralphotometrische Bestimmung des Rest-SiO_2 nach der Vereinigung des Filtrats vom SiO_2-Niederschlag 2 mit dem gelösten Rückstand vom "Rein-SiO_2" und vor der Hydroxidfällung (Abschnitte 14.1.1, 14.1.3). Die hierfür notwendigen Lösungsvolumina bzw. Substanzmengen sind bei den folgenden Berechnungen der Sesquioxid- und Erdalkalielement-Anteile zu berücksichtigen.

b. Die mit Kaliumdisulfat oder einer Mischung aus Natriumcarbonat und di-Natriumtetraborat aufgeschlossenen Sesquioxide werden mit verdünnter Salzsäure oder Schwefelsäure aufgelöst. Aus der Lösung soll sich das restliche SiO_2 in Form einiger weißer Flocken abscheiden. Nach der Filtration dieser Flocken, dem Glühen und Wägen derselben (1. Wägung) muß durch Abrauchen des Rückstandes durch Flußsäure und Schwefelsäure geprüft werden, ob der geringe Niederschlag tatsächlich aus SiO_2 bestand. Das Gewicht eines nach dem Glühen zurückbleibenden Rückstandes ist von der 1. Wägung abzuziehen (z.B. PECK, 1964: 70).

c. Die gewichtskonstant geglühten Sesquioxide werden mit Flußsäure und Schwefelsäure abgeraucht, die gebildeten Sulfate wieder zu Oxiden geglüht und der Rückstand erneut gewogen. Die Differenz der Wägungen ist das Rest-SiO_2 (z.B. JAKOB, 1952: 33). Das Verfahren liefert aber nur ungefähre Werte.

14.3.2 Flammen-Atomabsorptionsspektrometrie

Grundlagen

Die Meßdaten sind in Abschnitt 16.2 (Al) zusammengestellt. Die Bestimmung von Al erfolgt mit einer Lachgas-Acetylen-Flamme (z.B. BERNAS, 1968; BUCKLEY u. CRANSTON, 1971; GALLE, 1968; KATZ, 1968). Mögliche Interelementeffekte werden durch Zusätze von La oder Ca zu den Bezugslösungen berücksichtigt. Störungen durch Ionisation lassen sich durch Zugabe von Cs zu den Bezugs- und Meßlösungen für die Analysenproben ausschalten. Allerdings bewirkt die Zugabe von Cs eine geringere Zunahme der Absorption (etwa 10 % relativ) beim Al im Vergleich zu Lösungen ohne Cs-Anteil. Die Al-Bestimmung wird nicht durch eine Schwefelsäurekonzentration von 0,05 mol/l in der Aufschlußlösung gestört.

Reagenzien: 0,100 g Al-Lösung für die Atomabsorptionsspektrometrie (z.B. Fixanal von Riedel-de Haën)
Cäsiumchlorid, Suprapur (z.B. von Merck). Lösung mit 2 % Cs: 2,53 g CsCl in deion. Wasser lösen und im 100 ml-Meßkolben auffüllen. 1 ml = 20 mg Cs
Lanthannitrat-Hexahydrat, zur Analyse; Lösung mit 5 % La: 31,2 g $La(NO_3)_3 \cdot 6H_2O$ in deion. Wasser lösen und im 200 ml-Meßkolben auffüllen. 1 ml = 50 mg La
Salzsäure, zur Analyse, w: min. 37 %, c: 12,5 mol/l, ρ: 1,19 g/ml
Schwefelsäure, zur Analyse, w: 25 %, c: 3,0 mol/l, ρ: 1,18 g/ml

Geräte: Meßkolben: 50, 100, 250, 500, 1000 ml
Vollpipetten: verschiedene Volumina
Mikroliterpipetten
Meßpipetten: 1, 5 ml

Herstellung der Bezugslösungen:

1. Aus 0,100 g Al-Lösung für die Atomabsorptionsspektrometrie

Stammlösung (Stl) mit 100 µg Al/ml Lösung (ppm) bzw. 188,9 µg Al_2O_3/ml Lösung: In einem 1000 ml-Meßkolben die Al-Lösung überspülen und mit deion. Wasser bis zur Ringmarke auffüllen.

Zwischenverdünnung (Zwv) mit 40 µg Al/ml bzw. 75,6 µg Al_2O_3/ml Lösung: 100 ml der Stammlösung in einen 250 ml-Meßkolben pipettieren, dazu *entweder* 2 ml Salzsäure (12,5 mol/l) *oder* 4 ml Schwefelsäure (3,0 mol/l) und mit deion. Wasser bis zur Ringmarke auffüllen. Die Stoffmengenkonzentration an HCl in der Zwischenverdünnung entspricht etwa 0,1 mol/l, die an H_2SO_4 etwa 0,05 mol/l.

2. *Lösungen für eine Bezugskurve:*

A. *Für Silicatproben mit > 3 % Al_2O_3:*

µg Al_2O_3/ml	18,9	37,8	75,6	151,1
µg Al/ml	10	20	40	80
ml-Meßkolben	100	50	50	25
ml Al-Stl	10	10	20	20
ml Cs-Lsg.	10	5	5	2,5
ml La-Lsg.	2	1	1	0,5
ml HCl *oder*	0,8	0,4	0,4	0,2
ml H_2SO_4	1,6	0,8	0,8	0,4
auffüllen mit	H_2O	H_2O	H_2O	H_2O

B. *Für Silicatproben mit < 3 % Al_2O_3:*

µg Al_2O_3/ml	7,56	15,1	30,2	37,8
µg Al/ml	4	8	16	20
ml-Meßkolben	50	50	50	50
µl Stl *oder*	2000	4000	8000	10 000
ml Al-Zwv	5	10	20	25
ml Cs-Lsg.	5	5	5	5
ml La-Lsg.	1	1	1	1
ml HCl *oder*	0,4	0,4	0,4	0,4
ml H_2SO_4	0,8	0,8	0,8	0,8
auffüllen mit	H_2O	H_2O	H_2O	H_2O

Entsprechend den Säurezugaben beträgt in den Bezugslösungen die Stoffmengenkonzentration an HCl etwa 0,1 mol/l oder die an H_2SO_4 etwa 0,05 mol/l.

Meßlösungen für die Gesteinsaufschlüsse, Nullwertlösung:

Meßlösungen für die Analysenproben können aus den unverdünnten Säureaufschlußlösungen wie folgt hergestellt werden:

% Al_2O_3 im Gestein	17 - 12	12 - 3	3 - 0,3
% Al im Gestein	9 - 6,4	6,4 - 1,6	1,6 - 0,16
mg Probe/ml Aufschlußlsg.	200/250	200/250	200/100
ml-Meßkolben für Meßlsg.	50	50	50
ml Aufschlußlsg.	10	25	25
ml Cs-Lsg.	5	5	5
ml La-Lsg.	1	1	1
ml HCl *oder*	0,4	0,2	0,2
ml H_2SO_4	0,8	0,4	0,4
auffüllen mit	H_2O	H_2O	H_2O

In den Meßlösungen für die Analysenproben beträgt die Stoffmengenkonzentration an HCl etwa 0,1 mol/l oder an H_2SO_4 0,05 mol/l.

Die Nullwertlösung besteht aus 0,8 ml HCl *oder* 1,6 ml H_2SO_4 + 10 ml Cs-Lösung + 2 ml La-Lösung, aufgefüllt mit deion. Wasser auf 100 ml im Meßkolben.

Messung der Lösungen:

Siehe hierzu Abschnitt 16.2 (Al). *Für das Zünden und Löschen der Lachgas-Acetylen-Flamme ist sorgfältig die dem Gerät beigefügte Bedienungsanleitung zu lesen. Das Zurückschlagen der Flamme muß vermieden werden.*

Berechnung:

Siehe Abschnitt 12, Gleichungen (12.04) oder (12.07).
Umrechnungsfaktoren: wie unter Abschnitt 14.3.1.

Standardabweichung:

Der Gesamtfehler für die Berechnung von Al_2O_3 in Gesteinen mittels der Atomabsorptionsspektrometrie ist für etwa 13 % Al_2O_3 ermittelt worden. Es ist mit einer Standardabweichung s = 0,12 % Al_2O_3 (absolut) zu rechnen.

14.4 Fe_2O_3 (Gesamteisen)

14.4.1 Gravimetrie (Sesquioxide)

Das Gesamteisen von Gesteins-und Mineralproben wird, zusammen mit Al, Ti, P und einem Teil des Mn, durch Fällung der Hydroxide mit Ammoniaklösung von den Erdalkali- und Alkalielementen isoliert. Im Abschnitt 14.3.1 (Al_2O_3, Gravimetrie) ist die Hydroxidfällung mit anschließender Bestimmung der Sesquioxide ausführlich beschrieben.

14.4.2 Spektralphotometrie

Grundlagen

Ein empfehlenswertes Verfahren zur spektralphotometrischen Bestimmung von Gesamteisen in Mineralen und Gesteinen beruht auf der Bildung eines orangerot gefärbten Komplexes von Fe(II) mit 1,10-Phenanthrolin, welcher zwischen pH 2 und 9 stabil ist (MAXWELL, 1968: 212). Die Reduktion von Fe(III) zu Fe(II) erfolgt mit Hydroxylammoniumchlorid. Die folgende Beschreibung der Methode orientiert sich unter anderem an Arbeiten von SHAPIRO u. BRANNOCK (1956, 1962), MAXWELL (1968), SHAPIRO (1975), KÖSTER (1979), JOHNSON u. MAXWELL (1981).

Reagenzien: 0,100 g Fe-Lösung für die Atomabsorptionsspektrometrie (z.B. Fixanal von Riedel-de Haën)
Ammoniumeisen(II)-sulfat-Hexahydrat zur Analyse, $(NH_4)_2Fe(SO_4)_2 \cdot 6H_2O$, Mohrsches Salz
1,10-Phenanthrolin-Monohydrat zur Analyse, 0,5 g in 500 ml heißem deion. Wasser lösen, die Lösung dunkel aufbewahren
Hydroxylammoniumchlorid zur Analyse, 50 g in deion. Wasser lösen und im 500 ml-Meßkolben auffüllen
tri-Natriumcitrat-Dihydrat zur Analyse, 50 g in deion. Wasser

lösen und im 500 ml-Meßkolben auffüllen.
Schwefelsäure, zur Analyse, w: 25 %, c: 3,0 mol/l, ρ: 1,18 g/ml.

Geräte: Meßkolben: 100, 500, 1000 ml
Vollpipetten: 5, 10, 25, 50 ml
Mikroliterpipetten
Meßpipetten: verschiedene Volumina

Herstellung der Bezugslösungen:

1. Aus 0,100 g Fe-Lösung für die Atomabsorptionsspektrometrie

Stammlösung (Stl) mit 100 µg Fe/ml Lösung bzw. 143 µg Fe_2O_3/ml Lösung: In einem 1000 ml-Meßkolben die Fe-Lösung nach Zugabe von 16,5 ml 25%iger Schwefelsäure mit deion. Wasser bis zur Ringmarke auffüllen. Die Lösung enthält etwa 0,05 mol H_2SO_4/l.

Zwischenverdünnung (Zwv) mit 10 µg Fe/ml Lösung bzw. 14,3 µg Fe_2O_3/ml Lösung: 50 ml der Stammlösung in einem 500 ml-Meßkolben nach Zugabe von 8 ml 25%iger Schwefelsäure mit deion. Wasser bis zur Ringmarke auffüllen. Die Lösung enthält etwa 0,05 mol H_2SO_4/l.

2. Aus Ammoniumeisen(II)-sulfat-Hexahydrat

Stammlösung (Stl) mit 69,9 µg Fe/ml bzw. 100 µg Fe_2O_3/ml Lösung: 0,4911 g Ammoniumeisen(II)-sulfat-Hexahydrat in einem 1000 ml-Meßkolben nach Zugabe von 16,5 ml 25%iger Schwefelsäure mit deion. Wasser auflösen und bis zur Ringmarke auffüllen. Die Lösung enthält etwa 0,05 mol H_2SO_4/l.

Zwischenverdünnung (Zwv) mit 7 µg Fe/ml Lösung bzw. 10 µg Fe_2O_3/ml Lösung: 50 ml der Stammlösung in einem 500 ml-Meßkolben nach Zugabe von 8 ml 25%iger Schwefelsäure mit deion. Wasser bis zur Ringmarke auffüllen. Die Lösung enthält etwa 0,05 mol H_2SO_4/l.

3. Lösungen für eine Bezugskurve

A. Stammlösung und Zwischenverdünnung mit 143 µg Fe_2O_3/ml bzw. 100 µg Fe/ml und 14,3 µg Fe_2O_3/ml bzw. 10 µg Fe/ml

µg Fe₂O₃/ml	0,72	1,43	3,58	7,15	14,3
µg Fe/ml	0,5	1,0	2,5	5,0	10,0
ml Meßkolben	100	100	100	100	100
µl Stl *oder*	500	1000	2500	5000	10 000
ml Stl	-	-	-	5	10
ml Zwv	5	10	25	-	-
ml Hydroxylammonium-chlorid-Lsg.	5	5	5	5	5
ml 1,10-Phenanthrolin-Lsg.	10	10	10	10	10
ml tri-Natriumcitrat-Lsg.	10	10	10	10	10
auffüllen mit	H₂O	H₂O	H₂O	H₂O	H₂O

B. Stammlösung und Zwischenverdünnung mit 100 µg Fe₂O₃/ml bzw. 69,9 µg Fe/ml und 10 µg Fe₂O₃/ml bzw. 7 µg Fe/ml

µg Fe₂O₃/ml	0,5	1,0	2,5	5,0	10,0
µg Fe/ml	0,35	0,70	1,75	3,50	7,0
ml-Meßkolben	100	100	100	100	100
µl Stl *oder*	500	1000	2500	5000	10 000
ml Stl	-	-	-	5	10
ml Zwv	5	10	25	-	-
ml Hydroxylammonium-chlorid-Lsg.	5	5	5	5	5
ml 1,10-Phenanthrolin-Lsg.	10	10	10	10	10
ml tri-Natriumcitrat-Lsg.	10	10	10	10	10
auffüllen mit	H₂O	H₂O	H₂O	H₂O	H₂O

Für die Ermittlung der Bezugskurve werden für jede Konzentrationsstufe zwei Lösungen entsprechend den obigen Angaben hergestellt. Die Reihenfolge der Lösungs- und Reagenzienzugabe in die Meßkolben siehe unter Abschnitt *"1. Mit Bezugskurve"*.

Arbeitsvorschrift

Mögliche Störungen:

Die in Silicatgesteinen normalerweise vorkommenden Elemente stören die Bestimmungen nicht. Das Gesetz von Lambert u. Beer gilt bis etwa 10 µg Fe₂O₃/ml (z.B. KÖSTER, 1979).

Fe_2O_3

1. Mit Bezugskurve:

Die Meßlösungen für die Gesteinsaufschlüsse werden für die verschiedenen Fe_2O_3-Anteile in den Gesteinen wie folgt hergestellt:

% Fe_2O_3 im Gestein	15 - 10	10 - 4	4 - 1	1 - 0,5
% Fe im Gestein	10,5 - 7	7 - 2,8	2,8 - 0,7	0,7 - 0,35
mg Probe/ml Aufschlußlsg.	200/250	200/250	200/250	200/250
ml-Meßkolben für Meßlsg.	250	100	100	50
ml Aufschlußlsg.	5	5	25	25
ml Hydroxylammonium-chlorid-Lsg.	12,5	5	5	5
ml 1,10-Phenanthrolin-Lsg.	25	10	10	10
ml tri-Natriumcitrat-Lsg.	25	10	10	10
auffüllen mit	H_2O	H_2O	H_2O	H_2O

Von den zwei Säureaufschlüssen pro Probe (Flußsäure-Schwefelsäure-Aufschluß) werden zwei Meßlösungen hergestellt. Zuerst wird in die Meßkolben die Aufschlußlösung pipettiert. Dann in jeden Meßkolben Hydroxylammoniumchlorid-Lösung geben und 10 Minuten stehen lassen. Anschließend 1,10-Phenanthrolin-Lösung und tri-Natriumcitrat-Lösung als Puffer mit einer Pipette hinzufügen. Bis zur Ringmarke mit deion. Wasser auffüllen. Gut umschütteln.

Die Nullwertlösung besteht aus 5 ml Hydroxylammoniumchlorid-Lösung + 10 ml 1,10 Phenanthrolin-Lösung + 10 ml tri-Natriumcitrat-Lösung, aufgefüllt mit deion. Wasser auf 100 ml im Meßkolben.

Nach einer Stunde können die Probe- und Bezugslösungen (Bezugskurve) gegen die Nullwertlösung gemessen werden. Wellenlänge 560 nm (555 nm, SHAPIRO, 1975), Spaltbreite 0,25 nm. Schichtdicke der Meßküvetten: 0,5; 1 oder 2 cm.

Berechnung mit Bezugskurve:

Siehe Abschnitt 12, Gleichung (12.04).

Umrechnungsfaktoren: $Fe_2O_3 \cdot 0,8998 = FeO$
$FeO \cdot 1,111 = Fe_2O_3$
$FeO \cdot 0,7773 = Fe$
$Fe_2O_3 \cdot 0,6994 = Fe$
$Fe \cdot 1,430 = Fe_2O_3$

2. Ohne Bezugskurve:

Von den Säureaufschlüssen (Flußsäure-Schwefelsäure, Abschnitt 13.3.4) werden Meßlösungen hergestellt entsprechend den Fe_2O_3-Anteilen im Gestein (siehe unter *"1. Mit Bezugskurve"*). Als Bezugslösungen lassen sich die Konzentrationen 7,15 µg Fe_2O_3/ml bzw. 5,0 µg Fe/ml und 3,58 µg Fe_2O_3/ml bzw. 2,5 µg Fe/ml verwenden (siehe unter *"3. Lösungen für eine Bezugskurve"*). Es empfiehlt sich, von der Bezugskonzentration drei Meßlösungen herzustellen. Zur Zusammensetzung der Nullwertlösung sowie zur Messung der Probe- und Bezugslösungen siehe unter *"1. Mit Bezugskurve"*.

Berechnung ohne Bezugskurve:

Siehe Abschnitt 12, Gleichung (12.07).

Standardabweichung:

Der Gesamtfehler für die spektralphotometrische Bestimmung von Fe_2O_3 in Gesteinen mit 1,10-Phenanthrolin ist für den Bereich 3 - 11 % Fe_2O_3 ermittelt worden. Es ist mit einer Standardabweichung s = 0,1 - $0,2_2$ % Fe_2O_3 (absolut) zu rechnen.

14.4.3 Flammen-Atomabsorptionsspektrometrie

Flamme: Luft-Acetylen

Grundlagen

Die Meßdaten sind in Abschnitt 16.13 (Fe) zusammengestellt. Mit Störungen durch andere Lösungsgenossen ist bei der Messung von Säure-Aufschlußlösungen (Silicatgesteine) nicht zu rechnen.

Reagenzien: 0,100 g Fe-Lösung für die Atomabsorptionsspektrometrie (z.B. Fixanal von Riedel-de Haën)
Salzsäure, zur Analyse, w: min. 37 %, c: 12,5 mol/l, ρ: 1,19 g/ml
Schwefelsäure, zur Analyse, w: 25 %, c: 3,0 mol/l, ρ: 1,18 g/ml

Geräte: Meßkolben: 50, 250, 1000 ml
Vollpipetten: verschiedene Volumina

Mikroliterpipetten
Meßpipetten: 1, 5 ml

Herstellung der Bezugslösungen:

1. Aus 0,100 g Fe-Lösung für die Atomabsorptionsspektrometrie

Stammlösung (Stl) mit 100 µg Fe/ml Lösung bzw. 143 µg Fe_2O_3/ml Lösung: In einen 1000 ml-Meßkolben die Fe-Lösung überspülen und mit deion. Wasser bis zur Ringmarke auffüllen.

Zwischenverdünnung (Zwv) mit 20 µg Fe/ml Lösung bzw. 28,6 µg Fe_2O_3/ml Lösung: 50 ml der Stammlösung in einen 250 ml-Meßkolben pipettieren, dazu *entweder* 2 ml Salzsäure (12,5 mol/l) *oder* 4 ml Schwefelsäure (3,0 mol/l) und mit deion. Wasser bis zur Ringmarke auffüllen. Die Stoffmengenkonzentration an HCl in der Zwischenverdünnung entspricht etwa 0,1 mol/l, die an H_2SO_4 etwa 0,05 mol/l.

2. Lösungen für eine Bezugskurve

µg Fe_2O_3/ml	2,85	5,72	14,3		28,6	28,6
µg Fe/ml	2,0	4,0	10,0		20,0	20,0
ml-Meßkolben	50	50	50		Zwischen-	50
µl Stl *oder*	1000	2000		5000	verdünnung	10 000
ml Zwv	5	10	25			-
			Zwv	Stl		
ml HCl *oder*	0,4	0,4	0,2	0,4		0,4
ml H_2SO_4	0,8	0,8	0,4	0,8		0,8
auffüllen mit	H_2O	H_2O	H_2O	H_2O		H_2O

Meßlösungen für die Gesteinsaufschlüsse, Nullwertlösung:

Meßlösungen für die Analysenproben können aus den unverdünnten Säureaufschlußlösungen wie folgt hergestellt werden:

% Fe_2O_3 im Gestein	14 - 7	7 - 1
% Fe im Gestein	10 - 5	5 - 0,7
mg Probe/ml Aufschlußlsg.	200/250	200/250
ml-Meßkolben für Meßlsg.	50	50
ml Aufschlußlsg.	5	20
ml HCl oder	0,4	0,2
ml H_2SO_4	0,8	0,4
auffüllen mit	H_2O	H_2O

In den Meßlösungen für die Analysenproben beträgt die Stoffmengenkonzentration an HCl etwa 0,1 mol/l oder an H_2SO_4 etwa 0,05 mol/l. Die Nullwertlösung besteht aus 0,8 ml HCl oder 1,6 ml H_2SO_4, aufgefüllt mit deion. Wasser auf 100 ml im Meßkolben.

Messung der Lösungen:

Siehe hierzu Abschnitt 16.13 (Fe). Die Bezugslösungen und die Meßlösungen für die Analysenproben müssen sofort gemessen werden, da sich beim Stehen über mehrere Tage Konzentrationsänderungen bemerkbar machen können. Zur Überprüfung der Bezugskurve müssen die Verdünnungen immer neu aus der Stammlösung mit 143 µg Fe_2O_3/ml hergestellt werden.

Berechnung:

Siehe Abschnitt 12, Gleichung (12.04) oder (12.07). Umrechnungsfaktoren wie unter 14.4.2.

Standardabweichung:

Der Gesamtfehler für die Bestimmung von Fe_2O_3 mittels der Luft-Acetylen-Flamme ist für eine Gesteinsprobe mit $6,5_1$ % Fe_2O_3 ermittelt worden. Es ist mit einer Standardabweichung s = 0,09 % Fe_2O_3 (absolut) zu rechnen.

Flamme: Lachgas-Acetylen

Grundlagen

Die Meßdaten sind in Abschnitt 16.13 (Fe) zusammengestellt.
Die Messungen müssen unbedingt in der oxidierenden Flamme vorgenom-

men werden, da unter reduzierenden Bedingungen viele Begleitelemente neben Eisen erhebliche Absorptionssteigerungen bewirken (Abschnitt 10.5). Den Bezugslösungen als auch den Meßlösungen für die Analysenproben muß Cs oder La zugesetzt werden (Abschnitt 16.13). Der Zusatz von Cs ist für die Beseitigung von Ionisationsstörungen besser geeignet.

Reagenzien: 0,100 g Fe-Lösung für die Atomabsorptionsspektrometrie (z.B. Fixanal von Riedel-de Haën)
Cäsiumchlorid, Suprapur, z.B. von Merck. Lösung mit 2 % Cs: 2,53 g CsCl in deion. Wasser lösen und im 100 ml-Meßkolben auffüllen. 1 ml = 20 mg Cs
Salzsäure, zur Analyse, w: min. 37 %, c: 12,5 mol/l, ρ: 1,19 g/ml
Schwefelsäure, zur Analyse, w: 25 %, c: 3,0 mol/l, ρ: 1,18 g/ml

Geräte: Meßkolben: 25, 50 100, 200, 250, 1000 ml
Vollpipetten: verschiedene Volumina
Meßpipetten: 1, 5 ml

Herstellung der Bezugslösungen:

1. Aus 0,100 g Fe-Lösung für die Atomabsorptionsspektrometrie

Stammlösung (Stl) mit 100 µg Fe/ml Lösung bzw. 143 µg Fe_2O_3/ml Lösung: In einen 1000 ml-Meßkolben die Fe-Lösung überspülen und mit deion. Wasser bis zur Ringmarke auffüllen.

2. Lösungen für eine Bezugskurve

µg Fe_2O_3/ml	7,1	14,3	28,6	71,5
µg Fe/ml	5,0	10,0	20,0	50,0
ml-Meßkolben	100	50	50	50
ml Fe-Stl	5	5	10	25
ml Cs-Lsg.	5	2,5	2,5	2,5
ml HCl *oder*	0,8	0,4	0,4	0,4
ml H_2SO_4	1,6	0,8	0,8	0,8
auffüllen mit	H_2O	H_2O	H_2O	H_2O

Meßlösungen für die Gesteinsaufschlüsse, Nullwertlösung:

Bei Verwendung einer Lachgas-Acetylen-Flamme ist die Nachweisstärke für Eisen geringer im Vergleich zur Luft-Acetylen-Flamme, wie aus der folgenden Übersicht hervorgeht:

Luft-Acetylen	Lachgas-Acetylen
1 % Absorption ≈ 0,16 µg Fe/ml	≈ 0,5 µg Fe/ml
10 % Absorption ≈ 2 µg Fe/ml	≈ 6 µg Fe/ml

Dieser Effekt hat unter anderem den Vorteil, daß Aufschlußlösungen mit höheren Anteilen an Probesubstanz und/oder Fe_2O_3 zur Messung nicht stark verdünnt werden müssen.

% Fe_2O_3 im Gestein	14 - 7	7 - 1
% Fe im Gestein	10 - 5	5 - 0,7
mg Probe/ml Aufschlußlsg.	200/250	200/250
ml-Meßkolben für Meßlsg.	25	25
ml Aufschlußlsg.	10	20
ml Cs-Lsg.	1,25	1,25
ml HCl *oder*	0,2	-
ml H_2SO_4	0,4	-
auffüllen mit	H_2O	H_2O

In den Meßlösungen für die Analysenproben beträgt die Stoffmengenkonzentration an HCl etwa 0,1 mol/l oder an H_2SO_4 etwa 0,05 mol/l.

Die Nullwertlösung besteht aus 5 ml Cs-Lösung + 0,8 ml HCl oder 1,6 ml H_2SO_4, aufgefüllt mit deion. Wasser auf 100 ml im Meßkolben.

Messung der Lösungen:

Siehe hierzu Abschnitt 16.13 (Fe).

Für das Zünden und Löschen der Lachgas-Acetylen-Flamme ist sorgfältig die dem Gerät beigefügte Bedienungsanleitung zu lesen. Das Zurückschlagen der Flamme muß vermieden werden.

Berechnung:

Siehe Abschnitt 12, Gleichungen (12.04) oder (12.07).
Umrechnungsfaktoren wie unter 14.4.2.

Standardabweichung:

Der Gesamtfehler für die Bestimmung von Fe_2O_3 mittels der Lachgas-Acetylen-Flamme ist für eine Gesteinsprobe mit $6,5_1$ % Fe_2O_3 ermittelt worden. Es ist mit einer Standardabweichung s = 0,10 % Fe_2O_3 (absolut) zu rechnen.

14.5 FeO

14.5.1 Titrimetrie

Grundlagen

Zur Bestimmung des Fe(II)-Anteils in Mineral- und Gesteinsproben nach der Methode von Pratt (1894) ist ein Flußsäure-Schwefelsäure-Aufschluß erforderlich, welcher in Abschnitt 13.3.5 beschrieben ist. Dort finden sich auch Angaben über die Einwaagen. Nachfolgend werden die Titrationen und die Berechnungen beschrieben.

Reagenzien: Für visuelle und potentiometrische Indikation
Kaliumpermanganatlösung 0,004 mol/l (0,02 N Lösung)
Kaliumdichromatlösung 0,0033 mol/l (0,02 N Lösung)
Oxalsäurelösung 0,01 mol/l (0,02 N Lösung)
Eisen durch Reduktion hergestellt zur Analyse, Korngröße 10 µm (z.B. Merck Nr. 3819)
Borsäure zur Analyse, daraus gesättigte wäßrige Borsäure-Lösung herstellen
ortho-Phosphorsäure, zur Analyse, 85 %
Diphenylamin, zur Analyse, als Redoxindikator
Schwefelsäure, zur Analyse, w: 95-97 %, c: 17,8-18,2 mol/l, ρ: 1,84 g/ml; Verdünnung 1 Teil H_2SO_4 + 4 Teile H_2O

Geräte: Für visuelle und potentiometrische Indikation
Erlenmeyerkolben, Weithals: 300 ml
Bechergläser: breite Form 250 ml, hohe Form 150 ml
Meßkolben (Glas): 100, 250 ml
Meßzylinder: 50 ml, Polypropylen
Bürette: 25, 50 ml
Titroprocessor
Platinblech-Indikatorelektrode
Kalomel-Bezugssystem

Arbeitsvorschrift

1. Visuelle Indikation mit Kaliumpermanganatlösung

Die Flußsäure-Schwefelsäure-Aufschlußlösung (Abschnitt 13.3.5) wird quantitativ mit deion. Wasser in einen 300 ml-Erlenmeyerkolben überführt, in welchem sich bereits 40 ml gesättigte Borsäure-Lösung und 6 ml ortho-Phosphorsäure (85 %) befinden. Auf diese Weise wird die Oxidation von Mn(II) zu Mn(VII) in Anwesenheit von Flußsäure verhindert. Auch den Platindeckel des Tiegels abspülen. Anschließend noch etwa 100 ml deion. Wasser in den Erlenmeyerkolben geben, durch Umschwenken des Kolbens den Inhalt gut durchmischen und zügig mit der Kaliumpermanganatlösung (0,004 mol/l) bis zur ersten Rosafärbung titrieren. Letztere muß einige Sekunden sichtbar bleiben.

PECK (1964: 42) empfiehlt für die visuelle Indikation eine Kaliumdichromat-Maßlösung mit Diphenylamin als Indikator. Bei der Anwesenheit organischer Substanzen in der Gesteinsprobe werden nämlich bei der Verwendung von Kaliumpermanganatlösung größere Anteile von C oxidiert. Die Bestimmung von Fe(II) mit Kaliumdichromatlösung (Dichromatometrische Bestimmungen) ist ausführlich in Monographien über die Maßanalyse beschrieben, z.B. bei JANDER et al. (1986).

2. Potentiometrische Indikation mit Kaliumdichromatlösung

Die Aufschlußlösung wird aus dem Platintiegel mit deion. Wasser quantitativ in ein 250 ml-Becherglas überführt, in welchem sich 40 ml gesättigte Borsäure-Lösung sowie 6 ml ortho-Phosphorsäure (85 %) befinden. Die potentiometrische Indikation erfolgt mit einer Platinblech-Indikatorelektrode und einem Kalomel-Bezugssystem. Wichtig ist eine saubere Oberfläche der Platinelektrode, welche sich durch kurzes Eintauchen in Königswasser (nur einige Sekunden!) oder in eine Mischung aus Salzsäure und Wasserstoffperoxid herstellen läßt.

Für die Titration ist beispielsweise ein Metrohm-Titroprocessor geeignet. Die Titrationsbedingungen sind gerätespezifisch zu ermitteln.

Bestimmung des Titers der Kaliumpermanganat- und Kaliumdichromatlösungen:

1. Visuelle Indikation

Die Bestimmung des Titers der Kaliumpermanganatlösung erfolgt mit einer Oxalsäurelösung bekannter Äquivalentkonzentration.

2. Potentiometrische Indikation

Für die Bestimmung des Titers der Kaliumchromatlösung werden 80 bzw. 160 mg Eisenpulver mit einigen ml verdünnter Schwefelsäure (1 Teil H_2SO_4 + 4 Teile H_2O) in einem hohen 150 ml-Becherglas unter Erwärmen gelöst (Becherglas mit Uhrglas bedecken). Bei vorsichtiger Arbeitsweise findet keine Oxidation des Eisens zu Fe(III) statt, da der beim Auflösen entstehende Wasserstoff als Reduktionsmittel wirkt.

Die Eisenlösung wird dann quantitativ in einen 100 ml- bzw. 250 ml-Meßkolben überführt und mit deion. Wasser bis zur Ringmarke aufgefüllt. Von dieser Lösung fünfmal je 10 ml in 250 ml-Bechergläser pipettieren, 100 ml verdünnte Schwefelsäure zugeben und mit deion. Wasser auf etwa 125 ml verdünnen. Durch potentiometrische Titration den Äquivalenzpunkt ermitteln und schließlich den Titer t aus dem Verhältnis theoretisches Volumen/ tatsächliches Volumen oder umgekehrt tatsächliche Stoffmengenkonzentration/theoretische Stoffmengenkonzentration berechnen.

Mögliche Störungen:

Die Bestimmung des FeO-Anteils in Mineral- und Gesteinsproben nach der Methode von PRATT (1894) stößt auf Schwierigkeiten, wenn das Untersuchungsmaterial größere Anteile an organischen Bestandteilen (ausgenommen Graphit) und Sulfidmineralen enthält.

Organische Komponenten: Organischer Kohlenstoff, vor allem in Sedimenten, wird von der Maßlösung oxidiert und täuscht dann zu hohe FeO-Anteile vor. Bei der Anwesenheit von organischem C in den Proben ist die Verwendung einer Kaliumdichromat-Maßlösung der Kaliumpermanganatlösung vorzuziehen. Bei der Bestimmung von Fe(II) ist es nicht zulässig, die organischen Komponenten vor dem Säureaufschluß durch Erhitzen auf 850 °C zu oxidieren und in flüchtige Verbindungen zu überführen. Bei diesem Arbeitsgang würde Fe(II) ganz oder vollständig zu Fe(III) oxidiert.

Auch durch Filtration lassen sich organische Komponenten nicht vollständig aus der Aufschlußlösung entfernen. Außerdem besteht bei der Filtration die Gefahr, daß ein Teil des Fe(II) durch Luftsauerstoff oxidiert wird. Eventuell muß in einer inerten Gasatmosphäre filtriert werden.

Eine Methode zur Bestimmung von FeO in Tonschiefern bei Gegenwart organischer Komponenten beschreibt NICHOLLS (1960).

Danach wird der Flußsäure-Schwefelsäure-Aufschluß zunächst mit Borsäure versetzt und dann in eine Flasche gespült, welche 75 ml konzentrierte Salzsäure und 6 ml einer Iodmonochlorid-Lösung (10 g KI und 6,44 g KIO_3 in 150 ml 1 + 1 verdünnter HCl) enthält. Nach Zugabe von 10 ml Tetrachlorkohlenstoff wird der Inhalt der Flasche 20 s geschüttelt. Der Tetrachlorkohlenstoff färbt sich violett, während sich die organischen Komponenten an der Grenzschicht von Tetrachlorkohlenstoff zur wäßrigen Lösung ansammeln. Mit einer KIO_3-Maßlösung wird dann bis zum Verschwinden der violetten Färbung titriert. Nach NICHOLLS (1960) ist die Reproduzierbarkeit und die Genauigkeit des Verfahrens selbst bei mehreren Prozent C in der Probe gut (siehe auch MAXWELL 1968: 206).

Sulfidverbindungen: Der Schwefel der durch Säuren zersetzbaren Sulfide reduziert Teile des Fe(III), so daß ein zu hoher Fe(II)-Anteil im Ergebnis erscheint. Wenn die Zusammensetzung der Sulfidminerale sowie die aufgeschlossenen Mineralanteile bekannt sind, läßt sich möglicherweise eine Korrektur des FeO-Wertes durchführen. Bei Schwefelanteilen < 0,2 % sind keine Korrekturen erforderlich, da der Schwefel in den Silicatgesteinen hauptsächlich als Pyrit und Magnetkies vorliegt. Pyrit wird jedoch kaum von heißer Schwefel- und Flußsäure aufgeschlossen. Dagegen wird Magnetkies aufgeschlossen und die Fe(II)-Komponente als FeO erfaßt.

Weitere Angaben zu den möglichen Fehlerquellen bei der FeO-Bestimmung sind unter anderem in HILLEBRAND et al. (1953: 907 ff.), MAXWELL (1968: 203 ff.) und JOHNSON u. MAXWELL (1981: 184 ff.) enthalten.

Falls sich Fehler bei der Unterscheidung zwischen Fe(II)- und Fe(III)-Anteilen analytisch nicht zuverlässig vermeiden lassen, sollten für die betreffenden Proben nur die Konzentrationen für Gesamteisen angegeben werden. Das ist analytisch glaubwürdiger als eine fragwürdige Unterscheidung zwischen Fe(II) und Fe(III).

Berechnung:

$$\% \text{ FeO} = \frac{\text{ml KMnO}_4 \cdot t_{\text{KMnO}_4} \cdot 1{,}437 \text{ mg} \cdot 100}{\text{Einwaage mg Probe}} \tag{14.5}$$

t = Titer der Maßlösung
1 ml Kaliumpermanganatlösung 0,004 mol/l bzw.
   Kaliumdichromatlösung 0,0033 mol/l entsprechen
   1,117 mg Fe oder 1,437 mg FeO

Umrechnungsfaktoren: Fe, FeO und Fe₂O₃ wie unter 14.4.2.

14.6 MnO

14.6.1 Spektralphotometrie

Grundlagen

Durch Oxidation von Mn(II) mit Kaliummetaperiodat in H_2SO_4-haltiger Lösung bildet sich das violette Permanganat mit Mn(VII). Ein Überschuß des Oxidationsmittels hat keinen Einfluß auf die Farbintensität. Die Oxidation von Mn(II) verläuft schneller, wenn der Anteil an H_2SO_4 in den Probe- und Vergleichslösungen 1,75 mol/l und größer ist (SANDELL, 1959; in MAXWELL, 1968:186). Die KIO_4-haltige Permanganatlösung ist bei Zimmertemperatur mehrere Stunden unverändert haltbar. Für die spektralphotometrische MnO-Bestimmung ist der Flußsäure-Schwefelsäure-Aufschluß anzuwenden (Abschnitt 13.3.4.).

Reagenzien: 0,100 g Mn-Lösung für die Atomabsorptionsspektrometrie (z.B. Fixanal von Riedel-de Haën)
Mangan, Metall, spektralrein
Salpetersäure, zur Analyse, w: 65 %, c: 14,9 mol/l, ρ: 1,4 g/ml
Schwefelsäure, zur Analyse, w: 95-97 %, c: 17,8 - 18,2 mol/l, ρ: 1,84 g/ml
Schwefelsäure, zur Analyse, w: 25 %, c: 3,0 mol/l, ρ: 1,18 g/ml
ortho-Phosphorsäure, zur Analyse, w: 85 %, c: 14,8 mol/l, ρ: 1,71 g/ml
Kaliummetaperiodat, zur Analyse

Kaliummetaperiodatlösung, 1 %ig: 1 g KIO$_4$ in 20 ml 1+1 verdünnter HNO$_3$ im Becherglas unter Erwärmen lösen, nach dem Abkühlen in einen 100 ml-Meßkolben überspülen und mit deion. Wasser auffüllen.

Säuremischung: 100 ml ortho-Phosphorsäure + 50 ml Schwefelsäure (95-97 %ig) in einen 1000 ml-Meßkolben geben, welcher bereits etwa 500 ml deion. Wasser enthält. Nicht umgekehrt! Umschütteln. Mit deion. Wasser zur Ringmarke auffüllen.

Geräte: Bechergläser: 250 ml
Meßkolben: 100, 250, 500, 1000 ml
Vollpipetten: verschiedene Volumina
Meßpipetten
Mikroliterpipetten

Herstellung der Bezugslösungen:

1. Aus 0,100g Mn-Lösung für die Atomabsorptionsspektrometrie

Stammlösung (Stl) mit 100 µg Mn/ml Lösung bzw. 129,1 µg MnO/ml Lösung : In einen 1000 ml-Meßkolben die Mn-Lösung überspülen, dazu 16 ml Schwefelsäure (3,0 mol/l) und mit deion. Wasser bis zur Ringmarke auffüllen. Die Stoffmengenkonzentration an H$_2$SO$_4$ in der Stammlösung beträgt etwa 0,05 mol/l.

Zwischenverdünnung (Zwv) mit 10 µg Mn/ml bzw. 12,9 µg MnO/ml Lösung: 25 ml der Stammlösung in einen 250 ml-Meßkolben pipettieren, dazu 4 ml Schwefelsäure (3,0 mol/l) und mit deion. Wasser bis zur Ringmarke auffüllen. Die Stoffmengenkonzentration an H$_2$SO$_4$ beträgt ebenfalls etwa 0,05 mol/l. 1 µg Mn/ml = 1,29 µg MnO/ml.

2. Aus Mn spektralrein

Stammlösung (Stl) 154,9 µg Mn/ml Lösung bzw. 200 µg MnO/ml Lösung: 0,1549 g Mn im 250 ml-Becherglas in 20 ml heißer Salpetersäure (1 Teil HNO$_3$ + 1 Teil H$_2$O) lösen. Stickoxide verkochen. Lösung in einen 1000 ml-Meßkolben überspülen, dazu 16 ml Schwefelsäure (3,0 mol/l) und mit deion. Wasser bis zur Ringmarke auffüllen. Die Stoffmengenkonzentration an H$_2$SO$_4$ beträgt etwa 0,05 mol/l.

Zwischenverdünnung (Zwv) mit 7,7 µg Mn/ml Lösung bzw. 10 µg MnO/ml Lösung: 25 ml der Stammlösung in einen 500 ml-Meßkolben pipettieren, dazu 8 ml Schwefelsäure (3,0 mol/l) und mit deion. Wasser bis zur Ringmarke auffüllen. Die Stoffmengenkonzentration an H_2SO_4 beträgt etwa 0,05 mol/l.

3. Lösungen für eine Bezugskurve:

A. Stammlösung mit 129,1 µg MnO/ml bzw. 100 µg Mn/ml
  Zwischenverdünnung mit 12,9 µg MnO/ml bzw. 10 µg Mn/ml

µg MnO/ml	0,26	0,65	1,3	2,6	3,2
µg Mn/ml	0,20	0,5	1,0	2,0	2,5
ml-Meßkolben	250	100	100	100	100
µl Stl *oder*	500	500	1000	2000	2500
ml Zwv	5	5	10	20	25
ml Säuremischung	100	40	40	40	40
ml KIO_4-Lsg.	12,5	5	5	5	5
auffüllen mit	H_2O	H_2O	H_2O	H_2O	H_2O

B. Stammlösung mit 200 µg MnO/ml bzw. 154,9 µg Mn/ml
  Zwischenverdünnung mit 10 µg MnO/ml bzw. 7,7 µg Mn/ml

µg MnO/ml	0,20	0,5	1,0	2,0	2,5
µg Mn/ml	0,15	0,39	0,77	1,5	1,94
ml-Meßkolben	250	100	100	100	100
µl Stl *oder*	250	250	500	1000	1250
ml Zwv	5	5	10	20	25
ml Säuremischung	100	40	40	40	40
ml KIO_4-Lsg.	12,5	5	5	5	5
auffüllen mit	H_2O	H_2O	H_2O	H_2O	H_2O

Für die Ermittlung der Bezugskurve werden für jede Konzentrationsstufe zwei oder drei Lösungen entsprechend den obigen Volumenangaben zunächst in 250 ml-Bechergläser pipettiert. In jedes Becherglas anschließend 40 ml der Säuremischung und 5 ml der Kaliummetaperiodatlösung geben. Die Bechergläser eine Stunde auf ein etwa 95 °C heißes Wasserbad stellen. Nach dem Abkühlen der Lösungen auf Zimmertemperatur diese in 100 ml-Meßkolben überspülen und mit deion. Wasser bis zur Ringmarke auffüllen. Gut durchmischen. Verfahren z.B. bei MAXWELL (1968), PECK (1964), SHAPIRO u. BRANNOCK (1956).

Arbeitsvorschrift

Mögliche Störungen:

a) Alle Ionen mit Eigenfarbe stören. Bei der Gesteinsanalyse sind Eisen und verschiedentlich auch Chrom zu beachten. Bei Zugabe von ortho-Phosphorsäure (Säuremischung) bildet sich ein farbloser Eisenkomplex. Die Einflüsse durch Chrom lassen sich nicht in ähnlicher Weise verhindern. Es ist möglich, bei 545 nm zu messen. Hier ist die Absorption von Permanganat nur geringfügig, die von Chrom aber deutlich niedriger im Vergleich zu 525 nm (z.B. MAXWELL, 1968: 185). Fehler machen sich vor allem dann bemerkbar, wenn die Probesubstanz mehr als 1% Cr_2O_3 enthält.
b) Die Meßlösungen für die Gesteinsaufschlüsse dürfen keine reduzierenden Substanzen enthalten, da sonst die Oxidation von Mn(II) beeinträchtigt wird.
c) Lösungen, in denen keine Violettfärbung entsteht, sollten 24 Stunden stehen bleiben. Erst dann kann die An- oder Abwesenheit von Mn in den Meßlösungen für die Gesteinsaufschlüsse beurteilt werden (MAXWELL, 1968: 185).

1. Mit Bezugskurve:

Die Meßlösungen für die Gesteinsaufschlüsse werden für die verschiedenen MnO-Anteile in den Gesteinen wie folgt hergestellt:

% MnO im Gestein	0,1 - 0,05	0,05 - 0,03
% Mn im Gestein	0,077 - 0,039	0,039 - 0,023
mg Probe/ml Aufschlußlsg.	200/250	200/100
ml-Meßkolben für Meßlsg	50	50
ml Aufschlußlsg.	25	25
ml Säuremischung	20	20
ml KIO_4-Lsg.	2,5	2,5
auffüllen mit	H_2O	H_2O

Von den zwei Flußsäure-Schwefelsäure-Aufschlüssen pro Probe werden zwei Meßlösungen hergestellt. Zunächst wird die Aufschlußlösung in zwei 250 ml-Becherglaser pipettiert. Dann werden unter Zugabe der Säuremischung und der Kaliummetaperiodatlösung die Analysenlösungen entsprechend den Angaben unter *"3. Lösungen für eine Bezugskurve"* behandelt.

Die Meßlösungen für die Gesteinsaufschlüsse und die Bezugslösungen werden gegen eine Nullwertlösung gemessen, welche wie folgt hergestellt wird:

In ein 250 ml-Becherglas 40 ml Säuremischung und 5 ml Kaliummetaperiodatlösung pipettieren. Das Becherglas eine Stunde auf ein 95 °C heißes Wasserbad stellen. Nach dem Abkühlen der Lösung auf Zimmertemperatur diese in einen 100 ml-Meßkolben überspülen und mit deion. Wasser bis zur Ringmarke auffüllen.

Gemessen wird bei einer Wellenlänge von 525 nm, Spaltbreite 0,25 nm. Schichtdicke der Meßküvetten: 2 oder 5 cm. Das Permanganat hat sein Absorptionsmaximum bei 525 nm, aber auch Chromat absorbiert stark bei dieser Wellenlänge (siehe unter *"Mögliche Störungen"*).

Berechung mit Bezugskurve:

Siehe Abschnitt 12, Gleichung (12.04).

Umrechnungsfaktoren: MnO · 0,7745 = Mn
Mn · 1,2912 = MnO

2. *Ohne Bezugskurve:*

Von den Flußsäure-Schwefelsäure-Aufschlußlösungen werden Meßlösungen hergestellt entsprechend den MnO-Anteilen im Gestein (siehe unter *"1. Mit Eichkurve"*). Als Bezugslösung läßt sich die Konzentration 1,3 µg MnO/ml bzw. 1,0 µg Mn/ml verwenden (siehe unter *"3. Lösungen für eine Bezugskurve"*). Es empfiehlt sich, von der Bezugskonzentration drei Meßlösungen herzustellen. Zur Zusammensetzung der Nullwertlösung siehe *"1. Mit Bezugskurve"*.

Die Behandlung der Meßlösungen für die Gesteinsaufschlüsse und die Bezugslösungen bis zur Messung derselben ist unter *"3. Lösungen für eine Bezugskurve"* beschrieben. Zur Messung der Lösungen siehe Abschnitt *"1. Mit Bezugskurve"*.

Berechnung ohne Bezugskurve:

Siehe Abschnitt 12, Gleichung (12.07).

14.6.2. Flammen-Atomabsorptionsspektrometrie

Grundlagen

Die Meßdaten sind in Abschnitt 16.19 (Mn) zusammengestellt.
Die Messung von Mn erfolgt mit einer Luft-Acetylen-Flamme. Mit Störungen durch andere Lösungsgenossen ist nicht zu rechnen (z.B. ALTHAUS, 1966).

Reagenzien: 0,100 g Mn-Lösung für die Atomabsorptionsspektrometrie (z.B. Fixanal von Riedel-de Haën)
Salzsäure, zur Analyse, w: min: 37 %, c: 12,5 mol/l, ρ: 1,19 g/ml
Schwefelsäure, zur Analyse, w: 25 %, c: 3,0 mol/l, ρ: 1,18 g/ml

Geräte: Meßkolben: 100, 250, 1000 ml
Vollpipetten: verschiedene Volumina
Meßpipetten
Mikroliterpipetten

Herstellung der Bezugslösungen:

1. Aus 0,100g Mn-Lösung für die Atomabsorptionsspektrometrie

Stammlösung (Stl) mit 100 µg Mn/ml Lösung bzw. 129,1 µg MnO/ml Lösung: In einen 1000 ml-Meßkolben die Mn-Lösung überspülen und mit deion. Wasser bis zur Ringmarke auffüllen.
Zwischenverdünnung (Zwv) mit 10 µg Mn/ml bzw. 12,9 µg MnO/ml Lösung: 25 ml der Stammlösung in einen 250 ml-Meßkolben pipettieren, dazu *entweder* 2 ml Salzsäure (12,5 mol/l) *oder* 4 ml Schwefelsäure (3,0 mol/l) und mit deion. Wasser bis zur Ringmarke auffüllen. Die Stoffmengenkonzentration an HCl in der Zwischenverdünnung entspricht 0,1 mol/l oder die an H_2SO_4 etwa 0,05 mol/l.

2. Lösungen für eine Bezugskurve:

µg MnO/ml	0,26	0,65	1,3	2,6	6,5	
µg Mn/ml	0,20	0,5	1	2	5	
ml-Meßkolben	250	100	100	100	100	
µl Stl oder	500	500	1000	2000	5000	
ml Zwv	5	5	10	20	50	
					Stl	Zwv
ml HCl oder	2	0,8	0,8	0,8	0,8	0,4
ml H_2SO_4	4	1,6	1,6	1,6	1,6	0,8
auffüllen mit	H_2O	H_2O	H_2O	H_2O	H_2O	H_2O

Entsprechend den Säurezugaben beträgt in den Bezugslösungen die Stoffmengenkonzentration an HCl etwa 0,1 mol/l oder die an H_2SO_4 etwa 0,05 mol/l.

Meßlösungen für die Gesteinsaufschlüsse, Nullwertlösung:

Bei Anteilen von 0,65 - 0,04 % MnO bzw. 0,5 - 0,03% Mn in den Proben kann die Messung direkt aus der Säureaufschlußlösung (0,2 g Probe pro 250 ml) vorgenommen werden.

Die Nullwertlösung besteht aus 0,8 ml HCl oder 1,6 ml H_2SO_4, aufgefüllt mit deion. Wasser auf 100 ml im Meßkolben.

Messung der Lösungen:

Siehe hierzu Abschnitt 16.19 (Mn).

Berechnung:

Siehe Abschnitt 12, Gleichungen (12.04) oder (12.07).

Umrechnungsfaktoren: Siehe Abschnitt 14.6.1.

Standardabweichung:

Der Gesamtfehler für die Bestimmung von MnO mittels der Luft-Acetylen-Flamme ist für eine Gesteinsprobe mit 0,070% MnO ermittelt worden. Es ist mit einer Standardabweichung s = 0,001 % MnO (absolut) zu rechnen.

14.7 CaO

14.7.1 Gravimetrie, Fortsetzung des Trennungsganges nach den Sesquioxiden

Grundlagen

Die Trennung von Ca und Mg beruht auf der Bestimmung von Ca als Ca-Oxalat, während das Mg im Filtrat als Mg-Ammoniumphosphat gefällt wird.

Wichtigster Lösungsgenosse neben dem Ca ist das Mg. Die Löslichkeit von Magnesiumoxalat ist bei 20 °C etwa fünfzigmal höher als die des Calciumoxalats.

Die Löslichkeit von Manganoxalat ist bei 20 °C nur wenig höher als die der entsprechenden Magnesiumverbindung. Daher können bei dem Mg auch die bei den Hydroxiden nicht mitgefällten Anteile an Mn im Niederschlag des Calciumoxalats fixiert werden.

Bedingt durch den Aufschluß der Gesteinsprobe mit Natriumcarbonat ist in der Analysenlösung der Anteil an Na mindestens fünfundzwanzigmal so hoch wie der an Ca. Somit können nach Fällung des Calciumoxalats noch Alkalielemente im Niederschlag enthalten sein. Daher muß auch bei einwandfreien Fällungsbedingungen das Calciumoxalat umgefällt werden.

Reagenzien: Ammoniumoxalat, zur Analyse;
Lösung zur Fällung: 1 g Ammoniumoxalat in 25 ml deion. Wasser lösen, die Lösung enthält 619 mg $C_2O_4^-$, für 1 mg CaO werden 1,57 mg $C_2O_4^-$ zur Bildung von Calciumoxalat benötigt. Waschlösung: 0,5 g Ammoniumoxalat in 200 ml deion. Wasser lösen.
Ammoniaklösung, zur Analyse, w: 25%, c: 13,4 mol/l, ρ: 0,91 g/ml, Verdünnung 1 Teil Ammoniaklösung + 5,7 Teile H_2O; das entspricht einer Lösung 2 M an Ammoniak.
Salzsäure, zur Analyse, w: min. 37 %, c: 12,5 mol/l, ρ: 1,19 g/ml, 1 Teil HCl + 1 Teil H_2O
Salpetersäure, zur Analyse, w: min. 65 %, c: 14,9 mol/l, ρ: 1,40 g/ml. Verdünnung 1 Teil HNO_3 + 2 Teile H_2O
Methylrot, 0,2%ige Lösung in 60%igem Alkohol
Silbernitrat

Geräte:	Bechergläser: 400, 600 ml
	Uhrgläser
	Meßpipette: 10 ml
	Peleusball
	Analysentrichter, 80 mm Randdurchmesser
	Rundfilter, 125 mm (z.B. Selecta-Blaubandfilter 589/3 der Firma Schleicher & Schüll)
	Glasfiltertiegel, 30 ml Inhalt, z.B. Duran 1D, Porosität 4 (z.B. Firma Schott, Mainz)
	Saugtopf mit Filtriervorstoß und Gummimanschettte für Filtertiegel
	Wasserstrahlpumpe

Arbeitsvorschrift

Die Arbeitsanleitung bezieht sich auf Proben mit etwa 10 % CaO und 10 % MgO. Bei 500 mg Einwaage sind das je 50 mg CaO und MgO. Andere Elementanteile sowie CaO-MgO-Verhältnisse erfordern Variationen im Analysengang. Beispielsweise werden bei der Bestimmung von wenig Ca neben viel Mg beide Komponenten zunächst in Sulfate überführt und anschließend der Abdampfrückstand mit einer Mischung aus 90 Volumenteilen Methanol und 10 Volumenteilen Ethanol behandelt. Dabei löst sich das Magnesiumsulfat. Das im Rückstand verbleibende Calciumsulfat wird abfiltriert, in heißer Salzsäure gelöst, das Ca jetzt als Oxalat gefällt und gewogen.

1. Fällung des Calciumoxalats:

Nach der in Abschnitt 14.3.1 beschriebenen Entfernung der Ammoniumverbindungen aus dem Filtrat der Hydroxidfällung und der Auflösung des Rückstandes mit dem Ca und Mg wird die HCl-haltige Lösung auf etwa 80 °C erhitzt. 5 - 8 ml Ammoniumoxalat-Fällungsreagenz und 3 Tropfen Methylrot zugeben. Mit einer Meßpipette langsam und unter Rühren 2 M Ammoniaklösung hinzufügen, bis sich ein Niederschlag bildet. Dann die Ammoniaklösung nur noch in Tropfen zusetzen, bis die Fällung beendet ist und der Indikator nach gelb umschlägt. 1 g gelöstes Ammoniumoxalat als Überschuß hinzufügen. Die Lösung soll anschließend 4 bis 6 Stunden (oder über Nacht) ohne Umrühren bis zur Filtration stehen bleiben.

2. Filtration (Filtrat Ca 1):

Das gefällte Calciumoxalat wird durch ein Blaubandfilter filtriert. Es ist nicht nötig, das für die Fällung verwendete Becherglas quantitativ auszuspülen, da es zur Umfällung wieder verwendet wird. Der auf dem Papierfilter befindliche Niederschlag wird zwei- bis dreimal mit kalter Ammoniumoxalat-Waschlösung gewaschen. Das Filtrat wird beschriftet (Filtrat Ca 1) und enthält den größten Teil des noch zu bestimmenden MgO (Abschnitt 14.8.1).

Der Calciumoxalat-Niederschlag wird möglichst weitgehend mit deion. Wasser in das Becherglas der ersten Oxalatfällung (mit den Calciumoxalatresten an der Wandung des Glases) zurückgespült. Der auf dem Filter noch befindliche Restniederschlag wird mit heißer verdünnter Salzsäure aufgelöst und mit deion. Wasser quantitativ ausgewaschen. Das Waschen des Papierfilters muß vom oberen Rand her erfolgen. Nach jeder Zugabe von Wasser warten, bis es vollständig aus dem Filter abgelaufen ist. Diesen Waschvorgang zunächst fünfmal wiederholen. Dann vom Filtrat einige Tropfen auffangen, mit Silbernitrat sowie einigen Tropfen verdünnter Salpetersäure versetzen und auf Chloridionen prüfen. Wenn im Filtrat kein Chlorid mehr nachweisbar ist, kann das Filter verworfen werden. Durch das Auflösen des Calciumoxalat-Niederschlages und das anschließende Waschen des Filters sollte das Volumen der Lösung 200 ml nicht überschreiten. Andernfallls muß die Lösung wieder eingeengt werden.

3. Umfällen des Calciumoxalats:

Das wiederaufgelöste Calciumoxalat enthält nur noch geringe Anteile an Mg und Alkalielementen. Aus der Lösung wird das Ca in der oben beschriebenen Weise ein zweites Mal gefällt.

4. Filtration (Filtrat Ca 2):

Die Fitration erfolgt durch einen bei 110 °C gewichtskonstant getrockneten Glasfiltertiegel (Porosität 4). Bei diesem Arbeitsgang muß der Niederschlag quantitativ aus dem Becherglas mittels Gummiwischer und Ammoniumoxalat-Waschlösung in den Glasfiltertiegel überführt werden. Dann wird der im Filtertiegel befindliche Calciumoxalat-Niederschlag unter jeweils völligem Absaugen mindestens viermal mit Ammoniumoxalat-Waschlösung und zum Schluß zweimal mit wenig deion. Wasser gewaschen. Wichtig ist schnelles Arbeiten und die Verwendung von wenig Wasser, da bei einer längeren Waschprozedur und größeren Wasservolumina wägbare Mengen an Calciumoxalat wieder in Lösung gehen. Die Folge wären Minusfehler. Wenn umgekehrt auf das Waschen mit deion. Wasser verzichtet wird, bleiben Reste der Ammoniumoxalat-Waschlösung im Niederschlag des Calciumoxalats zurück. Daraus ergeben sich Plusfehler.

Wichtig ist das Abspülen des Glasfiltertiegels nach Beendigung der Filtration von außen und von innen im Tiegelteil *unter* der Glasfritte mit deion. Wasser, um auch Reste der Waschlösung quantitativ zu entfernen.

Filtrat und Waschlösung müssen ebenfalls quantitativ aufgefangen (Filtrat Ca 2) und die darin enthaltenen Mg-Anteile bei der gravimetrischen MgO-Bestimmung berücksichtigt werden (Abschnitt 14.8.1).

5. Trocknen des Calciumoxalats:

Der Glasfiltertiegel mit dem Niederschlag wird zunächst eine Stunde bei 60 °C im Trockenschrank getrocknet. Damit soll verhindert werden, daß Feuchtigkeit zwischen den Teilchen des Niederschlages eingeschlossen wird, die sich auch bei 110 °C nicht mehr entfernen läßt. Anschließend die Filtertiegel zwei Stunden bei 110 °C im Trockenschrank trocknen. Dieser Arbeitsgang ist bis zur Gewichtskonstanz zu wiederholen. Gewogen wird die Verbindung $CaC_2O_4 \cdot H_2O$.

Beim Trocknen ist sorgfältig darauf zu achten, daß die Temperatur nicht über 110 °C beträgt. Sonst geht ein Teil des in der Calciumoxalat-Struktur fixierten H_2O verloren. Die Folge sind Minusfehler.

6. Mn im Calciumoxalat:

Bei höheren Mn- (> 1% MnO) und Ca-Anteilen in der Analysensubstanz muß eine Mangankorrektur durchgeführt werden. Nach der Beendigung der gravimetrischen CaO-Bestimmung wird der Calciumoxalat-Niederschlag mit einigen ml 1 + 2 verdünnter Salpetersäure gelöst und in einen 25 ml-Meßkolben überführt. Das Mn wird entweder spektralphotometrisch (Abschnitt 14.6.1) oder mittels der Flammen-Atomabsorptionsspektrometrie (Abschnitt 14.6.2) bestimmt.

Berechnung:

$$\% \text{ CaO} = \frac{\text{Auswaage mg } CaC_2O_4 \cdot H_2O \cdot 0{,}3838 \cdot 100}{\text{Einwaage mg Probe}} \qquad (14.6)$$

Umrechnungsfaktoren: Auswaage mg $CaC_2O_4 \cdot H_2O \cdot 0{,}2743$ = mg Ca
mg $CaC_2O_4 \cdot H_2O \cdot 0{,}3838$ = mg CaO
CaO $\cdot$ 0,7147 = Ca
Ca $\cdot$ 1,399 = CaO

Standardabweichung:

Der Gesamtfehler für die gravimetrische Bestimmung von CaO in Gesteinen ist für den Bereich 2 - 9 % CaO ermittelt worden. Es ist mit einer Standardabweichung s = $0{,}1_5$ - $0{,}2_0$ % CaO (absolut) zu rechnen.

14.7.2 Flammen-Atomabsorptionsspektrometrie

Grundlagen

Die Meßdaten sind in Abschnitt 16.8 (Ca) zusammengestellt. Die Messung von Ca erfolgt mit einer Lachgas-Acetylen-Flamme (z.B. BUCKLEY u. CRANSTON, 1971; GALLE, 1968; LUECKE, 1971; siehe auch CHESTER et al., 1971 über die Atomisierungswirksamkeit verschiedener Flammen-Gasgemische). Nicht eliminierbare Interelementeffekte durch Al und Si sowie eine Ionisation des Ca in der Flamme können Störungen verursachen (LUECKE, 1971). Si wird bereits beim Säureaufschluß aus der Probe entfernt. Die Anwesenheit von Al in den Aufschlußlösungen von Silicaten bewirkt eine Absorptionsminderung bei der Ca-Bestimmung durch die Bildung von Aluminaten. Dieser Effekt kann durch Zusatz von La zu den Bezugs- und Meßlösungen für die Gesteinsaufschlüsse herabgesetzt werden (siehe Abschnitt 16.8). Eine Absorptionssteigerung wird nach LUECKE (1971) durch die Zugabe von Cs zu den Bezugslösungen und Meßlösungen für die Analysenproben erreicht. Cs hat deionisierende Wirkung auf Ca. Die Ca-Bestimmung wird nicht durch eine Schwefelsäurekonzentration von 0,05 mol/l in der Aufschlußlösung gestört.

Reagenzien: 0,100 g Ca-Lösung für die Atomabsorptionsspektrometrie (z.B. Fixanal von Riedel-de Haën)
Cäsiumchlorid, Suprapur (z.B. von Merck). Lösung mit 2 % Cs: 6,33 g CsCl in deion. Wasser lösen und im 250 ml-Meßkolben auffüllen. 1 ml = 20 mg Cs
Lanthannitrat-Hexahydrat, zur Analyse, Lösung mit 5 % La: 39,0 g $La(NO_3)_3 \cdot 6H_2O$ in deion. Wasser lösen und im 250 ml-Meßkolben auffüllen. 1 ml = 50 mg La.

Salzsäure, zur Analyse, w: min. 37 %, c: 12,5 mol/l, ρ: 1,19 g/ml

Geräte: Meßkolben: 25, 50, 100, 250, 500, 1000 ml
Vollpipetten: verschiedene Volumina
Meßpipetten
Mikroliterpipetten

Herstellung der Bezugslösungen:

1. Aus 0,100 g Ca-Lösung für die Atomabsorptionsspektrometrie

Stammlösung (Stl) mit 100 µg Ca/ml Lösung bzw. 139,9 µg CaO/ml Lösung: In einen 1000 ml-Meßkolben die Ca-Lösung überspülen und mit Wasser bis zur Ringmarke auffüllen.

Zwischenverdünnung (Zwv) mit 20 µg Ca/ml Lösung bzw. 28,0 µg CaO/ml Lösung: 50 ml der Stammlösung in einen 250 ml-Meßkolben pipettieren, dazu 2 ml Salzsäure (12,5 mol/l) und mit deion. Wasser bis zur Ringmarke auffüllen. Die Stoffmengenkonzentration an HCl in der Zwischenverdünnung entspricht etwa 0,1 mol/l.

2. Lösungen für eine Bezugskurve:

µg CaO/ml	1,4	2,8	5,6	11,2	
µg Ca/ml	1	2	4	8	
ml-Meßkolben	100	50	50	50	
µl Stl *oder*	1000	1000	2000	4000	
ml Ca-Zwv	5	5	10	20	
ml Cs-Lsg.	5	2,5	2,5	2,5	
ml La-Lsg.	2	1	1	1	
				Stl	Zwv
ml HCl	0,8	0,4	0,4	0,4	0,2
auffüllen mit	H_2O	H_2O	H_2O	H_2O	H_2O

In den Bezugslösungen beträgt die Stoffmengenkonzentration an HCl etwa 0,1 mol/l.

Meßlösungen für die Gesteinsaufschlüsse, Nullwertlösung:

Für viele Gesteinsarten lassen sich die Meßlösungen für die Gesteinsaufschlüsse aus den Säureaufschlußlösungen wie folgt herstellen:

% CaO im Gestein	10 - 5	5 - 1	1 - 0,1
% Ca im Gestein	7 - 3,5	3,5 - 0,7	0,7 - 0,07
mg Probe/ml Aufschlußlsg.	200/250	200/250	200/250
ml Meßkolben für Meßlsg.	100	50	25
ml Aufschlußlsg.	5	10	20
ml Cs-Lsg.	5	2,5	1,2
ml La-Lsg.	2	1	0,5
ml HCl	0,8	0,4	-
auffüllen mit	H_2O	H_2O	H_2O

In den Meßlösungen für die Gesteinsaufschlüsse beträgt die Stoffmengenkonzentration an HCl etwa 0,1 mol/l.

Wenn die Analysensubstanz hohe Anteile an CaO enthält (z.B. in Kalksteinen), muß aus der Aufschlußlösung zunächst eine Zwischenverdünnung hergestellt werden, aus welcher dann die Meßlösung für den Gesteinsaufschluß herzustellen ist. Es kann auch mit einer Mikroliterpipette direkt aus der Aufschlußlösung ein bestimmtes Volumen abgenommen werden.

Die Nullwertlösung besteht aus 5 ml Cs-Lösung + 2 ml La-Lösung + 0,8 ml HCl, aufgefüllt mit deion. Wasser auf 100 ml im Meßkolben.

Messung der Lösungen:

Siehe hierzu Abschnitt 16.8 (Ca). *Für das Zünden und Löschen der Lachgas-Acetylen-Flamme ist sorgfältig die dem Gerät beigefügte Bedienungsanleitung zu lesen. Das Zurückschlagen der Flamme muß vermieden werden.*

Berechnung:

Siehe Abschnitt 12, Gleichungen (12.04) oder (12.07).
Umrechnungsfaktoren wie unter Abschnitt 14.7.1.

Standardabweichung:

Der Gesamtfehler für die Bestimmung von CaO mittels der Lachgas-Acetylen-Flamme ist für eine Gesteinsprobe mit $1,8_0$ % CaO ermittelt worden. Es ist mit einer Standardabweichung s = 0,08 % CaO (absolut) zu rechnen.

14.8 MgO

14.8.1 Gravimetrie, Fortsetzung des Trennungsganges nach der CaO-Bestimmung

Grundlagen

Das Mg wird mit einer wäßrigen Lösung von di-Ammoniumhydrogenphosphat als Magnesium-Ammoniumphosphat ($MgNH_4PO_4 \cdot 6H_2O$) gefällt und durch Glühen in Magnesium-Diphosphat (Magnesium-Pyrophosphat, $Mg_2P_2O_7$) überführt. Die Löslichkeit von Magnesium-Ammoniumphosphat (52 mg in 100 g H_2O bei 20 °C) wird durch Ammonium- und Phosphationen herabgesetzt. Der Niederschlag darf aber nicht mit ammoniumphosphathaltigem Wasser gewaschen werden. Di-Ammoniumhydrogenphosphat ist nicht flüchtig. Die Reste einer solchen Waschlösung würden daher im Niederschlag verbleiben. Als Waschlösung muß deshalb verdünnte Ammoniaklösung (siehe Reagenzien) verwendet werden. In 100 g einer 1 M Ammoniaklösung lösen sich bei 20 °C etwa 1 mg Magnesium-Ammoniumphosphat (0,1 mg Mg).

Die Verwendung von NH_4Cl oder NH_4NO_3 als Zusatz zur Waschlösung ist nicht zu empfehlen, da sich wegen der Pufferwirkung dieser Verbindung im Niederschlag Magnesium-Hydrogenphosphat (sekundäres Magnesium-Phosphat) bilden kann. Letzteres geht beim Glühen zwar ebenfalls in Magnesium-Diphosphat über. Das Magesium-Hydrogenphosphat ist aber wegen fehlender gemeinsamer Ionen mit einer NH_4Cl- oder NH_4NO_3-haltigen Waschflüssigkeit löslicher als das Magnesium-Ammoniumphosphat.

Die Fällung des Magnesium-Ammoniumphosphats darf nicht aus Lösungen erfolgen, welche einen großen Überschuß an Ammoniumverbindungen und/oder OH^- enthalten.

Der Niederschlag von Magnesium-Ammoniumphosphat bildet sich nur langsam. Die Lösung sollte deshalb über Nacht stehen, bevor sie filtriert wird. Das Filtrat ist aufzubewahren. Nach einigen Stunden muß geprüft werden, ob sich daraus noch ein Restniederschlag abgeschieden hat.

An "rauhen" Stellen der Wandung des Becherglases haftet der Niederschlag fester als an glatten Stellen des Gefäßes. Daher ein möglichst glattwandiges Fällungsgefäß benutzen und beim Umrühren nicht an dessen Glasoberfläche kommen.

Reagenzien: di-Ammoniumhydrogenphosphat, zur Analyse, Lösung zur Fällung: 4 g $(NH_4)_2HPO_4$ in 40 ml deion. Waser lösen; die Lösung

enthält 2,9 g PO_4^{---}; für 1 mg MgO in der Analysenlösung werden 2,4 mg PO_4^{---} zur Fällung von Magesium-Ammoniumphosphat benötigt.
Ammoniaklösung, zur Analyse, w: 25%, c: 13,4 mol/l, ρ: 0,91 g/ml. Waschlösung: 5 ml 25%ige Ammoniaklösung + 95 ml deion. Wasser
Salpetersäure, zur Analyse, w: 65 %, c: 14,9 mol/l, ρ: 1,40 g/ml, Verdünnung: 1 Teil HNO_3 + 2 Teile H_2O
Salzsäure, zur Analyse, w: min. 37%, c: 12,5 mol/l, ρ: 1,19 g/ml
Methylrot, 0,2%ige Lösung in 60%igem Alkohol
Silbernitrat

Geräte: Bechergläser: 400 ml
Uhrgläser
Meßpipette: 10 ml
Peleusball
Analysentrichter, 80 mm Randdurchmesser
Rundfilter, 125 mm (z.B. Selecta-Blauband 589/3 der Firma Schleicher & Schüll)
Filtriertiegel aus Hartporzellan, 25 ml Inhalt, 35 mm oberer und 23 mm unterer Durchmesser, 40 mm hoch, Porosität 1 (z.B. Firma W. Haldenwanger, Berlin)
Glasfiltertiegel, 30 ml Inhalt, z.B. Duran 1D, Porosität 4 (z.B. Firma Schott, Mainz)
Tiegelschuhe aus Porzellan
Porzellanschale, 16 - 18 cm ⌀
Glasstab, 10 cm länger als der Durchmesser der Porzellanschale
Saugtopf mit Filtriervorstoß und Gummimanschette für Filtriertiegel
Wasserstrahlpumpe
Muffelofen (z.B. Simon-Müller-Ofen)

Arbeitsvorschrift

1. Entfernung der Ammoniumverbindungen aus den Filtraten Ca 1 und Ca 2:

Die Filtrate Ca 1 und Ca 2 der Calciumoxalat-Fällung (Abschnitt 14.7.1) enthalten Ammoniumoxalat und Ammoniumchlorid (Neutralisation der HCl-haltigen Analysenlösung mit Ammoniaklösung). Da die Ammoniumverbindungen Rückwirkungen auf die Fällung des Magnesium-Ammoniumphosphates haben, müssen sie aus der Lösung entfernt werden.

Die Filtrate Ca 1 und Ca 2 werden zunächst getrennt eingeengt, bis die Lösung in den Bechergläsern nur noch etwa 2 cm hoch steht. Dann wird das Filtrat Ca 2 mit den geringeren Mg-Anteilen in das Becherglas mit dem Filtrat Ca 1 (Hauptmenge des Mg) quantitativ übergespült (dreimal das Becherglas ausspülen). Abermals bis auf eine Lösungsschicht von 2 cm einengen. Dann das Becherglas mit den vereinigten Ca-Filtraten mit einem Uhrglas bedecken, etwa 30 ml konzentrierte Salpetersäure zugeben und 3 bis 4 Stunden auf einem Heizgerät erhitzen (nicht kochen!). Es findet eine Gasentwicklung statt. Dann wird die Lösung quantitativ in eine Porzellanschale übergespült, und die Ammoniumverbindungen werden wie in Abschnitt 14.3.1, Absatz 11 beschrieben abgeraucht.

Nach der Entfernung der Ammoniumverbindungen muß die Porzellanschale zunächst bis auf Zimmertemperatur abkühlen. Dann wird der Rückstand in der Schale mit 3 bis 4 ml konzentrierter Salzsäure befeuchtet, in 150 ml deion. Wasser gelöst und die Lösung quantitativ in ein 400 ml-Becherglas übergespült. Die Lösung enthält etwa 0,2 - 0,3 mol HCl/l. In ihr erfolgt die Fällung des Mg.

2. Fällung des Magnesium-Ammoniumphosphats:

Zu der kalten Lösung 20 ml di-Ammoniumhydrogenphosphat-Lösung und 3 Tropfen Methylrot zusetzen. Die Lösung muß noch sauer reagieren (Rotfärbung), es darf sich kein Niederschlag bilden. Dann zu der kalten Analysenlösung mit einer Pipette (Peleusball benutzen!) unter Rühren in Tropfen konzentrierte Ammoniaklösung zusetzen, bis der Indikator nach gelb umschlägt. Einige Minuten rühren, dann noch etwa 50 ml konzentrierte Ammoniaklösung hinzugeben und den Niederschlag über Nacht stehen lassen.

Bei niedrigen Mg-Anteilen in der Lösung kann es zunächst zu einer Übersättigung kommen. Das heißt, es bildet sich kein Niederschlag. In einem solchen Fall empfiehlt es sich, die Lösung mit einem Glasstab etwa 10 Minuten zu rühren (nicht an der Wandung des Becherglases kratzen).

3. Filtration (Filtrat Mg 1):

Das gefällte Magnesium-Ammoniumphosphat wird durch ein Blaubandfilter filtriert. Es ist nicht nötig, das für die Fällung verwendete Becherglas auszuspülen, da es zur Umfällung wieder verwendet wird. Der auf dem Papierfilter befindliche Niederschlag wird zwei- bis dreimal mit Ammoniak-

Waschlösung gewaschen. Das Filtrat wird beschriftet (Filtrat Mg 1) und aufgehoben. Bei noch nicht vollständig aufgehobener Übersättigung kann es zur Nachfällung von Magnesium-Ammoniumphosphat kommen.

Der Niederschlag auf dem Papierfilter wird mit warmer verdünnter Salzsäure wieder in Lösung gebracht. Das geschieht in der gleichen Weise wie unter Abschnitt 14.7.1 (Filtrat Ca1) beschrieben. Der wiederaufgelöste Magnesium-Ammoniumphosphat-Niederschlag geht zurück in das zur ersten Fällung benutzte Becherglas!

Das Volumen der Lösung, aus welcher das Magnesium-Ammoniumphosphat zum zweiten Mal gefällt wird, soll etwa 100 bis 150 ml betragen. Eventuell muß die Lösung etwas eingeengt werden.

4. Umfällen des Magnesium-Ammoniumphosphats:

Zu der kalten Lösung 3 bis 4 ml konzentrierte Salzsäure, anschließend 5 ml di-Ammoniumhydrogenphosphat-Lösung (siehe Reagenzien) und 3 Tropfen Methylrot zugeben. Dann die Fällung entsprechend den obigen Angaben (Absatz 2) wiederholen.

5. Filtration (Filtrat Mg 2):

Den Niederschlag über Nacht stehen lassen und dann durch einen bei etwa 850 °C gewichtskonstant geglühten Filtriertiegel aus Hartporzellan (Porosität 1) abfiltrieren. Dabei bereitet die quantitative Überführung des Niederschlages in den Filtriertiegel infolge des Festsetzens von Magnesium-Ammoniumphosphat an der Glaswand häufig Schwierigkeiten. In diesem Fall ist es besser, einen Gummiwischer zu benutzen als mit Hilfe von Waschflüssigkeit ein Abspülen von der Glaswand zu versuchen (Auflösung von Magnesium-Ammoniumphosphat in der Waschlösung).

Ist das Magnesium-Ammoniumphosphat quantitativ im Filtriertiegel, muß der Niederschlag mit möglichst wenig Waschlösung gewaschen und letztere auf Abwesenheit von Chloriden geprüft werden. Das Filtrat Mg 2 wird ebenfalls aufbewahrt, um festzustellen, ob sich noch mit Verzögerung ein Niederschlag bildet.

6. Glühen des Magnesium-Ammoniumphosphats:

Die Überführung des $MgNH_4PO_4 \cdot 6H_2O$ in $Mg_2P_2O_7$ erfolgt unter Abgabe von Ammoniak und Wasser bei möglichst niedriger Temperatur. Der Filtriertiegel wird auf einem Tiegelschuh in einen kalten Simon-Müller-Ofen gestellt und bei abgenommenem Ofendeckel langsam aufgeheizt, bis die Ammoniak-Entwicklung aufgehört hat. Dann bei aufgelegtem Ofendeckel den Tiegel etwa 30 bis 45 Minuten bei 800° - 850 °C glühen. Auf Gewichtskostanz prüfen.

Das Magnesium-Ammoniumphosphat kann aber auch in $MgNH_4PO_4 \cdot H_2O$ überführt und zur Auswaage gebracht werden. Zu diesem Zweck wird der Niederschlag in einem bei 150 °C gewichtskonstant getrockneten Glasfiltertiegel (Porosität 4) abfiltriert, wie oben beschrieben gewaschen, etwa 30 Minuten bei 80° - 100 °C und anschließend bei 150 °C im Trockenschrank bis zur Gewichtskonstanz getrocknet. Zeitdauer etwa 1 bis 2 Stunden.

7. Mn im $Mg_2P_2O_7$:

Der in einigen ml 1 + 2 verdünnter Salpetersäure gelöste Niederschlag von $Mg_2P_2O_7$ wird in einen 25 ml-Meßkolben gegeben und das Mn entweder spektralphotometrisch (Abschnitt 14.6.1) oder mittels der Flammen-Atomabsorptionsspektrometrie (Abschnitt 14.6.2) bestimmt. Mit diesem Wert läßt sich der MgO-Anteil korrigieren.

Die Differenz des im $Mg_2P_2O_7$ gefundenen Mn zum Gesamt-Mangan ist der bereits bei den Sesquioxiden bzw. bei der CaO-Bestimmung (Abschnitte 14.3.1 und 14.7.1) mitgefällte Mn-Anteil.

Das Gesamt-Mangan wird aus einem gesonderten Säureaufschluß spektralphotometrisch oder mittels der Flammen-Atomabsorptionsspektrometrie bestimmt.

Berechnung:

$$\% \, MgO = \frac{\text{Auswaage mg } Mg_2P_2O_7 \cdot 0{,}3622 \cdot 100}{\text{Einwaage mg Probe}} \qquad (14.7)$$

Umrechnungsfaktoren:

$$\begin{aligned}
\text{Auswaage mg } Mg_2P_2O_7 \cdot 0{,}2185 &= \text{mg Mg} \\
\text{mg } Mg_2P_2O_7 \cdot 0{,}3622 &= \text{mg MgO} \\
\text{mg } MgNH_4PO_4 \cdot H_2O \cdot 0{,}1565 &= \text{mg Mg} \\
\text{mg } MgNH_4PO_4 \cdot H_2O \cdot 0{,}2595 &= \text{mg MgO} \\
MgO \cdot 0{,}6030 &= Mg \\
Mg \cdot 1{,}658 &= MgO
\end{aligned}$$

Standardabweichung:

Der Gesamtfehler für die gravimetrische Bestimmung von MgO in Gesteinen ist für den Bereich 3 - 8 % MgO und für 26 % MgO ermittelt worden. Es ist mit einer Standardabweichung s = $0,2_5$ bzw. $0,3_0$ % MgO (absolut) zu rechnen.

14.8.2 Flammen-Atomabsorptionsspektrometrie

Grundlagen

Die Meßdaten sind in Abschnitt 16.18 (Mg) zusammengestellt. Die Messung von Mg erfolgt mit einer Luft-Acetylen-Flamme. Sie wird durch Al und Ti gestört, dagegen nicht durch Alkalien (Abschnitt 10.5). Der Einfluß von Al kann vollständig durch Zusatz von La zu den Bezugs- und Probelösungen beseitigt werden.

Reagenzien: 0,100 g Mg-Lösung für die Atomabsorptionsspektrometrie (z.B. Fixanal von Riedel-de Haën)
Lanthannitrat-Hexahydrat, zur Analyse, Lösung mit 8 % La: 24,9 g $La(NO_3)_2 \cdot 6H_2O$ in deion. Wasser lösen und im 100 ml-Meßkolben auffüllen. 1 ml = 80 mg La.
Salzsäure, zur Analyse, w: min. 37 %, c: 12,5 mol/l, ρ: 1,19 g/ml
Schwefelsäure, zur Analyse, w: 25 %, c: 3,0 mol/l, ρ: 1,18 g/ml

Geräte: Meßkolben: 50, 100, 250, 500, 1000 ml
Vollpipetten: verschiedene Volumina
Meßpipetten
Mikroliterpipetten

Herstellung der Bezugslösungen:

1. Aus 0,100 g Mg-Lösung für die Atomabsorptionsspektrometrie

Stammlösung (Stl) mit 100 µg Mg/ml Lösung bzw. 165,8 µg MgO/ml Lösung: In einen 1000 ml-Meßkolben die Mg-Lösung überspülen und mit deion. Wasser bis zur Ringmarke auffüllen.

Zwischenverdünnung (Zwv) mit 1 µg Mg/ml Lösung bzw. 1,66 µg MgO/ml Lösung: 5 ml der Stammlösung in einen 500 ml-Meßkolben pipettieren, dazu 4 ml HCl (12,5 mol/l) und mit deion. Wasser bis zur Ringmarke auffüllen. Die Stoffmengenkonzentration an HCl in der Mg-Zwischenverdünnung entspricht etwa 0,1 mol/l.

Falls Mg in H_2SO_4-haltigen Aufschlußlösungen gemessen werden soll, muß eine Mg-Zwischenverdünnung mit 0,05 mol H_2SO_4/l hergestellt werden (siehe z.B. Abschnitt 14.4.2.).

2. *Lösungen für eine Bezugskurve:*

µg MgO/ml	0,083	0,166	0,33	0,50	0,83	
µg Mg/ml	0,05	0,1	0,2	0,3	0,5	
ml-Meßkolben	100	50	50	50	50	
µl Stl *oder*	50	50	100	150	250	
ml Mg-Zwv	5	5	10	15	25	
ml La-Lsg.	5	2,5	2,5	2,5	2,5	
					Stl	Zwv
ml HCl *oder*	0,8	0,4	0,4	0,4	0,4	0,2
ml H_2SO_4	1,6	0,8	0,8	0,8	0,8	0,4
auffüllen mit	H_2O	H_2O	H_2O	H_2O	H_2O	H_2O

In den Bezugslösungen beträgt die Stoffmengenkonzentration an HCl etwa 0,1 mol/l oder an H_2SO_4 etwa 0,05 mol/l.

Meßlösungen für die Gesteinsaufschlüsse, Nullwertlösung:

Mit Ausnahme von MgO-Anteilen < 1 % im Gestein müssen die Meßlösungen für die Gesteinsaufschlüsse aus Zwischenverdünnungen der Säureaufschlußlösungen hergestellt werden. Es können allerdings auch kleine Volumina mittels Mikroliterpipetten direkt aus den Aufschlußlösungen entnommen werden.

In den Meßlösungen für die Gesteinsaufschlüsse beträgt die Stoffmengenkonzentration an HCl etwa 0,1 mol/l oder an H_2SO_4 etwa 0,05 mol/l.

Die Nullwertlösung besteht aus 5,0 ml La-Lösung + 0,8 ml HCl oder 1,6 ml H_2SO_4, aufgefüllt mit deion. Wasser auf 100 ml im Meßkolben.

Eventuell ist das verwendete deion. Wasser auf Mg-Kontaminationen zu prüfen.

% MgO im Gestein	50 -10	10 - 5	5 - 1	1	0,4
% Mg im Gestein	30 - 6	6 - 3	3 - 0,6	0,6	0,2
mg Probe/ml Aufschlußlsg.	200/250	200/250	200/250	200/250	200/250
ml-Meßkolben für Mg-Zwv	500	250	250	-	-
ml Aufschlußlsg. für Mg-Zwv	5	10	10	-	-
ml-Meßkolben für Meßlsg.	50	100	50	100	50
ml Mg-Zwv bzw. in ( ) ml Aufschlußlsg. *oder*	10	10	25	(5)	(5)
µl Aufschlußlsg.	100	400	1000	5000	5000
ml La-Lsg.	2,5	5,0	2,5	5,0	2,5
ml HCl *oder*	0,4	0,8	0,4	0,8	0,4
ml H_2SO_4	0,8	1,6	0,8	1,6	0,8
auffüllen mit	H_2O	H_2O	H_2O	H_2O	H_2O

Messung der Lösungen:

Siehe hierzu Abschnitt 16.18 (Mg).

Berechnung:

Siehe Abschnitt 12, Gleichungen (12.04) oder (12.07).
Umrechnungsfaktoren wie unter Abschnitt 14.8.1.

Standardabweichung:

Der Gesamtfehler für die Bestimmung von MgO mittels der Luft-Acetylen-Flamme ist für eine Gesteinsprobe mit $3,9_0$ MgO ermittelt worden. Es ist mit einer Standardabweichung s = 0,06 % MgO (absolut) zu rechnen.

14.9 Na_2O

14.9.1 Flammen-Atomemissionsspektrometrie

Grundlagen

Die Meßdaten sind in Abschnitt 16.21 zusammengestellt. Die Emissionsmessungen werden mit einer Luft-Acetylen-Flamme durchgeführt. Bei der Messung wird die gegenseitige Beeinflussung von Na und K durch den Zusatz von Cs zu den Bezugslösungen und Meßlösungen für die Gesteinsaufschlüsse aufgehoben (z.B. SCHUHKNECHT u. SCHINKEL, 1963; Abschnitt 10.5). Auf den von SCHUHKNECHT und SCHINKEL (1963) ebenfalls empfohlenen Zusatz von Aluminiumnitrat zu den Lösungen zwecks Aufhebung der Störungen durch Erdalkalielemente kann verzichtet werden.

Reagenzien: 0,100 g Na-Lösung für die Atomabsorptionsspektrometrie (z.B. Fixanal von Riedel-de Haën)
0,100 g K-Lösung für die Atomabsorptionsspektrometrie (z.B. Fixanal von Riedel-de Haën)
Cäsiumchlorid, Suprapur (z.B. von Merck) Lösung mit 2 % Cs: 12,65 g CsCl in deion. Wasser lösen und im 500 ml-Meßkolben auffüllen. 1 ml = 20 mg Cs
Salzsäure, zur Analyse, w: min. 37 %, c: 12,5 mol/l, ρ: 1,19 g/ml
Schwefelsäure, zur Analyse, w: 25 %, c: 3,0 mol/l, ρ: 1,18 g/ml

Geräte: Meßkolben: 50, 100, 250, 500, 1000 ml
Vollpipetten: verschiedene Volumina
Meßpipetten: 1, 5 ml
Mikroliterpipetten

Achtung! Falls die Volumenmeßgeräte mit einem alkalihaltigen Spezialreiniger behandelt wurden, müssen diese mehrfach mit verdünnter Salzsäure und deion. Wasser gereinigt werden. Sonst muß mit einer Verfälschung der Na- und K-Meßwerte durch Kontaminationen gerechnet werden.

Herstellung der Bezugslösungen:

1. Aus 0,100 g Na-Lösung und 0,100 g K-Lösung für die Atomabsorptionsspektrometrie

Stammlösung (Stl) mit *je* 100 µg Na/ml und 100 µg K/ml Lösung bzw. 134,8 µg Na_2O/ml und 120,46 µg K_2O/ml Lösung: In einen 1000 ml-Meßkolben die Na- und K-Lösungen überspülen und mit deion. Wasser bis zur Ringmarke auffüllen.

Zwischenverdünnung (Zwv) mit *je* 10 µg Na/ml und 10 µg K/ml Lösung bzw. 13,5 µg Na_2O/ml und 12,05 µg K_2O/ml Lösung: 50 ml der Stammlösung in einen 500 ml-Meßkolben pipettieren, dazu 4 ml Salzsäure (12,5 mol/l) *oder* 8 ml Schwefelsäure (3,0 mol/l) und mit deion. Wasser bis zur Ringmarke auffüllen. Die Stoffmengenkonzentration an HCl in der Zwischenverdünnung entspricht etwa 0,1 mol/l, die an H_2SO_4 etwa 0,05 mol/l.

2. *Lösungen für eine Bezugskurve:*

µg Na_2O/ml	0,54	1,35	2,70	6,74		13,48
µg Na/ml	0,4	1	2	5		10
µg K_2O/ml	0,48	1,2	2,41	6,02		12,05
µg K/ml	0,4	1	2	5		10
ml-Meßkolben	250	100	100	100		100
µl Stl. *oder*	1000	1000	2000	5000		10 000
ml Na-K-Stl	-	-	-	-		10
ml Na-K-Zwv	10	10	20	50		-
ml Cs-Lsg.	12,5	5	5	5		5
				Stl	Zwv	
ml HCl *oder*	2,0	0,8	0,8	0,8	0,4	0,8
ml H_2SO_4	4,0	1,6	1,6	1,6	0,8	1,6
auffüllen mit	H_2O	H_2O	H_2O	H_2O	H_2O	H_2O

In den Bezugslösungen beträgt die Stoffmengenkonzentration an HCl etwa 0,1 mol/l oder an H_2SO_4 etwa 0,05 mol/l.

Meßlösungen für die Gesteinsaufschlüsse, Nullwertlösung:

Die Meßlösungen für die Gesteinsaufschlüsse lassen sich direkt aus den Säureaufschlußlösungen wie folgt herstellen:

% Na_2O im Gestein	5 - 2,5	2,5 - 1	1 - 0,1
% Na im Gestein	3,7 - 1,9	1,9 - 0,7	0,7 - 0,07
mg Probe/ml Aufschlußlsg.	200/250	200/250	200/100
ml-Meßkolben für Meßlsg.	100	50	50
ml Aufschlußlsg.	25	25	25
ml Cs-Lsg.	5	2,5	2,5
ml HCl *oder*	0,6	0,2	0,2
ml H_2SO_4	1,2	0,4	0,4
auffüllen mit	H_2O	H_2O	H_2O

14 Verfahren   Na$_2$O

In den Meßlösungen für die Gesteinsaufschlüsse beträgt die Stoffmengenkonzentration an HCl etwa 0,1 mol/l oder an H$_2$SO$_4$ etwa 0,05 mol/l.

Zur Bestimmung von Na$_2$O-Anteilen < 1 % in Gesteinen wie Duniten und Peridotiten muß mehr Probesubstanz pro Lösungsvolumen aufgeschlossen werden. Auch die Herstellung von Bezugslösungen bis 0,07 µg Na$_2$O/ml ist möglich.

Die Bezugslösungen und Meßlösungen für die Gesteinsaufschlüsse müssen sofort gemessen werden, da sich bei mehrtägiger Aufbewahrung derselben in Glasflaschen die Na- und K-Anteile in den Lösungen verändern können.

Die Nullwertlösung besteht aus 5 ml Cs-Lösung + 0,8 ml HCl *oder* 1,6 ml H$_2$SO$_4$, aufgefüllt mit deion. Wasser auf 100 ml im Meßkolben.

Messung der Lösungen:

Siehe hierzu Abschnitt 16.21

Berechnung:

Siehe Abschnitt 12, Gleichungen (12.04) oder (12.07).
Umrechnungsfaktoren: Na$_2$O · 0,7419 = Na
Na · 1,348 = Na$_2$O

Standardabweichung:

Der Gesamtfehler für die Bestimmung von Na$_2$O mittels der Flammen-Atomemissionsspektrometrie (Luft-Acetylen-Flamme) ist für eine Gesteinsprobe mit 4,0$_1$ % Na$_2$O ermittelt worden. Es ist mit einer Standardabweichung s = 0,09 % Na$_2$O (absolut) zu rechnen.

14.9.2 Flammen-Atomabsorptionsspektrometrie

Grundlagen

Die Meßdaten sind in Abschnitt 16.21 zusammengestellt. Die Absorptionsmessungen werden mit einer Luft-Acetylen-Flamme durchgeführt. Die gegenseitige Beeinflussung von Na und K wird durch den Zusatz von Cs als Ionisationspuffer zu den Bezugs- und Meßlösungen für die Gesteinsaufschlüsse aufgehoben (z.B. ALTHAUS, 1966).

Reagenzien: 0,100 g Na-Lösung für die Atomabsorptionsspektrometrie (z.B. Fixanal von Riedel-de Haën)
0,100 g K-Lösung für die Atomabsorptionsspektrometrie (z.B. Fixanal von Riedel-de Haën)
Cäsiumchlorid, Suprapur (z.B. von Merck). Lösung mit 2 % Cs: 12,65 g CsCl in deion. Wasser lösen und in 500 ml-Meßkolben auffüllen. 1 ml = 20 mg Cs
Salzsäure, zur Analyse, w: min. 37 %, c: 12,5 mol/l, ρ: 1,19 g/ml
Schwefelsäure, zur Analyse, w: 25 %, c: 3,0 mol/l, ρ: 1,18 g/ml

Geräte: Meßkolben: 50, 100, 250, 500, 1000 ml
Vollpipetten: verschiedene Volumina
Meßpipetten: 1, 5 ml
Mikroliterpipetten

Achtung! Falls die Volumenmeßgeräte mit einem alkalihaltigen Spezialreiniger behandelt wurden, müssen diese mehrfach mit verdünnter Salzsäure und deion. Wasser gereinigt werden. Sonst muß mit einer Verfälschung der Na- und K-Meßwerte durch Kontaminationen gerechnet werden.

Herstellung der Bezugslösungen:

1. Aus 0,100 g Na-Lösung und 0,100 g K-Lösung für die Atomabsorptionsspektrometrie

Stammlösung (Stl) mit *je* 100 µg Na/ml und 100 µg K/ml Lösung bzw. 134,8 µg Na_2O/ml und 120,46 µg K_2O/ml Lösung: In einen 1000 ml-Meßkolben die Na- und K-Lösungen überspülen und mit deion. Wasser bis zur Ringmarke auffüllen.

Zwischenverdünnung (Zwv) mit *je* 10 µg Na/ml und 10 µg K/ml Lösung bzw. 13,5 µg Na_2O/ml und 12,05 µg K_2O/ml Lösung: 50 ml der Stammlösung in einen 500 ml-Meßkolben pipettieren, dazu 4 ml Salzsäure (12,5 mol/l) *oder* 8 ml Schwefelsäure (3,0 mol/l) und mit deion. Wasser bis zur Ringmarke auffüllen. Die Stoffmengenkonzentration an HCl in der Zwischenverdünnung entspricht etwa 0,1 mol/l, die an H_2SO_4 etwa 0,05 mol/l.

2. *Lösungen für eine Bezugskurve:*

µg Na$_2$O/ml	0,67	1,35	2,70	4,04
µg Na/ml	0,5	1	2	3,0
µg K$_2$O/ml	0,60	1,2	2,41	3,61
µg K/ml	0,5	1	2	3,0
ml-Meßkolben	100	100	100	100
µl Stl *oder*	500	1000	2000	3000
ml Na-K-Zwv	5	10	20	30
ml Cs-Lsg.	5	5	5	5
ml HCl *oder*	0,8	0,8	0,8	0,8
ml H$_2$SO$_4$	1,6	1,6	1,6	1,6
auffüllen mit	H$_2$O	H$_2$O	H$_2$O	H$_2$O

In den Bezugslösungen beträgt die Stoffmengenkonzentration an HCl etwa 0,1 mol/l oder an H$_2$SO$_4$ etwa 0,05 mol/l.

Meßlösungen für die Gesteinsaufschlüsse, Nullwertlösung:

Die Meßlösungen für die Gesteinsaufschlüsse lassen sich direkt aus den Säureaufschlußlösungen wie folgt herstellen:

% Na$_2$O im Gestein	5 - 2,5	2,5 - 1	1 - 0,1
% Na im Gestein	3,7 - 1,9	1,9 - 0,7	0,7 - 0,07
mg Probe/ml Aufschlußlsg.	200/250	200/250	200/100
ml-Meßkolben für Meßlsg.	100	50	50
ml Aufschlußlsg.	10	10	20
ml Cs-Lsg.	5	2,5	2,5
ml HCl *oder*	0,8	0,4	0,2
ml H$_2$SO$_4$	1,6	0,8	0,4
auffüllen mit	H$_2$O	H$_2$O	H$_2$O

In den Meßlösungen für die Gesteinsaufschlüsse beträgt die Stoffmengenkonzentration an HCl etwa 0,1 mol/l oder an H$_2$SO$_4$ etwa 0,05 mol/l.

Zur Bestimmung von Na$_2$O-Anteilen < 1 % in Gesteinen wie Duniten und Peridotiten muß mehr Probesubstanz pro Lösungsvolumen aufgeschlossen werden.

Die Bezugslösungen und Meßlösungen für die Gesteinsaufschlüsse müssen sofort gemessen werden, da sich bei der mehrtägigen Aufbewahrung derselben in Glasflaschen die Na- und K-Anteile in den Lösungen verändern können.

Die Nullwertlösung besteht aus 5 ml Cs-Lösung + 0,8 ml HCl *oder* 1,6 ml H_2SO_4, aufgefüllt mit deion. Wasser auf 100 ml im Meßkolben.

Messung der Lösungen:

Siehe hierzu Abschnitt 16.21

Berechnung:

Siehe Abschnitt 12, Gleichungen (12.04) oder (12.07).
Umrechnungsfaktoren: wie unter Abschnitt 14.9.1

Standardabweichung:

Der Gesamtfehler für die Bestimmung von Na_2O mittels der Flammen-Atomabsorptionsspektrometrie (Luft-Acetylen-Flamme) ist für eine Gesteinsprobe mit 0,90 % Na_2O ermittelt worden. Es ist mit einer Standardabweichung s = 0,03 % Na_2O (absolut) zu rechnen.

14.10 K_2O

14.10.1 Flammen-Atomemissionsspektrometrie

Grundlagen

Die Meßdaten sind in Abschnitt 16.15 zusammengestellt. Die Emissionsmessungen werden mit einer Luft-Acetylen-Flamme durchgeführt.
Die Reagenzien und Geräte entsprechen den Angaben in Abschnitt 14.9.1 für das Element Na.

Herstellung der Bezugslösungen:

Die für die Messungen von Na hergestellte Stammlösung und Zwischenverdünnung sowie die Lösungen für die Bezugskurve können ohne Änderung der Konzentrationswerte ebenfalls zur Bestimmung von K bzw. K_2O mittels der

Flammen-Atomemissionsspektrometrie verwendet werden. Alle notwendigen Angaben sind in Abschnitt 14.9.1 enthalten.

Meßlösungen für die Gesteinsaufschlüsse, Nullwertlösung:

Die Meßlösungen für die Gesteinsaufschlüsse lassen sich direkt aus den Säureaufschlußlösungen wie folgt herstellen:

% K_2O im Gestein	5 - 2	2 - 1	1 - 0,5
% K im Gestein	4,2 - 1,7	1,7 - 0,8	0,8 - 0,4
mg Probe/ml Aufschlußlsg.	200/250	200/250	200/250
ml-Meßkolben für Meßlsg.	100	50	50
ml Aufschlußlsg.	25	25	25
ml Cs-Lsg.	5	2,5	2,5
ml HCl *oder*	0,6	0,2	0,2
ml H_2SO_4	1,2	0,4	0,4
auffüllen mit	H_2O	H_2O	H_2O

Die Bezugslösungen und Meßlösungen für die Gesteinsaufschlüsse müssen sofort gemessen werden, da sich bei mehrtägiger Aufbewahrung derselben in Glasflaschen die K-Anteile in den Lösungen verändern können.

Die Nullwertlösung besteht aus 5 ml Cs-Lösung + 0,8 ml HCl *oder* 1,6 ml H_2SO_4, aufgefüllt mit deion. Wasser auf 100 ml im Meßkolben.

Messung der Lösungen:

Siehe hierzu Abschnitt 16.15

Berechnung:

Siehe Abschnitt 12, Gleichungen (12.04) oder (12.07).
Umrechnungsfaktoren: $K_2O \cdot 0{,}8302 = K$
$K \cdot 1{,}2046 = K_2O$

Standardabweichung:

Der Gesamtfehler für die Bestimmung von K_2O mittels der Flammen-Atomemissionsspektrometrie (Luft-Acetylen-Flamme) ist für eine Gesteinsprobe mit $2{,}2_3$ % K_2O ermittelt worden. Es ist mit einer Standardabweichung s = 0,05 % K_2O (absolut) zu rechnen.

14.10.2 Flammen-Atomabsorptionsspektrometrie

Grundlagen

Die Meßdaten sind in Abschnitt 16.15 zusammengestellt. Die Absorptionsmessungen werden mit einer Luft-Acetylen-Flamme durchgeführt.
 Die Reagenzien und Geräte entsprechen den Angaben in Abschnitt 14.9.2 für das Element Na.

Herstellung der Bezugslösungen:

Die für die Messungen von Na hergestellte Stammlösung und Zwischenverdünnung sowie die Lösungen für die Bezugskurve können ohne Änderung der Konzentrationswerte ebenfalls zur Bestimmung von K bzw. K_2O mittels der Flammen-Atomabsorptionsspektrometrie verwendet werden. Alle notwendigen Angaben sind in Abschnitt 14.9.2 enthalten.

Meßlösungen für die Gesteinsaufschlüsse, Nullwertlösung:

Die Meßlösungen für die Gesteinsaufschlüsse lassen sich direkt aus den Säureaufschlußlösungen wie folgt herstellen:

% K_2O im Gestein	5 - 2	2 - 1	1 - 0,5
% K im Gestein	4,2 - 1,7	1,7 - 0,8	0,8 - 0,4
mg Probe/ml Aufschlußlsg.	200/250	200/250	200/250
ml-Meßkolben für Meßlsg.	100	50	50
ml Aufschlußlsg.	10	10	10
ml Cs-Lsg.	5	2,5	2,5
ml HCl *oder*	0,8	0,4	0,4
ml H_2SO_4	1,6	0,8	0,8
auffüllen mit	H_2O	H_2O	H_2O

Die Bezugslösungen und Meßlösungen für die Gesteinsaufschlüsse müssen sofort gemessen werden, da sich bei mehrtägiger Aufbewahrung derselben in Glasflaschen die K-Anteile in den Lösungen verändern können.
 Die Nullwertlösung besteht aus 5 ml Cs-Lösung + 0,8 ml HCl *oder* 1,6 ml H_2SO_4, aufgefüllt mit deion. Wasser auf 100 ml im Meßkolben.

Messung der Lösungen:

Siehe hierzu Abschnitt 16.15

Berechnung:

Siehe Abschnitt 12, Gleichungen (12.04) oder (12.07).
Umrechnungsfaktoren wie unter Abschnitt 14.10.1.

Standardabweichung:

Der Gesamtfehler für die Bestimmung von K_2O mittels der Flammen-Atomabsorptionsspektrometrie (Luft-Acetylen-Flamme) ist für eine Gesteinsprobe mit $3,6_5$ % K_2O ermittelt worden. Es ist mit einer Standardabweichung s = 0,05 % K_2O (absolut) zu rechnen.

14.11 H_2O

14.11.1 Beurteilung der Wasserwerte

Praktisch alle Gesteine und viele Minerale enthalten H_2O in unterschiedlichen Verbindungen. Ein Teil des Wassers ist an der Oberfläche der Mineralkörner (*"adsorptive" Bindung*), in den Porenräumen der Gesteine und in mikroskopisch kleinen Lösungseinschlüssen fixiert. Für diese Wasseranteile werden verschiedentlich die Begriffe *"Bergfeuchte"* oder *"Bergfeuchtigkeit"* verwendet. In diesem Zusammenhang ist daran zu denken, daß verschiedene Minerale mehr oder weniger hygroskopisch sind. Daher werden die Wasseranteile spezifischer Proben (z.B. quellfähige Tonminerale) durch die Luftfeuchtigkeit beeinflußt.
Ein anderer Teil des Wassers ist in den Kristallstrukturen der Minerale enthalten (H_2O, OH). Beispiele hierfür sind Amphibole, Glimmer, Tonminerale, Zeolithe, verschiedene Evaporitminerale.

Bis in die Gegenwart werden für den Wasseranteil in einer Gesteinsprobe häufig zwei Werte angegeben, welche mit H_2O^- und H_2O^+ gekennzeichnet sind. Dieser Unterscheidung liegt die Annahme zugrunde, daß beim Erhitzen der Probe bei 110 °C das vorwiegend an den Kornoberflächen (*"adsorptiv"*) gebundene Wasser analytisch erfaßt wird (H_2O^-), während durch Glühen der Probe bei 900° - 1000 °C in Gegenwart eines oxidierend wirkenden Flußmittels die Bestimmung des Gesamtwassers (Σ H$_2$O) erfolgt. Aus der Differenz Σ H$_2$O minus H$_2$O$^-$ errechnet sich der Wert für H$_2$O$^+$, womit vorwiegend die Wasserkomponente in den Kristallstrukturen gemeint ist.

Die Angabe von zwei H$_2$O-Werten einer Gesteinsprobe ist jedoch eine Konvention, welche in vielen Fällen nichts über die tatsächliche Bindung des Wassers in der Probe aussagt. Beispielsweise verlieren Minerale der Zeolithgruppe einen Teil des Kristallwassers bereits unter 100 °C, während umgekehrt die Tonminerale auch bei 300 °C adsorptiv gebundenes Wasser noch nicht vollständig abgegeben haben. Andererseits beginnt das in den Strukturen der Tonminerale enthaltene Wasser ebenfalls bereits bei 300 °C zu entweichen (KÖSTER, 1979: 168).

Die Schwierigkeit, analytisch zwischen adsorptiv und kristallchemisch gebundenem Wasser zu unterscheiden, geht aus der Abb. 14-1 hervor. Durch eine stufenweise Erhitzung von Gesteinsproben wurde die Abgabe der Wasseranteile verschiedener Metapelite in Abhängigkeit von der Temperatur untersucht. Dabei zeigte sich, daß bei einem Temperaturanstieg auf 110 °C eine deutliche Zunahme der Wasserabgabe erfolgt. Bei weiterem Temperaturanstieg verflacht die Kurve der Wasserabgabe etwas (Übergangsbereich), um dann ab 600 ° - 1000 °C nochmals anzusteigen. Aber eine scharfe Trennung und damit Unterscheidung zwischen adsorptiv und kristallchemisch gebundenem Wasser läßt sich aus der Abb. 14-1 nicht ablesen.

Jeder Analytiker und Benutzer von Silicatanalysen sollte sich darüber im klaren sein, daß die Unterscheidung zwischen H$_2$O$^-$ und H$_2$O$^+$ häufig willkürlich und fehlerhaft ist.

In manchen neueren Arbeiten wird vor allem bei magmatischen und metamorphen Gesteinen keine Unterscheidung mehr zwischen H$_2$O$^-$ und H$_2$O$^+$ vorgenommen. Angegeben wird dafür ein Wert für das Gesamtwasser. Diese Entwicklung ist zu begrüßen, da der Gesamtwasser-Anteil in den meisten Fällen analytisch und mineralogisch besser begründet ist als die mit den Einzelwerten für H$_2$O$^-$ und H$_2$O$^+$ verbundenen Interpretationen.

14.11.2 Gesamtwasser durch Glühverlust

Das Erhitzen einer Gesteinsprobe auf Temperaturen über 1000 °C ist mit einem Gewichtsverlust verbunden, der auch als Glühveränderung bezeichnet wird. Diese Glühveränderung entspricht allerdings nur in seltenen Fällen dem Gesamtwasser. Manchmal ist das OH in den Strukturen so fest fixiert, daß es durch einfaches Glühen der Probesubstanz nicht quantitativ freigesetzt werden kann (Minusfehler für den Wasserwert). Außerdem sind bei hohen Temperaturen außer Wasser auch noch andere Gesteinskomponenten flüchtig.

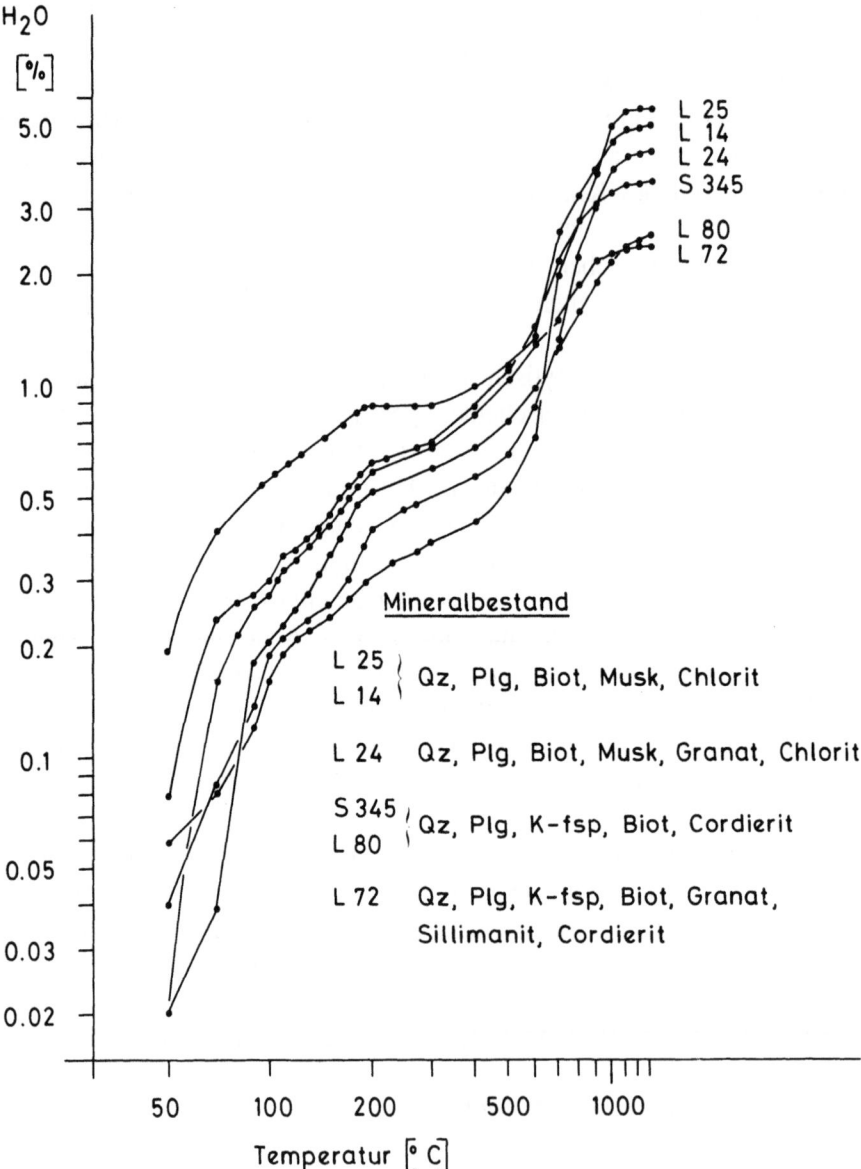

Abb. 14-1. Abgabe der Wasseranteile verschiedener Metapelite in Abhängigkeit von der Temperatur. Mineralbestand der einzelnen Proben: L25, L14-Quarz, Plagioklas, Biotit, Muskovit, Chlorit; L24-Quarz, Plagioklas, Biotit, Muskovit, Granat, Chlorit; S345, L80-Quarz, Plagioklas, Kalifeldspat, Biotit, Cordierit; L72-Quarz, Plagioklas, Kalifeldspat, Biotit, Granat, Sillimanit, Cordierit.

Hierzu gehören das CO_2 aus der Zersetzung der Carbonate, der Oxidation von Kohlenstoff und kohlenstoffhaltiger Verbindungen, außerdem SO_2, F und andere. Wenn diese Bestandteile dem Wasserwert zugerechnet werden, ergeben sich für das H_2O Plusfehler. Eine dritte Fehlerquelle sind Komponenten, die beim Glühen oxidiert werden und dabei in eine höhere Wertigkeitsstufe übergehen. Vor allem die Oxidation von Fe(II) ist hierbei zu beachten. Der zur Bildung von Fe(III) benötigte Sauerstoff wird vor allem aus der Luft entnommen. Günstige Voraussetzungen hierfür sind ein schräggestellter Tiegel und eine dünne Schichtdicke der Probesubstanz. Durch den aufgenommenen Sauerstoff vergrößert sich das Gewicht der ursprünglichen Einwaage, die Folge ist ein Minusfehler beim Wasserwert. Beim Glühen unter unzureichender Luftzufuhr kann das Fe(II) auch aus dem Wasseranteil der Probe Sauerstoff aufnehmen, so daß nur der Wasserstoff als Gewichtsverlust registriert wird. In diesem Fall ergibt sich für das Wasser ebenfalls ein Minusfehler.

Aufgrund der unterschiedlichen Reaktionsmöglichkeiten ist es verständlich, daß selbst eine theoretisch denkbare Korrektur aufgrund des Fe(II)-Anteils in der Probe mit Unsicherheiten behaftet ist. Korrekturen für Fe(II) und flüchtige Verbindungen sind nur dann sinnvoll, wenn die damit verbundenen Gewichtsveränderungen klein bleiben im Vergleich zum Wasseranteil in der Probe. Andernfalls hat das durch Glühverlust bestimmte Wasser nicht einmal den Aussagewert einer Größenordnung.

In jedem Fall ist eine direkte Bestimmung des Gesamtwassers dem indirekten Verfahren über den Glühverlust vorzuziehen.

14.11.3 Gesamtwasser mittels Penfield-Verfahren

Grundlagen

Bei dem Penfield-Verfahren wird das in der Gesteinsprobe fixierte Wasser durch Erhitzen freigesetzt, kondensiert und gravimetrisch bestimmt (PENFIELD, 1894, siehe hierzu HARTWIG-BENDIG, 1941). Die Schwierigkeiten bei dieser Methode sind die gleichen wie bei der Wasserbestimmung durch Glühverlust (Abschnitt 14.11.2). Dazu gehört die Nichterfassung aller OH-Anteile, Mitwägung anderer flüchtiger Verbindungen, Verbrauch von Sauerstoff des Wassers der Analysenprobe zur Oxidation von Fe(II). Luftsauerstoff steht praktisch nicht zur Verfügung. Die genannten Fehlermöglichkeiten können aber durch Zumischung eines oxidierend wirkenden Flußmittels zur Analysensubstanz verringert und weitgehend ausgeschaltet werden. Nach HARTWIG-BENDIG (1941) ist Blei(II)-chromat ein geeignetes Flußmittel für Wasserbestimmungen in Gesteinsproben nach der Penfield-Methode. Das

Blei(II)-chromat schmilzt zunächst unzersetzt, kann aber einen Teil des Sauerstoffs an andere, auch schwer oxidierbare, Stoffe abgeben. Dadurch wird Fe(II) zu Fe(III), C zu CO_2, S zu SO_4 oxidiert. Fluor wird als PbF_2, Sulfat als $PbSO_4$ gebunden. Die flüchtigen Komponenten Fluor und Schwefel werden somit in nichtflüchtigen Verbindungen fixiert. Der Schmelzpunkt von PbF_2 beträgt 824 °C, der Siedepunkt 1293 °C. $PbSO_4$ schmilzt bei $\approx$ 1087 °C. Das CO_2 bildet zunächst $PbCO_3$, welches sich aber bereits bei Temperaturen über 300 °C zersetzt. Da das freiwerdende CO_2 schwerer als Luft ist, entweicht es aus dem schräg nach unten geneigten Penfield-Rohr. Es ist wichtig, daß das CO_2 bereits bei niedrigeren Temperaturen aus der Analysensubstanz entfernt wird, da bereits kondensiertes Wasser etwas CO_2 zu lösen vermag (Kugeln D und E, Abb. 14-2).

Für die Bestimmung des Gesamtwassers nach der Methode von Penfield werden spezielle Penfield-Rohre benötigt (Abb. 14-2). Ein solches Rohr ist etwa 200 mm lang, der Durchmesser der unteren Kugel zur Aufnahme der Analysensubstanz beträgt 30 mm. Die Kugel A und das Ansatzrohr bis etwa zur Stelle B sind aus schwer schmelzbarem Glas hergestellt, während die beiden Kugeln D und E einschließlich des Rohrstücks ab B bis zum oberen Ende aus Normalglas bestehen. In der Kugel A werden die Analysensubstanz zusammen mit dem Flußmittel erhitzt. D und E sind die beiden Kugeln (etwa 16 mm Durchmesser) zur Kondensation und zum Auffangen des freigesetzten Wassers. Durch einen Keramik-Wärmeschutz C und zusätzliche Kühlung werden die Kugeln D und E zur Kondensation des Wassers von der Erhitzungszone A abgeschirmt. Während des Erhitzens ist das Penfield-Rohr mit einem Korkstopfen verschlossen, durch welchen eine Glaskapillare führt (F, Entweichen des CO_2). Nach dem Erhitzen wird das untere Stück des Penfield-Rohres etwa bei B abgeschmolzen und in den *Sondermüll (bleihaltige Rückstände)* gegeben. Das obere Rohrstück mit den Kugeln D und E wird mit und ohne Wasser gewogen. Die Differenz entspricht dem Gesamtwasser.

Reagenzien: Blei(II)-chromat gesintert gepulvert reinst, $PbCrO_4$ (z.B. Merck Nr. 7513). Das feingepulverte Blei(II)-chromat muß für die Wasserbestimmung im elektrischen Ofen bei 450 °C mehrere Stunden getrocknet werden. Das Flußmittel ist in einem Wägeglas im Exsikkator aufzubewahren.

Geräte: Penfield-Rohr, Einfülltrichter, Kork mit Glaskapillare (Abb. 14-2).
Wägegläser
Stativ mit Klammer
Teclubrenner
Gebläse
Hitzeschild aus Keramik (kein Asbest!) zur Abschirmung der Erhitzungszone A von den Kugeln D und E
Tiegelzange
als Alternative zur Erhitzung der Probesubstanz mit der Gasflamme ist ein elektrisch regulierbarer Heizofen zur Aufnahme von 4 Penfield-Rohren (nach PECK, 1964) sehr gut geeignet.

Arbeitsvorschrift

1. Einwaage:

Feuchtes Probematerial (Tone, Tonfraktionen) muß vor der Bestimmung des Gesamtwassers zunächst einer Gefriertrocknung unterzogen werden (KÖSTER, 1979: 168). Die Einwaage richtet sich nach dem zu erwartenden Wasseranteil in der Probe. Bei einem Massenanteil von 1 - 5 % H_2O werden 0,5 - 1 g der Analysensubstanz eingewogen. Auch bei niedrigeren Wasseranteilen sollte die Einwaage 1 g möglichst nicht übersteigen. Dagegen kann bei höheren Wasseranteilen die Einwaage auf 0,3 g Probesubstanz begrenzt werden. Die Einwaagen sind in Wägegläschen auf der Analysenwaage vorzunehmen. Die für jede Probe benötigten 2 g Blei(II)-chromat werden in einem Wägeglas auf einer Vorwaage abgewogen.

Die angegebenen Mengen Analysensubstanz und Flußmittel lassen sich nicht beliebig vergrößern, da das Volumen der Kugel A des Penfield-Rohres begrenzt ist. Die Kugel selbst läßt sich auch nicht vergrößern, da sie beim Abschmelzen vollständig von der Gebläseflamme eingehüllt sein muß.

KÖSTER (1979: 169) empfiehlt die Messung von Blindproben durch Erhitzung des Flußmittels (Blei(II)-chromat) im Penfield-Rohr. Es ist sinnvoll, sich auf diese Weise von der einwandfreien Beschaffenheit des Flußmittels (wasserfrei) zu überzeugen.

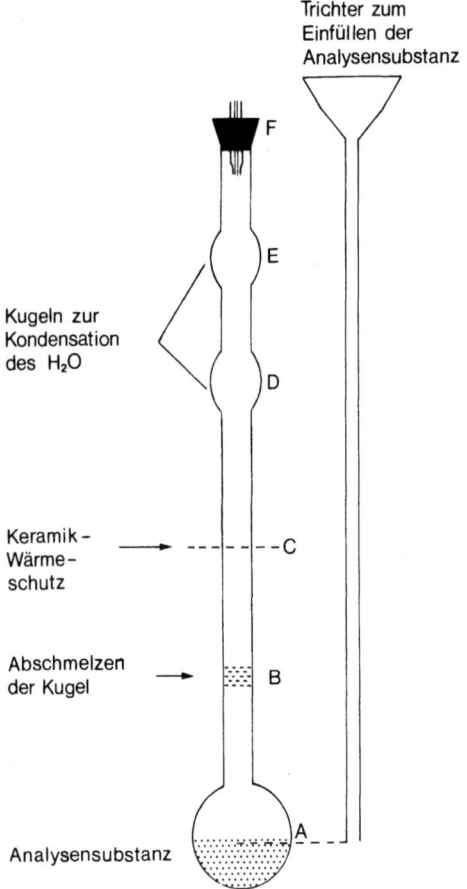

Abb. 14-2. Penfield-Rohr mit Einfülltrichter

2. Mischung Analysensubstanz mit Flußmittel, Füllung des Penfield-Rohres:

Die Penfield-Rohre müssen vor der Benutzung gut gereinigt und getrocknet sein (Aufbewahrung im Exsikkator). Eventuell Gewichtskonstanz kontrollieren. Die Analysensubstanz und das Blei(II)-chromat werden in einer speziell für diesen Zweck vorgesehenen Achatreibschale mit glatter Oberfläche (nicht angerauht!) gemischt und homogenisiert. Dann wird die Mischung in kleinen Anteilen quantitativ durch den Trichter in die Kugel A des Penfield-Rohres eingefüllt. Zur Entfernung der letzten Substanzreste in der Achatreibschale etwas Blei(II)-chromat verreiben und dieses ebenfalls in die Kugel A füllen. Bei der Einfüllung der Mischung in die Kugel A ist darauf zu achten, daß keine Substanzreste in das Rohrstück über der Kugel A gelangen.

Auf die Öffnung des Penfield-Rohres wird der Korkstopfen F mit der Glaskapillare gesteckt. Mit einer durchbohrten feuerfesten Keramikplatte wird die Kugel A abgeschirmt. Dann wird das Penfield-Rohr mit einer Klammer so am Stativ befestigt, daß die Seite mit der Kapillare leicht nach unten geneigt ist (Austritt von CO_2). Ähnliches gilt für die Verwendung elektrischer Heizöfen nach PECK (1964).

Die zur Kondensation des Wassers bestimmten Kugeln D und E werden mit einem angefeuchteten Kleenextuch (deion. Wasser verwenden) umwickelt und dieses mit einem Reagenzglashalter festgehalten.

3. Erhitzen des Penfield-Rohres:

Die Kugel A wird zunächst mit der kleinen Flamme eines Teclubrenners erhitzt. Dann wird die Flamme langsam größer gestellt. Die Prozedur dauert etwa 15 Minuten. Anschließend 10 Minuten mit der heißen Flamme des Teclubrenners die Kugel A erhitzen. In dieser Zeit erfolgen die wichtigsten Reaktionen. Abschließend die Kugel A nochmals 5 Minuten mit der Gebläseflamme erhitzen. Vor dem Abschmelzen der Kugel mit der Brennerflamme vorsichtig das Rohrstück zwischen der Kugel A und dem Hitzeschild erwärmen, damit eventuell darin kondensierte Wasseranteile in die Kugeln D und E gelangen können.

Unter der Einwirkung der Gebläseflamme erweicht die Kugel A und sinkt in sich zusammen. Es ist darauf zu achten, daß die Kugel hierbei nicht aus dem heißen Teil der Gebläseflamme gerät. Eventuell die Brennerstellung nachregulieren. Zum Abschmelzen der Kugel A wird die Gebläseflamme auf die Stelle B (Abb. 14-2) des Penfield-Rohres gerichtet. Mit einer Tiegelzange wird das Rohr am Ansatzstück der Kugel A angefaßt. Durch leichtes Drehen läßt sich die Kugel A vom Glasrohr abziehen. Es ist darauf zu achten, daß das untere Ende des Rohres vollständig zu- und rundgeschmolzen wird.

Während der gesamten Erhitzungsprozedur ist das um die Kugeln D und E gewickelte Kleenextuch feucht zu halten.

PECK (1964) beschreibt einen Ofen mit elektrisch regulierbarer Heizung, in welchem gleichzeitig 4 Penfield-Rohre erhitzt werden können. Ein solcher Ofen ist eine wesentliche Verbesserung gegenüber der Gasflamme und für die Durchführung von Serienbestimmungen zu empfehlen. In einem allseitig geschlossenen Heizblock liegen die Penfield-Rohre etwa bis zur Position B (Abb. 14-2). Die außerhalb des Heizblocks befindlichen Rohrstücke mit den beiden Kugeln D und E werden in der oben beschriebenen Weise gekühlt. Das Aufheizen des Ofens erfolgt von Zimmertemperatur (bzw. etwa 100 °C bei fortlaufend in Betrieb befindlichem Ofen) bis etwa 800 °C. Bei dieser Endtemperatur werden die Rohre 15 Minuten geglüht. Dann werden die Penfield-Rohre nacheinander aus dem Heizblock genommen und die Kugel A noch jeweils 5 Minuten mit der Gebläseflamme erhitzt (Hitzeschild, Kühlung der Kugeln D und E nicht vergessen!). Schließlich wird die Kugel A in der ebenfalls oben beschriebenen Weise vom Rohr abgeschmolzen.

4. Entfernung des im Penfield-Rohr kondensierten Wassers:

Nach dem Abschmelzen der Kugel A muß das Penfield-Rohr etwas abkühlen, bevor Hitzeschild und Kleenextuch entfernt werden können. Das Rohr nur mit einem trockenen und sauberen Kleenextuch anfassen. Der Korkstopfen mit der Kapillare wird durch einen dicht schließenden Gummistopfen ersetzt. Anschließend das Penfield-Rohr mit Kleenextüchern abtrocknen und in einen Exsikkator legen. Bei diesen Arbeitsgängen muß das Penfield-Rohr immer waagerecht gehalten werden, damit kein Wasser aus den Kugeln D und E zu den Rohrenden läuft.

Nach dem Abkühlen des Penfield-Rohres im Exsikkator auf Zimmertemperatur wird dasselbe *mit* Gummistopfen gewogen. Die Abkühlung der Rohre dauert mehrere Stunden. Aus diesem Grund läßt man die Penfield-Rohre mit dem Wasser zweckmäßigerweise über Nacht abkühlen (z.B. KÖSTER, 1979: 171). Zur Wägung wird das Rohr waagerecht auf die Analysenwaage gelegt.

Zur Entfernung des Wassers aus dem Penfield-Rohr wird der Gummistopfen abgenommen, das Rohr aufrecht in ein Becherglas gestellt und etwa eine Stunde bei 110 °C im Trockenschrank erwärmt. Nicht den Gummistopfen mit in den Trockenschrank legen! Anschließend das Rohr etwas abkühlen lassen, 60 Minuten in den Exsikkator legen und mit Gummistopfen wiegen. Dabei ist darauf zu achten, daß das jeweilige Penfield-Rohr wieder mit dem gleichen Gummistopfen gewogen wird wie zuvor. Bei allen Manipulationen darf das Penfield-Rohr nur mit einem Kleenextuch oder einer Tiegelzange angefaßt werden. Der Trockenvorgang ist noch einmal zu wiederholen (Gewichtskonstanz).

Berechnung:

Die Gewichtsdifferenz zwischen dem Penfield-Rohr mit dem kondensierten Wasser und dem Rohr nach der Ausheizung des Wassers entspricht dem Gesamtwasser in der Analysensubstanz.

$$\% \Sigma H_2O = \frac{(\text{g Rohr mit } H_2O - \text{g Rohr ohne } H_2O) \cdot 100}{\text{g Einwaage}} \quad (14.8)$$

oder

$$\% \Sigma H_2O = \frac{\text{mg Gewichtsdifferenz} \cdot 100}{\text{mg Einwaage}} \quad (14.9)$$

$\% \Sigma H_2O - \% H_2O^- = \% H_2O^+$

Die experimentell einfache Penfield-Methode zur Bestimmuung des Gesamtwassers in Gesteinsproben liefert Werte, deren Genauigkeit für die Berechnung von Gesteinsanalysen normalerweise ausreichend ist.

Standardabweichung:

Der Gesamtfehler für die Bestimmung des Gesamtwassers nach der Penfield-Methode ist für den Bereich 2 - 6 % H_2O ermittelt worden. Es ist mit einer Standardabweichung s = 0,1 % (absolut) zu rechnen.

14.11.4 Gesamtwasser mittels Karl-Fischer-Titration

Grundlagen

Die von BUNSEN beschriebene Oxidation von schwefeliger Säure durch Iod in Gegenwart von Wasser benutzte FISCHER (1935) als Grundlage für ein titrimetrisches Verfahren zur quantitativen Bestimmung von H_2O. Das Reaktionsschema entsprechend der Gleichung:

$SO_2 + I_2 + 2 H_2O \rightarrow H_2SO_4 + 2 HI$

Das Hauptreagenz ist die Karl-Fischer-Lösung (KF Lösung), welche die Reaktionspartner Iod und Schwefeldioxid gelöst in Methanol zur Analyse (max. 0,01 % H_2O) enthält. In dieser nichtwäßrigen Lösung reagiert Wasser stöchiometrisch mit SO_2 und Iod. Zur Verschiebung des Gleichgewichtes auf die rechte Seite der Reaktionsgleichung müssen die Schwefelsäure und die Iodwasserstoffsäure neutralisiert werden. Hierfür und zur Einhaltung bestimmter pH-Werte eignen sich Pyridin und andere organische Basen.

Als Bestandteil der Karl-Fischer-Lösung wird häufig Pyridin angegeben. VERHOEF u. BARENDRECHT (1976, 1977) konnten aber nachweisen, daß Pyridin unter konstanten pH-Bedingungen keinen Einfluß auf den Reaktionsablauf hat. Pyridin wirkt lediglich als Puffer. Dagegen stellten SMITH et al., (1939) fest, daß das Methanol nicht nur als Lösungsmittel wirksam ist, sondern infolge seiner Ähnlichkeit mit Wasser auch stellvertretend für H_2O an der Reaktion teilnehmen kann. Über die teilweise komplizierten Reaktionsabläufe in der Karl-Fischer-Lösung muß auf die Fachliteratur verwiesen werden (z.B. Scholz, 1984).

Bei der Analyse sollte ein pH-Wert zwischen 4 - 7 eingehalten werden, da die Reaktionsgeschwindigkeit nur zwischen pH 5,5 - 8 optimal ist. Wegen des intensiven Geruchs von Pyridin werden heute vielfach Karl-Fischer-Lösungen verwendet, welche geruchsfreie Basen enthalten.

Durch Erhitzen einer Mineral- oder Gesteinsprobe wird das Gesamtwasser freigesetzt. In wasserfreiem Methanol als Lösungsmittel, welches SO_2 und eine geruchlose Base enthält, wird das Wasser aufgefangen. Die Titration erfolgt mit einer Lösung von Iod in Methanol (Titriermittel). Dabei ist darauf zu achten, daß keine Luftfeuchtigkeit in das Titrationsgefäß gelangt. Der Endpunkt der Titration wird durch einen geringen Überschuß an Iod angezeigt. Dieser kann visuell, photometrisch oder elektrometrisch bestimmt werden. In der Praxis hat sich eine automatisch ablaufende Titration mit elektrometrischer Endpunktbestimmung bewährt. Die Berechnung des Gesamtwassers erfolgt über einen Volumenwert für das Titriermittel.

Die Karl-Fischer-Titration läßt sich auch als coulometrisches Verfahren durchführen. Hierbei wird das zur Reaktion erforderliche Iod nicht in Form eines Titriermittels zugegeben, sondern im Titriergefäß durch elektrochemische Oxidation wie folgt erzeugt: $2\,I^- \rightarrow I_2 + 2\,e^-$. Zur Erzeugung von 1 mol I sind entsprechend dem Faradayschen Gesetz 96 485 As notwendig. Sofern die Oxidation des Iods mit 100 % Stromausbeute abläuft, ist eine Bestimmung des Titers nicht notwendig. Das erzeugte Iod setzt sich mit Wasser um. Die Reaktion kommt zum Stillstand, wenn das Wasser verbraucht ist und ein Überschuß an Iod entsteht. Die Coulometrie ist eine Absolutmethode und benötigt daher keinen Vergleich mit einer Standardsubstanz. Der Wasseranteil in der Probesubstanz wird in μg angezeigt.

Die Wasserbestimmung durch Karl-Fischer-Titration wird beispielsweise von Scholz (1984) und Wieland (1985) eingehend beschrieben. Eine Meßanordnung zur Bestimmung von Wasser in Gesteinen und Mineralen nach der Karl-Fischer-Methode beschreiben auch Lindner u. Rudert (1969) sowie Farzaneh u. Troll (1977a).

Reagenzien: Stickstoff (99,996 %) als Trägergas
Lösungsmittel pyridinfrei, Methanol mit großer Pufferkapazität für saure und basische Proben (z.B. Merck Nr. 9241)
Titriermittel pyridinfrei, Lösung von Iod in Methanol, 1 ml ≙ min. 5 mg Wasser (z.B. Merck Nr. 9233)
Universalverbrennungskatalysator nach KÖRBL (z.B. Merck Nr. 8458). Die Wirkungsweise des Katalysators beruht bei 450° - 550 °C auf der Bildung von Zersetzungsprodukten des Silberpermanganats. Diese bewirken die Oxidation der verdampften Substanzen und die Absorption von Schwefel sowie Halogenen.
Silberwolle zur Elementaranalyse (z.B. Merck Nr. 1506)
Quarzwolle
Calciumchlorid, gekörnt etwa 5 - 15 mm, Trocknungsmittel (z.B. Merck Nr. 2389)
Kieselgel mit Feuchtigkeitsindikator (Blau-Gel), 1 - 3 mm (Trocknungsmittel) (z.B. Merck Nr. 1925)
Calciumsulfat-Dihydrat, gefällt zur Analyse (z.B. Merck Nr. 2161). 1 g $CaSO_4 \cdot 2 H_2O$ enthält 0,2093 g H_2O
di-Natriumtartrat-Dihydrat zur Analyse, Urtitersubstanz für das Karl-Fischer-Reagenz (z.B. Merck Nr. 6664). 1 g $C_4H_4Na_2O_6 \cdot 2 H_2O$ enthält 0,1566 g H_2O.

Geräte: Platinschiffchen mit den Abmessungen 8 mm breit, 6 mm hoch, 50 mm lang (ohne Griff), 65 mm lang mit Griff, zur Aufnahme der Probesubstanzen.
Metallpinzette, 250 mm lang
Rohrofen mit automatischem Karl-Fischer-Titrationsgerät (z.B. Titrator E 547 der Firma Metrohm, siehe Abb. 14-3).

Arbeitsvorschrift

Die folgenden Ausführungen und Buchstabenkennzeichnungen beziehen sich auf die Abb. 14-3.

Nach der Betätigung des Hauptschalters am Titrator muß 30 Minuten bis zum Beginn der ersten Messungen gewartet werden. Die Trockenmittel in D (Calciumchlorid) und in J (Kieselgel) müssen frisch sein. Mit der Kolbenbürette B (Metrohm E 485) werden 20 ml Lösungsmittel in die Titriervorlage E überführt. Dann wird der Stickstoffstrom (von M kommend) freigegeben und am Durchflußregler L auf 75 % (etwa 21 l/h) einreguliert. Die Temperatur des Langbrenners F wird auf etwa 500 °C eingestellt und konstant gehalten. Dann wird der Magnetrührer E unter der Titriervorlage eingeschaltet. Die Messungen können beginnen. Die Zufuhr des Titriermittels erfolgt aus dem Metrohm-Dosimat E 535.

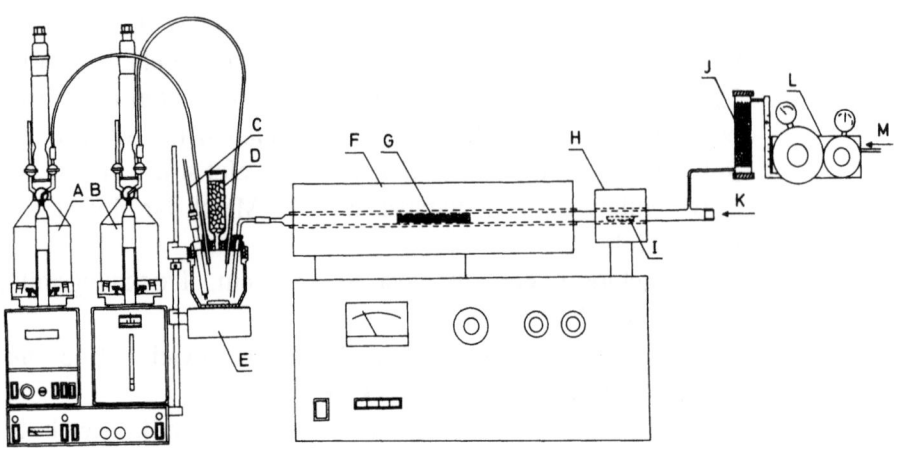

Abb. 14-3. Rohrofen mit automatischem Titrator E 547 der Firma Metrohm. A - Dosimat mit Titriermittel, B - Kolbenbürette mit Lösungsmittel, C - Platinelektroden, D - Trockenturm (Calciumchlorid), E - Magnetrührer mit aufgesetzter Titriervorlage, F - Langbrenner, G - Universalverbrennungskatalysator, H - Kurzbrenner, I - Platinschiffchen mit Probe, J - Trockenturm mit Kieselgel, K - Probeneinlaß, L - Durchflußregler mit Reduzierventil, M - Zuleitung zur Stickstoff-Flasche.

1. Bestimmung des Blindwertes:

Die Apparatur muß zunächst auf Dichtigkeit geprüft werden. Zu diesem Zweck werden Blindwertbestimmungen im Leerbetrieb vorgenommen. Der Zeitregler wird auf ∞ gestellt und die Start-Stop-Taste gedrückt. Jetzt titriert die Apparatur solange, bis sich ein niedriger und konstanter Blindwert einstellt. Ist das nicht der Fall, muß das Gerät überprüft und die Blindwertbestimmung wiederholt werden. Das Arbeiten mit hohen Blindwerten ist nicht zulässig, da sonst der automatische Titrator ständig weitertitriert.

2. Bestimmung des Titers:

Bei niedrigem und konstantem Blindwert läßt sich der Titer des Titriermittels mit di-Natriumtartrat-Dihydrat oder bevorzugt mit Gips bestimmen. Bei der

Benutzung von Gips muß darauf geachtet werden, daß diese Verbindung der stöchiometrischen Zusammensetzung $CaSO_4 \cdot 2\ H_2O$ entspricht. Das ist bei natürlichem Gipsgestein praktisch niemals der Fall (Gips neben Anhydrit). Daher grundsätzlich *"Calciumsulfat-Dihydrat zur Analyse"* verwenden. 0,1 g di-Natriumtartrat-Dihydrat oder Gips werden in ein Platinschiffchen eingewogen. Das Schiffchen wird dann schnell durch den Probeneinlaß K in die Mitte des Kurzbrenners H geschoben und der Probeneinlaß mit einem Stopfen verschlossen. Die Temperatur des Kurzbrenners H wird auf 800 °C eingeregelt, der Zeitregler am Karl-Fischer-Titrator auf 60 s eingestellt. Danach gleichzeitig die Start-Taste und die Stoppuhr drücken. Nach Abschluß der automatisch ablaufenden Titration leuchtet eine grüne Lampe auf.

Der Titer des Titriermittels läßt sich wie folgt berechnen: (14.10)

$$t[mg\ H_2O/ml] = \frac{(\text{Einwaage mg Probe}) \cdot (\text{Massenanteil } H_2O \text{ in der Probe in \%})}{(\text{ml KF-Lösung - ml Blindwert}) \cdot 100}$$

Der Titer wird aus mindestens drei Einzelbestimmungen ermittelt.

3. Bestimmung des Gesamtwassers in der Probe:

Bei den einzelnen Titrationen sollte der Verbrauch an Lösungsmitteln zwischen 0,7 - 1,0 ml liegen. Der relative Fehler des Blindwertes beträgt dann etwa $\leq 1\ \%$. Die Einwaage an Probesubstanz hängt vom Wasseranteil im Gestein bzw. Mineral ab. Empfohlen werden zwischen 0,1 - 1,5 g für die Einwaage.

Die feingepulverte Probe wird direkt in ein Platinschiffchen eingewogen. Bei allen Handhabungen darf das Schiffchen nur mit der Pinzette angefaßt werden. Dann das Schiffchen schnell durch den Probeneinlaß K in den Kurzbrenner H schieben und das Rohrende mit einem Stopfen verschließen. Bei der Untersuchung von Gesteinsproben muß die Temperatur des Kurzbrenners auf 1200 °C hochreguliert werden. Der Zeitregler am Karl-Fischer-Titrator wird auf 60 s eingestellt. Danach gleichzeitig die Start-Taste und die Stoppuhr drücken. Nach Beendigung der automatischen Titration (grüne Lampe) wird der Kurzbrenner abgeschaltet. Erst dann die nächste Probe einführen.

Nach der Beendigung der Wasserbestimmungen werden der Karl-Fischer-Titrator einschließlich Dosimat abgeschaltet. Ebenfalls der Kurzbrenner. Der Langbrenner bleibt dagegen bei einer Standtemperatur von 500 °C in Betrieb. Das Lösungsmittel aus der Titriervorlage entfernen und in gesonderten

Behältern aufbewahren. Nicht in den Ausguß gießen! Nicht vergessen, die Stickstoff-Flasche zuzudrehen.

Berechnung:

Der Gesamtwassergehalt der Probe errechnet sich wie folgt:

$$\% \ \Sigma \ H_2O \ = \ \frac{(\text{ml KF-Lösung - ml Blindwert}) \cdot t \cdot 100}{\text{Einwaage mg Probe}} \qquad (14.11)$$

Standardabweichung:

Der Gesamtfehler für die Bestimmung des Gesamtwassers nach der Karl-Fischer-Methode ist für den Bereich 3 - 9 % H_2O ermittelt worden. Es ist mit einer Standardabweichung s = 0,08 % (absolut) zu rechnen.

14.11.5 H_2O^- durch Trocknen bei 110 °C

Grundlagen

Siehe Abschnitt 14.11.1

Arbeitsvorschrift

1 - 3 g Analysensubstanz werden in ein zuvor bei 110 °C gewichtskonstant getrocknetes Wägeglas eingewogen. Letzteres sollte einen Durchmesser von 5 - 6 cm haben, damit die Schichtdicke der Substanz während des Trocknens möglichst gering ist. Das offene Wägeglas mit der Probe wird 3 Stunden bei 110 °C im Trockenschrank erhitzt. Anschließend wird das geschlossene Wägeglas in einen Exsikkator zur Abkühlung gestellt. Nach einer Stunde kann gewogen werden. Die Prozedur muß bis zur Gewichtskonstanz wiederholt werden.

Berechnung:

Die Gewichtsdifferenz zwischen dem Wägeglas plus der Probe vor und nach dem Erhitzen bei 110 °C entspricht dem sogenannten H_2O^- in der Analysensubstanz.

$$\% \ H_2O^- = \frac{(g \ Wgl. \ vor \ Trocknen - g \ Wgl. \ nach \ Trocknen) \cdot 100}{Einwaage \ g \ Probe} \quad (14.12)$$

oder

$$\% \ H_2O^- = \frac{mg \ Gewichtsdifferenz \cdot 100}{Einwaage \ mg \ Probe} \quad (14.13)$$

Standardabweichung:

Der Gesamtfehler für die Bestimmung von H_2O^- ist für den Bereich 0,05 - 0,5 % H_2O^- ermittelt worden. Es ist mit einer Standardabweichung s = 0,03 % (absolut) zu rechnen.

14.12 CO_2 (Gesamt-, Carbonat- und Nichtcarbonat-Kohlenstoff)

Viele magmatischen, metamorphen und sedimentären Gesteine enthalten Kohlenstoff in unterschiedlichen Anteilen von wenigen µg/g Gestein bis über 12 % (z.B. HOEFS, 1969). Dieser Kohlenstoff kommt in Form von Carbonaten und als Nichtcarbonatkohlenstoff in den Gesteinen vor. Bei den Carbonaten handelt es sich vor allem um Calcit, Dolomit und Siderit. Aber auch Minerale wie Cancrinit und teilweise Apatit enthalten eine Carbonat-Komponente. Der Nichtcarbonat-Kohlenstoff ist vor allem in organischen Komponenten wie Bitumen, Kerogen etc. sowie als Graphit fixiert.

Bei der Analyse von Mineralen und Gesteinen wird aus den Carbonaten das CO_2 durch Säuren oder Erhitzen freigesetzt. Kohlenstoff wird durch Oxidationsmittel wie Sauerstoff bei erhöhten Temperaturen in CO_2 überführt. Anschließend kann das CO_2 gravimetrisch, gasvolumetrisch oder coulometrisch bestimmt werden.

Gravimetrisch läßt sich das CO_2 mit einer einfachen Apparatur bestimmen (Abschnitt 14.12.1). Das Verfahren erlaubt die Erfassung von Carbonat-Kohlenstoff, welcher durch Säuren als CO_2 freigesetzt wird.

Zur Bestimmung von Gesamt-, Carbonat- und Nichtcarbonat-Kohlenstoff ist eine Erhitzung der Probe auf etwa 1200 °C im Sauerstoffstrom vorzuziehen. Unter Gesamt-Kohlenstoff versteht man die Summe aus Carbonat- und Nichtcarbonat-Kohlenstoff. Die Erhitzung der Analysensubstanz erfolgt in einem Röhrenofen. Vor der Bestimmung des CO_2-Anteils im Gasstrom muß dieser von anderen Komponenten wie SO_2, H_2O etc. gereinigt werden. Die Ofeneinheit und das Prinzip zur Bestimmung von Gesamt-, Carbonat- und

Nichtcarbonat-Kohlenstoff entspricht den Angaben für das coulometrische Verfahren (Abschnitt 14.12.2).

Das coulometrische Verfahren (coulometrische Titration) hat sich zur Bestimmung von Gesamt-Kohlenstoff mit einer möglichen Unterscheidung zwischen Carbonat- und Nichtcarbonat-Kohlenstoff bewährt. Es zeichnet sich aus durch eine gute Reproduzierbarkeit, niedrige Standardabweichungen und Analysenzeiten von nur wenigen Minuten mit den handelsüblichen Geräten. Die coulometrische Titration wurde als Schiedsverfahren zur Bestimmung des Gesamt-Kohlenstoffs in Eisen, Stahl, Ferrolegierungen sowie Nichtmetallen eingeführt. Die Methode ersetzt dort die bisher üblichen gasvolumetrischen und gravimetrischen Verfahren (*Handbuch für das Eisenhüttenlaboratorium, Bd. 5, 1971*). Die Anwendung der coulometrischen Titration zur Kohlenstoff-Bestimmung in Mineralen und Gesteinen ist im Abschnitt 14.12.2 beschrieben.

14.12.1 Gravimetrie

Grundlagen

Mit dem nachfolgend beschriebenen Verfahren wird die an Carbonate gebundene Kohlenstoffkomponente bestimmt. In einem Glaskolben werden die carbonathaltigen Proben mit Salzsäure (6 mol HCl/l) zersetzt. Das dabei entstehende Kohlendioxid wird mittels eines CO_2-freien Luftstromes durch U-Rohre geleitet und dort an Natronasbest oder Natronkalk gebunden. Da bei dieser Reaktion Wasser entsteht, müssen die U-Rohre zur Fixierung von H_2O eine geeignete Verbindung enthalten.

Die Differenz der beiden Wägungen des U-Rohres vor und nach der CO_2-Aufnahme ergibt den Anteil an freigesetztem CO_2 in der Analysensubstanz. Andere gasförmige Komponenten, die bei der Einwirkung von Säure auf das Gesteinspulver entstehen können (z.B. H_2S), müssen vor den zur CO_2-Bestimmung bestimmten U-Rohren in gesonderten Reaktionsgefäßen aus dem Gasstrom entfernt werden.

Reagenzien: Absorptionsröhrchen für CO_2 (Natriumhydroxid auf Träger mit Sättigungsanzeige), Länge 15 cm, Durchmesser 2 cm (Merck)
Natriumhydroxid auf Träger (Natronasbest), gekörnt, etwa 0,8 - 1,6 mm; geeignet zur Füllung der U-Rohre
Natronkalk mit Indikator, geeignet zur Füllung der U-Rohre
Magnesiumperchlorat-Hydrat zur Analyse (Trocknungsmittel)
Calciumchlorid, gekörnt (Trocknungsmittel)

Die Substanzen zur Bindung von Gaskomponenten sollten möglichst Körnungen kleiner 2 mm aufweisen
Kupfer(II)-sulfat, wasserfrei, zur Analyse
Schwefelsäure, zur Analyse, w: 95-97 %, c: 17,8-18,2 mol/l, ρ: 1,84 g/ml
Salzsäure, zur Analyse, w: min. 37 %, c: 12,5 mol/l, ρ: 1,19 g/ml
Chromschwefelsäure, Herstellung siehe Abschnitt 19
Calciumcarbonat, gefällt, zur Analyse, Urtitersubstanz
Filterflockenmasse, quantitativ, Asche etwa 0,02 % (z.B. Selecta Nr. 122 Schleicher & Schüll)

Geräte: Beschreibung der Apparatur (Abb. 14-4).
A = etwa 14 cm langes U-Rohr, linke Hälfte mit Natronasbest oder Natronkalk, rechte Hälfte mit Magnesiumperchlorat oder Calciumchlorid gefüllt
B = Trichtergefäß für die Salzsäure
C = Zweihals-Reaktionskolben, etwa 150 ml Inhalt
D = Rücklaufkühler
E = Glasgefäß mit eingeschmolzener Glasfritte G1 (Schott & Gen., Mainz) für $CuSO_4$. Letzteres bindet HCl und H_2S
F = Waschflasche mit Chromschwefelsäure zur Reinigung und Trocknung des Gasstromes
G = etwa 14 cm langes U-Rohr, gefüllt mit Magnesiumperchlorat zur Trocknung des Gasstroms. Eventuell noch ein zweites mit Magnesiumperchlorat gefülltes U-Rohr anschließen. Kein Calciumchlorid verwenden, da dieses auch CO_2 bindet
H = etwa 14 cm langes U-Rohr, linke Hälfte mit Natronasbest oder Natronkalk, rechte Hälfte mit Magnesiumperchlorat oder Calciumchlorid gefüllt. Hier auch käufliche Absorptionsröhrchen für CO_2 verwenden
I = wie H. In den U-Rohren H und I erfolgt die Fixierung des aus der Analysensubstanz freigesetzten CO_2
J = wie H und I, nur die Füllung in den beiden Hälften des U-Rohres vertauscht
K = Blasenzähler mit konzentrierter Schwefelsäure
L = Woulff'sche Flasche mit Hahn X
M = Wasserstrahlpumpe

Besser ist eine 20 l Vorratsflasche mit zwei Hähnen am oberen Flaschenrand und einem Hahn über dem Boden der Flasche. Die Flasche dient als Regelgefäß für den durch die Apparatur zu leitenden Gasstrom und gestattet normalerweise eine bessere Regulierung als eine Wasserstrahlpumpe. Bei letzterer wirken sich Schwankungen im Wasserdruck störend aus.

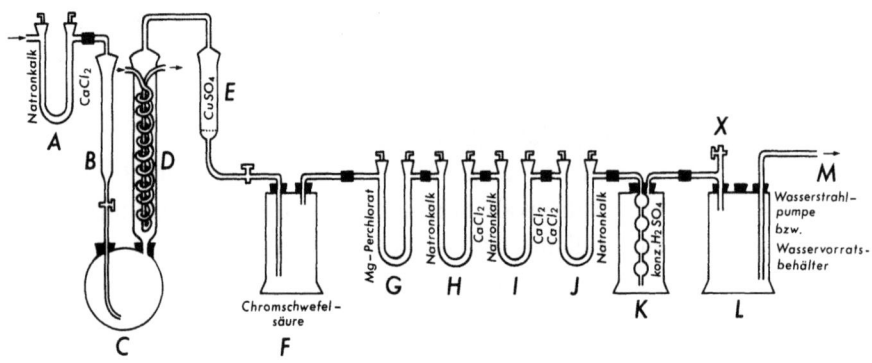

Abb. 14-4. Apparatur zur gravimetrischen Bestimmung der an Carbonate gebundenen Kohlenstoffkomponente

Arbeitsvorschrift

Mögliche Störungen:

Ein kontinuierliches Arbeiten bei Reihenanalysen ist möglich durch die Benutzung von jeweils zwei U-Rohren für H und I. Natronasbest ist verbraucht, wenn die dunklen Körnchen weiß werden. Der mit einem Indikator versehene Natronkalk ist nicht mehr wirksam, wenn eine Blaufärbung auftritt.

Die U-Rohre sollten bereits vor dem Verbrauch der letzten Mengen Natronasbest oder Natronkalk erneuert werden. Vor jeder Füllung müssen die U-Rohre gereinigt und die Schliffe mit wenig Hahnfett versehen werden. An beiden Enden des U-Rohrs wird über der Füllung eine Schicht Selecta-Filterflockenmasse gelegt, damit die Absorptionsmittel nicht mit den Schliffen in Berührung kommen. Es empfiehlt sich, im U-Rohr zwischen den Berührungsstellen von Absorptions- und Trocknungsmittel ebenfalls Filterflockenmasse einzulegen.

Die U-Rohre nur mit geschlossenen Hähnen aufbewahren. Vor jeder Analyse müssen der Reaktionskolben, das untere Ende des Rücklaufkühlers und das Trichtergefäß mit deion. Wasser aus- bzw. abgespült werden.

Einwaage:

Die Einwaagen für die CO_2-Bestimmungen richten sich nach dem Carbonatanteil in der Probe. Die Auswaage soll zwischen 50 - 100 mg CO_2 betragen. Bei höheren CO_2-Mengen verläuft die Reaktion möglicherweise nicht mehr quantitativ. Außerdem verbrauchen sich die Füllungen der U-Rohre dann relativ schnell.

% CO_2 in der Probe	mg Einwaage Probe
> 40	≤ 200
40 - 20	200 - 500
20 - 10	500 - 800
10 - 5	800 - 1000
< 5	> 1000

Apparatur:

Zunächst muß geprüft werden, ob die einzelnen Geräteteile gasdicht miteinander verbunden sind. Das geschieht durch Öffnen der Hähne, ausgehend vom Ende der Apparatur auf der Seite der Wasserstrahlpumpe bzw. der Wasservorratsflasche. Durch Ansaugen von Luft wird festgestellt, ob noch Gas durch den Blasenzähler K perlt. Dabei müssen die Hähne des U-Rohrs A geschlossen bleiben. Wenn keine Blasen mehr im Zähler K aufsteigen, ist die Apparatur dicht. Für die Verbindungen sollten möglichst Glasschliffe verwendet werden. Bei den Schlauchverbindungen zwischen den U-Rohren muß Glas an Glas stoßen. Die Schlauchstücke häufiger erneuern. Es ist vorteilhaft, die Schliffe der Gaswaschflaschen, des Rückflußkühlers etc. zwecks guter Dichtung mit Teflonmanschetten zu versehen. Falls sich eine Überbrückung von Anschlußstücken mit verschiedenem Durchmesser nicht vermeiden läßt, dürfen nur Glasoliven verwendet werden.

U-Rohre:

Die U-Rohre H und I müssen auf Gewichtskonstanz gebracht werden. Das geschieht durch ein 30 Minuten dauerndes Hindurchsaugen von CO_2-freier

Luft durch die Apparatur oder besser durch die Zersetzung einer bestimmten Menge Calciumcarbonat (z.B. 200 mg) in dem Reaktionskolben (siehe auch unten). Eventuell den Arbeitsgang mehrmals wiederholen. Die Auswaage sollte bei einer Einwaage von 200 mg $CaCO_3$ 87,9 mg betragen.

Durch die Bindung von CO_2 an frisch gefüllten U-Rohren wird am schnellsten Gewichtskonstanz erreicht. Außerdem läßt sich auf diese Weise kontrollieren, ob die Apparatur einwandfrei funktioniert. Es empfiehlt sich, bei Analysenserien täglich die Gewichtskonstanz zu überprüfen.

Funktion der Apparatur und Analysengang:

Die Substanz wird in den Zweihals-Reaktionskolben C mit etwa 20 ml deion. Wasser (CO_2-frei) übergespült. Es ist darauf zu achten, daß keine Substanz am Hals oder an einem oberen Teil des Kolbens hängenbleibt. Dann wird der Reaktionskolben an die Apparatur angeschlossen. Die Schliffe werden durch Federn gesichert, ausgenommen die U-Rohre.

In das auf den Reaktionskolben C aufgesetzte Trichtergefäß B werden 20 ml konzentrierte Salzsäure gefüllt. Durch das bereits im Reaktionskolben befindliche Wasser entsteht eine Salzsäure mit etwa 6 mol HCl/l.

Sämtliche Hähne an der Apparatur sind geschlossen, ausgenommen der Hahn X an der Woulff'schen Flasche L (Abb. 14-4). Zur Inbetriebnahme der Apparatur wird zunächst das Kühlwasser für den Rückflußkühler D aufgedreht. Dann wird die Wasserstrahlpumpe angestellt oder an der Wasservorratsflasche der untere Auslaufhahn und der obere Verbindungshahn zur Apparatur geöffnet. Den Auslaufhahn der Wasservorratsflasche nicht ganz öffnen, da sonst leicht Luft in die Flasche zurückschlägt.

Jetzt wird der Hahn X an der Woulff'schen Flasche geschlossen und die Verbindung zum Blasenzähler K geöffnet. Warten, bis die Luft aus diesem Teil der Apparatur abgesaugt ist. Dann öffnet man in der Reihenfolge die Verbindungen zu J, I, H, G, F und E, also von rechts nach links. Wenn die Luft auch aus diesem Teil der Apparatur abgesaugt ist, die beiden Hähne am U-Rohr A öffnen. Dann den Zulaufhahn von B langsam öffnen und die Salzsäure zunächst langsam in den Reaktionskolben laufen lassen. Erst wenn die Gasentwicklung aufgehört hat, kann weitere Salzsäure zugegeben werden. Der Gasstrom läßt sich mit einem Hahn am Blasenzähler K oder mit einem Mohr'schen Quetschhahn hinter dem U-Rohr J oder vor dem U-Rohr A regulieren. Es dürfen nur 1-2 Blasen in der Sekunde im Blasenzähler K aufsteigen.

Wenn die sichtbare CO_2-Entwicklung aufhört, wird mit einem Brenner der Inhalt des Reaktionskolbens 15 Minuten zum Sieden erhitzt. Dann die Flamme entfernen und nochmals weitere 15 Minuten Luft durch die Apparatur saugen.

Beendigung der Bestimmung: Falls vorhanden, die beiden Hähne am Blasenzähler K, dann die Hähne an den U-Rohren J, I, H und G zudrehen. Schließlich den Hahn am Trichtergefäß B und die beiden Hähne an dem U-Rohr A schließen. Jetzt den Hahn X an der Woulff'schen Flasche öffnen, die Wasserstrahlpumpe bzw. den Auslaufhahn an der Wasservorratsflasche M abstellen.

Die U-Rohre H und I werden in einen Exsikkator gelegt und nach 20 Minuten gewogen. Vor der Wägung muß je ein Hahn an den beiden U-Rohren kurz geöffnet und dann wieder geschlossen werden. Die Differenz zwischen den U-Rohren vor und nach der Bestimmung ergibt den Anteil CO_2 in der Einwaage, wobei die Gewichtszunahme für U-Rohr I möglichst $\leq$ 10 % der Gewichtszunahme von U-Rohr H sein soll.

Berechnung: (14.14)

$$\% \, CO_2 = \frac{\text{mg Gewichtszunahme U-Rohr H} + \text{mg Gewichtszunahme U-Rohr I} \cdot 100}{\text{Einwaage mg Probe}}$$

Umrechnungsfaktoren: $CO_2 \cdot 0{,}2729 = C$
$C \cdot 3{,}6641 = CO_2$

14.12.2 Coulometrische Titration

Grundlagen

Die Gesteinsprobe wird in einem Reaktionsrohr bei 1200° - 1250 °C im Sauerstoffstrom erhitzt. Dabei wird aus Carbonaten CO_2 freigesetzt, C zu CO_2 oxidiert. Das gebildete CO_2 reagiert mit einer Bariumperchloratlösung, welche einen pH-Wert von etwa 10 hat, unter Bildung von Bariumcarbonat. Dabei werden OH^--Ionen verbraucht, der pH-Wert nimmt ab. Durch Elektrolyse werden dann OH^--Ionen neu gebildet, bis der ursprüngliche pH-Wert wieder erreicht ist. Der dabei verbrauchte Strom ist äquivalent dem CO_2, welches mit dem Bariumperchlorat reagiert hat.

Die coulometrische Titration ermöglicht die Bestimmung von Kohlenstoffanteilen in Gesteinen zwischen 10 µg C/g Gestein bis $\geq$ 20 %. Auch ein hoher Anteil an organischem Kohlenstoff in den Gesteinsproben beeinträchtigt nicht die Qualität der Bestimmungen. Das Vorhandensein von leichtflüchtigen Bestandteilen (mehrere Prozent bis > 10 %) führt manchmal zu Verpuffungen bei der Einführung der Probe in den heißen Teil des Reaktionsrohres. Auf diesen Effekt sind bei Mehrfachbestimmungen Abweichungen zurückzuführen, die weit außerhalb des zulässigen Streubereiches liegen. Eine spezielle Arbeitsvorschrift zur Bestimmung von Kohlenstoff und Kohle beschreibt SASSENSCHEIDT (1960).

Wenn Gesteinsproben über Monate und Jahre in Polyethylenflaschen oder Plastikbeuteln aufbewahrt werden, ist eine Kontamination des Untersuchungsmaterials mit Kohlenstoffverbindungen nicht auszuschließen.

Die folgende Arbeitsvorschrift entspricht den Angaben bei HERRMANN u. KNAKE (1973).

Reagenzien: Sauerstoff, handelsübliches Gas; muß vor dem Eintritt in das Reaktionsrohr von kohlenstoffhaltigen Verbindungen (z.B. CO_2) gereinigt werden.
Natronkalk mit Indikator zur Analyse, Korngröße etwa 2 - 5 mm
Perhydrit-Tabletten (Wasserstoffperoxid in fester Form); vor Gebrauch die Tabletten auf etwa 5 mm Korngröße zerkleinern (z.B. Merck).
Bariumperchlorat wasserfrei zur Analyse. A: Lösung mit einem Massenanteil von 20 % $Ba(ClO_4)_2$ zur Absorption von CO_2.
50 g $Ba(ClO_4)_2$ auffüllen auf 250 ml mit deion. Wasser. Durch ein Filter Selecta-Blauband 589/3 (Schleicher & Schüll) filtrieren. B: Lösung mit einem Massenanteil von 12,5 % $Ba(ClO_4)_2$ zum Aufbewahren der Glaselektrode in der betriebsfreien Zeit. Nur Membran der Glaselektrode eintauchen, nicht auch das Diaphragma (KRAFT u. KAHLES, 1969).
Bariumcarbonat, zur Analyse
2-Propanol (Isopropylalkohol), zur Analyse
Phosphat-Pufferlösung, pH 6,88
Borat-Pufferlösung, pH 9,22
Silberwolle
Kupfer, Drahtform
Quarzwolle
Ethanol (Ethylalkohol), absolut, zur Analyse
Salzsäure, zur Analyse, w: min. 37 %, c: 12,5 mol/l, ρ: 1,19 g/ml
Perchlorsäure, zur Analyse, w: min. 70 %, c: 11,6 mol/l, ρ: 1,67 g/ml. Verdünnung: 1 Teil $HClO_4$ + 6 Teile H_2O
Calciumcarbonat, gefällt, zur Analyse, Urtitersubstanz

Geräte: C - Coulomat der Firma Ströhlein & Co.
Das folgende Funktionsschema bezieht sich auf das ältere Modell 7012. Bei neueren Modellen gibt es keine Abweichungen im Meßprinzip.
Das Gerät hat zwei Meßbereiche für Kohlenstoff, wobei 1 Digit $2 \cdot 10^{-7}$ g C oder $3{,}75 \cdot 10^{-8}$ g C entsprechen. Der Aufbau und die Funktionsweise der Apparatur ist aus der Abb. 14-5 zu ersehen. Das Gerät besteht aus drei Einheiten: dem Röhrenofen, dem Titriergefäß mit Thermostat und Dosierpumpe sowie dem Coulometer. Die Dosier- und Förderpumpe ermöglicht eine Gasregulierung, wobei entweder 100 % oder nur 10 % des aus der Probe freigesetzten CO_2 in die Bariumperchloratlösung gelangen. Diese Gasteilung hat den Vorteil, daß bei Proben mit hohen C-Anteilen (z.B. Kalk, Dolomit) die Einwaage mit 0,1 g relativ groß sein kann und trotzdem keine hohen Impulszahlen (> 10 000, schneller Verbrauch der Bariumperchloratlösung) registriert werden. Die Funktionsweise des Gerätes ist vor jeder Meßserie bzw. täglich mit Urtitersubstanzen wie Calciumcarbonat zu überprüfen. Dabei ist auch die Ausbeute an C bzw. CO_2 zu ermitteln und bei der Berechnung der Analysenwerte zu berücksichtigen (siehe Abschnitt Berechnung).

Arbeitsvorschrift

1. Gesamtkohlenstoff:

Einwaage:

Die Mineral- bzw. Gesteinsprobe muß auf Korngrößen < 0,125 mm aufgemahlen werden. Die Einwaage richtet sich nach dem C Anteil in der Substanz. Als Richtwerte können folgende Angaben dienen (siehe auch *Handbuch für das Eisenhüttenlaboratorium, Band 5, 1971*):

% C in der Probe	% CO_2 in der Probe	mg Einwaage	% Gasstrom
≤ 0,08	≤ 0,3	500	100
0,08 - 0,15	0,3 - 0,55	250	100
0,15 - 0,80	0,55 - 2,90	500	10
0,80 - 1,50	2,90 - 5,50	250	10
>1,50	>5,50	100	10

Die Erhitzung der Substanz erfolgt in unglasierten Porzellanschiffchen (80 x 13 x 9 mm), welche vor dem Gebrauch etwa eine Stunde bei 1100 °C im Muffelofen ausgeglüht werden müssen. Nach dem Abkühlen die Schiffchen in einem Exsikkator aufbewahren. Die Einwaage der Probe erfolgt direkt in das Schiffchen, welches nur mit einer Tiegelzange oder Pinzette angefaßt werden darf.

Messung:

Das Schiffchen mit der Probe wird ohne weitere Zusätze (im Gegensatz zu spezifischen Stahlsorten) mit einem Metallstab (kohlenstoffarm) in die 1200 ° - 1250 °C heiße Zone des Reaktionsrohres geschoben. In einem CO_2-freien Sauerstoffstrom wird dann der gesamte Kohlenstoff der Probe in CO_2 überführt. Da bei der Erhitzung der Proben staubförmiges Material in den Gasstrom gelangen kann, muß am Ende des Reaktionsrohres eine Schicht Quarzwolle angebracht werden. Dann wird der Gasstrom zur Entfernung von Schwefeloxiden durch ein mit Perhydrit (siehe Reagenzien) gefülltes Glasrohr geleitet. Die Füllung dieses Rohres muß immer trocken sein. Daher empfiehlt es sich, ständig mehrere frisch gefüllte Rohre griffbereit zu haben. Der Austausch der mit Perhydrit gefüllten Rohre kann dann praktisch ohne Unterbrechung des Meßbetriebes erfolgen.

Der CO_2-haltige Gasstrom gelangt über die Dosierpumpe in das Kathodengefäß der Titriereinrichtung. Hier ist auf eine Zerteilung des Gases in möglichst kleine Bläschen durch eine Rührvorrichtung zu achten. Die mit NaCl-Lösung gefüllte Einstabmeßkette muß in einem einwandfreien Zustand sein (Aufbewahrung in der betriebsfreien Zeit siehe unter Reagenzien). Bevor die Elektrode in das mit Bariumperchloratlösung gefüllte Titriergefäß eingesetzt wird, muß die Membran mit einer 10%igen Perchlorsäurelösung abgespült und anschließend mit deion. Wasser gewaschen werden (KRAFT u. KAHLES, 1969).

Für eine Probe werden etwa 3-5 Minuten an Analysenzeit benötigt. Wenn im gleichen Arbeitsraum der Coulomat und eine Analysenwaage aufgestellt werden können, läßt sich während der Meßzeit die Einwaage für die nächste Probe vorbereiten. Die Porzellanschiffchen dürfen nur einmal verwendet werden.

Zu den Meßwerten muß in jedem Fall auch der apparativ bedingte Blindwert (Leerwert) bekannt sein. Letzterer wird durch mehrmalige Messungen über die jeweilige Analysenzeit ermittelt. Der entsprechende Mittelwert ist bei der Berechnung des Analysenwertes zu berücksichtigen. Er unterscheidet sich praktisch nicht von solchen Messungen, bei denen sich im Reaktionsrohr zusätzlich ein vorher ausgeglühtes Porzellanschiffchen befand. Der Blindwert muß täglich mehrmals kontrolliert werden. Außerdem ist die Umstellung von 100 % auf 10 % Gasstrom zu beachten. Werden Gesteinsproben mit bestimmten Zusätzen oder Verdünnungssubstanzen untersucht, muß auch der Blindwert dieser Stoffe ermittelt und berücksichtigt werden.

2. *Carbonat- und Nichtcarbonat-Kohlenstoff:*

Neben der Bestimmung des Gesamt-Kohlenstoffs muß der Carbonat- und Nichtcarbonat-Kohlenstoff mit einem zweiten Analysenschritt erfaßt werden. Hierzu ist eine gesonderte Einwaage erforderlich. Der darin befindliche Carbonatanteil wird mit Salzsäure zersetzt, zurück bleibt der Anteil an Nichtcarbonat-Kohlenstoff. Letzterer wird ebenfalls coulometrisch bestimmt und aus der Differenz zum Gesamt-Kohlenstoff der Anteil an Carbonat-Kohlenstoff berechnet (FOSCOLOS u. BAREFOOT, 1970).

Verschiedentlich wird der Anteil an Nichtcarbonat-Kohlenstoff als organischer Kohlenstoff (C_{org}) bezeichnet. Das ist aber nur dann korrekt, wenn es sich nachweisbar um Kohlenstoff organischer Entstehung handelt. Vor allem bei magmatischen und metamorphen Gesteinen kann jedoch nicht immer eindeutig zwischen Kohlenstoff organischer und anorganischer Herkunft unterschieden werden. In solchen Fällen ist immer die genetisch neutrale Bezeichnung *"Nichtcarbonat-Kohlenstoff"* anzuwenden.

Messung:

In die ausgeglühten Porzellanschiffchen wird die Analysensubstanz eingewogen. Ihre Menge richtet sich nach dem Carbonatanteil in der Probe. Als Orientierungswerte können die Angaben für Gesamt-Kohlenstoff übernommen werden.

Die Probesubstanz wird in dem Schiffchen zunächst mit einigen Tropfen Ethanol befeuchtet. Anschließend etwa 1 ml Salzsäure (12,5 mol/l) hinzufügen. Ethanol soll vor allem bei kohlehaltigen Substanzen deren Benetzbarkeit verbessern.

Das Abrauchen der Salzsäure erfolgt auf einem Aluminiumblock bei 150° - 200°C. Die Zersetzungstemperatur muß regulierbar sein. Geeignet ist eine Heizbank mit 2000 W, Thermostat 50° - 300°C, 10°C-Einteilung, 60 cm lang. Der Aluminiumblock besitzt in einem Abstand von jeweils 4 cm nebeneinander 10 Vertiefungen für eine entsprechende Anzahl von Schiffchen. Letztere werden etwa 30 - 45 Minuten erhitzt, wodurch die Salzsäure möglichst vollständig entweichen soll. Anschließend wird das Schiffchen in das

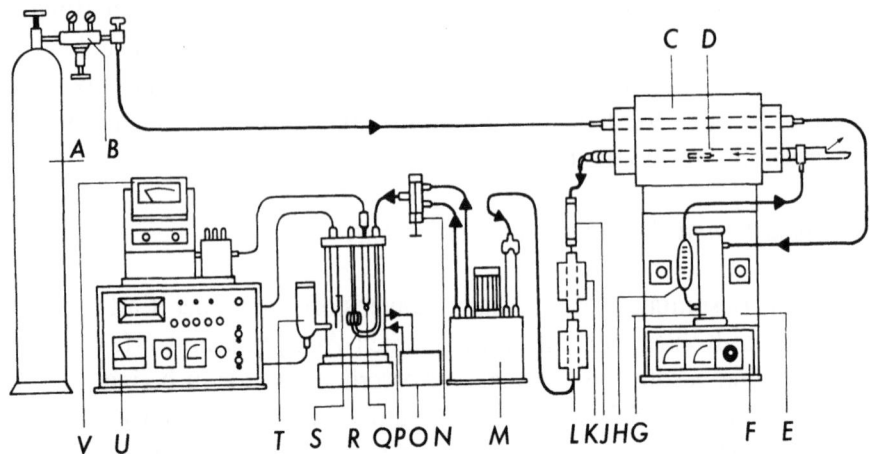

Abb. 14-5. Funktionsschema eines Coulomaten zur Bestimmung von Gesamt-, Carbonat- und Nichtcarbonat-Kohlenstoff in Gesteinen. A - Sauerstoff-Flasche; B - Reduzierventil; C - Röhrenofen; D - Verbrennungsrohr; E - Transformator; F - Temperatur-Regelautomat; G - Natronkalk; H - Strömungsmesser; J - Perhydritvorlage; K - Kontaktofen mit Silberwolle, eventuell Cu-Draht; L - Kontaktofen mit Silberwolle; M - Förder- und Dosierpumpe; N - Kolbenhahn zur Regulierung des Gasstromes; O - Thermostat; P - Titrier- (Absorptions) Gefäß; Q - Einstabmeßkette; R - Gaseinleitungsrohr; S - Kathodenrohr; T - Anodengefäß ($BaCO_3$ mit $Ba(ClO_4)_2$ - Lsg.); U - Coulometer; V - pH-Meter. Der Coulomat entspricht dem Modell 7012 der Firma Ströhlein GmbH & Co., D-4044 Kaarst (Aus HERRMANN u. KNAKE, 1973).

Verbrennungsrohr geschoben. Im Sauerstoffstrom erfolgt bei etwa 1250 °C die Bestimmung des Nichtcarbonat-Kohlenstoffs.

Bei der Einwirkung von Salzsäure auf das Gesteinspulver bildet sich Eisen(III)-chlorid, welches im Verbrennungsrohr in den Gasstrom übergeht. Außerdem gelangen in den Gasstrom noch Wasserdampf, HCl-Reste und Schwefeloxide. Diese Komponenten müssen noch vor der Förder- und Dosierpumpe (J in Abb. 14-5) quantitativ aus dem Gasstrom entfernt werden (Korrosionsgefahr). Vor allem dürfen keine HCl-Anteile in die Bariumperchloratlösung des Absorptionsgefäßes (P in Abb. 14-5) gelangen.

Ein Teil des flüchtigen Eisen(III)-chlorids wird am Ende des Verbrennungsrohres in Quarzwolle aufgefangen. Gelbgefärbte Quarzwolle austauschen. Eisenchlorid kann sich außerdem in den Verbindungsschläuchen vor und hinter dem mit Perhydrit-Tabletten gefüllten Rohr (J in Abb. 14-5) abscheiden. Daher müssen bei Serienbestimmungen von Carbonat- und Nichtcarbonat-Kohlenstoff die Schläuche öfter auf Sauberkeit kontrolliert und erneuert werden.

Das Wasser und die Schwefeloxide werden von Perhydrit gebunden. Im Gegensatz zur Bestimmung des Gesamt-Kohlenstoffs ist bei der Analyse der mit Salzsäure vorbehandelten Proben die Perhydrit-Füllung eines Rohres schnell verbraucht. Daher müssen mit Perhydrit gefüllte Ersatzrohre zum sofortigen Wechsel bereitliegen.

Restliche Anteile an Salzsäure werden bei 500° - 550 °C in mit Silberwolle gefüllten Glasrohren (Kontaktöfen K und L in 14-5) gebunden.

Der Blindwert (Leerwert) wird entsprechend den Angaben unter Gesamt-Kohlenstoff bestimmt. Der Leerwert muß kontrolliert werden durch die Einbringung eines ausgeglühten und mit Ethanol sowie Salzsäure behandelten Porzellanschiffchens in das Verbrennungsrohr.

Berechnung:

Die am Coulomaten angezeigten Digits beziehen sich auf eine von der Herstellerfirma vorgenommene Eichung. Für Gesamt- und Nichtcarbonat-Kohlenstoff errechnet sich der Massenanteil in % wie folgt:

$$\% \, C = \frac{(A - A_0) \cdot F \cdot 2}{\text{mg Einwaage} \cdot 100} \tag{14.15}$$

A = Digits für Analysenprobe

A_0 = Digits für Blindwert (gleiche Meßdauer wie Analysenprobe)

F = Korrekturfaktor der Ausbeute = $\dfrac{A_{\text{theoretisch}}}{(A - A_0)_{\text{tatsächlich}}}$

2 = 1 Digit entspricht $2 \cdot 10^{-7}$ g C

$\% \, C_{\text{Carbonat}} = \% \, C_{\text{Gesamt}} - \% \, C_{\text{Nichtcarbonat}}$

Umrechnungsfaktoren: Wie unter Abschnitt 14.12.1

Standardabweichung:

Der Gesamtfehler für die Bestimmung des Gesamt-Kohlenstoffs (Gesamt-Kohlendioxid) ist für den Bereich 0,5 - 1,6 % C bzw. 2 - 6 % CO_2 ermittelt worden. Es ist mit einer Standardabweichung s = 0,01 - 0,02 % C bzw. 0,04- 0,08 % CO_2 (absolut) zu rechnen.

14.13 P_2O_5

14.13.1 Spektralphotometrie

Grundlagen

Für die spektralphotometrische Bestimmung von P_2O_5 in Gesteinen kommen zwei Verfahren zur Anwendung:
1. Die *"Molybdängelb-Methode"*, welche auf der Reaktion der Phosphorkomponente mit Vanadin- und Molybdänsäure unter Bildung einer gelben Heteropolysäure beruht (BAADSGAARD u. SANDELL, 1954; SHAPIRO u. BRANNOCK, 1962). Als Säureaufschlüsse kommen Flußsäure und Perchlorsäure (Abschnitt 13.3.3) sowie Flußsäure und Schwefelsäure (Abschnitt 13.3.4) zur Anwendung.
2. Die *"Molybdänblau-Methode"*, welche auf der Bildung einer blauen Färbung durch selektive Reduktion von Molybdatophosphorsäure beruht (z.B. RILEY, 1958; KÖSTER, 1979). Das Verfahren ist empfindlicher als die *"Molybdängelb-Methode"* und anwendbar auf P_2O_5-Anteile kleiner 0,7% in der Gesteinsprobe. Als Säureaufschlüsse kommen Flußsäure und Perchlorsäure (Abschnitt 13.3.3) sowie Flußsäure und Schwefelsäure (Abschnitt 13.3.4) zur Anwendung.

Molybdängelb-Methode

Reagenzien: Kaliumdihydrogenphosphat, zur Analyse, KH_2PO_4
Ammoniummonovanadat, zur Analyse, NH_4VO_3
Ammoniumheptamolybdat-Tetrahydrat (Ammoniummolybdat), zur Analyse, $(NH_4)_6Mo_7O_{24} \cdot 4H_2O$
Salpetersäure, zur Analyse, w: 65%, c: 14,9 mol/l, ρ: 1,4 g/ml
Verdünnung: 1 Teil HNO_3 + 1 Teil H_2O
Molybdänivanadatlösung: 1,25 g Ammoniumvanadat in 400 ml 1 + 1 verdünnter HNO_3 lösen. Gesondert 50 g Ammoniumheptamolybdat-Tetrahydrat in 400 ml deion. Wasser lösen. Beide Lösungen mischen, eventuell filtrieren, mit deion. Wasser auf 1000 ml auffüllen. Lösung in einer Polyethylenflasche aufbewahren.

Geräte: Meßkolben: 25, 50, 100, 250, 500, 1000 ml
Vollpipetten, verschiedene Volumina

Herstellung der Bezugslösungen:

Stammlösung (Stl) mit 174,6 µg P/ml Lösung bzw. 400 µg P_2O_5/ml Lösung: 0,7670 g Kaliumdihydrogenphosphat (0,4000 g P_2O_5) werden in einem 1000 ml-Meßkolben gelöst und mit deion. Wasser aufgefüllt. Das Kaliumdihydrogenphosphat muß vor der Einwaage zwei Stunden bei 100 °C getrocknet werden.

Zwischenverdünnung (Zwv) mit 17,5 µg P/ml Lösung bzw. 40 µg P_2O_5/ml Lösung: 25 ml der Stammlösung in einem 250 ml-Meßkolben mit deion. Wasser auffüllen. 1 µg P/ml entspricht 2,3 µg P_2O_5/ml.

Lösung für eine Bezugskurve:

µg P_2O_5/ml	4,0	8,0	16,0	20,0
µg P/ml	1,75	3,5	7,0	8,7
ml-Meßkolben	50	50	50	50
µl Stl *oder*	500	1000	2000	2500
ml P_2O_5-Zwv	5	10	20	25
ml Molybdändivanadatlsg.	10	10	10	10
auffüllen mit	H_2O	H_2O	H_2O	H_2O

Zur Konstruktion der Bezugskurve werden für jede Konzentrationsstufe zwei Lösungen entsprechend den obigen Angaben hergestellt. Die Reihenfolge der Lösungs- und Reagenzienzugabe in die Meßkolben siehe unter Abschnitt "*1. Mit Bezugskurve*".

Arbeitsvorschrift

Mögliche Störungen:

a) Die Eisenkomponente der Meßlösungen für die Analysenproben kann Plusfehler bei den P_2O_5-Werten zur Folge haben. Der Fehler beträgt bei 10 % Gesamteisen (Fe_2O_3) in der Probe etwa 0,025 % P_2O_5. Folgende Korrektur ist möglich (MAXWELL, 1968: 394):

% P_2O_5 (korrigiert) = % P_2O_5 (gemessen) - (% Gesamt-Fe_2O_3 · 0,0025)

b) Fluoridionen stören bei der Farbreaktion. Daher ist die Flußsäure beim Aufschluß vollständig abzurauchen. Die Probe darf dabei nicht über 250 °C erhitzt werden, da sonst P_2O_5-Verluste auftreten (MAXWELL, 1968: 192).

1. Mit Bezugskurve:

Die Meßlösungen für die Analysenproben werden für die verschiedenen P_2O_5-Anteile in den Gesteinen wie folgt hergestellt:

% P_2O_5 im Gestein	0,5 - 0,1	<0,1
% P im Gestein	0,22 - 0,044	<0,044
mg Probe/ml Aufschlußlsg.	200/100	500/100
ml-Meßkolben für Meßlsg.	25	25
ml Aufschlußlsg.	20	20
ml Molybdändivanadatlsg.	5	5

Von den zwei Säureaufschlüssen pro Probe (Flußsäure und Perchlorsäure oder Flußsäure und Schwefelsäure) werden zwei Meßlösungen hergestellt. Zunächst wird in die Meßkolben die Aufschlußlösung pipettiert. Dann die Molybdändivanadatlösung hinzufügen. Die Lösungen gut umschütteln.

Die Nullwertlösung besteht aus 20 ml Molybdändivanadat, aufgefüllt mit deion. Wasser auf 100 ml im Meßkolben.

Nach 10 Minuten können die Bezugslösungen und die Meßlösungen für die Analysenproben gegen die Nullwertlösung gemessen werden. Wellenlänge 430 nm, Spaltbreite 0,25 nm. Schichtlänge der Meßküvetten: 1, 2 oder 5 cm.

Berechnung mit Bezugskurve:

Siehe Abschnitt 12, Gleichung (12.04).

Umrechnungsfaktoren: $P_2O_5 \cdot 0{,}4364 = P$
$P \cdot 2{,}2914 = P_2O_5$

2. Ohne Bezugskurve:

Von den Säureaufschlüssen (Flußsäure und Perchlorsäure oder Flußsäure und Schwefelsäure) werden Meßlösungen hergestellt entsprechend den P_2O_5-Anteilen im Gestein (siehe unter *"1. Mit Eichkurve"*). Als Bezugslösungen lassen sich die Konzentrationen 4,0 µg P_2O_5/ml oder 8,0 µg P_2O_5/ml verwenden (siehe unter *"Lösungen für eine Bezugskurve"*). Es empfiehlt sich, von der Bezugskonzentration drei Meßlösungen herzustellen. Die Zusammensetzung der Nullwertlösung siehe unter *"1. Mit Eichkurve"*. Die Messung der Bezugslösungen und der Meßlösungen für die Analysenproben erfolgt wie unter *"1. Mit Bezugskurve"* beschrieben.

Berechnung ohne Bezugskurve:

Siehe Abschnitt 12, Gleichung (12.07).

Standardabweichung:

Der Gesamtfehler für die spektralphotometrische Bestimmung von P_2O_5 in Gesteinen mittels der Molybdängelb-Methode ist für den Bereich 0,1 - 0,6 % P_2O_5 ermittelt worden. Es ist mit einer Standardabweichung s = 0,01 - 0,06 % P_2O_5 (absolut) zu rechnen.

Molybdänblau-Methode:

Reagenzien: Kaliumdihydrogenphosphat, zur Analyse, KH_2PO_4
Ammoniumheptamolybdat-Tetrahydrat (Ammoniummolybdat), zur Analyse, $(NH_4)_6Mo_7O_{24} \cdot 4H_2O$
Ammoniumheptamolybdat-Lösung: 5 g Ammoniumheptamolybdat-Tetrahydrat in deion. Wasser lösen, mit Wasser auf 250 ml auffüllen. In einer Polyethylenflasche aufbewahren.
Ascorbinsäure, zur Analyse
Ascorbinsäure-Lösung: 4,4 g Ascorbinsäure in 250 ml deion. Wasser lösen. Die Lösung enthält 0,1 mol Ascorbinsäure/l. Sie muß im Kühlschrank aufbewahrt werden. Bei Gelbfärbung ist eine neue Lösung anzusetzen.
Schwefelsäure, zur Analyse, w: 95 - 97 %, c: 17,8 - 18,2 mol/l, ρ: 1,84 g/ml
In einem 250 ml-Meßkolben 104 ml deion. Wasser geben, dazu 21 ml H_2SO_4. Umschütteln. Vorsicht! Dann 38 ml Ammoniumheptamolybdatlösung und 60 ml Ascorbinsäurelösung hinzufügen. Mit deion. Wasser bis zur Ringmarke auffüllen. Die schwach grün gefärbte Reduktionslösung darf erst kurz vor Gebrauch angesetzt werden.

Geräte: Meßkolben: 50, 100, 250, 500, 1000 ml
Vollpipetten: verschiedene Volumina

Herstellung der Bezugslösungen:

Stammlösung (Stl) mit 109,1 µg P/ml Lösung bzw. 250 µg P_2O_5/ml Lösung: 0,4794 g Kaliumdihydrogenphosphat (0,2500 g P_2O_5) werden in einem 1000 ml-Meßkolben gelöst und mit deion. Wasser aufgefüllt. Das Kaliumdihydrogenphosphat muß vor der Einwaage zwei Stunden bei 100 °C getrocknet werden.

Zwischenverdünnung (Zwv) mit 2,2 µg P/ml Lösung bzw. 5 µg P_2O_5/ml Lösung: 20 ml der Stammlösung in einem 1000 ml-Meßkolben mit deion. Wasser bis zur Ringmarke auffüllen. 1 µg P/ml entspricht 2,3 µg P_2O_5/ml.

Lösungen für eine Bezugskurve:

µg P_2O_5/ml	0,25	0,50	1,00	1,25
µg P/ml	0,11	0,22	0,44	0,55
ml-Meßkolben	100	100	100	100
µl Stl *oder*	100	200	400	500
ml P_2O_5-Zwv	5	10	20	25
ml Reduktionslsg.	20	20	20	20
auffüllen mit	H_2O	H_2O	H_2O	H_2O

Für die Ermittlung der Bezugskurve werden für jede Konzentrationsstufe zwei Lösungen entsprechend den obigen Angaben hergestellt. Die Reihenfolge der Lösungs- und Reagenzienzugabe in die Meßkolben siehe unter Abschnitt "1. Mit Bezugskurve."

Arbeitsvorschrift:

Die folgenden Angaben beziehen sich im wesentlichen auf KÖSTER (1979).

Mögliche Störungen:

a) Da Chloridionen die Bestimmung nicht stören, kann auch der in Salzsäure gelöste Rückstand aus einem Flußsäure- und Perchlorsäure-Aufschluß zur Analyse verwendet werden.
b) Die Meßkolben müssen vor Gebrauch mit konzentrierter Schwefelsäure gefüllt werden und über Nacht stehen bleiben. Dann die Meßkolben gründlich mit deion. Wasser spülen. Die Schwefelsäure nicht in den Ausguß geben! Es empfiehlt sich, immer die gleichen Meßkolben zur P_2O_5-Bestimmung zu verwenden. Diese müssen dann nur noch gelegentlich mit Schwefelsäure gereinigt werden. (KÖSTER, 1979: 85).
c) Das Verfahren ist geeignet zur Bestimmung von Anteilen kleiner 1,5 µg P_2O_5/ml Lösung.

1. Mit Bezugskurve:

Die Meßlösungen für die Analysenproben werden für die verschiedenen P_2O_5-Anteile in den Gesteinen wie folgt hergestellt:

% P_2O_5 im Gestein	0,5 - 0,3	0,3 - 0,1	0,1 - 0,01
% P im Gestein	0,22 - 0,13	0,13 - 0,044	0,044 - 0,0044
mg Probe/ml Aufschlußlsg.	200/250	200/250	200/100
ml-Meßkolben für Meßlsg.	100	50	25
ml Aufschlußlsg.	25	25	20
ml Reduktionslsg.	20	10	5
auffüllen mit	H_2O	H_2O	H_2O

Von den zwei Säureaufschlußlösungen pro Probe (Flußsäure und Perchlorsäure oder Flußsäure und Schwefelsäure) werden zwei Meßlösungen hergestellt. Zunächst wird in die Meßkolben die Aufschlußlösung pipettiert. Dann die Reduktionslösung hinzufügen und mit deion. Wasser bis zur Ringmarke auffüllen. Umschütteln!

Die Nullwertlösung besteht aus 20 ml Reduktionslösung, aufgefüllt mit deion. Wasser auf 100 ml im Meßkolben.

Die Lösung über Nacht stehen lassen und erst dann gegen die Nullwertlösung messen. Wellenlänge 830 nm, Spaltbreite 0,25 nm. Schichtlänge der Meßküvetten: 2 oder 5 cm.

Berechnung mit Bezugskurve:

Siehe Abschnitt 12, Gleichung (12.04).

Umrechnungsfaktoren: Unter Molybdängelb-Methode.

2. Ohne Bezugskurve:

Von den Säureaufschlüssen (Flußsäure und Perchlorsäure oder Flußsäure und Schwefelsäure) werden Meßlösungen hergestellt entsprechend den P_2O_5-Anteilen im Gestein (siehe unter "*1. Mit Eichkurve*"). Als Bezugslösung läßt sich die Konzentration 0,5 µg P_2O_5/ml verwenden (siehe unter "*Lösungen für eine Bezugskurve*"). Es empfiehlt sich, von der Bezugskonzentration drei Meßlösungen herzustellen. Zur Zusammensetzung der Nullwertlösung siehe unter "*1. Mit Bezugskurve*".

Wie unter *"1. Mit Bezugskurve"* beschrieben, die Bezugslösungen und die Meßlösungen für die Analysenproben über Nacht stehen lassen und erst dann gegen die Nullwertlösung messen.Die Meßbedingungen sind ebenfalls unter dem zuletzt genannten Abschnitt angegeben.

Berechnung ohne Bezugskurve:

Siehe Abschnitt 12, Gleichung (12.07).

14.14 F

Ionenselektive Elektrode

Grundlagen

Die Meßanordnung besteht aus einer auf Fluoridionen empfindlich reagierenden Elektrode und einer Silber-Silberchlorid-Bezugselektrode. Beide Elektroden sind über ein Präzisions-pH-Meter miteinander verbunden. Die Fluorid-Elektrode ist eine Festkörperelektrode, deren ionenempfindliches Diaphragma aus einem wasserunlöslichen LaF_3-Einkristall besteht. An der Grenze Diaphragma - Probelösung entsteht ein Potential, welches der Fluoridaktivität in der Lösung proportional ist. Der Aktivitätskoeffizient γ, der von der Gesamtionenstärke der Lösung abhängt, setzt die Aktivität a und die Konzentration F in direkte Beziehung ($a_F = \gamma [F]$). Außer der Ionenstärke muß auch der pH-Wert der Meßlösungen für die Analysenproben sowie der Bezugslösungen kontrolliert werden. Einige Firmen bieten spezielle Pufferlösungen an, mit denen die Meß- und Bezugslösungen zur Einhaltung der Ionenstärke und des pH-Wertes verdünnt werden können. Solche TISAB-Lösungen (total ionic strength adjustment buffer solution) enthalten außer einem geeigneten Puffersystem noch Komplexierungsmittel, beispielsweise 1,2-Cyclohexylendinitrilotetra-essigsäure-Monohydrat (z.B. Titriplex IV). Letztere sollen Störionen fixieren und gebundene Fluoridionen freisetzen.

Alle Messungen müsen bei gleicher Temperatur und gleichen Rührbedingungen durchgeführt werden. Gemessen wird die elektromotorische Kraft (EMK) in mV, welche in einem bestimmten Konzentrationsbereich der Ionenaktivität direkt proportional ist (BAST, 1972; CAMMANN, 1973; KLEMM, 1980).

Die Fluoridbestimmung kann entweder nach pyrohydrolytischer Abtrennung (FARZANEH u. TROLL, 1977b) oder direkt in der Aufschlußlösung erfolgen. Für die direkte Bestimmung eignet sich der Aufschluß mit Natriumhydroxid (KESLER et al., 1973; KLUGER et al., 1975; KELTSCH, 1977). Eine kritische Literaturübersicht gibt NICHOLSON (1983).

Reagenzien: Fluorid-Stammlösung, 1,000 ± 0,002 g F (KF in Wasser, z.B. Merck 9869)
TISAB-III-Lösung für die Fluoridbestimmung (z.B. Merck 16770)
Natriumhydroxid, Plätzchen, zur Analyse
Natriumhydroxid-Lösung, c: 1 mol NaOH/l, 10 g festes NaOH lösen, auf 250 ml mit deion. Wasser auffüllen.
Salzsäure, zur Analyse, w: min. 37 %, c: 12,5 mol/l, ρ: 1,19 g/ml. Verdünnung: 20 ml Salzsäure auf 250 ml mit deion. Wasser auffüllen, c: 1 mol HCl/l.

Geräte: Präzisions-pH-Meter
Fluorid-Elektrode
Bezugselektrode Ag-AgCl
pH-Elektrode
Magnetrührer
Schmelztiegel aus Reinnickel (99,5%), Wandstärke 1 mm, 70 ml Inhalt, 50 mm ∅, 45 mm hoch, mit Deckel; es kann auch ein Silbertiegel mit Deckel verwendet werden.
Becher aus Polypropylen: 50, 100 ml
Polyethylen-Enghalsflaschen: 100 ml
Meßkolben aus Glas: 100 ml
Mikroliterpipetten: verschiedene Volumina
Muffelofen
Tiegelzange

Arbeitsvorschrift

1. Aufschluß der Analysenproben:

Im Nickeltiegel werden 3 g festes NaOH bei 550° - 600 °C etwa 10 Minuten in einem Muffelofen geschmolzen. Anschließend läßt man den Tiegel auf Zimmertemperatur abkühlen. Zu der erstarrten Schmelze werden 0,1 - 0,25 g der gepulverten Analysenprobe gegeben und die Substanz gleichmäßig verteilt. Bei Einwaagen von maximal 0,5 g Substanz müssen etwa 4 g NaOH angewendet werden. Die Einwaage ist so zu kalkulieren, daß in den 100 ml Probelösung etwa 0,7 µg F/ml enthalten sind.

Nach der Zugabe der Probe zum Aufschlußmittel wird der Tiegel erneut im Muffelofen auf Rotglut erhitzt. Der Aufschluß ist nach etwa 30 Minuten beendet.

Die erstarrte Schmelze wird über Nacht mit 20 ml TISAB-Lösung behandelt (Tiegel abdecken). Der dann weitgehend gelöste Aufschluß wird einschließlich geringer Rückstände quantitativ in einen 100 ml-Polypropylen-Becher übergespült und das Volumen mit deion. Wasser auf fast 100 ml vergrößert. Der pH-Wert dieser Aufschlußlösung wird mit 1 mol HCl/l oder 1 mol NaOH/l auf 6,0 ± 0,1 eingestellt. Die Volumeneinstellung der Aufschlußlösung wird in einem 100 ml-Meßkolben vorgenommen. Dann wird die Lösung sofort in eine 100 ml-Polyethylenflasche umgefüllt. Für Fluorid-Bestimmungen hergestellte Lösungen dürfen nicht längere Zeit in Glasgefäßen aufbewahrt werden.

2. Herstellung der Bezugslösungen:

Die Aufschluß- und Bezugslösungen müssen ähnliche Ionenstärken aufweisen. Das heißt, auch die Bezugslösungen müssen die gleichen Anteile an Aufschlußmittel enthalten wie die Aufschlußlösungen.

Wie beim Aufschluß der Analysensubstanz werden 3 g festes NaOH im Nickeltiegel geschmolzen. Die erstarrte Schmelze wird mit 20 ml TISAB-Lösung behandelt, bis sich der Bodenkörper gelöst hat. Nach mehrmaligem Ausspülen des Nickeltiegels mit deion. Wasser in einen Polypropylenbecher wird der pH-Wert in oben angegebener Weise ebenfalls auf 6,0 ± 0,1 eingestellt.

Diesen Lösungen werden in abgestuften Volumina (z.B. 20, 50, 100, 200 µl) mit Mikroliterpipetten Fluorid-Anteile aus der Stammlösung hinzugefügt. Letztere richten sich nach den zu erwartenden Fluorid-Anteilen in den Probelösungen. Die Bezugslösungen werden ebenfalls in 100 ml-Meßkolben aufgefüllt und anschließend in 100 ml-Polyethylenflaschen aufbewahrt.

3. Herstellung der Meßlösungen (Aufschlußlösungen, Bezugslösungen) und deren Messung:

In 50 ml Polypropylenbechern werden jeweils 10 ml der Aufschluß- und Bezugslösungen pipettiert und 10 ml TISAB-Lösung hinzugefügt. Diese Lösungen müssen zunächst 30 Minuten abgedeckt bei Raumtemperatur stehen bleiben. Erst dann dürfen, ebenfalls bei Raumtemperatur, die Messungen vorgenommen werden.

Unter gleichbleibenden Rührbedingungen (Magnetrührer) werden die EMK-Werte in mV am pH-Meter abgelesen. Die Potentialeinstellung kann bis zu 20 Minuten dauern.

Berechnung:

Zur Auswertung werden auf Einfach-Logarithmenpapier die EMK-Werte der Bezugslösungen (Ordinate) gegen die Fluorid-Anteile auf der logarithmisch geteilten Abzisse aufgetragen. Aus dieser Bezugskurve lassen sich dann für die Analysenproben die Fluoridkonzentrationen ermitteln. Da alle Meßlösungen den gleichen Nullwert aufweisen, ist eine entsprechende Korrektur nicht erforderlich.

Die aus der Bezugskurve abgelesenen µg F/ml werden wie folgt auf die Einwaage bezogen.

$$m_F = ß_F \cdot \frac{V_A}{m(e)} \cdot 1000 \qquad (14.16)$$

m_F = Massenanteil in µg F/g Probe
$ß_F$ = aus der Bezugskurve entnommener Massenanteil Fluorid in der Meßlösung. Angabe in µg F/ml.
V_A = Gesamtvolumen der Aufschlußlösung (Analysenprobe) in ml
$m(e)$ = mg Einwaage Analysensubstanz für den Aufschluß
1000 = Umrechnung auf µg F/g Probe

Die Berechnung von Massenanteilen Fluorid in % erfolgt entsprechend Abschnitt 12, Gleichung (12.04).

Standardabweichung:

Der Gesamtfehler für die Fluoridbestimmung nach pyrohydrolytischer Abtrennung und für die direkte Bestimmung (NaOH-Aufschluß) ist für den Bereich 350 µg F/g Gestein ermittelt worden. Es ist bei der erstgenannten Methode mit einer Standardabweichung s = 35 µg F/g Gestein (absolut) zu rechnen, bei dem zweitgenannten Verfahren mit s = 19 µg F/g Gestein (absolut).

Aufbewahrung der Elektroden:

Die Fluorid-Elektrode darf nicht längere Zeit in TISAB-haltigen Lösungen eingetaucht bleiben, da sonst die Kristallmembran durch Komplexbildner angegriffen wird. Sollten sich trotz aller Vorsichtsmaßnahmen Ablagerungen auf dem Kristall gebildet haben, können diese durch vorsichtiges Abtupfen mit Kleenextüchern entfernt werden. Die Fluorid-Elektrode wird meßfertig geliefert und ist praktisch wartungsfrei. Dagegen muß die Ag-AgCl - Bezugselektrode bei Nichtgebrauch in einer Lösung aufbewahrt werden, welche in der Zusammensetzung eine verdünnte Elektrodenlösung ist.

14.15 S

14.15.1 Gesamt-Schwefel, Coulometrische Titration

Grundlagen

Die Gesteinsprobe wird in einem Reaktionsrohr bei 1350 °C im Sauerstoffstrom erhitzt. Der aus den Schwefelverbindungen freigesetzte Schwefel wird dabei zu SO_2 oxidiert. Erfaßt wird auf diese Weise der Gesamt-Schwefel der Probe. Nach Reinigung des Gasstromes von Halogenverbindungen wird das SO_2 in eine Absorptionslösung (H_2O_2-haltige Natriumsulfat-Lösung, pH 4,5) eingeleitet. Dabei wird SO_2 in SO_3 überführt und H_2SO_4 gebildet. Letztere erniedrigt den pH-Wert der Absorptionslösung. Durch Elektrolyse werden dann OH^--Ionen gebildet, bis der Ausgangs-pH-Wert wieder erreicht ist. Die dabei verbrauchte Strommenge ist äquivalent dem SO_2, welches mit der Natriumsulfatlösung reagiert hat. Die folgende Arbeitsvorschrift entspricht den Angaben bei LANGE u. BRUMSACK (1977).

Reagenzien: Sauerstoff, handelsübliches Gas, 99,6 % O_2
Natronkalk mit Indikator, zur Analyse, Korngröße etwa 2-5 mm
8-Hydroxychinolin, zur Analyse
Wasserstoffperoxid 30 %, zur Synthese
Natriumsulfat wasserfrei, zur Analyse; Absorptionslösung: 10 g Na_2SO_4 und 2 ml H_2O_2 auffüllen auf 200 ml mit deion. Wasser
Zinkoxid, zur Analyse
Quarzwolle

Schwefel sublimiert, für die Herstellung eines synthetischen Standards

Quarzpulver, als Matrix für den synthetischen Standard

Schwefelstandard mit einem Anteil von 1 % S: 0,1 g S und 9,9 g Quarzpulver werden in einer Achatreibschale homogenisiert.

Eisen, durch Reduktion hergestellt, zur Analyse (z.B. Merck Nr. 3819) Verwendung als Flußmittel

Vanadium(V)-oxid (z.B. Merck Nr. 825) Verwendung als Oxidationsmittel

Mischung Eisen und Vanadium(V)-oxid im Verhältnis 1 + 1 als Zusatz zu den Analysenproben

Acetat-Pufferlösung, pH 4,66

Phosphat-Pufferlösung, pH 6,88

Kieselgel mit Feuchtigkeitsindikator (Blau-Gel), Korngröße etwa 1 - 3 mm

Kaliumchlorid, zur Analyse

KCl-Lösung, 3 mol/l, zum Aufbewahren der Glaselektrode in der betriebsfreien Zeit. Nur Membran der Glaselektrode eintauchen, nicht auch das Diaphragma.

Geräte: Coulomat 7012 der Firma Ströhlein u. Co. oder ein neueres Modell.
Der Aufbau und die Funktionsweise der Apparatur ist aus der Abb. 14-6 zu ersehen. Bei der Anzeige entspricht 1 Digit $1 \cdot 10^{-7}$ g S. Das Grundgerät ist identisch mit der Apparatur für die C-Bestimmung (Abschnitt 14.12.2, Abb. 14-5). Es besteht aus einem Röhrenofen, dem Titriergefäß mit Thermostat und Förderpumpe sowie dem Coulometer. Die Arbeitsweise des Gerätes ist täglich mit dem Schwefelstandard zu überprüfen.
Porzellanschiffchen (80x13x9 mm). Mindestens eine Stunde bei 1000 °C im Muffelofen ausglühen. Nach dem Abkühlen im Exsikkator aufbewahren. Die Schiffchen dürfen nur mit einer Pinzette oder Tiegelzange angefaßt werden. Beispielsweise enthält die Haut 0,1 - 0,2 % S.

Arbeitsvorschrift

Einwaage und Analysengang

Die Mineral- bzw. Gesteinsprobe muß auf Korngrößen < 0,125 mm aufgemahlen werden. Die Einwaage richtet sich nach dem S-Anteil in der Substanz und beträgt 0,1 - 0,2 g. Sie erfolgt direkt in die Schiffchen. Die Analysensubstanz wird dann mit der gleichen Menge einer Mischung aus Eisen und Vanadium(V)oxid (siehe Reagenzien) abgedeckt. Eine Durchmischung mit der Analysenprobe ist nicht erforderlich.

Das Schiffchen mit der Probe wird in das auf 1350 °C aufgeheizte Reaktionsrohr geschoben. Im Sauerstoffstrom erfolgt dann die Bildung von SO_2. Über einen Durchflußregler wird der Sauerstoff-Fluß auf 54 l/h eingestellt. Da die Leistung der Pumpe nur 24 l/h beträgt, ist durch den Sauerstoffüberschuß im Reaktionsrohr ein Gasverschluß am offenen Rohrende gewährleistet.

Der Gasstrom mit dem SO_2 gelangt dann über eine Kartusche in ein aus Pythagoras-Masse (Al_2O_3) bestehendes Innenrohr (J der Abb. 14-6) und ein mit gepulvertem 8-Hydroxychinolin gefülltes Rohr zur Reinigung des Gasgemisches von Halogenen (K der Abb. 14-6). Von dort strömt das Gas in das Titrier- (Absorptions-) Gefäß. Die Temperatur der Lösung wird über einen Thermostaten auf 35 °C gehalten. Alle 4 - 5 Stunden muß die Absorptionslösung mit 2 ml H_2O_2 versetzt werden.

Der Betriebs-pH-Wert der Absorptionslösung wird auf 4,5 eingestellt. Zur Bestimmung der Blindwerte werden 0,2 g der Mischung aus Eisen und Vanadium(V)-oxid in Porzellanschiffchen eingewogen und über die Analysenzeit (5 Minuten) im Röhrenofen geglüht. Normalerweise entsprechen die Blindwerte Anteilen von < 7,5 µg S/g Substanz. Sie liegen damit unterhalb der Nachweisgrenze des Verfahrens.

Bei der Bestimmung des Gesamt-Schwefels werden durch die unvollständige Freisetzung des Schwefels aus der Probe und mögliche Undichtigkeiten an der Apparatur die tatsächlichen S-Anteile nicht zu 100 % erfaßt. Mit dem Schwefelstandard wird der Korrekturfaktor bestimmt. Er ergibt sich aus 5 Wiederholungsmessungen von je 0,1 g Schwefelstandard. Der theoretische Wert für 1 mg S beträgt 10 000 Digits. Normalerweise werden 9200 bis 9600 Digits gemessen, was einer Ausbeute von 92 - 96 % entspricht. Ist die Anzahl der Digits kleiner 9100, muß das Gerät auf Undichtigkeit oder andere Fehler untersucht werden.

Die Reproduzierbarkeit bei der Bestimmung der Ausbeute darf 1 % nicht überschreiten. Zur Berechnung des Korrekturfaktors wird vom Mittelwert $\bar{x}$ der tatsächlich gemessenen Digits ausgegangen.

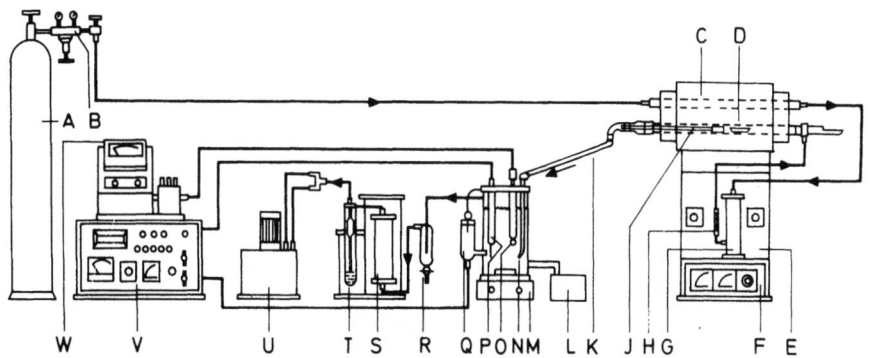

Abb. 14-6. Funktionsschema eines Coulomaten zur Bestimmung von Schwefel. A = Sauerstoff-Flasche; B = Reduzierventil; C = Röhrenofen; D = Reaktions- (Verbrennungs-) rohr; E = Transformator; F = Temperatur-Regelautomat; G = Trockenturm (Natronkalk); H = Strömungsmesser; J = Innenrohr mit Kartusche; K = 8-Hydroxychinolin; L = Thermostat; M = Titrier-(Absorptions-) Gefäß; N = Gaseinleitungsrohr; O = Einstabmeßkette; P = Kathodenrohr; Q = Anodengefäß; R = Wasserabscheider; S = Trockenturm (Kieselgel); T = Quecksilbermanometer; U = Förderpumpe; V = Coulometer; W = pH-Meter.

Während bei der C-Bestimmung die Förderpumpe das Gas durch die Reaktionslösung drückt, wird entsprechend der Anordnung für die S-Bestimmung (U der Abb. 14-6) der Gasstrom durch das Titriergefäß gesaugt. Damit aus dem Titriergefäß keine Feuchtigkeit in die Förderpumpe gelangt, ist zwischen M und U der Abb. 14-6 ein Wasserabscheider (R) und ein Trockenturm (S) angeordnet. An einem Quecksilbermanometer (T der Abb. 14-6) läßt sich feststellen, ob die Kartusche im Reaktionsrohr langsam verstopft. In diesem Fall müssen das Innenrohr mit Kartusche und eventuell auch das Reaktionsrohr ausgetauscht werden.

Beim Betrieb des Titriergefäßes ist darauf zu achten, daß im Kathodenteil die Austrittsöffnung des Gaseinleitungsrohres (N der Abb. 14-6) gegen die Rührrichtung des Magnetrührers gerichtet ist. Das Pt-Blech der Kathode muß sich möglichst dicht vor dem Diaphragma des Anodengefäßes befinden. Im Anodenteil des Titriergefäßes ist zu beachten, daß das Zinkoxid in der Natriumsulfatlösung bis über das Diaphragma zwischen dem Kathoden- und Anodenteil reicht.

Berechnung:

Die am Coulomaten angezeigten Digits beziehen sich auf eine von der Herstellerfirma vorgenommene Eichung. Für den Gesamt-Schwefel errechnet sich der Massenanteil in % wie folgt:

$$\% S = \frac{(A - A_0) \cdot F}{mg\ Einwaage \cdot 100}$$

A = Digits für Analysenprobe
A_0 = Digits für Blindwert (gleiche Meßdauer wie Analysenprobe)
F = Korrekturfaktor der Ausbeute = $\frac{A_{theoretisch}}{(A - A_0)_{tatsächlich}}$

1 Digit entspricht $1 \cdot 10^{-7}$ g S

Umrechnungsfaktoren:

S · 1,9981 = SO_2
S · 2,4971 = SO_3
S · 2,9962 = SO_4
SO_2 · 0,5005 = S
SO_3 · 0,4005 = S
SO_4 · 0,3338 = S

Standardabweichung:

Der Gesamtfehler für die Bestimmung des Gesamt-Schwefels ist für den Bereich 0,1 - 0,4 % S ermittelt worden. Es ist mit einer Standardabweichung s = 0,004 - 0,01 % S (absolut) zu rechnen.

14.15.2 Sulfid- und Sulfatschwefel

Grundlagen

Mittels der coulometrischen Titration (Abschnitt 14.15.1) läßt sich auch bei Abwesenheit von organisch gebundenem Schwefel in den Proben eine Unterscheidung zwischen Anteilen an Sulfid- und Sulfatschwefel vornehmen (BRUMSACK, 1981).
  Die Methode beruht auf der Zersetzung der Sulfide im Sauerstoffstrom bei niedrigeren Temperaturen (< 700 °C) und der Zersetzung der Sulfate bei hö-

heren Temperaturen (> 700 °C). Dadurch läßt sich bei Erhitzung der Substanz auf nur 700 °C der Sulfidschwefel erfassen und durch Glühen der Proben bei 1350 °C auch der Sulfatschwefel. Bei 700 °C wird ohne Zusatz und bei 1350 °C mit Zusatz gearbeitet. Daher zwei Einwaagen!

Eine mögliche Fehlerquelle muß hierbei bedacht werden. Bei 700 °C werden nämlich nicht nur die Sulfide zersetzt, sondern auch organische Schwefelverbindungen. Bei einem Nebeneinander von Sulfidschwefel und organisch gebundenem Schwefel in der Probe läßt sich somit der Sulfidschwefel nicht mehr bestimmen. Bei solchen Proben sind nur Informationen möglich über den Gesamt-Schwefel (Glühen bei 1350 °C) und den Sulfatschwefel. Letzterer ergibt sich dann aus getrennten Einwaagen durch die Differenz zwischen dem bei 1350 °C bestimmten Gesamt-Schwefel und dem bei 700 °C gemessenen Sulfid- plus organisch gebundenen Schwefel.

Arbeitsvorschrift

In der Praxis werden an getrennten Einwaagen der gleichen Probe die Schwefelanteile bei 1350 °C und bei 700 °C bestimmt.

Bei 700 °C wird auf eine Abdeckung der Probe mit der Mischung aus Eisen und Vanadium(V)-oxid verzichtet (Abschnitt 14.15.1). Entsprechend der Ab- oder Anwesenheit von Schwefel in organischen Verbindungen ist eine Unterscheidung zwischen Sulfid- und Sulfatschwefel oder Gesamt- und Sulfatschwefel möglich. In beiden Fällen wird der Sulfatschwefel aus der Differenz zum Gesamt-Schwefel berechnet.

Das Gerät und die Durchführung der Messungen entspricht den Angaben im Abschnitt 14.15.1.

Berechnung:

1. Gesamt-Schwefel − Sulfidschwefel = Sulfatschwefel
2. Gesamt-Schwefel − Sulfid- und organischer Schwefel = Sulfatschwefel

Umrechnungsfaktoren:

siehe Abschnitt 14.15.1

15 Abtrennung der Lanthaniden (Seltenen Erden) für die Bestimmung mit der ICP-AES

Geochemische und analytische Grundlagen

Die absoluten Lanthanidenanteile sowie deren relative Verteilung liefern wichtige Informationen über die Entstehung und Umbildung von Mineralen und Gesteinen (z.B. HERRMANN, 1970). Für die quantitative Bestimmung der in ihrem chemischen Verhalten sehr ähnlichen Lanthaniden sind verschiedene Verfahren geeignet (KANTIPULY u. WESTLAND, 1988). Für geowissenschaftliche Fragestellungen kommt es darauf an, möglichst viele der 14 Elemente zwischen dem Lanthan und einschließlich Lutetium zu bestimmen.

Zu den Methoden, welche eine direkte Bestimmung der Lanthaniden in der festen Probesubstanz oder in der Aufschlußlösung erlauben, gehört die instrumentelle Neutronenaktivierungsanalyse, die Massenspektrometrie und die ICP-MS. Andere Methoden erfordern die vorherige Abtrennung der Lanthaniden von den Hauptbestandteilen der Gesteine. Hierzu gehören die Röntgenfluoreszenzspektrometrie, die Atomabsorptionsspektrometrie mit elektrothermischer Atomisierung, die ICP-AES und die Spektralphotometrie.

Die Abtrennung der Lanthaniden aus den Gesteinen kann nach Schmelz- oder Säureaufschlüssen durch Fällung erfolgen (z.B. WARING u. Mela, 1953; LERNER u. Petretic, 1956; ONISHI u. BANKS, 1963; HERRMANN u. WEDEPOHL, 1967). Bei diesen Verfahren besteht die Gefahr, daß im Verlauf der Fällungsoperation Fraktionierungen zwischen den leichteren und schwereren Lanthaniden stattfinden. Diese Fehlermöglichkeit ist weniger gegeben bei Kationenaustauschverfahren, z.B. mit Dowex 50W-X8 (EDGE u. AHRENS, 1962; STRELOW u. JACKSON, 1974; MEHTA u. KHOPKAR, 1978; BROEKAERT u. HÖRMANN, 1981; WALSH et al., 1981; ERZINGER et al., 1984; CROCK et al., 1984; SCHNETGER, 1988; ZACHMANN, 1988) und bei Anionenaustauschverfahren (z.B. KAKIHANA u. KUROKAWA, 1974; ROELANDTS et al., 1974; CHAKRAVORTY u. KHOPKAR, 1977; ERISTAVI u. KASHAKASHVILI, 1977). CASSIDY u. KATZ-LEHNERT (1987) verwenden als Kationenaustauscher AG 50W X12 kombiniert mit der Hochleistungs-Flüssigkeitschromatographie (HPLC).

Abtrennung der Lanthaniden durch Kationenaustausch:

Zum Aufschluß des Probematerials eignet sich Natriumperoxid (z.B. ROBINSON et al., 1986; SCHNETGER, 1988). Die Abtrennung der Lanthaniden von störenden Elementen erfolgt mit einem Kationenaustauscher (Dowex 50W-X8) und Elution mit Säuren unterschiedlicher Stoffmengenkonzentration. Das Prinzip der Trennung beruht darauf, daß Ionen mit höherer Ladung stärker am Kationenaustauscher gebunden werden als Ionen mit niedriger Ladung. Ein- und zweiwertige Kationen wie Na^+, K^+, Mg^{++} und Ca^{++} lassen sich mit Säuren geringer Stoffmengenkonzentrationen leichter eluieren als Kationen wie Al^{+++}, Fe^{+++}, Cr^{+++}, La^{+++} und die anderen Lanthaniden. Die Schärfe der Trennung hängt unter anderem von der Korngröße und der Menge des Austauscherharzes sowie von den Abmessungen der Austauschersäule ab.

Auch bei Verwendung vergleichsweise kurzer Säulen und von Säuren hoher Stoffmengenkonzentration (siehe Reagenzien und Geräte) treten die Lanthaniden erst nach den Haupt- und Nebenelementen aus dem Austauscher aus. Auf diese Weise läßt sich eine ausreichende quantitative Trennung der Lanthaniden von den störenden Matrixelementen erreichen.

SCHNETGER (1988) eluiert die störenden Matrixelemente mit 350 ml Salzsäure (1,4 mol HCl/l) und die Lanthaniden mit 400 ml Salzsäure (4 mol HCl/l). Außer den Lanthaniden sind im Eluat noch Anteile an Ba, Hf, Sc, Th, Y, Zr, Ca, Cr und Sr enthalten. Die folgenden Angaben beziehen sich auf die von SCHNETGER (1988) angewendete Trennungsmethode.

Reagenzien: Ionenaustauscherharz, Dowex 50W-8X, 200-400 mesh
Salzsäure, zur Analyse, w: min. 37 %, c: 12,5 mol/l, ρ: 1,19 g/ml
Verdünnung: 40 ml Salzsäure + 960 ml deion. Wasser, w: 1,8 % HCl, c: 0,5 mol HCl/l
Verdünnung: 112 ml Salzsäure + 888 ml deion. Wasser, w: 5 % HCl, c: 1,4 mol HCl/l
Verdünnung: 320 ml Salzsäure + 680 ml deion. Wasser, w: 13,7 % HCl, c: 4 mol HCl/l
Flußsäure, zur Analyse, w: min. 40 %, c: 22,6 mol/l, ρ: 1,13 g/ml
Perchlorsäure, zur Analyse, w: min. 70 %, c: 11,6 mol/l, ρ: 1,67 g/ml
Natriumperoxid, zur Analyse
Stammlösungen mit je 0,1 g La, Ce, Nd, Sm, Eu, Gd, Dy, Ho,

Er, Yb, Lu in 100 ml (z.B. Firma Ventron, Alfa Produkte, D-7500 Karlsruhe)

Geräte: Ionenaustauschersäulen, Borsilicatglas, 23 mm ⌀, 300 mm hoch, mit Glasschliff zum Aufsetzen eines Tropftrichters. Die Säule wird mit 20 g Austauscherharz gefüllt.
Tropftrichter: 500 ml
Becherglaser: 800 ml, hohe Form
Meßkolben: 10, 100 ml
Teflonbecher: 35 ml
Heizblock mit Temperaturreglung bis 200 °C und Bohrungen zur Aufnahme der Teflonbecher
Becher aus Polypropylen für die Zentrifuge: 100 ml
Mikroliterpipetten: 100, 200, 500 1000 µl
Muffelofen, bis 550°C
Zentrifuge
Schmelztiegel aus Reinnickel (99,5 %), Wandstärke 1 mm, 70 ml Inhalt, 50 mm ⌀, 45 mm hoch, mit Deckel
Wasserstrahlpumpe
Glas-Filtrationsgerät, 40 mm Filterdurchmesser, 50 ml Fassungsvermögen, mit Glasfritte
Woulff'sche Flasche, 500 ml
Rundfilter, 55 mm (z.B. Selecta-Weißband 589/2 der Firma Schleicher & Schüll)
Glasstäbe: 200 mm lang
Siedeperlen aus Teflon
Glaskolben-Spritzflasche
Enghalsflaschen aus Polyethylen: 50, 100 ml
Binokular

Arbeitsvorschrift

Entsprechend den Lanthanidenanteilen in den Proben werden 1 bis 2 g Analysensubstanz im Nickeltiegel eingewogen und mit der 4 bis 5fachen Menge Natriumperoxid vermischt. Der mit dem Deckel verschlossene Tiegel wird dann eine Stunde bei 480 °C im Muffelofen erhitzt. Bei schwer aufschließbaren Verbindungen wie Granat, Sillimanit, Staurolith, Disthen, Cordierit, Titanit und andere muß die Temperatur auf 550 °C gesteigert werden. Allerdings ist dabei mit einer starken Korrosion des Nickeltiegels zu rechnen.

Nach der Abkühlung des Tiegels auf Raumtemperatur werden vorsichtig einige Tropfen deion. Wasser (Schutzbrille!) zum Aufschluß gegeben und der Nickeldeckel sofort wieder aufgelegt. Natriumperoxid reagiert intensiv mit Wasser. In Abständen wird neues deion. Wasser hinzugefügt, bis der Tiegel mit Wasser zur Hälfte gefüllt ist.

Der Aufschluß wird dann mit deion. Wasser in einen Zentrifugenbecher übergespült. Die im Nickeltiegel verbleibenden Reste des Aufschlusses werden mit 1 ml konzentrierter Salzsäure und Zugabe von wenig deion. Wasser gelöst. Lösung im Nickeltiegel stehen lassen.

Der im Zentrifugenbecher befindliche Aufschluß wird dann nach Zugabe von 50 ml deion. Wasser umgerührt und zentrifugiert. In Lösung gehen bei dieser Prozedur vor allem Natriumverbindungen mit Silicium und Aluminium. Die Lösung wird vom Bodenkörper dekantiert und verworfen. Dieser Arbeitsgang wird 2 bis 3mal wiederholt (50 ml deion. Wasser, umrühren etc.).

Wenn in der Lösung eine leichte Trübung auftritt, wird nach dem letzten Dekantieren der Rückstand im Zentrifugenbecher mit 3 ml konzentrierter Salzsäure versetzt und mit dem Glasstab umgerührt. Bei 2 g Einwaage müssen 5 ml Salzsäure angewendet werden.

Nach dem Auflösen des Bodenkörpers sofort deion. Wasser zu der Salzsäure geben, damit die Bildung eines Niederschlages an Rest-SiO_2 vermieden wird.

Die Lösungen aus dem Zentrifugenbecher und dem Nickeltiegel werden im Filtrationsgerät über ein Weißbandfilter (Filter zurechtschneiden) filtriert, um geringe Niederschläge und Teilchen des Nickeltiegels aus der Lösung zu entfernen. Andernfalls würde die Funktion der Austauscherkolonnen blockiert. Filtrationsgerät und Papierfilter quantitativ mit deion. Wasser auswaschen.

Das klare Filtrat wird in einer 100 ml-Polyethylenflasche aufbewahrt. Der auf dem Filter verbliebene Rückstand ist unter dem Binokular auf unaufgeschlossene Probeteilchen zu untersuchen.

Die Austauschersäule wird vor dem ersten Gebrauch mit je 400 ml Salzsäure (4 mol HCl/l) behandelt. Anschließend werden 200 ml deion. Wasser durch die Säule gegeben.

Die Aufschlußlösung kann nun quantitativ auf das Austauscherharz gebracht werden. Der Durchlauf wird auf 3 ml pro Minute einreguliert. Mit einigen ml Salzsäure (0,5 mol HCl/l) wird der obere Teil der Austauschersäule nachgespült, um Reste der Aufschlußlösung von der Glaswand zu entfernen.

Wenn die Aufschlußlösung die Säule durchlaufen hat, werden in einem ersten Schritt die Störelemente mit 350 ml Salzsäure (1,4 mol HCl/l) eluiert. Das Eluat wird verworfen.

15 Abtrennung der Lanthaniden

Mit einem zweiten Schritt werden die Lanthaniden eluiert. Das geschieht durch Aufgabe von 400 ml Salzsäure (4 mol HCl/l) auf das Austauscherharz. Das Eluat mit den Lanthaniden wird in einem 800 ml-Becherglas aufgefangen.

In das 800 ml-Becherglas werden Siedeperlen gegeben und die Lösung auf einem Heizblock bis auf 10 bis 20 ml eingedampft. Das Lanthanidenkonzentrat wird dann quantitativ in einen 35 ml-Teflonbecher mit deion. Wasser übergespült. Nach der Zugabe von jeweils 0,5 ml Flußsäure und Perchlorsäure (zur Entfernung von Harzresten etc.) wird die Lösung auf dem Heizblock bis zur Trockene eingedampft.

Nach der Abkühlung des Teflonbechers wird der Rückstand mit 1 ml konzentrierter Salzsäure aufgenommen, mit einigen ml deion. Wasser verdünnt und quantitativ in einen 10 ml-Meßkolben übergespült. Bis zur Ringmarke mit deion. Wasser auffüllen. Nach der Umfüllung des Kolbeninhalts in 50 ml-Polyethylenflaschen werden die Lösungen bis zur Messung kühl aufbewahrt.

Zur Messung von La, Ce, Nd und Yb muß die Lanthanidenlösung noch 1 + 9 verdünnt werden. Dazu werden 1 ml Lanthanidenlösung und 1 ml konzentrierte Salzsäure in einen 10 ml-Meßkolben pipettiert und mit deion. Wasser bis zur Ringmarke aufgefüllt. Auch diese Verdünnung muß bis zur Messung in eine trockene 50 ml-Polyethylenflasche umgefüllt und dort aufbewahrt werden.

Bezugslösungen:

Ausgehend von den Stammlösungen mit je 1000 µg Lanthaniden/ml werden in Meßkolben folgende drei Zwischenverdünnungen hergestellt:

1. Zwv mit 100 µg Element/ml: 1 ml der Stammlösung und 100 µl konz. Salzsäure mit deion. Wasser auf 10 ml auffüllen.
2. Zwv mit 10 µg Element/ml: 1 ml der Stammlösung und 1 ml konz. Salzsäure mit deion. Wasser auf 100 ml auffüllen.
3. Zwv mit 1 µg Element/ml: 100 µl der Stammlösung und 1 ml konz. Salzsäure mit deion. Wasser auf 100 ml auffüllen.

Tabelle 15-1. Verdünnungsplan zur Herstellung von Bezugslösungen für die Lanthanidenbestimmungen. Die abpipettierten Lösungen werden mit 10 ml konzentrierter Salzsäure in 100 ml-Meßkolben mit deion. Wasser bis zur Ringmarke aufgefüllt.

Konzentration in den Bezugslösungen µg/ml	Stammlösung µl	1. Zwv µl	2. Zwv µl	3. Zwv µl	Elemente
0,005	-	-	-	500	Yb
0,01	-	-	-	1000	Eu, Yb, Lu
0,02	-	-	200	-	La, Eu, Dy, Ho, Er, Yb, Lu
0,05	-	-	500	-	alle
0,1	-	-	1000	-	alle außer Yb
0,2	-	200	-	-	alle außer Yb und Lu
0,5	-	500	-	-	La, Ce, Nd, Sm, Gd, Dy, Er
1	-	1000	-	-	La, Ce, Nd, Sm, Gd, Dy, Er
2	200	-	-	-	Ce

16 Spektrometrische Elementbestimmungen

In diesem Abschnitt werden detaillierte Methodenbeschreibungen für die Bestimmung einzelner Elemente mit der Flammen-AAS, Flammen-AES, Graphitrohrofen-AAS und ICP-AES gegeben. Da die Aufschlußlösungen stark verdünnt sind, wird das Leistungsvermögen der mit anderen Arbeitsgängen (Aufschluß, Lösen, Verdünnung) gekoppelten instrumentellen Analysenmethoden stark herabgesetzt. Beim Schmelzaufschluß dürfen nur etwa 0,0002 - 0,0005 g Probe in 1 ml Lösung enthalten sein. Im Gegensatz zu den Säureaufschlüssen lassen sich bei Schmelzaufschlüssen die überschüssigen Aufschlußmittel nicht einfach durch Abrauchen entfernen. Beim Säureaufschluß von Gesteinen können in der Regel 0,001 - 0,01 g Probe/ml, bei organischen Materialien 0,005 - 0,05 g Probe/ml und gelegentlich auch mehr gelöst werden. Daraus ergeben sich unterschiedliche Verdünnungen, die bei der Abschätzung der Bestimmungsgrenzen berücksichtigt werden müssen. Bei der Messung mit der störanfälligen Graphitrohrofen-AAS sind Schmelzaufschlüsse wegen der hohen Konzentration an Begleitelementen in den Aufschlußlösungen möglichst ganz zu vermeiden. Aus den gleichen Gründen sind die Probeeinwaagen bei Säureaufschlüssen von Silicaten und Carbonaten auf 0,002 g/ml zu begrenzen. Darüber hinaus sollten diese Aufschlußlösungen HNO_3 und nicht HCl enthalten, da das zu messende Element durch die Neubildung von Monochlorid bei der Graphitrohrofen-AAS dem Absorptionsvorgang entzogen werden kann. Ein Hauptproblem bei allen atomabsorptions- und atom- emissionsspektrometrischen Methoden ist die Erkennung, Beseitigung und Umgehung von chemisch und physikalisch bedingten Störungen. Neben den zahlreichen instrumentellen Maßnahmen, die zur Beseitigung von Störungen ergriffen werden können, müssen die Probe- und Bezugslösungen gegebenenfalls auch mit Ionisationspuffern, Befreiungsagenzien und verschiedenen Matrixmodifikationszusätzen versetzt werden (siehe auch Abschnitt 10). Informationen zu den instrumentellen Meßbedingungen, verschiedenen Zusätzen und geeigneten Aufschlüssen werden für jedes Element und jede Methode nachfolgend tabellarisch zusammengefaßt. Dabei ist zu beachten, daß es sich vielfach um gerätespezifische Angaben handelt, die bei anderen Modellen entsprechend den Bedienungsanleitungen und den Konstruktionsdaten modifiziert werden müssen. Als Orientierungshilfe sind die nachfolgenden Informationen in jedem Fall von Wert.

Erläuterungen zu der tabellarischen Zusammenfassung der Meßbedingungen für die einzelnen Elemente im Kapitel 16:
1. Die Zahlenwerte in der Rubrik *"Aufschluß"* beziehen sich auf die entsprechenden Kapitel des Buches.
2. Zusatz
   IP = Ionisationspuffer
   BA = Befreiungsagens
   MA = Matrixangleichung
   MM = Matrixmodifikation
3. Die Angaben für den Gasfluß (l/min, Digits) können bei den verschiedenen Modellen unterschiedlich sein. Daher nicht die Angaben im Kapitel 16 schematisch übernehmen, sondern auf das benutzte Gerät abstimmen.
4. Für die Betriebsbedingungen der Lichtquellen gelten die Angaben der jeweiligen Herstellerfirma.
5. Angaben für Spaltbreiten sind gerätespezifisch. Bei anderen Modellen eventuell ähnliche Spaltbreiten wählen.
6. Der lineare Meßbereich kann bei anderen Modellen unterschiedlich sein. Daher die Angaben im Kapitel 16 eventuell modifizieren. Das gilt gleichermaßen für die Verfahren der Flammen-AAS, Flammen-AES, Graphitrohrofen-AAS und ICP-AES.
7. Die Programmierung des Steuergerätes für den Graphitrohrofen ist gerätespezifisch. Die Angaben im vorliegenden Kapitel 16 müssen eventuell modifiziert werden.
8. Die Angaben über die Messungen mit der ICP-AES sind bei anderen Modellen den Betriebsanleitungen anzupassen.

16.1 Ag

In den meisten magmatischen, metamorphen und sedimentären Gesteinen liegen die Silberanteile bei 0,03 - 0,1 µg/g. Bei einer Probeeinwaage von 0,002 g/ml für den Säureaufschluß liegen die zu erwartenden Ag-Anteile in den Aufschlußlösungen bei < 0,1 - 0,2 ng/ml. Selbst mit der für Silber nachweisstarken Graphitrohrofen-AAS lassen sich Messungen in diesem Konzentrationsbereich auch bei Verwendung speziell gereinigter Aufschlußsäuren nicht mehr durchführen. Die Ag-Anteile in den Aufschlußlösungen müssen ≥ 0,2 ng/ml (bzw. ≥ 0,1 µg/g in der Probe) sein, um noch eine quantitative Bestimmung dieses Elementes durchführen zu können. Höhere Silberanteile können beispielsweise in Schwarzschiefern oder umweltrelevanten Materia-

Element	**Ag**
Methode	**Graphitrohrofen-AAS**
Aufschluß	13.3.3 HF-HClO$_4$ 13.3.4 HF-H$_2$SO$_4$ 13.3.6 HF-HNO$_3$-HClO$_4$ 13.3.7 HNO$_3$-HClO$_4$ 13.3.8 HNO$_3$
Zusatz	MM, MA: 1 % (NH$_4$)$_2$HPO$_4$
Gerät	Perkin Elmer 4000
Graphitrohrofen	Perkin Elmer HGA 500
Rohrtyp	normal
Volumen [µl Probe + Zusatz]	20 + 20
Schutzgas	Argon
Alternativgas (%)	Argon + Methan (90 + 10)
Lichtquelle	Hohlkathodenlampe
Wellenlänge [nm]	328,1
Spaltbreite [nm]	0,7 low
Integrationszeit [s]	4
Wiederholungsmessungen	2
Auswertung	Peakhöhe
Untergrund-Kompensation	ja
Meßbereich [ng Element/ml]	0,2 - 100

Steuergerät für den Graphitrohrofen

Programmschritte			1	2	3	4	5	6	7
Temperatur [°C]			130	400	2000	2200	1400	20	
Aufheizzeit [s]			5	5	1	1	2	0	
Haltezeit [s]			15	15	3	2	3	11	
Meßwerterfassung					-1				
Schreiberaufzeichnung					-5	0			
Basislinienkorrektur					-5				
Schutzgas	innerer Gasfluß [ml/min]		300	300	0	300		300	
Alterna- tivgas	innerer Gasfluß [ml/min]					300			
	äußerer Gasfluß [ml/min]					900			

lien wie in Klärschlämmen oder Filter- und Reingasstäuben aus Hochtemperaturprozessen ohne Voranreicherung bestimmt werden. HÄMÄLÄINEN et al. (1988) lösen das Silber aus geologischen Proben mit Königswasser heraus.

16.2 Al

Eine ausführliche Beschreibung der Al-Bestimmung mit der Flammen-AAS ist im Abschnitt 14.3.2 enthalten. Grundsätzlich muß zur Vermeidung von Störungen die Analyse in einer heißen Flamme (z.B. Lachgas-Acetylen) erfolgen. Bei niedrigen Anteilen an Erdalkalielementen (< 100 µg/ml) in der Aufschlußlösung überwiegen die Ionisationsstörungen. Ein Zusatz von 0,1 - 0,2 g Cs/100 ml zu den Probe- und Bezugslösungen reicht jedoch zur Beseitigung der Störungen aus. Das Aluminium ist in der Lachgas-Acetylen-Flamme zu mehr als 20 % ionisiert. Bei höheren Anteilen an Erdalkalielementen (> 100 µg/ml) in den Aufschlußlösungen empfiehlt es sich, die Probe- und Bezugslösungen mit 0,1 - 0,2 g La/100 ml zu versetzen. Lanthan wirkt in diesem Fall allerdings nicht als Befreiungsagens auf Aluminium. Mit dem hohen Überschuß an Lanthan werden mögliche Fehler, bedingt durch die unterschiedlichen Erdalkalikonzentrationen in Probe- und Bezugslösungen, ausgeglichen. Lanthan verhält sich nämlich ähnlich wie Mg, Ca, Sr und Ba. Außerdem dient Lanthan als Ionisationspuffer, da es in der Lachgas-Acetylen-Flamme zu einem hohen Prozentsatz ionisiert. Darüber hinaus lassen sich Unterschiede in der Oberflächenspannung, Viskosität und Dichte der Lösungen verringern. Solche Störungen können auch vermieden werden, wenn die Ca-Anteile der Bezugslösungen den Ca-Anteilen der Probelösungen angeglichen werden. Hierbei muß den Probe- und Bezugslösungen allerdings noch Cäsium zugesetzt werden, um Ionisationsstörungen auszuschließen.

Bei der Al-Bestimmung mit der ICP-AES müssen Linien ausgewählt werden, welche frei von spektralen Interferenzen sind. Darüber hinaus machen sich Unterschiede in der Oberflächenspannung, Viskosität und Dichte zwischen den Probe- und Bezugslösungen beim Einsatz pneumatischer Zerstäuber als Minusfehler bemerkbar. Besonders beim frei ansaugenden Meinhard-Zerstäuber können nur stark verdünnte Säure-Aufschlußlösungen (~ 0,0001 g Probe/ml) gemessen werden. Bei gelösten Schmelzaufschlüssen müssen die Bezugslösungen den Probelösungen durch den Zusatz von Aufschlußmitteln angeglichen werden.

Die Bestimmung von sehr niedrigen Al-Anteilen (z.B. in Gewässern) kann sowohl mit der ICP-AES als auch mit der Graphitrohrofen-AAS vorgenommen werden. Bei der ICP-AES werden Messungen von < 0,1 µg Al/ml in Gegenwart von > 20 µg Ca/ml bei der Wellenlänge 396,152 nm bereits stark

Element	Al
Methode	**Flammen-AAS**
Aufschluß	13.2.1 Na_2CO_3 13.2.2 Na_2CO_3 + $Na_2B_4O_7$ 13.2.3 $LiBO_2$ 13.2.5 $K_2S_2O_7$ 13.2.6 KOH 13.3.3 $HF-HClO_4$ 13.3.4 $HF-H_2SO_4$ 13.3.6 $HF-HNO_3-HClO_4$ 13.3.7 HNO_3-HClO_4 13.3.8 HNO_3
Zusatz	IP, MA : 0,1 - 0,2 g La/100 ml und/oder IP : 0,1 - 0,2 g Cs/100 ml
Gerät	Perkin Elmer 4000
Brennerkopf	Lachgasbrenner, 5 cm
Flamme	Lachgas-Acetylen, reduzierend

Gasfluß	Luft	—
l/min	Lachgas	14 (40)
(Digits)	Acetylen	5,0 (50)

Lichtquelle	Hohlkathodenlampe
Wellenlänge [nm]	309,3
Spaltbreite [nm]	0,7 high
Integrationszeit [s]	2
Wiederholungsmessungen	3
Untergrund-Kompensation	nein
Meßbereich [µg Element/ml]	4 - 120

Element	Al	
Methode	**ICP-AES**	
Aufschluß	13.2.1 Na_2CO_3 13.2.2 Na_2CO_3 + $Na_2B_4O_7$ 13.2.3 $LiBO_2$ 13.2.5 $K_2S_2O_7$ 13.2.6 KOH 13.3.3 HF-$HClO_4$ 13.3.4 HF-H_2SO_4 13.3.6 HF-HNO_3-$HClO_4$ 13.3.7 HNO_3-$HClO_4$ 13.3.8 HNO_3	
Gerät	ARL 35000 C	
Generatorleistung [KW]	1,2	
Kühlgas — Art	Argon	
Kühlgas — Gasfluß [l/min]	12	
Plasmagas — Art	Argon	
Plasmagas — Gasfluß [l/min]	0,90	0,95
Zerstäuber — Typ	Meinhard	
Zerstäuber — Ansaugrate [ml/min]	0,9	0,9
Beobachtungshöhe über Induktionsspule [mm]	15	15
Photomultiplier — Hamamatsu R 955	+	+
Photomultiplier — Hamamatsu R 106		
Photomultiplier — rel. Empfindlichkeit (1-15)	12	11
Wellenlänge [nm]	396,152	265,249
Vorspülzeit [s]	5	5
Integrationszeit [s]	1	1
Meßbereich [µg Element/ml]	0,05 - 1000	10 - 5000

Element	Al
Methode	**Graphitrohrofen-AAS**
Aufschluß	13.3.7 HNO$_3$-HClO$_4$ 13.3.8 HNO$_3$
Zusatz	MM, MA: 1000 µg B/ml
Gerät	Perkin Elmer 4000
Graphitrohrofen	Perkin Elmer HGA 500
Rohrtyp	normal
Volumen [µl Probe + Zusatz]	10 + 10
Schutzgas	Argon
Alternativgas (%)	Argon + Methan (90 + 10)
Lichtquelle	Hohlkathodenlampe
Wellenlänge [nm]	309,3
Spaltbreite [nm]	0,7 low
Integrationszeit [s]	3
Wiederholungsmessungen	2
Auswertung	Peakhöhe
Untergrund-Kompensation	nein
Meßbereich [ng Element/ml]	5 - 100

Steuergerät für den Graphitrohrofen

Programmschritte		1	2	3	4	5	6	7
Temperatur [°C]		130	1400	2700	2700	1400	20	
Aufheizzeit [s]		5	5	0	0	2	0	
Haltezeit [s]		15	20	2	5	3	11	
Meßwerterfassung				-1				
Schreiberaufzeichnung				-5	0			
Basislinienkorrektur				-5				
Schutzgas	innerer Gasfluß [ml/min]	300	300	0	300		300	
Alterna-tivgas	innerer Gasfluß [ml/min]				300			
	äußerer Gasfluß [ml/min]				900			

gestört. Ebenso störanfällig erweist sich die Messung mit der Graphitrohrofen-AAS. Ein Zusatz von 1000 µg B/ml zu den Probe- und Bezugslösungen zur Modifikation der Matrix läßt eine störungsfreie Al-Messung auch in Gegenwart von 150 - 200 µg Ca/ml zu. Die Bezugslösungen sollten in diesem niedrigen Konzentrationsbereich mit destilliertem und nicht mit demineralisiertem Wasser angesetzt werden, da letzteres bei pH-Werten um 5 oft deutlich meßbare Al-Anteile von ≤ 10 ng/ml aufweist.

16.3 As

Für die Bestimmung von As in aufgeschlossenen Gesteinsproben kommt nur die nachweisstarke Graphitrohrofen-AAS bei der Wellenlänge 193,7 nm in Frage. Die Messung wird jedoch durch spektrale Interferenzen mit Aluminium (193,58, 193,47 und 193,45 nm) gestört (RILEY, 1984). Mit zunehmenden Al-Anteilen > 5 µg/ml in der Aufschlußlösung wird der Arsenpeak an seiner rechten Flanke vom Aluminiumpeak überlagert. Die Untergrundkompensation gelingt nur mit der Zeeman-Graphitrohrofen-AAS (LETOURNEAU et al., 1987). Steht eine solche Kompensationstechnik nicht zur Verfügung, dann müssen die Geräteparameter so gewählt werden, daß die Arsen-Messung vor dem Erscheinen des Aluminiumpeaks abgeschlossen ist.

Um vorzeitige As-Verluste bei der thermischen Probevorbehandlung im Graphitrohr zu vermeiden, muß die thermische Stabilität von As durch einen Zusatz von $Ni(NO_3)_2$ oder $PdCl_2$ verbessert werden (EDIGER, 1975; SHAN XIAOQUAN et al., 1983). Ein Vergleich verschiedener Stabilisatoren von jeweils 2 µg Au, Ni, Mo und Pd in 1 %iger HNO_3 ergab beim Zusatz von Ni zu den Aufschlußlösungen die besten Ergebnisse.

Die Probeeinwaagen für die Säureaufschlüsse müssen wegen der Störanfälligkeit der Messung auf 0,002 g/ml (Verdünnungsfaktor: 500) begrenzt werden. Die mittleren Anteile an As in magmatischen Gesteinen betragen ≤ 0,2 - 4 µg/g und in Sedimenten mehr als 8 µg/g. Die zu erwartenden As-Anteile in den Aufschlußlösungen betragen dann für magmatische Gesteine ≤ 0,4 - 8 ng/ml und für Sedimente > 16 ng/ml. Der Meßbereich für die Graphitrohrofen-AAS beginnt jedoch erst oberhalb von 5 ng/ml, so daß für viele magmatische Gesteine eine direkte Bestimmung nicht möglich ist. Sehr niedrige As-Anteile von ≤ 2,5 µg/g in der Probe lassen sich nur nach vorheriger Abtrennung und Anreicherung (z.B. Verdampfungsanalyse, Abschnitt 10.10) bestimmen. Unproblematisch ist die As-Bestimmung bei höheren Anteilen, z.B. in Sedimenten, Kohlen, Gewässerschwebstoffen, Klärschlämmen sowie Filter- und Reingasstäuben aus Hochtemperaturprozessen. Außerdem steht bei höheren As-Anteilen die etwas nachweisschwä-

Element	**As**
Methode	**Graphitrohrofen-AAS**
Aufschluß	13.3.3 HF-HClO$_4$ 13.3.6 HF-HNO$_3$-HClO$_4$ 13.3.7 HNO$_3$-HClO$_4$ 13.3.8 HNO$_3$
Zusatz	MM, MA: 200 µg Ni/ml
Gerät	Perkin Elmer 4000
Graphitrohrofen	Perkin Elmer HGA 500
Rohrtyp	normal
Volumen [µl Probe + Zusatz]	20 + 20
Schutzgas	Argon
Alternativgas (%)	Argon + Methan (90 + 10)
Lichtquelle	Elektrodenlose Entladungslampe
Wellenlänge [nm]	193,7
Spaltbreite [nm]	0,7 low
Integrationszeit [s]	4
Wiederholungsmessungen	2
Auswertung	Peakhöhe
Untergrund-Kompensation	ja
Meßbereich [ng Element/ml]	5 - 250

Steuergerät für den Graphitrohrofen								
Programmschritte		1	2	3	4	5	6	7
Temperatur [°C]		130	160	900	2500	2600	1400	20
Aufheizzeit [s]		5	5	5	1	1	2	0
Haltezeit [s]		15	5	15	2	2	3	11
Meßwerterfassung					-1			
Schreiberaufzeichnung					-5	0		
Basislinienkorrektur					-5			
Schutzgas	innerer Gasfluß [ml/min]	300	300	300	20	300		300
Alterna- tivgas	innerer Gasfluß [ml/min]						300	
	äußerer Gasfluß [ml/min]						900	

chere, aber störungsfreie Resonanzlinie bei 197,2 nm zur Verfügung. Da die handelsüblichen Säuren *"zur Analyse"* häufig schwankende und gelegentlich höhere As-Anteile aufweisen, sollten die Aufschlußsäuren vor Arbeitsbeginn überprüft und gegebenenfalls durch einfache Zweiflaschendestillation (MATTINSON, 1972) gereinigt werden.

16.4 B

Es gibt viele analytische Methoden für die Bestimmung von Bor in geochemischen Proben. Eine ausführliche Beschreibung spektralphotometrischer Verfahren geben KOCH u. KOCH-DEDIC (1974). Bei GLADNEY et al. (1976) finden sich weitere Literaturzitate. Die meisten Verfahren sind jedoch mit meßtechnischen und probepräparativen Schwierigkeiten behaftet. Sie sind zeitaufwendig und verfügen oft nur über unzureichende Bestimmungsgrenzen. In dieser Hinsicht macht die Bestimmung von Bor mit der ICP-AES auch keine Ausnahme. Einerseits treten spektrale Interferenzen auf, und andererseits geht es um die Auswahl eines geeigneten Aufschlusses, der frei von Borverlusten ist und keinen zu hohen Blindwert erzeugt.

1. Aufschlüsse: Quantitativ läßt sich das Bor mit Alkalicarbonat- und Alkalihydroxid-Aufschlüssen erfassen (BROCKAMP, 1973; ERZINGER U. HEINSCHILD, 1986). Bei Schmelzaufschlüssen können nur 0,0002 - 0,0005 g Probe/ml gelöst werden. Durch die hohen Verdünnungen liegen die Bor-Anteile der meisten magmatischen Gesteine in den Aufschlußlösungen unter der Nachweisgrenze der ICP-AES (etwa 10 ng B/ml). Magmatite enthalten durchschnittlich 1 - 15 µg B/g, Sedimente 20 - 100 µg B/g. Feste Aufschlußmittel weisen Borgehalte von 1 - 12 µg/g auf. Die Aufschlußsubstanzen werden im Vergleich zur Probeeinwaage im Überschuß zugesetzt. Daraus resultieren hohe Blindwerte. Feste Aufschlußmittel lassen sich nur schwer reinigen. In Säureaufschlüssen von Gesteinen wird Bor in Gegenwart von Flußsäure als BF_3 bzw. HBF_4 zusammen mit dem SiF_4 weitgehend abgeraucht. Beim Flußsäure-Perchlorsäure-Aufschluß liegt die prozentuale Verlustrate, gemessen an Borsilicatglas, bei einer Abrauchtemperatur von 150 °C bei ca. 60 - 70 % (Tabelle 16-1).

Die Verlustrate kann auf ca. 50 % gesenkt werden, wenn z.B. beim Flußsäure-Schwefelsäure-Aufschluß nur die Flußsäure bei 150 °C abgeraucht wird und nicht die Schwefelsäure. Das Problem unvollständiger Borausbeuten beim Abrauchen von Flußsäure kann weitgehend durch den Zusatz von mehrwertigen Alkoholen wie Mannit und Glycerin (VASILIEVSKAYA et al., 1962; SEMOV, 1963; BOCK, 1979; PRITCHARD u. LEE, 1984; XU LI-QIANG u. RAO

ZHU, 1986) oder Orthophosphorsäure (DOBEŠ, 1961; XU LI-QIANG u. RAO ZHU, 1986) gelöst werden. Solange die häufigsten gesteins- und bodenbildenden Minerale wie Feldspäte, Glimmer, Pyroxene und andere die Hauptträger des Bors sind, wird das Bor mit einem Flußsäure-Perchlorsäure-Phosphorsäure-Aufschluß quantitativ erfaßt (Tabelle 16.1). Problematisch kann der Aufschluß werden, wenn das Bor im Turmalin fixiert ist. Turmalin läßt sich im Flußsäure-Perchlorsäure-Aufschluß im offenen System nur schwer in Lösung bringen (RILEY, 1958; WEIBEL, 1961). Im Autoklav dagegen zersetzt sich Turmalin im Flußsäure-Perchlorsäure-Aufschluß weitgehend. Es liegen jedoch zu wenige Erfahrungen vor, ob Turmalin als akzessorischer Probebestandteil immer vollständig in einem Flußsäure-Perchlorsäure- bzw. Flußsäure-Perchlorsäure-Phosphorsäure-Aufschluß im Autoklav aufgeschlossen werden kann. Wenn z.B. eine Granitprobe 15 µg B/g Gestein bei einem Turmalinanteil von ca. 0,05 % enthält, kann das Bor der Probe fast vollständig im Turmalin mit ≤ 10 % B_2O_3 fixiert sein. In einem solchen Fall ist in der Aufschlußlösung kein Turmalinrückstand zu erkennen. Turmalin kann sicher im Flußsäure-Schwefelsäure-Aufschluß mit und ohne Phosphorsäure aufgeschlossen werden (DOLEŽAL et al., 1969). Aber erst die Zugabe von Orthophosphorsäure führt zur vollständigen Borausbeute (Tabelle 16-1).

Bei organischen Materialien kann beim Salpetersäure-Aufschluß das Abrauchen auch ganz unterbleiben. Enthält das organische Material Reste von Silicatverbindungen (z.B. im Auflagehumus), empfiehlt sich ein Flußsäure-Perchlorsäure-Salpetersäure-Aufschluß mit einem Zusatz von Orthophosphorsäure. Um das Bor quantitativ in der Aufschlußlösung zu behalten, dürfen die überschüssigen Aufschlußsäuren nur in Gegenwart von H_3PO_4 bei 150 °C abgeraucht werden. Die Phosphorsäure ist nach Ablauf der Abrauchzeit von ca. 8 Stunden größtenteils noch vorhanden. Die Phosphorsäure darf nicht bei Temperaturen > 150 °C vollständig abgeraucht werden.

2. Spektrale Interferenzen: Für die B-Bestimmung stehen zwei Doppellinien (208,893 und 208,959 nm sowie 249,678 und 249,773 nm) zur Verfügung. Deutlich nachweisstärker ist das Linienpaar bei 249 nm. Beide Linien werden vor allem durch Eisenlinien gestört. Aber nur die Eisenlinien bei 249,772 nm und bei 249,653 nm verursachen merkbare Störungen, wobei leider die nachweisstärkste Borlinie bei 249,773 nm durch die Eisenlinie bei 249,772 nm am intensivsten gestört wird (Tabelle 16-2). Daher ist eine Korrektur auf Eisen notwendig. Dazu muß der Eisenanteil in der Probe bestimmt und die durch das Eisen vorgetäuschte Bormenge von der gemessenen Gesamtmenge abgezogen werden (PRITCHARD u. LEE, 1984). Befriedigende Ergebnisse für die Borwerte lassen sich im Korrekturverfahren allerdings nur bei niedrigen Eisenanteilen < 50 µg/ml in der Aufschlußlösung erreichen. Bei höheren Eisen- und zugleich niedrigen Boranteilen empfiehlt sich eine Trennung von Bor und Eisen.

Tabelle 16-1. Bestimmung von Bor-Ausbeuten in % bei verschiedenen Säureaufschlüssen eines Borsilicatglases mit 12,65 % B_2O_3. Die Aufschlußdauer betrug 4 Stunden in Autoklaven bei 180° - 200 °C. Anschließend wurden die Säuren ganz oder teilweise abgeraucht. Trockenrückstände wurden mit HCl aufgenommen. Das Endvolumen betrug jeweils 100 ml.
* Diese Säuremengen waren nach Ablauf der Abrauchzeit größtenteils noch vorhanden.

Ein-waage [mg]	konz. Aufschlußsäuren [ml]					Abrauchen		Aus-beute [%]
	HF	$HClO_4$	HNO_3	H_2SO_4	H_3PO_4	Temperatur [°C]	Zeit [h]	
25	3	-	-	3	-	200	24	<1
25	3	3	-	-	-	150	8	32
25	3	3	-	-	1*	150	48	45
25	3	3	-	2*	-	150	8	49
25	3	-	-	2*	-	150	8	51
25	1	3	-	2*	-	150	8	53
25	3	3	1	2*	-	150	8	54
25	3	-	2	2*	-	150	8	62
5	3	3	-	-	0,1*	150	8	62
25	3	-	-	3	1*	200	48	63
12,5	3	3	-	-	0,5*	150	8	69
5	3	3	-	-	0,2*	150	8	71
25	3	-	-	3	2*	200	48	87
12,5	3	3	-	-	1*	150	8	91
25	3	3	-	-	2*	150	48	95
25	3	3	-	-	2*	150	8	99
25	3	-	-	3*	2*	150	8	99

Element	**B**	
Methode	**ICP-AES**	
Aufschluß	13.2.1 Na$_2$CO$_3$ 13.2.6 KOH Tabelle 16-1	
Gerät	ARL 35000 C	
Generatorleistung [KW]	1,2	
Kühl-gas	Art	Argon
	Gasfluß [l/min]	12
Plasma-gas	Art	Argon
	Gasfluß [l/min]	0,90
Zer-stäuber	Typ	Meinhard
	Ansaugrate [ml/min]	0,9
Beobachtungshöhe über Induktionsspule [mm]		12
Photo-multi-plier	Hamamatsu R 955	
	Hamamatsu R 106	+
	rel. Empfindlichkeit (1-15)	12
Wellenlänge [nm]		249,773
Vorspülzeit [s]		5
Integrationszeit [s]		1,5
Meßbereich [µg Element/ml]		0,02 - 100

Tabelle 16-2. Meßbedingungen und Störungen bei der Bestimmung von Bor mit der ICP-AES.

Wellenlänge [nm]	Nachweisgrenze [ng/ml]	Interferenz [nm]	Art der Störung
B I 249,773	10	Fe 249,772 Fe 249,782	Peak Peak
B I 249,678	30	Fe 249,699 Fe 249,653 Co 249,671	Flanke Flanke Peak
B I 208,959	50	Al Rekombinationskontinuum	Breitband
B I 208,893	70	Ni 208,893 Ni 208,903 Al Rekombinationskontinuum	Peak Peak Breitband

Die Abtrennung von Fe(III)-Chloriden kann beispielsweise mit organischen Komplexierungsmitteln (KOCH u. KOCH-DEDIC, 1974) oder durch Ionenaustausch mit Dowex 1-X8 (BROEKAERT u. HÖRMANN, 1981) vorgenommen werden.

16.5 Ba

Für die Bestimmung von Barium stehen die ICP-AES, die Graphitrohrofen-AAS und die Flammen-AAS zur Verfügung. Die ICP-AES ist den beiden anderen Methoden weit überlegen. Sie ist außerordentlich nachweisstark und für die wichtigsten Linien im Konzentrationsbereich der in Gesteinsaufschlüssen vorkommenden Begleitelemente weitgehend frei von Interferenzen. Die häufigsten Gesteine enthalten Anteile zwischen 1 bis 2000 µg Ba/g Gestein. Bei Einwaagen von 0,001 - 0,002 g Probe/ml Aufschlußlösung (Verdünnungsfaktor: 1000 - 500) sind die Ba-Anteile in allen Gesteinsproben problemlos zu bestimmen. In den nachfolgenden Tabellen sind die Meßbedin-

Element	**Ba**
Methode	**Flammen-AAS**
Aufschluß	13.2.1 Na_2CO_3 13.2.2 $Na_2CO_3 + Na_2B_4O_7$ 13.2.3 $LiBO_2$ 13.2.6 KOH 13.3.3 $HF-HClO_4$ 13.3.6 $HF-HNO_3-HClO_4$ 13.3.7 HNO_3-HClO_4 13.3.8 HNO_3
Zusatz	IP, BA : 0,1 - 0,2 g La/100 ml und/oder IP : 0,1 - 0,2 g Cs/100 ml
Gerät	Perkin Elmer 4000
Brennerkopf	Lachgasbrenner, 5 cm
Flamme	Lachgas-Acetylen, oxidierend

Gasfluß		
l/min	Luft	—
(Digits)	Lachgas	16,5 (45)
	Acetylen	4,0 (40)

Lichtquelle	Hohlkathodenlampe
Wellenlänge [nm]	553,6
Spaltbreite [nm]	0,7 high
Integrationszeit [s]	2
Wiederholungsmessungen	3
Untergrund-Kompensation	nein
Meßbereich [µg Element/ml]	1 - 60

Element	**Ba**	
Methode	**ICP-AES**	
Aufschluß	13.2.1 Na_2CO_3 13.2.2 $Na_2CO_3 + Na_2B_4O_7$ 13.2.3 $LiBO_2$ 13.2.6 KOH 13.3.3 $HF-HClO_4$ 13.3.6 $HF-HNO_3-HClO_4$ 13.3.7 HNO_3-HClO_4 13.3.8 HNO_3	
Gerät	ARL 35000 C	
Generatorleistung [KW]	1,2	
Kühlgas Art	Argon	
Kühlgas Gasfluß [l/min]	12	
Plasmagas Art	Argon	
Plasmagas Gasfluß [l/min]	0,90	0,90
Zerstäuber Typ	Meinhard	
Zerstäuber Ansaugrate [ml/min]	0,9	0,9
Beobachtungshöhe über Induktionsspule [mm]	15	15
Photomultiplier Hamamatsu R 955	+	+
Photomultiplier Hamamatsu R 106		
Photomultiplier rel. Empfindlichkeit (1-15)	7	8
Wellenlänge [nm]	455,403	413,006
Vorspülzeit [s]	5	5
Integrationszeit [s]	1,2	1,0
Meßbereich [µg Element/ml]	0,002 - 50	0,1 - 1000

16 Spektrometrische Elementbestimmungen

Element	**Ba**
Methode	**Graphitrohrofen-AAS**
Aufschluß	13.3.3 HF-HClO$_4$ 13.3.6 HF-HNO$_3$-HClO$_4$ 13.3.7 HNO$_3$-HClO$_4$ 13.3.8 HNO$_3$
Zusatz	MM, MA: 500 µg La/ml + 1 % (NH$_4$)$_2$SO$_4$ oder 1000 µg Ca/ml + 1 % (NH$_4$)$_2$SO$_4$
Gerät	Perkin Elmer 4000
Graphitrohrofen	Perkin Elmer HGA 500
Rohrtyp	normal
Volumen [µl Probe + Zusatz]	10 + 10
Schutzgas	Argon
Alternativgas (%)	Argon + Methan (90 + 10)
Lichtquelle	Hohlkathodenlampe
Wellenlänge [nm]	553,6
Spaltbreite [nm]	0,7 low
Integrationszeit [s]	3 - 4
Wiederholungsmessungen	2
Auswertung	Peakhöhe
Untergrund-Kompensation	ja
Meßbereich [ng Element/ml Lösung]	50 - 2000

Steuergerät für den Graphitrohrofen

Programmschritte		1	2	3	4	5	6	7
Temperatur [°C]		130	1200	2700	2700	1400	20	
Aufheizzeit [s]		5	5	0 - 1	0	2	0	
Haltezeit [s]		15	15	2	7	3	11	
Meßwerterfassung				-1				
Schreiberaufzeichnung				-5	0			
Basislinienkorrektur				-5				
Schutzgas	innerer Gasfluß [ml/min]	300	300	0	300		300	
Alterna-tivgas	innerer Gasfluß [ml/min]				300			
	äußerer Gasfluß [ml/min]				900			

gungen für zwei interferenzfreie Linien bei sehr niedrigen und hohen Ba-Anteilen zusammengestellt worden. Die Methode eignet sich auch für die direkte Bestimmung von Ba in Wasserproben.

Als weitere Bestimmungsmethode steht die Graphitrohrofen-AAS zur Verfügung. Barium ist ein starker Carbidbildner. Das macht sich störend als Memoryeffekt bemerkbar. Daher sind Zusätze zu den Aufschluß- und Bezugslösungen mit ähnlichen Eigenschaften wie das Barium für die Messung notwendig (Modifikation der Matrix). Eine Prüfung von B, Ca und La ergab, daß vor allem Ca und La als Zusätze in Frage kommen. Messungen an Referenzproben ergaben allerdings bei niedrigen Einwaagen von 0,001 g Probe/ml (Verdünnungsfaktor: 1000) in HNO_3-haltigen Aufschlußlösungen und unter Einhaltung der in der Tabelle (Ba mit Graphitrohrofen-AAS) verzeichneten Bedingungen für Ca- und La-Zusätze zu niedrige Werte. Die zusätzliche Zugabe von $(NH_4)_2SO_4$ zu den Lösungen behebt aber die Signalunterdrückung.

Ba kann auch mit der nachweisschwachen Flammen-AAS bestimmt werden. Allerdings müssen die Ba-Anteile in den Proben hoch sein (> 200 µg Ba/g Probe). Wie alle Erdalkalielemente neigt auch das Barium zur Bildung von Aluminaten, Titanaten, Phosphaten und Ferraten in der Flamme. In der heißen Lachgas-Acetylen-Flamme kann die Bildung dieser Komponenten stark herabgesetzt oder wie bei den Ferraten ganz vermieden werden. Aber erst der Zusatz von Lanthan im Überschuß als Befreiungsagens löst das Problem der Signalunterdrückung durch die Bildung stabiler Verbindungen. Barium wird außerdem in der Lachgas-Acetylen-Flamme stark ionisiert. Lanthan kann zwar auch als Ionisationspuffer eingesetzt werden, reicht aber als alleiniger Zusatz in diesem Fall nicht aus. Mit dem Lanthan muß noch Cäsium im Überschuß zu den Probe- und Bezugslösungen zugesetzt werden.

16.6 Be

Die meisten magmatischen und sedimentären Gesteine enthalten im Mittel 0,2 - 6 µg Be/g Gestein. Die Graphitrohrofen-AAS eignet sich gut für die Bestimmung von Beryllium in geochemischen Substanzen. Mit 0,2 - 6 ng Be/ml Lösung (Verdünnungsfaktor: 1000) lassen sich in HNO_3-haltigen Aufschlußlösungen die Be-Bestimmungen mit beschichteten Graphitrohren auch ohne Matrixmodifikation durchführen. Vergleichsmessungen an bisher nur wenigen Silicat-Referenzproben zeigten gute Ergebnisse. Ein Zusatz von $(NH_4)_2HPO_4$ oder Lanthan zu den Meßlösungen brachte keine Verbesserung der Ergebnisse. In der Literatur werden dennoch zahlreiche Zusätze für die Matrixmodifikation diskutiert (SLAVIN u. MANNING, 1982).

Element	**Be**
Methode	**ICP-AES**
Aufschluß	13.2.1 Na_2CO_3 13.2.2 Na_2CO_3 + $Na_2B_4O_7$ 13.2.3 $LiBO_2$ 13.2.5 $K_2S_2O_7$ 13.2.6 KOH 13.3.3 $HF-HClO_4$ 13.3.4 $HF-H_2SO_4$ 13.3.6 $HF-HNO_3-HClO_4$ 13.3.7 HNO_3-HClO_4 13.3.8 HNO_3
Gerät	ARL 35000 C
Generatorleistung [KW]	1,2
Kühlgas — Art	Argon
Kühlgas — Gasfluß [l/min]	12
Plasmagas — Art	Argon
Plasmagas — Gasfluß [l/min]	0,85
Zerstäuber — Typ	Meinhard
Zerstäuber — Ansaugrate [ml/min]	0,9
Beobachtungshöhe über Induktionsspule [mm]	15
Photomultiplier — Hamamatsu R 955	+
Photomultiplier — Hamamatsu R 106	
Photomultiplier — rel. Empfindlichkeit (1-15)	12
Wellenlänge [nm]	313,042
Vorspülzeit [s]	5
Integrationszeit [s]	1,5
Meßbereich [µg Element/ml]	0,002 - 50

Element	Be
Methode	**Graphitrohrofen-AAS**
Aufschluß	13.3.3 HF-HClO$_4$ 13.3.4 HF-H$_2$SO$_4$ 13.3.6 HF-HNO$_3$-HClO$_4$ 13.3.7 HNO$_3$-HClO$_4$ 13.3.8 HNO$_3$
Zusatz	—
Gerät	Perkin Elmer 4000
Graphitrohrofen	Perkin Elmer HGA 500
Rohrtyp	normal
Volumen [µl Probe + Zusatz]	10
Schutzgas	Argon
Alternativgas (%)	Argon + Methan (90 + 10)
Lichtquelle	Hohlkathodenlampe
Wellenlänge [nm]	234,9
Spaltbreite [nm]	0,7 low
Integrationszeit [s]	3
Wiederholungsmessungen	2
Auswertung	Peakhöhe
Untergrund-Kompensation	ja
Meßbereich [ng Element/ml Lösung]	0,2 - 20

Steuergerät für den Graphitrohrofen							
Programmschritte		1	2	3	4	5	6	7
Temperatur [°C]		130	1000	2300	2600	1400	20	
Aufheizzeit [s]		5	5	0	1	2	0	
Haltezeit [s]		15	15	2	3	3	11	
Meßwerterfassung				-1				
Schreiberaufzeichnung				-5	0			
Basislinienkorrektur				-5				
Schutzgas	innerer Gasfluß [ml/min]	300	300	0	300		300	
Alternativgas	innerer Gasfluß [ml/min]					300		
	äußerer Gasfluß [ml/min]					900		

Eine weitere geeignete Bestimmungsmethode ist die ICP-AES. Hier stehen zwei nachweisstarke Linien (313,042 und 234,861 nm) mit nahezu gleichen Nachweisgrenzen zur Auswahl. Eine genaue Prüfung zeigt für beide Linien einen strukturierten Untergrund. Für die erforderlichen Messungen im untersten Konzentrationsbereich ist die Linie bei 313,042 nm der bei 234,861 nm (Koinzidenz mit Fe 234,810 nm und 234,830 nm) vorzuziehen, obwohl der Peak noch von der Flanke einer OH-Bande gestört wird.

16.7 Bi

Die meisten Gesteine enthalten zwischen 0,001 und 1,0 µg Bi/g. Eine direkte Bestimmung in Aufschlußlösungen ist wegen der hohen Verdünnung selbst mit der nachweisstarken Graphitrohrofen-AAS nur in wenigen Fällen möglich. Eine Abtrennung und Anreicherung (z.B. Verdampfungsanalyse, Abschnitt 10.10) ist erforderlich. Höhere Anteile von mehreren µg Bi/g Probe treten in umweltrelevanten Substanzen wie Filter- und Reingasstäuben aus Hochtemperaturprozessen und in Klärschlämmen auf. Eine direkte Bestimmung in HNO_3-haltigen Aufschlußlösungen ist möglich. Um vorzeitige Bi-Verluste im thermischen Zersetzungsprogramm bei > 500 °C zu vermeiden, müssen analog zur As-Bestimmung Stabilisatorzusätze wie z.B. $Ni(NO_3)_2$ eingesetzt werden (GLADNEY, 1977). Nach JIN LONG-ZHU u. NI ZHE-MING (1981) eignet sich auch Palladium als Bi-Stabilisator.

16.8 Ca

Die Ca-Bestimmung kann von den hier diskutierten spektrometrischen Methoden entweder mit der Flammen-AAS oder mit der ICP-AES durchgeführt werden. Bei der ICP-AES stehen eine Vielzahl geeigneter Linien zur Verfügung. Die beiden nachweisstärksten Linien bei 393.366 nm und 396,847 nm zeigen im Konzentrationsbereich der in den Aufschlußlösungen von Gesteinen vorkommenden Begleitelemente (Mg, Mn, Ti u.a.) geringe Koinzidenzen, die notfalls korrigiert werden müssen. Von den nachfolgend nachweisstarken Linien bei 422,673, 317,933 und 315,887 nm ist die Linie bei 422,673 nm am wenigsten gestört. In der Praxis wird eine nachweisschwache Linie bei 370,603 nm verwendet. Sie eignet sich auch für die Ca-Bestimmung in Gewässern. Je nach den verwendeten Zerstäubern (Cross-Flow-Zerstäuber, Meinhard-Zerstäuber u.a.) können aufgrund abweichender Oberflächenspannungen, Viskositäten und Dichten zwischen Probe- und Bezugslösungen Minusfehler auftreten. Zur Vermeidung dieser Fehler müssen gegebenenfalls die Probelösungen verdünnt oder die Bezugslösungen den Probelösungen durch

Element	**Bi**
Methode	**Graphitrohrofen-AAS**
Aufschluß	siehe Abschnitt 16.7 Bi
Zusatz	MM, MA: 1000 µg Ni/ml
Gerät	Perkin Elmer 4000
Graphitrohrofen	Perkin Elmer HGA 500
Rohrtyp	normal
Volumen [µl Probe + Zusatz]	20 + 20
Schutzgas	Argon
Alternativgas (%)	Argon + Methan (90 + 10)
Lichtquelle	Elektrodenlose Entladungslampe
Wellenlänge [nm]	223,1
Spaltbreite [nm]	0,7 low
Integrationszeit [s]	4
Wiederholungsmessungen	2
Auswertung	Peakhöhe
Untergrund-Kompensation	ja
Meßbereich [ng Element/ml Lösung]	0,5 - 60

Steuergerät für den Graphitrohrofen

Programmschritte		1	2	3	4	5	6	7
Temperatur [°C]		130	600	2200	2300	1400	20	
Aufheizzeit [s]		5	5	1	1	2	0	
Haltezeit [s]		15	15	2	2	3	11	
Meßwerterfassung					-1			
Schreiberaufzeichnung				-5	0			
Basislinienkorrektur					-5			
Schutzgas	innerer Gasfluß [ml/min]	300	300	0	300		300	
Alternativgas	innerer Gasfluß [ml/min]					300		
	äußerer Gasfluß [ml/min]					900		

Element	Ca	
Methode	**ICP-AES**	
Aufschluß	13.2.1 Na_2CO_3 13.2.2 Na_2CO_3 + $Na_2B_4O_7$ 13.2.3 $LiBO_2$ 13.2.6 KOH 13.3.3 HF-$HClO_4$ 13.3.6 HF-HNO_3-$HClO_4$ 13.3.7 HNO_3-$HClO_4$ 13.3.8 HNO_3	
Gerät	ARL 35000 C	
Generatorleistung [KW]	1,2	
Kühlgas — Art	Argon	
Kühlgas — Gasfluß [l/min]	12	
Plasmagas — Art	Argon	
Plasmagas — Gasfluß [l/min]	0,85	0,90
Zerstäuber — Typ	Meinhard	
Zerstäuber — Ansaugrate [ml/min]	0,9	0,9
Beobachtungshöhe über Induktionsspule [mm]	15	15
Photomultiplier — Hamamatsu R 955	+	+
Photomultiplier — Hamamatsu R 106		
Photomultiplier — rel. Empfindlichkeit (1-15)	6	5
Wellenlänge [nm]	370,603	422,673
Vorspülzeit [s]	5	5
Integrationszeit [s]	1	1
Meßbereich [μg Element/ml]	1 - 5000	0,15 - 2000

Element		**Ca**
Methode		**Flammen-AAS**
Aufschluß		13.2.1 Na_2CO_3 13.2.2 $Na_2CO_3 + Na_2B_4O_7$ 13.2.3 $LiBO_2$ 13.2.6 KOH 13.3.3 $HF-HClO_4$ 13.3.6 $HF-HNO_3-HClO_4$ 13.3.7 HNO_3-HClO_4 13.3.8 HNO_3
Zusatz		IP, BA : 0,1 - 0,2 g La/100 ml und/oder IP : 0,1 - 0,2 g Cs/100 ml
Gerät		Perkin Elmer 4000
Brennerkopf		Lachgasbrenner, 5 cm
Flamme		Lachgas-Acetylen, oxidierend
Gasfluß l/min (Digits)	Luft	—
	Lachgas	16,5 (45)
	Acetylen	4,0 (40)
Lichtquelle		Hohlkathodenlampe
Wellenlänge [nm]		422,7
Spaltbreite [nm]		0,7 high
Integrationszeit [s]		2
Wiederholungsmessungen		3
Untergrund-Kompensation		nein
Meßbereich [µg Element/ml]		0,5 - 8

geeignete Zusätze angeglichen werden. Vor allem bei Schmelzaufschlüssen müssen die Bezugslösungen mit den Aufschlußmitteln versetzt werden.

Die Ca-Bestimmung mit der Flammen-AAS muß in der heißen Lachgas-Acetylen-Flamme durchgeführt werden. Nur so läßt sich die Bildung von Aluminaten, Titanaten und Phosphaten stark herabsetzen und die von Ferraten ganz verhindern. Die Störungen können durch einen Zusatz von Lanthan im hohen Überschuß ganz behoben werden (Freisetzungsreaktion). Die Reduzierung dieser Verbindungsbildungen gelingt in HCl-haltigen Lösungen besser als durch Zusatz von HNO_3. Eine zweite Fehlerquelle für die Ca-Bestimmung sind die Ionisationsstörungen. Das Calcium wird in der heißen Lachgas-Acetylen-Flamme beträchtlich ionisiert. Ein hoher Zusatz von Cäsium beseitigt die Ionisationsstörungen (siehe Abschnitt 14.7.2).

16.9 Cd

Die meisten magmatischen Gesteine enthalten zwischen 0,01 - 0,2 µg Cd/g Substanz. Dagegen haben die Sedimente mit 0,03 - 2 µg Cd/g und einige Schwarzschiefer mit bis zu 15 µg Cd/g Substanz deutlich höhere Anteile. In umweltrelevanten Materialien wie beispielsweise Cd-stabilisierten Kunststoffen (PVC), Filter- und Reingasstäuben aus Hochtemperaturprozessen, kommunalen Klärschlämmen, Hausmüll, Altreifen und Altöl streuen die Cd-Anteile in einem weiten Bereich von wenigen µg Cd/g Substanz bis zu mehreren hundert µg Cd/g Substanz. Für die Cd-Bestimmung steht mit der Graphitrohrofen-AAS eine außerordentlich nachweisstarke Bestimmungsmethode zur Verfügung. Aufgrund der hohen Verdünnungsfaktoren (> 500) bei den Säureaufschlüssen kann das Cadmium in den meisten magmatischen Gesteinen und in vielen Sedimenten mit Anteilen von < 0,1 µg Cd/g Substanz nicht direkt gemessen werden. Das Problem ist nicht durch eine Erhöhung der Probeeinwaagen bei den Aufschlüssen auf mehr als 0,002 g/ml zu lösen, da in diesem Fall die Störungen unkontrollierbar zunehmen. In Proben mit < 0,1 µg Cd/g Substanz kann das Cd nur nach vorheriger Abtrennung und Anreicherung (z.B. Verdampfungsanalyse, Abschnitt 10.10) bestimmt werden. Bei höheren Gehalten kommt auch die direkte Bestimmung in den Aufschlußlösungen in Frage. Die Messungen werden häufig durch zu hohe Blindwerte beeinträchtigt. Eine deutliche Verbesserung ist mit speziell gereinigten Aufschlußsäuren zu erzielen. Um vorzeitige Cd-Verluste bei der thermischen Probevorbehandlung im Graphitrohr zu vermeiden, sollte die Stabilität des Cd durch $(NH_4)_2HPO_4$ (EDIGER, 1975) oder $La(NO_3)_3$ (THOMPSON et al., 1977) verbessert werden.

Element	**Cd**
Methode	**Flammen-AAS**
Aufschluß	13.3.3 HF-HClO$_4$ 13.3.6 HF-HNO$_3$-HClO$_4$ 13.3.7 HNO$_3$-HClO$_4$ 13.3.8 HNO$_3$
Zusatz	—
Gerät	Perkin Elmer 4000
Brennerkopf	1-Schlitz, 10 cm
Flamme	Luft-Acetylen, oxidierend
Gasfluß l/min (Digits) — Luft	19 (55)
Gasfluß l/min (Digits) — Lachgas	—
Gasfluß l/min (Digits) — Acetylen	2 (20)
Lichtquelle	Elektrodenlose Entladungslampe
Wellenlänge [nm]	228,8
Spaltbreite [nm]	0,7 high
Integrationszeit [s]	2
Wiederholungsmessungen	3
Untergrund-Kompensation	ja
Meßbereich [µg Element/ml]	0,03 - 4

Element	Cd	
Methode	**ICP-AES**	
Aufschluß	13.3.3 HF-HClO$_4$ 13.3.6 HF-HNO$_3$-HClO$_4$ 13.3.7 HNO$_3$-HClO$_4$ 13.3.8 HNO$_3$	
Gerät	ARL 35000 C	
Generatorleistung [KW]	1,2	
Kühlgas — Art	Argon	
Kühlgas — Gasfluß [l/min]	12	
Plasmagas — Art	Argon	
Plasmagas — Gasfluß [l/min]	0,85	0,85
Zerstäuber — Typ	Meinhard	
Zerstäuber — Ansaugrate [ml/min]	0,9	0,9
Beobachtungshöhe über Induktionsspule [mm]	15	15
Photomultiplier — Hamamatsu R 955	+	
Photomultiplier — Hamamatsu R 106		+
Photomultiplier — rel. Empfindlichkeit (1-15)	12	12
Wellenlänge [nm]	228,802	214,438
Vorspülzeit [s]	5	5
Integrationszeit [s]	1,5	1,5
Meßbereich [µg Element/ml]	0,025 - 150	0,025 - 100

Element	Cd
Methode	**Graphitrohrofen-AAS**
Aufschluß	13.3.3 HF-HClO$_4$ 13.3.6 HF-HNO$_3$-HClO$_4$ 13.3.7 HNO$_3$-HClO$_4$ 13.3.8 HNO$_3$
Zusatz	MM, MA:1000 µg La/ml oder 1 % (NH$_4$)$_2$HPO$_4$
Gerät	Perkin Elmer 4000
Graphitrohrofen	Perkin Elmer HGA 500
Rohrtyp	normal
Volumen [µl Probe + Zusatz]	10 + 10
Schutzgas	Argon
Alternativgas (%)	Argon + Methan (90 + 10)
Lichtquelle	Elektrodenlose Entladungslampe
Wellenlänge [nm]	228,8
Spaltbreite [nm]	0,7 low
Integrationszeit [s]	4
Wiederholungsmessungen	2
Auswertung	Peakhöhe
Untergrund-Kompensation	ja
Meßbereich [ng Element/ml]	0,2 - 10

Steuergerät für den Graphitrohrofen

Programmschritte			1	2	3	4	5	6	7
Temperatur [°C]			130	500	2000	2200	1400	20	
Aufheizzeit [s]			5	5	1	1	2	0	
Haltezeit [s]			15	15	2	2	3	11	
Meßwerterfassung					-1				
Schreiberaufzeichnung					-5	0			
Basislinienkorrektur					-5				
Schutzgas	innerer Gasfluß [ml/min]		300	300	0	300		300	
Alternativgas	innerer Gasfluß [ml/min]					300			
	äußerer Gasfluß [ml/min]					900			

Bei Anteilen von > 6 µg Cd/g Substanz stehen mit der ICP-AES (214,438 nm und 228,802 nm) sowie der Flammen-AAS zwei weitere Methoden zur Verfügung. Hier können auch höhere Probeeinwaagen von 0,004 - 0,005 g/ml angewendet werden. Die Cd-Messung ist an beiden Geräten weitgehend unproblematisch.

16.10 Co

In den meisten magmatischen und sedimentären Gesteinen sind zwischen 1 und 100 µg Co/g Substanz enthalten. Mit der Graphitrohrofen-AAS steht bei Probeeinwaagen von 0,001 - 0,002 g/ml (Verdünnungsfaktor: 1000 - 500) eine ausreichend nachweisstarke Bestimmungsmethode zur Verfügung. Beim Flußsäure-Perchlorsäure-Aufschluß ultramafischer Gesteine können Co-Verluste auftreten. Viele schwer aufschließbare, akzessorische Minerale wie z.B. der Picotit sind Hauptträger bestimmter Spurenelemente. In diesem Fall läßt sich die Probe in einem Flußsäure-Schwefelsäure-Aufschluß in Lösung bringen, um das Co im Picotit zu erfassen.

Auch die ICP-AES kann unter bestimmten Voraussetzungen für die Co-Bestimmung eingesetzt werden. Die nachweisstärkste Linie bei 238,892 nm wird durch die in den Aufschlußlösungen zu erwartenden Eisenanteile vollständig gestört. Die etwas nachweisschwächere Linie bei 228,616 nm koinzidiert mit Titan. Bei Co-Anteilen von 50 µg Co/g Substanz und Ti-Anteilen von 5000 µg Ti/g Substanz in der Probe fällt die Co-Bestimmung um etwa 10 % zu hoch aus. Bei hohen Ti-Anteilen muß die Messung korrigiert werden. Hohe Co-Anteile könnten auch noch mit der nachweisschwächeren Linie bei 230,786 nm gemessen werden. Hier muß allerdings auf Störungen durch Cr und Ni geachtet werden.

16.11 Cr

Die Gesteine enthalten Chrom in einem weiten Konzentrationsbereich von 10 bis 100 µg Cr/g Substanz in den Sedimenten und nichtmafischen Magmatiten und mehrere hundert bis mehrere tausend µg Cr/g Substanz in den mafischen und ultramafischen Gesteinen. Beim Aufschluß ultramafischer Proben mittels Flußsäure und Perchlorsäure bleiben Picotite in der klaren Aufschlußlösung als kaum erkennbare dunkle Punkte unaufgeschlossen zurück. Der Picotit enthält aber bis zu 80 % des gesamten Chroms der Probe. Das Mineral läßt sich mit Flußsäure und Schwefelsäure aufschließen. Für die Bestimmung sehr kleiner Gehalte eignet sich die nachweisstarke Graphitrohrofen-AAS und für höhere Anteile die ICP-AES und Flammen-AAS.

Element	**Co**	
Methode	**ICP-AES**	
Aufschluß	13.2.1 Na_2CO_3 13.2.2 $Na_2CO_3 + Na_2B_4O_7$ 13.2.3 $LiBO_2$ 13.2.5 $K_2S_2O_7$ 13.2.6 KOH 13.3.3 $HF-HClO_4$ 13.3.4 $HF-H_2SO_4$ 13.3.6 $HF-HNO_3-HClO_4$ 13.3.7 HNO_3-HClO_4 13.3.8 HNO_3	
Gerät	ARL 35000 C	
Generatorleistung [KW]	1,2	
Kühl-gas	Art	Argon
	Gasfluß [l/min]	12
Plasma-gas	Art	Argon
	Gasfluß [l/min]	0,85
Zer-stäuber	Typ	Meinhard
	Ansaugrate [ml/min]	0,9
Beobachtungshöhe über Induktionsspule [mm]	15	
Photo-multi-plier	Hamamatsu R 955	+
	Hamamatsu R 106	
	rel. Empfindlichkeit (1-15)	12
Wellenlänge [nm]	228,616	
Vorspülzeit [s]	5	
Integrationszeit [s]	1,5	
Meßbereich [µg Element/ml]	0,05 - 300	

Element	Co
Methode	**Graphitrohrofen-AAS**
Aufschluß	13.3.3 HF-HClO$_4$ 13.3.4 HF-H$_2$SO$_4$ 13.3.6 HF-HNO$_3$-HClO$_4$ 13.3.7 HNO$_3$-HClO$_4$ 13.3.8 HNO$_3$
Zusatz	—
Gerät	Perkin Elmer 4000
Graphitrohrofen	Perkin Elmer HGA 500
Rohrtyp	normal
Volumen [µl Probe + Zusatz]	20
Schutzgas	Argon
Alternativgas (%)	Argon + Methan (90 + 10)
Lichtquelle	Hohlkathodenlampe
Wellenlänge [nm]	240,7
Spaltbreite [nm]	0,7 low
Integrationszeit [s]	2,5
Wiederholungsmessungen	2
Auswertung	Peakhöhe
Untergrund-Kompensation	ja
Meßbereich [ng Element/ml]	2 - 250

Steuergerät für den Graphitrohrofen							
Programmschritte	1	2	3	4	5	6	7
Temperatur [°C]	130	1000	2700	2700	1400	20	
Aufheizzeit [s]	5	5	0	0	2	0	
Haltezeit [s]	15	25	2	5	3	11	
Meßwerterfassung				-1			
Schreiberaufzeichnung				-5	0		
Basislinienkorrektur				-5			

Schutzgas	innerer Gasfluß [ml/min]	300	300	0	300		300	
Alterna- tivgas	innerer Gasfluß [ml/min]				300			
	äußerer Gasfluß [ml/min]				900			

Element	**Cr**	
Methode	**Flammen-AAS**	
Aufschluß	13.2.1 Na$_2$CO$_3$ 13.2.2 Na$_2$CO$_3$ + Na$_2$B$_4$O$_7$ 13.2.3 LiBO$_2$ 13.2.5 K$_2$S$_2$O$_7$ 13.2.6 KOH 13.3.3 HF-HClO$_4$ 13.3.4 HF-H$_2$SO$_4$ 13.3.6 HF-HNO$_3$-HClO$_4$ 13.3.7 HNO$_3$-HClO$_4$ 13.3.8 HNO$_3$	
Zusatz	BA, MA: 0,2 g CsCl/100 ml oder BA, MA: 1 g NH$_4$HF$_2$ + 0,2 g Na$_2$SO$_4$/100 ml	
Gerät	Perkin Elmer 4000	
Brennerkopf	1-Schlitz, 10 cm	
Flamme	Luft-Acetylen, reduzierend	
Gasfluß l/min (Digits)	Luft	19 (55)
	Lachgas	—
	Acetylen	3,5 (35)
Lichtquelle	Hohlkathodenlampe	
Wellenlänge [nm]	357,9	
Spaltbreite [nm]	2,0 high	
Integrationszeit [s]	2	
Wiederholungsmessungen	3	
Untergrund-Kompensation	nein	
Meßbereich [µg Element/ml]	0,15 - 15	

Element	**Cr**	
Methode	**ICP-AES**	
Aufschluß	13.2.1 Na$_2$CO$_3$ 13.2.2 Na$_2$CO$_3$ + Na$_2$B$_4$O$_7$ 13.2.3 LiBO$_2$ 13.2.5 K$_2$S$_2$O$_7$ 13.2.6 KOH 13.3.3 HF-HClO$_4$ 13.3.4 HF-H$_2$SO$_4$ 13.3.6 HF-HNO$_3$-HClO$_4$ 13.3.7 HNO$_3$-HClO$_4$ 13.3.8 HNO$_3$	
Gerät	ARL 35000 C	
Generatorleistung [KW]	1,2	
Kühl-gas	Art	Argon	
	Gasfluß [l/min]	12	
Plasma-gas	Art	Argon	
	Gasfluß [l/min]	0,85	
Zer-stäuber	Typ	Meinhard	
	Ansaugrate [ml/min]	0,9	
Beobachtungshöhe über Induktionsspule [mm]	15	
Photo-multi-plier	Hamamatsu R 955	+	
	Hamamatsu R 106		
	rel. Empfindlichkeit (1-15)	12	
Wellenlänge [nm]	267,716	
Vorspülzeit [s]	5	
Integrationszeit [s]	1,5	
Meßbereich [µg Element/ml]	0,025 - 300	

Element	**Cr**
Methode	**Graphitrohrofen-AAS**
Aufschluß	13.3.3 HF-HClO$_4$ 13.3.4 HF-H$_2$SO$_4$ 13.3.6 HF-HNO$_3$-HClO$_4$ 13.3.7 HNO$_3$-HClO$_4$ 13.3.8 HNO$_3$
Zusatz	—
Gerät	Perkin Elmer 4000
Graphitrohrofen	Perkin Elmer HGA 500
Rohrtyp	normal
Volumen [µl: Probe + Zusatz]	10
Schutzgas	Argon
Alternativgas (%)	Argon + Methan (90 + 10)
Lichtquelle	Hohlkathodenlampe
Wellenlänge [nm]	357,9
Spaltbreite [nm]	0,7 low
Integrationszeit [s]	2
Wiederholungsmessungen	2
Auswertung	Peakhöhe
Untergrund-Kompensation	ja
Meßbereich [ng Element/ml]	1 - 150

Steuergerät für den Graphitrohrofen

Programmschritte		1	2	3	4	5	6	7
Temperatur [°C]		130	1100	2700	2700	1400	20	
Aufheizzeit [s]		5	5	0	0	2	0	
Haltezeit [s]		15	20	1	5	3	11	
Meßwerterfassung				-1				
Schreiberaufzeichnung				-5	0			
Basislinienkorrektur				-5				
Schutzgas	innerer Gasfluß [ml/min]	300	300	300	300		300	
Alternativgas	innerer Gasfluß [ml/min]					300		
	äußerer Gasfluß [ml/min]					900		

Bei der ICP-AES sollte die nachweisschwächere Linie bei 267,716 nm gewählt werden. Sie ist im Konzentrationsbereich der in den Aufschlußlösungen von Gesteinen vorkommenden Begleitelemente weitgehend störungsfrei.

Die Messung mit der Graphitrohrofen-AAS ist problemlos und kann ohne Zusätze zur Matrixmodifikation durchgeführt werden.

Bei der Cr-Bestimmung mit der Luft-Acetylen-Flamme stören von den Haupt-und Nebenelementen Al, Fe, Mg, P und Ti. Die Störung durch Eisen läßt sich mit NH_4Cl (Roos, 1972) beseitigen. Noch besser ist die Zugabe von NH_4HF_2 in Gegenwart von Na_2SO_4 (Purushottam et al., 1973). Auf diese Weise können die meisten Störungen fast vollständig behoben werden. Ähnlich vorteilhaft ist auch ein Zusatz von CsCl. Messungen an Gesteinsreferenzproben belegen, daß ein Zusatz von CsCl zu den Probe- und Bezugslösungen eine fehlerfreie Cr-Bestimmung ermöglicht.

16.12 Cu

Sedimentäre und magmatische Gesteine enthalten zwischen 1 und 100 µg Cu/g Substanz. Für alle Absorptions- und Emissionsmessungen eignet sich die Linie bei 324,754 nm.

Sehr niedrige Anteile von ≤ 5 µg Cu/g Substanz, z.B. in Graniten, können mit der Graphitrohrofen-AAS gemessen werden. Die Probeeinwaagen bei den Säureaufschlüssen sollten 0,002 g/ml nicht überschreiten, da die Cu-Messung bei 324,8 nm mit der Graphitrohrofen-AAS sehr störanfällig ist gegenüber höheren Konzentrationen an Begleitelementen. In diesem Wellenlängenbereich ist die Untergrundkompensation mit Kontinuumstrahlern (Deuteriumlampe, Halogenlampe) nur schlecht durchführbar.

Mit der ICP-AES bietet sich eine weitere Bestimmungsmethode an. Der Untergrund bei 324,754 nm ist strukturiert und sehr hoch (OH-Bande). Die Messung wird durch einen hohen, aber konstanten Sockelbetrag verfälscht. Der Verlauf der Bezugskurve ist lediglich im unteren Konzentrationsbereich stark gekrümmt. Sonst ist die Messung weitgehend ungestört.

Die Flammen-AAS eignet sich für die Messung höherer Cu-Anteile. Die Probeeinwaagen können 0,005 g/ml betragen. Die Messungen sind unproblematisch. Schwierigkeiten gibt es nur bei der exakten Blindwertbestimmung, da die Cu-Anteile in der Regel unter die Nachweisgrenze fallen und gegebenenfalls mit einer nachweisstärkeren Methode gemessen werden müssen.

16.13 Fe

Die Fe-Bestimmung in Aufschlußlösungen von Gesteinen kann mittels der

Element	**Cu**
Methode	**Flammen-AAS**
Aufschluß	13.2.1 Na_2CO_3 13.2.2 $Na_2CO_3 + Na_2B_4O_7$ 13.2.3 $LiBO_2$ 13.2.5 $K_2S_2O_7$ 13.2.6 KOH 13.3.3 $HF-HClO_4$ 13.3.4 $HF-H_2SO_4$ 13.3.6 $HF-HNO_3-HClO_4$ 13.3.7 HNO_3-HClO_4 13.3.8 HNO_3
Zusatz	—
Gerät	Perkin Elmer 4000
Brennerkopf	1-Schlitz, 10 cm
Flamme	Luft-Acetylen, oxidierend
Gasfluß l/min (Digits) — Luft	19 (55)
Gasfluß l/min (Digits) — Lachgas	—
Gasfluß l/min (Digits) — Acetylen	2 (20)
Lichtquelle	Hohlkathodenlampe
Wellenlänge [nm]	324,8
Spaltbreite [nm]	0,7 high
Integrationszeit [s]	2
Wiederholungsmessungen	3
Untergrund-Kompensation	nein
Meßbereich [µg Element/ml]	0,1 - 12

Element	Cu
Methode	**ICP-AES**
Aufschluß	13.2.1 Na$_2$CO$_3$ 13.2.2 Na$_2$CO$_3$ + Na$_2$B$_4$O$_7$ 13.2.3 LiBO$_2$ 13.2.5 K$_2$S$_2$O$_7$ 13.2.6 KOH 13.3.3 HF-HClO$_4$ 13.3.4 HF-H$_2$SO$_4$ 13.3.6 HF-HNO$_3$-HClO$_4$ 13.3.7 HNO$_3$-HClO$_4$ 13.3.8 HNO$_3$
Gerät	ARL 35000 C
Generatorleistung [KW]	1,2

Kühl-gas	Art	Argon
	Gasfluß [l/min]	12

Plasma-gas	Art	Argon
	Gasfluß [l/min]	0,85

Zer-stäuber	Typ	Meinhard
	Ansaugrate [ml/min]	0,9

Beobachtungshöhe über Induktionsspule [mm]	15

Photo-multi-plier	Hamamatsu R 955	+
	Hamamatsu R 106	
	rel. Empfindlichkeit (1-15)	11

Wellenlänge [nm]	324,754
Vorspülzeit [s]	5
Integrationszeit [s]	1,5
Meßbereich [µg Element/ml]	0,015 - 200

Element	**Cu**
Methode	**Graphitrohrofen-AAS**
Aufschluß	13.3.3 HF-HClO$_4$ 13.3.4 HF-H$_2$SO$_4$ 13.3.6 HF-HNO$_3$-HClO$_4$ 13.3.7 HNO$_3$-HClO$_4$ 13.3.8 HNO$_3$
Zusatz	—
Gerät	Perkin Elmer 4000
Graphitrohrofen	Perkin Elmer HGA 500
Rohrtyp	normal
Volumen [µl Probe + Zusatz]	10
Schutzgas	Argon
Alternativgas (%)	Argon + Methan (90 + 10)
Lichtquelle	Hohlkathodenlampe
Wellenlänge [nm]	324,8
Spaltbreite [nm]	0,7 low
Integrationszeit [s]	2 - 2,5
Wiederholungsmessungen	2
Auswertung	Peakhöhe
Untergrund-Kompensation	ja
Meßbereich [ng Element/ml]	2 - 100

Steuergerät für den Graphitrohrofen

Programmschritte		1	2	3	4	5	6	7
Temperatur [°C]		130	800	2300	2500	1400	20	
Aufheizzeit [s]		5	5	0	1	2	0	
Haltezeit [s]		15	15	1-2	3	3	11	
Meßwerterfassung					-1			
Schreiberaufzeichnung					-5	0		
Basislinienkorrektur					-5			
Schutzgas	innerer Gasfluß [ml/min]	300	300	0	300		300	
Alternativgas	innerer Gasfluß [ml/min]					300		
	äußerer Gasfluß [ml/min]					900		

Element		**Fe**
Methode		**Flammen-AAS**
Aufschluß		13.2.1 Na_2CO_3 13.2.2 $Na_2CO_3 + Na_2B_4O_7$ 13.2.3 $LiBO_2$ 13.2.5 $K_2S_2O_7$ 13.2.6 KOH 13.3.3 $HF-HClO_4$ 13.3.4 $HF-H_2SO_4$ 13.3.6 $HF-HNO_3-HClO_4$ 13.3.7 HNO_3-HClO_4 13.3.8 HNO_3
Zusatz		—
Gerät		Perkin Elmer 4000
Brennerkopf		1-Schlitz, 10 cm
Flamme		Luft-Acetylen, oxidierend
Gasfluß l/min (Digits)	Luft	19 (55)
	Lachgas	—
	Acetylen	2 (20)
Lichtquelle		Hohlkathodenlampe
Wellenlänge [nm]		248,3
Spaltbreite [nm]		0,7 high
Integrationszeit [s]		2
Wiederholungsmessungen		3
Untergrund-Kompensation		nein
Meßbereich [µg Element/ml]		1 - 30

Element	**Fe**
Methode	**Flammen-AAS**
Aufschluß	13.2.1 Na_2CO_3 13.2.2 $Na_2CO_3 + Na_2B_4O_7$ 13.2.3 $LiBO_2$ 13.2.5 $K_2S_2O_7$ 13.2.6 KOH 13.3.3 $HF-HClO_4$ 13.3.4 $HF-H_2SO_4$ 13.3.6 $HF-HNO_3-HClO_4$ 13.3.7 HNO_3-HClO_4 13.3.8 HNO_3
Zusatz	IP: 0,1 - 0,2 g Cs/100 ml
Gerät	Perkin Elmer 4000
Brennerkopf	Lachgasbrenner, 5 cm
Flamme	Lachgas-Acetylen, oxidierend
Gasfluß l/min (Digits) — Luft	—
Gasfluß l/min (Digits) — Lachgas	16,5 (45)
Gasfluß l/min (Digits) — Acetylen	4,0 (40)
Lichtquelle	Hohlkathodenlampe
Wellenlänge [nm]	248,3
Spaltbreite [nm]	0,7 high
Integrationszeit [s]	2
Wiederholungsmessungen	3
Untergrund-Kompensation	nein
Meßbereich [µg Element/ml]	5 - 60

Element	**Fe**	
Methode	**ICP-AES**	
Aufschluß	13.2.1 Na$_2$CO$_3$ 13.2.2 Na$_2$CO$_3$ + Na$_2$B$_4$O$_7$ 13.2.3 LiBO$_2$ 13.2.5 K$_2$S$_2$O$_7$ 13.2.6 KOH 13.3.3 HF-HClO$_4$ 13.3.4 HF-H$_2$SO$_4$ 13.3.6 HF-HNO$_3$-HClO$_4$ 13.3.7 HNO$_3$-HClO$_4$ 13.3.8 HNO$_3$	
Gerät	ARL 35000 C	
Generatorleistung [KW]	1,2	
Kühl-gas	Art	Argon
	Gasfluß [l/min]	12
Plasma-gas	Art	Argon
	Gasfluß [l/min]	0,85
Zer-stäuber	Typ	Meinhard
	Ansaugrate [ml/min]	0,9
Beobachtungshöhe über Induktionsspule [mm]	15	
Photo-multi-plier	Hamamatsu R 955	+
	Hamamatsu R 106	
	rel. Empfindlichkeit (1-15)	6
Wellenlänge [nm]	238,204	
Vorspülzeit [s]	5	
Integrationszeit [s]	1	
Meßbereich [µg Element/ml]	0,05 - 100	

Element	**Fe**
Methode	**Graphitrohrofen-AAS**
Aufschluß	13.3.7 HNO$_3$-HClO$_4$ 13.3.8 HNO$_3$
Zusatz	MM, MA: 1000 µg La/ml
Gerät	Perkin Elmer 4000
Graphitrohrofen	Perkin Elmer HGA 500
Rohrtyp	normal
Volumen [µl Probe + Zusatz]	20 + 20
Schutzgas	Argon
Alternativgas (%)	Argon + Methan (90 + 10)
Lichtquelle	Hohlkathodenlampe
Wellenlänge [nm]	248,3
Spaltbreite [nm]	0,7 low
Integrationszeit [s]	3
Wiederholungsmessungen	2
Auswertung	Peakhöhe
Untergrund-Kompensation	ja
Meßbereich [ng Element/ml]	1 - 150

Steuergerät für den Graphitrohrofen

Programmschritte		1	2	3	4	5	6	7
Temperatur [°C]		130	1200	2700	2700	1400	20	
Aufheizzeit [s]		5	5	0	0	2	0	
Haltezeit [s]		15	20	2	5	3	11	
Meßwerterfassung				-1				
Schreiberaufzeichnung				-5	0			
Basislinienkorrektur				-5				
Schutzgas	innerer Gasfluß [ml/min]	300	300	0	300		300	
Alternativgas	innerer Gasfluß [ml/min]				300			
	äußerer Gasfluß [ml/min]				900			

ICP-AES und Flammen-AAS erfolgen. Die Graphitrohrofen-AAS eignet sich für die Messung niedriger Fe-Anteile wie beispielsweise in vielen Grund-, Sicker-, Fluß- und Seewässern. Ein Zusatz von $La(NO_3)_3$ verbessert die Messung.

Die ICP-AES erlaubt die störungsfreie Fe-Bestimmung mit der nachweisstärksten Linie bei 238,204 nm. In Abhängigkeit von den pneumatischen Zerstäubern (Cross-Flow-Zerstäuber, Meinhard-Zerstäuber und andere) können wie bei allen Messungen mit der ICP-AES Minusfehler auftreten, wenn zwischen den Probe- und Bezugslösungen zu große Unterschiede in der Oberflächenspannung, Dichte und Viskosität bestehen.

Mit der Flammen-AAS (Abschnitt 14.4.3) kann die Fe-Bestimmung sowohl in der Luft-Acetylen-Flamme als auch in der Lachgas-Acetylen-Flamme vorgenommen werden. Treten in der Luft-Acetylen-Flamme bei hohen Erdalkalianteilen Minusfehler auf, ist mit der Bildung stabiler Ferrate zu rechnen. Ein Zusatz von Lanthan im hohen Überschuß von 0,1 - 0,2 g La/ 100 ml zu den Probe- und Bezugslösungen gleicht Fehler durch Unterschiede in den Erdalkalianteilen aus. Lanthan wirkt nicht als Befreiungsagens auf Eisen, sondern die Meßlösungen werden einander weitgehend angeglichen.

Bei der Messung in der heißeren Lachgas-Acetylen-Flamme wird die Bildung von Ferraten ganz unterbunden. Es kommt zu leichten Ionisationsstörungen, die sowohl durch Zusatz von Cs als auch durch La behoben werden können. Lanthan eignet sich auch als Ionisationspuffer.

16.14 Ga

Magmatische und sedimentäre Gesteine enthalten zwischen 0,5 bis 100 µg Ga/g Substanz. Von den hier diskutierten spektrometrischen Methoden kommt für eine sichere Ga-Bestimmung in Aufschlußlösungen von Gesteinen nur die Graphitrohrofen-AAS in Frage. Die Messungen müssen mit einem Zusatz von Bor zu den Probe- und Bezugslösungen zwecks Matrixmodifikation vorgenommen werden.

16.15 K

Für die K-Bestimmung in Aufschlußlösungen von Gesteinen stehen die ICP-AES, die Flammen-AAS und die Flammen-AES zur Verfügung.

Bei der ICP-AES sind gleich zwei nachweisstarke und im Konzentrationsbereich der in Aufschlußlösungen von Gesteinen vorkommenden Matrixelemente störungsfreie Linien bei 766,490 und 769,896 nm vorhanden. Allerdings sind nicht alle ICP-Atomemissionsspektrometer für den gesamten

Element	**Ga**
Methode	**Graphitrohrofen-AAS**
Aufschluß	13.3.3 HF-HClO$_4$ 13.3.4 HF-H$_2$SO$_4$ 13.3.6 HF-HNO$_3$-HClO$_4$ 13.3.7 HNO$_3$-HClO$_4$ 13.3.8 HNO$_3$
Zusatz	MM, MA: 500 µg B/ml
Gerät	Perkin Elmer 4000
Graphitrohrofen	Perkin Elmer HGA 500
Rohrtyp	normal
Volumen [µl Probe + Zusatz]	20 + 20
Schutzgas	Argon
Alternativgas (%)	Argon + Methan (90 + 10)
Lichtquelle	Hohlkathodenlampe
Wellenlänge [nm]	294,4 (Doppellinie)
Spaltbreite [nm]	0,7 low
Integrationszeit [s]	3
Wiederholungsmessungen	2
Auswertung	Peakhöhe
Untergrund-Kompensation	ja
Meßbereich [ng Element/ml]	3 - 400

Steuergerät für den Graphitrohrofen

Programmschritte		1	2	3	4	5	6	7
Temperatur [°C]		130	1200	2600	2600	1400	20	
Aufheizzeit [s]		5	5	0	0	2	0	
Haltezeit [s]		15	15	2	3	3	11	
Meßwerterfassung				-1				
Schreiberaufzeichnung				-5	0			
Basislinienkorrektur				-5				
Schutzgas	innerer Gasfluß [ml/min]	300	300	0	300		300	
Alternativgas	innerer Gasfluß [ml/min]					300		
	äußerer Gasfluß [ml/min]					900		

Element	K
Methode	**Flammen-AAS**
Aufschluß	13.2.1 Na$_2$CO$_3$ 13.2.2 Na$_2$CO$_3$ + Na$_2$B$_4$O$_7$ 13.2.3 LiBO$_2$ 13.3.3 HF-HClO$_4$ 13.3.4 HF-H$_2$SO$_4$ 13.3.6 HF-HNO$_3$-HClO$_4$ 13.3.7 HNO$_3$-HClO$_4$ 13.3.8 HNO$_3$
Zusatz	IP: 0,1 - 0,2 g Cs/100 ml
Gerät	Perkin Elmer 4000
Brennerkopf	1-Schlitz, 10 cm
Flamme	Luft-Acetylen, oxidierend
Gasfluß l/min (Digits) — Luft	19 (55)
Gasfluß l/min (Digits) — Lachgas	—
Gasfluß l/min (Digits) — Acetylen	2 (20)
Lichtquelle	Hohlkathodenlampe
Wellenlänge [nm]	766,5
Spaltbreite [nm]	0,7 high
Integrationszeit [s]	2
Wiederholungsmessungen	3
Untergrund-Kompensation	nein
Meßbereich [µg Element/ml]	0,25 - 4

Element	**K**
Methode	**Flammen-AES**
Aufschluß	13.2.1 Na_2CO_3 13.2.2 $Na_2CO_3 + Na_2B_4O_7$ 13.2.3 $LiBO_2$ 13.3.3 $HF-HClO_4$ 13.3.4 $HF-H_2SO_4$ 13.3.6 $HF-HNO_3-HClO_4$ 13.3.7 HNO_3-HClO_4 13.3.8 HNO_3
Zusatz	IP: 0,1 g Cs/100 ml
Gerät	Perkin Elmer 4000
Brennerkopf	1-Schlitz, 10 cm
Flamme	Luft-Acetylen, oxidierend
Gasfluß l/min (Digits) — Luft	19 (55)
Gasfluß l/min (Digits) — Lachgas	—
Gasfluß l/min (Digits) — Acetylen	2,0 (20)
Lichtquelle	—
Wellenlänge [nm]	766,5
Spaltbreite [nm]	0,7 high
Integrationszeit [s]	2
Wiederholungsmessungen	3
Untergrund-Kompensation	—
Meßbereich [µg Element/ml]	0,1 - x (variabel)

Wellenlängenbereich von 170 bis 880 nm ausgelegt. Die Linien bei 404,414 nm und 404,721 nm, die für Geräte mit verkürztem Wellenlängenbereich in Frage kämen, sind bereits zu nachweisschwach. Die Linie bei 404,414 nm ist außerdem stark gestört.

Die K-Bestimmung mit der Flammen-AAS und Flammen-AES wird in erster Linie von den Na-Anteilen in der Probe gestört. Die Ionisationsstörungen führen in Abhängigkeit vom Na-Anteil der Probelösungen bei den K-Werten zu relativen Fehlern von ≤ 3 %. Der Zusatz eines Ionisationspuffers zu den Probe- und Bezugslösungen beseitigt die Störung. Die K-Bestimmung mit der Flammen-AES und -AAS wird ausführlich in den Abschnitten 14.10.1 und 14.10.2 beschrieben. Bei der Flammen-AES ist der Meßbereich zu höheren K-Anteilen variabel und wird durch die Photomultipliereinstellung unter Vorgabe der höchstmöglichen Konzentration begrenzt. Enthalten die Meßlösungen beispielsweise 1 - 15 µg K/ml, so wird die Photomultipliereinstellung mit einer Lösung vorgenommen, welche 30 - 40 µg K/ml enthält. Auf diese Weise besteht eine weitgehende Linearität zwischen Konzentrationen und Intensitäten.

16.16 La, Ce, Nd, Sm, Eu, Gd, Dy, Ho, Er, Yb, Lu

Die Anteile der Lanthanidenelemente (Seltene Erden) betragen für die meisten Gesteine 0,0x - 150 µg/g Substanz. Für die Bestimmung der Lanthaniden eignet sich von den hier behandelten spektrometrischen Methoden im wesentlichen nur die ICP-AES. SEN GUPTA (1981) und HAINES (1986) beschreiben auch den Einsatz der Graphitrohrofen-AAS.

Die direkte Bestimmung der Lanthaniden in Aufschlußlösungen von Gesteinen ohne vorherige Abtrennung und Anreicherung der Elemente kann mit der ICP-AES für La (398,852 nm), Ce (413,765 nm), Yb (369,419 nm, bei niedrigen Fe-Anteilen) und Nd (406,109 nm, bei höheren Nd-Anteilen) erfolgen. Von einer direkten Bestimmung der Elemente Dy, Eu, Er und Sm ist abzuraten, da dann die Messungen überwiegend an den Bestimmungsgrenzen vorgenommen werden müßten. Daraus abgeleitete Analysenergebnisse sind mit großen Fehlern behaftet. Schwierigkeiten ergeben sich auch beim Aufschluß der Proben mit Flußsäure und Perchlorsäure, da viele Lanthaniden-Elemente in schwer aufschließbaren, akzessorischen Mineralen (Monazit, Zirkon und andere) fixiert sind. Ein Aufschluß mit Flußsäure und Schwefelsäure bringt deutliche Verbesserungen.

Im Abschnitt 15 wird die Abtrennung der Lanthaniden durch Ionenaustausch detailliert beschrieben.

Element		La	
Methode		**ICP-AES**	
Aufschluß		Abschnitt 15, 13.2.1 Na_2CO_3 13.2.2 Na_2CO_3 + $Na_2B_4O_7$ 13.2.3 $LiBO_2$ 13.2.5 $K_2S_2O_7$ 13.2.6 KOH 13.3.3 $HF-HClO_4$ 13.3.4 $HF-H_2SO_4$ 13.3.6 $HF-HNO_3-HClO_4$ 13.3.7 HNO_3-HClO_4 13.3.8 HNO_3	
Gerät		ARL 35000 C	
Generatorleistung [KW]		1,2	
Kühl-gas	Art	Argon	
	Gasfluß [l/min]	12	
Plasma-gas	Art	Argon	
	Gasfluß [l/min]	0,85	0,85
Zer-stäuber	Typ	Meinhard	
	Ansaugrate [ml/min]	0,9	0,9
Beobachtungshöhe über Induktionsspule [mm]		18,5	18
Photo-multi-plier	Hamamatsu R 955	+	+
	Hamamatsu R 106		
	rel. Empfindlichkeit (1-15)	12	12
Wellenlänge [nm]		398,852	408,672
Vorspülzeit [s]		5	5
Integrationszeit [s]		1,5	1,5
Meßbereich [µg Element/ml]		0,03 - 100	0,03 - 100

Element		Ce	
Methode		ICP-AES	
Aufschluß		Abschnitt 15, 13.2.1 Na_2CO_3 13.2.2 Na_2CO_3 + $Na_2B_4O_7$ 13.2.3 $LiBO_2$ 13.2.5 $K_2S_2O_7$ 13.2.6 KOH 13.3.3 HF-$HClO_4$ 13.3.4 HF-H_2SO_4 13.3.6 HF-HNO_3-$HClO_4$ 13.3.7 HNO_3-$HClO_4$ 13.3.8 HNO_3	
Gerät		ARL 35000 C	
Generatorleistung [KW]		1,2	
Kühl- gas	Art	Argon	
	Gasfluß [l/min]	12	
Plasma- gas	Art	Argon	
	Gasfluß [l/min]	0,85	0,85
Zer- stäuber	Typ	Meinhard	
	Ansaugrate [ml/min]	0,9	0,9
Beobachtungshöhe über Induktionsspule [mm]		15,5	15
Photo- multi- plier	Hamamatsu R 955	+	+
	Hamamatsu R 106		
	rel. Empfindlichkeit (1-15)	12	12
Wellenlänge [nm]		418,660	413,765
Vorspülzeit [s]		5	5
Integrationszeit [s]		1,5	1,5
Meßbereich [µg Element/ml]		0,10 - 800	0,10 - 800

Element		**Nd**
Methode		**ICP-AES**
Aufschluß		Abschnitt 15, 13.2.1 Na$_2$CO$_3$ 13.2.2 Na$_2$CO$_3$ + Na$_2$B$_4$O$_7$ 13.2.3 LiBO$_2$ 13.2.5 K$_2$S$_2$O$_7$ 13.2.6 KOH 13.3.3 HF-HClO$_4$ 13.3.4 HF-H$_2$SO$_4$ 13.3.6 HF-HNO$_3$-HClO$_4$ 13.3.7 HNO$_3$-HClO$_4$ 13.3.8 HNO$_3$
Gerät		ARL 35000 C
Generatorleistung [KW]		1,2
Kühlgas	Art	Argon
	Gasfluß [l/min]	12
Plasmagas	Art	Argon
	Gasfluß [l/min]	0,90
Zerstäuber	Typ	Meinhard
	Ansaugrate [ml/min]	0,9
Beobachtungshöhe über Induktionsspule [mm]		14
Photomultiplier	Hamamatsu R 955	+
	Hamamatsu R 106	
	rel. Empfindlichkeit (1-15)	12
Wellenlänge [nm]		406,109
Vorspülzeit [s]		5
Integrationszeit [s]		1,5
Meßbereich [µg Element/ml]		0,05 - 600

Element	**Sm**	
Methode	**ICP-AES**	
Aufschluß	Abschnitt 15	
Gerät	ARL 35000 C	
Generatorleistung [KW]	1,2	
Kühl-gas — Art	Argon	
Kühl-gas — Gasfluß [l/min]	12	
Plasma-gas — Art	Argon	
Plasma-gas — Gasfluß [l/min]	0,85	0,90
Zerstäuber — Typ	Meinhard	
Zerstäuber — Ansaugrate [ml/min]	0,9	0,9
Beobachtungshöhe über Induktionsspule [mm]	18	18
Photomultiplier — Hamamatsu R 955	+	+
Photomultiplier — Hamamatsu R 106		
Photomultiplier — rel. Empfindlichkeit (1-15)	12	12
Wellenlänge [nm]	356,827	373,920 (Doppellinie)
Vorspülzeit [s]	5	5
Integrationszeit [s]	1,5	1,5
Meßbereich [µg Element/ml]	0,1 - 500	0,1 - 500

Element	**Eu**	
Methode	**ICP-AES**	
Aufschluß	Abschnitt 15	
Gerät	ARL 35000 C	
Generatorleistung [KW]	1,2	
Kühl-gas	Art	Argon
	Gasfluß [l/min]	12
Plasma-gas	Art	Argon
	Gasfluß [l/min]	0,85
Zer-stäuber	Typ	Meinhard
	Ansaugrate [ml/min]	0,9
Beobachtungshöhe über Induktionsspule [mm]		20
Photo-multi-plier	Hamamatsu R 955	+
	Hamamatsu R 106	
	rel. Empfindlichkeit (1-15)	12
Wellenlänge [nm]		381,967
Vorspülzeit [s]		5
Integrationszeit [s]		1,5
Meßbereich [µg Element/ml]		0,015 - 200

Element	**Gd**	
Methode	**ICP-AES**	
Aufschluß	Abschnitt 15	
Gerät	ARL 35000 C	
Generatorleistung [KW]	1,2	
Kühl-gas	Art	Argon
	Gasfluß [l/min]	12
Plasma-gas	Art	Argon
	Gasfluß [l/min]	0,85
Zer-stäuber	Typ	Meinhard
	Ansaugrate [ml/min]	0,9
Beobachtungshöhe über Induktionsspule [mm]	15,5	
Photo-multi-plier	Hamamatsu R 955	+
	Hamamatsu R 106	
	rel. Empfindlichkeit (1-15)	12
Wellenlänge [nm]	376,839	
Vorspülzeit [s]	5	
Integrationszeit [s]	1,5	
Meßbereich [µg Element/ml]	0,05 - 400	

Element	**Dy**
Methode	**ICP-AES**
Aufschluß	Abschnitt 15
Gerät	ARL 35000 C
Generatorleistung [KW]	1,2

Kühl-gas	Art	Argon
	Gasfluß [l/min]	12

Plasma-gas	Art	Argon
	Gasfluß [l/min]	0,85

Zer-stäuber	Typ	Meinhard
	Ansaugrate [ml/min]	0,9

Beobachtungshöhe über Induktionsspule [mm]	20

Photo-multi-plier	Hamamatsu R 955	+
	Hamamatsu R 106	
	rel. Empfindlichkeit (1-15)	12

Wellenlänge [nm]	353,170
Vorspülzeit [s]	5
Integrationszeit [s]	1,5
Meßbereich [µg Element/ml]	0,02 - 600

Element	**Ho**
Methode	**ICP-AES**
Aufschluß	Abschnitt 15
Gerät	ARL 35000 C
Generatorleistung [KW]	1,2

Kühl-gas	Art	Argon
	Gasfluß [l/min]	12

Plasma-gas	Art	Argon
	Gasfluß [l/min]	0,85

Zer-stäuber	Typ	Meinhard
	Ansaugrate [ml/min]	0,9

Beobachtungshöhe über Induktionsspule [mm]	14

Photo-multi-plier	Hamamatsu R 955	+
	Hamamatsu R 106	
	rel. Empfindlichkeit (1-15)	12

Wellenlänge [nm]	345,600
Vorspülzeit [s]	5
Integrationszeit [s]	1,5
Meßbereich [ng Element/ml]	0,02 - 500

Element	**Er**	
Methode	**ICP-AES**	
Aufschluß	Abschnitt 15	
Gerät	ARL 35000 C	
Generatorleistung [KW]	1,2	
Kühl-gas	Art	Argon
	Gasfluß [l/min]	12
Plasma-gas	Art	Argon
	Gasfluß [l/min]	0,90
Zer-stäuber	Typ	Meinhard
	Ansaugrate [ml/min]	0,9
Beobachtungshöhe über Induktionsspule [mm]		17
Photo-multi-plier	Hamamatsu R 955	+
	Hamamatsu R 106	
	rel. Empfindlichkeit (1-15)	12
Wellenlänge [nm]		369,265
Vorspülzeit [s]		5
Integrationszeit [s]		1,5
Meßbereich [µg Element/ml]		0,03 - 800

Element		**Yb**	
Methode		**ICP-AES**	
Aufschluß		Abschnitt 15, 13.2.1 Na_2CO_3 13.2.2 Na_2CO_3 + $Na_2B_4O_7$ 13.2.3 $LiBO_2$ 13.2.5 $K_2S_2O_7$ 13.2.6 KOH 13.3.3 $HF-HClO_4$ 13.3.4 $HF-H_2SO_4$ 13.3.6 $HF-HNO_3-HClO_4$ 13.3.7 HNO_3-HClO_4 13.3.8 HNO_3	
Gerät		ARL 35000 C	
Generatorleistung [KW]		1,2	
Kühl- gas	Art	Argon	
	Gasfluß [l/min]	12	
Plasma- gas	Art	Argon	
	Gasfluß [l/min]	0,90	0,85
Zer- stäuber	Typ	Meinhard	
	Ansaugrate [ml/min]	0,9	0,9
Beobachtungshöhe über Induk- tionsspule [mm]		15	15
Photo- multi- plier	Hamamatsu R 955	+	+
	Hamamatsu R 106		
	rel. Empfindlichkeit (1-15)	12	12
Wellenlänge [nm]		328,937	369,419
Vorspülzeit [s]		5	5
Integrationszeit [s]		1,5	1,5
Meßbereich [µg Element/ml]		0,005 - 100	0,010 - 100

Element	Lu		
Methode	**ICP-AES**		
Aufschluß	Abschnitt 15		
Gerät	ARL 35000 C		
Generatorleistung [KW]	1,2		
Kühl-gas	Art	Argon	
	Gasfluß [l/min]	12	
Plasma-gas	Art	Argon	
	Gasfluß [l/min]	0,85	0,85
Zer-stäuber	Typ	Meinhard	
	Ansaugrate [ml/min]	0,9	0,9
Beobachtungshöhe über Induktionsspule [mm]		17	17
Photo-multi-plier	Hamamatsu R 955	+	+
	Hamamatsu R 106		
	rel. Empfindlichkeit (1-15)	12	12
Wellenlänge [nm]		261,542	291,139
Vorspülzeit [s]		5	5
Integrationszeit [s]		1,5	1,5
Meßbereich [µg Element/ml]		0,005 - 100	0,015 - 250

16.17 Li

Die häufigsten magmatischen und sedimentären Gesteine enthalten zwischen 0,5 bis 70 µg Li/g Substanz. Für die Bestimmung eignen sich die ICP-AES, die Flammen-AES und die Graphitrohrofen-AAS. Die Flammen-AAS ist im Vergleich mit den anderen Methoden deutlich nachweisschwächer und kann nur für die Bestimmung hoher Lithiumanteile eingesetzt werden (STONE u. CHESHER, 1969). Für alle Absorptions- und Emissions-Messungen ist die Linie bei 670,784 nm geeignet.

Bei ICP-Atomemissionsspektrometern mit verkürztem Wellenlängenbereich muß auf die Linie bei 460,286 nm ausgewichen werden. Allerdings ist die Linie für die meisten Aufgabenstellungen zu nachweisschwach und außerdem durch Eisen gestört.

Mit der Flammen-AES kann die Lithium-Bestimmung in den Aufschlußlösungen direkt und ohne Ionisationspuffer vorgenommen werden (siehe Abschnitt 10.6). Die Lithium-Messung wird durch die SrOH-Bande mit einem diffusen Maximum bei 671,0 - 672,0 nm gestört. Schwächere Interferenzen gehen vom CaO- und CaOH-Bandensystem aus. Da aber in den Aufschlußlösungen von Gesteinen mit Probeeinwaagen ≤ 0,004 g/ml die zu erwartenden Sr-Konzentrationen 0,01 - 4 µg/ml und die Ca-Konzentrationen 7 - 1200 µg/ml betragen, fallen die Störungen durch das CaO- und CaOH-Bandensystem stärker ins Gewicht. Die Messungen müssen bei kleinen Spaltbreiten ≤ 0,2 nm durchgeführt werden, da andernfalls die Ca-Anteile und in geringerem Umfang auch die Sr-Anteile in den Aufschlußlösungen Li vortäuschen können. Das macht sich vor allem bei der Messung von Kalken und mafischen Gesteinen bemerkbar (siehe Abschnitt 10.6). Der Meßbereich zu höheren Li-Anteilen ist bei der Flammen-AES variabel und wird durch die Photomultipliereinstellung begrenzt (siehe Abschnitt 16.15 oder 16.21).

Die Lithium-Bestimmung mit der Graphitrohrofen-AAS muß mit einem Zusatz zur Matrixmodifikation vorgenommen werden. Das Signal wird in Gegenwart störender Halogenide stark unterdrückt (KATZ u. TAITEL, 1977). Aus diesem Grund sollte Lithium in HNO_3-haltigen Aufschlußlösungen gemessen werden. Reste von Fluor und Chlor aus den Aufschlußsäuren (Flußsäure, Perchlorsäure) werden durch einen Zusatz von H_2SO_4 oder $(NH_4)_2SO_4$ beseitigt. Ein Kaliumzusatz im Überschuß soll Reaktionen von Lithium mit dem Graphit verhindern und die Probe- und Bezugslösungen in ihren Alkaligehalten angleichen. Die Meßlösungen enthalten 50 µg K/ml und 1 % H_2SO_4 oder $(NH_4)_2SO_4$. Die Zugabe erfolgt erst vor der Messung mit einer Lösung von 100 µg K/ml in 2 % H_2SO_4 oder $(NH_4)_2SO_4$ im Mischungsverhältnis von 1 + 1.

Element		**Li**
Methode		**Flammen-AES**
Aufschluß		13.2.1 Na$_2$CO$_3$ 13.2.2 Na$_2$CO$_3$ + Na$_2$B$_4$O$_7$ 13.2.5 K$_2$S$_2$O$_7$ 13.2.6 KOH 13.3.3 HF-HClO$_4$ 13.3.4 HF-H$_2$SO$_4$ 13.3.6 HF-HNO$_3$-HClO$_4$ 13.3.7 HNO$_3$-HClO$_4$ 13.3.8 HNO$_3$
Zusatz		—
Gerät		Perkin Elmer 4000
Brennerkopf		1-Schlitz, 10 cm
Flamme		Luft-Acetylen, oxidierend
Gasfluß l/min (Digits)	Luft	19 (55)
	Lachgas	—
	Acetylen	2 (20)
Lichtquelle		—
Wellenlänge [nm]		670,8
Spaltbreite [nm]		0,07 high
Integrationszeit [s]		2
Wiederholungsmessungen		3
Untergrund-Kompensation		—
Meßbereich [ng Element/ml]		1 - x (variabel)

Element	Li
Methode	**Graphitrohrofen-AAS**
Aufschluß	13.3.3 HF-HClO$_4$ 13.3.4 HF-H$_2$SO$_4$ 13.3.6 HF-HNO$_3$-HClO$_4$ 13.3.7 HNO$_3$-HClO$_4$ 13.3.8 HNO$_3$
Zusatz	MM, MA: 100 µg K/ml und 2 % H$_2$SO$_4$
Gerät	Perkin Elmer 4000
Graphitrohrofen	Perkin Elmer HGA 500
Rohrtyp	normal
Volumen [µl Probe + Zusatz]	5 + 5
Schutzgas	Argon
Alternativgas (%)	Argon + Methan (90 + 10)
Lichtquelle	Hohlkathodenlampe
Wellenlänge [nm]	670,8
Spaltbreite [nm]	0,7 low
Integrationszeit [s]	3
Wiederholungsmessungen	3
Auswertung	Peakhöhe
Untergrund-Kompensation	ja
Meßbereich [ng Element/ml]	3 - 100

Steuergerät für den Graphitrohrofen

Programmschritte		1	2	3	4	5	6	7
Temperatur [°C]		130	700	2200	2600	1400	20	
Aufheizzeit [s]		5	5	0	1	2	0	
Haltezeit [s]		15	15	2	7	3	11	
Meßwerterfassung				-1				
Schreiberaufzeichnung				-5	0			
Basislinienkorrektur				-5				
Schutzgas	innerer Gasfluß [ml/min]	300	300	300	300		300	
Alternativgas	innerer Gasfluß [ml/min]					300		
	äußerer Gasfluß [ml/min]					900		

16.18 Mg

Für die Mg-Bestimmung ist die ICP-AES und die Flammen-AAS geeignet.

Bei der Bestimmung mit der ICP-AES stehen eine Vielzahl geeigneter Linien zur Verfügung. Die nachweisstärkste bei 279,553 nm wird nur in Gegenwart hoher Fe- und Mn-Anteile (100 - 1000 mal größer als Mg) gestört. Gute Erfahrungen für die Mg-Bestimmung in Gewässern und Aufschlußlösungen von Gesteinen liegen für die nachweisschwächere Linie bei 383,231 nm vor. Die Messungen sind unproblematisch. Aufgrund der Eigenschaften von Zerstäubern sollten nur stark verdünnte Säureaufschlußlösungen gemessen werden. Bei Schmelzaufschlußlösungen müssen die Zusammensetzungen der Bezugslösungen den Probelösungen durch den Zusatz von Aufschlußreagenzien angeglichen werden.

Der Einsatz der Flammen-AAS für die Mg-Bestimmung wird in Abschnitt 14.8.2 ausführlich beschrieben. Die Messungen in der Luft-Acetylen-Flamme erfordern einen Zusatz von 4000 µg La/ml zu den Probe- und Bezugslösungen. Auf diese Weise läßt sich die Bildung stabiler Aluminate sowie Titanate und damit die Unterdrückung von Meßsignalen verhindern. Stabile Phosphate und Ferrate treten in der Regel nicht auf. Die Unterdrückung der Mg-Meßsignale beispielsweise durch Al ist in HNO_3-haltigen Lösungen erheblich stärker als in HCl-haltigen Proben. Die Aufschlußlösungen von Gesteinen sollten für die Mg-Bestimmung HCl-führend sein. In HNO_3-haltigen Lösungen muß der Lanthan-Zusatz falls erforderlich noch deutlich erhöht werden. Magnesium kann auch nach Zugabe von 0,2 - 0,5 g Cs/100 ml als Ionisationspuffer in der Lachgas-Acetylen-Flamme gemessen werden.

16.19 Mn

Von den hier diskutierten spektrometrischen Methoden kann Mangan mit der ICP-AES, der Flammen-AAS und bei niedrigen Anteilen mit der Graphitrohrofen-AAS gemessen werden.

Bei der ICP-AES wird die nachweisstärkste Linie bei 257,610 nm durch Eisen gestört. Sie eignet sich nicht so gut für die Mn-Bestimmung in Aufschlußlösungen von Gesteinen, wohl aber für die Analyse von Wasserproben in Abwesenheit hoher Fe-Anteile. Dagegen ist die Linie bei 403,307 nm im Konzentrationsbereich der in Gesteinsaufschlüssen vorkommenden Begleitelemente frei von Interferenzen.

Die Bestimmung von Mn in der Luft-Acetylen-Flamme ist unproblematisch. Sie wird ausführlich in Abschnitt 14.6.2 beschrieben.

Element	**Mg**
Methode	**Flammen-AAS**
Aufschluß	13.2.1 Na_2CO_3 13.2.2 $Na_2CO_3 + Na_2B_4O_7$ 13.2.3 $LiBO_2$ 13.2.5 $K_2S_2O_7$ 13.2.6 KOH 13.3.3 $HF-HClO_4$ 13.3.4 $HF-H_2SO_4$ 13.3.6 $HF-HNO_3-HClO_4$ 13.3.7 HNO_3-HClO_4 13.3.8 HNO_3
Zusatz	BA: 0,4 g La/100 ml
Gerät	Perkin Elmer 4000
Brennerkopf	1-Schlitz, 10 cm
Flamme	Luft-Acetylen, oxidierend
Gasfluß l/min (Digits) — Luft	19 (55)
Gasfluß l/min (Digits) — Lachgas	—
Gasfluß l/min (Digits) — Acetylen	2 (20)
Lichtquelle	Hohlkathodenlampe
Wellenlänge [nm]	285,2
Spaltbreite [nm]	0,7 high
Integrationszeit [s]	2
Wiederholungsmessungen	3
Untergrund-Kompensation	nein
Meßbereich [µg Element/ml]	0,05 - 4

Element	**Mg**
Methode	**Flammen-AAS**
Aufschluß	13.2.1 Na_2CO_3 13.2.2 Na_2CO_3 + $Na_2B_4O_7$ 13.2.3 $LiBO_2$ 13.2.5 $K_2S_2O_7$ 13.2.6 KOH 13.3.3 HF-$HClO_4$ 13.3.4 HF-H_2SO_4 13.3.6 HF-HNO_3-$HClO_4$ 13.3.7 HNO_3-$HClO_4$ 13.3.8 HNO_3
Zusatz	IP: 0,2 - 0,5 g Cs/100 ml
Gerät	Perkin Elmer 4000
Brennerkopf	Lachgasbrenner, 5 cm
Flamme	Lachgas-Acetylen, oxidierend
Gasfluß l/min (Digits) — Luft	—
Gasfluß l/min (Digits) — Lachgas	16,5 (45)
Gasfluß l/min (Digits) — Acetylen	4,0 (40)
Lichtquelle	Hohlkathodenlampe
Wellenlänge [nm]	285,2
Spaltbreite [nm]	0,7 high
Integrationszeit [s]	2
Wiederholungsmessungen	3
Untergrund-Kompensation	nein
Meßbereich [µg Element/ml]	0,3 - 12

Element		**Mg**	
Methode		**ICP-AES**	
Aufschluß		13.2.1 Na$_2$CO$_3$ 13.2.2 Na$_2$CO$_3$ + Na$_2$B$_4$O$_7$ 13.2.3 LiBO$_2$ 13.2.5 K$_2$S$_2$O$_7$ 13.2.6 KOH 13.3.3 HF-HClO$_4$ 13.3.4 HF-H$_2$SO$_4$ 13.3.6 HF-HNO$_3$-HClO$_4$ 13.3.7 HNO$_3$-HClO$_4$ 13.3.8 HNO$_3$	
Gerät		ARL 35000 C	
Generatorleistung [KW]		1,2	
Kühl-gas	Art	Argon	
	Gasfluß [l/min]	12	
Plasma-gas	Art	Argon	
	Gasfluß [l/min]	0,85	0,85
Zer-stäuber	Typ	Meinhard	
	Ansaugrate [ml/min]	0,9	0,9
Beobachtungshöhe über Induktionsspule [mm]		15	15
Photo-multi-plier	Hamamatsu R 955	+	+
	Hamamatsu R 106		
	rel. Empfindlichkeit (1-15)	6	8
Wellenlänge [nm]		279,553	383,231
Vorspülzeit [s]		5	5
Integrationszeit [s]		1	1
Meßbereich [μg Element/ml]		0,001 - 20	0,2 - 5000

Element	**Mn**	
Methode	**Flammen-AAS**	
Aufschluß	13.2.1 Na_2CO_3 13.2.2 $Na_2CO_3 + Na_2B_4O_7$ 13.2.3 $LiBO_2$ 13.2.5 $K_2S_2O_7$ 13.2.6 KOH 13.3.3 $HF-HClO_4$ 13.3.4 $HF-H_2SO_4$ 13.3.6 $HF-HNO_3-HClO_4$ 13.3.7 HNO_3-HClO_4 13.3.8 HNO_3	
Zusatz	—	
Gerät	Perkin Elmer 4000	
Brennerkopf	1-Schlitz, 10 cm	
Flamme	Luft-Acetylen, oxidierend	
Gasfluß l/min (Digits)	Luft	19 (55)
	Lachgas	—
	Acetylen	2 (20)
Lichtquelle	Hohlkathodenlampe	
Wellenlänge [nm]	279,5	
Spaltbreite [nm]	0,7 high	
Integrationszeit [s]	2	
Wiederholungsmessungen	3	
Untergrund-Kompensation	nein	
Meßbereich [µg Element/ml]	0,25 - 6	

Element		**Mn**	
Methode		**ICP-AES**	
Aufschluß		13.2.1 Na$_2$CO$_3$ 13.2.2 Na$_2$CO$_3$ + Na$_2$B$_4$O$_7$ 13.2.3 LiBO$_2$ 13.2.5 K$_2$S$_2$O$_7$ 13.2.6 KOH 13.3.3 HF-HClO$_4$ 13.3.4 HF-H$_2$SO$_4$ 13.3.6 HF-HNO$_3$-HClO$_4$ 13.3.7 HNO$_3$-HClO$_4$ 13.3.8 HNO$_3$	
Gerät		ARL 35000 C	
Generatorleistung [KW]		1,2	
Kühl-gas	Art	Argon	
	Gasfluß [l/min]	12	
Plasma-gas	Art	Argon	
	Gasfluß [l/min]	0,90	0,85
Zer-stäuber	Typ	Meinhard	
	Ansaugrate [ml/min]	0,9	0,9
Beobachtungshöhe über Induktionsspule [mm]		15	15
Photo-multi-plier	Hamamatsu R 955	+	+
	Hamamatsu R 106		
	rel. Empfindlichkeit (1-15)	5	8
Wellenlänge [nm]		257,610	403,307
Vorspülzeit [s]		5	5
Integrationszeit [s]		1	1
Meßbereich [µg Element/ml]		0,005 - 300	0,07 - 3000

Element	Mn						
Methode	Graphitrohrofen-AAS						
Aufschluß	13.3.7 HNO$_3$-HClO$_4$ 13.3.8 HNO$_3$						
Zusatz	—						
Gerät	Perkin Elmer 4000						
Graphitrohrofen	Perkin Elmer HGA 500						
Rohrtyp	normal						
Volumen [µl Probe + Zusatz]	20						
Schutzgas	Argon						
Alternativgas (%)	Argon + Methan (90 + 10)						
Lichtquelle	Hohlkathodenlampe						
Wellenlänge [nm]	279,5						
Spaltbreite [nm]	0,7 low						
Integrationszeit [s]	3						
Wiederholungsmessungen	2						
Auswertung	Peakhöhe						
Untergrund-Kompensation	ja						
Meßbereich [ng Element/ml]	0,5 - 25						
Steuergerät für den Graphitrohrofen							
Programmschritte	1	2	3	4	5	6	7
Temperatur ['C]	130	1000	2700	2700	1400	20	
Aufheizzeit [s]	5	5	0	0	2	0	
Haltezeit [s]	15	15	2	4	3	11	
Meßwerterfassung			-1				
Schreiberaufzeichnung			-5	0			
Basislinienkorrektur			-5				
Schutzgas innerer Gasfluß [ml/min]	300	300	0	300		300	
Alternativgas innerer Gasfluß [ml/min]					300		
Alternativgas äußerer Gasfluß [ml/min]					900		

Die Graphitrohrofen-AAS ist eine bevorzugte Bestimmungsmethode für sehr kleine Mn-Anteile in anthropogen unbeeinflußten Wässern.

16.20 Mo

Die häufigsten Gesteine enthalten 0,3 bis 2 µg Mo/g Substanz. In Gesteinen wie Schwarzschiefern können die Anteile auch 50 µg Mo/g Substanz und mehr betragen. Nur die hohen Mo-Anteile lassen sich mit der ICP-AES bei 202,030 nm bestimmen. Normalerweise kann nur die nachweisstärkere Graphitrohrofen-AAS für die Mo-Bestimmung eingesetzt werden. Molybdän bildet stabile Carbide, die selbst bei hohen Temperaturen von 2700 °C nur langsam zersetzt werden. Die Messung leidet unter einem starken Memoryeffekt. Ein Zusatz von $La(NO_3)_3$ in hohem Überschuß bringt eine deutliche Verbesserung der Meßergebnisse.

16.21 Na

Die Na-Bestimmung mit der Flammen-AES und -AAS wird ausführlich in den Abschnitten 14.9.1 und 14.9.2 beschrieben. Zur Vermeidung von Ionisationsstörungen werden bei beiden Verfahren die Probe- und Bezugslösungen mit 1000 µg Cs/ml versetzt. Andernfalls können in Abhängigkeit von den Kaliumanteilen der Aufschlußlösungen bei Probeeinwaagen von 0,001 g/ml relative Fehler von $\leq 3\%$ Na auftreten. Bei der Flammen-AES ist der Meßbereich zu höheren Werten variabel. Er wird durch die Photomultipliereinstellung begrenzt. Bei einem angenommenen Konzentrationsbereich von 10 - 40 µg Na/ml in den Probelösungen kann der Photomultiplier mit einer Lösung eingestellt werden, welche 80 - 100 µg Na/ml enthält. Auf diese Weise besteht eine weitgehende Linearität zwischen Konzentrationen und Intensitäten.

Als weitere Bestimmungsmethode eignet sich die ICP-AES mit der Linie bei 588,995 nm. Spektrometern mit verkürztem Wellenlängenbereich stehen für Messungen nur die wesentlich nachweisschwächeren Linien bei 330,237 nm und 330,298 nm zur Verfügung. Die erste Linie wird durch Titan und die zweite durch Eisen gestört. Beide Linien sind für genaue Na-Bestimmungen ungeeignet.

16.22 Nb

Granite, Basalte und Tonschiefer enthalten im Mittel 15 bis 35 µg Nb/g Gestein, Ultramafite, Carbonate und Sandsteine dagegen nur ≤ 1 µg Nb/g Gestein. Von den hier diskutierten Methoden ist lediglich die ICP-AES zur

Element	**Mo**						
Methode	**Graphitrohrofen-AAS**						
Aufschluß	13.3.3 HF-HClO$_4$ 13.3.4 HF-H$_2$SO$_4$ 13.3.6 HF-HNO$_3$-HClO$_4$ 13.3.7 HNO$_3$-HClO$_4$ 13.3.8 HNO$_3$						
Zusatz	MM, MA: 500 µg La/ml						
Gerät	Perkin Elmer 4000						
Graphitrohrofen	Perkin Elmer HGA 500						
Rohrtyp	normal						
Volumen [µl Probe + Zusatz]	50 + 50						
Schutzgas	Argon						
Alternativgas (%)	Argon + Methan (90 + 10)						
Lichtquelle	Hohlkathodenlampe						
Wellenlänge [nm]	313,3						
Spaltbreite [nm]	0,7 low						
Integrationszeit [s]	3						
Wiederholungsmessungen	2						
Auswertung	Peakhöhe						
Untergrund-Kompensation	nein						
Meßbereich [ng Element/ml]	0,8 - 10						

Steuergerät für den Graphitrohrofen							
Programmschritte	1	2	3	4	5	6	7
Temperatur [°C]	130	1500	2700	2700	1400	20	
Aufheizzeit [s]	5	5	0	0	2	0	
Haltezeit [s]	15	20	2	7	3	11	
Meßwerterfassung				-1			
Schreiberaufzeichnung				-5	0		
Basislinienkorrektur				-5			
Schutzgas innerer Gasfluß [ml/min]	300	300	0	300		300	
Alternativgas innerer Gasfluß [ml/min]				300			
Alternativgas äußerer Gasfluß [ml/min]				900			

Element	**Na**
Methode	**Flammen-AAS**
Aufschluß	13.2.3 LiBO$_2$ 13.2.5 K$_2$S$_2$O$_7$ 13.2.6 KOH 13.3.3 HF-HClO$_4$ 13.3.4 HF-H$_2$SO$_4$ 13.3.6 HF-HNO$_3$-HClO$_4$ 13.3.7 HNO$_3$-HClO$_4$ 13.3.8 HNO$_3$
Zusatz	IP: 0,1 - 0,2 g Cs/100 ml
Gerät	Perkin Elmer 4000
Brennerkopf	1-Schlitz, 10 cm
Flamme	Luft-Acetylen, oxidierend
Gasfluß l/min (Digits) — Luft	19 (55)
Gasfluß l/min (Digits) — Lachgas	—
Gasfluß l/min (Digits) — Acetylen	2 (20)
Lichtquelle	Hohlkathodenlampe
Wellenlänge [nm]	589,0
Spaltbreite [nm]	0,7 high
Integrationszeit [s]	2
Wiederholungsmessungen	3
Untergrund-Kompensation	nein
Meßbereich [µg Element/ml]	0,4 - 2,5

Element	**Na**
Methode	**Flammen-AES**
Aufschluß	13.2.3 LiBO$_2$ 13.2.5 K$_2$S$_2$O$_7$ 13.2.6 KOH 13.3.3 HF-HClO$_4$ 13.3.4 HF-H$_2$SO$_4$ 13.3.6 HF-HNO$_3$-HClO$_4$ 13.3.7 HNO$_3$-HClO$_4$ 13.3.8 HNO$_3$
Zusatz	IP: 0,1 g Cs/100 ml
Gerät	Perkin Elmer 4000
Brennerkopf	1-Schlitz, 10 cm
Flamme	Luft-Acetylen, oxidierend
Gasfluß l/min (Digits) — Luft	19 (55)
Gasfluß l/min (Digits) — Lachgas	—
Gasfluß l/min (Digits) — Acetylen	2 (20)
Lichtquelle	—
Wellenlänge [nm]	589,0
Spaltbreite [nm]	0,7 high
Integrationszeit [s]	2
Wiederholungsmessungen	3
Untergrund-Kompensation	—
Meßbereich [µg Element/ml]	0,05 - x (variabel)

Nb-Bestimmung geeignet. Alle nachweisstarken Linien bei 309,418 nm, 316,340 nm, 313,079 nm, 269,706 nm, 322,548 nm und 319,498 nm sind wegen vielzähliger Interferenzen für die Messungen ungeeignet. Erst mit der Linie bei 295,088 nm steht eine störungsfreie, wenn auch nachweisschwächere Linie zur Verfügung. Sie eignet sich für die Bestimmung höherer Nb-Anteile. Bei Einwaagen von beispielsweise 0,004 g Probe/ml für die Gesteinsaufschlüsse können noch 5 µg Nb/g Substanz mit ausreichender Genauigkeit bestimmt werden.

16.23 Ni

Granitische Gesteine enthalten zwischen 5 bis 10 µg Ni/g Substanz, mafische Gesteine 70 bis 400 µg Ni/g Substanz und ultramafische Gesteine zwischen 1500 bis 3000 µg Ni/g Substanz. Niedrige Nickelanteile (z.B. in Graniten, Granuliten, Gneisen, Glimmerschiefern, Kalken) mit ≤ 40 µg Ni/g Substanz können mit der nachweisstarken Graphitrohrofen-AAS gemessen werden. Höhere Ni-Anteile bei gleichzeitig hohen Probeeinwaagen von 0,004 g Substanz/ml lassen sich mit der ICP-AES und zum Teil auch noch mit der Flammen-AAS bestimmen. Bei der ICP-AES sind mit Ausnahme der Ni-Linien bei 221,647 nm und 231,604 nm die nachweisstärksten Linien in Aufschlußlösungen von Gesteinen gestört. Von den beiden verwendeten Photomultipliern R 106 und R 955 von Hamamatsu erbrachte nur der erstgenannte eine ausreichende Leistung im UV-Bereich < 240 nm. Für die Messung der ungestörten Linie bei 352,454 nm zeigte der Photomultiplier R 955 bessere Eigenschaften.

Die Messung mit der Graphitrohrofen-AAS kann durch Nickelkontaminationen im Graphitrohr erschwert werden, wenn beispielsweise Nickel zuvor als Stabilisator für die Bestimmung von As, Bi oder Se eingesetzt wurde. Die verbliebenen Nickelreste müssen daher sorgfältig durch wiederholtes, längeres Ausheizen beseitigt werden. Noch besser ist die Verwendung eines neuen Graphitrohres.

16.24 P

Die häufigsten Gesteine enthalten 150 bis 1500 µg P/g Substanz. Von den diskutierten spektrometrischen Methoden kommt nur die ICP-AES für die Phosphorbestimmung in Frage. Mit den nachweisstärksten Linien bei 213,618 nm und 214,914 nm können noch 0,5 µg P/g Lösung mit ausreichender Genauigkeit bestimmt werden. Die P-Anteile liegen dann etwa um das 6fache über der Nachweisgrenze. Beide Linien zeigen starke Interferenzen mit Cu und Al.

Element	**Nb**	
Methode	**ICP-AES**	
Aufschluß	13.2.1 Na_2CO_3 13.2.2 Na_2CO_3 + $Na_2B_4O_7$ 13.2.3 $LiBO_2$ 13.2.5 $K_2S_2O_7$ 13.2.6 KOH 13.3.3 HF-$HClO_4$ 13.3.4 HF-H_2SO_4 13.3.6 HF-HNO_3-$HClO_4$ 13.3.7 HNO_3-$HClO_4$ 13.3.8 HNO_3	
Gerät	ARL 35000 C	
Generatorleistung [KW]	1,2	
Kühl-gas	Art	Argon	
	Gasfluß [l/min]	12	
Plasma-gas	Art	Argon	
	Gasfluß [l/min]	0,85	
Zer-stäuber	Typ	Meinhard	
	Ansaugrate [ml/min]	1,0	
Beobachtungshöhe über Induktionsspule [mm]	15	
Photo-multi-plier	Hamamatsu R 955	+	
	Hamamatsu R 106		
	rel. Empfindlichkeit (1-15)	12	
Wellenlänge [nm]	295,088	
Vorspülzeit [s]	5	
Integrationszeit [s]	1,5	
Meßbereich [µg Element/ml]	0,02 - 500	

Element	**Ni**
Methode	**Flammen-AAS**
Aufschluß	13.2.1 Na_2CO_3 13.2.2 $Na_2CO_3 + Na_2B_4O_7$ 13.2.3 $LiBO_2$ 13.2.5 $K_2S_2O_7$ 13.2.6 KOH 13.3.3 $HF-HClO_4$ 13.3.4 $HF-H_2SO_4$ 13.3.6 $HF-HNO_3-HClO_4$ 13.3.7 HNO_3-HClO_4 13.3.8 HNO_3
Zusatz	—
Gerät	Perkin Elmer 4000
Brennerkopf	1-Schlitz, 10 cm
Flamme	Luft-Acetylen, oxidierend
Gasfluß l/min (Digits) — Luft	19 (55)
Gasfluß l/min (Digits) — Lachgas	—
Gasfluß l/min (Digits) — Acetylen	2 (20)
Lichtquelle	Hohlkathodenlampe
Wellenlänge [nm]	232,0
Spaltbreite [nm]	0,7 high
Integrationszeit [s]	2
Wiederholungsmessungen	3
Untergrund-Kompensation	nein
Meßbereich [µg Element/ml]	0,2 - 15

Element	Ni	
Methode	**ICP-AES**	
Aufschluß	13.2.1 Na_2CO_3 13.2.2 Na_2CO_3 + $Na_2B_4O_7$ 13.2.3 $LiBO_2$ 13.2.5 $K_2S_2O_7$ 13.2.6 KOH 13.3.3 $HF-HClO_4$ 13.3.4 $HF-H_2SO_4$ 13.3.6 $HF-HNO_3-HClO_4$ 13.3.7 HNO_3-HClO_4 13.3.8 HNO_3	
Gerät	ARL 35000 C	
Generatorleistung [KW]	1,2	
Kühlgas — Art	Argon	
Kühlgas — Gasfluß [l/min]	12	
Plasmagas — Art	Argon	
Plasmagas — Gasfluß [l/min]	0,95	0,95
Zerstäuber — Typ	Meinhard	
Zerstäuber — Ansaugrate [ml/min]	0,85	0,9
Beobachtungshöhe über Induktionsspule [mm]	18	15
Photomultiplier — Hamamatsu R 955		+
Photomultiplier — Hamamatsu R 106	+	
Photomultiplier — rel. Empfindlichkeit (1-15)	12	13
Wellenlänge [nm]	221,647	352,454
Vorspülzeit [s]	5	5
Integrationszeit [s]	1,5	1,5
Meßbereich [µg Element/ml]	0,05 - 2000	0,15 - 3000

Element	**Ni**						
Methode	**Graphitrohrofen-AAS**						
Aufschluß	13.3.3 HF-HClO$_4$ 13.3.4 HF-H$_2$SO$_4$ 13.3.6 HF-HNO$_3$-HClO$_4$ 13.3.7 HNO$_3$-HClO$_4$ 13.3.8 HNO$_3$						
Zusatz	—						
Gerät	Perkin Elmer 4000						
Graphitrohrofen	Perkin Elmer HGA 500						
Rohrtyp	normal						
Volumen [µl Probe + Zusatz]	20						
Schutzgas	Argon						
Alternativgas (%)	Argon + Methan (90 + 10)						
Lichtquelle	Hohlkathodenlampe						
Wellenlänge [nm]	232,0						
Spaltbreite [nm]	0,7 low						
Integrationszeit [s]	3						
Wiederholungsmessungen	2						
Auswertung	Peakhöhe						
Untergrund-Kompensation	ja						
Meßbereich [ng Element/ml]	2 - 300						
Steuergerät für den Graphitrohrofen							
Programmschritte		1	2	3	4	5	6	7
Temperatur [°C]		130	1000	2700	2700	1400	20	
Aufheizzeit [s]		5	5	0	0	2	0	
Haltezeit [s]		15	25	2	6	3	11	
Meßwerterfassung				-1				
Schreiberaufzeichnung				-5	0			
Basislinienkorrektur				-5				
Schutzgas	innerer Gasfluß [ml/min]	300	300	0	300		300	
Alternativgas	innerer Gasfluß [ml/min]				300			
	äußerer Gasfluß [ml/min]				900			

Element	P		
Methode	**ICP-AES**		
Aufschluß	13.3.3 HF-HClO$_4$ 13.3.6 HF-HNO$_3$-HClO$_4$ 13.3.7 HNO$_3$-HClO$_4$ 13.3.8 HNO$_3$		
Gerät	ARL 35000 C		
Generatorleistung [KW]	1,2		
Kühl-gas	Art	Argon	
	Gasfluß [l/min]	12	
Plasma-gas	Art	Argon	
	Gasfluß [l/min]	0,90	0,90
Zer-stäuber	Typ	Meinhard	
	Ansaugrate [ml/min]	0,9	0,9
Beobachtungshöhe über Induktionsspule [mm]		15	15
Photo-multi-plier	Hamamatsu R 955		
	Hamamatsu R 106	+	+
	rel. Empfindlichkeit (1-15)	12	12
Wellenlänge [nm]		213,618	178,287
Vorspülzeit [s]		5	5
Integrationszeit [s]		1,5	1,5
Meßbereich [µg Element/ml]		0,5 - 2000	6 - 2000

Bei Einwaagen von 0,004 g Gestein/ml sind in den Aufschlußlösungen 0,6 - 6 µg P/ml, höchstens 0,4 µg Cu/ml und ≤ 400 µg Al/ml zu erwarten. Auf der Linie 213,618 nm täuschen 0,4 µg Cu/ml etwa 0,3 µg P/ml und 400 µg Al/ml etwa 0,15 µg P/ml vor. Noch größer sind die Fehler bei 214,914 nm. Hier werden unter gleichen Bedingungen durch Kupfer etwa 0,2 µg P/ml und durch Aluminium etwa 1 µg P/ml vorgetäuscht. Bei hohen Anteilen an Cu und Al wird eine Korrektur erforderlich.

In organischen Materialien (z.B. Holz, Blätter, Rinde) können die P-Anteile bei niedrigen Al-Anteilen jedoch bei 214,914 nm bestimmt werden. Mit der Phosphorbestimmung in Gesteinen und in biologischen Materialien haben sich z.B. WALSH u. HOWIE (1980) sowie PRITCHARD u. LEE (1984) beschäftigt. Andere starke Phosphorlinien wie 178,287 nm (Vakuum) und 253,565 nm sind für viele Aufgabenstellungen bereits zu nachweisschwach, oder sie werden wie die Linie bei 253,565 nm durch Fe, Ti und Mn außerdem gestört.

16.25 Pb

Die Pb-Anteile nehmen von den Ultramafiten mit etwa 0,1 µg Pb/g Substanz über die Mafite im unteren Mikrogramm-Bereich bis zu den Graniten mit 20 bis 40 µg Pb/g Substanz zu. In den meisten sedimentären und metamorphen Gesteinen liegen die Gehalte zwischen 5 bis 25 µg Pb/g Substanz. Allerdings gibt es Gesteine wie beispielsweise Schwarzschiefer, welche ≥ 100 µg Pb/g Substanz enthalten.

Unter Berücksichtigung der starken Verdünnungen bei den Aufschlüssen sind in den Meßlösungen selten mehr als 100 ng Pb/ml zu erwarten. Das bedeutet, daß nur die nachweisstarke Graphitrohrofen-AAS für die Pb-Bestimmung geeignet ist. Um vorzeitige Pb-Verluste bei der thermischen Probevorbehandlung im Graphitrohr zu vermeiden, kann die thermische Stabilität durch La(NO$_3$)$_3$ (THOMPSON et al., 1977) bzw. Palladium oder Platin (NI ZHE-MING u. SHAN XIAO-QUAN, 1987) erhöht werden. Ein anderes Problem besteht in der Bildung von Bleimonohalogeniden, die durch Reaktionen von Blei mit Alkali-, Erdalkali- und Eisenhalogeniden während der Atomisierungsphase entstehen (HEINRICHS, 1979b). Das Blei entzieht sich auf diese Weise dem Absorptionsvorgang. Es kommt zu einer Erniedrigung der Meßsignale. Die Aufschlußlösungen sollten daher mit HNO$_3$ und nicht mit HCl versetzt werden. Zur Entfernung kleiner Reste von Fluor und Chlor aus den Aufschlußsäuren (HF, HClO$_4$) und zur Temperaturstabilisierung eignet sich ein Zusatz von (NH$_4$)$_2$HPO$_4$. Die ICP-AES ist ungeeignet für Pb-Messungen unterhalb von 400 ng Pb/ml in Aufschlußlösungen von Gesteinen. Alle nachweisstarken

Element		**Pb**
Methode		**Flammen-AAS**
Aufschluß		13.2.6 KOH 13.3.3 HF-HClO$_4$ 13.3.6 HF-HNO$_3$-HClO$_4$ 13.3.7 HNO$_3$-HClO$_4$ 13.3.8 HNO$_3$
Zusatz		—
Gerät		Perkin Elmer 4000
Brennerkopf		1-Schlitz, 10 cm
Flamme		Luft-Acetylen, oxidierend
Gasfluß l/min (Digits)	Luft	19 (55)
	Lachgas	—
	Acetylen	2 (20)
Lichtquelle		Elektrodenlose Entladungslampe
Wellenlänge [nm]		283,3
Spaltbreite [nm]		0,7 high
Integrationszeit [s]		2
Wiederholungsmessungen		3
Untergrund-Kompensation		nein
Meßbereich [µg Element/ml]		0,4 - 45

Element	**Pb**
Methode	**Graphitrohrofen-AAS**
Aufschluß	13.3.3 HF-HClO$_4$ 13.3.6 HF-HNO$_3$-HClO$_4$ 13.3.7 HNO$_3$-HClO$_4$ 13.3.8 HNO$_3$
Zusatz	MM, MA: 1 % (NH$_4$)$_2$HPO$_4$
Gerät	Perkin Elmer 4000
Graphitrohrofen	Perkin Elmer HGA 500
Rohrtyp	normal
Volumen [µl Probe + Zusatz]	10 + 10
Schutzgas	Argon
Alternativgas (%)	Argon + Methan (90 + 10)
Lichtquelle	Elektrodenlose Entladungslampe
Wellenlänge [nm]	283,3
Spaltbreite [nm]	0,7 low
Integrationszeit [s]	2-3
Wiederholungsmessungen	2
Auswertung	Peakhöhe
Untergrund-Kompensation	ja
Meßbereich [ng Element/ml]	1 - 100

Steuergerät für den Graphitrohrofen							
Programmschritte	1	2	3	4	5	6	7
Temperatur [°C]	130	500	2100	2500	1400	20	
Aufheizzeit [s]	5	5	0	1	2	0	
Haltezeit [s]	15	15	1-2	2	3	11	
Meßwerterfassung				-1			
Schreiberaufzeichnung				-5	0		
Basislinienkorrektur				-5			
Schutzgas innerer Gasfluß [ml/min]	300	300	0	300		300	
Alternativgas innerer Gasfluß [ml/min]					300		
Alternativgas äußerer Gasfluß [ml/min]					900		

Linien werden von den in Aufschlußlösungen vorkommenden Lösungsgenossen stark gestört. Nachfolgend stehen hinter den nachweisstärksten Pb-Linien die wichtigsten Störelemente in Klammern: 220,353 nm (Al), 216,999 nm (Al, Fe), 261,418 nm (Fe), 283,306 nm (Fe, Mg), 405,783 nm (Mn, Ti), 368,348 nm (Fe) und 224,688 nm (Cu, Fe).

16.26 Rb

Die häufigsten Gesteine enthalten zwischen 2 bis 200 µg Rb/g Gestein. Für die Bestimmung stehen die Flammen-AES, die Graphitrohrofen-AAS und bei sehr hohen Rb-Anteilen auch noch die Flammen-AAS und die ICP-AES zur Verfügung.

Die Flammen-AES ist eine schnelle und zuverlässige Methode. Zwei Aspekte müssen jedoch beachtet werden:
1. Die Probe- und Bezugslösungen müssen mit einem Ionisationspuffer versetzt werden. 0,1 g Cs/100 ml reicht als Zusatz aus. Höhere Zusätze erhöhen nur unnötigerweise die Blindwerte. Schwanken die Blindwerte, dann kann die Messung sehr niedriger Rb-Anteile wie z.B. in Ultramafiten ungenau werden. In Abwesenheit hoher Na- und K-Anteile empfiehlt sich eine Reduzierung des Zusatzes an Ionisationspuffer auf etwa 200 µg Cs/ml (0,02 g Cs/100 ml).
2. Die Messung muß bei kleinen Spaltbreiten ≤ 0,2 nm vorgenommen werden (siehe Abschnitt 10.6). Bei großen Spaltbreiten treten Störungen durch die Hydroxid- und Oxid-Bandensysteme von Calcium und Eisen auf. Rb-Gehalte werden vorgetäuscht.

Der Meßbereich für höhere Rb-Anteile ist bei der Flammen-AES variabel und wird durch die Photomultipliereinstellung begrenzt (siehe Abschnitt 16.15 oder 16.21).

Als weitere Bestimmungsmethode steht die Graphitrohrofen-AAS zur Verfügung. Auch hier treten Störungen auf. Rubidium bildet wie die meisten Alkalielemente lamellare Einlagerungsverbindungen mit Graphit. Durch einen Zusatz von Kalium im Überschuß sollen entsprechende Einlagerungsverbindungen mit Kalium gebildet werden, um das Rubidium, das die gleichen Verbindungen mit dem Graphit bevorzugt, freizusetzen. Das Kalium dient hier nicht als Ionisationspuffer. Die Elektronendichte im Graphitrohr ist in Abhängigkeit von der Atomisierungstemperatur hoch, da Graphit bei Temperaturen über 1500 °C beträchtliche Mengen an Elektronen abgibt. Rubidium reagiert wie viele andere Elemente in der Atomisierungsphase mit Halogenen. Es kommt zur Signalunterdrückung (KATZ, 1975). Das Rubidium wird durch die Bildung von Monohalogeniden dem Absorptionsvorgang ent-

Element	**Rb**
Methode	**Flammen-AES**
Aufschluß	13.2.1 Na_2CO_3 13.2.2 $Na_2CO_3 + Na_2B_4O_7$ 13.2.3 $LiBO_2$ 13.2.5 $K_2S_2O_7$ 13.2.6 KOH 13.3.3 $HF-HClO_4$ 13.3.4 $HF-H_2SO_4$ 13.3.6 $HF-HNO_3-HClO_4$ 13.3.7 HNO_3-HClO_4 13.3.8 HNO_3
Zusatz	IP: 0,1 g Cs/100 ml
Gerät	Perkin Elmer 4000
Brennerkopf	1-Schlitz, 10 cm
Flamme	Luft-Acetylen, oxidierend
Gasfluß l/min (Digits) — Luft	19 (55)
Gasfluß l/min (Digits) — Lachgas	—
Gasfluß l/min (Digits) — Acetylen	2 (20)
Lichtquelle	—
Wellenlänge [nm]	780,0
Spaltbreite [nm]	0,07 high
Integrationszeit [s]	2
Wiederholungsmessungen	3
Untergrund-Kompensation	—
Meßbereich [ng Element/ml]	5 - x (variabel)

Element	**Rb**
Methode	**Graphitrohrofen-AAS**
Aufschluß	13.3.3 HF-HClO$_4$ 13.3.4 HF-H$_2$SO$_4$ 13.3.6 HF-HNO$_3$-HClO$_4$ 13.3.7 HNO$_3$-HClO$_4$ 13.3.8 HNO$_3$
Zusatz	MM, MA: 100 µg K/ml und 2 % H$_2$SO$_4$
Gerät	Perkin Elmer 4000
Graphitrohrofen	Perkin Elmer HGA 500
Rohrtyp	normal
Volumen [µl Probe + Zusatz]	10 + 10
Schutzgas	Argon
Alternativgas (%)	Argon + Methan (90 + 10)
Lichtquelle	Elektrodenlose Entladungslampe
Wellenlänge [nm]	780,0
Spaltbreite [nm]	0,7 low
Integrationszeit [s]	3
Wiederholungsmessungen	2
Auswertung	Peakhöhe
Untergrund-Kompensation	ja
Meßbereich [ng Element/ml]	3 - 150

Steuergerät für den Graphitrohrofen							
Programmschritte	1	2	3	4	5	6	7
Temperatur [°C]	130	700	2500	2600	1400	20	
Aufheizzeit [s]	5	5	0	1	2	0	
Haltezeit [s]	15	15	2	6	3	11	
Meßwerterfassung			-1				
Schreiberaufzeichnung			-5	0			
Basislinienkorrektur			-5				
Schutzgas innerer Gasfluß [ml/min]	300	300	50	300		300	
Alternativgas innerer Gasfluß [ml/min]				300			
Alternativgas äußerer Gasfluß [ml/min]				900			

zogen. Aus diesem Grund sollte Rubidium aus HNO$_3$-haltigen Aufschlußlösungen bestimmt werden. Reste von Aufschlußsäuren (HF, HClO$_4$) werden durch einen Zusatz von H$_2$SO$_4$ oder (NH$_4$)$_2$SO$_4$ entfernt.

Die ICP-AES ist mit der stärksten Linie bei 780,023 nm für viele Rb-Bestimmungen bereits zu nachweisschwach. Diese Linie ist für die in Aufschlußlösungen von Gesteinen vorkommenden Lösungsgenossen weitgehend frei von Interferenzen. Lediglich das Titan könnte bei extrem hohen Anteilen zu Störungen führen. Die nachfolgend schwächere Rb-Linie bei 794,760 nm koinzidiert mit Ar (794,818 nm). Beim ICP-Spektrometer mit verkürztem Wellenlängenbereich stehen nur die Linien bei 420,185 nm und 421,556 nm zur Verfügung. Beide Linien sind aber zu nachweisschwach und werden unauflösbar durch Fe (420,203 nm) und Sr (421,552 nm) gestört.

Die Flammen-AAS ist im Vergleich zur Flammen-AES sehr nachweisschwach für Rb-Bestimmungen. Sowohl Absorptions- als auch Emissionsmessungen können mit dem gleichen Spektrometer durchgeführt werden. In beiden Fällen muß außerdem die gleiche Probepräparation vorgenommen werden. Damit erübrigt sich die Diskussion über die Rb-Bestimmung mit der Flammen-AAS, da die Flammen-AES die bessere Methode ist.

16.27 S

Magmatische Gesteine enthalten zwischen 15 bis 300 µg S/g Substanz, Sedimente zwischen 200 bis 3000 µg S/g Substanz. In verschiedenen Gesteinen, beispielsweise in Schwarzschiefern, sind 1 bis 3 % S enthalten. Für die S-Bestimmung kommt von den hier diskutierten spektrometrischen Methoden nur die ICP-AES in Frage. Die stärkste Linie bei 180,731 nm ist der schwächeren Linie bei 182,037 nm vorzuziehen. Sie ist allerdings auch nicht ganz frei von Interferenzen. Die Linie bei 180,731 nm wird durch Al, Ca und Mn gestört. Eine Korrektur ist in der Regel nur bei hohen Ca-Anteilen (> 20 µg Ca/ml) in der Aufschlußlösung erforderlich. Die Proben dürfen nicht mit Flußsäure und Perchlorsäure aufgeschlossen werden, da beim Abrauchen erhebliche Schwefelverluste auftreten können. Geeignete Aufschlußmittel sind NaOH und KOH. Der Aufschluß wird bei niedrigen Temperaturen (maximal 450 °C) durchgeführt. Für den vollständigen Aufschluß von 0,1 g Gesteinsprobe mit 2 g NaOH bzw. KOH werden für den Lösungsvorgang 100 bis 200 ml verdünnte Salzsäure benötigt. Das bedeutet, daß nur hohe Schwefelanteile von mehreren 1000 µg S/g sicher mit dieser Methode bestimmt werden können.

Die ICP-AES ist eine gute Methode für die Bestimmung von Schwefel in organischen Materialien. 250 mg Probe werden mit 5 ml Salpetersäure im

Element	S	
Methode	**ICP-AES**	
Aufschluß	13.3.8 HNO₃	
Gerät	ARL 35000 C	
Generatorleistung [KW]	1,2	
Kühlgas — Art	Argon	
Kühlgas — Gasfluß [l/min]	12	
Plasmagas — Art	Argon	
Plasmagas — Gasfluß [l/min]	0,90	0,90
Zerstäuber — Typ	Meinhard	
Zerstäuber — Ansaugrate [ml/min]	0,85	0,9
Beobachtungshöhe über Induktionsspule [mm]	18	15
Photomultiplier — Hamamatsu R 955		
Photomultiplier — Hamamatsu R 106	+	+
Photomultiplier — rel. Empfindlichkeit (1-15)	12	12
Wellenlänge [nm]	180,731	182,037
Vorspülzeit [s]	5	5
Integrationszeit [s]	1,5	1,5
Meßbereich [µg Element/ml]	2 - 1500	3 - 3000

Autoklav aufgeschlossen. Danach wird die Aufschlußlösung unter leichtem Erwärmen und ohne abzurauchen auf 10 bis 25 ml mit deion. Wasser aufgefüllt und nach dem Abkühlen auf ein definiertes Volumen eingestellt. Messungen von mehr als 200 µg S/g Probe lassen sich problemlos durchführen.

16.28 Sb

Die häufigsten magmatischen, metamorphen und sedimentären Gesteine enthalten zwischen 0,1 bis 2,0 µg Sb/g Substanz. In den Aufschlußlösungen sind bei einer Probeeinwaage von 0,002 - 0,004 g/ml 0,2 bis maximal 8 ng Sb/ml zu erwarten. Von den diskutierten Methoden ist die Graphitrohrofen-AAS mit Abstand die nachweisstärkste. Aber auch sie ermöglicht nur die Bestimmung höherer Antimonanteile (> 2 ng Sb/ml). Es stehen zwei Linien bei 217,6 nm und 231,1 nm zur Verfügung. Die Messungen mit der nachweisstärkeren Linie bei 217,6 nm können in Gegenwart hoher Bleianteile (217,0 nm) gestört werden und erfordern daher kleine Spaltbreiten von ≤ 0,7 nm. Die Linie bei 231,1 nm zeigt Interferenzen mit Nickel (231,1 nm, 231 nm). Bei hohen Nickelanteilen in den Lösungen (z.B. Anwendung von Ni als Stabilisator) wird ein Doppelpeak registriert. Der erste entspricht Sb, der zweite Ni. NI ZHE-MING u. SHAN XIAO-QUAN (1987) fanden beim Vergleich von Nickel, Kupfer und Platin, daß Kupfer die besten Stabilisatoreigenschaften besitzt. Kupfer sollte als $Cu(NO_3)_2$ zugesetzt werden. Signalerniedrigungen durch die Bildung von Antimonhalogeniden können durch die Zugabe von $(NH_4)_2SO_4$ vermieden werden. Hohe Sb-Anteile von mehr als 50 µg Sb/g Substanz, wie sie beispielsweise in kommunalen Klärschlämmen, Aschen, Filter- und Reingasstäuben aus Müllverbrennungsanlagen vorkommen, lassen sich auch mit der ICP-AES oder mit der Flammen-AAS bestimmen. Bei der ICP-AES sind allerdings die nachweisstärksten Linien bei 206,833 nm (Al, Fe, Cr), 217,581 nm (Fe, Al), 231,147 nm (Fe, Ni) und 252,852 nm (Fe, V, Mn) stark gestört. Die am meisten störenden Elemente stehen in Klammern. Bei der Sb-Bestimmung mit der Flammen-AAS (> 0,6 µg Sb/ml) mit den Linien bei 217,6 nm bzw. 231,1 nm ist wie bei der Graphitrohrofen-AAS auf Störungen durch Blei und Nickel zu achten.

16.29 Sc

Die Sc-Anteile liegen in den häufigsten Gesteinen zwischen 1 bis 50 µg Sc/g Substanz. Für die Bestimmung von Sc steht mit der ICP-AES eine sehr gute Methode zur Verfügung. Die nachweisstärkste Linie bei 361,384 nm

Element	**Sb**
Methode	**Graphitrohrofen-AAS**
Aufschluß	13.3.3 HF-HClO$_4$ 13.3.6 HF-HNO$_3$-HClO$_4$ 13.3.7 HNO$_3$-HClO$_4$ 13.3.8 HNO$_3$
Zusatz	MM, MA: 1000 µg Cu/ml und 1 % (NH$_4$)$_2$SO$_4$
Gerät	Perkin Elmer 4000
Graphitrohrofen	Perkin Elmer HGA 500
Rohrtyp	normal
Volumen [µl Probe + Zusatz]	20 + 20
Schutzgas	Argon
Alternativgas (%)	Argon + Methan (90 + 10)
Lichtquelle	Elektrodenlose Entladungslampe
Wellenlänge [nm]	217,6
Spaltbreite [nm]	0,7 low
Integrationszeit [s]	3
Wiederholungsmessungen	2
Auswertung	Peakhöhe
Untergrund-Kompensation	ja
Meßbereich [ng Element/ml]	2 - 300

Steuergerät für den Graphitrohrofen									
Programmschritte			1	2	3	4	5	6	7
Temperatur [°C]			130	1000	2300	2600	1400	20	
Aufheizzeit [s]			5	5	0	1	2	0	
Haltezeit [s]			15	15	2	2	3	11	
Meßwerterfassung					-1				
Schreiberaufzeichnung					-5	0			
Basislinienkorrektur					-5				
Schutzgas	innerer Gasfluß [ml/min]		300	300	0	300		300	
Alternativgas	innerer Gasfluß [ml/min]					300			
	äußerer Gasfluß [ml/min]					900			

Element	Sc	
Methode	**ICP-AES**	
Aufschluß	13.2.1 Na_2CO_3 13.2.2 Na_2CO_3 + $Na_2B_4O_7$ 13.2.3 $LiBO_2$ 13.2.5 $K_2S_2O_7$ 13.2.6 KOH 13.3.3 HF-$HClO_4$ 13.3.4 HF-H_2SO_4 13.3.6 HF-HNO_3-$HClO_4$ 13.3.7 HNO_3-$HClO_4$ 13.3.8 HNO_3	
Gerät	ARL 35000 C	
Generatorleistung [KW]	1,2	
Kühlgas	Art	Argon
	Gasfluß [l/min]	12
Plasmagas	Art	Argon
	Gasfluß [l/min]	0,85
Zerstäuber	Typ	Meinhard
	Ansaugrate [ml/min]	1,0
Beobachtungshöhe über Induktionsspule [mm]		15
Photomultiplier	Hamamatsu R 955	+
	Hamamatsu R 106	
	rel. Empfindlichkeit (1-15)	10
Wellenlänge [nm]		361,384
Vorspülzeit [s]		5
Integrationszeit [s]		1,5
Meßbereich [µg Element/ml]		0,003 - 100

ist im Konzentrationsbereich der in Aufschlußlösungen von Gesteinen vorkommenden Lösungsgenossen frei von Interferenzen. Bei Probeeinwaagen von 0,004 g/ml sind in den Aufschlußlösungen 4 bis 200 ng Sc/ml zu erwarten, welche ohne Schwierigkeiten erfaßt werden können.

16.30 Se

Die Se-Bestimmung kann nur nach Anreicherung (z.B. Verdampfungsanalyse, Abschnitt 10.10) mit der nachweisstarken Graphitrohrofen-AAS erfolgen, da die mittleren Se-Anteile in Gesteinen bei nur 0,04 bis 0,6 µg Se/g Gestein liegen. Um vorzeitige Selenverluste bei der thermischen Probevorbehandlung im Graphitrohr zu verhindern, kann Selen durch einen Zusatz von $Ni(NO_3)_2$ stabilisiert werden (EDIGER, 1975). TEAGUE-NISHIMURA et al. (1987) prüften Al, Cu, Ni, Pd und Pt als Stabilisatoren. Danach können Pd und Pt, eventuell auch Al, bessere Stabilisatoreigenschaften aufweisen als Ni.

16.31 Si

Die Si-Bestimmung kann in Alkaliaufschlußlösungen mit der ICP-AES oder der Flammen-AAS vorgenommen werden.

Bei der ICP-AES bleibt die nachweisstärkste Linie 251,611 nm durch die in Alkalischmelzaufschlüssen vorkommenden Lösungsgenossen weitgehend ungestört. Beim Arbeiten mit frei ansaugendem Meinhard-Zerstäuber sollten nur sehr stark verdünnte Aufschlußlösungen eingesetzt werden, da sich der Zerstäuber sonst leicht zusetzt. Generell machen sich Unterschiede in der Oberflächenspannung, Viskosität und Dichte zwischen Probe- und Bezugslösungen in Abhängigkeit von den Zerstäubereigenschaften (Meinhard-Zerstäuber, Cross-Flow-Zerstäuber und andere) als Minusfehler bemerkbar. Daher müssen die Bezugslösungen den Probelösungen durch den Zusatz von Aufschlußmitteln angeglichen werden.

Die Linie bei 251,611 nm eignet sich auch für die Si-Bestimmung in Gewässern.

In der Lachgas-Acetylen-Flamme wird Silicium in Gegenwart hoher Al-, Fe-, Ti-, Ca- und Mg-Anteile gestört. Es bilden sich offenbar in der Flamme Silicate. Mit einem hohen Zusatz von Lanthan (~ 1 %) werden die Meßlösungen einander angeglichen. Unterschiede in den Al-, Fe-, Ti-, Ca- und Mg-Anteilen machen sich nicht mehr bemerkbar, da Lanthan ebenfalls Silicate bildet. Ein Zusatz von Cs als Ionisationspuffer ist in der Regel nicht erforderlich. Der Ionisierungsgrad von Silicium ist in der Lachgas-Acetylen-Flamme

Element	Se
Methode	**Graphitrohrofen-AAS**
Aufschluß	—
Zusatz	MM, MA: 1000 µg Ni/ml
Gerät	Perkin Elmer 4000
Graphitrohrofen	Perkin Elmer HGA 500
Rohrtyp	normal
Volumen [µl Probe + Zusatz]	20 + 20
Schutzgas	Argon
Alternativgas (%)	Argon + Methan (90 + 10)
Lichtquelle	Elektrodenlose Entladungslampe
Wellenlänge [nm]	196,0
Spaltbreite [nm]	0,7 low
Integrationszeit [s]	4
Wiederholungsmessungen	2
Auswertung	Peakhöhe
Untergrund-Kompensation	ja
Meßbereich [ng Element/ml]	3 - 150

Steuergerät für den Graphitrohrofen

Programmschritte		1	2	3	4	5	6	7
Temperatur [°C]		130	400	800	2300	2400	1400	20
Aufheizzeit [s]		5	5	5	1	1	2	0
Haltezeit [s]		15	5	5	2	2	3	11
Meßwerterfassung					-1			
Schreiberaufzeichnung					-5	0		
Basislinienkorrektur					-5			
Schutzgas	innerer Gasfluß [ml/min]	300	300	300	0	300		300
Alternativgas	innerer Gasfluß [ml/min]						300	
	äußerer Gasfluß [ml/min]						900	

Element		**Si**
Methode		**Flammen-AAS**
Aufschluß		13.2.1 Na_2CO_3 13.2.2 Na_2CO_3 + $Na_2B_4O_7$ 13.2.3 $LiBO_2$ 13.2.6 KOH
Zusatz		MA: 1,0 g La/100 ml
Gerät		Perkin Elmer 4000
Brennerkopf		Lachgasbrenner, 5 cm
Flamme		Lachgas-Acetylen, reduzierend
Gasfluß l/min (Digits)	Luft	—
	Lachgas	14 (40)
	Acetylen	5 (50)
Lichtquelle		Hohlkathodenlampe
Wellenlänge [nm]		251,6
Spaltbreite [nm]		0,7 high
Integrationszeit [s]		2
Wiederholungsmessungen		3
Untergrund-Kompensation		nein
Meßbereich [µg Element/ml]		20 - 200

Element		**Si**
Methode		**ICP-AES**
Aufschluß		13.2.1 Na$_2$CO$_3$ 13.2.2 Na$_2$CO$_3$ + Na$_2$B$_4$O$_7$ 13.2.3 LiBO$_2$ 13.2.6 KOH
Gerät		ARL 35000 C
Generatorleistung [KW]		1,2
Kühl- gas	Art	Argon
	Gasfluß [l/min]	12
Plasma- gas	Art	Argon
	Gasfluß [l/min]	0,85
Zer- stäuber	Typ	Meinhard
	Ansaugrate [ml/min]	0,9
Beobachtungshöhe über Induk- tionsspule [mm]		15
Photo- multi- plier	Hamamatsu R 955	+
	Hamamatsu R 106	
	rel. Empfindlichkeit (1-15)	11
Wellenlänge [nm]		251,611
Vorspülzeit [s]		5
Integrationszeit [s]		1
Meßbereich [µg Element/ml]		0,5 - 1000

sehr klein. Darüber hinaus wirkt Lanthan auch als Ionisationspuffer. Wichtig ist, daß die Bezugslösungen den Probelösungen durch den Zusatz von Aufschlußmitteln angeglichen werden.

16.32 Sn

Die häufigsten Gesteine enthalten im Mittel 0,5 bis 4 µg Sn/g Substanz. Auch mit der nachweisstärksten Bestimmungsmethode, der Graphitrohrofen-AAS, lassen sich bei Probeeinwaagen von 0,002 g/ml für die Säureaufschlüsse nur ≥ 1,0 µg Sn/g Substanz bestimmen. Minuswerte können auftreten, wenn das Sn im Cassiterit (SnO_2) fixiert ist. In diesem Fall sollte der Rückstand des Säureaufschlusses einer Nachbehandlung in Salzsäure unterzogen werden. Unter der reduzierenden Wirkung heißer Salzsäure zersetzt sich SnO_2 im Autoklav (DOLEŽAL et al., 1969).

Hohe Zinnanteile können in umweltrelevanten Materialien wie beispielsweise in den Aschen sowie Filter- und Reingasstäuben aus Müllverbrennungsanlagen auftreten. In diesem Fall kann bei der ICP-AES mit der Linie 189,989 nm und in Anwesenheit niedriger Chrom- (≤ 1 µg Cr/ml) und Eisenanteile (≤ 70 µg Fe/ml) mit der Linie 283,999 nm gemessen werden. Die nachweisstarken Linien bei 235,484 nm und 242,949 nm werden vollständig durch Eisen gestört.

16.33 Sr

Die häufigsten Gesteine enthalten zwischen 10 bis 900 µg Sr/g Substanz. Bei Probeeinwaagen von 0,001 bis 0,004 g/ml sind durchschnittlich 10 bis 3600 ng Sr/ml in den Aufschlußlösungen zu erwarten. Als Bestimmungsmethoden sind die ICP-AES, die Graphitrohrofen-AAS und bei Sr-Anteilen ≥ 200 ng Sr/ml auch die Flammen-AAS geeignet.

Zur Bestimmung des Sr eignet sich die ICP-AES. Allerdings treten auch hier Störungen auf, die eventuell beachtet werden müssen. Die beiden nachweisstärksten Linien 407,771 nm und 421,552 nm werden gleichermaßen nicht auflösbar durch Ca gestört. 100 µg Ca/ml in der Aufschlußlösung können etwa 10 ng Sr/ml vortäuschen. Die Messung sehr niedriger Sr-Anteile muß auf Ca korrigiert werden, da ein Ausweichen auf eine andere nachweisstarke Linie nicht möglich ist. Die Linien 216,596 nm und 215,284 nm, die für eine Messung noch in Frage kämen, werden bei der erstgenannten Linie vollständig durch Eisen sowie bei der zweitgenannten Linie durch Eisen und Aluminium gestört. Die Linie 346,446 nm eignet sich dagegen nur für die Messung höherer Sr-Anteile.

Element	Sn
Methode	**Graphitrohrofen-AAS**
Aufschluß	13.3.3 HF-HClO$_4$ 13.3.4 HF-H$_2$SO$_4$ 13.3.6 HF-HNO$_3$-HClO$_4$ 13.3.7 HNO$_3$-HClO$_4$ 13.3.8 HNO$_3$
Zusatz	—
Gerät	Perkin Elmer 4000
Graphitrohrofen	Perkin Elmer HGA 500
Rohrtyp	normal
Volumen [µl Probe + Zusatz]	50
Schutzgas	Argon
Alternativgas (%)	Argon + Methan (90 + 10)
Lichtquelle	Hohlkathodenlampe
Wellenlänge [nm]	224,6
Spaltbreite [nm]	0,7 low
Integrationszeit [s]	3
Wiederholungsmessungen	2
Auswertung	Peakhöhe
Untergrund-Kompensation	ja
Meßbereich [ng Element/ml]	2 - 250

Steuergerät für den Graphitrohrofen

Programmschritte		1	2	3	4	5	6	7
Temperatur [°C]		130	1000	2700	2700	1400	20	
Aufheizzeit [s]		5	5	0	0	2	0	
Haltezeit [s]		20	25	2	6	3	11	
Meßwerterfassung				-1				
Schreiberaufzeichnung				-5	0			
Basislinienkorrektur				-5				
Schutzgas	innerer Gasfluß [ml/min]	300	300	0	300		300	
Alterna-tivgas	innerer Gasfluß [ml/min]				300			
	äußerer Gasfluß [ml/min]				900			

Element	**Sr**
Methode	**Flammen-AAS**
Aufschluß	13.2.1 Na_2CO_3 13.2.2 Na_2CO_3 + $Na_2B_4O_7$ 13.2.3 $LiBO_2$ 13.2.6 KOH 13.3.3 $HF-HClO_4$ 13.3.6 $HF-HNO_3-HClO_4$ 13.3.7 HNO_3-HClO_4 13.3.8 HNO_3
Zusatz	IP, BA : 0,1 - 0,2 g La/100 ml und/oder IP : 0,1 - 0,2 g Cs/100 ml
Gerät	Perkin Elmer 4000
Brennerkopf	Lachgasbrenner, 5 cm
Flamme	Lachgas-Acetylen, oxidierend
Gasfluß l/min (Digits) — Luft	—
Gasfluß l/min (Digits) — Lachgas	16,5 (45)
Gasfluß l/min (Digits) — Acetylen	4 (40)
Lichtquelle	Hohlkathodenlampe
Wellenlänge [nm]	460,7
Spaltbreite [nm]	0,7 high
Integrationszeit [s]	2
Wiederholungsmessungen	3
Untergrund-Kompensation	nein
Meßbereich [µg Element/ml]	0,2 - 10

Element	Sr
Methode	**ICP-AES**
Aufschluß	13.2.1 Na$_2$CO$_3$ 13.2.2 Na$_2$CO$_3$ + Na$_2$B$_4$O$_7$ 13.2.3 LiBO$_2$ 13.2.6 KOH 13.3.3 HF-HClO$_4$ 13.3.6 HF-HNO$_3$-HClO$_4$ 13.3.7 HNO$_3$-HClO$_4$ 13.3.8 HNO$_3$

Gerät		ARL 35000 C	
Generatorleistung [KW]		1,2	
Kühlgas	Art	Argon	
	Gasfluß [l/min]	12	
Plasmagas	Art	Argon	
	Gasfluß [l/min]	0,85	0,85
Zerstäuber	Typ	Meinhard	
	Ansaugrate [ml/min]	0,9	0,9
Beobachtungshöhe über Induktionsspule [mm]		15	15
Photomultiplier	Hamamatsu R 955	+	+
	Hamamatsu R 106		
	rel. Empfindlichkeit (1-15)	7	9
Wellenlänge [nm]		407,771	346,446
Vorspülzeit [s]		5	5
Integrationszeit [s]		1,5	1,5
Meßbereich [µg Element/ml]		0,001 - 50	0,1 - 2000

Element	**Sr**
Methode	**Graphitrohrofen-AAS**
Aufschluß	13.3.3 HF-HClO$_4$ 13.3.6 HF-HNO$_3$-HClO$_4$ 13.3.7 HNO$_3$-HClO$_4$ 13.3.8 HNO$_3$
Zusatz	MM, MA: 500 µg La/ml und 1 % (NH$_4$)$_2$SO$_4$
Gerät	Perkin Elmer 4000
Graphitrohrofen	Perkin Elmer HGA 500
Rohrtyp	normal
Volumen [µl Probe + Zusatz]	5 + 5
Schutzgas	Argon
Alternativgas (%)	Argon + Methan (90 + 10)
Lichtquelle	Hohlkathodenlampe
Wellenlänge [nm]	460,7
Spaltbreite [nm]	0,7 low
Integrationszeit [s]	3
Wiederholungsmessungen	2
Auswertung	Peakhöhe
Untergrund-Kompensation	ja
Meßbereich [ng Element/ml]	10 - 300

Steuergerät für den Graphitrohrofen							
Programmschritte		1	2	3	4	5	6	7
Temperatur [°C]		130	1200	2700	2700	1400	20	
Aufheizzeit [s]		5	5	0	0	2	0	
Haltezeit [s]		15	15	2	5	3	11	
Meßwerterfassung				-1				
Schreiberaufzeichnung				-5	0			
Basislinienkorrektur				-5				
Schutzgas	innerer Gasfluß [ml/min]	300	300	0	300		300	
Alternativgas	innerer Gasfluß [ml/min]					300		
	äußerer Gasfluß [ml/min]					900		

Mit der Graphitrohrofen-AAS steht eine weitere nachweisstarke Bestimmungsmethode zur Verfügung. Den Aufschlußlösungen sollte HNO_3 und nicht HCl zugegeben werden, da Reaktionen von Sr mit Halogeniden, besonders mit Ca-Monochlorid, während der Atomisierungsphase zu einer Signalerniedrigung führen. Überlappt sich die Freisetzung der Halogene mit dem Atomisierungsprozeß, bilden sich Sr-Monohalogenide, wodurch Strontium dem Absorptionsvorgang entzogen wird. Ein Zusatz von H_2SO_4 kann Abhilfe schaffen (KATZ, 1975), da die Schwefelsäure zumindest Cl während der thermischen Probevorbehandlung aus seinen Verbindungen verdrängt. Messungen an Gesteinsreferenzproben in HNO_3-haltigen Aufschlußlösungen haben gute Ergebnisse mit $La(NO_3)_3$ und $(NH_4)_2SO_4$ als Zusätze zur Matrixmodifikation gebracht.

Für die Bestimmung hoher Sr-Anteile kommt noch die Flammen-AAS mit der Lachgas-Acetylen-Flamme in Frage (Tabellen 10-8, 10-11). Das Strontium bildet wie die anderen Erdalkalielemente Aluminate, Titanate, Phosphate und Ferrate in der Luft-Acetylen-Flamme. In der heißen Lachgas-Acetylen-Flamme wird die Bildung dieser Komponenten stark herabgesetzt oder ganz vermieden. Der Zusatz von Lanthan im Überschuß als Befreiungsagens löst das Problem der Signalunterdrückung durch die Bildung stabiler Aluminate und Titanate. Da Strontium in der Lachgas-Acetylen-Flamme stark ionisiert wird, muß Cäsium gleichzeitig als Ionisationspuffer zugesetzt werden. Lanthan als alleiniger Zusatz reicht nicht aus (Tabelle 10-8). Den Probe- und Bezugslösungen müssen gleichermaßen Befreiungsagens und Ionisationspuffer zugesetzt werden.

16.34 Ti

Die häufigsten Gesteine enthalten zwischen 300 bis 4500 µg Ti/g Substanz. Bei Probeeinwaagen von 0,001 bis 0,004 g/ml für die Aufschlüsse sind 0,3 bis 18 µg Ti/ml in den Lösungen zu erwarten. Für die Bestimmung eignen sich die ICP-AES und die Flammen-AAS. Die Graphitrohrofen-AAS zeigt einen starken Memoryeffekt. Auch nach längerem Ausheizen bei 2700 °C ist das Titan nicht mehr vollständig aus dem Rohr zu entfernen.

Bei der ICP-AES kommen viele nachweisstarke Linien in Frage, die alle für die in den Aufschlußlösungen von Gesteinen vorkommenden Lösungsgenossen frei von Interferenzen sind. Erfahrungen gibt es für die Linien 334,941 nm, 336,121 nm, 337,280 nm und 334,904 nm sowie bei hohen Ti-Anteilen für 335,464 nm. Der nachweisstärksten Ti-Linie 334,941 nm geht eine ebenfalls nachweisstarke Linie 334,904 nm voraus. Bei hohen Ti-Konzentrationen ist eine vollständige Trennung des Linienpaares nicht mehr möglich. Die

Element	**Ti**
Methode	**Flammen-AAS**
Aufschluß	13.2.1 Na_2CO_3 13.2.2 $Na_2CO_3 + Na_2B_4O_7$ 13.2.3 $LiBO_2$ 13.2.5 $K_2S_2O_7$ 13.2.6 KOH 13.3.3 $HF-HClO_4$ 13.3.4 $HF-H_2SO_4$ 13.3.6 $HF-HNO_3-HClO_4$ 13.3.7 HNO_3-HClO_4 13.3.8 HNO_3
Zusatz	IP, MA : 0,1 - 0,2 g La/100 ml und 0,1 - 0,2 g Cs/100 ml
Gerät	Perkin Elmer 4000
Brennerkopf	Lachgasbrenner, 5 cm
Flamme	Lachgas-Acetylen, reduzierend
Gasfluß l/min (Digits) — Luft	—
Gasfluß l/min (Digits) — Lachgas	14 (40)
Gasfluß l/min (Digits) — Acetylen	5 (50)
Lichtquelle	Hohlkathodenlampe
Wellenlänge [nm]	364,3
Spaltbreite [nm]	0,7 high
Integrationszeit [s]	2
Wiederholungsmessungen	3
Untergrund-Kompensation	nein
Meßbereich [µg Element/ml]	5 - 200

Element	Ti	
Methode	**ICP-AES**	
Aufschluß	13.2.1 Na$_2$CO$_3$ 13.2.2 Na$_2$CO$_3$ + Na$_2$B$_4$O$_7$ 13.2.3 LiBO$_2$ 13.2.5 K$_2$S$_2$O$_7$ 13.2.6 KOH 13.3.3 HF-HClO$_4$ 13.3.4 HF-H$_2$SO$_4$ 13.3.6 HF-HNO$_3$-HClO$_4$ 13.3.7 HNO$_3$-HClO$_4$ 13.3.8 HNO$_3$	
Gerät	ARL 35000 C	
Generatorleistung [KW]	1,2	
Kühlgas — Art	Argon	
Kühlgas — Gasfluß [l/min]	12	
Plasmagas — Art	Argon	
Plasmagas — Gasfluß [l/min]	0,95	0,90
Zerstäuber — Typ	Meinhard	
Zerstäuber — Ansaugrate [ml/min]	0,9	0,9
Beobachtungshöhe über Induktionsspule [mm]	15	15
Photomultiplier — Hamamatsu R 955	+	+
Photomultiplier — Hamamatsu R 106		
Photomultiplier — rel. Empfindlichkeit (1-15)	9	9
Wellenlänge [nm]	334,941	336,121 Doppellinie
Vorspülzeit [s]	5	5
Integrationszeit [s]	1,5	1,5
Meßbereich [µg Element/ml]	0,01 - 100	0,015 - 100

nachweisstarke Linie 323,452 nm wird von der Argonlinie bei 323,449 nm gestört. Außerdem tritt hier eine OH-Bande auf.

Als weitere Bestimmungsmethode ist die Flammen-AAS geeignet. Alle Hauptkationen und Fluor wirken absorptionssteigernd auf Titan (Tabellen 10-7, 10-10). Hier überlagern sich folgende Prozesse, die sich auch gegenseitig beeinflussen:
1. Alle in der Lachgas-Acetylen-Flamme leicht ionisierbaren Elemente wirken als Ionisationspuffer und dadurch absorptionssteigernd.
2. Elemente, die in der Lachgas-Acetylen-Flamme keine stabilen Titanverbindungen bilden, wirken signalerhöhend, da das in nichtstabilen Verbindungen vorliegende Titan für eine stabile Titanoxidbildung nicht mehr zur Verfügung steht.
3. Im Überschuß vorhandene refraktäre Elemente (z.B. Zr, Cr, W und andere) wirken ebenfalls absorptionssteigernd. Verschiedene Autoren nehmen an, daß diese Elemente mit dem Titan um den Sauerstoff konkurrieren und so die Titanoxidbildung herabsetzen. RASMUSON et al. (1973) hält eine Änderung des [Ti]/[TiO]-Verhältnisses in der Flamme durch die geringe Konzentration an Begleitelementen für unwahrscheinlich.

Um die Fehler bei der Titanbestimmung möglichst klein zu halten, muß die Zusammensetzung der Bezugslösungen den Probelösungen weitgehend angeglichen werden. Das läßt sich durch einen Zusatz von Cäsium und Lanthan im Überschuß zu allen Meßlösungen erreichen. Cäsium und Lanthan wirken deutlich absorptionssteigernd (Tabelle 10-10).

16.35 Tl

Die häufigsten Gesteine enthalten zwischen 0,01 bis 1,5 µg Tl/g Substanz. Auch mit der nachweisstarken Graphitrohrofen-AAS ist eine direkte Thalliumbestimmung in den Aufschlußlösungen nur bei Konzentrationen ≥ 0,5 ng Tl/ml möglich. Bei Probeeinwaagen von 0,001 - 0,002 g/ml für Flußsäure-Perchlorsäure-Aufschlüsse sind 0,01 bis 3 ng Tl/ml in den Aufschlußlösungen zu erwarten. In HCl-haltigen Aufschlußlösungen wird das Absorptionssignal für Thallium stark erniedrigt. Auch in HNO_3-haltigen Lösungen beeinflussen Reste an Aufschlußsäuren die Absorption. Reaktionen von Thallium mit Halogeniden führen zu großen Depressionsfehlern, da sich das Thallium durch die Neubildung von Thalliummonohalogeniden während der Atomisierungsphase dem Absorptionsvorgang entzieht (FULLER, 1976; L'VOV et al., 1978; SLAVIN u. MANNING, 1982; NI ZHE-MING u. SHAN XIAO-QUAN, 1987). Zusätze von H_2SO_4, $(NH_4)_2SO_4$, $VOSO_4$ und Ascorbinsäure verringern mögliche Fehler durch Unterdrückung der Meßsignale. Das Cl wird während der

Element	Tl
Methode	**Graphitrohrofen-AAS**
Aufschluß	siehe Abschnitt 16.35
Zusatz	MM, MA: 1 % $(NH_4)_2SO_4$
Gerät	Perkin Elmer 4000
Graphitrohrofen	Perkin Elmer HGA 500
Rohrtyp	normal
Volumen [µl Probe + Zusatz]	20 + 20
Schutzgas	Argon
Alternativgas (%)	Argon + Methan (90 + 10)
Lichtquelle	Elektrodenlose Entladungslampe
Wellenlänge [nm]	276,8
Spaltbreite [nm]	0,7 low
Integrationszeit [s]	4
Wiederholungsmessungen	2
Auswertung	Peakhöhe
Untergrund-Kompensation	ja
Meßbereich [ng Element/ml]	0,5 - 70

Steuergerät für den Graphitrohrofen

Programmschritte		1	2	3	4	5	6	7
Temperatur [°C]		130	600	2300	2400	1400	20	
Aufheizzeit [s]		5	5	1	1	2	0	
Haltezeit [s]		15	15	2	2	3	11	
Meßwerterfassung				-1				
Schreiberaufzeichnung				-5	0			
Basislinienkorrektur				-5				
Schutzgas	innerer Gasfluß [ml/min]	300	300	0	300		300	
Alternativgas	innerer Gasfluß [ml/min]				300			
	äußerer Gasfluß [ml/min]				900			

thermischen Probevorbehandlung durch die Zugabe der genannten Substanzen aus seinen Verbindungen verdrängt und/oder während der Atomisierungsphase durch Freisetzung von Wasserstoff als HCl entfernt. Die direkte Bestimmung von Tl in der Nähe der unteren Bestimmungsgrenze liefert ungenaue Ergebnisse. Sicher kann das Tl in Gesteinen nur nach Abtrennung und Anreicherung (z.B. Verdampfungsanalyse, Abschnitt 10.10) bestimmt werden.

16.36 V

Für die Vanadiumbestimmung stehen mit der ICP-AES und der Graphitrohrofen-AAS zwei gleichwertige Methoden zur Verfügung. In den häufigsten Gesteinen sind zwischen 20 und 250 µg V/g Substanz enthalten, so daß bei Probeeinwaagen von 0,001 bis 0,004 g/ml 20 bis 1000 ng V/ml in den Aufschlußlösungen von Gesteinen zu erwarten sind.

Bei der ICP-AES wird die nachweisstärkste Linie 309,311 nm vollständig durch Al und Mg gestört. Die drei nachfolgenden weniger nachweisstarken Linien 310,230 nm, 292,402 nm und 290,882 nm befinden sich zwar im Bereich von OH-Banden (FORSTER et al., 1982), sie werden aber durch die in Aufschlußlösungen von Gesteinen vorkommenden Lösungsgenossen praktisch nicht durch Interferenzen gestört. Folgende Ausnahmen gelten: 310,230 nm wird durch Ni ($\geq$ 10 µg Ni/ml), 292,402 nm durch Cr ($\geq$ 20 µg Cr/ml) und Fe ($\geq$ 250 µg Fe/ml) sowie 290,882 nm durch Cr ($\geq$ 10 µg/ml) gestört. Gute Resultate wurden mit der Linie 290,882 nm an Gesteinsreferenzproben erzielt. Die Nachweisstärke der Linie verschlechtert sich mit zunehmender Beobachtungshöhe über der Spule, z.B. von 15 mm auf 18 mm.

Die Graphitrohrofen-AAS eignet sich mehr für die Messung kleinerer V-Anteile. Konzentrationen von mehr als 100 ng V/ml führen zu einem deutlichen Memoryeffekt. Die Ausheizzeit muß in dem Fall verlängert werden. In HNO_3-haltigen Aufschlußlösungen von Gesteinen kann die Messung ohne Zusätze für Matrixmodifikationen vorgenommen werden.

16.37 Y

Mit Ausnahme der Ultramafite (< 1 µg Y/g Substanz) betragen die Yttriumanteile in den meisten Gesteinen 20 bis 40 µg Y/g Substanz. Die ICP-AES eignet sich für die Yttriumbestimmungen auf Grund einer Vielzahl nachweisstarker Linien, die eine direkte Messung in den meisten Aufschlußlösungen ermöglichen. Die nachweisstärkste Linie bei 371,030 nm wird durch die in Auf-

Element	V
Methode	**ICP-AES**
Aufschluß	13.2.1 Na$_2$CO$_3$ 13.2.2 Na$_2$CO$_3$ + Na$_2$B$_4$O$_7$ 13.2.3 LiBO$_2$ 13.2.5 K$_2$S$_2$O$_7$ 13.2.6 KOH 13.3.3 HF-HClO$_4$ 13.3.4 HF-H$_2$SO$_4$ 13.3.6 HF-HNO$_3$-HClO$_4$ 13.3.7 HNO$_3$-HClO$_4$ 13.3.8 HNO$_3$
Gerät	ARL 35000 C
Generatorleistung [KW]	1,2

Kühl-gas	Art	Argon
	Gasfluß [l/min]	12
Plasma-gas	Art	Argon
	Gasfluß [l/min]	0,90
Zer-stäuber	Typ	Meinhard
	Ansaugrate [ml/min]	0,9

Beobachtungshöhe über Induktionsspule [mm]	15

Photo-multi-plier	Hamamatsu R 955	+
	Hamamatsu R 106	
	rel. Empfindlichkeit (1-15)	12

Wellenlänge [nm]	290,882
Vorspülzeit [s]	5
Integrationszeit [s]	1,5
Meßbereich [µg Element/ml]	0,02 - 200

Element	V						
Methode	**Graphitrohrofen-AAS**						
Aufschluß	13.3.3 HF-HClO$_4$ 13.3.4 HF-H$_2$SO$_4$ 13.3.6 HF-HNO$_3$-HClO$_4$ 13.3.7 HNO$_3$-HClO$_4$ 13.3.8 HNO$_3$						
Zusatz	—						
Gerät	Perkin Elmer 4000						
Graphitrohrofen	Perkin Elmer HGA 500						
Rohrtyp	normal						
Volumen [µl Probe + Zusatz]	20						
Schutzgas	Argon						
Alternativgas (%)	Argon + Methan (90 + 10)						
Lichtquelle	Hohlkathodenlampe						
Wellenlänge [nm]	318,4						
Spaltbreite [nm]	0,7 low						
Integrationszeit [s]	3						
Wiederholungsmessungen	2						
Auswertung	Peakhöhe						
Untergrund-Kompensation	ja						
Meßbereich [ng Element/ml]	15 -1000						
Steuergerät für den Graphitrohrofen							
Programmschritte		1	2	3	4	5	6	7
Temperatur [°C]		130	1500	2700	2700	1400	20	
Aufheizeit [s]		5	5	0	0	2	0	
Haltezeit [s]		15	20	2	7	3	11	
Meßwerterfassung				-1				
Schreiberaufzeichnung				-5	0			
Basislinienkorrektur				-5				
Schutzgas	innerer Gasfluß [ml/min]	300	300	0	300		300	
Alternativgas	innerer Gasfluß [ml/min]				300			
	äußerer Gasfluß [ml/min]				900			

Element	Y
Methode	**ICP-AES**
Aufschluß	13.2.1 Na_2CO_3 13.2.2 Na_2CO_3 + $Na_2B_4O_7$ 13.2.3 $LiBO_2$ 13.2.5 $K_2S_2O_7$ 13.2.6 KOH 13.3.3 $HF-HClO_4$ 13.3.4 $HF-H_2SO_4$ 13.3.6 $HF-HNO_3-HClO_4$ 13.3.7 HNO_3-HClO_4 13.3.8 HNO_3
Gerät	ARL 35000 C
Generatorleistung [KW]	1,2

Kühl-gas	Art	Argon
	Gasfluß [l/min]	12
Plasma-gas	Art	Argon
	Gasfluß [l/min]	0,85
Zer-stäuber	Typ	Meinhard
	Ansaugrate [ml/min]	1,0

Beobachtungshöhe über Induktionsspule [mm]	15

Photo-multi-plier	Hamamatsu R 955	+
	Hamamatsu R 106	
	rel. Empfindlichkeit (1-15)	10

Wellenlänge [nm]	371,030
Vorspülzeit [s]	5
Integrationszeit [s]	1,5
Meßbereich [µg Element/ml]	0,008 - 100

schlußlösungen von Gesteinen vorkommenden Lösungsgenossen nicht gestört.

Die Yttriumbestimmung mit der Graphitrohrofen-AAS kann auch nach Anreicherung des Elementes durch Mitfällung mit Ca und Fe vorgenommen werden (SEN GUPTA, 1981).

16.38 Zn

Zink ist in den häufigsten Gesteinen mit 20 bis 120 µg Zn/g Substanz enthalten. In Schwarzschiefern können auch um 2000 µg Zn/g Substanz vorkommen. Die Zn-Bestimmung läßt sich mit der Flammen-AAS ebenso leicht durchführen wie mit der ICP-AES. Die sehr empfindliche Graphitrohrofen-AAS eignet sich nur für den niedrigen Konzentrationsbereich von < 20 ng Zn/ml, beispielsweise bei der Analyse von Wasserproben. $(NH_4)_2HPO_4$ dient dann als Zusatz zur Matrixmodifikation.

Die Bestimmung mit der Flammen-AAS in Aufschlußlösungen mit > 20 ng Zn/ml ist unproblematisch. Lediglich die exakte Blindwertbestimmung bereitet Schwierigkeiten, da die Anteile häufig in der Nähe der Nachweisgrenze liegen. In ultramafischen Gesteinen können beim Flußsäure-Perchlorsäure-Aufschluß Minusfehler auftreten, wenn das Zink in Spinellen fixiert ist. Abhilfe schafft hier der Flußsäure-Schwefelsäure-Aufschluß.

Bei der ICP-AES ist die nachweisstärkste Linie 213,856 nm für die in Gesteinsaufschlüssen vorkommenden Lösungsgenossen frei von Interferenzen. Auch die etwas nachweisschwächere Linie 202,548 nm kann bei niedrigen Mg-Anteilen (< 100 µg Mg/ml) zur Messung benutzt werden.

16.39 Zr

Für die Bestimmung von Zr eignet sich die ICP-AES. Viele nachweisstarke Linien stehen zur Verfügung. Messungen an Gesteinsreferenzproben haben gute Ergebnisse für die Linie 349,621 nm erbracht. Zirkonium ist in den häufigsten Gesteinen zwischen 15 bis 500 µg Zr/g Substanz enthalten. Bei Probeeinwaagen von 0,001 bis 0,004 g/ml sind 15 bis 2000 ng Zr/ml in den Aufschlußlösungen zu erwarten. Zwei Schwierigkeiten müssen berücksichtigt werden:
1. Liegt das Zirkonium als Zirkon $ZrSiO_4$ vor, können bei der Messung Minusfehler auftreten. Denn Zirkon läßt sich mit den meisten Schmelz- und Säureaufschlüssen nicht oder nur unvollständig aufschließen. Dagegen kann Zirkon mit dem Flußsäure-Schwefelsäure-Aufschluß besser in Lösung gebracht werden.

Element		**Zn**
Methode		**Flammen-AAS**
Aufschluß		13.2.6 KOH 13.3.3 HF-HClO$_4$ 13.3.4 HF-H$_2$SO$_4$ 13.3.6 HF-HNO$_3$-HClO$_4$ 13.3.7 HNO$_3$-HClO$_4$ 13.3.8 HNO$_3$
Zusatz		—
Gerät		Perkin Elmer 4000
Brennerkopf		1-Schlitz, 10 cm
Flamme		Luft-Acetylen, oxidierend
Gasfluß l/min (Digits)	Luft	19 (55)
	Lachgas	—
	Acetylen	2 (20)
Lichtquelle		Elektrodenlose Entladungslampe
Wellenlänge [nm]		213,9
Spaltbreite [nm]		0,7 high
Integrationszeit [s]		2
Wiederholungsmessungen		3
Untergrund-Kompensation		nein
Meßbereich [µg Element/ml]		0,02 - 2

Element		**Zn**	
Methode		**ICP-AES**	
Aufschluß		13.2.6 KOH 13.3.3 HF-HClO$_4$ 13.3.4 HF-H$_2$SO$_4$ 13.3.6 HF-HNO$_3$-HClO$_4$ 13.3.7 HNO$_3$-HClO$_4$ 13.3.8 HNO$_3$	
Gerät		ARL 35000 C	
Generatorleistung [KW]		1,2	
Kühl-gas	Art	Argon	
	Gasfluß [l/min]	12	
Plasma-gas	Art	Argon	
	Gasfluß [l/min]	0,85	0,85
Zer-stäuber	Typ	Meinhard	
	Ansaugrate [ml/min]	0,9	0,9
Beobachtungshöhe über Induktionsspule [mm]		15	15
Photo-multi-plier	Hamamatsu R 955		
	Hamamatsu R 106	+	+
	rel. Empfindlichkeit (1-15)	12	12
Wellenlänge [nm]		213,856	202,548
Vorspülzeit [s]		5	5
Integrationszeit [s]		1,5	1,5
Meßbereich [µg Element/ml]		0,04 - 100	0,05 - 100

Element	**Zn**
Methode	**Graphitrohrofen-AAS**
Aufschluß	—
Zusatz	MM, MA: 1 % $(NH_4)_2HPO_4$
Gerät	Perkin Elmer 4000
Graphitrohrofen	Perkin Elmer HGA 500
Rohrtyp	normal
Volumen [µl Probe + Zusatz]	5 + 5
Schutzgas	Argon
Alternativgas (%)	Argon + Methan (90 + 10)
Lichtquelle	Elektrodenlose Entladungslampe
Wellenlänge [nm]	213,9
Spaltbreite [nm]	0,7 low
Integrationszeit [s]	5
Wiederholungsmessungen	2
Auswertung	Peakhöhe
Untergrund-Kompensation	ja
Meßbereich [ng Element/ml]	0,5 - 60

Steuergerät für den Graphitrohrofen							
Programmschritte		1	2	3	4	5	6	7
Temperatur [°C]		130	300	2000	2300	1400	20	
Aufheizzeit [s]		5	5	1	1	2	0	
Haltezeit [s]		15	15	3	2	3	11	
Meßwerterfassung					-1			
Schreiberaufzeichnung					-5	0		
Basislinienkorrektur					-5			
Schutzgas	innerer Gasfluß [ml/min]	300	300	300	300		300	
Alternativgas	innerer Gasfluß [ml/min]					300		
	äußerer Gasfluß [ml/min]					900		

Element	**Zr**	
Methode	**ICP-AES**	
Aufschluß	13.2.2 Na$_2$CO$_3$ + Na$_2$B$_4$O$_7$ 13.2.3 LiBO$_2$ 13.2.5 K$_2$S$_2$O$_7$ 13.3.3 HF-HClO$_4$ 13.3.4 HF-H$_2$SO$_4$ 13.3.6 HF-HNO$_3$-HClO$_4$ 13.3.7 HNO$_3$-HClO$_4$ 13.3.8 HNO$_3$	
Gerät	ARL 35000 C	
Generatorleistung [KW]	1,2	
Kühl-gas	Art	Argon
	Gasfluß [l/min]	12
Plasma-gas	Art	Argon
	Gasfluß [l/min]	0,95
Zer-stäuber	Typ	Meinhard
	Ansaugrate [ml/min]	0,9
Beobachtungshöhe über Induktionsspule [mm]	15	
Photo-multi-plier	Hamamatsu R 955	+
	Hamamatsu R 106	
	rel. Empfindlichkeit (1-15)	12
Wellenlänge [nm]	349,621	
Vorspülzeit [s]	20	
Integrationszeit [s]	1,5	
Meßbereich [µg Element/ml]	0,01 - 100	

2. Die Messung von Zirkonium zeigt einen ungewöhnlich starken Memoryeffekt. Die Abklingzeit von beispielsweise 500 ng Zr/ml kann mehrere Minuten dauern. Es dürfen also keine niedrigen Zr-Anteile nach sehr hohen Gehalten gemessen werden.

17 Kontaminationen

Die wichtigsten Fehler beim Aufschluß und Lösen von Analysenproben sowie dem Auffüllen von Probelösungen (Kalibrieren) sind auf folgende Ursachen zurückzuführen: Verunreinigungen aus Reagenzien, Gerätematerialien und Laborstaub, Elementverluste durch unvollständige Aufschlüsse, Fällungen, Verflüchtigungen und Adsorptionen. Mögliche Fehler durch aufschlußresistente Verbindungen, Fällungen und Verflüchtigungen sind ausführlich im Abschnitt 13 über die Aufschlüsse beschrieben. Sorptionen können beispielsweise bei der Aufbewahrung von Analysen- und Bezugslösungen in dafür ungeeigneten Gefäßen auftreten. Hierzu gehören vor allem Glasgefäße, in welchen nicht angesäuerte und stark verdünnte Lösungen aufbewahrt werden. Daher ist es zu empfehlen, die Gefäße längere Zeit (Tage, Wochen) vor Gebrauch mit verdünnter Salz- oder Salpetersäure gefüllt stehen zu lassen. Eine andere Möglichkeit besteht darin, die Gefäße kurz vor Gebrauch mit geeigneten Säuredämpfen zu behandeln. Auf diese Weise lassen sich Adsorptions- und Desorptionseffekte sowie Kontaminationen durch die Gefäßmaterialien verringern. Die genannten Vorgänge sind sehr verschiedenartig, da sie von vielen Parametern wie der Zusammensetzung des Gefäßmaterials, der Größe und Porosität der Oberfläche, der Art und Konzentration der Ionen, der Lösungsgenossen, dem pH-Wert, der Standzeit und anderen Faktoren abhängen. Weiterführende Informationen enthalten unter anderem die Publikationen von TÖLG (1972), TÖLG (1976) und TSCHÖPEL et al. (1980).

Eine wesentliche Fehlerquelle können die Blindwerte sein. Jedes Element ist allgegenwärtig und führt ab einer bestimmten Grenzkonzentration zu einem meßbaren Blindwert. Dieser begrenzt durch seine Höhe und Schwankungen das Nachweisvermögen der Analysenmethode. Vor allem Aufschlußmittel und Gefäßmaterialien können die Blindwerte stark beeinflussen. Zur Information sind in der Tabelle 17-1 die Analysen von Borsilicatgläsern (Jenaer Geräteglas G 20, Pyrex, verschiedene Durangläser) und von handelsüblichen Quarzgläsern (keine Spezialgläser wie Heralux, Suprasil, Vitrosil, Spectrosil und andere) zusammengestellt. Weitere Hinweise finden sich bei WILLIAMS et al. (1977), TONG et al. (1976), TSCHÖPEL et al. (1980), KOCH u. KOCH-DEDIC (1974), KULEFF et al. (1981), TJOE et al. (1977) und

Tabelle 17-1. Chemische Zusammensetzung von Laborgläsern. n.b. = nicht bestimmt

Element	Borsilicatgläser (handelsübliche Gerätegläser) µg/g	Quarzgläser (handelsübliche Gerätegläser) µg/g
Ag	< 0,05	< 0,02
Al	10 600 - 23 800	20 - 300
As	0,4 - 30	< 0,1
B	21 600 - 43 400	<10
Ba	15 - 35 900	<0,2
Be	0,1 - 0,5	< 0,05
Bi	0,02 - 0,2	< 0,01
Ca	420 - 2900	< 1 - 10
Cd	0,03 - 0,9	< 0,01
Ce	< 10	< 10
Co	< 0,2	< 0,05
Cr	0,7 - 12	< 0,05 - 0,2
Cu	0,8 - 3	< 0,05 - 0,4
Fe	170 - 1 100	0,7 - 40
K	30 - 2 100	1 - 50
La	< 3	< 1
Li	2 - 21	< 0,08 - 0,4
Mg	20 - 1 500	0,2 - 3
Mn	1 - 25	< 0,1
Mo	0,6 - 3	< 0,3
Na	33 000 - 48 000	30 - 230
Ni	0,4 - 5	< 0,3
Pb	1 - 13	< 0,1 - 0,5
Rb	2 - 24	< 0,5 - 1
Sb	0,8 - 6	< 0,2
Sc	< 0,2 - 3	< 0,1
Se	0,01 - 0,2	< 0,01
Si	344 000 - 379 000	n.b.
Sn	< 1 - 3	< 0,3
Sr	8 - 52	< 0,03
Ti	10 - 350	2 - 25
Tl	0,04 - 0,3	< 0,01
V	< 2 - 4	< 1
Zn	0,7 - 5	< 0,04 - 0,2

TJIOE et al. (1983). Die meisten Gerätegläser können durch ihre komplexe Zusammensetzung viele Elemente in störenden Mengen an die darin aufbewahrten Lösungen abgeben. Das gilt natürlich nur für die Bestimmung von Spurenbestandteilen und nicht für die Hauptkomponenten in einer Analysensubstanz. Zur Aufbewahrung von Lösungen für die Spurenanalyse sind nur Quarzgläser geeignet, dagegen keine Laborgläser (z.B. LEUTWEIN, 1940). Diese Feststellung wird belegt durch die zeitabhängige Zunahme der Anteile an Barium, Strontium, Zink, Kupfer, Blei und Cadmium in 0,1 mol HNO_3/l, welche in Duranglas aufbewahrt wurde (Abb. 17-1). Das Herauslösen der genannten Elemente in den beobachteten Anteilen ist typisch für solche Borsilicatgläser. Es kann vor allem für Barium bei anderen Gläsern noch erheblich größere Ausmaße annehmen. Das Herauslösen von Elementen hängt auch stark von der Vorbehandlung der Glasgeräte ab. Beispielsweise ist es nicht egal, ob die Gläser mit konzentrierten Säuren oder nur mit deion. Wasser gespült wurden. TSCHÖPEL et al. (1980) haben sich ausführlich mit dem Lösungsverhalten von Zink und Magnesium aus Duranglas 50, Quarzglas und Teflon in Abhängigkeit von der Vorbehandlung der Gefäße beschäftigt. Danach können selbst Quarzgläser bei unzureichender Gerätevorbehandlung noch störende Blindwerte verursachen. Die besten Eigenschaften zeigen offenbar Kunststoffe wie Teflon, Polyethylen, Polypropylen und andere. Nur wenige Angaben gibt es bisher über das Verhalten von Glaskohlenstoff gegenüber Analysenlösungen (TSCHÖPEL et al., 1980; DÜBGEN, 1984). Aus der Tabelle 17-2 ist der Reinheitsgrad von Polyethylen und Teflon zu ersehen. Beide Materialien eignen sich zur Aufbewahrung von Analysenlösungen. Bei vielen Elementen reicht das Nachweisvermögen von Analysenverfahren wie Graphitrohrofen-AAS, ICP-AES und Flammen-AES nicht mehr für eine Bestimmung in diesen Kunststoffen aus.

Eine weitere Quelle für Kontaminationen sind die diversen Aufschlußmittel. Vor allem feste Aufschlußmittel lassen sich nur für wenige Elemente reinigen. So sind Schmelzaufschlüsse bei der Bestimmung von Spurenbestandteilen wegen möglicher Kontaminationen durch die im Überschuß zur Probeeinwaage hinzugegebenen Aufschlußmittel nur begrenzt einsetzbar. Auch auf die Reinheit der für Aufschlüsse verwendeten Säuren ist zu achten (Tabelle 17-3). Die Daten der Tabelle 17-3 wurden über einen Zeitabschnitt von etwa 10 Jahren erarbeitet. Die Summenwerte der Kationen (unterste Zeile der Tabelle 17-3) sind 5 bis 8mal niedriger als die von den Herstellern genannten Angaben. Die Säuren *"zur Analyse"* weisen im Bereich der Spurenbestandteile keine gleichbleibende Qualität auf. Vor allem die Perchlorsäure fällt häufig durch schwankende Ag-, As-, Cd-, Cr-, Cu-, Ni-, Pb- und Zn-Anteile auf. Die Verwendung handelsüblicher Säuren *"Suprapur"* bringt zwar

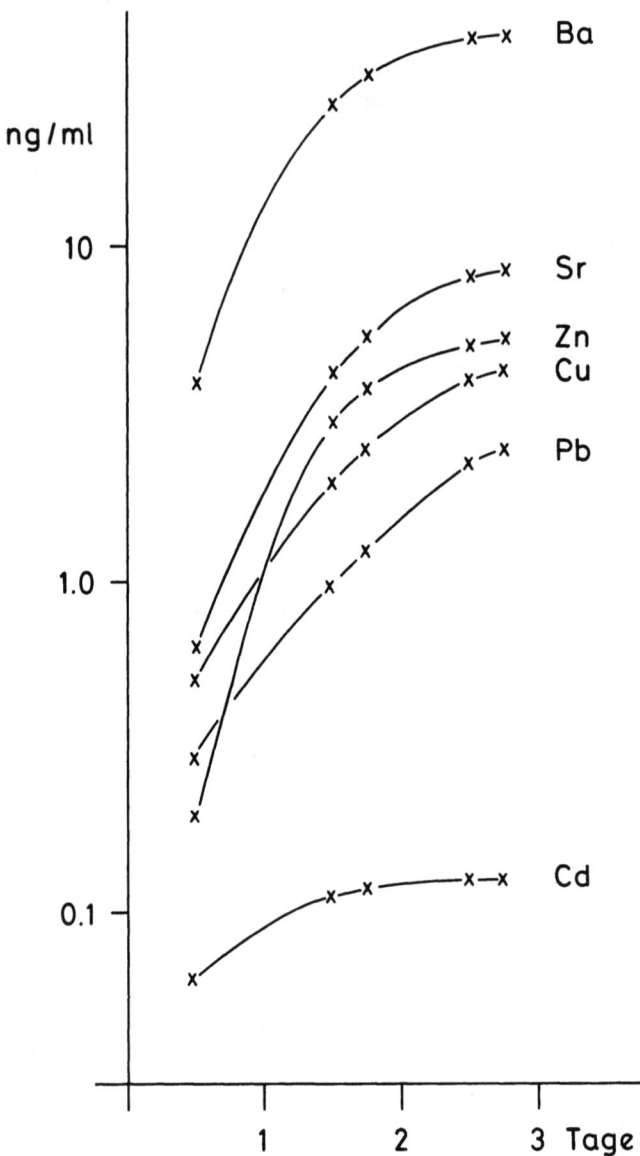

Abb. 17-1. Die zeitabhängige Zunahme der Anteile an Barium, Strontium, Zink, Kupfer, Blei und Cadmium in 0,1 mol HNO_3/l. Die Lösungen wurden in Duranglas aufbewahrt.

Tabelle 17-2. Elementanteile in Gefäßen aus Polyethylen und Teflon, welche als Materialien zur Aufbewahrung von Analysenlösungen Verwendung finden.

Element	Enghalsflaschen, Polyethylen (für Analysenlösungen) µg/g	Aufschlußgefäße, Teflon (Einsatz von Autoklaven) µg/g
Ag	< 0,05	< 0,05
Al	1,3	0,2
As	< 0,1	< 0,1
B	< 0,2	< 0,2
Ba	< 0,03	0,03
Be	< 0,05	< 0,05
Bi	< 0,05	< 0,05
Ca	6,7	1,6
Cd	< 0,01	< 0,01
Ce	< 1	< 1
Co	< 0,02	< 0,02
Cr	0,03	0,02
Cu	0,07	< 0,03
Fe	8,1	< 0,05
K	0,6	1,0
La	< 0,3	< 0,3
Li	< 0,03	< 0,03
Mg	6,5	2,1
Mn	0,02	0,05
Mo	< 0,1	< 0,1
Na	3,9	6,1
Ni	< 0,06	< 0,06
Pb	< 0,04	< 0,04
Rb	< 0,08	< 0,08
Sb	< 0,06	< 0,06
Sc	<0,05	< 0,05
Se	< 0,05	< 0,05
Si	1,6	< 1
Sn	< 0,1	< 0,1
Sr	0,04	0,03
Ti	2,1	< 0,3
Tl	< 0,04	< 0,04
V	< 0,3	< 0,3
Zn	0,10	0,02

eine Reduzierung der Summe der Kationen um das 10 bis 30 fache. Davon sind eine Reduzierung der Summe der Kationen um das 10 bis 30 fache. Davon sind aber vor allem die Hauptbestandteile Al, Ca, Fe, K, Mg, Na und Ti betroffen, dagegen weniger die eigentlichen Spurenbestandteile. Bei einer Überprüfung der Elemente Cd, Pb und Zn zeigte sich, daß Säuren *"Suprapur"* nach längerer Standzeit ähnliche Elementanteile aufwiesen wie die Säuren *"zur Analyse"*. Es empfiehlt sich daher, bei Bedarf die Säuren durch einfache Destillationsverfahren unterhalb des Siedepunktes im eigenen Labor zu reinigen (DABEKA et al., 1976; KUEHNER et al., 1972; LITTLE u. BROOKS, 1974; MATTINSON, 1972; TSCHÖPEL et al., 1980), wobei von den Säuren *"zur Analyse"* ausgegangen werden kann. Salzsäure, Flußsäure, Salpetersäure, Perchlorsäure (Vorsicht!) und Schwefelsäure lassen sich beispielsweise mit einer oberhalb der Säureoberfläche angebrachten Infrarotlampe so weit erwärmen, daß die Säure von der Oberfläche ohne Siedebewegung verdampft, an einem wassergekühlten Kühlfinger kondensiert und in ein Vorratsgefäß abtropft. Der Reinigungsgrad ist hoch, und die Summe aller Kationen der auf diese Weise destillierten Säuren liegt bei ca. 5 bis 20 ng/ml. Auch hier gilt, daß die Säuren nach der Destillation sofort verbraucht werden müssen. Eine längere Standzeit in Gefäßen führt zu erneuten Kontaminationen.

Eine andere bemerkenswerte Fehlerquelle ist der Laborstaub, dessen Zusammensetzung von der Raumbelüftung, vom Abrieb des Fußbodenbelages, des Wandanstrichs, der Laboreinrichtung sowie von den im Labor durchgeführten Arbeiten abhängt. Bei diesen Angaben wird davon ausgegangen, daß das Rauchen im Labor nicht erlaubt ist. Als Beispiel ist in der Tabelle 17-4 die Analyse von Laborstaub und eines Fußbodenbelages (PVC) aufgeführt. Beim Vergleich der Elementanteile im Laborstaub mit natürlichen (also anthropogen unbeeinflußten) Stäuben fallen die hohen Anreicherungen von Ag, As, Sb und Zn um das 20fache und von Cd, Pb und Se um das 70fache und mehr in den Laborstäuben auf. Beim Fußbodenbelag handelt es sich um stabilisiertes PVC. Als Stabilisatoren können Ba, Ca, Cd, Pb, Sn und Zn eingesetzt werden. Andere Elemente wie Ca und Ti sind häufig Bestandteile von Füllstoffen. Sie spielen in der Gesteinsanalytik als Quelle für Kontaminationen in der Regel keine Rolle.

Tabelle 17-3. Reinheit handelsüblicher Säuren *"zur Analyse"*, welche für Aufschlüsse Verwendung finden. Nach HEINRICHS u. GROTE, unveröffentlicht.

Element	HCl 37 % ng/ml	HF 40 % ng/ml	HNO_3 65 % ng/ml	$HClO_4$ 70 % ng/ml	H_2SO_4 96 % ng/ml
Ag	0,08	0,07	0,06	4	1
Al	10	6	15	20	10
As	0,7	0,9	3	4	< 5
Ba	4	2	6	15	0,6
Be	0,07	0,05	0,09	2	0,1
Bi	0,2	0,1	0,3	1	< 2
Ca	95	10	45	130	110
Cd	0,1	1	0,05	0,4	0,3
Co	0,2	0,1	0,1	0,4	0,2
Cr	1	9	4	15	1
Cu	2	2	4	15	5
Fe	40	85	55	160	9
K	35	15	20	40	10
La	< 1	< 1	< 1	< 1	< 1
Mg	10	6	15	80	6
Mn	1	0,7	7	8	4
Na	100	90	120	210	30
Ni	3	7	4	10	2
Pb	0,6	2	0,3	5	1
Rb	0,7	1	0,9	4	1
Sb	0,4	0,3	0,2	0,6	0,3
Sc	0,2	0,4	0,3	0,5	0,4
Se	< 1	< 1	< 1	< 1	< 5
Sn	< 1	3	< 1	1	< 1
Sr	1	1	3	10	0,7
Ti	2	5	6	9	7
Tl	0,2	0,1	0,3	0,2	< 2
V	< 2	< 2	< 2	< 2	< 2
Zn	2	7	5	9	3
Σ	bis 310	bis 260	bis 320	bis 760	bis 220

Tabelle 17-4. Analyse von Laborstaub (Zuluft) und vom Laborfußbodenbelag (PVC). Nach HEINRICHS und GROTE, unveröffentlicht.

Element	Laborstaub µg/g	PVC-Fußbodenbelag µg/g
Ag	1,2	0,16
Al	4 600	440
As	31	0,4
Ba	210	840
Be	0,33	0,2
Bi	0,96	0,3
Ca	3 200	51 000
Cd	6,8	820
Ce	39	4
Co	5,1	0,4
Cr	260	7,5
Cu	170	2,3
Fe	5 800	140
K	3 400	490
La	24	2,2
Mg	1 500	74
Mn	390	6,4
Na	5 300	1 850
Ni	45	5,1
Pb	1 430	88
Rb	12	2,0
Sb	4,7	3,5
Sc	2,1	0,74
Se	7,4	0,5
Sn	4,9	45
Sr	95	34
Ti	310	7 300
Tl	0,93	0,1
V	26	0,6
Zn	1 320	1 220

18 Behandlung von Platingeräten

Der Schmelzpunkt von Platin beträgt 1773,5 °C. Platin ist hitzebeständig und vollständig oder teilweise resistent gegenüber vielen chemischen Verbindungen. Platingeräte sind sehr teuer (1g Platin kostet zur Zeit etwa 38 DM) und erfordern eine sorgsame Behandlung. Daher müssen folgende Hinweise unbedingt beachtet werden:
1. Ein Verbiegen der leicht verformbaren Platingeräte muß vermieden werden. Heiße (nicht glühende!) Platintiegel dürfen nur am unteren Teil des Tiegels mit einer speziellen Platinzange (Zange aus V2A mit Pt-Schuh) umfaßt werden. Nach dem Schmelzaufschluß den Tiegel zunächst im Chromnickeldreieck mit Knöpfchen aus Pt/Ir vollständig erkalten lassen. Die Schmelze darf nicht in noch flüssigem Zustand abgeschreckt werden.
2. Die erstarrte Schmelze darf nicht aus dem Platintiegel durch mechanische Manipulationen (Verwendung eines Spatels oder einer Nadel (!), gegen den Tiegel klopfen etc.) entfernt werden. Das gilt auch für Schmelzreste, welche zunächst noch im Tiegel haften bleiben.
3. Platingeräte dürfen grundsätzlich nur mit den platinüberzogenen Enden einer speziellen Tiegelzange angefaßt werden. Dabei darf die Tiegelzange nicht über die Platinschuhe hinaus in Säuren oder Laugen eingetaucht werden (Korrosionsgefahr über den Enden der Platinschuhe). Wenn Platintiegel aus einer Lösung (Säure oder andere Flüssigkeiten) herausgenommen werden müssen, darf das nur mit einem Glasstab oder einem Glashaken erfolgen.
4. Beim Glühen von Platintiegeln (z.B. Schmelzaufschlüsse) ist die Benutzung eines speziellen Chromnickeldreiecks mit Knöpfchen aus Pt/Ir erforderlich. Es darf nur Platin mit Platin in Berührung kommen. Keinesfalls Porzellandreiecke zur Erhitzung von Platintiegeln verwenden!
5. Heiße Platingeräte dürfen nicht auf Labortischen abgestellt werden.
6. Auf gar keinen Fall dürfen Königswasser (1 Teil konzentrierte HNO_3 + 3 Teile konzentrierte HCl) oder andere HNO_3-HCl-Mischungen auf Platin einwirken. Platin löst sich in Königswasser.
7. Bei der Behandlung von Platingeräten mit Säuren, Oxidationsmitteln und bestimmten Elementen sind folgende Angaben zu beachten (nach der

Platin-Korrosionsuhr der Firma Heraeus GmbH, D-6450 Hanau 1):

Verbindung	beständig bis [°C]	bedingt beständig bis [°C]	unbeständig ab [°C]
F_2	-	20	-
Cl_2	-	20	-
Br_2	-	-	20
I_2	20	-	-
H_2F_2	100	-	-
HCl	20	100	-
$HClO_4$	100	-	-
HBr	-	20	100
HI	20	-	100
H_2O_2 (30%)	-	-	100
H_2SO_4	20 - 300	-	-
HNO_3	20 - 300	-	-
HNO_3, rauchend	-	-	100
Königswasser	-	-	20
KCN + H_2O	20	100	-
H_3PO_4	-	-	600

8. Bei Schmelzaufschlüssen sind folgende Angaben zu beachten (nach der Platin-Korrosionsuhr der Firma Heraeus GmbH, D-6450 Hanau 1):

Verbindung	beständig bis [°C]	bedingt beständig bis [°C]	unbeständig ab [°C]
NaCl	-	900	-
Na_2O_2	-	-	500
NaOH	-	-	500
NaOH + $NaNO_3$	-	700	-
$NaNO_3$	700	-	-
Na_2CO_3	-	900	-
Na_2CO_3 + $NaNO_3$	-	800	-
NaCN	-	-	total
NaOH + NaCN	-	800	-
SiO_2-Verbindungen	1200	-	-
$NaPO_3$	-	-	total
KCl	800	-	-

Fortsetzung

Verbindung	beständig bis [°C]	bedingt beständig bis [°C]	unbeständig ab [°C]
KOH	-	-	400
KNO_3	700	-	-
KNO_3 + NaOH	-	-	700
K_2CO_3	-	900	-
K_2CO_3 + Na_2CO_3	-	900	-
KOH + K_2S	-	-	700
$KHSO_4$ ($K_2S_2O_7$)	500	-	-
K_2SO_4	1200	-	-
KPO_3	-	-	total
KHF_2	-	900	-
LiF	-	900	-
LiCl	-	-	600
$Ba(NO_3)_2$	-	-	700
$MgCl_2$	-	-	700

9. Platingeräte dürfen nicht mit heißen Metallen wie Hg, Pb, Sn, Au, Cu, Si, Zn, Cd, Ag, Al, Bi, Fe in Berührung kommen. Das gilt auch für Substanzen, aus denen solche Metalle durch Reduktion entstehen können. Beim Aufschluß von Silicaten ist darauf zu achten, daß Fe(II) durch Zusatz von *wenig* $NaNO_3$ in Fe(III) überführt wird.
10. Leicht reduzierbare Metalloxide sowie Phosphate, Phosphide, Sulfide und Arsenide dürfen nicht in Platingeräten erhitzt werden.
11. Platin reagiert mit elementarem Phosphor, Arsen, Antimon, Schwefel, Selen, Tellur, Wismut, Silicium, Bor und Kohlenstoff, auch wenn diese Elemente während des Aufschlusses nur in geringen Anteilen entstehen. Es handelt sich bei den genannten Elementen um sogenannte Platingifte.
12. Aus dem Punkt 11 folgt, daß Platingeräte nicht mit der leuchtenden (oder gar rußenden) Flamme erhitzt werden dürfen (Erdgas, Propangas). Empfindlich ist Platin aber auch gegenüber CO bei Glühtemperatur. Oxalate zersetzt man zunächst bei niedriger Temperatur (beginnende Rotglut), bevor stärker erhitzt wird. Platingeräte dürfen nicht dem inneren Flammenkegel ausgesetzt werden. In bestimmten Fällen können elektrische Öfen verwendet werden. Allerdings dürfen in diesen Öfen nicht zuvor Graphit-Tiegel erhitzt worden sein. Silitstab-Kammeröfen sind zur Erhit-

zung von Platingeräten ungeeignet, da am Platin leicht Silicium-Korrosionen auftreten.
13. Das Veraschen der Filter in einem Platintiegel hat immer unter genügender Luftzufuhr zu erfolgen (siehe Punkte 11 und 12).
14. Werden Platingeräte auf Sandbäder gestellt, darf der Sand nur aus gerundeten Quarzkörnern bestehen. Er muß außerdem vollständig rein sein und darf keine anderen Bestandteile enthalten. Geeignet ist beispielsweise Sand von der Dörentruper Sand- und Thonwerke GmbH, Werk Grasleben, D-3332 Grasleben.
15. Falls an Platingeräten trotz vorsichtiger Behandlung mechanisch und chemisch bedingte Schäden aufgetreten sind, muß der für Platingeräte verantwortliche Mitarbeiter informiert werden. Manipulationen an den Platingeräten durch den jeweiligen Benutzer haben zu unterbleiben. Das gilt auch für den folgenden Punkt 16.
16. Bei Nichtbeachtung des Punktes 9 und bei der Verwendung von Platintiegeln zur Analyse eisenhaltiger Substanzen bildet sich häufig eine Eisen-Platin-Legierung. Nach BILTZ et al. (1983: 7 f.) ist eine Reinigung des Tiegels in folgender Weise möglich: Der mit konzentrierter Salzsäure gefüllte Tiegel bleibt 12 Stunden stehen. Dann wird die Salzsäure ausgegossen, der Tiegel mit deion. Wasser gespült und eine Stunde geglüht. Die Prozedur ist solange zu wiederholen, bis der Platintiegel kein Eisen mehr abgibt. Das kann oft längere Zeit dauern. Empfohlen wird auch ein mehrmaliges Ausschmelzen des Platintiegels mit Kaliumdisulfat oder mit di-Natriumtetraborat. Die erstarrte Schmelze wird mit verdünnter Salzsäure herausgelöst, der Tiegel mit deion. Wasser gespült und längere Zeit geglüht.

19 Reinigung von Analysengeräten

Voraussetzung für jede quantitative Analyse ist die Verwendung sauberer Analysengeräte. So ist beispielsweise bei Geräten für die Volumenmessungen (Pipetten, Büretten, Meßkolben) auf eine gleichmäßige Benetzung der Glaswandungen nach dem Ablaufen der Flüssigkeiten zu achten (*"fettfreies Ablaufen"*). Andernfalls bleiben kleine Tröpfchen am Glas in unregelmäßiger Verteilung haften, welche bei quantitativen Analysen Fehler zur Folge haben.

Für Glasgeräte können folgende Reinigungsmittel verwendet werden:
Chromschwefelsäure. Die Herstellung erfolgt durch das Einbringen von gepulvertem Kaliumdichromat in heiße konzentrierte Schwefelsäure, bis sich beim Abkühlen CrO_3 ausscheidet. Bei der Herstellung Vorsicht. Schutzbrille. Schutzhandschuhe. Ebenfalls beim Umgang mit Chromschwefelsäure Vorsicht. Die Flüssigkeit ist stark ätzend. Grundsätzlich nur unter dem Abzug arbeiten. Chromschwefelsäure verliert ihre Wirkung, wenn sich die Farbe von rot nach grün verändert. Die Reinigungswirkung beruht auf der starken Oxidationswirkung von Cr(VI).

Aus Sicherheitsgründen ist zu empfehlen, Chromschwefelsäure von Chemikalienfirmen fertig zu beziehen (z.B. Merck Nr. 2499).

Starke *Kaliumpermanganat-Lösung* (neutral, sauer, alkalisch). Mit dieser Lösung werden die zu reinigenden Geräte längere Zeit in Berührung gebracht. Beim Nachspülen der Geräte mit konzentrierter Salzsäure entsteht Chlor, welches eine starke Oxidationswirkung hat. Auch hier Vorsicht. Schutzbrille. Schutzhandschuhe. Arbeiten unter dem Abzug.

Fast wasserfreie *Salpetersäure*. Vorsicht vor Verätzungen der Haut. Schutzbrille. Schutzhandschuhe. Arbeiten unter dem Abzug.

Spezialreinigungsmittel. Diese werden von Chemikalienfirmen für apparative und manuelle Reinigungen angeboten (z.B. Extran in verschiedenen Zusammensetzungen von Merck). Die Verwendung solcher Reinigungsmittel darf nur nach der Gebrauchsanweisung vorgenommen werden. Normalerweise sind die Lösungen ungiftig, ätzen nicht und bilden keine Gase. Falls die mit Spezialreinigungsmitteln gesäuberten Glasgeräte für Alkali- und Phosphatbestimmungen verwendet werden sollen, ist ein gründliches Nachspülen mit deion. Wasser notwendig. Eventuell muß mit verdünnter Salzsäure vorgespült werden.

Sämtliche genannten Reinigungsmittel sollten etwa 24 Stunden auf die zu säubernden Geräte einwirken, mindestens jedoch über Nacht.

Achtung! Die genannten Reinigungsmittel, vor allem die Säuren und die Kaliumpermanganatlösung, dürfen nicht in den Ausguß geschüttet und auf diese Weise *"entsorgt"* werden. Es handelt sich hierbei um zum Teil nachweispflichtige Abfälle, welche in Sonderabfall-Beseitigungsanlagen behandelt werden müssen. In jedem Fall ist nach den gültigen Vorschriften bei der Beseitigung der Reinigungsmittel zu verfahren.

Zum Säubern von Pipetten, Büretten und Meßkolben dürfen nur Reinigungslösungen bei Zimmertemperatur angewendet werden. Ebenso darf das Trocknen der Volumenmeßgeräte nicht bei Temperaturen über 50 °C vorgenommen werden (z.B. im Trockenschrank). Andernfalls kann sich das Volumen der Meßgeräte ändern und nicht oder nur langsam auf den ursprünglichen Betrag zurückgehen.

Bei zu langer Aufbewahrung der Pipetten in den oben genannten Spezialreinigungsmitteln löst sich erfahrungsgemäß die Farbe der Beschriftung und Markierungen ab. Die Meßgeräte werden dadurch unbrauchbar.

Nach jeder Anwendung von Reinigungsmitteln müssen die Gefäße sorgfältig mit deion. Wasser ausgespült werden. Bei der Verwendung von Spülmaschinen zur Reinigung der Glasgeräte ist die Nachreinigung derselben durch manuelles Spülen mit deion. Wasser zu empfehlen. Es ist falsch, Alkohol, Äther oder Aceton zum Trocknen der Geräte zu benutzen. Diese Flüssigkeiten bewirken nach ihrer Anwendung ein erneutes ungleichmäßiges Ablaufen des Wasserfilms in Pipetten, Büretten, Meßkolben und anderen Glasgeräten. Das heißt, der gesamte vorangegangene und langwierige Reinigungsprozeß war umsonst.

Das Trocknen von Pipetten kann beispielsweise durch das Hindurchsaugen eines Luftstromes mit einer Wasserstrahlpumpe erfolgen. Damit keine Verunreinigungen aus der Luft in die Pipette gelangen, wird an der Pipettenspitze ein Stück Filterpapier angesaugt.

Druckluft aus Kompressoranlagen enthält Öldämpfe und ist daher nicht zum Trocknen gereinigter Geräte geeignet. Einfacher ist die Benutzung elektrischer Trockenvorrichtungen. Im einfachsten Fall genügt ein Trockenschrank.

Das zeitraubende Trocknen von Volumenmeßgeräten läßt sich vermeiden, wenn die Gefäße mit der abzumessenden Lösung zuvor ausgespült werden. Dazu muß jedoch ausreichend Lösung zur Verfügung stehen. Während für Pipetten und Büretten eine Trocknung häufiger notwendig ist, müssen Meßkolben normalerweise nur für die Kalibrierung trocken sein.

20 Erste Hilfe bei Unfällen

Die Vermeidung und Verhütung von Unfällen ist oberstes Gebot bei jeder analytischen Arbeit. Daher wurde diese Forderung bereits im Abschnitt 9.4 *"Sauberkeit und Sicherheit am Arbeitsplatz"* genannt.

Bei ernsten Unfällen: Sofort Arzt rufen, Unfallwagen bestellen, Unfallrettungsdienst anrufen. Telefonische Voranmeldung in der Klinik.

Sämtliche die Unfallhilfe betreffenden Telefonnummern müssen in jedem Laboratorium gut sichtbar und lesbar angebracht werden. Der Benutzer dieses Buches sollte die für ihn wichtigen Telefonnummern zusätzlich in die folgenden Leerzeilen eintragen:

	Ortsvorwahl	Ortsnetz
Augenklinik		
Chirurgische Klinik		
Hals-Nasen-Ohren-Klinik		
Hautklinik		
Krankentransport (Rotes Kreuz)		
Medizinische Klinik		
Unfall-Verletzten-Transport (Feuerwehr)		

In der Bundesrepublik Deutschland und in anderen europäischen Ländern gibt es in verschiedenen Städten Informations- und Behandlungszentren für Vergiftungsfälle entweder mit 24-Stunden-Dienst oder mit teilweise begrenzten Öffungszeiten. Die Anschriften mit den gültigen Telefonnummern können aus der jeweiligen neuesten *"Roten Liste"* entnommen werden.

Die folgenden Angaben wurden teilweise aus BILTZ et al. (1971) entnommen.

Hautverätzungen. Verätzte Stelle sofort und gründlich unter der Wasserleitung abspülen. Bei Flußsäure ebenfalls viel Wasser verwenden. Bei großflächigen Verätzungen mit einer Brause spülen. Keine Neutralisationslösungen unkontrolliert und von Laien auf die Wunde aufbringen. Die verätzten Stellen mit einem trockenen und keimfreien Schutzverband bedecken. Keine

"keimtötende Flüsssigkeit", keine Wundsalbe, keine Watte verwenden. Bei inneren Verätzungen, z.B. durch Verschlucken (ausgenommen bei Kupfer- und Phosphor-Verbindungen), reichlich Wasser, Milch oder Haferschleim trinken lassen.
Sofort zum Arzt

Augenverätzungen. Sofort ausgiebig mit Wasser spülen, die Augenlider notfalls mit der Hand öffnen. Eine spezielle Augenwaschflasche mit reinem Wasser muß immer griffbereit dastehen. Die Augenwaschflasche ist *wöchentlich* mit Wasser neu zu füllen.
Sofort zum Arzt

Brandwunden. Kein Wasser, keine Watte auf die Wunden. Brandblasen nicht verletzen. Verbrennungen mit einem trockenen, keimfreien Verband abdecken. Kein Öl, keine Salben, keine Fette und kein Mehl oder ähnliches verwenden, da sonst eine erfolgreiche Behandlung mit schneller und narbenloser Heilung meistens unmöglich ist.
Sofort zum Arzt

Schnittwunden. Nicht berühren, nicht auswaschen. Ausnahme: Ätzende Stoffe in offenen Wunden. Keine *"keimtötenden Flüssigkeiten"*, keine Wundsalben, keine blutstillende Watte verwenden. Wunden mit einem trockenen und keimfreien Schutzverband (Verbandpäckchen) bedecken. Große und schmerzende Wunden im Tragetuch oder mit Schienen ruhigstellen. Den Verletzten wegen Schockgefahr hinlegen und warm zudecken.
Spritzende Blutgefäße zwischen Wunde und Herz abbinden. Dazu breiten Gummischlauch, Krawatte und ähnliche Gegenstände verwenden. Keine Schnur und keinen Draht benutzen.
Sofort zum Arzt

Ätzende Gase, nichtreizende und giftige Gase. Frische Luft! Beengende und giftstoffgetränkte Kleidung entfernen. Völlige Körperruhe. Bei Gefahr des Atemstillstandes künstliche Beatmung.
Bei Cyanwasserstoff (Blausäure) sofort 50 - 100 ml 2%ige Natriumthiosulfat-Lösung trinken. Lösung muß im Labor bereitstehen. Bei Bewußtlosigkeit keine Flüssigkeit einflößen. **Sofort Unfallrettungsdienst anrufen.**
Sofort zum Arzt

Gifte im Magen. Möglichst bald erbrechen. Bei Bewußtlosigkeit oder Krämpfen keine Flüssigkeit einflößen. **Sofort Unfallrettungsdienst anrufen.**
Sofort zum Arzt

Verätzungen im Mund. Bei Säuren und Schwermetallsalzen den Mund intensiv mit Wasser ausspülen.
Sofort zum Arzt

Eine vorbeugende Tetanusschutzimpfung für alle im Labor arbeitenden Personen kann von Vorteil sein.

21 Umgang mit Perchlorsäure (HClO$_4$)

Bei der Durchführung von Aufschlüssen mit Perchlorsäure und beim Umgang mit Perchloraten sind besondere Sicherheitsmaßnahmen konsequent zu beachten. Andernfalls kann es leicht zu explosiv verlaufenden Reaktionen kommen, welche in der Vergangenheit oftmals Todesfälle zur Folge hatten und mit umfangreichen Zerstörungen im Labor verbunden waren.

Mit Perchlorsäure und Flußsäure darf grundsätzlich nur in dafür konstruierten und den Sicherheitsvorschriften entsprechenden Abzügen gearbeitet werden. Diese Abzüge sind mit Abluftkanälen versehen, in welchen durch eine Wasserberieselung die freigesetzten Säuredämpfe aus der Abluft gewaschen werden. Die Abzugsoberteile sind innen vollständig mit Polypropylen ausgekleidet und dicht mit der ebenfalls aus massivem Polypropylen bestehenden Tischplatte verschweißt. Mit Holz oder Fliesen verkleidete und mit Farbe überzogene Abzugsinnenräume sind ungeeignet. Auch mit Kunststoffen überzogene Holzplatten dürfen nicht für Perchlorsäureabzüge verwendet werden. Weiterhin sollten die Tischplatten keine Haarrisse aufweisen.

Perchlorsäure- und Flußsäure-Abzüge müssen in speziellen Abzugs-Räumen installiert werden, in welchen sich keine Dauerarbeitsplätze für analytische Arbeiten befinden. Daher ist es unzulässig, Perchlorsäure- und Flußsäure-Abzüge in Laboratorien zu installieren, in denen ständig gearbeitet wird und die für Lehrveranstaltungen genutzt werden.

Die folgenden Angaben sind überwiegend der Publikation *"Sicherer Umgang mit Perchlorsäure"* der Firma Merck entnommen.

Perchlorsäure 70% ist eine stark ätzende Flüssigkeit. Sobald Perchlorsäure auf organische Substanzen einwirkt (auch Arbeitsplatten aus Holz), kann es zu explosionsartig verlaufenden Reaktionen kommen. Die Explosionsgefahr nimmt mit steigender Reaktionstemperatur zu.

Die Perchlorsäure darf nie mit wasserentziehenden Mitteln zusammengebracht werden, da die reine 100%ige Perchlorsäure zu heftigen Reaktionen neigt.

Die Aufbewahrung der Perchlorsäure muß in Perchlorsäure-Abzügen erfolgen. Für den analytischen Bedarf sind kleine Flaschen mit 1 l Inhalt zu empfehlen. Da für Flußsäure-Perchlorsäure-Aufschlüsse nur wenig HClO$_4$

gebraucht wird, sollte der Vorrat an Perchlorsäure im Labor eine Menge von 2 l nicht übersteigen. Die Perchlorsäure-Flaschen müssen zusätzlich in eine Wanne aus Glas oder Keramik gestellt werden, damit bei einem eventuellen Bruch der Säureflasche sich die $HClO_4$ nicht im Schrank oder im Labor ausbreiten kann.

Verfärbte und verunreinigte Perchlorsäure muß durch Verdünnung mit Wasser *sofort* unschädlich gemacht werden. Die Perchlorsäurebestände sind regelmäßig zu kontrollieren.

Beim Arbeiten mit Perchlorsäure ist Schutzkleidung zu tragen. Das heißt säurefester Labormantel, Handschuhe, Brille oder besser Gesichtsschutzschild und festes, den Fuß vollständig schützendes Schuhwerk. Perchlorsäure darf grundsätzlich nur von erfahrenen Analytikern angewendet werden. Bei Lehrveranstaltungen und von Analytikern mit wenig Berufserfahrung darf mit Perchlorsäure nur unter Aufsicht gearbeitet werden.

Substanzen, welche organische Komponenten enthalten, dürfen keinesfalls direkt mit Perchlorsäure versetzt werden. In solchen Fällen sind zunächst die organischen Bestandteile in der Analysensubstanz mit Salpetersäure zu oxidieren und somit gegenüber Perchlorsäure unschädlich zu machen.

Beim Aufschluß mit einem Gemisch aus HNO_3 + $HClO_4$ ist zu bedenken, daß diese Säurekombination einen niedrigeren Siedepunkt hat als reine $HClO_4$. Eine 72%ige Perchlorsäurelösung siedet unter Atmosphärendruck ohne Änderung der Zusammensetzung bei 203 °C.

Vor dem Umgang mit Perchlorsäure muß der Abzug einige Minuten leer laufen, damit eventuell in der Luft des Abzugsraumes befindliche organische Teilchen entfernt werden. Auch nach dem Abschluß der Arbeiten mit Perchlorsäure (Abfüllen, Abrauchen) muß der Abzug einige Minuten leer laufen, um schwere Säuredämpfe vollständig zu entfernen.

Verschüttete Perchlorsäure darf keinesfalls mit organischen Materialien (z.B. Sägespäne, Papier, Holzwolle, Lappen) entfernt werden. Einzelne Perchlorsäuretropfen müssen mit Absorptionsgranulat (z.B. Chemizorb, Merck Nr. 1568 und Nr. 2051) bestreut werden. Die verschmutzte Stelle ist anschließend mit viel Wasser abzuwaschen.

Beim Verschütten größerer Volumina an Perchlorsäure ist um die Flüssigkeit Absorptionsgranulat zu streuen, damit eine weitere Ausbreitung von Perchlorsäure verhindert wird. Bei dieser Arbeit unbedingt Schutzkleidung (Gesichtsschutz, Stiefel, Schürze, Schutzhandschuhe) tragen. Die Perchlorsäure ist dann entsprechend den gültigen Vorschriften zu beseitigen (Sicherheitsbeauftragten informieren).

Bei allen Arbeiten mit Perchlorsäure muß ein CO_2-Feuerlöscher griffbereit dastehen.

22 Sammlung und Beseitigung von Laborabfällen

Viele der in analytischen Laboratorien entstehenden Abfälle können bei unsachgemäßer Beseitigung Schädigungen in unserer Umwelt zur Folge haben. Das gilt für die Einleitung von Reagenzien in die Abwässer ebenso wie für die in den meisten Fällen nicht statthafte Beseitigung fester Abfälle über den Hausmüll-Pfad. Außerdem ist zu bedenken, daß bei der Einleitung agressiver und leicht brennbarer Flüssigkeiten in das Abwasser die Rohre korrodieren und sich leicht entzündbare Gasgemische bilden können.

Daher müssen auch bei allen analytischen Arbeiten die geltenden Gesetze zur Beseitigung von Abfällen korrekt beachtet werden. Über den Umgang und den Verbleib von Abfällen informieren die für ein Unternehmen oder eine Institution zuständigen Sicherheitsbeauftragten sowie die in jedem Bundesland beauftragten Behörden oder Abfall-Beseitigungsunternehmen. Die jeweils aktuellen Adressen können beispielsweise in den Reagenzienkatalogen bekannter Chemikalienhersteller nachgeschlagen werden.

Der vorliegende Abschnitt beinhaltet nicht eine lückenlose Information über die Beseitigung aller im analytischen Bereich möglichen Abfälle. Die Hinweise sind vielmehr begrenzt auf einige wichtige Grundlagen zur Sammlung und Beseitigung von Laborabfällen.

Glasbruch, leere Flaschen

Zur Sammlung und Aufbewahrung von Glasbruch sowie von leeren Glasgefäßen ist ein deutlich gekennzeichneter und mit einem Deckel versehener Kunststoff-Behälter an einem gut belüfteten Ort aufzustellen. Leere Säure- und Laugenflaschen dürfen nicht mit Flüssigkeitsresten in den Sammelbehälter gestellt werden. Die Glasflaschen sind vor dem Wegwerfen zunächst mit Wasser auszuspülen (eventuell Spülwasser neutralisieren). Auch Gefäße mit festen Reagenzien dürfen nicht ungereinigt in den Glasbruch-Sammelbehälter gelegt werden.

Chemische Abfallstoffe

Zunächst ist zu prüfen, ob es sich bei den Abfällen um gefährliche Stoffe (Sonderabfälle) handelt oder um unproblematische Flüssigkeiten und Feststoffe, die unter Beachtung gültiger Vorschriften über die Kanalisation oder die Müllabfuhr beseitigt werden können. In den meisten Fällen wird es sich jedoch um Sonderabfälle handeln.

Bei den chemischen Sonderabfällen muß vor allem zwischen anorganischen und organischen Verbindungen sowie flüssigen und festen Abfällen unterschieden werden. Beispielsweise liefert die folgende Übersicht einen Rahmen zur Einteilung von Sonderabfällen:

I. Anorganische Substanzen

1. Flüssigkeiten:
1.1 Säuren und Laugen, die nicht in das Abwasser eingeleitet werden dürfen. Beispiele: Konzentrierte Säuren und Laugen, Flußsäure, Perchlorsäure, Chromschwefelsäure.
1.2 Wäßrige Lösungen, welche toxisch wirksame Metalle enthalten. Hierzu gehören zum Beispiel Pb, Ag, Hg, Cd, Be, As, Cr, Tl.
1.3 Wäßrige Lösungen, welche Cyanide enthalten.

2. Feststoffe:
2.1 Alle auf den Verpackungen entsprechend gekennzeichneten Verbindungen.
2.2 Metallverbindungen, z.B. mit Pb, Ag, Hg, Cd, Be, As, Cr, Tl.
2.3 Cyanide
2.4 Alkalimetalle wie Na, K, Li.

II. Organische Substanzen

3. Flüssigkeiten:
3.1 Halogenfreie Lösungsmittel. Beispiele: Ethanol, Methanol, Benzol, Aceton, Toluol, Xylol.
3.2 Halogenhaltige Lösungsmittel. Beispiele: Chloroform, Dichlormethan, Dibromethan, Diiodmethan, 1,1,2,2-Tetrabromethan.

4. Feststoffe:
Alle auf den Verpackungen entsprechend gekennzeichneten Verbindungen.

5. Altöle

Entsprechend dieser Unterteilung ist eine Aufbewahrung der unterschiedlichen Abfälle in getrennten Sammelgefäßen notwendig. Beispielsweise müssen entsprechend der Art der analytischen Arbeiten folgende Sammelgefäße (deutlich gekennzeichnet) im Laborbereich vorhanden sein (nach Merck-Katalog, 1987/88):

A. Für halogenfreie Lösungsmittel
B. Für halogenhaltige Lösungsmittel
C. Für feste organische Abfälle
D. Für anorganische Säuren und Basen. Eventuell Säuren oder Basen zunächst mit Wasser verdünnen (erst Wasser, dann Säure oder Base), dann mit Natronlauge oder Schwefelsäure neutralisieren.
Flußsäure und Lösungen anorganischer Fluoride werden zur Ausfällung des Fluorids als Calciumfluorid mit Calciumcarbonat versetzt. Der Niederschlag wird abfiltriert, die wäßrige Lösung im Sammelgefäß aufbewahrt.
E. Für giftige anorganische Rückstände sowie Schwermetallsalze und ihre wäßrigen Lösungen.
Vorsicht beim carcinogenen Beryllium und seinen Verbindungen.
F. Für giftige brennbare Verbindungen. Hierfür sind dicht verschließbare und bruchsichere Gefäße mit deutlicher Inhaltsangabe erforderlich.
G. Anorganische Quecksilberrückstände
H. Metallsalz-Rückstände, welche der Wiederverwertung zugeführt werden können.
I. Anorganische Feststoffe.

Vorsicht beim Umgang mit Alkalimetallen, Alkalimetallamiden und Metallhydriden. Diese Elemente und Verbindungen reagieren teilweise explosionsartig mit Wasser. Die genannten Stoffe daher zunächst vorsichtig und in kleinen Anteilen in 2-Propanol eintragen, wo sie sich zersetzen. Die entstehende Wärme nicht mit Eis, Wasser oder Trockeneis abführen. Bei Wärmeentwicklung sofort die Zugabe der Substanz in 2-Propanol einstellen. Nach vollständiger Zersetzung der Abfallsubstanzen mit wenig Wasser verdünnen und mit Schwefelsäure neutralisieren.

Vorsicht beim Umgang mit radioaktiven Substanzen (z.B. Uran- und Thoriumverbindungen). Hier gelten die Strahlenschutzverordnung und die behördlichen Vorschriften für den Umgang und die Lagerung (*"Beseitigung"*) radioaktiver Abfälle.

22 Sammlung und Beseitigung von Laborabfällen

Verschiedentlich wird es notwendig sein, reaktive Verbindungen in weniger problematische Folgeprodukte zu überführen. Hierbei muß dringend gefordert werden, Desaktivierungsmethoden zunächst im Kleinexperiment zu studieren. Es kann sich hierbei nämlich um brisante chemische Reaktionen handeln.

Grundsätzlich müssen sämtliche analytischen Arbeiten von fachlich geschultem und vor allem auch von einem sicherheitsbewußten Personenkreis durchgeführt werden. *Bei der Einstellung von Mitarbeitern sollten diese Gesichtspunkte wichtige Kriterien sein.*

Durch die Auswahl "*umweltfreundlicher Analysenverfahren*" kann ein wichtiger Beitrag zur Abfallreduzierung und Abfallvermeidung geleistet werden. In den Laboratorien müssen zunehmend Analysenverfahren zur Anwendung kommen, für welche keine giftigen Substanzen mehr benötigt und andere Reagenzien nur noch in verdünnter Form eingesetzt werden. Weiterhin sind Vorrichtungen zu entwickeln und anzuwenden, mit denen beispielsweise beim Abrauchen von Säureaufschlüssen die flüchtigen Komponenten (z.B. Flußsäure, Perchlorsäure) in kleinen Gefäßen aufgefangen und neutralisiert werden können. Auf diese Weise läßt sich die Einleitung schädlicher Stoffe in die Abluft oder das Abwasser vermeiden.

Bei der Auswahl der in dem vorliegenen Buch enthaltenen Analysenverfahren wurden auch die Gesichtspunkte der Abfallentstehung und -beseitigung berücksichtigt. Daher werden beispielsweise die in der ersten Auflage dieses Buches noch enthaltenen Analysenverfahren mit Cadmiumreduktoren sowie Reinhardt-Zimmermann-Lösungen (Fe-Bestimmungen), Berylliumsulfat und Kaliumcyanid (Maskierung von Elementen bei der Titrimetrie) nicht mehr berücksichtigt.

23 Literaturverzeichnis

ABBEY S (1980): Studies in standard samples for use in the general analysis of silicate rocks and minerals, part 6, 1979 edition of "usuable" values. Geol Survey of Canada paper 80-14

ALEXANDER GB, HESTON WM, ILER RK (1954): The solubility of amorphous silica in water. J Physic Chem 58: 453-455

ALTHAUS E (1966): Die Atom-Absorptions-Spektralphotometrie - ein neues Hilfsmittel zur Mineralanalyse. N Jahrb Mineral, Monatsh: 259-280

AMOS MD, WILLIS JB (1966): Use of high temperature pre-mixed flames in atomic absorption spectroscopy. Spectrochim Acta 22: 1325-1343

Analyse der Metalle (1966), Bd 1: Schiedsanalysen. 3. Aufl, Springer, Berlin Heidelberg New York, S 507

Analyse der Metalle (1975), Bd 3: Probenahme. 2. Aufl, Springer, Berlin Heidelberg New York u. Verlag Stahleisen mbh Düsseldorf, S 535

Analyse der Metalle (1980): Erster Ergänzungsband zu 1. Schiedsanalysen, 2. Betriebsanalysen. Springer, Berlin Heidelberg New York, S 214

Analyses of the NIMROC reference samples for minor and trace elements (1978). National Institute for Metallurgy (NIM), Report no 1945, Randburg, South Africa

Analytikum (1974, 1981): Methoden der analytischen Chemie und ihre theoretischen Grundlagen. Autorenkollektiv. VEB Deutscher Verlag für die Grundstoffindustrie, Leipzig, S 550

AOKI F (1950): Properties of silica in water. J Chem Soc Japan, Pure Chem Sect 71: 634-636, japanisch

AYRANCI B (1977): The major-, minor- and trace-element analysis of silicate rocks and minerals from a single sample solution. Schweiz mineral petrogr Mitt 57: 299-312

BAADSGAARD H, SANDELL EB (1954): Photometric determination of phosphorus in silicate rocks. Anal Chim Acta 11: 183-187

BÄCHMANN K (1982): Separation of trace elements in solid samples by formation of volatile inorganic compounds. Talanta 29: 1-25

BARNEBEY OL (1915): Permanganate determination of iron in the presence of fluorides. - The analysis of silicates and carbonates of their ferrous iron content. J Chem Soc 37: 1481-1496

BAST JC (1972): Die Bestimmung von Fluorid mittels einer fluoridionenempfindlichen Elektrode. Chemiker-Zeitung 2: 108-111

BAULE B, BENEDETTI-PICHLER A (1928): Zur Probenahme aus körnigen Materialien. Z Anal Chem 74: 442-456

BECKMANN H in H FREUND (1958): Handbuch der Mikroskopie in der Technik. Bd 2, Teil 3, S 150, Umschau Verlag, Frankfurt

BELCHER CB (1963): Sodium peroxide as a flux in refractory and mineral analysis. Talanta 10: 75-81

BERNAS B (1968): A new method for decomposition and comprehensive analysis of silicates by atomic absorption spectrometry. Anal Chem 40: 1682-1686

BILTZ H, BILTZ W (1983): Ausführung quantitativer Analysen. Hirzel, Stuttgart, S 250

BILTZ H, BILTZ W, AUTERHOFF H (1983): Ausführung quantitativer Analysen. Hirzel, Stuttgart, S 250

BILTZ H, BILTZ W, FISCHER W (1965): Ausführung quantitativer Analysen. 9. Aufl, Hirzel, Stuttgart, S 456

BILTZ H, KLEMM W, FISCHER W (1971): Experimentelle Einführung in die anorganische Chemie. 63.-70. Aufl, de Gruyter, Berlin, S 228

BJERRUM J (1951): Über die Notwendigkeit eines besonderen Antibasenbegriffes. Angew Chem 63: 527-530

BOCK R (1972): Aufschlußmethoden der anorganischen und organischen Chemie. Verlag Chemie, Weinheim, S 232

BOCK R (1979): Handbook of decomposition methods in analytical chemistry. John Wiley & Sons, New York, p 444

BOCK R (1980): Lösen und Aufschließen. In: Kienitz H, Bock R, Fresenius W, Huber W, Tölg G (Hrsg) Analytiker Taschenbuch Bd 1: 19-42, Springer, Berlin - Heidelberg - New York

BOUMANS PWJM (1980): Line coincidence tables for inductively coupled plasma atomic emission spectrometry. Vol. I-II, Pergamon Press, Oxford

BÖTTGER W (1925): Qualitative Analyse, Engelmann, Leipzig, S 644

BROCKAMP O (1973): Borfixierung in authigenen und dedritischen Tonen. Geochim Cosmochim Acta 37: 1339-1351

BROEKAERT JAC, HÖRMANN PK (1981): Separation of yttrium and rare earth elements from geological materials. Anal Chim Acta 124: 421-425

BRUMSACK H-J (1981): A simple method for the determination of sulfide- and sulfate-sulfur in geological materials by using different temperatures of decomposition. Z Anal Chem 307: 206-207

BRUNCK O, LISSNER A (1950): Quantitative Analyse. 2. Aufl, Steinkopff, Dresden Leipzig, S 206

BUCKLEY DE, CRANSTON RE (1971): Atomic absorption analyses of 18 elements from a single decomposition of aluminosilicate. Chem Geol 7: 273-284

BURRELL DC (1975): Atomic spectrometric analysis of heavy-metal pollutants in water. Ann Arbor Science Publishers Inc, Ann Arbor, p 331

CAMMANN K (1973): Das Arbeiten mit ionenselektiven Elektroden. Springer, Berlin-Heidelberg-New York, S 226

CAMPELL WC, OTTAWAY JM (1974): Atom-formation processes in carbon-furnace atomizers used in atomic-absorption spectrometry. Talanta 21: 837-844

CARVER RE (1971): Procedures in sedimentary petrology. Wiley-Interscience, New York London Sydney Toronto, p 651

CASSIDY RM, KATZ-LEHNERT K (1987) Determination of rare earth elements in rocks by liquid chromatography. Fortschr Miner Bd 65 Beiheft 1: 33

CHAKRAVORTY M, KHOPKAR SM (1977) Anion-exchange separation of scandium from yttrium, cerium and other elements in malonic and ascorbic acid media. Chromatographia 10: 100-104

CHALMERS RA, PAGE ES (1957): The reporting of chemical analyses of silicate rocks. Geochim Cosmochim Acta 11: 247-251

CHAO TT, SANZOLONE RF (1977): Chemical dissolution of sulfide minerals. J Res U.S. Geol Surv 5: 409-412

CHAPMAN FW, MARVIN GG, TYREE SY (1949): Volatilization of elements from perchloric and hydrofluoric acid solutions. Anal Chem 21: 700-701

CHAYES F (1953): In defence of the second decimal. Am Mineralogist 38: 784-793

CHAYES F (1956): Petrographic modal analysis. An elementary statistical appraisal. Wiley & Sons Inc, New York, Chapman & Hall Ltd, London, p 113

CHESTER JE, DAGNALL RM, TAYLOR MRG (1971): Some theoretical observations of the use of less-common flames in analytical atomic spectrometry. Anal Chim Acta 55: 47-58

CONNERS JJ, MEYERS AT (1973): "How to sample a mountain." In Sampling, Standard and Homogeneity, Am Soc for Testing Materials, ASTM STP 540

CROCK JG, LICHTE FE, WILDEMANN TR (1984): The group separation of the rare-earth elements and yttrium from geologic materials by cation-exchange chromatography. Chem Geol 45: 149-163

DABEKA RW, MYKYTIUK A, BERMAN SS, RUSSELL DS (1976): Polypropylene for the sub-boiling distillation and storage of high-purity acids and water. Anal Chem 48: 1203-1207

D'ANS J (1933): Die Lösungsgleichgewichte der Systeme der Salze ozeanischer Salzablagerungen. Verlagsgesellschaft für Ackerbau mbH, Berlin, S 254

DATE AR, CHEUNG YY, STUART ME (1987): The influence of polyatomic ion interferences in analysis by inductively coupled plasma source mass spectrometry (ICP-MS). Spectrochim Acta 42 B: 3-20

DATE AR, GRAY AL (1985): Determination of trace elements in geological samples by inductively coupled plasma source mass spectrometry. Spectrochim Acta 40 B: 115-122

DEAN RB, DIXON WJ (1951): Simplified statistics for small numbers of observations. Anal Chem 23: 636-638

DEAN JA, RAINS TC (eds.) (1969): Flame emission and atomic absorption spectrometry. vol. I-III Marcel Dekker, New York London, p 1470

DE GALAN L, SAMAEY GF (1970): Measurement of degrees of atomization in premixed laminar flames. Spectrochim Acta 25 B: 245-259

Die Aufbereitung von Laborproben. Firma Kurt Retsch KG, (Hrsg) 5657 Haan, S 27

DIN 1319 Teil 2 (Januar 1980): Grundbegriffe der Meßtechnik. Begriffe für die Anwendung von Meßgeräten. Beuth, Berlin

DIN 32 625 (Mai 1987): Stoffmenge und davon abgeleitete Größen. Beuth, Berlin

DIN 32 629 (Mai 1987): Stoffportionen. Beuth, Berlin

DIN 32 630 (Juni 1985): Charakterisierung chemischer Analysen-Verfahren nach der Probengröße und dem Gehaltsbereich. Beuth, Berlin

DIN 51 401, Teil 1 (Dezember 1983): Atomabsorptionsspektrometrie (AAS), Begriffe. Beuth, Berlin

DIN 55 350, Teil 13 (Juli 1987): Begriffe der Qualitätssicherung und Statistik. Beuth, Berlin

DOBEŠ I (1961): Stanoveni boru, fosforu a alkalii v kremennem skle. Sklara Keramik. 11: 114-116, tschechisch

DOERFFEL K (1962): Beurteilung von Analysenverfahren und -ergebnissen. Z Anal Chem 185: 1-98

DOERFFEL K (1965): Beurteilung von Analysenverfahren und -ergebnissen. 2. Aufl. Springer, Berlin Heidelberg New York u. Bergman, München, S 98

DOERFFEL K (1967): Die statistische Auswertung von Analysenergebnissen. In: Handbuch der Lebensmittelchemie, Bd 2 Teil 2, Analytik der Lebensmittel. Springer, Berlin Heidelberg New York, S 1194-1246

DOLEŽAL J, LENZ J, ŠULCEK Z (1969): Decomposition by pressure in inorganic analysis. Anal Chim Acta 47: 517-527

DOLEŽAL J, POVONDRA P, ŠULCEK Z (1968): Decomposition techniques in inorganic analysis. Iliffe Books Inc, London, p 224

DOUGLAS DJ, HOUK RS (1985): Inductively coupled plasma mass spectrometry (ICP-MS). Prog Analyt Atom Spectroscopy 8: 1-18

DÜBGEN R (1984): Glasartiger Kohlenstoff - ein Werkstoff für die Analytik. CLB Chemie für Labor und Betrieb 35: 482-487

DUVAL C (1963): Inorganic thermogravimetric analysis. Elsevier, New York, p 722

ECHLE W (1961): Mineralogische Untersuchungen an Sedimenten des Steinmergelkeupers der Roten Wand aus der Umgebung von Göttingen. Beitr Mineral Petrogr 8: 28-59

ECKSCHLAGER K (1964): Fehler bei chemischen Analysen. Geest & Portig K-G, Leipzig, S 164

EDGE RA, AHRENS LH (1962): The determination of Sc, Y, Nd, Ce and La in silicate rocks by a combined cation exchange-spectrochemical method. Anal Chim Acta 26: 355-362

EDIGER RD (1975): Atomic absorption analysis with the graphite furnace using matrix modification. At Absorption Newsl 14: 127-130

EHRENBERGER F, GORBACH S (1973): Methoden der organischen Elementar- und Spurenanalyse. Verlag Chemie, Weinheim, 401-428

ERISTAVI VD, KASHAKASHVILI LL (1977): Use of carbonate-type anion exchangers in the analytical chemistry of scandium, yttrium and lanthanum. Izv Akad Nauk Gruz SSR Ser Khim 3: 38-42, russisch

ERZINGER J, HEINSCHILD HJ (1986): Bestimmung von Haupt- und Spurenbestandteilen in geologischem Material mit ICP-AES. In: WELZ B (Hrsg) Fortschritte in der atomspektrometrischen Spurenanalytik. Bd II, 333-342, VCH Verlagsgesellschaft, Weinheim.

ERZINGER J, HEINSCHILD HJ, STROH A (1984): Bestimmung der Seltenen Erden in Gesteinen mit der ICP-AES. In: Welz B (Hrsg) Fortschritte in der atomspektrometrischen Spurenanalytik, Bd 1, Verlag Chemie, Weinheim, S 251-260

ERZINGER J, PUCHELT H (1980): Determination of selenium in geochemical reference samples using flameless atomic absorption spectrometry. Geostandards Newsletter 4: 13-16

FAIRBAIRN HW, AHRENS LH, GORFINKLE LG (1953): Minor element content of Ontario diabase. Geochim Cosmochim Acta 3: 34-46

FARZANEH A, TROLL G (1977a): Quantitative Hydroxyl- und H_2O-Bestimmungsmethode für Minerale, Gesteine und andere Festkörper. Z Anal Chem 287: 43-45

FARZANEH A, TROLL G (1977b): Pyrohydrolysis for the rapid determination of small and large amounts of fluorine in fluorides, silicate minerals and rocks using an ion-selective electrode. Geochem J 11: 177-181

FAYE GH, BOWMAN WS, SUTARNO R (1975): Gold ore, MA-1: It's characterization and preparation for use as a certified reference material. Canada Centre for Mineral and Energy Technology, Ottawa: Energy, Mines and Resources Canada, Report MRP/MSL 75-29 (TR)

FISCHER K (1935): Neues Verfahren zur maßanalytischen Bestimmung des Wassergehaltes von Flüssigkeiten und festen Körpern. Angew Chem 48: 394-396

FLANAGAN FJ (1986): Reference samples in Geology and Geochemistry. US Geol Survey Bulletin 1582, p 56

FORSTER AR, ANDERSON TA, PARSONS ML (1982): ICP spectra: I. Background emission. Appl Spectroscopy 36: 499-504

Foscolos AE, Barefoot RR (1970): A rapid determination of total, organic and inorganic carbon in shales and carbonates. Geol Surv Can, paper 70-71, 1-8

Fuller CW (1976): The effect of acids on the determination of Tl by AAS with a graphite furnace. Anal Chim Acta 81: 199-202

Galle OK (1968): Routine determination of major constituents in geologic samples by atomic absorption. Appl Spectr 22: 404-408

Garbarino JR, Taylor HE (1987): Stable isotope dilution analysis of hydrological samples by inductively coupled plasma mass spectrometry. Anal Chem 59: 1568-1575

Gault HR, Weiler KA (1955): Studies of carbonate rocks. III. Acetic acid for insoluble residues. Penn Acad Sci Proc 29: 181-185

Gebauhr W, Spang A (1960): Die Bestimmung geringer Selengehalte in Kupfer als Piazselenol nach Abtrennung auf trockenem Wege. Z Anal Chem 175: 175-181

Geilmann W (1958): Die Verwendung der Verdampfungsanalyse zur Erfassung geringster Stoffmengen. Z Anal Chem 160: 410-426

Geilmann W, De Alvaro Esterbaranz A (1962): Die Verwendung der Verdampfungsanalyse zur Erfassung geringster Stoffmengen. Der Nachweis und die Bestimmung kleinster Berylliumgehalte. Z Anal Chem 190: 60-66

Geilmann W, Hepp H (1964): Die Verwendung der Verdampfungsanalyse zur Erfassung geringster Stoffmengen. Die Abtrennung des Cadmiums. Z Anal Chem 200: 241-249

Geilmann W, Neeb R (1955): Abtrennung geringer Zink-Mengen durch Verdampfung im Wasserstoffstrom. Angew Chem 67: 26-31

Geilmann W, Neeb R, Eschnaur H (1957): Beiträge zur Bestimmung von Zink in Mineralen und Hüttenprodukten nach dem Verdampfungsverfahren. Z Anal Chem 154: 418-430

Geilmann W, Neeb K (1959): Die Verwendung der Verdampfungsanalyse zur Erfassung geringster Stoffmengen. Der Nachweis und die Bestimmung kleinster Thalliumgehalte. Z Anal Chem 165: 251-268

Gladney ES (1977): Matrix modification for the determination of bismuth by flameless atomic absorption. At Absorption Newslett 16: 114-116

Gladney ES, Burns CE, Roelandts I (1983): 1982 compilation of elemental concentrations in eleven United States Geological Survey rock standards. Geostandards Newsletter 7: 3-226

Gladney ES, Jurney ET, Curtis DB (1976): Nondestructive determination of boron and cadmium in environmental materials by thermal neutron-prompt γ-ray spectrometry. Anal Chem 48: 2139-2142

Goetz CA, Debbrecht FJ (1955): Determination of lead in lead sulfide ores and concentrates. Anal Chem 27: 1972-1975

Gosset bzw. Student (1908): The probable error of a mean. Biometrika 6: 1-25

Graf U, Henning H-J, Stange K (1966): Formeln und Tabellen der mathematischen Statistik. 2. Aufl, Springer, Berlin Heidelberg New York, p 362

GRAF K, HENNING H-J, STANGE K, WILRICH P-TH (1987): Formeln und Tabellen der angewandten mathematischen Statistik. 3. Aufl, Springer, Berlin Heidelberg New York London Paris Tokyo, S 529

GRAFF PR, LANGMYHR FJ (1959): Studies in the spectrophotometric determination of silicon in materials decomposed by hydrofluoric acid II. Spectrophotometric determination of fluosilicic acid in hydrofluoric acid. Anal Chim Acta 21: 429-431

GROUT FF (1932): Rock sampling for chemical analysis. Am J Sci 24: 394-404

GROVES AW (1951): Silicate analysis. Allen & Unwin Ltd, London, p 336

GURVIČ et al. (1974): Energii razryva chimiceskich svjazej: potencialy ionizacii i srodstvo k elektronu. Otv red akad VN Kondrat'ev, Moskva, Nauka, p 351, russisch

GY PM (1955): Die Probenahme von Erzen. Z Erzbergbau u Metallhüttenwesen VIII Beih: 199-220

GY PM (1967): L' Echantillonage des mineraisen vrac: théorie générale, vol 1, Sociéte de l' Industrie Minérale, Saint Etienne, France

GY PM (1979): Sampling of particulate materials: theory and practice. Elsevier, Amsterdam New York, p 431

HAINES J (1986): The determination of selected lanthanoid elements. At. Spectrosc. 7: 161-174

HÄMÄLÄINEN L, SMOLANDER K, KARTTUNEN P (1988): Direct determination of silver in geological reference samples after aqua regia leach by graphite furnace atomic absorption spectrometry with matrix modification. Z Anal Chem 330: 107-110

Handbuch für das Eisenhüttenlaboratorium, Bd 5, Ergänzungsband (1971): Die Ermittlung des Gesamt-Kohlenstoffgehaltes von Stahl. Hrsg Chemikerausschuß des Vereins Deutscher Eisenhüttenleute, Stahleisen GmbH, Düsseldorf

HAVER EF (1984): Internationale Analysensieb-Vergleichstabelle. Firma Haver & Boecker, D-4740 Oelde (Westfalen)

HARTWIG-BENDIG H (1941): Zur Bestimmung des Gesamtwassers in der anorganischen Mineralanalyse. Z Angew Mineral 3: 195-223

HAWKES HE, WEBB JS (1962): Geochemistry in mineral exploration. Harper & Row Publ, New York Evanston, p 415

HEINRICHS H (1979a): Determination of bismuth, cadmium and thallium in 33 international standard reference rocks by fractional distillation combined with flameless atomic absorption spectrometry. Z Anal Chem 294: 345-351

HEINRICHS H (1979b): Determination of lead in geological and biological materials by graphite furnace atomic absorption spectrometry. Z Anal Chem 295: 355-361

HEINRICHS H, BRUMSACK H-J, LOFTFIELD N, KÖNIG N (1986): Verbessertes Druckaufschlußsystem für biologische und anorganische Materialien. Z Pflanzenernähr Bodenk 149: 350-353.

HEINRICHS H, KELTSCH H (1982): Determination of arsenic, bismuth, cadmium, selenium and thallium by atomic absorption spectrometry with a volatilization technique. Anal Chem 54: 1211-1214

HERRMANN AG (1956): Die Phasenanalyse als Schnellverfahren zur Analysierung von Salzgesteinen. Bergakademie 8: 201-207

HERRMANN AG (1970): Yttrium and Lanthanides. In: WEDEPOHL KH (ed) Handbook of Geochemistry, vol II-5. Springer, Berlin Heidelberg New York

HERRMANN AG (1975): Praktikum der Gesteinsanalyse. Mit Beiträgen von P. SCHNEIDERHÖHN und unter Mitarbeit von D KNAKE. Springer, Berlin Heidelberg New York, S 204

HERRMANN AG, KNAKE D (1973): Coulometrisches Verfahren zur Bestimmung von Gesamt-, Carbonat- und Nichtcarbonat- Kohlenstoff in magmatischen, metamorphen und sedimentären Gesteinen. Z Anal Chem 266: 196-201

HERRMANN AG, WEDEPOHL KH (1967): Die quantitative Bestimmung der Seltenen Erden (La-Lu) und des Yttriums in silicatischen Gesteinen. Z Anal Chem 225: 1-13

HEßLER W, SCHNABEL H (1968): Arbeitsvorschriften und Tabellen zur Ausführung und Berechnung von Mineralsalzanalysen. VEB Deutscher Verlag für Grundstoffindustrie, Leipzig, S 224

HILL WE, RUNNELS RT (1960): Versene, new tool for study of carbonate rocks. Bull Am Assoc Petroleum Geol 44: 631-632

HILLEBRAND WF, LUNDELL GEF (1953): Applied inorganic analysis. With special reference to the analysis of metals, minerals, and rocks. 2. Edition revised by GEF LUNDELL, HA BRIGHT, JI HOFFMANN; JOHN WILEY & SONS, Inc, New York; CHAPMAN & HALL, Limited, London, p 1034

HOEFS J (1969): Carbon. In: Handbook of Geochemistry II-1, Springer, Berlin Heidelberg New York

HÖFLING O (1981): Physik Formeln und Einheiten. 5. Aufl., Aulis Verlag Deubner & Co KG, Köln, S 76

HOUK RS (1986): Mass spectrometry of inductively coupled plasma. Anal Chem 58: 97A-105A

HOYLE WC, DIEHL H (1971): Rapid dissolution of sulphide ore for the determination of copper. Talanta 18: 1072-1074

ILER RK (1955): The colloid chemistry of silica and silicates. Cornell University Press, Ithaca New York

INGAMELLS CO (1964): Rapid chemical analysis of silicate rock. Talanta 11: 665-666

INGAMELLS CO (1966): Absorptiometric methods in rapid silicate analysis. Anal Chem 38: 1228-1234

INGAMELLS CO (1974a): New approaches to geochemical analysis and sampling. Talanta 21: 141-155 Pergamon Press, Oxford New York Braunschweig

INGAMELLS CO (1974b): Control of geochemical error through sampling and subsampling diagrams. Geochim et Cosmochim Acta 38: 1225-1237

INGAMELLS CO (1976): Derivation of the sampling constant equation. Talanta 23: 263-264

INGAMELLS CO (1978): A further note on the sampling constant equation. Talanta 25: 731-732

INGAMELLS CO, ENGELS JC, SWITZER P (1972): Effect of laboratory sampling error in geochemistry and geochronometry. Proc Int Geol Congr, vol 24, Sec 10, Geochemistry, 405-415

INGAMELLS CO, SWITZER P (1973): A proposed sampling constant for use in geochemical analysis. Talanta 20: 547-568

ITO J (1962): A new method of decomposition for refractory minerals and its application to the determination of ferrous iron and alkalies. Bull Soc Chem Japan 35: 225-228.

JAKOB J (1952): Chemische Analyse der Gesteine und silikatischen Mineralien. Birkhäuser, Basel, S 180

JAKOB J, BRANDENBERGER E (1948): Über die Qualität der Dioxyde des Siliciums und Titans, wie sie während der Silikatanalyse in Erscheinung treten. Schweiz mineral petrogr Mitt 28: 699-701

JANDER G, JAHR KF, KNOLL H (1973): Maßanalyse. de Gruyter, Berlin, S 359

JANDER G, JAHR KF, SCHULZE G, SIMON J (1986): Maßanalyse. Theorie und Praxis der Titrationen mit chemischen und physikalischen Indikationen. 14. Aufl de Gruyter, Berlin New York, S 337

JANDER G, WENDT H (1948): Lehrbuch für das anorganisch-chemische Praktikum. Hirzel, Leipzig, S 466

JIN LONG-ZHU, NI ZHE-MING (1981): Matrix modification for the determination of trace amounts of bismuth in waste water, sea water and urine by graphite furnace atomic absorption spectrometry. Can J Spectrosc 26: 219-223

JOHNSON WM, MAXWELL JA (1981): Rock and mineral analysis. 2nd edn John Wiley & Sons, New York Chichester Brisbane Toronto, p 489

KAISER H (1965): Zum Problem der Nachweisgrenze. Z Anal Chem 209: 1-18

KAISER R, GOTTSCHALK G (1972): Elementare Tests zur Beurteilung von Meßdaten. Bibliographisches Institut AG, Mannheim Wien Zürich, S 68

KAISER H, SPECKER H (1956): Bewertung und Vergleich von Analysenverfahren. Z Anal Chem 149: 46-66

KAKIHANA H, KUROKAWA K (1974): Elution of lanthanum, cerium, praseodymium, neodymium, samarium, europium, and gadolinium from anion-exchange resin columns with ethanol-formic acid-nitric acid mixtures. Bunseki Kagaku 23: 1321-1325

KANTIPULY CJ, WESTLAND AD (1988): Review of methods for the determination of lanthanides in geological samples. Talanta 35: 1-13

KANTOR T (1987): On the mechanism of the releasing effect of lanthanum chloride in flame spectrometry. Spectrochim Acta 42 B: 543-551

KATZ A (1968): The direct and rapid determination of alumina and silica in silicate rocks and minerals by atomic absorption spectrometry. Amer Min 53: 283-289

KATZ A (1975): The determination of rubidium and strontium in silicates by flameless atomic-absorption spectrometry. Chem Geol 16: 15-25

KATZ A, TAITEL N (1977): Matrix problems in the determination of lithium by flameless (HGA) atomic-absorption spectrometry, and their solution. Talanta 24: 132-134

KEATTCH CJ (1964): Estimation and determination of sulphate in soils and various other siliceous and calcareous metals. J appl Chem 14: 218-220

KELTSCH H (1977): Untersuchungen zur Bestimmung von Fluor in Gesteinen, Böden, natürlichen Gewässern und in Pflanzen. Diplomarbeit, Universität Göttingen

KESLER SE, VAN LOON JC, BATESON JH (1973): Analysis of fluoride in rocks and an application to exploration. J Geochem Explor 2: 11-17

KIBA T, TAKAGI T, YOSHIMURA Y, KISHI I (1955): Tin (II)-strong phosphoric acid. A new reagent for the determination of sulfate by reduction to hydrogensulfide. Bull Chem Soc Japan 28: 641-644

KLEMM W (1980): Erfahrungen beim Einsatz der LaF_3-Einkristallmembran-Elektrode zur Fluorbestimmung in Silikaten. Z angew Geol 26: 561-565

KLUGER F, WEINKE HH, KLEIN P, KIESL W (1975): Bestimmung von Fluor in Vulkaniten von Filicudi und Alicudi sowie in einigen geochemischen Referenzstandards. Chem Erde 34: 168-174

KNAPP G (1984): Der Weg zu leistungsfähigen Methoden der Elementspurenanalyse in Umweltproben. Z Anal Chem 317: 213-219

KNISELEY RN (1969): Flames for atomic absorption and emission spectrometry. In: DEAN JA, RAINS TC (eds): Flame emission and atomic absorption spectrometry. 189-211, Marcel Dekker, New York London

KOCH OG, KOCH-DEDIC GA (1974): Handbuch der Spurenanalyse. Bd. I-II, Springer, Berlin Heidelberg New York, S 1597

KÖRBL J (1956): Verwendung des thermischen Zersetzungsproduktes von Silberpermanganat in der organischen Elementaranalyse. Mikrochim Acta 11: 1705-1721

KORDON F (1945): Ein maßanalytisches Schnellverfahren zur Bestimmung des Siliciums in Eisen und Stahl. Archiv Eisenhüttenwesen 18: 139-146

KORNBLUM GR, DE GALAN L (1973): Ionization interference in the acetylene-nitrous oxide flame. Spectrochim Acta 28 B: 139-147

KÖSTER HM (1979): Die chemische Silicatanalyse. Springer, Berlin Heidelberg New York, S 196

KOTZ L, KAISER G, TSCHÖPEL P, TÖLG G (1972): Aufschluß biologischer Matrices für die Bestimmung sehr niedriger Spurenelementgehalte bei begrenzter Einwaage mit Salpetersäure unter Druck in einem Teflongefäß. Z Anal Chem 260: 207-209

KRAFT G (1980): Elektrochemische Analysenverfahren. In: KIENITZ H, BOCK R, FRESENIUS W, HUBER W, TÖLG G (Hrsg), Analytiker Taschenbuch Bd 1, 103-147, Springer, Berlin Heidelberg New York

KRAFT G, FISCHER J (1972): Indikation von Titrationen. de Gruyter, Berlin New York, S 300

KRAFT G, KAHLES A (1969): Die Bestimmung von Sauerstoff in Kupfer und Blei sowie in Legierungen. Erzmetall 22: 429-435

KUEHNER EC, ALVAREZ R, PAULSEN PJ, MURPHY TJ (1972): Production and analysis of special high-purity acids purified by subboiling distillation. Anal Chem 44: 2050-2056

KULEFF I, DJINGOVA R, KOSTADINOV K, TODOROVSKY D (1981): Instrumental neutron activation analysis of trace elements in quartz. J Radioanal Chem 62: 178-194

KURFÜRST U (1981): Zeeman-Atom-Absorptionsspektroskopie. Nachr Chem Tech Lab 29: 854-858

KURFÜRST U (1983): Untersuchungen über die Schwermetallanalyse in Feststoffen mit der direkten Zeeman-Atom-Absorptionsspektroskopie. Z Anal Chem 315: 304-320

KÜSTER FW, THIEL A, RULAND A (1985): Rechentafeln für die chemische Analytik. 103. Aufl de Gruyter, Berlin New York, S 310

LAFFITTE P (1953): Etude de la précision des analyses de roches. Bull Soc Geol France (6) 3: 723-745

LANGE A, BRUMSACK H-J (1977): Total sulfur analysis in geological and biological materials by coulometric titration following combustion. Z Anal Chem 286: 361-366

LANGMYHR FJ, PAUS PE (1968): The analysis of inorganic siliceous materials by atomic absorption spectrophotometry and the hydrofluoric acid decomposition technique. Anal Chim Acta 43: 397-408

LANGMYHR FJ, PAUS PE (1970): A bomb for the hydrofluoric decomposition of inorganic materials. Anal Chim Acta 49: 358-359

LANGMYHR FJ, SVEEN S (1965): Decomposability in hydrofluoric acid of the main and some minor and trace minerals of silicate rocks. Anal Chim Acta 32: 1-7

LERNER MW, PETRETIC GJ (1956): Separation of rare earths from thorium nitrate. Anal Chem 28: 227-229

LETOURNEAU VA, JOSHI BM, BUTLER LC (1987): Comparison between Zeeman and continuum background correction for graphite furnace AAS on environmental samples. At Spectrosc 8: 145-149

LEUTWEIN F (1940): Bemerkungen über die Titerkonstanz hochverdünnter Vergleichslösungen für die Spektralanalyse. Zbl Miner Geol Paläont, Abt A: 129-133

LICHTE FE, MEIER AL, CROCK JG (1987): Determination of the rare earth elements in geological materials by inductively coupled plasma mass spectrometry. Anal Chem 59: 1150-1157

LINDER A (1960): Statistische Methoden für Naturwissenschaftler, Mediziner und Ingenieure. 3. Aufl, Birkhäuser, Basel Stuttgart, S 484

LINDNER B, RUDERT V (1969): Eine verbesserte Methode zur Bestimmung des gebundenen Wassers in Gesteinen, Mineralien und anderen Festkörpern. Z Anal Chem 248: 21-24

LIPTAY G (1971): Atlas of thermoanalytical curves. vol I-V. Heyden & Son Ltd, London New York Rheine

LITTLE K, BROOKS JD (1974): Notes on the preparation of hydrochloric and hydrofluoric acids by the sub-boiling distillation unit of Mattinson. Anal Chem 46: 1343-1345

LONG SE, BROWN RM (1986): Optimisation in inductively coupled plasma mass spectrometry. Analyst 111: 901-906

LONGERICH HP, FREYER BJ, STRONG DF, KANTIPULY CJ (1987): Effects of operating conditions on the determination of the rare earth elements by inductively coupled plasma-mass spectrometry (ICP-MS). Spectrochim Acta 42 B: 75-92

LUECKE W (1971): Zur Methode der Atomabsorptions-Spektralanalyse der Erdalkalien und refraktären Oxide in geochemischen Referenzproben mit einer N_2O-C_2H_2-Flamme. N Jb Miner Mh 263-288

LUIS P (1959): Detection of barium and strontium in the insoluble sulfates. Mikrochim Acta 4: 536-540

LUX H (1939): "Säuren" und "Basen" im Schmelzfluß: Die Bestimmung der Sauerstoffionen-Konzentration. Z Elektrochem 45: 303-309

L'VOV BV (1978): Electrothermal atomization- the way toward absolute methods of atomic absorption analysis. Spectrochim Acta 33 B: 153-193

L'VOV BV, PELIEVA LA (1980): Thermodynamic study of gaseous monocyanides by electrothermal AAS. Prog Analyt Atom Spectrosc 3: 65-86

L'VOV BV, PELIEVA LA, SHARNOPOLSKI AI (1978): Decreasing the depressing effect of chlorides on graphite furnace AA analysis by addition of excess Li to the sample. Zh Prikl Spektrosc 28: 19-22, russisch

MACKENZIE RC (1970): Differential thermal analysis. vol. I-II, Academic Press, London, p 1382

MAGYAR B (1987): Fundamental aspects of atomic absorption spectrometry. CRC Crit Rev Anal Chem 17: 145-191

MANNING DC, CAPACHO-DELGADO L (1966): Dissociation and ionization effects in atomic absorption spectrochemical analysis. Anal Chim Acta 36: 312-318

MANNING DC, EDIGER RD (1976): Pyrolysis graphite surface treatment for HGA-2100 sample tubes. At Absorpt Newsl 15: 42-44

MASSMANN H, EL GOHARY Z, GÜCER S (1976): Analysenstörungen durch strukturierten Untergrund in der Atomabsorptionsspektrometrie. Spectrochim Acta 31 B: 399-409

MATTINSON JM (1972): Preparation of hydrofluoric, hydrochloric and nitric acids at ultralow lead levels. Anal Chem 44: 1715-1716

MAXWELL JA (1968): Rock and mineral analysis. Interscience Publishers, New York London Sydney Toronto, p 584

MAY I, ROWE JJ (1965): Solution of rocks and refractory minerals by acids at high temperatures and pressures. Anal Chim Acta 33: 648-654

MCLAUGHLIN RJW, BISKUPSKI VS (1965): The rapid determination of silica in rocks and minerals. Anal Chim Acta 32: 165-169

MEHTA VP, KHOPKAR SM (1978): Cation exchange chromatographic separation of scandium from other elements on Dowex 50W-X8. Sep Sci Technol 13: 933-939

Methodenbuch (1976): Die Untersuchung von Düngemitteln. 1. Ergänzungslieferung. Bearbeitet durch K LANG, Verlag J Neumann-Neudamm, Melsungen Berlin Basel Wien

MEYER A, GRALLATH E, KAISER G, TÖLG G (1976): Extrem nachweisstarkes Bestimmungsverfahren für Selen nach Abtrennung durch Verdampfen im Sauerstoffstrom. Z Anal Chem 281: 201-209

MILNER HB (1962): Sedimentary petrography. 4th ed rev, vol 1, p 54-75, 101-104, Allen & Unwin, London

MONTASER A, GOLIGHTLY DW (eds) (1987): Inductively coupled plasma in analytical atomic spectrometry. VCH Verlagsgesellschaft, Weinheim, S 660

MÜLLER G (1964): Methoden der Sediment-Untersuchung. Schweizerbart, Stuttgart, S 303

MÜLLER G (1967): Methods in sedimentary petrology. Schweizerbart, Stuttgart; Hafner Publishing Company, New York London, S 283

NALIMOV VV (1963): The application of mathematical statistics to chemical analyses. Pergamon Press, Oxford London Paris Frankfurt, p 294

NEY P (1973): Zeta-Potentiale und Flotierbarkeit von Mineralien. Applied Mineralogy vol 6 Springer, Wien New York, S 214

NEY P (1986): Gesteinsaufbereitung im Labor. Enke, Stuttgart, S 157

NICHOLLS GD (1960): Techniques in sedimentary geochemistry; (2) determination of the ferrous iron contents of carbonaceous shales. J Sediment Petrol 30: 603-612

NICHOLSON K (1983): Fluorine determination in geochemistry: Errors in the electrode method of analysis. Chem Geol 38: 1-22

NIEMANN H (1960): Untersuchungen am Grauen Salzton der Grube "Königshall-Hindenburg", Reyershausen bei Göttingen. Beiträge Mineral Petrogr 7: 137-165

NI ZHE-MING, SHAN XIAO-QUAN (1987): The reduction and elimination of matrix interferences in graphite furnace atomic absorption spectrometry. Spectrochim Acta 42 B: 937-949

OELSNER O (1952): Grundlagen zur Untersuchung und Bewertung von Erzlagerstätten. Thüringen-Verlag PE Blank & Co, Gera, S 84

OERTEL AC (1961): Spectrographic analysis of mineral powders. Internal Rept Division of Soils, C.S.I.R.O., Australia

OLADE M, FLETCHER K (1974): Potassium chlorate-hydrochloric acid: A sulphide selective leach for bedrock geochemistry. J Geochem Explor 3: 337-344

ONISHI H, BANKS CV (1963): Separation and spectrophotometric determination of rare earths. Talanta 10: 399-406

OTTLEY DJ (1966): Gy's sampling slide rule. World Mining, 40-44

PECK LC (1964): Systematic analysis of silicates. Geol Surv Bull 1170, Washington

PENFIELD SL (1894): On some methods for the determination of water. Am J Sci 48, No 283: 30-37

PETERS H (1988): Stoffbestand und Genese des Kaliflözes Riedel (K3Ri) im Salzstock Wathlingen - Hänigsen, Werk Niedersachsen-Riedel. Dissertation Georg-August-Universität, Göttingen

PICKETT EE, KOIRTYOHANN SR (1968): The nitrous oxide-acetylen flame in emission analysis, general characteristics. Spectrochim Acta 23B: 235-244

PIERSON RA, FAY EA (1959): Guide lines for interlaboratory testing programs. Anal Chem 31, 12, 25A-49A

PIETRZYK DJ, FRANK CW (1974): Analytical chemistry. Academic Press, New York London, p 667

PINTA M (ed.) (1975): Atomic absorption spectrometry. Adam Hilger, London, p 418

PLEWINSKY B, KAMPS R (1984): Sodium metatungstate, a new medium for binary and ternary density gradient centrifugation. Makromol Chem 185: 1429-1439

PLEWINSKY B, Kamps R, Wetz K, Miehe M (1985): Schwereflüssigkeit. Patentschrift DE 3305 517 C 2. Veröffentlichungstag der Patenterteilung: 17.01.1985, Bundesrepublik Deutschland

POHL FA (1953): Methoden zur spektrochemischen Spurenanalyse. III. Zur Spurenanalyse von Gesteinen und Bodenproben. Z Anal Chem 141: 81-86

PRATT JH (1894): On the determination of ferrous iron in silicates. Am J Sci, 3rd series, vol XLVIII, nos 283-288: 149-151

PREUSS E (1940): Beiträge zur spektralanalytischen Methodik. Bestimmung von Zn, Cd, Hg, In, Tl, Ge, Sn, Pb, Sb und Bi durch fraktionierte Destillation. Z angew Min 3: 7-20

PRICE WJ (1972): Analytical atomic absorption spectrometry. Heyden & Sohn Ltd., New York-Rheine, p 239

PRITCHARD MW, LEE J (1984): Simultaneous determination of boron, phosphorus and sulphur in some biological and soil materials by inductively-coupled plasma emission spectrometry. Anal Chim Acta 157: 313-326

PURUSHOTTAM A, NAIDU PP, LAL SS (1973): Suppression of interference in the AAS determination of chromium by use of ammonium bifluoride. Talanta 20: 631-637

RASMUSON JO, FASSEL VA, KNISELEY RN (1973): An experimental and theoretical evaluation of the nitrous oxide-acetylene flame as an atomization cell for flame spectroscopy. Spectrochim Acta 28 B: 365-406

RIANDEY C (1975): Interference. In: PINTA M (ed) Atomic absorption spectrometry, 74-119, Adam Hilger, London.

RICHARDSON E , WADDAMS JA (1954): Use of the silico-molybdate reaction to investigate the polymerization of low molecular weight silicic acids in dilute solutions. Research 7: 542-543

RIGG T, WAGENBAUER HA (1961): Spectrometric determination of titanium in silicate rocks. Anal Chem 33: 1347-1349

RILEY JP (1958): The rapid analysis of silicate rocks and minerals. Anal Chim Acta 19: 413-428

RILEY KW (1984): Significant reactions of aluminium, magnesium and fluoride during the graphite furnace atomic-absorption spectrophotometric determination of arsenic in coal. Analyst 109: 181-182

ROBINSON JW (ed) (1974): CRC Handbook of spectroscopy. vol. I, CRC Press, Boca Raton, p 913

ROBINSON P, HIGGINS NC, JENNER GA (1986): Determination of rare earth elements, yttrium and scandium in rocks by an ion exchange-X-ray fluorescence technique. Chem Geol 55: 121-137

ROELANDTS I, DUYCKAERTS G, BRUNFELT AO (1974): Anion-exchange isolation of rare-earth elements from apatite minerals in methanol-nitric acid medium. Anal Chim Acta 73: 141-148

ROOS JTH (1972): Mechanism of interference and releasing action in atomic absorption spectrometry IV. Releasing effect of ammonium chloride on chromium in an air-acetylene flame. Spectrochim Acta 27 B: 473-478

RÜDORFF W, STUMP E, SPRIESSLER W, SIECKE FW (1963): Reaktionen des Graphits mit Metallchloriden. Angew Chem 2: 130-136

RUPPERT H (1986): ICP-Massenspektrometrie geologischer Materialien (Gesteine, Böden, Wässer). Vortrag auf dem Analytischen Herbstsymposium in München vom 26.-28.11.1986

RUSS GP, BAZAN JM (1987): Isotopic ratio measurements with an inductively coupled plasma source mass spectrometer. Spectrochim Acta 42 B: 49-62

SAHA MN, SAHA NK (1934): A treatise on modern physics. vol. I, Indian Press, Calcutta, p 630

SAJÓ I (1955): Eine neue Methode zur Schnellanalyse der Silikate, Gesteine, Erze, Schlakken, feuerfesten Stoffe, usw., II. Schnellbestimmung der Kieselsäure. Acta Chim Acad Sci Hung 6: 243-250

SANDELL EB (1959): Colorimetric determination of traces of metals. 3rd ed (rev), Interscience Publishers, New York London, p 1032

SASAKI A, ARIKAWA Y, FOLINSBEE RE (1979): Kiba reagent method of sulfur extraction applied to isotope work. Bull Geol Surv Japan 30: 241-245

SASSENSCHEIDT A (1960): Die Bestimmung von Kohlenstoff in Rohmehlen und Zementen. Zement-Kalk-Gips 13: 23-26

SCHNETGER B (1988): Geochemische Untersuchungen an den Kinzigiten und Stronaliten der Ivrea-Zone, Norditalien. Dissertation, Universität Göttingen

SCHOLZ E (1984): Karl-Fischer-Titration. Springer, Berlin Heidelberg New York Tokyo S 136

SCHRAMEL P, WOLF A, SEIF R, KLOSE B-J (1980): Eine neue Apparatur zur Druckveraschung von biologischem Material. Z Anal Chem 302: 62-64

SCHUHKNECHT W, SCHINKEL H (1963): Beitrag zur Beseitigung der Anregungsbeeinflussung bei flammenspektralanalytischen Untersuchungen. Z Anal Chem 194: 161-183

SCHUHMACHER E, UMLAND F (1981): Neue Titrationen mit elektrochemischer Endpunktanzeige. In: Bock R, Fresenius W, Günzler H, Huber W, Tölg G (Hrsg), Analytiker Taschenbuch Bd 2, 197-209, Springer, Berlin Heidelberg New York

SEMOV MP (1963): A spectrochemical method for determining boron in silicon dioxide. Industrial Laboratory 29: 1618-1619

SEN GUPTA JG (1981): Determination of yttrium and rare-earth elements in rocks by graphite-furnace atomic-absorption spectrometry. Talanta 28: 31-36

SHAN XIAO-QUAN, NI ZHE-MING, ZHANG LI (1983): Determination of arsenic in soil, coal fly ash and biological samples by electrothermal atomic absorption spectrometry with matrix modification. Anal Chim Acta 151: 179-185

SHAPIRO L (1967): Rapid analysis of rocks and minerals by a single-solution method. In: Geol Surv Res 1967: US Geol Survey Prof Paper 575-B, p B187-B191

SHAPIRO L (1974): Spectrophotometric determination of silica at high concentrations using fluoride as a depolymerizer. J Res US Geol Survey vol 2, No 3: 357-360. Washington DC

SHAPIRO L (1975): Rapid analysis of silicate, carbonate, and phosphate rocks- revised edition. US Geol Surv Bull 1401, Washington DC, p 76

SHAPIRO L, BRANNOCK WW (1952): Rapid analysis of silicate rocks. US Geol Survey Circ 165, Washington DC

SHAPIRO L, BRANNOCK WW (1956): Rapid analysis of silicate rocks. US Geol Survey Bull 1036-C, Washington DC

SHAPIRO L, BRANNOCK WW (1962): Rapid analysis of silicate, carbonate, and phosphate rocks. US Geol Surv Bull 1144-A, Washington DC

SHAW DM (1969): Evaluation of data. Handbook of Geochemistry I, Springer, Berlin Heidelberg New York, p 324-375

SHAW DM, BANKIER JD (1954): Statistical methods applied to geochemistry. Geochim Cosmochim Acta 5: 111-123

Sichere Chemiearbeit, Mitteilungsblatt der Berufsgenossenschaft der chemischen Industrie 35: 11/83: 85-86 (1983) Schweres Explosionsunglück im Labor durch Perchlorsäure

Sicherer Umgang mit Perchlorsäure (1986): Merck-Spectrum 1, 31. Darmstadt

SLAVIN W, MANNING DC (1980): The L'vov platform for furnace AA analysis. Spectrochim Acta 35 B: 701-714

SLAVIN W, MANNING DC (1982): Graphite furnace interferences, a guide to the literature. Prog Analyt Atom Spectrosc 5: 243-340

SMALES AA, WAGER LR, eds (1960): Methods in geochemistry. Interscience Publishers, New York London, p 464

SMITH DM, BRYANT WMD, MITCHELL J (1939): Analytical procedures employing Karl Fischer Reagent. I. Nature of the Reagent. J Amer Chem Soc 61: 2407-2412

SMITH S, SCHLEICHER RG, HIEFTJE GM (1982): New atomic absorption background correction technique. Paper 442, 33. Pittsburgh Conference on Analytical Chemistry and Applied Spectroscopy, Atlantic City, N J

STOEPPLER M, MÜLLER KP, BACKHAUS F (1979): Pretreatment studies with biological and environmental materials. Z Anal Chem 297: 107-112

STONE M, CHESHER SE (1969): Determination of lithium oxide in silicate rocks by atomic-absorption spectrophotometry. Analyst 94: 1063-1067

STRELOW FWE, JACKSON PFS (1974): Determination of trace and ultra-trace quantities of rare-earth elements by ion exchange chromatography - mass spectrography. Anal Chem 46: 1481-1486

STUDENT (1908): siehe Gosset

STURGEON RE, CHAKRABARTI CL (1978): Recent advances in electrothermal atomization in graphite furnace atomic absorption spectrometry. Prog Analyt Atom Spectrosc 1: 5-199

SUHR NA, INGAMELLS CO (1966): Solution technique for analysis of silicates. Anal Chem 38: 730-734

ŠULCEK Z, POVONDRA P, DOLEŽAL J (1977): Decomposition procedures in inorganic analysis. CRC Crit Rev in Anal Chem, 6: 255-323

TAKANO B, WATANUKI K (1972): Effective decomposition of lead-bearing barite by hydroiodic acid. Japan Analyst 21: 1376-1379

TAN SH, HORLICK G (unveröffentlicht): Background spectral features in inductively coupled plasma-mass spectrometry

TEAGUE-NISHIMURA JE, TOMINAGA T, KATSURA T, MATSUMOTO K (1987): Direct experimental evidence for in situ graphite and palladium selenide formations with improvement on the sensitivity of selenium in graphite furnace atomic absorption spectrometry. Anal Chem 59: 1647-1651

THIELICKE G (1970): Schnellbestimmung der Kieselsäure in Silicaten, Gesteinen, Sanden und Eisenerzen durch acidimetrische Titration nach Fällung als Kaliumhexafluorsilicat. Z Anal Chem 250: 185-188

THODE HG, MONSTER J, DUNFORD HB (1961): Sulphur isotope geochemistry. Geochim Cosmochim Acta 25: 159-174

THOMPSON KC, WAGSTAFF K, WHEATSTONE KC (1977): Method for the minimisation of matrix interferences in the determination of lead and cadmium in non-saline waters by atomic-absorption spectrophotometry using electrothermal atomisation. Analyst 102: 310-313

TJIOE PS, DE GOEIJ JJM, HOUTMAN JPW (1977): Extended automated separation techniques in destructive neutron activation analysis. Application to various biological materials, including human tissues and blood. J Radioanal Chem 37: 511-522

TJIOE PS, VOLKERS KJ, KROON JJ, DE GOEIJ JJM (1983): Distribution patterns of rare-earth elements in biological materials evaluated by radiochemical neutron activation analysis. J Radioanal Chem 80: 129-139

TÖLG G (1972): Extreme trace analysis of the elements-I. Methods and problems of sample treatment, separation and enrichment. Talanta 19: 1489-1521

TÖLG G (1976): Spurenanalyse der Elemente - Zahlenlotto oder exakte Wissenschaft? Naturwissenschaften 63: 99-110

TONG SSC, YAO-SIN SU, WILLIAMS JP (1976): Determination of trace impurities at the p.p.b. level in fused silica by spark-source mass spectrometry. Anal Chim Acta 84: 327-334

TÖPELMANN H (1939): Schnellanalyse anorganischer Stoffe durch Verdampfen auf trockenem Wege. In: BÖTTGER W (Hrsg) Physikalische Methoden der analytischen Chemie, Bd. III, Akademische Verlagsgesellschaft, Leipzig S 75-113

TSCHÖPEL P, KOTZ L, SCHULZ W, VEBER M, TÖLG G (1980): Zur Ursache und Vermeidung systematischer Fehler bei Elementbestimmungen in wäßrigen Lösungen im ng/ml- und pg/ml-Bereich. Z Anal Chem 302: 1-14

UEDA A, SAKAI H (1983): Simultaneous determinations of the concentration and isotope ratio of sulfate- and sulfide-sulfur and carbonate-carbon in geological samples. Geochem J 17: 185-196

VAN DER WAERDEN BL (1965): Mathematische Statistik. 2. Aufl, Springer, Berlin Heidelberg New York, S 360

VASILEVSKAYA LS, KONDRASHINA AI, SHIFRINA GG (1962): A chemical and spectroscopic method of determining boron in silicon and silicon compounds. Industrial Laboratory 28: 713-715

VAUGHAN MA, HORLICK G: Oxide, hydroxide and doubly charged analyte species in inductively coupled plasma-mass spectrometry. unveröffentlicht

VERBEEK AA, HEYNS JBB, EDGE RA (1970): Decomposition of oxide and sulphide minerals and ores by fusion with ammonium salts. Anal Chim Acta 49: 323-333

VERHOEF JC, BARENDRECHT E (1976): Mechanism and reaction rate of the Karl Fischer titration reaction. Part I. Potentiometric measurements. J Electroanal Chem 71: 305-315

VERHOEF JC, BARENDRECHT E (1977): Mechanism and reaction rate of the Karl Fischer titration reaction. Part V. Analytical implications. Anal Chim Acta 94: 395-403

VOLBORTH A (1963): Total instrumental analysis of rocks. Part A. X-ray spectrographic determination of all major oxides in igneous rocks and precision and accuracy of a direct pelletizing method. Nevada Bureau of Mines, Rept no 6 Part B Oxygen determination in rocks by neutron activation. Gleicher Report

VOLBORTH A, BANTA HE (1963): Oxygen determination in rocks, minerals, and water by neutron activation. Anal Chem 35: 2203-2205

WAHDAT F, SHAMSIPOOR M (1977): Determination of lead in plants. Z Anal Chem 288: 191-192

WAHLER W (1964): Mechanische und chemische Aufbereitung von Mineralen und Gesteinen für geochemische Spurenanalysen. N Jb Miner Abh 101: 109-126

WAHLER W (1968): Pulse-polarographische Bestimmung der Spurenelemente Zn, Cd, In, Tl, Pb und Bi in 37 geochemischen Referenzproben nach Voranreicherung durch selektive Verdampfung. N Jb Miner Abh. 108: 36-51

WALLACE GF (1981): Use of a torch extension to reduce ICP baseline structure. At Spectrosc 2: 93-95

WALSH JN, BUCKLEY F, BARKER J (1981): The simultaneous determination for the rare-earth elements in rocks using inductively coupled plasma source spectrometry. Chem Geol 33: 141-153

WALSH JN, HOWIE RA (1980): An evaluation of the performance of an inductively coupled plasma source spectrometer for the determination of the major and trace constituents of silicate rocks and minerals. Mineral Mag 43: 967-974

WARING CL, MELA H (1953): Method for determination of small amounts of rare earths and thorium in phosphate rocks. Anal Chem 25: 432-435

WASHINGTON HS (1900): The statement of rock analyses. Am J Sci, 4th Ser 10: 59-63

WASHINGTON HS (1910, 1930): The chemical analysis of rocks. Wiley & Sons, New York, 2nd ed 1910, 4th ed 1930

WEIBEL M (1961): Die Schnellmethoden der Gesteinsanalyse. Schweiz Miner Petrogr Mitt 41: 285-294.

WEITZ A, FUCHS G, BÄCHMANN K (1982): AAS-Bestimmung von Cadmium und Blei in biologischen Proben und Bodenproben nach Abtrennung durch Verflüchtigung. Z Anal Chem 313: 38-42

WELZ B (1985): Atomic absorption spectrometry. VCH Verlagsgesellschaft, Weinheim, S 506

WIELAND G (1985): Wasserbestimmung durch Karl-Fischer-Titration. Theorie und Praxis. GIT Verlag GmbH, Darmstadt, S 102

WILLIAMS JP, YAO-SIN SU, WISE WM (1977): Trace chemical analysis of high-purity glass. Mikrochim Acta II: 527-536

WILLIS JB (1965): Nitrous oxide-acetylene flame in atomic absorption. Nature 207: 715-716

WILLIS JB (1970): Atomization problems in atomic absorption spectroscopy. Spectrochim Acta 25 B: 487-512

WILSON DA, VICKERS GH, HIEFTJE GM, ZANDER AT (1987): Analytical characteristic of an inductively coupled plasma-mass spectrometer. Spectrochim Acta 42 B: 29-38

WINGE RK, FASSEL VA, PETERSON VJ, FLOYD MA (1982): Atlas of spectral information for inductively coupled plasma-atomic emission spectroscopy. Elsevier, Amsterdam, p 584

WOODWARD C (1971): Ionization of metal atoms in flames. Spectrosc Lett 4: 191-193

WOOLLEY JF (1975): PTFE apparatus for vapourphase decomposition of high-purity materials. Analyst 100: 896-898

WÜRFELS M, JACKWERTH E (1985): Untersuchungen zur Kohlenstoffbilanz beim Aufschluß biologischer Probenmaterialien mit Salpetersäure. Z Anal Chem 322: 354-358

XU LI-QIANG, RAO ZHU (1986): Determination of boron in soils by sequential scanning ICP-AES using side line indexing method. Z Anal Chem 325: 534-538

YOE JH, ARMSTRONG AR (1947): Colorimetric determination of titanium with disodium-1,2-dihydroxybenzene-3,5-disulfonate. Anal Chem 19: 100-102

YOUDEN WJ (1951): Statistical methods for chemists. Wiley & Sons Inc, New York London Sydney, p 126

ZACHMANN DW (1988): Matrix effects in the separation of rare-earth elements, scandium, and yttrium and their determination by inductively coupled plasma optical emission spectrometry. Anal Chem 60: 420-427

ZEEGERS PJTh, TOWNSEND WP, WINEFORDNER JD (1969): Estimation of free-atom fraction and dissociation energies of compounds in flames by an atomic absorption method. Spectrochim Acta 24 B: 243-254

Sachverzeichnis

Abfallstoffe, s. Laborabfälle
Ablesefehler 169, 173
Abkürzungen 61f.
Abrieb, Backenbrecher 96f.
Absorption, Registrierung 309ff.
Absorptionsgrad 23
Abzüge 142f., 634
Achat, Probebearbeitung 84
Äquivalente 162f.
Äquivalentmasse 161f.
Äquivalentzahl 19, 162f.
Ag
- Graphitrohrofen-AAS 506
- Spektrometrie 505ff.
Al
- Flammen-AAS 508
- Graphitrohrofen-AAS 510
- ICP-AES 509
- Spektrometrie 507ff.
Al_2O_3
- Flammen-AAS 408ff.
- gravimetrisch, Differenzbestimmung 398ff.
Analysenprotokoll 144f.
Analysenschema, Silicatvollanalyse 292
Analysenüberwachung 130f.
Analytische Einrichtungen 142ff.
Analytische Faktoren 47ff.
Anzahl Proben, Probenahme 78f.
Arbeitsschutz 91, 143f., 147ff., 338f., 629ff., 634ff.
Arithmetische Mittel 104
As
- Graphitrohrofen-AAS 512
- Spektrometrie 511ff.
- Verdampfungsanalyse 276ff.
Atomabsorptionsspektrometer 192f.

Atomabsorptionsspektrometrie
- Flamme, Grundlagen 191ff.
- Graphitrohrofen, Grundlagen 228ff.
Atomemissionsspektrometrie
- Flamme, Grundlagen 223ff.
- ICP, Grundlagen 247ff.
Atommasse 19
Atommassen, relative 40ff.
Auflösungsvermögen, Gitter 195
Aufschließbarkeit von Mineralen 314, 317ff., 322, 339, 344, 367ff.
Aufschluß
- Autoklaven 339f.
- Bor 515
- Carbonate 357ff.
- Elementverluste 315f., 321f., 339, 345, 348, 483, 513ff.
- Evaporitgesteine 361ff.
- Fluor 489f.
- Grundlagen 312ff.
- Minerale, mit Säuren u. Schmelzen 314, 317ff., 322, 339, 344, 367ff.
- organische Materialien 352ff.
- Säuren 321f., 338ff.
- Schmelzen 315f., 323ff.
- Sulfate 367ff.
- Sulfide u. Arsenide 369ff.
- Tiegelmaterialien 315, 321f., 338, 373, 489, 621, 625f.
Aufschlußlabor 142
Aufschlußmittel
- Ammoniumhydrogensulfat 372ff.
- Bromwasserstoffsäure 316f., 626
- Chloressigsäure 316, 360f.
- di-Natrium-Tetraborat 313, 315, 318ff., 330f.
- di-Lithium-Tetraborat 318ff., 333f.

24 Sachverzeichnis **661**

- Flußsäure 316ff., 344f., 348ff., 360, 515, 626
- Iodwasserstoffsäure 318ff., 368f., 626
- Kaliumdisulfat 313ff., 318ff., 334f., 372f., 627
- Kaliumhydrogenfluorid 318ff., 627
- Kaliumhydrogensulfat 314, 318ff., 372f., 627
- Kaliumhydroxid 315, 318ff., 336f., 627
- Königswasser 320, 370ff., 625f.
- Lithiummetaborat 315, 318ff., 331ff.
- Natriumcarbonat 313ff., 318ff., 323f., 330f., 369, 626
- Natriumhydroxid 318ff., 489, 626
- Natriummetaborat 313, 318ff.
- Natriumperoxid 318ff., 372f., 626
- Perchlorsäure 316, 318ff., 338f., 344f., 352ff., 360, 368, 370f., 515, 626
- Phosphorsäure 316, 368, 370f., 515f., 626
- Salpetersäure 316, 318ff., 338f., 352ff., 370ff., 515, 626
- Salzsäure 316ff., 358f., 362f., 368f., 371f., 626
- Schwefelsäure 316ff., 348ff., 360, 370f., 515, 626

B
- ICP-AES 516
- Spektrometrie 513ff.
- Verluste beim Säureaufschluß 513ff.
Ba
Flammen-AAS 518
- Graphitrohrofen-AAS 520
- ICP-AES 519
- Spektrometrie 517ff.
Backenbrecher 82
- Abrieb 96f.
Ballastelemente 8
Banden, s. spektrale Interferenzen
Bartlett-Test 117
Base-Antibase-Paare, korrespondierende 312ff.
Basisgrößen und -einheiten 17ff.
Be
- Graphitrohrofen-AAS 523

- ICP-AES 522
- Spektrometrie 521ff.
Befreiungsagenzien, s. Flammen-AAS
Bemusterung 66
- visuelle 71
Beschriftung von Proben 90, 96
Bestimmungsgrenzen 103
Beurteilung von Analysendaten 100ff.
Bewertung von Gesteinsanalysen 127ff.
Bezugsfunktionen 103
Bezugskurve 103
Bi
- Graphitrohrofen-AAS 525
- Spektrometrie 524ff.
- Verdampfungsanalyse 276ff.
Blindwertlösungen 103, 617
Bohrmehlprobe 69
Bohrkernprobe 70
Bohrprobe 67
Borsilicatgläser
- chemische Zusammensetzung 618f.
- Kontaminationen 617ff.
Brenner, Flammen-AAS 199
Brenngeschwindigkeit, Flammen-AAS 197
Büretten 157, 159f., 170f.

C, Gesamt 469ff.
-- Gravimetrie 470ff.
-- Coulometrie 475ff.
- Carbonat u. Nichtcarbonat 479ff.
Ca
- Flammen-AAS 527
- ICP-AES 526
- Spektrometrie 524ff.
CaO
- Flammen-AAS 435ff.
- Gravimetrie 431ff.
Carbide, Graphitrohrofen-AAS 233, 239ff.
Cd
- Flammen-AAS 529
- Graphitrohrofen-AAS 531
- ICP-AES 530
- Spektrometrie 528ff.
- Verdampfungsanalyse 276ff.

Ce
- Abtrennung 498ff.
- ICP-AES 552
- Spektrometrie 550ff.
Chemische Laboratorien 142f.
Chromschwefelsäure 629
Co
- Graphitrohrofen-AAS 534
- ICP-AES 533
- Spektrometrie 532ff.
CO_2, Apparatur 472
Coulomat
- C-Bestimmung 480
- S-Bestimmung 495
Coulometrische Verfahren, Grundlagen 180f.
Cr
- Flammen-AAS 535
- Graphitrohrofen-AAS 537
- ICP-AES 536
- Spektrometrie 532ff.
Cross-Flow-Zerstäuber, s. Zerstäuber
Cu
- Flammen-AAS 539
- Graphitrohrofen-AAS 541
- ICP-AES 540
- Spektrometrie 538ff.

Detektor 195, 250, 265
Dezimalstellen 117, 129f., 132
Dichte 19, 23
Dilutor 159
Direktanalyse 71
Direktverfahren 9
Direktzerstäuber, Flammen-AAS 196
Dispenser 159
Dissoziationsenergien, Monochloride 237
Dörentruper Quarzsand 85, 628
Druck 19, 23
Durchlässigkeit 23, 185
Durchlässigkeitsprozente 23, 185
Durchlaßgrad, s. Durchlässigkeit
Dy
- Abtrennung 498ff.
- ICP-AES 557
- Spektrometrie 550ff.

Eigenabsorption, Flammen-AAS 196
Einlagerungsverbindungen, Graphitrohrofen-AAS 233f.
Einzelwerte, Streubereich 113f.
Elementanteile als Oxide 100f.
Elemente, Atommassen 40ff.
Elementverluste, s. Aufschluß
Empfindlichkeit 103
Entladungslampen, elektrodenlose 194
Er
- Abtrennung 498ff.
- ICP-AES 559
- Spektrometrie 550ff.
Ergebnisabweichung 102
Erste Hilfe 631ff.
Eu
- Abtrennung 498ff.
- ICP-AES 555
- Spektrometrie 550ff.
Extinktion 19, 23, 185, 228, 309
Extinktionskoeffizient 19, 23, 185

F, ionenselektive Elektrode 488ff.
F-Test, Vergleich von Standardabweichungen 117
Faktor, Umrechnung, Extinktion in Stoffmengenkonzentration 185
Faktoren, stöchiometrische 47ff.
Fe
- Flammen-AAS, Lachgas-Acetylen 543
-- Luft-Acetylen 542
- Graphitrohrofen-AAS 545
- ICP-AES 544
- Spektrometrie 538ff.
Fehler
- absoluter 102
- Dezimalstellen 117
- Extinktionsmessungen 188
- Konzentrationsangabe 129
- prozentualer 102
- relativer 102
- systematischer 105
Fehlerrechnung
- Flammen-AAS 221ff.
- Graphitrohrofen-AAS 245ff.
- ICP-AES 261ff.

- Spektralphotometrie 186ff.
- Titrimetrie 169ff.
FeO, titrimetrisch 420ff.
Fe_2O_3
- Flammen-AAS 415ff.
- Gravimetrie 411ff.
- Spektralphotometrie 411ff.
Flammen 196f.
Flammen-AAS
- Befreiungsagenzien 211ff., 216ff.
- Berechnung von Meßdaten 309
- Fehlerrechnung 221ff.
- Freisetzungsreaktionen 211ff., 216f.
- Grad der Atomisierung 196ff., 206
- Grad der Ionisierung 197ff., 206
- Grundlagen 191ff.
- Ionisationspuffer 202, 210f., 214, 216, 218ff.
- Matrixangleichung 218f.
- Meßbedingungen 218f
- Schreiberauswertung 309ff.
Flammen-AES
- Berechnung von Meßdaten 309
- Grundlagen 223ff.
- Ionisationspuffer 224f.
- Meßbedingungen 225
- Schreiberauswertung 309ff.
- Störungen 223f.
Flammenlose AAS, s. Graphitrohrofen-AAS
Flammentemperaturen 197, 223
Fliehkraftkugelmühle 84
Flotation 92, 97
Formulierung, Analysendaten von Silicaten 100f.
Frantz-Isodynamic-Magnetscheider 91

Ga
- Graphitrohrofen-AAS 547
- Spektrometrie 546f.
Gasgemische, Flammen-AAS 196f.
Gaußkurve 104, 107
Gaußverteilung 104ff., 117
Gd
- Abtrennung 498ff.
- ICP-AES 556

- Spektrometrie 550ff.
Gehaltsgrößen 27f.
Gesteinsanalyse
- Grenzwerte 128
- Hauptbestandteile 7, 9, 13, 100f., 127f., 131, 135f., 146
- Nebenbestandteile 7, 9, 13, 127f., 131, 135f., 146
- Spurenbestandteile 7, 9, 131, 137ff.
Gesundheit, s. Arbeitsschutz
Gittermonochromator, s. Monochromator
Gitterspektrum 183
Gläser, s. Laborgläser
Glaskolbenspritzflasche 325
Gleichgewichtskonstante 20, 23
Glühveränderung 132
Grad der Atomisierung, Flamme 196ff., 206
--Ionisierung, Flamme 197ff., 206
--- Plasma 266
Grammäquivalent 161
Graphitrohrofen-AAS
- Berechnung von Meßdaten 309
- Erscheinungstemperaturen 230, 232f., 236
- Fehlerrechnung 245ff.
- Graphitrohre 228f., 239, 242f.,
- Grundlagen 228ff.
- Kompensation unspezifischer Lichtverluste 243ff.
- Meßbedingungen 240f.
- Peakfläche 228
- Peakhöhe 228
- Reaktionen mit dem Graphit 233ff.
- Schreiberauswertung 309ff.
- Störungen 233ff.
- Zersetzung u. Atomisierung 229ff.
- Zusätze zur Probematrix 238ff.
Gravimetrie, Grundlagen 151ff.
Gütekennzahl, Analysenverfahren 115

Hackprobe 68
Häufigkeit
- absolute 106
- relative 106
Häufigkeitsverteilung 103

Haufwerkprobe 69
Hauptbestandteile, s. Gesteinsanalyse
Ho
- Abtrennung 498ff.
- ICP-AES 558
- Spektrometrie 550ff.
H_2O
- Gesamt, Karl Fischer, Coulometrie 463ff.
-- Gravimetrie, Penfield 457ff.
- Grundlagen 454ff.
H_2O^+ 454f., 463
H_2O^- 454f., 463, 468f.
Hohlkathodenlampen 194
Hydrophobe Minerale 92

ICP-Atomemissionsspektrometrie
- Fehlerrechnung 261ff.
- Gittermonochromator 249
- Grundlagen 247ff.
- Meßbedingungen 256ff.
- Plasma 250
- Plasmabrenner 248
- Sequenzspektrometer 254
- Simultanspektrometer 254
- Störungen 252ff.
- Vergleich zur AAS 255f., 259ff.
- Zerstäuber 248, 252ff.
ICP-Massenspektrometrie
- Grundlagen 264ff.
- Masseninterferenzen 268ff.
- Massenspektrum 266
- Meßbedingungen 268ff.
- Störungen 267f.
Integrationsgrenze 105, 111
Interelementeffekte, s. Störungen
Ionisationspuffer
- Flammen-AAS 202, 210f., 214, 216, 218ff.
- Flammen-AES 224f.
- Graphitrohrofen-AAS 235f.
- ICP-AES 255
Ionisationsstörungen, s. Störungen
Ist-Wert 102

K
- Flammen-AAS 548
- Flammen-AES 549
- Spektrometrie 546ff.
Kiba, Aufschluß 368
Klassenbreite 106
K_2O
- Flammen-AAS 453ff.
- Flammen-AES 451ff.
Königswasser, Herstellung 625f.
Konduktometrische Verfahren 177f.
Kontaminationen 11, 80ff., 86f., 95ff., 157, 617ff.
Kontinuumstrahler 244
Kontrollkarte 121f.
Kontrollproben, s. Referenzproben
Konzentrationsangabe 129
Korngröße, Probenahme 75
Korngrößenbereiche 27ff., 85ff., 92
Kreuzregel 33f.
Kreuzteilen 88f.
Kugelmühle 84

La
- Abtrennung 498ff.
- ICP-AES 551
- Spektrometrie 550ff.
Laborabfälle, Sammlung u. Beseitigung 91, 630, 636ff.
Laboratorien 142f.
Laborfußbodenbelag (PVC), Kontaminationen 622, 624f.
Laborgläser
- chemische Zusammensetzung 618f.
- Kontaminationen 619ff.
Laborprobenteiler 89
Laborstaub, Kontaminationen 622, 624
Lambert-Beer, Gesetz 176, 185f., 193
Laminarbrenner, Flammen-AAS 199
Lanthaniden, Abtrennung 499ff.
Leerwertlösungen 103
Li
- Flammen-AES 563
- Graphitrohrofen-AAS 564
- Spektrometrie 562ff.
Lineardispersion 195

Lu
- Abtrennung 498ff.
- ICP-AES 561
- Spektrometrie 550ff.

Magnettrennung 81, 91f., 94f.
Mahlen 84
Masse, molare 21, 24
Massenanteil 21, 24, 27, 103, 164, 167f., 186
Massenkonzentration 21, 24, 27, 103, 168, 186
Massenspektrometrie (ICP), s. ICP-Massenspektrometrie
Matrixmodifikation, s. Zusätze zur Probematrix
Mehrfachbestimmungen 128
Meinhard-Zerstäuber, s. Zerstäuber
Meßfehler, Titer 172f.
Meßlaboratorien 143f.
Meßkolben 160, 171
Meßpipetten 159, 171
Meßwert 103, 117
Methode der kleinsten Quadrate 304ff.
Mg
- Flammen-AAS, Lachgas-Acetylen 567
-- Luft-Acetylen 566
- ICP-AES 568
- Spektrometrie 565ff.
MgO
- Flammen-AAS 443ff.
- Gravimetrie 438ff.
Mindestmenge, Probenahme 74f
Mineraltrennung 90f., 364f.
Mikrobüretten 159, 171
Mikroliterpipetten 159
Mischkammerzerstäuber, Flammen-AAS 196
Mischungsrechnen, Verdünnungen 33f.
Mittelwerte 72f., 113f., 117f.
Mn
- Flammen-AAS 569
- Graphitrohrofen-AAS 571
- ICP-AES 570
- Spektrometrie 565ff.

MnO
- Flammen-AAS 429ff.
- Spektralphotometrie 424ff.
Mo
- Graphitrohrofen-AAS 573
- Spektrometrie 572f.
Molalität 21, 24, 164
Molare Massen 43ff.
Molarität 25
Molekülbanden, s. spektrale Interferenzen
Molekülmasse, relative 21
Molenbruch 25, 164
Molmenge 25
Monochromator 194f., 249
Muster, Probenahme 66

Na
- Flammen-AAS 574
- Flammen-AES 575
- Spektrometrie 572ff.
Nachlauffehler 169, 173
Nachweisgrenze 101f.
Näherungswert 108, 111
Na$_2$O
- Flammen-AAS 445ff.
- Flammen-AES 448ff.
Naßsiebung 87
Nb
- ICP-AES 577
- Spektrometrie 572ff.
Nd
- Abtrennung 498ff.
- ICP-AES 553
- Spektrometrie 550ff.
Nebenbestandteile, s. Gesteinsanalyse
Ni
- Flammen-AAS 578
- Graphitrohrofen-AAS 580
- ICP-AES 579
- Spektrometrie 576ff.
Normalfaktor, s. Titer
Normalität 161f.
Normallösung 161f.
Normalverteilung 103f.
Nullwertlösung 103

Ordnungsfilter 183
Ordnungszahlen 40f.
Oxidation von Fe(II), Probebearbeitung 97

P
- ICP-AES 581
- Spektrometrie 576ff.
Parallelbestimmungen 116
Parallelproben 73f.
Pb
- Flammen-AAS 583
- Graphitrohrofen-AAS 584
- Spektrometrie 582ff.
Perchlorsäure, sicherer Umgang 142, 338f., 345, 354, 634f.
Photometrische Verfahren 176f., 181ff.
Pickprobe 67f.
Physikalische Endpunktbestimmung 176
Pipetten 157f., 171
Pipettierhelfer 149, 158
Planprüfsiebmaschine 86
Plasma 250ff.
Platin
- Behandlung 625ff.
- Korrosionsuhr 626ff.
Platingift 627
Plattformrohre 242f.
P_2O_5
- Spektralphotometrie 482ff.
-- Molybdänblau 485f.
-- Molybdängelb 482f.
Polarisationsverfahren 180
Polychromator 254
Polyethylen, Verunreinigungen 621
Polytetrafluorethylen, Verunreinigungen 621
Potentiometrische Verfahren 178f.
Präzision 101f., 104
Prismenspektrum 183
Probemenge 74f., 79
Probenahme 66ff.
Probenahmefehler 77, 79
Probebearbeitung 80ff.
Probebezeichnung 72
Probeteiler 89

Probeverpackung 72
Probezahl 78f.
Probeverunreinigung 11, 80ff., 86f., 95f.
Probezerkleinerung 81ff.
Prospektionsarbeiten 67
Protokollheft, s. Analysenprotokoll
Pyrolytisch beschichtete Graphitrohre 239, 242f.

Q-Test 109f.
Quadrupolmassenspektrometer 264ff.
Quarzgläser, chemische Zusammensetzung 618ff.

Rb
- Flammen-AES 586
- Graphitrohrofen-AAS 587
- Spektrometrie 585ff.
Rechenhilfen 33ff.
Recommended values 102
Referenzproben 120f., 130ff.
- Analysenwerte 135f.
- Bezugsquellen 132f., 140f.
Reflexionsgrad 23
"Rein"-SiO_2 381f.
Reinigung
- Analysengeräte 629f.
- Backenbrecher 82
- Mahlbecher 84f.
- Riffelteiler 89
- Rohproben 80f.
- Siebe 86f.
Reproduzierbarkeit 102, 104, 117, 121f., 128
Richtiger Wert 102
Richtigkeit 101f., 121f.
Riffelteiler 89
"Roh"-SiO_2 380f.

S
- Apparatur 459
- Gesamt, coulometrisch 492ff.
- ICP-AES 589
- Spektrometrie 588ff.
- Sulfid, Sulfat 496f.

Säureaufschluß, s. Aufschluß
Säureauszüge 317, 320
Säuren
- Reinheitsgrad 623
- Destillationsverfahren 622
Sauberkeit am Arbeitsplatz 147ff.
Sauerstoff, Silicate 100f.
Sauerstoffkorrektur 132
Sb
- Graphitrohrofen-AAS 591
- Spektrometrie 590f.
Sc
- ICP-AES 592
- Spektrometrie 590ff.
Schäumer 92
Schaumschwimmverfahren 92
Schiedsprobenahme 71f.
Schlagkreuzmühle 82
Schlitzprobe 67ff.
Schmelzaufschluß, s. Aufschluß
Schnelltest, PILLAI u. BUENAVENTURA 117ff.
Schürfarbeiten 67
Schütteltisch 91
Schußprobe 69
Schwereflüssigkeit 90f., 93f., 97
Se
- Graphitrohrofen-AAS 594
- Spektrometrie 593f.
- Verdampfungsanalyse 276ff.
Sekundärelektronenvervielfacher, s. Detektor
Seltene Erden, s. Lanthaniden
Sequenzspektrometer 254f.
Sesquioxide 411ff.
Si
- Flammen-AAS 595
- ICP-AES 596
- Spektrometrie 593ff.
Sicherheit, s. Arbeitsplatz
- statistische 105, 111ff.
Sichertrog 91
Siebböden 85
Siebe 27ff.
Siebmaschine 86
Siebung 84ff.
Signifikanzschranke 118

Simultanspektrometer 254
Sinterkorund, Probebearbeitung 84
SiO_2
- Gravimetrie 375ff.
- Spektralphotometrie 386ff.
- Titrimetrie 383ff.
Sm
- Abtrennung 498ff.
- ICP-AES 554
- Spektrometrie 550ff.
Sn
- Graphitrohrofen-AAS 598
- Spektrometrie 597f.
Sollwert 102
Sondermüll, s. Laborabfälle
Spaltbreite, AAS 195
Spektrale Interferenzen
- Flammen-AAS 200
- Flammen-AES 223f., 226f.
- Graphitrohrofen-AAS 235
- ICP-AES 255ff.
Spektralphotometer 181ff.
Spektralphotometrie
- Fehlerrechnung 186ff.
- Grundlagen 181ff.
- Berechnung von Meßdaten 297ff.
Spektrometrische Elementbestimmung 504ff.
Spezifität 101
Spurenbestandteile, s. Gesteinsanalyse
Sr
- Flammen-AAS 599
- Graphitrohrofen-AAS 601
- ICP-AES 600
- Spektrometrie 597ff.
Standardabweichung 72f., 103ff., 113f., 117f., 121f.
- Al_2O_3, Flammen-AAS 411
- C, Gesamt, Coulometrie 481
- CaO, Flammen-AAS 437
-- Gravimetrie 435
- F, ionenselektive Elektrode 491
- Fe_2O_3, Flammen-AAS 417, 420
-- Spektralphotometrie 415
- H_2O, Gesamt, Karl Fischer 468
--- Penfield 463
- H_2O^-, Gravimetrie 469

- K_2O, Flammen-AAS 454
-- Flammen-AES 452
- MgO, Flammen-AAS 445
-- Gravimetrie 443
- MnO, Flammen-AAS 430
- Na_2O, Flammen-AAS 451
-- Flammen-AES 448
- P_2O_5, Spektralphotometrie 485
- S, Gesamt, Coulometrie 496
- SiO_2, Gravimetrie 383
-- Spektralphotometrie 392
-- Titrimetrie 386
- TiO_2, Spektralphotometrie 397
Standardproben, s. Referenzproben
Stichproben 78
Stöchiometrische Faktoren 47ff.
Störungen
- Banden, s. spektrale Interferenzen
- chemische und physikalische 200
- Dampf- und Schmelzphasen 200ff., 235ff.
- Festphasen 233ff., 238ff.
- Flammen-AAS 200f.
- Graphitrohrofen-AAS 233, 235f.
- Ionisation 201f., 210f., 213ff., 224ff., 235f., 255, 266f.
- Lachgas-Acetylen-Flamme 209ff., 214f., 220
- Luft-Acetylen-Flamme 202ff., 207, 209, 213, 220
- Masseninterferenzen 266ff.
- unspezifische Strahlungsverluste 200, 243ff.
- Viskosität, Dichte und Oberflächenspannung 200, 217, 235, 254
Stoffmenge 21, 25
Stoffmengenanteil, s. Massenanteil
Stoffmengenkonzentration, s. Massenkonzentration
Streubereich 113f.
Streulichtgesetz, Rayleigh 243f.
Stückprobe 68
Student-Test 113f.
Summenhäufigkeit 106f.
Summenwert 127ff.
Suszeptibilität, Magnettrennung 92

t-Test 119ff.
Tagebuch 144f.
Teflon, s. Polytetrafluorethylen
Teilungsfehler 87
Temperaturfehler 170
Testsubstanz 120
Ti
- Flammen-AAS 603
- ICP-AES 604
- Spektrometrie 602ff.
TiO_2, Spektralphotometrie 392ff.
Titer 164f.
Titrimetrie
- Begriffe 161f.
- Berechnung von Meßdaten 293ff.
- Grundlagen 156ff.
- physikalische Bestimmung des Äquivalenzpunktes 175ff.
Tl
- Graphitrohrofen-AAS 606
- Spektrometrie 605ff.
- Verdampfungsanalyse 276ff.
Toleranz 115
Transmissionsfaktor, s. Durchlässigkeit
Transmissionsgrad, s. Durchlässigkeit
Treffgenauigkeit 102
Trennung von Mineralen, s. Mineraltrennung
Tropfenfehler 169
Turbulenzbrenner 199

Ultraschallzerstäuber, s. Zerstäuber
Umrechungen, Stoff- und Gehaltsgrößen 36f.
Umrechnungsfaktoren 47ff., 61f.
Untergrundkompensation 243ff.
Urtiter 165f., 173

V
- Graphitrohrofen-AAS 609
- ICP-AES 608
- Spektrometrie 607ff.
Val 161f.
Varianz 111
Verbundverfahren 9f.

Verdampfungsanalyse
- Grundlagen 276ff.
- Verdampfungsraten 278f.
- Verdampfungsrohr mit Kühlfinger 277f.
Verjüngung 76, 83f., 87f.
Vertrauensbereich 73, 79, 113f.
Verunreinigungen, s. Kontaminationen
verwerfbares Material 88
Vierteln 88f.
Vollpipetten 158f., 171
Volumen, molares 21, 24
Volumenanteil 22, 25, 164
Volumenbruch, s. Volumenanteil
Volumenfehler 169, 171f.
Volumenkonzentration 22, 25
Volumenmeßgeräte 157f.

Wagenprobe 69
Wahrer Gehalt 104
Wahrer Wert 102, 107
Wahrscheinlichkeit 105
Wahrscheinlichkeitsnetz 104, 106ff.
Walzenstuhl 82
Wertigkeit 100
Wiederholungsgenauigkeit 102
Wirkungsfaktor, s. Titer

Wolframcarbid, Probebearbeitung 84
Wurfprüfsiebmaschine 86

Y
- ICP-AES 610
- Spektrometrie 607ff.
Yb
- Abtrennung 498ff.
- ICP-AES 560
- Spektrometrie 550ff.

Zeeman, Untergrundkompensation 244f.
Zeichen, Abkürzungen 61f.
Zn
- Flammen-AAS 612
- Graphitrohrofen-AAS 614
- ICP-AES 613
- Spektrometrie 611ff.
Zr
- ICP-AES 615
- Spektrometrie 611ff.
Zerkleinerung, Probebearbeitung 81f.
Zerstäuber 199, 248, 252ff.
Zusatz zur Probematrix 238ff.

Notizen

Notizen

Notizen

Notizen

Notizen

MIX
Papier aus verantwortungsvollen Quellen
Paper from responsible sources
FSC® C105338

If you have any concerns about our products,
you can contact us on
ProductSafety@springernature.com

In case Publisher is established outside the EU,
the EU authorized representative is:
**Springer Nature Customer Service Center GmbH
Europaplatz 3, 69115 Heidelberg, Germany**

Printed by Libri Plureos GmbH
in Hamburg, Germany